U0397624

总主编

阿兰·科尔班（Alain Corbin）

让-雅克·库尔第纳（Jean-Jacques Courtine）

乔治·维加埃罗（Georges Vigarello）

乔治·维加埃罗（Georges Vigarello）◎主编

张　立　赵济鸿◎译

身体的历史

从文艺复兴到启蒙运动

修订版

卷一

华东师范大学出版社

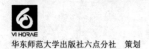

华东师范大学出版社六点分社　策划

关于身体"造反有理"的历史(代序)

倪为国

1

摆在我们面前的三大卷《身体的历史》是法国人为我们讲述身体的那些事儿。

这部洋洋洒洒百万字的身体史书,作者均为法国史学界各个领域的顶级专家学人,他们各有专攻又协同作战,打造了有史以来第一部身体史的巨著。

全书围绕着人们所关注的"身体的问题意识",把身体史铺陈为一个个问题,由一篇篇精湛史论统摄应答,独立成章。时间序列不是本书历史叙述的主线,作者依托现代学术的分类,用打井的方式,每一个专家在自己的领域打一口深井,深入挖掘身体史的"墙脚",细微描述身体史的"细节"。这些专家学人自觉地秉承法国年鉴派史学的原则,不仅仅详细地占有史料,也注意图像、考古、口述、统计等资料的运用,彰显了法国年鉴学派跨学科研究的综合能力。

全书的思考主线可以这样概括:文艺复兴到启蒙运动(卷一),叙述"身体"问题意识的苏醒,身体进入了现代意义上的认知视野;从法国大革命到第一次世界大战(卷二),描述了"身体"问题意识的觉醒,身体进入科学意义上的认知视域;二十世纪:目光的转变(卷三),揭示了"身体"问题意识的自觉,身体自觉地与现代技术联姻,使身体问题步入了日常生活场景。作为一部专题史，作者举重若轻，详略得当，论述精到，文笔轻松，且图文并茂。真可谓是法国年鉴派史学的又一经典文本。

不过，法国年鉴派史学的缺陷也在本书中得到了印证：即轻视政治因素在身体史研究中的主导作用，过分追求叙述方法的标新，甚至对史料甄别屈从于方法。整体叙述过程关注史实细节，导致身体的历史呈现出碎片化的倾向。当然，这是法国史家津津乐道之处。自然，读者也会津津有味。

有人放言当今世界史学界历史虚无主义盛行，法国年鉴派史学当负其责。此话我不敢妄评。但中国史学界的历史虚无主义之风也同样盛况空前，此风是从法国吹来的，还是美国吹来的？

当不属我可非议的。

2

身体，我们每个人朝夕相处，但几乎是"熟悉的陌生人"——为什么不讲人的故事而要讲身体的故事呢？

不错，身体是人的身体。打个蹩脚的比喻：人与身体的关系犹如一枚硬币，币值代表人的精神的话，硬币就是身体。在西语中常言：身体与灵魂（精神）；在汉语中常道：身与心。虽说今天谈论精神有点奢侈，但议论身体又颇为尴尬。

一部身体的历史，就是一部身体的"造反"历史，确切地说，或从根子上说，就是身体造"精神"反的历史。此话怎说？

从西语思想史看，可以作这样的概述：在希腊和希伯莱的文明中，身体和精神，或身与心，充满着冲突和紧张的张力，处于一种二元对立。晚近以来，笛卡尔用"我思故我在"终结了身体与精神的约会，用精神"革"了身体的命！在理性和"我思"至上的笛卡尔那里：身体和精神被两分了。身体代表着感性、偶在性；精神意指着理性、确切性。身体因无关紧要被悬置起来，被锁进了理性的抽屉里。从此，身体开始了造反的历史。直到马克思·韦伯和福柯发现了，资本主义精神和现代性是怎样居心叵测地利用身体的造反，而身体又是如何变成既自主又驯服的生产工具时，"身体"才作为一个问题被放上理性桌面。

从汉语思想史看，身与心的关系不紧张，不对立。修身则可养心。中国古人眼里：身体就是世界的图解，即由身体的内在逻辑外化推导世界的图式模样（《易传》就是这样经典的文本）。身与心的关系不是理性与感性的问题，而是实践问题。所以，身体造反缘起有两种：禁与纵。西方人因禁而身体造反，中国人则因纵而身体造反。中国人对于"身体造反"的"规训"，不是源于知识理性，而是来自伦理纲常。

据说，汉语学界有一种日趋认同的说法：西方哲学系意识哲学，中国哲学属身体哲学。这种说法听似颇有新意，但实为西方主宰下的"反射东方主义"。搞哲学这玩艺，有点像玩收藏，要眼力，古的、祖宗的，靠谱些。

3

身体造反，造谁的反，理由何在？这里有三个伟人不得不一提：马克思、尼采、弗洛伊德。

马克思从身体的劳动入手，有一重大发现：身体是可标价的，即劳动力。没有"身体"的劳动，就没有财富。劳动产生了财富，劳动力创造了价值。马克思颠覆了整个西方社会思想的思考进路，揭示了身体的劳动所带来的最终秘密：孕育了资本。资本是财富的变异，是劳动异化的果实。马克思也称之为：一切罪恶的秘密。马克思从人的"身体"所建构且依附的社会关系中揭示了身体的"劳动"异化，劳动的异化本质上是身体的异化。这是身体造反的根本动因。

今日所谓"身价"（或美其名曰：财富排行榜）：就是对身体的明码标价，让一切止步于身体。从来没有像今天这样，"致富"成了这个世界的唯一目的和意义，没有人再相信一个社会的进步、财富的累积需要时间的长度，而这与身体的有限时间无法同步，充满冲突和张力。于是身体只能选择造反，以博取身价。

尼采拨开了形而上学的迷雾，提出了自己的道德谱系，直言："身体是唯一的准绳。"尼采点明了所谓思想、精神、灵魂都是身体的产物。身体是第一性的，尼采用身体夺回了灵魂的领导权，造了精神的反。

当然，尼采的微言大义向来是被人误读和放大的，其恶果是他的话成了后现代大师们高扬的一面大旗：身体"造反有理"变成了身体造反总是有理了。那么，尼采的话究竟是什么意思？我以为，尼采洞察到了：启蒙运动以后,在工业文明和技术至上的时代里,上帝死了,被人谋杀了,人替代了上帝,人似乎无所不能,且不断地制造出形形色色的所谓思想、所谓理论、所谓精神技术食粮,似乎人人可以追求灵魂的不朽,个个手中握有真理了,却遗忘了"身体"的原罪,忘记了"身体"是人唯一的有限性。"身体是唯一的准绳",尼采是在说,全知全能的人比全知全能的上帝更可怕。我们相信人的所谓"精神",不如确信人的"身体"。在尼采眼里,现代社会形形色色的精神食粮只是在邀请我们身体"受孕"而已,人的所谓精神,乃是身体受邀所孕育形成的一种更高级的形态而已。

弗洛伊德干脆撕下了文明遮蔽身体的所有装饰,第一次将"身体"置于社会历史文明的高度,让身体摆脱了肉欲、低贱、附属的地位,进入了社会思想论域,并在社会人文学科中立足。弗洛伊德用"无意识"的理论,强摁下人的脑袋,提出了身体造反的内在动因;用"本能"理念,让人的身体的自觉让位于身体本身;用"本我"、"自我"、"超我"的概念来表述身体的人和人的身体的区隔。弗洛伊德残酷地揭开了人类身体能量的秘密内核。弗洛伊德的很直白结论,"幸福绝不是文化的价值标准"。

用今人时髦的话总结:马克思眼里,身体是正能量,身体造反的旗号是革命;尼采则把身体视为负能量,身体造反的旗号是虚无主义;弗洛伊德则把"身体"能量视为身体造反的唯一理由。

顺便说一句。法国有个思想家叫福柯,自诩尼采思想的传人,他把身体问题推向极致,他发现了一个秘密:一个人的变坏,社会对其惩戒,只有一个方法,即对这个人的"身体"进行处置:或坐牢,限制身体的自由,或杀戮,消灭身体的存在。精神是虚无的。福柯让身体问题在法国学界成为热门显学,德勒兹、拉康、梅洛-庞蒂、阿尔多塞等法国思想家集体出动,争夺对身体问题解释话语权,其实,他们各自从不同角度解释同一个问题,显白说,身体该不该造反?为何造反?造反的理由又何在?《身体的历史》这洋洋洒洒三大卷的字里行间,我们处处可以看到这些法国思想家的影子。理解这一点,对于阅读这部《身体的历史》是颇有意味且颇为重要的。

4

当下有句深入人心的话:科技改变我们生活(其变种广告曰:移动改

变我们生活）。这话既是一种事实的描述，又是一种励志的张扬。

其实，这句话的实质含义是：科技发展总是以满足人们日益膨胀的欲望，助长人们对欲望的想象，满足人们对欲望的宣泄为目标的。这种欲望根植于人的"身体"。

人类的每一次发明创造无不归于理性的胜利，其实，身体才是创造的真正动因。说句大白话，人类的每一次伟大创造，都是头脑依靠身体的好奇而发热所致。恰恰是这种身体的好奇，让人打开一个又一个"潘多拉"的盒子，把人类自身一次又一次逼入一个又一个死胡同。人类只能选择屈服于"身体"。一部科技史，从某种意义上说，既是身体好奇的偶在史，又是一部将错就错史。"环保"，时髦的口号，只是今日人类将错就错，屈服于科技的一个代名词而已。人们用新的技术弥补技术的灾难，这个"错"，源于身体的造反。

我想特别说一句，迄今为止，人类打开的最大的、最激动人心、也是最无法估量的"潘多拉"盒子：互联网的发明。

对人的"身体"而言，这是一场马克思所言的"资本"力量革了"身体"命的大革命。因为互联网这个盒子里呈现出无限的可能性：惊奇不已、惊心动魄、惊恐万状。让人的"身体"在时间和空间上得以虚拟地扩大，爽；身体的欲望可以无时无刻地袒露，很爽；"身体"欲望的边界得到了无限的延伸，更爽。

于是，在互联网的"黑洞"里，培养了一批黑客。精神（知识）的价值（产权）有可能被终结了，法律作为人类最后的一个神话（阿多诺语），已无法阻挡"身体"的造反。精神、灵魂、道德在"身体"的造反中显得如此无力苍白。

这话有些骇人听闻吗？否。我想到了当今科技牛人、苹果的创始人乔布斯在自己的身体消亡前曾规劝年轻人的一句话："我愿意用我全部的技术换取与苏格拉底喝一次午茶的机会。"这话不是励志，被常人忽视。我以为：这是逝者的绝唱。

柏拉图在《斐多》（详见 65d—66e）中虚构了一幕苏格拉底的临终谈话，主题就是关于"精神与身体"问题，苏格拉底总结道：

......

苏格拉底说，"所以一个人必须靠理智，在运思时，不夹杂视觉,不牵扯其他任何感觉,尽可能接近那每一个事物,才能最完美地做到这一点,是不是?他必须运用纯粹的,绝对的理智去发现纯粹的,绝对的事物本质,他必须尽可能使自己从眼睛,耳朵,以至整个肉体游离出去,因为他觉得和肉体结伴会干扰他的灵魂,妨碍他取得真理和智能,是不是?西米阿斯,这样一个人——如果确有这样一个人的话——才能达到事物的真知,是不是?"

西米阿斯说,"你说得太好了,苏格拉底。"

苏格拉底说,"这个道理启发了真正的哲人,于是他们便彼此劝告说,我们有一个快捷方式,使我们的讨论得出一个结论,那就是当我们还有肉体的时候,当我们的灵魂受肉体的邪恶所污染的时候,我们永远无法完全得到我们所追求的东西——真理。因为肉体需要供养,使我们忙个没完没了,要是一旦生病,更妨碍我们追求真理。肉体又使我们充满爱情、欲望、恐惧,以及种种幻想和愚妄的念头,所以他们说,这使我们完全不可能去进行思考。肉体和肉体的欲望是引起战争、政争和私争的根本原因,并且一切斗争都是因为钱财,也就是说我们不得不为了肉体而去捞钱。我们成了供养肉体的奴隶。因为有这些事要做,我们也就无暇料理哲学。最糟糕的是每当我们稍有一点时间,用来研究哲学,肉体总是打断我们的研究,用一片喧嚣混乱的声音来干扰我们,使我们无法看见真理。这种现实告诉我们,如果想要认清任何事物,我们就得摆脱肉体,单用灵魂去观看事物的本身。"(水健馥译文)

我不知道乔布斯在天堂里是否与苏格拉底共饮午茶,但乔布斯内心明明白白,"苹果"二字就是象征着诱惑。所谓诱惑,就是让一个人无时无刻惦记着。如今在街头、地铁、餐厅……随处可见的是:一个个惦记着做同一件事的人,拨弄 iPad,哪怕只有片刻。让所有咬了一口"苹果"的人,在不同的时间,不同的地点,却用同一个标准化的动作做着同一件事。你的精神想拒绝也不行,身体不由自主地造反。真是一件又怕又爱的事情:网络已经成为我们日常生活最重要的情人。

科学技术是让人向前看，人文学科是教人向后看。科技的种种预言，是在预售未来。这种"预售"就是在透支我们身体的欲望，侵蚀我们生存的自然，直至危及身体本身（如转基因食品的发明）。科技预售未来的恶果是让我们一代又一代人居然学会忘记过去了！没有了过去，就意味取消了未来，止于现在，就止于身体了。

所谓科技改变生活，其实是改变了苏格拉底所企盼的"过有德性的生活"。换言之，在苏格拉底眼里，人的幸福只能通过身体成为灵魂的居所方可获得。也许这是乔布斯自己也没有想到的：苹果一旦被咬了一口，打开的是潘多拉的盒子。

听听伟人卢梭早在几百年前就直言不讳发出的警告："我们的科学和我们的文艺越奔赴完美，我们的灵魂就变得越坏。"这话是什么意思？答曰：灵魂之轻何以承受身体之重。科技和文艺日趋发达的今日，科技和文艺早已成为一桩可以获奖的"买卖"，背后的支配力量是人吗？是人的思想精神吗？当然不是！是资本的力量。也许我们真的应该这样说，人类每一次为自己创造力的嘉奖庆典举杯，酒杯里盛满的是"身体"的血。

诺贝尔如此，比尔·盖茨如此，乔布斯也不例外。

5

亚当与夏娃逃离伊甸园那一刻，预示着人类的"身体"与生俱来渴望自由。自由意味着一种权利，这种权利让身体"造反"有了依靠。

自由，残酷的字眼。无怪乎，亚里士多德说，人天生就是政治动物。这话道出了政治与"身体"的原初关系。以后的政治家马基雅维利、霍布斯、洛克、卢梭都在"动物"前加了两个字：自利，即自利的动物。

当抽象的自由转化为身体的自由时，那身体的"干净"与否自然变得格外重要。小则关系健康，大则关乎自由。于是，有了关系身体健康的洗头、洗手、洗澡、洗衣之术。也有了关乎身体自由的洗冤、洗心革面之说。其中最为重要当属：洗脑。

洗脑是一门大学问。古人曰：教化；现代人称之为：教育学。因为身体有其头脑，头脑通过语言传达使其成为"那个人"具体的"身体"。所以，洗脑本质上是对"身体"的规训。如果说，一个人终究无法阻挡或无力克服身体对自己的造反，那么，对身体的规训，就是克服、忍耐、阻遏、抵御、反抗身体的造反，或是寻找身体造反的正当性。造反要有理呀！

其实，人的一生都在洗脑或被洗脑，或主动洗，或被动洗。网络是如今最大的洗脑场所。洗脑，是身体的一种自觉。西方人的婴儿受洗礼，中国人的"满月酒"，象征着对婴孩——最干净的身体的祈愿。成年礼是人洗脑的开始，葬礼是洗脑的终结。

对于智者来说，洗脑是一生的自觉；对于大众而言，洗脑是终身的自便。也许我们永远需要怀疑或警惕那些自诩独立思考或判断的人，因为这个世界绝大多数的所谓独立思考或判断的人，也是被洗脑洗出来的，他们挂着各种教授、学者、专家、官职乃至院士的名号，他们的思想免疫力往往挡不住身体的诱惑和造反。洗脑，就是提高精神的免疫力，但精神的免疫力和身体的免疫力不是一回事。所以，灵魂的高尚是一回事，身体的卑鄙是另一回事。最聪明、最智慧、最卑鄙的人往往是同一人，弗朗西斯·培根就是经典一例。

自由之轻，身体之重。自由像风筝，身体永远拉扯着它，身体就是自由的限度。自由这种权利，在人类历史上的一场场革命、一次次战争，还有一场场法律的审判中，得到了加码和放大。但再高贵的灵魂都藏匿在卑微的身体里。所以，向往真理是所有人的愿望，却永远只是少数人的游戏。因为绝大多数人是无法克服或阻挡身体的"造反"的。

法国人所书写的这部身体的历史，我们可以视为一种对身体的"七宗罪"：傲慢（Pride）、愤怒（Wrath）、淫欲（Lust）、贪婪（Greed）、妒忌（Envy）、懒惰（Sloth）、贪食（Gluttony）的描述或状告。洗脑，可以阻遏、克制、忍耐乃至放弃身体的造反，但无法根除身体固有的这种"原罪"。

这个世界的不干净，缘于身体的躁动而不干净。这个世界的不安宁，缘于身体的造反而不太平。

顺便说一句。当今世界，洗脑洗得最出色、最干净的当属美国，几乎让所有人的身体只有一杆秤计量"身高体重"，即所谓普世价值。功劳自然归于美国的教育。倘若我们以为，美国是世界上最自由的，那只说对了一半。另一半那是美国人洗脑的功劳。当然，美国人以为：自家人已经洗脑不错，洗脑要洗到他国了，自然到处碰壁……

顺便再说一句，近代以来，中国人的洗脑基本上是失败的。有时放纵洗脑，有时放任被洗脑。其实，衡量一个国家安定、社会健康的标准之一，是看这个社会共同体的成员在对国家、历史、民族、个体意识上的价值偏好有无共识。而这个共识不是从天上掉下来的，是要靠洗脑"洗"出来。身体的历史已经明明白白告诉我们：对绝大多数人而言，不是头脑在指挥身体，而是身体一直在造头脑的反。

"洗脑"，在中国成了一个贬义词，无怪乎有人疾呼：这三十多年最大的失败是教育。中国的教育忘却了教化人的灵魂是教育最大的要义，学校成了仅仅贩卖知识、技术的超市。有知识、有技术而无德性的人，他们的身体一旦造反，自然是更可怕、更危险了。

6

环顾今日之世界的每个角角落落，身体是我们这个世界的基本图景，这个图景的主题就是消费，消费的实质就是身体的消费：理发、美容、护肤、减肥、健身、美食、时装、影院、足疗，乃至医院、妓院。从头到脚，从吃到拉，从绿色环保到食品安全无不关乎身体的需求或欲望。现代女性主义的兴起，本质上，是由男性对女性"身体"的过度消费转化为女性对自己身体的自觉消费。

所谓民生，实质就是关心身体消费的能力，身体消费如何适度又带来幸福感。适度的身体消费就是对身体造反的边界控制。

身体"造反"历史的背后——向我们传达这样一个令人震惊的事实：在今日之世界，资本的眼睛紧紧盯住身体的消费的每个环节，从生到死，从少到老。资本的嘴像祥林嫂一般，在电视、网络、广播、报刊不停不断地鼓动身体的消费，时时刻刻，无处不在提醒和唤起我们身体的欲望。人类的"身体"成就了这个地球的最大的肿瘤，其繁殖力和破坏力是惊人的，这种破坏力远远超过了人类的创造力。人类借助"身体"繁殖了自身，装点了生活，而身体的欲望又正在掏空这个世界。难怪福柯放言，这个世界"身体"造反的最终出口处有两个：监狱和医院。

身体是人有限性的尺度。身体是所有人无法跨越的高墙。这就是所谓身体的政治。

其实,让精神克服身体,让灵魂摆脱肉体,这是古往今来,圣人贤者所终身关怀的。佛教里的"念经",基督教里的"祷告",伊斯兰教里的"斋戒"都在做同一件事:让人有忘记"身体"的片刻而冥想,让"身体"有片刻的宁静而不再造反。

7

耶稣被钉十字架上的是:身体。

作为一种"启示":道成肉身,这是对身体的微言大义。

身体,作为世界上最精致、最完美、最脆弱的艺术品,在不同的时代、不同的社会、不同的地域、不同的族群和性别呈现出不同的样态,述说着不同的故事。身体,既是这个世界精彩奇迹的基因,又是这个世界苦难悲愤的动因。

如果说你有灵魂(思想),身体就是你一生突围的城墙;如果说你想自由,身体就是你一生挣扎的枷锁。当然,如果说你很美丽,身体就是你唯一的谱系……

人的一生行程,身体就是唯一的脚本。

《身体的历史》付梓之际,我想起了国人一句老少皆知的话:身体是革命的本钱。这句话的弦外之音:死是身体的最终作业。不错,惧怕死的欲念,使身体的造反成为一道很正当的练习题。于是,我写下这些关于身体且又是身体之外的文字,以聊补法国年鉴派史学回避或模糊的一个问题:身体的造反也许在日常生活中是非暴力的,但身体史背后毕竟是鲜活血滴的政治史。

我有些悲观,但不绝望。因为身体渴望逍遥,但灵魂或许可以拯救。

是为序。

作者简介

达尼埃尔·阿拉斯(Daniel ARASSE，1944—2003)，法国社会科学高等研究院研究主任，撰写过大量艺术史方面的著作，其中有:《细节:绘画史近观》(弗拉马里翁出版社，1992年);《矫饰的文艺复兴》(伽利玛出版社，1997年);《达芬奇:世界的节奏》(阿藏出版社，1997年);《意大利的天神报喜像:透视的历史》(阿藏出版社，1999年);《一无所见:描述》(德诺埃尔出版社，2000年);《维米尔的野心》(亚当·比罗出版社，2001年);《安塞姆·基弗》(目光出版社，2001年)。

让-雅克·库尔第纳(Jean-Jacques COURTINE)，巴黎第三大学——新索邦大学文化人类学教授，刚刚结束在美国特别是加利福尼亚大学圣塔芭芭拉分校十五年的教学生涯。他出版了许多语言学和话语分析的著作，其中有《政治话语分析》(拉鲁斯出版社，1981年)，还有一些关于身体的历史人类学著作(《面孔的历史:从16到19世纪初人们如何表达和压制自己的情绪》，与克洛迪娜·阿罗什合著，帕约-海岸出版社，1988年，第二版，1994年)。目前他致力于畸形人表演的研究:他新近重编了厄内斯特·马丁的《畸胎史》(1880年)(热罗姆·米庸出版社，2002年)，并即将在瑟伊出版社出版《日薄西山的畸形人行业:学者、窥淫癖者以及好奇者(16到20世纪)》。

雅克·热利(Jacques GÉLIS)，巴黎第八大学——圣-德尼大学现代史荣休教授。出版的著作有:《进入生活:传统法国的诞生与童年期》(丛书)(伽利玛-朱利亚尔出版社，1978年);《太阳王时期的乡村助产士:G.莫盖斯特·德拉莫特论助产术》(图卢兹，普里瓦出版社，1979年;重版，伊马戈出版社,1989 年);《树与果实:16 至 19 世纪现代西方的诞生》(法亚尔出版社,1984 年);《助产士或医生:新生命观》(法亚尔出版社,1988 年);《无辜的小儿:比利时夭折儿童与"暂缓"的奇迹》(布鲁塞尔,瓦隆的传统习俗,2004 年)。

拉法埃尔·芒德莱希(Rafael MANDRESSI),1966 年出生于蒙得维的亚(乌拉圭)。在巴黎第八大学获得博士学位,现在蒙得维的亚大学教授认识论。出版的著作有:《解剖者的目光:西方的身体解剖与创新》(瑟伊出版社,2003 年)。

萨拉·F. 马修斯-格里柯(Sara F. MATTHEWS-GRIECO),曾在美国和法国(法国社会科学高等研究院)学习。叙拉古大学(佛罗伦萨)历史学教授,妇女与性别研究联系人。已出版著作有:《天使或魔鬼:16 世纪女性的表象》(弗拉马里翁出版社,1991 年);她还与人合著有《西方女性史:16—18 世纪》(普隆出版社,1993 年)、《女性与信仰:古代晚期至今意大利的天主教生活》(哈佛大学出版社,1999 年)、《意大利文艺复兴时期的女性、文化与社会》(牛津大学出版社为,2000 年)和《修女,妻子,女仆,交际花》(莫尔加纳出版社,2001 年)。

尼科尔·佩勒格兰(Nicole PELLEGRIN),历史学家与人类学家,在法国国家科学研究中心(巴黎高师现当代史研究所)从事研究工作。她出版的著作有:《自由之服:法国服装业 ABC,1770—1800 年》(艾克斯,阿利内阿出版社,1989 年);《法国旧制度时期的鳏夫、寡妇与鳏寡者》(尚皮翁出版社,2003 年);《圣女贞德的属性》(2004 年网文,http://musea. univ-angers. fr)。

罗伊·波特(Roy PORTER,1946—2002),伦敦维尔康医学史研究所研究员,出版过的医学史著作有:《18 世纪的英国社会》(艾伦·莱恩出版社,1982 年);《英国的疾病、医学与社会:1550—1860 年》(剑桥大学出版社,1995 年);《人类的幸事:古典时代至今的人类医学史》(哈珀柯林斯出版社,1997 年);《身体政治:英国的疾病、死亡与医生:1650—1900》(里克琛出版社,2001 年);《鲜血与内脏:简明医学史》(企鹅出版社,2002 年)。

乔治·维加埃罗(Georges VIGARELLO),法国大学研究院成员,巴黎第五大学历史学教授,法国社会科学高等研究院研究主任。他曾撰写了许多有关人体描述的著作,其中有:《被矫正过的人体》(瑟伊出版社,

1978 年);《洁净与肮脏:中世纪以来人体的卫生》(瑟伊出版社,1985 年;
"历史要点"丛书,1987 年);《健康与病态:中世纪以来的健康与健康的改
善》(瑟伊出版社,1993 年);《强奸的历史:16—20 世纪》(瑟伊出版社,
1998 年,"历史要点"丛书,2000 年);《从旧式游戏到体育表演》(瑟伊出版
社,2002 年);《美的历史》(瑟伊出版社,2004 年)。

目 录

序

历史上对于身体的关注,首先重构了物质文明的核心,诸如行为和感觉的模式,对技术的投入,与自然界的对抗:"具体的"人,就像吕西安·费弗尔所提到的那样,"活生生的人,有血有肉的人①"。从这个感性的天地宇宙中浮现出芸芸众生:这是感受、行为、生产的一个兼容并合,它用如此多的原始的"物质的"东西产生了食物、寒冷、气味、不确定性和困苦。身体的历史首先重筑的正是那个即时的世界,是感官和不同环境的世界,是身体"状况"的世界;时移世易,这个世界随着物质条件、居住方式、确保贸易和生产物品的手段的变化而变化,并酝酿出体会和运用感性的不同模式;它也随着文化发生变化,比如莫斯就是懂得将之呈现出来的其中一位,他着重指出那些共同的规范很大程度上构造出了我们最"自然"的动作行为:走路、玩耍、分娩、睡觉或吃饭等方式。莫斯所做的唯一的那份统计显示了一个"全面的人",其诸多价值就体现在身体所具有的那些最具体化的运用上②。历史的关注范围由此尽可能地延展开来:世界由迟缓的时代进入到了飞速的时代,例如,从肖像绘画到肖像摄影,从个人护理到集体预防,从料理到美食,从性道德化到性心理化,充满了时间活力,亦充斥着诸多对于世界的不同看法,以及对身体的不同关注。不再局限于自然而是纵深于文化方面,就像勒高夫最近的研究使人联想到的那样,身体的这份见证对于"过去

---

① 吕西安·费弗尔:《一段与众不同的历史》,巴黎,SEVPEN,1962年,第544—545页。
② 参阅马塞尔·莫斯:《身体技术》(1934年),载《社会学与人类学》,巴黎,法国大学出版社,1960年。

的全面复兴"①起到了自己的作用。

身体的这个概念还应该被表达得更复杂一些,必须将那些艺术表现、信仰、意识的影响在其中所发挥的作用都描绘出来:表面看来这只是一次"假想"的冒险经历,带有一些内在化的标志,这些标志强调了即时的线索,为其力量和意义重新定位。比如,在 15 世纪初兰堡兄弟创作的《贝里公爵的豪华时祷书》中,被精巧细微地描绘出来的那些人物的身体就渗透着一些隐而未露的影响:黄道十二宫的符号,行星假设的轨迹,对于可以影响机体器官和外表的某种神秘力量的信仰。《豪华时祷书》开创了与众不同的画法,表现微弱的人物形象:身体的各个部位被认为一一反映了天上的那些宫位,这是对于遥远的力量对人的影响的一种坚信。疾病、社会制度、各种性格甚至习性被认为受到一些无法解释的地心吸力的影响,这些宇宙力量支配着这些欲望以及灵与肉的平衡。它还表现了它们在人身上作用的结果。而 17 世纪的古典机械论所启发的那些关系则是另一回事,那是将身体机能与在近代欧洲车间里发明出来的机器具有的功能进行比较的模型:手表、时钟、泵、喷水池、管风琴或活塞。在这里,人体因新出现的一串画面而失去了长久以来的魔力:那些画面尤其表现了水利物理学,液体和推力的规律,呼吸及循环器官发出的杂音的强度,杠杆或齿轮传动系统。这个还被建立起来并得以"内化"的模型高于那个"真实"的身体,并对它产生影响。在这种情况下,这个模型将液体的纯化和缆线及管渠的调整结合在一起。它还带来了一些必然的后果,都是关于痛苦、自我维护、行为效果、社会环境的假定效应。换言之,身体既存在于其即时的皮囊之下,亦存在其表现对象之中:"主体的"逻辑也随着群体文化和时间的那些瞬间的变化而变化。

不应忽视宗教标志的持久影响:身体的"高贵"部分和"不被承认"的部分之间的那个等级,以神之所喜为指引的那份廉耻。不应忽视信仰的持久影响,它们可能带来的危机以及它们后来在现代性中的大量存在:痉挛的增多,五伤圣痕现象,又或者用某种恶意反证或某种天意来解释的畸形②。

---

① 雅克·勒高夫和尼古拉·特吕翁:《中世纪身体的历史》,巴黎,利亚纳·勒维出版社,2003年,第 15 页。

② 参阅达尼埃尔·维达尔:《身体的大成:在苦痛与神迹方面的冉森教义》,载《传播》,第 56 期,《身体的管理》,1993 年。

　　还有很多必然联系也一样在诸多特殊效应中起到了作用。比如,有些效应完全进一步肯定了一种与社会威望相对照的做法,在提升性格魅力的无穷追求中让"传统的"身体得以增值。诚如勒华拉杜里所提到的那样:"婆罗门洗涤其身体外部,也即皮囊(这里存在一个与其在这个等级制度中所居之位置相对应的约束);相反,在18世纪鼎盛时期的法国社会里,人们首先关注的是通过使用催吐剂呕吐来洁净身体的内部;还有就是得益于清肠药、放血、灌肠以及采血针等手段来实现这个目的。"关注的要求似乎有所差异,这里存在对身体进行内部"净化"的区别:"人们的社会地位越高,则其放血和排泄程度就更甚①。"这就为人们的想象之物带来了一条信息所具有的有关身体方面的影响,为其增添了身体在交际中扮演的中心角色,这个身体超出了很多技术性具有的唯一范围。

　　这些表现还具有非同寻常的影响力,有关于此的那些社会科学向20世纪展示了所有的悖论及其影响深度。难道这些科学就没有导致身体概念的混乱?一个几乎无形却决定性的颠覆就在于放弃传统上从意识信仰中辨认出来的那种权威,这场思想的位移很大程度上是由社会学家和心理学家们造成,它不承认那些古老的玄学及其在身体和灵魂之间的对比联系,拒绝用人的唯一意志来代表人。态度和行为在此中都取得了一个崭新的意义,比如说动作、身体的紧张、各种不同的姿势,对于精神分析学来说都变成了诸多的标志,因为这一学科对于细微的表现及平庸无奇的表达都非常敏感。所掀起的初步摸索,所尝试的转变也可以成为一种正在转化中的意识,甚至是一种集体意识的特征,这是依据习俗和姿势来更好地稳固以及形成意识的方法,也是一些儿童心理学家,如瓦隆长期以来所强调之处:"动作不再是一种简单的执行机制。一些超越了这种机制的适应和反应方面的方式逐渐成为可能②。"身体在受到意识影响之前可以先影响意识。同时,关于身体及其行为的研究表明与之前的大为不同,比如对于在运动肌服从于"思想"的传统路径之外存在一种运动的智慧的思考,这是对那些习俗惯例进行的不同研究,对行为和感受的方式进行的另

---

① 埃马纽埃尔·勒华拉杜里为克洛德·格里莫一书《女人和私生子》所作的《引言》,巴黎,文艺复兴出版社,1983年,第12—13页。

② 亨利·瓦隆:《精神运动性机能不足症候群与精神运动性类型》,载《心理医学年鉴》,1932年,第4期。

一种观察。总之就是思考意识感觉的来源,它们曾经似乎并不存在。

不过同样还有很多不同的征象:对物质的感觉能力、内在的表现、表达能力、睡眠意识总是不在参照值和行为的相同记录之列。数据分散且不一致。差距备现:从内心感觉到社会表现,从性征到饮食偏好、身体技能、与疾病的抗争。对于身体的研究方法带动了一些学科的发展,根据对于情感、技术、消耗或表现的研究,使得研究方法和认识论呈现多样化。不均一性是这一客体本身的构成元素。它不可逾越,并且在身体的历史中应该占据一席之地。

并不是统一体中可能存在的每个层次变得模糊不清。这些有意识或无意识的表现已经让人联想到了一些相干性的联系:某些逻辑关系可以支配其他的关系,就像"身体图式"的概念所表明的那样,心理学家们利用这个概念来确定一个研究主体所隐含的、运动的以及敏感的那些参考对象①。例如,17世纪的机械论逻辑、19世纪的能量逻辑、20世纪的"信息"逻辑就都是,其中第二个逻辑就身体的输入和输出增添了新的看法,让人联想到了这些输入和输出中可能具有的"功率",确定消耗和积蓄,而第三个则带来了关于克制和情感的新看法,确定了控制和调整的意义。

然而说到这些可能的相干性联系,身体史所展现的正是最物质的经验。这种经验最大的独特之处是它处于个体化的躯壳和社会经验的交叉点上,处于主体参考与集体规则的交汇之处。身体占据文化动力的中心地位,就是因为它就像个"交界点"。关于这一点,那些社会科学还做了非常清晰的阐明。在此,面对一些很容易被隐匿、内化、私人化的规范,身体既是接受者也是参与者,就像诺贝特·埃利亚斯可以证明的那样:它是逐渐克制、远离冲动和非理性的载体,正如那些礼仪、礼节、自我控制的艰难转化所表现出来的那样。在西方,关于身体的一些技能和方法的这段非确定性的历史便由此而来:餐叉、痰盂、日用布制品、手帕、水系统以及设计出来被视为一种团体动力学中的动量的那么多发明物,这些装置都被认为通过重建社会阶层上的"区别"和"教养",从而改变了礼义廉耻的界限。这些都是很重要的阶段,因为经过缓慢转化但却被飞速遗忘而表现

① 参见阿兰·贝托兹所撰写的《决定》中的"在我们的大脑中我们具有一张身体图式,这是无数的观察使我们想到的想法"(第165页),巴黎,奥迪尔·雅各布出版社,2003年。

为其自然状态的这些身体的克制,通过其本身的"融合","反过来有助于感性的形成"。

这便是福柯所提及的一个更为隐晦的转变过程:身体被想象为权力的对象,客体在这个过程中得到了极大投入和磨炼,这便是福柯关于世界和社会问题的一个看法①。这里赋范的身体是一个"修正的"身体,肉体的约束产生了一个自身受到约束的意识。由此这些学科在从文艺复兴到启蒙运动的这数百年中得以发展,从而使得个体变得总是更为"驯服和有用",身体影响的这一漫长构建总是更为不明显,它用一种更为低调和"始终带着审慎目光"的手段取代在现代性开初之时几乎是暴力夺取身体的做法。必须重申的是,不明朗的观念迫使人们对束缚与自由之间的对立进行深刻的思考,就像对处于对立中的身体的重中之重进行衡量那样。这并不是因为对于约束的坚持还可能是独一无二的:根据马塞尔·戈谢最近所提到的观点,现代性也许被认为是一种独立化之举,"对于传统和等级而言即是摆脱束缚②"。身体亦可以是解放的要素,比如卢梭主义者对于紧身胸衣——束缚孩子身体的传统旧"机器"的拒绝,将会勾勒出未来国民的身形。

更何况除了束缚和自由之间的对立外,我们还应该对平等与不平等之间的对立进行思考,尤其是渐次的民主化,它后来成为现代性的特征。身体在这里还具有中心且复杂的影响,这样的例子数不胜数。现代社会中人们经过漫长的岁月对于身体的优良素质和美丽达成了不可辩驳的共识,随之而来的是否就是歧视的长期存在?医疗救治存在不平等,自我保养也因社会地位的不同而异,不平等也表现在人体的裸露部分和解剖模型中。

此外,女性的历史很早就有所描述了③。女性身体的历史亦是一段统治史,在此,美学上的那些唯一标准已有所显示:一些具有决定性的身体解放对于身形举止都产生了影响,比如更能令人接受的动作行为,更灿烂的笑容,更为裸露的身体,而在这一切表现出来之前,对于一种一贯显

---

① 参阅米歇尔·福柯:《规训与惩罚》,巴黎,伽利玛出版社,"历史图书馆"丛书,1975年。
② 参阅马塞尔·戈谢:《论当代心理学:人格的新阶段》,载《辩论》,1998年3—4月,第177页。
③ 参阅乔治·杜比和米歇尔·佩罗主编:《西方妇女史》,5卷,巴黎,普隆出版社,1991年。

得"委婉"、纯洁并受到注目的美丽而言,对其在传统上的要求和限制早就已经成为共识。换言之,身体的历史并不能独立于性别和身份模式的历史之外。

无论如何,这段历史依然居于社会事务和主题之间的"交界点"。之所以那些服从于内心的行为、被认为不具言传性的表现、对于内心世界和意识现象更为深入的观察了解能够不断增多,也正是因为关于外貌方面的规则、举止礼仪和言语表现的节制,又或者说对于身体的激情和事实状态的关注,所有这些总是显得更为明确。必须要重申的是,西方的这个研究主题也是对身体进行大量研究所得出的结果。

阿兰·科尔班(Alain Corbin)

让-雅克·库尔第纳(Jean-Jacques Courtine)

乔治·维加埃罗(Georges Vigarello)

引　言

　　文艺复兴时期有一位名叫路易吉·科尔纳罗的威尼斯贵族，非常注意自己的饮食，他提出的一些"关于长寿的意见"简单朴实，这些意见在1558年似乎就反复提到了数百年来对于自我保养的预防措施：慎重消费，排遣情绪，净化性情，遵从宇宙重力和气候环境。然而这位贵族所著之文的新颖之处在于表达了一种确信：对"古老的"做法、炼金术士的伎俩、占星家的手段进行讽刺。一个明显被夸大的批评占了主要地位：结合了宝贵材料、星宿参照和身体保养的那些神秘的运用方法在这里都变得微不足道。有人试图通过摄入经过提纯后的金属以延缓肉体的腐朽，也就是利用金水或银水来试图防止身体发生腐变，然而这种尝试一直未能体现其神奇之处："人们从来就没有看到这些神奇数术成功过[①]"，这些虚假的纯净从来没有起到任何效果。那些以其矿物质的价值或成分罕见度而论的"长寿琼浆"已然失去了其魔力。科尔纳罗已经摒弃了这些具有中世纪标志的东西：这些物质间的神秘对应关系都消失了。水晶石头、金子、珍珠都并不传达透明性和纯净度，天体星宿也无关保护和支持力量。威尼斯方言中在这方面的箴言都是关于自愿幻灭。科尔纳罗是昂布鲁瓦兹·帕雷[②]的同辈人，后者对那些浸泡独角兽犄角的酏剂和用来"煮沸埃居[③]"的药水持强烈反对的态度[④]。

---

①　路易吉·科尔纳罗：《节制：对于长寿的一些建议》（1558年），格勒诺布尔，热罗姆·米庸出版社，1984年，第84页。

②　[译注]文艺复兴时期极为著名的法国外科医生，近代外科之父。

③　[译注]埃居，法国古代钱币名。

④　昂布鲁瓦兹·帕雷：《论独角兽》（1585年），再版，载《怪物，奇观，旅行》，巴黎，法国书商俱乐部，1964年，第167页。

本书首先提到的便是"现代"身体的突然出现：身体的各个部位被认为与天体星辰以及类似护身符或一些珍贵物件等神秘力量的影响无关。人体结构具有的"魔法"幻灭了，它符合物理学的新观点，通过原因和作用的规律法则而得到解释。这并不是因为人们不再相信民间医学和乡间术士，对于身体受制于那些玄密之物的信仰最终消散而尽；也绝不是因为那些宗教的所涉对象都荡然无存了。关于身体的这个大众化的观点很早就混杂了所有的影响在其中，身体的躯壳似乎也经受了世界上所有力量的考验。但是随着文艺复兴的发生发展，文化的冲突加剧。在文艺复兴时期，身体显得特立独行，它规定了通过其本身及其"原动力"来解释说明的一些机能。

同时，因为关于外表的一些新看法形成，所以身体的形象就更为引人注目。1340年，画家西蒙内·马尔蒂尼在耶稣受难的画面场景中所表现出来的人物与曼泰尼亚在1456年的画作《耶稣受难像》中所表现的人物就大为不同，前者人物的身材体型被湮没在画卷帷幔中[1]，而后者笔下的人物显得身形结实并且形象鲜明[2]。其次这些人物画还揭示了一种"关于身体的创想[3]"。美突然间直接且稳稳地占据了优势。马萨乔在1420年左右首创了重塑肉体表现的新手法[4]，这种画风结合了身体主体和色彩，形体表现厚实且外形圆润。美已经渗入到了现代性中。这不过是文艺复兴时的一种"形象化思维的转变[5]"，对于形体的这种意外的写实主义，亦是让外形样貌在画卷中显得生动敏锐的手法，在15世纪托斯卡纳地区所画的身体中都有所表现。

现代性对于自我界限、冲动、欲望还产生了强大的作用：对礼貌和社交的控制，缓和暴力行为，在内心领域中对行为进行自我监管。日常举止、态度、性征、规则、近身的空间都发生了转变。这里更不是因为身体的

---

[1] 西蒙内·马尔蒂尼：《背负十字架的耶稣》，大约在1340年，巴黎，卢浮宫博物馆。

[2] 安德烈亚·曼泰尼亚：《耶稣受难像》，1456年，巴黎，卢浮宫博物馆。

[3] 参阅纳代耶·拉奈里-达让：《身体的创想：从中世纪到19世纪末关于人的描述》，巴黎，弗拉马里翁出版社，1997年。

[4] 马萨乔：《圣三位一体像》，《圣母玛利亚与两位捐赠者》，1425年左右，佛罗伦萨，新圣母教堂。

[5] 参阅皮埃尔·弗兰卡斯特尔：《形象与场所：(意大利)文艺复兴的视觉秩序》，巴黎，伽利玛出版社，1967年，第25页。

所有表现都是整齐划一的。让-路易·弗朗德兰笔下所描绘的农民阶层的爱情手势明显的冲动性、直接性和粗鲁性①，它们与我们在宫廷中看到的总是显得更为文明开化的礼节和运动机能都有天壤之别。关于整个社会谱系身体行为举止的记录依然是非常特别的。无论如何，身体的表演已经拉开帷幕：已形成的克制的界限，将自我控制最终解释为一个具有"判断性"和内在化要求的假想载体，"完美无缺之人一直都存在，对他们而言，没有什么比一个男孩子的谦逊更讨人喜欢，它是端庄行为的伴生物和捍卫者②"。

老实说，从文艺复兴到启蒙运动，身体经历了一种双重的张力，形成了今日这些观点的雏形：突出了集体的强制性，强调了个体的解放。在第一种情况中，民众的舆论占了上风。在 1750 年后，随着一种民众力量的新意识的发展，它具有一定的影响力："完善物种③"、"丰富物种④"、"保存物种⑤"；力量的资源、寿命、为大众所关注的改善健康。而在第二种情况中，个人的感觉则是主流，自我的表现即使不被看重但也变得更为合理。在巴黎杰出人物去世后遗留下来的财产清单中，个人肖像画所占比重的变化就已经表明了这一点：17 世纪，此类画像占 18％，到了 18 世纪比重上升到了 28％，而宗教画像的比重则严重下降（从 29％下降到了12％）⑥。而且这些肖像画的画风也都表现出相同的趋势：少了一分庄重感，透着诸多的个人痕迹。

既是束缚亦是解放：混合在一起的两种动力赋予现代身体一个合乎规格的清晰轮廓。

乔治·维加埃罗

① 让-路易·弗朗德兰：《农民们的爱情（16—19 世纪）：旧法国乡下的爱情和性欲》，巴黎，伽利玛-朱利亚尔出版社，"档案"丛书，1975 年。
② 伊拉斯谟：《幼儿的礼节》（1530 年），菲利普·阿里耶斯编注，巴黎，朗塞出版社，1977 年，第69 页。
③ 参考夏尔·奥古斯特·旺德蒙德：《论人种完善的方式》，巴黎，1766 年。
④ 维勒纽夫的费盖：《政治经济：针对丰富及完善人种的计划》，巴黎，1763 年。
⑤ 有益健康的丛书……，《保存人种》，巴黎，1787 年。
⑥ 皮埃尔·古贝尔和达尼埃尔·罗什：《法国人与旧制度》，巴黎，科兰出版社，1984 年，第 2卷，第275 页。

第一章　身体、教会和圣物

雅克·热利（Jacques Gélis）

身体在基督教奥义中居于核心地位，因而在从文艺复兴到启蒙运动的数百年中一直被人们视为一个永久的参考对象。上帝派遣其子，通过天神报喜和道成肉身，从而降临人间，这不就是赐予了人类自我救赎肉身和灵魂的一个机会吗？在那些讲述造物及其希望与苦难的文献著作和艺术作品中，身体总是贯穿其中，处处可见："在复活的身体和耶稣的肉身这两个想象的形象中，虽然身体逐渐淡出，但是它仍然反复地重现、渗透、表现其中[1]。"认识到这一点，人们就会通过身体这道棱镜来解读文献和审视画像。

人们对于耶稣肉身抱有的信仰和崇拜使得身体被提高到了一个神圣的地位；这种虔诚使得身体成为历史中的一个主题。"人们啃噬的耶稣之身体呈现自血肉的真实。圣饼既毁灭又拯救了人的身体。"这是耶稣降世为人，上帝之圣子与血肉相融的受世人赞美的肉身。这是耶稣复活后，承享天福的圣身。这是耶稣受难后留下遍体鳞伤的身躯，他身上的那座颇具含义的十字架处处都能让人联想到耶稣为救赎人类所做的牺牲。这亦是众多圣徒的残躯。这是出现在最后的审判中，那些上帝选民们的神奇的身躯。圣子的身躯，诸多他者的身躯，纷繁呈现，萦绕不绝。

但是身体还有另外一个意象，同样意义深长，它便是罪人的形象。早

---

[1]　玛丽-多米尼克·加斯尼耶：《发现身体：基督教思想中关于身体的几个元素》，载让-克里斯托弗·戈达尔和莫妮克·拉布吕纳主编的《身体》，巴黎，弗兰出版社，1992年，第71—90页。

在中世纪,宗教骑士团的权威们对于身体"这件灵魂的可憎外衣"就已流露出怀疑之意,16世纪天主教反新教改革运动中天主教会更是使这份怀疑得以加深。有罪之人的身体遭到贬损诋毁,它似乎不断述说了他正是借由身体而有可能堕入地狱。罪孽和恐惧、对于身体的恐惧,尤其是对于女性身体的畏惧就像被重复念诵的连祷文一样以警告或谴责的形式被经常提及①。自原罪之后,人类便无法抛却欲望,圣安东尼和圣杰罗姆的诱惑一直都是绘画的主题,这正显示出一种愿望,希望能不断提醒世人,肉体是懦弱的,任何人不管其地位身份如何显赫,亦不管其灵魂力量如何强大,他都不能言之凿凿曰自己能够抵制诱惑。因为人们所谈的与其说是身体,不如说就是"肉体";因此性欲是"肉体的刺激",而性关系则是"肉体的行为"、"肉体交际"。甚至当人们用一种高雅的措辞来论及此事——比如用"拥抱"一词——,人们指出的身体也总是具体有形且被内涵化②。身体,它既是宗教人士的修身之所,也是他们求索信仰的得失关键。

在关于身体和其产生的形象方面,基督教的言辞透着一股平衡的论调:既对名号贵族化而又对身体蔑视化的一种双重行为③。身体具有两面性和无常性,就像寄居在这副皮囊之下的人那样。事实上,教会在这个问题上从来没有达成统一意见,长期以来,其立场一直都处在演变中。在14世纪末起的让·热尔松和17世纪的塞尔斯的圣方济各这两者的思想中,对于一个匀称的身体,他们持一种更为审慎的意见,身体的形象正面积极,这与一种对于世界的悲观解读和关于身体的负面研究角度截然不同,后两者都承袭于圣奥古斯丁和格列高利一世的思想,并且在17、18世纪得到了某些神秘流派和冉森教派的推广演绎。人类不就是上帝创世的一件最美妙的作品吗?目光凝视下的身体,健全优美,它在文艺复兴的艺术品中表现极为丰富,或许具有此倾向的审美正是受到了柏拉图学派哲学的影响。在表现圣徒殉教或神化圣徒的作品中,人们看到的正是这种

---

① 让·德吕莫:《罪孽与恐惧:13—18世纪西方的犯罪感》,巴黎,法亚尔出版社,1983年。

② 让-路易·弗朗德兰:《拥抱的时代:西方性道德的由来(6—11世纪)》,巴黎,瑟伊出版社,1983年。

③ 这种双重方式还表现在一些灵修书籍中:关于身体,最大的乐观也近乎最深切的悲观。参考菲利普·马丁:《洛林地区的灵修书籍》,载《法国教会史杂志》,第83卷,第210期,1996年1—6月,第163—177页。

人体的造型美。亚当和夏娃在被赶出伊甸园之前，身形表现得曼妙和谐。因为人类无法控制自己的情欲而犯下罪孽，这样的躯体完全就是一副混乱、堕落的皮囊，它与前者形成鲜明对比。天国的世界尤其是圣洁之地，不容许有任何的性欲杂念；亚当和夏娃的身边还生活着成双成对的动物，它们也表现出一种类似的克制。这都是一些无欲无求的生灵之物。在亚当和夏娃铸下无法挽回的弥天大错之前，万物生灵便是如斯景象……

在文艺复兴到启蒙运动的这数百年中，西方社会一直无法摆脱这样一条规则，即在任何社会中，关于身体的意识觉悟都不能脱离于生活的理想和世界观。关于宗教身体的研究分析并不能只限于教会的经文，即使它具有威信和影响力。16 世纪天主教反宗教改革运动时期，不仅教会关于身体所持的看法并不统一，而且它也必须对另一种关于身体的意识予以重视，后者也是另一种生活的领会和另一种宇宙观：来自乡村阶层关于身体的意识，神奇而不可思议。自中世纪起发生的社会基督教化和农牧文化的旧时背景景象形成鲜明对比，身体在后者背景下所受到的影响与其在教会文化中所受之影响并不相同，因为教会文化首先强调的是终极命运，它赋予个体躯壳的只有卑微的价值和昙花一现的瞬间。

人类就这样代代传承至今，而宗教权威却不总是这么认为，当它对这些传承产生质疑的时候，它甚至会对此做出否决和对抗的决断。但是，教会还是不能做到全然不顾这些传承的事实；再说，它又拿得出这样做的方法吗？它尽力吸纳那些近似的思维模式；它将笃信宗教这事儿修饰一番，使之变得能为人接受，尤其是多亏了那些受人顶礼膜拜的圣徒，他们扮演了不可或缺的说情者。在笼罩的正统大义的外衣之下，教会教义、民众习俗和医学告诫之间的转变和调和总是被不断地猜度出来①。

关于宗教身体的研究领域博大精深，虽然人类学家、表象史的史学家和艺术史家已经开启了这个领域的研究，但这块领域仍然乏见成果。他们的研究有助于解释中世纪和近代有关宗教身体的变化发展；但是这个主题确实不是他们的关注焦点，他们只是附带研究触及至此②。今天，有

---

① 阿尔丰斯·杜普隆：《教会与异教的连续性》，载《另类》第 15 期，1978 年，第 201—205 页。尤其请参考其作《神圣之事物：圣战与朝圣——图像与语言》，巴黎，伽利玛出版社，1987 年，特别是"宗教人类学"部分，第 417—537 页。

② 纳代耶·拉奈里-达让的《身体的创想：从中世纪到 19 世纪末关于人的描述》为例外之作，他十分重视身体在宗教上的那些表现，巴黎，弗拉马里翁出版社，1997 年。

关身体在宗教世界中的再现的这部历史是一个开放的领域,摆在我们面前的便是这项研究的最重要部分①。

在指定的有待展开的领域中指出研究角度,梳理头绪从而力图阐明在文艺复兴到启蒙运动这数世纪中的男男女女在与修道士和圣徒的联系中如何感受他们自己的身体,同时考虑宗教权威的教诲和信徒的行为,强调宗教仪式、身体固有的象征体系,这些正是这项研究分析的意义所在:无疑在这种方法中天主教教会的经文起着决定性作用。不仅是经文,而且那些圣像亦是如此。

事实上,圣像和宗教论战同时产生并起到了推波助澜的作用②;因为它具有一种无可争辩的暗示力量,随着反宗教改革运动的发展,它成为天主教会维持或重新争取信众人数的一项必不可少的利器。在教区民众进行宗教膜拜仪式的地方,圣像一直存在其中,而现在它随着漫天散布的宣传页单也飞进了乡下人那淳厚朴实的内心。因为圣像主要就是对于身体再现的理解,所以这里我们将赋予其该有的作用,图文并茂地进行论述。

1

救世主的圣身

耶稣之圣身是基督教寓意的基本点,基督教是唯一讲到上帝以人的形态出现在历史中的宗教:是上帝幻化肉身降世为人的宗教。耶稣,即上帝之子,出现在尘世,历经人类生老病死。他降临到这个世上,生存然后又死去,在痛苦中完成了他的使命:为了拯救这些罪人,他将自己交付于公判之下,将自己的身躯置于残酷折磨之中。从道成肉身到死而复生,这一过程所涉及的正是身体,这是大爱之神的身躯,他甘愿舍生取义,然后再以耶稣升天这一绝唱形式返回天国。"基督教建立在身体的毁灭、耶稣

---

① 关于中世纪这段时期,让-克洛德·施密特近来在《身体、习俗、理想、时代:论中世纪人类学》中收录了一些具有革新意义的文章,巴黎,伽利玛出版社,2001 年。

② 参考奥利维耶·克里斯坦的研究著作,特别是《象征性的革命:胡格诺派的圣像破坏运动和天主教派的重建》,巴黎,子夜出版社,1991 年。

身体的毁灭之上……①。"出现于中世纪的基督教中心论得到了出席特伦托主教会议的神父们的大力推崇,他们将耶稣基督置于永福牧函的中心位置,对于他在尘世的每个生命阶段,尤其是耶稣受苦的部分,都赋予了重要的文化意义。

1) 短暂一世的足迹

天神报喜-道成肉身这个题材仅仅开始于 13 世纪,那是热衷日课经和爱情法庭的一个时代,这个具有深刻内在的主题很快就发展成为基督教国家中内容最丰富的题材之一了。中世纪的图片商、画家和雕塑家们就已经想要捕捉"那令人眩晕且难以置信的瞬间,在那一刻历史为之变色",圣子道成肉身。那么我们就成为了见证人,见证了圣母玛利亚的决心所表现的一件主要事件。事实上,圣母玛利亚正是宣布了她接受上帝旨意的决心,才成为了圣母。在许多描写这一时刻的古画中,画家们通过勾画一个驾着金光、充满生气的"精灵",来具体表现圣母玛利亚受孕的场景。那道金光便是"象征着神圣天父与世俗选民之间的联系②"。在这些道成肉身的绘画作品中,降世人间的耶稣基督,他身上人神合一的双重性被表现得略向人性偏倚了,并因此在新教面前落人口实。因而这些画作都遭到反宗教改革的天主教会的一片斥责。事实上,天神报喜的主题在16 世纪仍然被广泛地再现,这个画面的寓意深处以及神奇之处很快便被过分矫揉造作的创作风格喧宾夺主,这样画面的寓意也就失去了力量。到了 17 世纪,这个主题变得越来越少见,从此以后,无玷始胎成为天主教会宣扬的主要对象。

后特伦托时代的肖像画集在很大程度上围绕耶稣圣诞的主题,通过两种版本进行创作:对牧羊人的崇敬和对三博士的崇拜。尤其是第一个版本的画集创作于 16 世纪和 17 世纪前半叶,先后在意大利和法国都深受大众喜爱,取得了巨大的成功。受到《路加福音》(2:8—20)的启发,那

① 米歇尔·德·塞尔托:《16—17 世纪的神秘寓意》,巴黎,伽利玛出版社,载"历史图书馆"丛书,1982 年,第 109 页(1987 年再版,Tel 丛书)。
② 让·帕里斯:《天神报喜》,巴黎,目光出版社,1997 年,第 30 页。

些画作的资助者们和艺术家们坚持认为神圣纯洁又弱不禁风的婴孩耶稣是被一群地位卑微的牧人找到并得到承认的。因为这不是受万人称颂的王中之王,而只是主的羔羊,他躺在稻草垫上,围绕着他的都是热爱他的牧羊人。这是一种意谓上帝之子道成肉身的教义和得到人类承认的一种方法①。

由福音传教士们所传播的耶稣基督的生平叙述不能完全回答信徒们所提出的关于上帝降世经过的所有问题。耶稣是否曾留下了一些证明他存在的痕迹?是否曾经存在一些他尘世生活的物质痕迹?耶稣长什么样子?如何看待救世主……

"维罗尼卡的面纱"②曾经是回答这些疑问的一个答案。这块"维罗尼卡的面纱"从 13 世纪开始被提起,后来保存在圣彼得大教堂,它亦被叫作耶稣裹尸布,或许就是罗马最负盛名的一件珍贵圣物了。这张耶稣面容通过瞬间接触从而获得,它证明了救世主确实存在过,是耶稣曾经在尘世中出现过的记号。因此这件神圣的宝物曾经通过庄严隆重的仪式展示给跋涉在朝圣路上的虔诚信徒,此类场景在蒙田的《意大利游记》中都有描写。而若能够拿到一件耶稣面容的图片复制品用来收藏,这对于无法完成去罗马朝圣的人来说不失为做了"一次精神上的朝圣之旅"。

虽然说这块"维罗尼卡的面纱"在西方尤其受到世人崇敬,但是它并不是唯一再现耶稣的实物。"埃德萨的曼迪罗圣像③"分别在罗马、热那亚和巴黎三地各有一个版本,这也是最古老的实物版本。到了 16 世纪末,民间又出现了另一个图像并很快就流传开来。它取材于新约次经——伦图罗斯书,以及新近传入西方的一块"维罗尼卡的面纱",这块面纱也显示了耶稣的轮廓。1500 年,教皇亚历山大六世将这块面纱的复制

---

① 埃米尔·马勒:《16 世纪末、17 世纪和 18 世纪的宗教艺术:特伦托主教会议后的画集研究——意大利、法国、西班牙、弗朗德勒》,巴黎,阿尔芒·科兰出版社,1951 年,第 243 页。

② [译注]"维罗尼卡的面纱"是基督教传说中一位名叫维罗尼卡的犹太妇女所披戴的面纱。当时她见到耶稣背负十字架走向髑髅地而深受感动,便把自己的面纱摘下递给他擦汗。当她收回面纱时,发现上面印有了耶稣的面容。12 世纪在罗马发现一块布质面像,据说就是维罗尼卡面纱上的耶稣面像。

③ [译注]也叫作圣手帕或"非人手制作的圣像"。据说它不仅仅是基督真实的肖像,而且还是基督乐意地创制了它,因此它常被视作基督道成肉身的证据。

品赠予了萨克森选侯英明的腓特烈；它被用来作为无数复制品的模板，这些圣像复制品的大量制作使得这块面纱在北欧国家一时间家喻户晓①。

耶稣在尘世短暂逗留的最后也是最薄弱的一项"证据"就是圣墓里包裹其圣身的那块神圣的裹尸布。相对于其他印有耶稣肖像的织物来说，这块裹尸布在历史上出现得比较晚。它第一次被提到是 1350 年在法国夏朗德小城利雷，彼时正值黑死病肆虐横行。瘟疫所导致的那些恐怖的灾难，对于末世的恐慌以及关于最后的审判的末世论，这些都驱使惊慌失措的民众对于在那时看起来像是唯一救赎的事物趋之若鹜。一个世纪之后，这块裹尸布成为萨瓦家族最珍贵的圣物，并且在 1578 年被郑重地安置在了都灵。面对蜂拥而来的朝圣者们，罗马教廷明确指出了笃信宗教的含义：有些人来到都灵"并不是为了将这件圣物作为耶稣基督的真实裹尸布来虔诚参拜，而是思考耶稣所受之苦，特别是参悟耶稣罹难和埋葬的问题"，对这些人的罪都特别予以赦免。

遭受折磨的耶稣为了救赎人类而甘愿牺牲，这在 16 至 18 世纪的宗教世界中占据了一个主要的位置，诸如沉思书和肖像画资料都能说明这个问题。在传教士耶稣托马、帕尔马的路易以及圣十字保罗神父的宣扬传颂下，救世赎罪这条奥义更是受到特别的虔信。1578 年，神父加斯帕尔·洛阿特对于耶稣受难的礼拜之所以会得到广泛传播给出了自己的解释。他认为原因便在于这是对耶稣一生全部的"概括回顾"；它是一个"缩略的方程式"，里面涵盖了宗教的全部道德要义。从此以后，无论在公众场合还是私人空间，修行和思想都深深地受到了耶稣受难的影响，这一主题的各种宗教续唱中，耶稣的身体都被赋予了永恒和令人难以忘怀的意义。"带荆冠的耶稣"或"受辱的耶稣"，"绑在刑柱上的耶稣"或"受鞭刑的耶稣"，"身负锁链的耶稣"，"令人同情的耶稣"或"痛苦的伟人"，所有这些修饰词都表现了耶稣降世为人在救世受难的那些时日里，身体和精神所受到的连续残酷的折磨。除了福音书的记载之外，一些伪经中也提到了耶稣受到的其他酷刑以及一些不为人知的苦痛，似乎人们应该进一步地深信，救世主耶稣曾经受到了最为屈辱的对待，承受着闻者伤心、见者流泪的那种苦痛，在身心上受到了一个普通人所能承受之极致的蹂躏。

---

① 《基督画像》，载《展览目录》，伦敦，国家画廊，2000 年 2—3 月，第 94—97 页。

画像在这项宗教礼拜的传播中成为一件主要工具；随着印刷术的问世，不计其数的表现虔诚信仰的插图都被用来使神职人员的演说变得更具说服力，大量栩栩如生的图像直接向信徒展示了受到侮辱并被谋害的救世主的形象。人们对耶稣所受种种苦难心怀崇敬虔诚，对耶稣身上的五伤圣痕顶礼膜拜，尤其是对肋骨上的那处伤痕更秉持一种虔敬笃信，这种信仰使得从 14 世纪到 18 世纪围绕耶稣遭受磨难的身体所产生的所有信仰和祭拜仪式最终都落到了对于耶稣圣心的膜拜，后来演变为崇拜圣体心脏和神秘的葡萄压榨图①。

2) 耶稣受难的刑具

耶稣受难时所用到的那些刑具都象征着这位救世主当时经历的痛苦遭遇，每一项刑具用其实实在在的物质外形使人联想到耶稣的身躯遭受残害的那一刻。到中世纪末期，在宗教信仰和艺术中，人们将之命名为"基督的武器"。人们意欲由此来表明，在耶稣受难过程中，所有曾经残害其肉体并将其致死的刑具都表现了在耶稣战胜撒旦的斗争中那些"武器"的真实存在②。如此傲人的胜利——这些刑具主要是十字架、长矛、荆冠、三四颗的钉子——完全值得人们通过一种特殊的崇拜来表达他们的敬意。而且，人们不是曾经那样说吗？耶稣基督将在世界末日的最后审判中现身，他受难时的那些主要的刑具也将一并出现。届时那些刑具对于被天主弃绝之人而言就意味着他们将受到惩罚，而对于天主的选民来说那便是大爱和胜利的象征。耶稣基督所受的这些苦难变成了福祉的源泉。

在 15 世纪末期和 16 世纪初期，这项崇拜流行至极。每个人都想要"身负十字架"，因此这些"基督的武器"被尊崇为救世主为救世赎罪所受凌辱的标记；这在诸多宗教虔信和肖像画集的主题中都有体现，诸如《仁慈的天主》、《耶稣降架图》、《墓中的耶稣》、《受苦的人儿》，耶稣基督身负

---

① ［译注］这是基督教画像的一个主题，象征着耶稣受难以及其圣体，后来得到教会机构的宣传推广：耶稣即葡萄植株，众信徒便是生生不息的蔓枝。

② 参考词条"耶稣受难的刑具"，载《神秘主义与苦行主义的灵修词典》，巴黎，博谢纳出版社，第 50—51 分册，第 1820—1831 行。

各种受难的刑具出现在这些作品中。随着时间的推移,新的象征之物不断出现,丰富了这个主题:圣墓里的裹尸布,耶稣的褴褛衣衫,鞭笞耶稣的鞭子,红袍,彼拉多洗过手的水壶,无缝长袍,士兵们抓阄分耶稣衣服时用的骰子……

16世纪和17世纪涌现了很多关于耶稣受难时的刑具的著作,在当时对于耶稣受难的崇拜祭礼也受到了方济各会的修士们大力推广;但是在这个主题的著作中基本都配有插图,目的就在于将大量的宗教笃信的圣像直接呈现在众多信徒的眼前,这些宗教信仰都是以崇拜受折磨的身躯为主旨,诸如日课经里的插图、印有圣像的宣传画页、油画、宗教场所的雕像群、耸立岔路口的耶稣受难像。一直到19世纪,这项崇拜耶稣受难刑具的祭礼在德国、瑞士和奥地利依然盛行;并且正是在那里,这个主题在一些木制构造上的生动体现使它在艺术表现上达到了顶峰。

无论在街道上,还是自己家里又或是在教堂里,到处都提醒着人们耶稣所受之苦难:深深插入头颅而使头部鲜血四溅的荆冠,穿透血肉之躯将四肢钉在刑柱上的铆钉,朗基努斯用来刺入已面无血色的耶稣肋部的长矛……这些表现耶稣受难的标志被大量推广宣传使其艺术再现和象征意义深入人心,这或许便是反宗教改革运动赢得的最漂亮的胜利之一。有时候,象征符号体系运用类比思维中的一些模式,反而能够使这些象征符号更好地为老百姓所理解。正因如此,西番莲,也称为"耶稣受难之花"便成为了耶稣基督所受苦难的生动象征。一位耶稣会的学者拉潘神父,在1665年出版的著作《书的花园》中就用这样的语句讲到这种植物:"西番莲花开在茎秆的顶部,看上去就好像在花瓣之上带了一顶荆冠,那些花瓣边缘呈鲜明的锯齿环形。花中央的花柱上端三颗分开的雄蕊象征着那些尖尖的铆钉。神圣的救世主啊! 西番莲花之所以能够让我们回想起您所受到的残酷苦难,正是这些具有象征性的标志①。"17、18世纪,大量描绘西番莲的虔诚画像在民间传播开来;尤其是威利克斯一族的作品,他们是安特卫普的伟大雕刻工,支持反宗教改革运动。这些画像都表现出同一个意愿,就是把大自然本身当做反映耶稣苦难的一面镜子。在这里一切都具有了意义。

① 由让·阿瓦隆引述自《西番莲传奇》,埃斯库拉普出版社,1928年,第282—287页。

3) 五　伤

"五伤"这个说法是由皮埃尔·达米安在 11 世纪第一次提出的。圣方济各在阿勒维纳山上时在身上被印下了圣痕,这一事件引起了巨大的轰动,虽然这标志着五伤圣痕开始出现在中世纪和近代的宗教笃信中,然而教会大力推崇对于五伤圣痕的崇拜还只是从 14 世纪,尤其是从 15 世纪开始;这种崇拜祭礼与对十字架以及带耶稣像的十字架的崇拜并没有相互分离开来。从宗教礼拜的角度来看,无论是对于十字架的崇拜还是"耶稣受难日",这都表明了耶稣受难的刑具与耶稣为拯救世人所甘受苦难的个人之间存在着紧密的联系。

14 世纪,弗里茨拉尔的一所本笃会修道院创立了五伤节,随后这项虔信仪式便在德国民间流传开来;1507 年在美因茨,人们将这个节日放在圣体节八日庆后的星期五举行。到了 16 世纪时,据说由福音传教士圣约翰撰写的《五伤弥撒》流传甚广。在当时人们认为做五伤弥撒可以让灵魂从炼狱中得到拯救升天;世人敬献此弥撒之礼,便既可得到永恒的救赎又能得享宗教与尘世的圣宠。五伤圣痕早已成为救世赎罪的象征。当人们对着带耶稣的十字架崇拜祈祷之时,这些身负罪孽的世人们的目光凝视之处正是这五处带着血渍的伤痕,它们提醒着人们耶稣为拯救世人所做的牺牲。

由此,人们对数字 5 也产生了可以说是一种强迫性的崇拜之情:做祷告时必念五遍天主经和圣母经,有些人将斋戒期定为五天,有些人则习惯每餐喝五口酒,有些则体现在服饰造型上,在布里吉达修会会士的衣服上或是在英国的"求恩巡礼"运动中反抗者服饰上都会附上五伤的标志。16 世纪里昂出版的有些著作的题目里或尾页的背后,人们仍可见到五伤徽章;可见人们竭尽全力到处寻求五伤圣痕的庇佑。

从 15 到 18 世纪,圣像的主要元素便是耶稣基督的五伤圣痕和耶稣受难时的刑具。无论是 15、16 世纪的印有图案的彩色木制品,或是 17、18 世纪的铜板雕刻品,这些雕刻线条简洁,图案呈菱形或圆形,又或是出现在日课经里的画面更为精致的图片,所有这些五伤圣痕的画像图案构造均无差异;这些图像都是按照宗教里的一套虔诚纹章图集来构图描摹。

在图的四角，耶稣被铆钉刺穿的双手双脚被光环所包围；他的肋骨处的伤痕则被椭圆形的光环围绕。因此，人们正是通过描绘用光环围绕的伤痕累累的四肢以及图中间被一记长矛所刺的肋骨处伤口来表现耶稣的身体。似乎如此便能更好地体现证明，当刽子手们手中冰冷的利器撕扯着化身成人的救世主的血肉之躯时，耶稣所承受的肉体的痛苦。

但有时画像会显得更为写实和复杂。说它更为写实，是因为图画中，从这些创伤的伤口里渗出鲜红的滴滴鲜血，这使得画面感更为强烈。而说它更为复杂也是一样的道理，在被椭圆光环包围的伤口处出现了一个十字架，在十字架的纵柱上刻写着四位福音书作者的名字。在有些插图里，人们在耶稣的一处伤口里还画了身负圣痕、双臂交叉的圣方济各；在另一些图画里，头戴荆冠的耶稣头部下方画上了一尊十字架。然而这些图画虽然笔法表现并不精致巧妙，但却也不失细节的考虑。画面经常会配以一段较长的祷告经文或驱魔祛邪的咒语，以提升整幅图画的价值或起到护身符的作用。还有一些图案尺寸很小，印在徽章之上，人们可以随身佩戴，便可以得到长久的庇佑。

即使人们对于五伤深怀极高的崇敬之情，然而当人们谈起这些充满十足神秘魔力的圣痕之时，总免不了不时冒出一些离经叛道之事。宗教改革运动之前，虽然对于五伤的虔诚崇拜在英国根深蒂固，但是像"Zounds①"这种亵渎神圣的咒骂之词曾一度流传于民众之口，这种用语是表达"以上帝的创伤起誓"之意的一种滥用，此类用语在莎士比亚的作品中就并不鲜见②。对于五伤圣痕的崇拜由反宗教改革运动的天主教重新掀起并得到了他们的拥护，这一崇拜祭礼很快就被天主教派的信众所广为接受，并且由于它被定义为教义中众多重大奥义之一，因而它成为宗教论战中一个更加重要的论据。

耶稣肋骨处的伤痕受到人们非同一般的崇敬膜拜，因为透过画面真实表现来看，刺在耶稣右肋上的那柄长矛具有一个象征意义。除了头部，胸部构成了人体另一个重要部分，它被认为包含了人体重要生命能源。

---

① ［译注］古代表达愤怒或惊奇的诅骂语。
② 参阅路易·古高：《中世纪禁欲主义的祈祷功课和宗教仪式》，巴黎，勒蒂耶勒出版社，1925年，第74—90页。

但是这处伤口具有两重性:从创伤的裂缝边缘处,人们可以看到身体的内在,这道伤口看上去像女性月经的性器官又或是像一张渗着血水的嘴。所有神秘主义者们在拥抱带耶稣的十字架时,都心怀憧憬地希望能够亲吻一下"这张嘴":为了能够为耶稣输血,能够实现与救世主的紧密相通。在某些艺术作品的表现中,不正是耶稣似乎促使教徒们去做这样的传输?在某些画作中,我们看到的不正是耶稣用食指指着自己的那处伤口吗?

圣多默对于耶稣复活的怀疑成为在表现肋骨伤痕的艺术作品中最后的一段续唱。这个主题经常出现在 17 世纪的古典画作之中。这位门徒对耶稣复活所持的怀疑态度促使他将一根甚至是几根手指伸到复活的耶稣的胸腔里;豁着口的创伤就这样展露在这位目瞪口呆的信徒眼前,耶稣亲自握着他那只犹豫不决的手探查那道惊人的巨大伤口。

4) 苦难的人

从 15 世纪开始,"受鞭笞的耶稣"、"苦难的人"、"可怜的上帝"或者"钉在刑柱上的基督"此类主题便催生了一项重要的崇拜仪式,这在经文和画像中均有体现,画像尤甚。这项宗教礼拜仪式类似于耶稣五伤的祭礼以及耶稣受难刑具的崇拜,因为绑缚耶稣的那根刑柱也被视为是折磨耶稣的利器之一。17 世纪上半叶,"受鞭笞的耶稣"这项崇拜仪式得到了迅速普及,这与它在反宗教改革运动中所具有的影响有关。似乎从 17 世纪头几年开始,在里尔城的每个公墓里都耸立着一尊受鞭笞的耶稣雕像①;或许那时的人们来到这里,面对着被凌辱折磨得奄奄一息的耶稣冥想默思,希望能拯救垂死之人的灵魂。但是这项祭礼突然间得以迅速发展则是从 1661 年开始,因为就在这之前人们根据《降临在盖姆布罗克斯的奇迹》这本缩略本的记叙,得知在那慕尔附近的一家修道院里耶稣显圣,一座木制耶稣雕像突然间布满鲜血。消息不胫而走,大批病患、盲人、肢体残障人士等纷纷风闻而至,祈求得到这座神奇雕像的佑护;而且就和所有新出现的崇拜祭礼一样,在最初往往会出现那样的事例,久病缠身之

---

① 僧侣亨利·普拉泰尔:《面对圣迹的基督教徒:17 世纪的里尔》,巴黎,雄鹿出版社,1968 年,第 215—217 页。

人会不治而愈……某些宗教团体,例如像里尔的圣克莱尔修会的修女团
体和阿尔芒蒂耶尔的灰袍修女团体,很快便受到了这项苦行学说式祭礼
的感召,并推动了这项崇拜仪式的普及。但是促成这一飞跃性发展的最
主要的推手则是奥斯定会和方济各会的改革派教士们。在埃诺和弗拉芒
地区到处可见他们分发的宣传盖姆布罗克斯圣迹的小册子或现实主义雕
刻品。事实上,"受鞭笞的耶稣"这项宗教崇拜的发展在当时正好具备了
天时地利;那时爆发了许多天灾人祸,尤其是 1661 年至 1662 年的生存危
机,这些不幸都让当时的人们和社会团体机构感到茫然无措,唯一能做的
便是转向面对一处渗着鲜血的耶稣显圣之像,高呼"仁慈的主啊①!"这项
崇拜祭礼很快便传播到了西班牙和德国南部,那里的雕塑家们和画家们
在作品中采用写实主义的手法来再现耶稣的身体,希望由此来表现鞭打
折磨耶稣的那些暴徒们是如何的凶残暴戾;但是无论是这些鲜活且化着
脓的伤口,流淌在胸膛和四肢的淋漓鲜血,还是这具受折磨的身躯所摆出
的痛苦的姿势,无一不显露出对于病态美的一种鲜明偏好,而这种病态也
是那些隐藏的创伤突显之所在。

5) 隐匿的创伤

耶稣身上除了这些自然而然展现在人们眼前的巨大伤口外,其实还
存在其他一些不为人见但却同样非常严重的创伤。在带上荆冠之后舌头
被穿刺,受过鞭刑之后被投入黑牢,身负沉重的十字架而在肩部留下的伤
痕,饱受一番凌辱,尤其是身体被暴露于众之后身心受到的创伤,这些在
伪经和图画中都成为记叙和表现的主题。在德国南部、奥地利和荷兰天
主教地区,一直到 19 世纪,它们都一直是崇拜祭祀的对象。在天主教与
异端新教不断冲突的大环境中,这些隐匿的创伤有助于突显崇拜祭祀耶
稣身体仪式中痛苦价值论的意义。表现耶稣饱受折磨蹂躏的圣像被人怀
着某种自豪之情展示到信徒们的面前。

在巴伐利亚和施瓦本的教堂里,人们经常可以看到一些雕塑和画作,都

---

① 阿兰·洛坦编:《路易十四时代里尔人的生活和精神面貌》,里尔,埃米尔·拉乌斯特出版
社,1968 年,第 244—245 页。

表现了伤痕累累血迹斑斑的耶稣身负镣铐被锁在一个窄小的牢笼里。到了 1750 年,这一幕被写入上奥伯阿默高①的戏剧《耶稣受难记》里。有些表现救世主因于牢笼之内的画像令人联想到刑讯室和残酷的司法手段,这些和我们在 16 与 17 世纪的卷宗里见到的记载一样。这些场景通常并不具备任何的《圣经》依据,但是由于这些杜撰出来的场景使得信徒们深感罪孽,所以围绕苦难之人的一项崇拜祭礼仪式才能经久不衰,尤其是在乡下地区。

穿刺之舌是耶稣身上"第十处隐匿的创伤",此伤之重值得引起人们的些许关注。耶稣被戴上荆冠之后,一个暴徒用一根荆针刺穿他的舌头,并使得耶稣无法将其从嘴里拔除。这幅圣像使得一项专门的崇拜祭礼在 18 世纪的德国南部盛行一时,比如从《耶稣被荆针穿刺之舌的祷文》就可窥一斑,这篇祷文是由一位对末日审判忧心不已的信徒所写:"啊!受伤的神圣之舌啊!请您在我死亡之刻这样呼唤我的灵魂吧:'现在就到天堂安息在我身旁吧。'就让我最后说上一句:'主啊,请接受我灵魂的皈依②。'"

在 16 世纪之前,基督的穿刺之舌几乎没有以主旋律姿态出现过,但是在加尔文教派的殉教精神中找到了共鸣之处。当时那些受到天主教派迫害的牺牲者们就会被当作新教会的先知对待,加尔文会大力称颂其勇气可嘉。事实上,这些殉教者或将要殉教之人通过他们的行为切切实实地感化着那些信徒。在临刑前公开"表明自己的宗教信仰",所说之语被视为直接源自于圣灵。正是为了阻止殉教者开口宣讲,那些暴徒便将他们的舌头损毁,这使得行刑过程甚为冷酷血腥;暴徒将殉教者的舌头穿刺之后又用一块铁将之固定于面颊处,如此一来便可以让殉教者保持绝对缄默③。舌部毁损,即将舌头穿刺的"舌笞"刑法,这种做法沿用自中世纪,当时是为了惩罚那些出言亵渎神明之人,而此时此刻它成了因惧其言而闭其嘴的一种手段④,正如当时杀害耶稣的刽子手们害怕耶稣的圣

---

① [译注]德国南方小镇,17 世纪黑死病横行,当地神职人员率村民发愿,若上帝帮助该地度过此劫,该地将每隔十年演出"耶稣受难记",小镇因此剧而闻名远近。

② 妮娜·戈克雷尔引述在《宗教虔诚的形象和符号——施特劳宾公爵博物馆鲁道夫·克里斯之收藏》一书中,慕尼黑,1995 年,第 59 页。

③ 戴维·埃尔肯兹:《国王的火刑柴堆:殉教者们的新教文化(1523—1572 年)》,尚·瓦隆出版社,1997 年。

④ "亵渎神明之言语,无异乎将耶稣再次钉于十字架上,在耶稣的肋旁新添一处伤口。"(阿兰·卡邦图斯:《西方渎神言语之历史》,巴黎,阿尔班·米歇尔出版社,1998 年,第 55 页)

言会对围观民众产生影响那样。因此我们不禁会思考，关于耶稣舌部穿刺引发的这些假定的联想，难道就不是 16 世纪宗教争论所重现的一项古老的司法做法的结果？

再现这些隐匿的创伤，无论是肉体上的还是精神上的，都从不曾奢望能触及历史真相。与尊重图画的真实性相比，能够引发人们的宗教情感以及强化他们的宗教虔诚更为重要。展示在信徒面前的是一种生动无比、天然无饰、引发联想的信仰，每个人都以自己的方式来表达信仰；此时只需眼神意会而无需言传。

6）从受伤的心脏到受伤的爱心

在有些五伤圣痕的纹章上，人们会镌刻上那柄插入耶稣心脏的铁矛。这幅图案线条自然朴实，设计者正是想通过此画来表现长矛刺向耶稣的这一情景，就好像它已然刺穿了基督的胸膛。但是铁矛所刺的是哪一侧的肋骨？虽然四部福音书的作者们都没有提到过相关字眼，但是按一直以来的传统说法，教会提到的都是朗基努斯拿长矛刺入了耶稣的右肋，即那处崇高的肋部。遵照西方文化中的一个范型，所有的艺术家们都对耶稣的右面进行了艺术创造与再加工。因此，救世主的头总是转向右侧，而那位真心悔过的恶人①也位于耶稣的右边。至于那些福音书，我们都可以看到这样的记叙，到了末日审判的那一天，选民们都将会站在上帝的右手边。"右面"所被赋予的象征性意义之重要，使得人们将基督的右肋定义为被士兵用铁矛致命一击之处。诚然对人来说，对心脏造成创伤应该在左侧，但在精神上，为人类带来永福与救赎的正是耶稣的右面。然而人们确定长矛之击所致的结果必须遵循心脏固有的象征性参照体系②。因此表现耶稣右肋的图像就能传达出一条双重的含义：右肋之伤和受创伤的心脏。"正是通过肋部之伤，人们的崇拜对象最终落到了耶稣之心。"人们对于肋骨处伤

---

① ［译注］耶稣被钉于十字架上之时，两旁还钉着两个真正的强盗，其中一人，即位于耶稣右边的强盗因接受了耶稣的感化而真心悔过。

② 关于右侧代表的重要的象征体系，请参考皮埃尔-米歇尔·贝尔特朗的《中世纪与近代初期左与右的象征体系：社会人类学与肖像画集研究》，2 卷，博士论文，巴黎第一大学，1997 年；同上，《左撇子的历史：相反的人》，巴黎，伊马戈出版社，2001 年。

口的虔诚崇拜经过不断深化，逐渐演变成一项关于崇拜耶稣心脏的祭礼，其发展过程就犹如人们沿着长矛刺入身体的路径检视，从身体表面一直深入到最为隐秘最为神圣的伤口内部，从而探得耶稣之圣心。

按人体构造由外及内逐渐深入的这一崇拜祭礼的发展并不是什么前所未见的现象。圣伯纳早就赞美过"耶稣那颗仁慈柔软之心"，圣陆嘉与圣日多达对耶稣圣心的这项敬礼都很熟悉。而说到德国的神秘主义者，从真福者苏索到科隆查尔特勒修道院的修道士们，尤其以朗斯伯杰为代表，他们都一样为这项灵修的发展形成做出了贡献，而这项有关"心"的灵修催生了人们对于"受伤的爱心"的崇拜，它与"五伤圣痕"息息相关。至此，发展的途径被勾勒一清：正是通过洞开的伤口，人们获得了耶稣圣心之恩宠。基督向我们展示了从他肋部伤口通向心脏的通道，关于这一点，萨克森的鲁道夫大致是这样写的："人类是多么迫切要进入其中，将自己之爱与基督之爱结合在一起，就像投入炽热火炉的铁与火焰遇到一起只为最终融为一体①。"在16世纪初，"救世主内心所受之苦极为深入人心，许多神秘主义者因此将内心的苦痛作为静修和仿效耶稣的主要对象"。热纳的圣女凯瑟琳在耶稣基督身上看到一处"伟大的爱之伤"，而这处创伤同样深深在她自己的心上铭刻下了一个"内心的伤口"。到16世纪末，帕济的玛丽-玛德莱娜圣女证明了耶稣灵魂所受的苦甚于肉体之痛②。

画像推动了对通向心脏的身体深处这一探索。英国维多利亚与艾伯特博物馆收藏着一尊1425年左右的佛罗伦萨的雕像，其形态令人咄咄称奇，它表现了站立的耶稣充满好意地拉开那处伤口，就好像在邀请信徒将手指朝伤口里再伸进去一点，告知他这处具有象征性的伤口的重要性并引导他对圣心产生虔诚崇拜之情。因此对于圣心即受伤之爱心的崇拜仪式由来已久。弗拉芒的雕刻师威利克斯在念珠上镌刻出一颗颗或闭合或开放的渗着鲜血的心，这些念珠在德国和荷兰都能看到。这项圣心的崇拜仪式正是在17世纪初和反宗教改革运动一起从那里传入法国。之后这项敬礼传到了受难修女会，这是约瑟夫神父于1617年创立的一个本笃会修士

---

① 由路易·古高引述在《中世纪禁欲主义的祈祷功课和宗教仪式》中，前揭，第95页。
② 词条"耶稣受难的神修神学"，载《神秘主义与苦行主义的灵修词典》，前揭，第76—77分册，第332行。

的宗教组织。人们进行五伤的宗教崇拜活动,就是伏在十字架下进行祷告并冥想沉思耶稣身负的五伤和那颗受伤之心,那是一切永福之源。每星期五,修女们对被铁矛所致的"神圣的肋部"之伤进行沉思感悟,星期六,每十个修女中就会有一个来做"圣母玛利亚的怜悯的祷告仪式":她向玛利亚祷告,请将她引领向耶稣之圣心,从而能够做到与耶稣相通,感受他那鲜血淋漓、心神耗尽的充满慈爱的一生。仁爱修女会和"可敬之心"协会成员们也都举行了敬拜圣心的礼拜仪式,同样还有那些深受撒勒爵精神影响的圣母往见会修女团体也纷纷举行此类敬拜仪式。至于"可敬之心"协会,这是由真福者圣若望·欧德创建,他亦是 1668 年圣心弥撒及 1670 年值得崇拜的耶稣圣心的祈祷功课的创建者。然而在敬拜成风、崇拜者如云的当时,圣心敬礼的伟大倡导者则是玛加利大-玛利亚·亚拉高克。

就在 1675 年 6 月的圣体节八日庆期间,耶稣在巴莱毛尼显圣给圣母往见会的修女玛加利大-玛利亚。事实上,这并不是耶稣第一次显圣给她;但是在那一天,耶稣告诉这位修女,她被选为向世人宣扬圣心敬礼的使者:"我要求你,将圣体节后的第一个星期五专门设为一个特别的节日,让人们来恭敬我的心,恭领圣体,并对此心予以恭敬的赔补";而且耶稣把圣心露出来①,并对她说道:"看,我的心是多么热爱世人啊……②"

圣心即指耶稣之肉心;它不是一件冰冷无生命之圣物,而是一个有血有肉充满生命的器官。对世人来说,这颗血肉之心构成的象征就是耶稣之大爱;因此它既是一颗人类的心脏也是代表着博爱的上帝之心。玛加利大-玛利亚的语言以及她所描述的那些现象使她成为历来见到显圣异象的众多人中以及中世纪神秘主义者中的一员,和圣陆嘉、赫克本的圣玛琪蒂、圣日多达一样,耶稣圣心的敬礼构成了他们精神生活的基础:他们与圣心间的交流相通,心与心之间的相通渠道,沐浴圣光普照,感受刺穿③,在受伤的圣心中得到庇佑④。

---

① [译注]形状如教会准印的耶稣圣心像。
② 修道院长安德烈·让-玛丽·哈蒙:《虔信圣心的历史》,第 1 卷,《圣玛加利大-玛利亚生平》,巴黎,博谢纳出版社,1923 年,第 173 页。
③ [译注]这属于天主教神秘主义的一个概念,意指心灵被一只燃烧的金箭刺穿。
④ 词条"圣心",载《神秘主义与苦行主义的灵修词典》,前揭,第 2 卷,第 1023—1036 行,以及词条"玛加利大-玛利亚·亚拉高克",出处同上,第 10 卷,第 349—354 行。

然而,玛加利大-玛利亚所揭示的耶稣之大爱鲜为人知。在这颗血肉之心的背后,我们看到的完全就是一出意在赔补的戏剧,所述之事及一些概念都与其同时代的君主模式有关:有关统治者的一些叛逆且令人不快的主题,受到惩罚的可能性,"末时代"与"最后的救治"的再现,关于"通过当众认罪再予以恭敬的赔补"的观点,抑或是有一种观念认为通过圣心连接的上帝与世人之间的这种新的结合关系即将结束——圣心就犹如是给予最后机会的媒介。因此圣母往见会的修女们显然是受到了她们所处时代的社会与宗教大环境的影响。然而虽然这项关于圣心的敬礼传播于 18世纪,但它却是从 19 世纪开始才产生广泛的影响并得到了教会的官方承认。尤其是 1870 年之后,这项崇拜仪式在法国得到了了蓬勃发展,国家的道德重建亦置于圣心的庇护之下。

7) 神秘的压榨机

从肋部伤口流出的血水使这处伤口变成了圣宠之门户,即承蒙洗礼圣事和圣体圣礼的恩宠:犹如喷泉的洗礼水和作为食粮的圣体圣血。15世纪末的一些雕刻版画除了表现耶稣受难时的那些刑具之外,还有就是由两位天使护佑的受伤圣心;但是到了 16 世纪初,更为常见的画面便是天使手执盛放着圣血的圣餐杯;当神甫举起圣餐杯的时候,远远地看,杯口的椭圆轮廓就像那处伤口的形状。而且这一圣像还配有一些成文用语。很长一段时间里人们将这些画像用于迷信活动,特别是在特伦托会议及其发出的禁令之后,这些用语对于画像的迷信用途起到了推波助澜的作用①。

关于肋骨伤痕的主题逐渐演变成神秘的榨汁机,从那儿流淌出耶稣的圣血之酒。早在 13 世纪初,圣波拿文都拉就将肋骨伤口比作神秘的葡萄。由约书亚和迦勒扛到迦南地的那串令人赞叹的葡萄亦出现在著名的圣像画集中,很可能就是耶西之树的有些画像普及了葡萄树的形象,那些耶西之树不同于传统的树木,在它上面就像葡萄藤一样长满了串串葡萄;

---

① 达尼埃尔·亚历山大-比东主编:《神秘的压榨机:勒克罗斯学术会议会刊》(1989 年 5 月 27日),巴黎,雄鹿出版社,1990 年。

正如用生命之木所修剪成的十字架,从那里萌发出葡萄的卷须藤蔓。在接下来的文献经卷以及艺术作品中,我们看到相关主题由葡萄树演变为压榨机;大概就是以赛亚书里的压榨工的画像对这一演变起到了推动作用:"我在客西马尼①独自承受着压榨和煎熬;我的门徒里没有一个人和我在一起。"而且信徒们在受煎熬的救世主与耶稣受难的刑具之间很容易找到一些联系:压榨机的螺杆让人想到十字架的柱子,固定荆冠的螺母,从柱子上下来的梯子,而圣餐杯经常被放置在压榨机的斜槽下面。神秘的压榨机,这一题材在 16 世纪下半叶和 17 世纪上半叶得到了充分发展,并且主要就是在北欧的那些国家,这是几股潮流互相交融影响的结果。

方济各会和多明我会先后都推动了圣血主题的发展,这个题材使得他们福音传教的言语变得更具说服力。后来每次天主教会陷入危机之时或当它试图巩固自身的组织结构,这个主题便又会被人再度提起,因为鲜血在当时让人联想到宗教恐慌。锡耶纳的圣凯瑟琳提到对"耶稣仁爱之血"感到极为陶醉,而在 1496 年的一次关于世界末日的布道中,萨伏那洛拉将十字架比作喷溅出救世主圣血的一台压榨机。到 15 世纪末,神秘压榨机的画都采用写实以及蕴意痛苦有益论的手法来表现,因为这些画作需要引起人们对于救世主所受之苦难的注意,从而加深信徒们内心的怜悯之情。正如葡萄受到榨汁机里那些木头柱子的碾压那样,耶稣也被捆缚在十字架上承受着巨大的折磨。有些画家甚至力求再现出那种令人惊异万分的画面,画中圣父自己转动刺入身体的螺钉,使得鲜血从身体里喷涌而出……与此同时,大家都盛传,圣血是世人得到救赎的最可靠方法。从此以后,祝圣用的葡萄酒和面包便被当作了耶稣之圣血和肉身。在长达两百年的时间里,压榨机在反宗教改革画集中是表现最丰富的题材之一。事实上,天主教与新教之间的论战对压榨机这个主题的再现就起到了助推作用,尤其是当时葡萄为圣血的圣餐变体是这条教义的必然蕴意所在。"流血的耶稣"在农牧林间变成了一个重要的论据。况且,圣血不再具有人体构造和生理上的真实性;它是救世主做出牺牲的象征。耶稣血迹斑斑的身躯蜷曲在十字架所在的各各他山下,这片髑髅地再次充满

---

① 〔译注〕原文为 pressoir(压榨机),圣经中指客西马尼园,为耶稣受煎熬之处,因而有意义相通之处。

暴力地肯定了圣体圣事中耶稣基督的存在。

这些画像在当时还起到一个主要作用。它们不仅可以代替布道传教的言语,而且由于其栩栩如生的画面,它们还经常比言辞更具说服力。诸如"葡萄藤十字架"上的耶稣、流着"圣血"的耶稣,或是"葡萄树上的神圣家庭"之类的艺术画作再现了缚于十字架这部压榨机上的耶稣鲜血淋漓的形象,这部机器碾压着耶稣的身体,榨出他的圣血。这些画作既具有宗教宣传的职能又具有教理问答的作用。在充满神秘信仰的葡萄收获季节中,艺术家们、画家们或玻璃工艺师们迸发灵感,用血液之红即神圣的红色来进行艺术创作。在孔什或是圣艾蒂安-迪蒙那里,16、17世纪的玻璃工艺师们创造展现出了一种"充满生命活力的"圣血形象,它从耶稣的伤口流出,然后从压榨机的斜槽迸溅而出,在压榨机的上面刻画着站立或躺着的耶稣,就像榨葡萄一样。画面中使徒和修士们,权贵与主教们围在收集圣血的木桶周围,流下来的鲜血溅洒在他们身上。玻璃工艺师们的这种色彩强烈的创作,其灵感来自于相关主题的雕刻版画。在16世纪下半叶,威利克斯家族就创造了大量以神秘压榨机为主题的雕刻作品,耶稣会的会士们又将它们大批地带到了反宗教改革进行得比较成功的国家:德国南部,奥地利和旧荷兰。不过在大量的画集和路德经文中,关于神秘的压榨机这个主题也并非是空白。里面就有主题是表现朝圣的罪人前来卸下承装自己罪孽的袋子并放在压榨机上面,而就在那里耶稣用双肩承载着这令人难以承受的重负;从这部压榨机里流出的圣血为其指出了一条前进之路,沿此路跋涉,他便能到达锡安山,最终得到救赎,在那里死而复生的胜利的救世主正等待着他。这两大教派都采用了相似的画像来阐释传教士守则及不同教义。

8）圣医基督

福音书的作者们以及传统的基督教信徒们在基督信仰中感受到了拯救世人于痛苦深渊并使之得到宽慰的神的存在:他就是灵魂的救世主,也是救治身疾的妙手仁医。"这位圣医是谁?"圣奥古斯丁在他其中的一条批注中就这样问到。"耶稣基督,"他这样回答道,"正是他将治愈我们所有的伤痛。"大量经文以及画像都体现了这样一个主题,那就是耶稣为世人进行了"神妙地"施药治病。他还从冥界带回了拉撒路。让往生之人死而复生,这难道不是医术的最高境界吗?

神秘的压榨机并不仅仅与耶稣所受之磨难联系在一起,它也被与病患们的病痛联想到一起。因为耶稣的圣血除了具有神秘色彩之外,还具有治疗的功效。圣波拿文都拉又提到了那个隐喻,他这样说:"被捆缚在十字架上的耶稣就像放在压榨机上的葡萄,他流出的血液是治愈百病的一种良药。"雅克·德·沃拉吉尼在一次关于耶稣受难的传教中,提到耶稣受到的肉体摧残是如何之强烈,并这样诠释道:"就像我们捣碎草药制成可以消除脓肿的膏药那样,耶稣的身体也一样受到研磨,变成了消除我们身上傲慢这个脓包的一剂膏药。"因此,这也就不奇怪,我们在药剂师的捣槌上可以看到耶稣受难的图像,有时耶稣的身体也会被比作"药房的药橱",由此流淌而出的药液抚慰了不幸之人的痛苦。16、17 世纪,在医院的墙上都挂着一幅幅神秘压榨机的装饰画,它们强烈地表达了一种观念,耶稣的身体就是恩赐圣宠的源泉,它既能治愈身上的伤口也能修复心灵的创伤。而圣血的主题也极富逻辑地与葡萄树这一题材联系起来。因此,16 世纪汤玛士·普拉特途径博韦地区时,他是这样记录的,他观察到那些瘰疬患者在洗药浴的时候会在他们的患处都覆盖上葡萄叶;而且我们知道从 14 世纪开始,在巴黎就可以见到一些装圣血的圣物小盒子,它们的形状就呈葡萄叶样。

18 世纪在德国的一些地区,"药师基督"经常被画家们选作绘画的主题。在弗里堡耶稣会的药剂房拱穹处,位于药房中间,画家们都绘有穿着东方服饰的耶稣,而天使们则充当他的助手。一个天使把炉火拨亮,另一个把分量之物放到天平上称重,还有一个天使在一个研钵里准备药膏。说起来还有一副 1731 年的油画,现今收藏于纽伦堡日耳曼博物馆,画中的耶稣坐在一家店铺里,四周都是药罐。一行标语将这幅图景之意表达得清清楚楚:"供应拯救灵魂丹药的药店"。

但是耶稣不仅仅是药师;他是一位医身又医心的圣医。一篇由托马斯·缪尔内所著的诗体论文《神秘浴室之旅》1514 年在斯特拉斯堡出版,此文描绘了当时相关的一些情景:人们使用火罐吸杯,象征着斋戒以及祭期前夕,用酸性泉水准备泡浴,表示这是有益的痛苦,并且蒸气浴行圣事,这是忏悔的象征。因而身与心在此举中得到了紧密的结合,由此达到了完美的境界。进入到民间信仰中的圣徒能治的只是某些病症，而基督则是万能，尤其是那些渗血的病症。也许在这一医治专长中我们应该思考一种双重体验的结果：福音奇迹与耶稣受难，血漏病的治愈和各各他山的牺牲，缓解的疼痛和忍受的痛苦。

9) "这是我的身体"

教会在弥撒圣祭中肯定了圣餐面饼里有基督身体的真实存在，这就将这副躯体变成了世界之轴。信徒们除了啃噬这一神圣的躯体外，不再抱有更为美好的愿望，因为这个圣餐就是必不可少的临终圣餐，是抵抗病害的保障，是得到拯救的保证。救世主的身躯就这样占据了集饮食、圣事仪式以及末世论于一体的复杂情结之中心。

历史上，基督教的吸纳融合借助了好几个途径[1]。在 15 和 16 世纪，其借助的便是受难耶稣的那副受到折磨凌辱的躯体，这幅圣像在当时已深入人心，人们通过苦行和自我鞭笞的方式身体力行，使自己的身体也像圣像一样受到残害折磨。反宗教改革运动把教义重新拉回到围绕圣体圣事为中心，并且在 16 世纪末将另一幅画像奉为首位，即圣餐面饼中基督真实存在的圣像。在反宗教改革运动召开的第 13 次会议期间，特伦托主教会议明确表示"要公开利落地教诲世人并承认，在庄严的圣体圣事中，面包与酒的祝圣变体之后，我们的主，真神亦是真实之人，耶稣基督就千真万确且以实体形式存在于这些可以为人感知的圣餐食物之中"。

耶稣是一种双重亲嗣关系下的孩子，同时具有人类与神的身份。他是神圣、阳刚果敢的圣子与柔软的人类肉身相结合的化身。圣子是通过玛利亚受圣灵感孕，从而道成肉身，降世为人；他被神化的起因便是他呼出的"气息"。他再现之时已不是以"人类肉身"出现，而是圣子身份。对于基督教徒来说，生物学上的出生，也即"肉体的"前后延续关系应该带来转世，应该伴随着"精神上的"演变联系。耶稣基督的肉身-面包就代表着

---

[1] 让-万桑·班维尔神父：《对耶稣圣心的虔信》，第四版，巴黎，1917 年，第 129—130 页及以下各页。关于虔信传播中信仰书籍的作用，请参考玛丽-埃莱娜·弗洛什莱-肖帕尔：《对圣心的虔信：宗教团体与信仰书籍》，载《宗教史杂志》，第 217 卷，2000 年，第 531—546 页。

其后代化身。在长期以小麦和面包哺育的文明里，对于最后的晚餐中的面包，我们的想象就会与耶稣所说的"这个就是我的身体"这句话产生象征性的共鸣：这就是赋予这个食粮以普世价值的仪式习俗。"人们创设这个仪式就是为了无论何时无论何地都将面包这个食粮变身为一具唯一且同样的身体①。"化为肉身的圣子就成为灵魂的食粮。

　　耶稣的躯体就如同食粮那样，这个隐喻因而一直盛传不息。16、17世纪就有许许多多表现这个比喻的画像，画中掰开的面包被大家分享，这种圣餐主题有些表现得比较隐晦，有些则很直白：《以马忤斯的晚餐》，《最后的晚餐》，勒南兄弟的《农民的晚餐》。教徒们通过领圣体仪式领受耶稣的身体食粮，并心怀虔诚地恭敬享用。因为基督教徒需要这个可以再次确认他属于耶稣身体一部分的祝圣面包。在一番忏悔告解之后，正是这个圣体才能消去曾经的错误、小过失或是深重的罪孽，保证他能被再次接纳融入这神秘的身体。因此一种紧密的相互关系就这样建立以来了：耶稣的身体哺育着基督教徒，而基督教徒又成为了耶稣身体的一部分。经常性地参加领圣体似乎就成了基督教徒的首要功课。

　　但是仅仅领受耶稣的身体还不够；还需要对救世主的身体进行怀念和颂扬。由于圣体崇拜仪式得到了教会通过各种形式的大力宣传，所以在剑桥大学基督圣体学院成立之后，圣体崇拜仪式迅速出现在了民间并得到了广泛传播。在17世纪下半叶期间，它在整个欧洲天主教范围内得到了传播发展。在里尔纺织工人夏瓦特家的一本珍贵的家庭日记账中，他将圣体尊称为"真福品"。确切地说，在里尔修士和主教们在城里所有的教区和社会各界中对这项崇拜虔信进行了大力推崇，尤其是在礼拜仪式中坚持进行圣体圣事这一项宗教活动。人们开始突出礼拜堂的作用，并尽力做到迅速且不失庄重地将圣体即"临终圣餐"带到病患者那里。而那些宗教团体在这场将有关基督身体的崇拜虔信组织化的进程中扮演了极为重要的角色：在教会中推崇圣体崇拜，"在大街小巷和公共场合"排列盛大庄重的仪式队伍。17世纪，各处除了那些传统且吸引人的圣徒团体的仪式队伍外，圣体仪式队伍也占据了城市的大街小巷。每年为圣体瞻

---

① 克洛德·马歇雷尔和雷诺·兹布罗克主编：《面包的一生：关于面包在欧洲的所做、所思和所说》，布鲁塞尔，公共信贷出版社，1994年，第29—39页。

礼节所组织的仪式队伍,其辉煌程度一时间无出其右者。所有力量都被调动起来了,仪式队伍后面跟随着大批信众,他们轮流参与队伍里的集体祷告活动。在这项崇拜仪式的筹备背后,或许存在着意在反对异教徒的想法,但是"更多的则是想要重新确立体现教派基本奥义的礼拜仪式",即在圣餐中存在着基督的身体。

圣事圣体的虔信崇拜逐渐表现出神圣的内心化,宗教团体在临终圣餐这项仪式中的角色也变得大众化。17世纪的时候,有些人意图将这项虔信崇拜推广到全社会。在这场扩大信众范围的努力背后出现了一个圣体协会,据我们所知,它在1630至1660年间对社会生活的教化中起到了重要作用。但是人们在虔心崇拜基督身体的同时,也流露出对一个可以改变人且更为个性的宗教的渴望;在这个宗教里,教徒们通过内心祷告和对圣体的崇拜虔信,可以感受到自己更多地参与到了灵魂的斗争中,从而使心灵得到拯救。

那些圣体圣迹同时显示了神圣的圣餐面饼的脆弱与力量。圣体饼流出血液,并在达罗卡的圣体布上留下不可磨灭的痕迹,在基督徒收复失地运动期间,这些圣体布曾受到摩尔人的威胁。又或者圣体饼在博尔塞纳小镇的祭台石头上也留下了印记,因为当时的教士在进行祝圣仪式时怀疑圣体饼中耶稣的真实存在,圣体不可思议地消失在火焰之中。17世纪大火将法韦内的教堂烧毁殆尽。这些圣体饼都成为上帝所发出的众多存在已久的迹象,它们提醒着人类自己的恶行失误会引致的后果。这既是警告,也是从基督教奥义具有的现实性角度出发所给予的含义强烈的诠释:耶稣基督就实实在在地存在于圣体饼内,并且当受到侵害时就会流血。那些显圣的圣物必然会对信徒们的想象力产生冲击,而那些虔信崇拜便可以重获新生。

10) 基督孩童

从那以后,有损圣体的行为就成为种种亵渎圣者的恶劣行为之最,因为实在不敢想象有人胆敢直接侵犯存在于圣体饼中的上帝。这样一种行为带来的后果对民众起到了震慑作用,并且势必会引发人们对罪犯施以惩戒以儆效尤,以及还奉上庄严神圣的赔补仪式。1668年在里尔,两名士兵将一块祝圣圣体饼弄碎成三份,然后将这些碎块放到一处伤口里,结果他们先是被送去严刑拷打;接着被拖拽到公共场所,这项重罪的主犯被处以斩手,然后被绞死并被焚尸;至于共犯则被发配去做苦役。在刑罚结束后,就该举行赔补仪式了,那些被这个渎圣行为惊吓到的宗教机构和里尔民众都参与其中①。然而让我们思考一下这两个士兵的动机:就是因为圣体饼是治疗膏药里最好的一种,所以才挑起了这一荒诞的教唆或为了痊愈而产生了疯狂得不能再疯狂的愿望?

当人们完全理解圣体圣事的意义所在,那么损害圣体就会是一个更加令人恐怖的行为。因为圣体饼既代表基督也是基督的身体,所以这种渎圣行为就变得更为罪恶。把刀子插入偷来的圣饼中使之流出圣血,这就是自中世纪以来一直都有所提到的有关犹太人被冠以所谓的圣礼杀手的题材。这个传闻流传数百年,并从未显销声匿迹之势,它一直都被教会用于排犹言论中。它总是按着相同的套路来发挥其谣言的作用:一群心怀报复的犹太人成功地用非金钱手段说服了一位善良的仆人为他们偷了一块圣饼;然后这群阴谋家们手执刀柄刺穿了圣饼即耶稣的身体,以此重演耶稣遇难的一幕,他们认为这样做便可以将基督教民族一举歼灭;但是这时从受到亵渎的圣饼里涌出大量圣血,暴露了这一罪恶的行为,并最终使得他们被抓住并受到了惩戒性的惩罚——这就是"圣迹圣事"。

关于犹太人把孩子钉在十字架上的言论则是对于心怀恐惧所产生的想象的添油加醋。在今天,有关于此的卷宗档案已为人所熟知②。从7世纪到18世纪,在排犹之风甚烈的社会环境下,法国、英国、德国③、奥地利、西班牙和意大利北部均爆发了几十起事件,在这当中犹太人受到了不公正的对待,他们被控杀害并献祭了一名基督教小孩。在经过一番草率地预审和一套诉讼程序之后,这些"罪人"因阴谋和所犯之罪行按惯例被判以火刑。有些案件引起了广泛而持久的社会反响,例如西蒙·德·特伦

---

① 阿兰·洛丹主编:《路易十四时代里尔人的生活和精神面貌》,前揭,第271—272页。

② R.坡·恰·夏:《圣礼杀手的传说:德国宗教改革中的犹太人和巫术》,纽黑文/伦敦,1988年。

③ 从7世纪到17世纪初,在日耳曼民族的国家可以列举出120多起孩童凶杀案被冠到犹太族群头上的例子。参阅沃尔夫冈·特吕:《圣礼杀手和渎圣:关于中世纪与近代早期德国反犹主义的调查》,打字稿博士论文,柏林,1989年,第Ⅱ—Ⅵ页。

托案件,这个年仅 12 岁的小男孩据说在极为恐怖的状况下被迫害致死,又或者一个名叫多明戈德尔瓦尔的孩子 7 岁时在阿拉贡失踪,又有传一个名叫安德烈亚斯冯里恩的小孩被杀害于一块祭石上,后来又被吊在一棵树上,还有"拉加迪亚的圣婴",年仅 3 岁,据传在 1491 年被刽子手们挖出心脏,之后又被他们在卡斯蒂利亚的一个山洞里钉在一个十字架上。

这起假设的拉加迪亚圣婴凶杀案是参照耶稣受难的一个血淋淋的副本,这起凶案的背后自然是隐约闪现着圣体圣事的奥义。在对圣餐式进行歪曲夸张的漫画里,犹太人聚集到一起进行领圣体活动,但却充满罪恶,他们将一个无辜者放血,或是真的找一个作为基督牺牲品的人。在逾越节的一个星期五,一个孩子被钉在十字架上,他的肋部洞开,他的鲜血被收集起来用于祭献,这是一种宗教仪式的亵渎行为……这些神职人员们的想法被画面化之后,这就使得卡斯蒂利亚地区的西班牙修会的犹太人们信誉扫地并被钉在了耻辱柱上。因此,1491 年关于圣礼杀手的无稽之谈在西班牙死灰复燃,之后第二年犹太人便遭到了驱逐,这大概就并非巧合了。至于发生在 1544 年西班牙托利多的类似重复事件,它也不是偶然发生,一名教士发表了关于对"拉加迪亚圣婴"犯下的罪行"记叙":三年之后,在这座有着众多犹太人的城市里,首次颁布了几部"关于血统纯正的法规[1]"。

因为这个事件是基督教奥义的核心所在,因此人们举行圣体圣事用以操控舆论,对在他们看来是基督牺牲的当代再现的现象予以迅速否定。因此数百年间,对无辜小孩犯下的圣礼罪孽这个论据在欧洲一直被用来作为煽动民间潜在的排犹主义情绪的工具。人们用"犹太母猪"这样的字眼来进行痛斥,在斥骂中把犹太人族群比作"怪异的牲口[2]"。显然犹太人被恶魔化为杀害基督的罪魁祸首,而他们的后代子孙为了报复这种虔诚信仰的发展,又再劫持一个无辜小孩,炮制了种种无耻而罪恶的行径:对孩子进行鞭挞、唾弃,揪其头发,给他戴上荆冠,用刀子在他身上乱刺。这种控诉性的谣言在受到教会机构的信任和影响后就变得更为根深蒂

---

[1]　米歇尔·莫内:《诉讼中的传奇:拉加迪亚"圣婴"案件》,载《传奇》,马德里,维拉茨盖之家出版社,1989 年,第 253—266 页。

[2]　科洛蒂纳·法布尔-瓦萨斯:《怪异的牲口:犹太人、基督徒和猪》,巴黎,伽利玛出版社,1994 年。

固;因此,当西蒙·德·特伦托这起案件被记叙在 1584 年的《天主教会殉教者名册》以及在 1658 年被记录到《圣徒行为》一书中之时,这起家喻户晓的凶案的真实性就得到了"认证"。今天在茵斯布鲁克地区的林恩,二战之后,虽然那些毁人清誉的还愿牌已从教堂圣所撤除,但关于小安德烈的传说在民间还依然带有一股强烈的排犹主义风潮①。

11) 受难的圣婴

中世纪的时候,对于圣婴耶稣的崇拜正是得到了方济各会修士们的推崇:只有圣婴,没有天父的陪伴,也没有约瑟夫。众所周知,他们一直关注阿拉科利那儿的孩子②,圣安东尼和圣克莱尔所做的崇拜虔诚也是针对婴孩时的耶稣。后来,圣恩泽和真福德芬夫妇将这项虔信崇拜传入法国,随后便在民间迅速流传开来。一些有关于此的祝圣降福小雕像到处可见,它对于 16 世纪这项虔信崇拜能够俘获民众的诚心也起到了推动作用。加尔默罗修会的修女们很快便投入到这项新的虔信崇拜活动中。自从阿维拉的泰蕾丝向沙拉的维拉努埃瓦修道院赠送了一尊圣婴耶稣雕像之后,教会便形成了这样的传统,必须向任何一座新建的修道院赠送一尊那样的圣像:圣像中的婴孩服饰华丽,这座雕塑成为受到修道院崇敬的象征,同时它也是传达对耶稣幼孩时期的一种崇拜之情的载体。

在 17 世纪前半叶,灵修界中法国流派的那些神学家们对于圣婴耶稣这个题材进行了一番思索酝酿。然而,他们之所想并未使他们能够提升耶稣幼孩时期对于民众的渲染力,但他们却发现圣婴耶稣早就预言了耶稣将要遭受的苦难:降世为人的主愿为拯救世人而死,因而也甘愿为此在幼年时受苦受难③。因为在这些宗教人士眼里,比起耶稣孩童时期的境况,什么是更为恶劣和低下的? 正如红衣主教贝吕勒所描述得那般冷酷严峻,"除了死亡的状况外,那就要算人性中最恶劣下贱的状态"。正因为他的童年"清贫,充满依赖与屈从,亦无作为",所以基督愿意度过他清贫

---

① 此条信息来自于格奥尔格·施鲁贝克教授,慕尼黑。

② 埃米尔·马勒:《17 世纪宗教艺术》,巴黎,阿尔芒·科兰出版社,再版,1984 年,第 286 页。

③ 亨利·布列蒙:《自宗教战争结束以来法国宗教情感的文学史》,第 3 卷,《神秘的征服:法国流派》,再版,巴黎,布卢和盖伊出版社,1967 年,第 511—512 页。

卑微的童年生活,如此以历经救世重任的各种酸甜苦辣。受难的圣婴,这样悲剧色彩浓重的圣像便取代了表现更为柔和的耶稣圣婴像。在圣婴左右还附有信经,这些信经都预示着他的结局。圣像因为这些信经而显得悲惨。继圣多默之后,人们不断重新提到,就在无玷始胎那一刻,基督就已经形成了准备赴难的最初想法,而在他童年之时,他就已经准备好罹难于十字架上①。

　　熟睡的圣婴耶稣像最初出现在意大利,此画像有两类。第一幅像表现的是熟睡的圣婴耶稣,手臂靠在一颗骷髅头上,此像表现之意与 17 世纪流传甚广的万物虚空画的题材很相似;通常画像边上还附有一段经文:"今日是我,他日便将是你。"熟睡的圣婴耶稣徐徐拉开了他的死亡序幕,这幅圣像便是一种死亡象征。另一幅圣像表现的是睡在十字架上的圣婴耶稣,这幅画像力图给人一种安心祥和的感觉,附注在旁边的经文也较之前更为温和:"我睡着了,但是我的心却很清醒。"然而十字架却一直在那里,预示着这位救世主的悲惨结局。

　　由圣婴耶稣所表达出来的对于耶稣施加暴力的这个预示还仅仅是在耶稣受难前诸多征兆之一。由于对无辜幼童的屠杀反复发生,其"暴力"特点彰显无遗,并且它与救世主的到来有着密切的联系,所以这样的屠杀源源不断地丰富着西方基督世界的想象。

12) 无辜婴儿

　　诚然,这是福音书里的一段次要情节,只有马太提到过,但是这幕场景在伪经中被重复提到并被艺术加工渲染,成为从 5 世纪到 19 世纪最重要的画像主题。透过这场残杀婴儿的大屠杀散发的浓重悲剧色彩,我们不难捕捉到一种强烈的罪恶感:这些生灵在身体发肤上都受到了摧残,他们不仅预示着基督所受的那些苦难,也因基督而亡,因为希律王为了杀害刚诞生的基督而大肆杀害不到两岁的男婴。这些无辜婴儿是专制暴力的牺牲品,他们没有机会逃往埃及,也就无法逃脱士兵们的残杀。

　　在所有表现这一典故的艺术作品中,士兵野蛮暴力的一面与"完全无

---

① 埃米尔·马勒:《17 世纪宗教艺术》,前揭,第 287 页。

辜的小生命"所表现出来的极度弱小形成强烈的反差。希律王作为罗马政权的忠实合作者,执行了这些泯灭人性的行为。在他的冷眼注视下,士兵们把这些本来被抱在妈妈怀里的婴儿残暴地摔到地上,暴打他们,用锋利的白刃戳刺他们幼小的身体。这些情景后来从 16 世纪起,尤其是 17世纪开始逐渐淡出艺术作品中①。从那以后,充斥集体大屠杀画面的就是手执武器、行为暴力的那些人。虽然画里表现的在当时都是互为敌对方——这边是头裹缠巾的土耳其人,那边是身披铠甲的西班牙人——但是表现他们身体的笔法都暗淡阴沉,而在描摹那些被剥去衣服、被剑刺砍的无辜婴儿时,画家们则采用了极为明亮的色彩来表现他们的身体,这就使两者形成了强烈的对比,而婴儿们的鲜血横流成河更加重了画面的悲剧色彩,让人无法承受。而在士兵与那些保护孩子的母亲之间,后者从来就不是针对对象,也从来未受到过攻击。只有孩子才是士兵们的攻击对象,即使母亲们的眼泪也不能使他们心软。从 16 世纪起,画面逐渐在一个由于透视效果而显得更为广阔的空间里变得越来越膨胀。广场和庭院都是成群的试图躲避大屠杀的母亲和孩子,但是所有地方都被士兵们团团围住,所有的出口都被他们占据了。到了画面的空间里主要都是这些士兵的时期,"文艺复兴时的艺术家们将这些动作都进行了细节化,将这些人物的肢体解放出来,逐渐裸露出那些躯体"。那个时期的艺术家们具有较好的人体构造认识,他们所表现出来的士兵们的强劲肌肉与那些婴儿圆润又光滑的小身体形成强烈的反差,野蛮暴戾与婴孩的无助形成对比。

　　用刀剑来祭献一个毫无反抗能力的身体,伤害一个不应伤害的无辜生命,这样的行为似乎就是渎圣。在那些基督教徒看来,如果那些婴儿还未能接受洗礼就被杀害,那么这种事情就变得更加令人发指。不过,因为这些婴孩都是出于屠杀者对基督的仇恨而被迫害致死,所以他们都得到了教会的承认,都被视为真正的殉教者。因此虽然他们都还未受洗,但都能够进入极乐世界。这些婴儿难道不是已经得到圣血的洗礼了吗?

---

① 阿涅斯·库普里-罗杰雷在其研究著作《无辜者大屠杀(5—16 世纪):孩子与士兵杀手——关于肖像画题材的研究》中对保留下来的 252 幅艺术作品所作的分析对此有所证明。硕士论文,巴黎第八大学,1993 年,此处本文重述了有些结论。

2

融入基督

宗教信徒通常感受的是与这具神圣身体间的一种双重联系。通过圣餐,他们汲取圣体;通过希望分担救世主的苦难,他们憧憬能够融入到这个神圣的躯体中去。这个身体既是通向上帝的最主要障碍,但它也可以是使自己得到拯救的方法。他们所向往的不就是通过承受身体上的痛苦和凌辱从而来重现耶稣基督所受之苦难吗?

因为他会蒙受到其他的苦难,而这些必然也是罪恶的化身,所以这样的受苦反而似乎成了最简易的"方式":牺牲是心甘情愿的,他愿意将身体交与刽子手,听凭其发落。反宗教改革运动时期,这种受苦愿望在基督教徒身上表现甚为强烈;《圣徒传》再版发行的经文,17 世纪和 18 世纪初由伽罗尼奥、博西奥、利巴代乃拉以及阿德里安·巴耶出版的关于圣徒生平的著作,稍后还有吕纳尔教士所著的一些相关著作,都使得这个时代早期的基督徒殉教故事为人所熟知;而至于艺术方面,有关殉教的题材在基督教徒面前就从来没有中断过其艺术表达。其本身的现实意义还在于说服那些虔诚之人,献身于宗教这样的时代还并未完全过时。远赴亚洲和美洲传教布道,欧洲的宗教斗争,发生在地中海又或是在维也纳城墙下抗击土耳其人的战争都为虔诚的信徒们创造了许多殉教的机会,这些都绝非虚构妄言。正是在这种时代环境下,当光复国土的理念还相当盛行的时候,阿维拉的泰蕾丝在孩提时便已决心,有朝一日由她的小哥哥罗德里奥陪着一起奔赴"摩尔人的国度",希望在那里身首异处,从而进入上帝的选民之列。幸好后来兄妹俩被及时地拦下了[1]……而说到加尔默罗会的修士们,他们最中意的消遣之一不就是苦修吗?

然而从 17 世纪初起,这些崇高的心灵应该是确实发生了变化:他们

---

[1] 圣女泰蕾丝:《生命之书》,载《作品全集》第 1 卷,马德里,基督徒作家图书馆,1951 年,第 598 页。伊莎贝尔·普特兰:《童年的回忆录:近现代西班牙宗教圣洁的学习》,载《维拉茨盖之家合集》,1987 年,第 23 卷,第 331—354 页。

面对的其中一个困难便是苦修的机会越来越少了。最终人们为那个过去的时代而扼腕叹息，在那个时代，异教政权大肆镇压，却也给虔诚的信徒们带来诸多苦修的"机会"，他们能够为了他们的宗教信仰而舍身成仁。对于苦修的向往与现实的不可能，这一矛盾促使他们去探索让身体蒙受暴行的新方式①。既然对立方，如无神论者、异教异端又或非基督教徒，都不再会让他们受到屈辱甚至被迫害致死，有些人就在苦修当中去觅得一个可以纾解他们现下忧虑的出口；每天，他们都折磨自己的身体，并将此作为苦修之路的一个手段，沉迷于救世主的苦难。因此，以一种公众酷刑铭刻下一段短暂历史的"红色殉教"在近代让位给了"白色苦修"，即在一间修道院单人小室里进行苦修生活。这是一种信徒自我折磨的殉教方式，这也是一生的苦修。

1）向身体施以所需之刑罚

对于那些大胆试图向痛苦的耶稣靠得更近、分担其苦痛折磨的信徒来说，身体既是最大的障碍、"最大的敌人"，也是伴随救世主身旁的方法：身体既是征服的对象也是牺牲献祭的媒介。这些要求严苛、内心悲痛的虔信之徒们秉着自我贬损，甚至自我衰亡的原则对所有的凌辱方式都进行了探索。

之所以人们会毫不犹豫地折磨、惩罚自己的身体，正是因为它不值得任何的尊重。我们都勿需谈论那些基础的卫生治疗，因为有时候人们完全就把身体抛置于自然状态下，甘心处于龌龊腌臜之中，身上爬满虫虱；大家都知道十字若望、若翰纳·德拉诺，还有伯努瓦·拉布尔对自己身体的不管不顾都到了何等的偏执程度。对于所有那些渴望贬损自己那副人类躯体的人来说，身体不过就是一片"苦难之洋"，是由这罪孽之身而导致的一个藏污纳垢之所而已：不洁之身，聚合罪恶之处也。"我只是一堆粪肥而已；我应该向我们的主请求，当我死去的时候，请将我的身体扔到垃圾堆里，好使得狗和鸟儿们将它吞食。……为了惩戒我的罪

---

① 雅克·勒布伦：《根据女性传记看 17 世纪殉教概念的演变》，载雅克·马克斯主编：《犹太教、基督教和伊斯兰教中的圣洁与殉教》，布鲁塞尔自由大学，1991 年，第 77—90 页。

孽,难道这不就是我应该希望之事吗?"依纳爵·罗耀拉如此写道。《老好人约伯》的画像在 17 世纪到处可见,他全身都是化脓且散发着恶臭的伤口,在一堆厩肥上受人凌辱,还有在科尔马的伊斯纳姆祭坛装饰屏上挂着的画像,上面都是一些令人不快的牺牲者,都受到了极为罪恶的伤害。这些画的流露之意正是身体这副垃圾皮囊能够向这些宗教信徒们授意之所在。对于身体的这样一种态度总是伴随着对于享乐生活的谴责。而后者就是一种被掩盖了的死亡。因此在圣徒传记文学中,活着的躯体中散发出腐烂之气味,这样的题材并不鲜见:虽然活着,但却已然死去。

要征服血肉之躯,首先便要对自己施以残酷的戒律。这些人蔑视自己的身体,并将尘世抛却脑后,他们设想出一套最痛苦的严纪苛律并亲身为之,因为他们期盼能够修得圣化的功德。"对于身体的仇恨"导致信徒对于自我实施了一个缓慢且系统性的毁灭,这种仇恨并非源自于宗教格局中的一个新近出现的品行。那些向往殉教的人还经常效法中世纪苦行主义中的那些著名典范,如圣杰罗姆、圣安东尼或托伦蒂诺的圣尼古拉。他们的生平被不断编辑再版,他们的肖像被大量描摹在画卷之中,他们的纪念物品被诸多宗教修会供奉起来,这些都使得人们到处都可以见到他们那由于长期过着清律苦纪生活而瘦削的身体①。修女们自发将那些被认为身体已经受过惩戒的妇女的画像作为参照的榜样。在很长一段时间里,这些具有典范作用的女性是埃及女性圣玛丽,尤其是锡耶纳的凯瑟琳;但是从 16 世纪起,人们敬仰的女性就只有阿维拉的泰蕾丝②。

因为她能修得坚实的四枢德③,并且她要求对耶稣受难的那些情节进行默祷,自 16 世纪末开始,苦行越来越被视为是一种承蒙非凡圣宠的准备。阿维拉的泰蕾丝通过将自己的身躯融入上帝之中,能够让信徒们

---

① 在发现阿尔坎塔拉的皮埃尔身体发生了惊人衰败后,阿维拉的泰蕾丝写道:"他实在太消瘦了,看起来都像变成树根了。"这句话被让·德吕莫和莫尼克·科特雷引用在《路德与伏尔泰之间的天主教》,巴黎,法国大学出版社,1996 年,第 121 页。

② 伊莎贝尔·普特兰:《面纱与羽笔:在近现代西班牙的自传和女性圣洁》,马德里,维拉茨盖之家出版社,1996 年,第 72—79 页。

③ [译注]即勇、义、智、节。

和上帝靠得更近。这种合体的愿望导致了两个极端的行为,那便是斋戒和苦行,还有使信徒们产生了一个希望:希望能够经历耶稣受难,融入其身。

2) 饮食上的苦修

禁食是让身体立即受到惩罚的方法[1]。圣徒传记的故事里也都提到了大量各种禁食:从量上的斋戒到食物选择上的节制,所设之限制非常广泛[2]。在劳思[3],伯努瓦特·朗居雷尔经常斋戒;面包和水是她一贯的食物,而且她甚至经常连面包都省去。"有一次,她斋戒禁食了一个礼拜,就是为了一个看似会被上帝抛弃的罪人求得圣宠。"因为宗教信徒并不只关心自己的救赎;她还一心希望能够帮助他人得到拯救。有些人,如罗马的圣芳济加,日常饮食只限粗茶淡饭,还不加任何调料;但是还有人更夸张,甚至故意破坏他们所汲取消耗的营养物质。在 17 世纪下半叶,在法恩扎的嘉布遣会的一个修士卡罗·塞维拉诺·塞维罗利就只吃拌了圣灰的发霉面包,他还拿厨房的馊泔水蘸面包;对于他而言,他的方式便是克服内心的抗拒,让自己的身体折服于这样的条件,战胜肉身具有的堕落天性……无论是圣灰还是泥土,都让人联想到毁灭和死亡的画面,这些物质经常出现在令人厌恶的菜单搭配中并不是要令人惊讶万分;宗教信徒虽然还活着,却已经为躯体的死亡而未雨绸缪了。

在以前,这些食忌还可以进行调整。星期五是完全禁食的日子;但是在一周期间,圣徒在其他两三天间就只饮用一点清水和面包。在封斋期,那就是极端的斋戒;以锡耶纳的凯瑟琳为例,她那时就只食用圣餐饼。事实上,我们面对的都是一些行为的典范,从 12 至 13 世纪起,它们基本上都关于圣徒的生活行为,而对于殉教的向往总是会遵循先人的轨迹;就像17 世纪的西班牙修女们,就一丝不苟地效仿那些伟大典范们在饮食上面

---

[1] 贝纳代特·波纳迪:《对于神经性厌食症历史的贡献:关于 17 和 18 世纪案例的研究》,硕士论文,巴黎第八大学,1998 年。

[2] 关于这种圣徒对于身体的"捆绑",请参考让-米歇尔·赛尔曼:《巴洛克时期那不勒斯和它的圣徒们(1540—1750 年)》,巴黎,1994 年,第 26 页及以下各页。

[3] [译注]法国阿尔卑斯山脉的劳思是一个特殊的朝圣地。

的行为态度。

　　除了这些经典的禁食、"神圣厌食①"的方式外,有些宗教人士更中意一种"恭领圣体"餐,它意含更多,因为它使得领圣体的信徒们和圣徒的身体靠得更近。有些人想通过激烈再现耶稣受难的那些场景来效法耶稣基督,而另一些人则认为能够通过饮用"提高了酒精浓度的神圣的葡萄酒"来接近那些受敬仰之人,这种饮剂来源于苦行生活,加在含有一位圣徒圣骨的葡萄酒中。例如就有这么一位圣母往见会修女,卒于1712年,享年65岁,她生前一直对塞尔斯的圣方济各怀有特别的崇敬;在很多年里,她每天都饮用浸润过这位圣徒圣骨的清水,并且认为这是"一剂包治她内外病痛的极为灵验的药方"。而说到安西的圣母往见瞻礼上的修女们,她们则一直习惯"饮用一勺混杂了圣方济各血和葡萄酒的饮剂"。当然了,这是一种具有特权性质的接触形式,因为只有这个修会的修女们才能享用这种饮剂。

　　教规希望那些伟大的心灵人物从孩提时便易于感受到肉身的那些危险;因此正如记录他们生平的传记作家们叙述的那样,从非常小的时候开始,有些人便瞒着自己的父母和仆人强制自己遵循一个非常严苛的饮食制度,例如锡耶纳的凯瑟琳、托伦蒂诺的尼古拉,又或者如卢森堡的皮埃尔;除了巴里的圣尼古拉,他的早熟震惊世人,据说他还是一个哺乳期的婴孩时,"就已经【自愿】在某一天,星期三和星期五只喝一次奶"……

3) 模棱两可的迹象

　　部分的或完全的、断续的或是长期的禁食,可以让信徒们体会到一种美妙的感受,他们感觉自己最终成为了自己身体的主宰;精神最终支配了肉身。有一种"尘世的厌食方法",希望借此能够脱离这个红尘。一股轻盈、失重的感觉袭遍全身:这是一种忌食者们所熟知的真福状态,自由的感觉。如此征服身体便能够靠近上帝并且区别于他人。号称可以不进食,甚至不睡眠也不排泄也能生存的这种能力让周围的人震惊非凡,他们

---

①　鲁多夫·贝尔:《神圣的厌食症》,芝加哥-伦敦,1985年,卡罗琳·拉贡-加诺维利所译的法文版《神圣的厌食症:从中世纪至今的斋戒与神秘主义》,巴黎,法国大学出版社,1994年。

身体、教会和圣物

1. 在犯下原罪之前的身体。柯奈利斯·范哈伦：原罪，1592年，阿姆斯特丹，国立博物馆。

　　画家所表现的正是处在犯下罪过之时的那对最原始的男女，这个行为将给他们的子孙后代带来严重的后果。画中没有留下任何预兆预示即将要发生的悲剧，除了若隐若现的蛇……伊甸园中的这两具看起来很美好的身体不仅反映了一种新的美学，也是人体解剖研究的成果。

2. 复活之身散发的光辉。布隆奇诺：不要摸我，1561年，卢浮宫。

　　这是复活节早上在花园中的两具肉感的躯体。耶稣全身裸露，身体呈现出竞技的美感，在他身上罩着一道光彩：表现大胆的那具身体是抹大拉的玛丽亚的，她身穿紧裹躯体的衣服。这是16世纪一位矫饰主义艺术家所画的两具完全体现人类特点的身体。

3. 这幅画是马蒂亚斯·格林瓦尔德的《伊森海姆教堂的祭坛画》，1512—1516年，科尔马，恩特林登博物馆。

　　在一片光晕中，复活之后的基督从墓穴中飞腾而出，手掌打开以便更好地展示他在受磨难时所受的那些圣伤，而在漆黑的夜里，那些士兵像是凝固了一样处于失重状态：这是瞬间的捕捉。

5. 痛苦的耶稣。《被缚在柱子上的耶稣基督》，德国南部，18世纪，慕尼黑，巴伐利亚国家博物馆。

　　"耶稣基督跌倒下来；耶稣基督躺在血泊之中。"（奥伯阿默高的《耶稣受难记》，大约在1750年）在巴洛克时代，这种对于伪福音中提到的第五处"掩盖的伤口"的艺术表现意在夸大耶稣所忍受的那些苦难。

4. 活着的基督的痕迹。苏巴郎：维罗尼卡的面纱，大约在1635年，斯德哥尔摩，国家博物馆。

　　这幅《维罗尼卡的面纱》肯定是苏巴郎画室完成的所有版本中最完美的一幅作品。这是一幅极为出色的运用了透视而具有立体感的画作，它再现了那块纱巾；在那块织布上印有基督神圣的面部，当时他正在前往髑髅地的路上。在经过一番神秘主义的经历之后，这样的画像具有圣像的意义；它变得有生气，在信徒们的眼里变成了活生生的耶稣基督。

7. "自我的毁灭"。亚历山德罗·罗斯：神志恍惚的圣泰蕾丝，17世纪初，尚贝里，艺术和历史博物馆。

在神志恍惚间，这位圣女完全沉浸在与上帝的相通之中，她对于世间之事已经完全无意识。但是这种"自我的衰亡"，也即"自我的死亡"正是伟大灵魂特有的权利，他们后来都被作为修士和善男信女们崇拜的典范。

6. 对于受难者的慰藉。亨立克·戈尔其斯：受难者的慰藉，1578年，阿姆斯特丹，版画，巴黎，法国国家图书馆。

出自旧约和福音书的许多箴言，它们将耶稣基督刻画成广施圣宠者。独眼的人或是独臂的人，或有脚疾或有头部疾病的人，还有那些患有长期血漏病的女性以及刚出生就殉难或患有疝病或畸形足的婴孩们，世间所有的腿疾者，大家都围在耶稣基督的周围得到了解救，他可以重新带给他们一个正常的生命。

8．殉难的身体。特罗菲姆·比果：受到圣女伊蕾娜照料的圣塞巴斯蒂安，17世纪，波尔多，美术博物馆。

受伤之后便是进行修复；圣女伊蕾娜从圣塞巴斯蒂安的身体里抽出一支铁箭，就是这支铁箭导致了他的死亡。这是一个受难和神志恍惚的时刻。一旦痊愈，这位圣人将准备面对新的危难。

10．忏悔的精神。胡安·德·巴尔德斯·莱亚尔：得到一瓶水的圣方济各，大约在1665年，塞维利亚，省美术博物馆。

这幅表现圣方济各的艺术作品强调了圣人见到神秘异象的情景。天使给了他一个装满水的透明水晶瓶，这是他所憧憬的象征司祭清白纯洁的标志。具有改革精神的那些嘉布遣会修士们是这位圣人的圣像发生转变的推动者，后来这位圣人的画像都是依据忏悔和苦修的精神来进行绘制的。

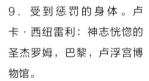

9．受到惩罚的身体。卢卡·西纽雷利：神志恍惚的圣杰罗姆，巴黎，卢浮宫博物馆。

此画中的身体是根据文艺复兴时期人体构造的各部分比例标准绘制而成；面部的那些轮廓，颈部下垂的皮肤都是一位老人所特有的特征；这位圣人手持石块承受着不幸的磨难，这些磨难损伤了他的胸腔：这位圣杰罗姆与传统中所说的都相符。但是这幅在肉体表现上受到人文主义影响的肖像画也相当惊人地表现出了圣杰罗姆与受难的耶稣之间的那些联系所具有的力量。

11. "爱的殉难"。贺利斯·勒勃朗：被铁叉穿刺的圣泰蕾丝，17世纪，里昂，美术博物馆。

关于圣泰蕾丝被穿刺的版画赋予修士和修女们许多想象，其中最著名的一幅版画便是在罗马圣彼得教堂里的贝尔南的那幅作品。在这幅画中，这位加尔默罗会修女在一群天使中间被一根铁叉穿刺，她隐约流露出模糊的神志恍惚。

12. 发生在一位修女身上的圣婴耶稣的降生。Fr. 加布里埃尔·德·卡萨：圣女大日多达，《圣女大日多达的生平》插图，此书由格拉纳达的莱昂德拉以及门多萨翻译，马德里，1689年。

当日多达在一个带耶稣的十字架前祈祷时，她激动的内心萦回在圣婴耶稣身边。对于这位神秘主义者的崇拜以及随之在内心中产生的对于降世人间的圣婴的崇拜在西班牙地区和德国南部都非常盛行。

13. 亲近耶稣基督。加斯帕尔·德·克雷耶：得到十字架上的耶稣基督搂抱的圣陆嘉，1653年，安特卫普，茨瓦特苏斯特斯。

这位圣女疾奔跪伏在一座巨大的带耶稣的十字架下，而上面的耶稣用爱的姿态放下他的左手臂把圣陆嘉拉向他。这幅作品描绘了圣陆嘉的一个生命片段，它引发了疑问。在正值反宗教改革运动之时，在信徒们看来，为什么要画这么一幅表现耶稣基督和他其中一位女仆之间的亲密的画作？

14. 圣母哀痛耶稣之死。吕班·波香：可怜的圣母玛利亚，17世纪，巴黎，圣方济各·沙勿略教堂。

　　一位被不幸压垮的妇女不愿相信地凝望着已经遍体鳞伤的死者的头部；这位死者的身体平常无奇，但是他肋部的伤痕被两名小天使传达出来，这让人想到了耶稣基督所受的圣伤。

15. 受孕的身体。莱茵河画派：天神报喜，16世纪初，科尔马，恩特林登博物馆。

　　画中表现的圣婴的身体正处在上帝即将要让圣母玛利亚受孕的那一刻；这幅耶稣降生的艺术作品遭到教会的斥责，很快便消失了，取而代之的是表现圣灵的温和派艺术作品。

16. 充满肉感的恍惚升天。雅克－夏尔·德·贝朗日：恍惚出神的抹大拉的玛丽亚，17世纪，莫城，美术博物馆。

　　这幅作品所表现的一切都反映出肉欲的感觉：放松的身体表现出来的色情感，浓密的金色长发，她用这些头发擦拭耶稣基督的双脚，衣物被扔在这位圣女用来倚靠的头骨上，尤其令人惊讶的是，带耶稣的十字架与她的胸部靠得是如此近。这幅画作与表现抹大拉的玛丽亚的传统艺术作品风格完全相悖。

17. 圣人的神化。小弗朗西斯科·德·埃雷拉：圣埃梅内吉尔德的胜利，1654年，马德里，普拉多博物馆。

因为埃梅内吉尔德皈依基督教，他在塞维利亚遭到自己的父亲西哥特国王的杀害，后者想要始终忠于阿里乌斯教派的教义。画家通过精湛的绘画技巧让我们在画面中感受到了这位圣人的胜利，他身处于一群天使之中，而国王却被上帝打垮，成为自己顽固的牺牲品。

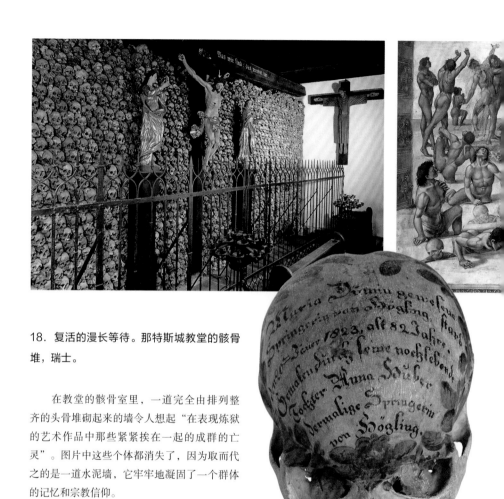

18. 复活的漫长等待。那特斯城教堂的骸骨堆，瑞士。

在教堂的骸骨室里，一道完全由排列整齐的头骨堆砌起来的墙令人想起"在表现炼狱的艺术作品中那些紧紧挨在一起的成群的亡灵"。图片中这些个体都消失了，因为取而代之的是一道水泥墙，它牢牢地凝固了一个群体的记忆和宗教信仰。

19. 绘制了图文的头骨。这是一位在82岁时去世的妇女的头骨，上面的文字和图案由她的姐姐所绘，1823年，赫格林，巴伐利亚州。冈特和乌苏拉·康拉德的收藏品，门兴-格拉德巴赫。

通过一些文字和绘画，带上了这样的"记忆面具"，那么先人或父辈的头骨就不会在骸骨堆中成为无名骸骨了。19世纪从布列塔尼到希腊，这个风俗非常盛行，并且主要流行于奥地利和巴伐利亚。

20. 复活时身体的重组。卢卡·西纽雷利：亡者的复活（细节），1499—1502年，奥尔维耶托城的圣布里斯教堂的壁画。

在一片轻雾和浮冰堆中，一些骷髅从地下挣脱出来，包裹上肉体，成为活生生的人。男男女女都令人惊异地重新恢复了和谐的身体样貌，他们充满感激的目光望向上帝。这样一幅大胆有力的艺术作品表现出了艺术家深厚的绘画功力；它们尤其标志着西方绘画和文化上的转折。宗教题材在这里成了表现一具自由身体的艺术作品的托词。

21. 神圣的身体之家。教堂形圣骨盒，殉教地（菲尼斯泰尔），16世纪末。

　　这只外形呈教堂形状的圣骨盒保存着名叫萨洛蒙或萨隆的基督徒国王的遗骸，他于874年在殉教地——以他的名字命名的教区附近被害。由于圣骨盒上奢华的装饰，它成为16世纪末布列塔尼地区最瑰丽的金银制品中的一件。在16世纪还有许多其他的"圣骨盒"被建造起来，这些圣骨盒其实是教区围墙围起来存放那些集体无名遗骨的尸骨埋葬地。

22. 圣体显供台形的圣骨盒。弗里堡圣于尔絮勒会前女修院里的祭台圣骨盒，瑞士，弗里堡，艺术和历史博物馆。

　　圣体崇拜的迅速发展使得这项"修道院的作品"被赋予了圣体显供台的形式，在这个盒子里收集了圣女于尔絮勒和她的修女同伴们的一些细小的碎骨。

23. 触摸圣骨。若斯·里弗兰克斯：圣塞巴斯蒂安的祭台装饰屏，1497—1499年，罗马，国家画廊，巴贝里尼宫。

圣塞巴斯蒂安的遗骨就存放在置于高处的一个圣骨盒中，在这些珍贵的遗骨附近簇拥着许多朝圣者，他们中有些是下肢残疾者。一些人祈求圣人的庇佑，还有一些人努力地想要触摸这些圣骨；所有人都期待这样近距离地与神圣的身体接触以减轻或治愈他们的病痛。

24. 十字架上沉睡的圣婴耶稣。巴托洛米·埃斯特班·牟利罗：在十字架上憩息的圣婴基督，大约在1670年，雪菲尔德画廊和博物馆信托会。

自15世纪开始，这个题材就被频繁应用在版画和油画中。圣婴在一个十字架上休憩直接影射了未来耶稣基督的牺牲，强调指出他命中注定要为拯救人类而牺牲。

25. 圣骨巴洛克风格的穿着。J. A. 塞埃勒：圣潘克拉斯的圣骨盒雕像，1777年，维尔教堂，瑞士。

圣潘克拉斯在14岁殉难，他是弗里吉亚的一名孤儿，后来在日耳曼地区成为了骑士们的主保圣人。1671年，他的遗骨被运抵维尔的教堂，在那里人们替他穿上了这样的衣服。这位虽死犹生的亡者，其戏剧性的外在表征极富18世纪德国南部、奥地利还有瑞士等地区的特点。

26. 一件修道院的作品。来自尼亚当达尔隐修院的圣骨盒匣子，阿尔高，瑞士，17世纪下半叶，路易·彼得斯藏品，巴黎，艺术和民俗博物馆。

某些圣骨盒属于"修道院的作品"类；这些为修道院所拥有的作品出自修女们之手，她们希望借此提升圣骨的价值，这些作品往往具有极高的艺术价值。

27. 舌头圣骨。巴托洛米奥-安东尼奥·巴斯：圣乔凡尼·内波米塞纳的奇迹生平，罗马，1733年。

因为让·内波米塞纳坚守"他的舌头"，拒绝出卖忏悔的奥秘，他于1383年被一个多疑的国王下令，从布拉格桥的高处扔进沃尔塔瓦河里。这位殉难者成了中欧桥梁的庇佑者。1719年，人们打开他的墓穴，在他的遗骨中发现了其肿胀且发光的舌头。

Forma Sacræ Linguæ S. Ioannis Ne=
pomuceni Martyris, quæ à 342. post obitum annis incor=
rupta, in actu Visitationis Auctoritate Apostolica die 27. Ia=
nuarÿ anno 1725. habitæ colorem suum in purpureum mu=
tavit, et mirabiliter, omnibus inspicientibus, intumuit.
Sup. perm.

28. 圣像的力量：福音的圣迹。亚伯拉罕·布鲁马特：拉撒路的复活，大约在1590年，雕刻，巴黎，法国国家图书馆。

这个福音圣迹可能对于所有人来说影响都最为深刻，因为它使得拉撒路从亡灵世界归来，这幅作品是根据16世纪末符合矫饰主义风格的人体各部比例标准来创作的。在这幅作品中，所有获得胜利的身体都完全不同于14和15世纪的那种凝固的艺术创作风格，那些目睹圣迹者都被刻画成捏鼻子的样子，意味着拉撒路已死，直到耶稣将他带回人间。

29. 获得光明的盲人。兰代克，区博物馆。

　　1766年玫瑰经游行队伍行进当中，一位盲人得到了治愈的圣宠。在他后来献给圣母玛利亚教堂的还愿画中，画卷内容记录并表现了这一事件发生的情形。当游行队伍向教堂行进时，居于画面上部、怀抱圣婴的圣母玛利亚庄严地向其中一位朝圣者投向一道似乎让他眼花的光芒。她由此表明自己已经在上帝身边为这位盲人说情。在画中，这位盲人处在游行队伍的边缘。

30. "急救人员"的那些偏离的行为。各式各样狂热的冉森派教徒，雕刻，巴黎，法国国家图书馆。

　　由于受到追捕，这些冉森派教徒只能进行地下的宗教活动。为了拯救那些精神上受着折磨的教徒，他们运用"令人厌倦的挫折"以及"使人精神振作的折磨"等手段，让身体接受试炼，有时甚至像耶稣受难那样钉于十字架上。

31. 一具现实主义的躯体。
马萨乔：亚当和夏娃被逐出
伊甸园（细节），1425年，
佛罗伦萨，圣玛丽·德尔卡
迈纳教堂，布朗卡奇礼拜堂
的壁画。

　　马萨乔的风格与中世纪
的画风完全断裂，他用现实
主义的手法表现了犯下罪孽
而泪流满面的亚当和夏娃拖
着他们卑微的人类躯体离开
伊甸园。这便是在表现人体
的艺术史上最重要的一次决
裂。

在这种自制力中一般看到的是一种圣洁的证明。当完全的禁食，也称辟谷，持续几周、几个月甚至几年，它就会引发舆论，震动宗教当局和医疗机构。但是如何分辨"圣洁的节食"和欺骗行为①？

有一些女性可以让人联想到这种情况，因为一般总是与女性有关，很多女性会因一些意外的不适而抱恙；她们睡眠不好，无法吞咽固体或流质的食物，排泄不畅。可是她们气色红润，甚至身体丰腴，与身体平常表现的规律相悖。但是当她们被触碰了，她们就都会极为敏感地呻吟抱怨。所有人都"喋喋不休"，说着各种理由，除非有些时候，有"一股不可抵挡之力让她们趋于安静"。在"一种恍惚中"，既非失去神智亦非无理解力的她们会表示需要新鲜空气，有些人则要求把她们房间的窗户日夜都保持打开状态。"一种奇异的生存状态，不进任何食物却依然发胖的状态"，实在令人咄咄称奇。人们从四乡八邻纷纷跑来瞻仰"奇迹"，尊崇"这位圣徒"；而这场闹剧常常得到了当地本堂神甫的赞同。

那些小道报纸偶尔也会报道一下其中一则这样令人异常困惑的事情。有时也会有人觉察到此事存在欺骗行为；人们会对这种辟谷行为表示怀疑，那么就会有一名法官要求那些专业人士前去"探视"那位年轻的女性。她会把这项虚实检验转而变成有利于她的事情吗？她在这件事情上的影响力反而扩大了。结果这位迄今为止一直隐居避世、卧床不起的女士，现在却表达出想要出门去做弥撒的愿望。于是在众人的帮助和簇拥之下，她被带到了当地一处颇为有名的教堂；在那里她进行了祷告，聆听了弥撒曲并领受了圣餐，还做了一番冥想默思，然后要求大家把她带到一处附近的源泉。在那里，她清洗了一番双手、眼睛和脸之后，还饮用了一点那里的清水，"就在这时，她说她能够走路了"。事实上，她确实站起来了，还能站立和走路，"这一奇迹让四周大批围观的民众惊讶不已，连连称奇，引起了巨大的反响②"。

---

① 每个案例都表现出"围绕女性一系列关系的希望、焦虑和幻觉的所有核心所在"：排斥生育，闭经，肉脱。参考雅克·梅特尔：《宗教上的厌食，神经性厌食症：社会历史学精神分析法论文——从降生基督的玛利亚到西蒙娜·魏尔》，巴黎，雄鹿出版社，2000 年。

② 阿列日河畔塔拉斯孔的一位医生圣-安德列所写的一篇历史论文，有关一名 31 岁的女性 14 年来禁食及食欲不振，但身材却仍保持丰腴不变，1784 年，国家医学研究院图书馆，皇家医学学会藏书，第 167 号文件夹，第 12 号卷宗，第 6 号。

在医治病患的这场战役中，医生们为这具被病魔缠身的躯体冥思苦想，他们无论如何都无法确诊病情。他们一会儿怀疑，一会儿又完全相信病患所言。而在发现这是一场骗局之后再阅读他们所写的报告，人们便会觉得这例病患确实把这些医生搞得很狼狈。这个女病患精力充沛地宣称，是上帝要考验她，她才会经受这样的磨难，四周惊叹于她这种长期休粮的民众们也确信不疑，而她在消瘦中渐亡也变成了这个地方的中心事件，这一切都让那时的专业人士们犹豫却步。圣洁的真与假，是否真的如此不重要？臣服于上帝意志的身躯与受到轻视的身体之间是否真的很难划清界限？上帝的杰作是否几乎只是个空壳？这里还有很多可以思考的地方。

4）禁欲苦行

圣徒们一直与心魔相抗争，却从未取得过完胜。为了抵制始终纠缠左右的欲念，他们设想了更强大的对策，施以更激烈的手段。所有对于身体而言像是一种纵容或懦弱就都会被视为是低劣病态思想之源；因此，人们必须始终留神并克制身体。睡在单人小室里坚硬的地面上，"过着真正的苦修生活"，身穿一件打过补丁的棕色粗呢质地的长袍，外加一两件磨损肌肤的苦衣，半夜起来用笞杖或一根铁链对自己进行惩戒，这些对他们来说都是平常之事，他们希望借此来克服身体的那些妄念。因为最危险的时候便是在夜间睡眠之时；圣徒传记里，通篇都可看到那样的故事：魔鬼进入到房间，灭掉灯火，制造出巨大的声音，就好像一切都崩塌了，幻化成可怕的猛兽，猛烈地袭击正在祈祷的圣徒，以至于他后来很长时间身上都留着那残酷的伤痕。只有在带耶稣像的十字架前坚持不懈地做祷告，方才能避过这样一场厄运；魔鬼是不会漏掉那些彼时决定离开圣地的人。

经文显示了在所有这些禁欲行为中圣血具有的重要性，那些服从于这些行为准则的信徒们并不始终都过着这样的生活①。耶稣基督难道没有广洒其血？在中世纪的时候，对于他的"圣血"的崇拜虔信是多么的根

---

① 让-皮埃尔·阿尔贝：《圣血与天国：基督世界里那些神秘的圣徒》，巴黎，奥比耶出版社，1997 年。

深蒂固。早期的基督殉教者们不都慷慨挥洒鲜血于圆形剧场了吗？关于鲜血，这里有一种双重的情感可以刻画出这种神秘主义观点的特征：反感——按照圣女日多达的看法，"鲜血本身便是一件可怕之物"——与价值的提升——"如果我的衣袍染上鲜血，那它将变得更为美丽"，锡耶纳的圣凯瑟琳便是这样表达她殉教的愿望。在16世纪的西班牙，关于圣血的崇拜虔信在民间流传普及之时正好也出现了早期有关血液纯净度的条例。所有从一个受到鞭笞的身体的伤口流溢出来的血液，当一位神圣之人死去之时人们在衣物上或在器皿之中收集的鲜血，就如同是人身体上的鲜活而重要的那部分器官。修女们的那些故事总是令人想到"神圣之血"，"一心向往传播"的慷慨之血。"日常的磨难就是为热血殉教而备①。"

　　为了惩罚躁动的身体，熄灭欲念之火，克制狂热的血肉之躯，能解决的办法通常就是把身体浸入冰冷的水里；只要浸入便能将会把你烧尽的欲火浇灭得干干净净。正是如此，布列塔尼的苦修者克里欧雷的皮埃尔，某年冬季的一天，跳进一个水坑，接着又身着结冰的衣服行走数小时，他死于1660年。16世纪中期，依纳爵·罗耀拉在逗留巴黎期间也将自己浸入在一片寒彻骨的冰水之中；但是此时他的意图则就不一样了，因为他力图要征服的不是自己的身躯，而是他在途中遇到的一个好色之徒的身体；他大声高喊他将在冰水里长待不起，直到那位不知悔改的罪孽之人停止他那罪恶的情欲爱好。但是这只是些个例；与之不同的是，在同一时代，阿尔坎塔拉的皮埃尔把浸入冰水作为一种定期的苦修做法。为了做到清心寡欲，他们就想出了一些看起来既肤浅又危险的做法来抑制身体。所谓肤浅，因为他们将之比作火，身体的欲火就用冷水在浇灭；而谓之危险，因为这些极端行为损害了健康。但是这不就是他们孜孜以求的目的吗？

　　被称为"新时代的先知"、"世界之光"的安托瓦妮特·布里尼翁便是其中一位见证了17世纪初宗教复兴的世俗神秘主义者②。在还远未成年之时，她便已经意识到人们的行动与他们所宣称的原则之间存在的差距。

---

① 文琴佐·勒里耶弗尔：《这些年轻人能够被奉为圣徒吗？》，巴黎，泰基出版社，1984年，第447页。

② 亨利·布盖：《17世纪一位解剖学家的神秘主义——让·施旺麦丹和安托瓦妮特·布里尼翁》，埃斯库拉普出版社，1912年，第172—174页。

她制定了一个不属于她年纪的道德风尚,拒绝消遣娱乐,偏爱"在修道院"或是"隐修修道士的住处"玩耍。16 岁的时候她要求进入修道院,遭到父亲拒绝后,她便决定在自己家过修女生活:毅然希望身体经受束缚考验。她一般绝食两到三天,穿着马鬃编织的苦衣,鬃毛都刺入了她的肌肤里;她乐于站在"墓地上或到墓穴那里,久久凝视着那些死人的骸骨",也愉悦地深信:要不了多久,她的身体,她的这副"皮囊"也会变得和它们一样。接着有一天,在家人不知道的情况下,她决定"去荒漠"……在被父亲带回家并受到了严厉训斥之后,她决定把自己的房间改造成小苦修室;她日日夜夜都在冥思、祈祷、斋戒,每天在一副棺材里就只睡三个小时,这副棺材是她让人帮她秘密带进来的。1639 年 10 月,在知会了父亲并受到了责骂之后,她依然决定真正离去。对她而言,那就是要开始漂泊一生,直至死亡的那天。

她全部宗教信仰便在于遁世弃家,抛却七情六欲和俗世杂念。她经常与上帝交谈,后者可以让她预见未来;她写下了很多东西,接见了许多来自各方的修道士、郎中、外科医生、神学家和哲学家,她想强迫这些人能够遵从一些严苛的生活戒律。她隐约透着的宗教狂以及劝人改宗的热忱让她在教会人士中树立了不少死敌;她毕生都要在城市间辗转躲避……作为一名不知疲倦的传教士,她不辞辛劳,永远都奔波在路上,忙于拜访修会团体,发展新信徒,终于有一天在传教中辞世。

世俗教徒如安托瓦妮特·布里尼翁那样,虽然已经选择了苦行禁欲之路,但是他们还是拥有一定的自由。与他们相比,还有另外一个人数上占最多的群体,他们必须恪守集体生活的戒律。那些静修修女身边的人或她们自己流传给我们的故事使我们对于她们的宗教生活日程有所了解①。这些"生活之事"通常都是根据听她们忏悔的神甫所给出的那些强势劝导来撰写的,所写内容并不清晰,因为虽然这些女性可以不受拘束地讲述她们的心路历程,但是当话题涉及到身体的时候,她们就应该持有一定的慎重保留的态度:她们必须态度谦逊地表达自己的看法,谈论所蒙之

---

① 17 世纪,这样的自传有数千本都出自女性之笔。请参考雅克·勒布伦:《17 世纪女性宗教传记中的组织和身体及死后留名之地》,载《书写的身体》,第 11 期,《记忆》,1984 年,第 111—121 页。

圣宠,而无半点吹嘘之词。伊莎贝尔·普特兰研究了许多西班牙修女们的自传文章,这些文本都表现出这种模糊度①。透过文字,我们还可以觉察到存在某种模仿两大女性宗教典范的痕迹:一位来自赤足加尔默罗修会,她的特点是对简朴和节制的追求;另一位被人称为方济各会修女,这是对于一种更富感情色彩的想象的表达,也正因为如此而受到了教会的质疑②。不过在 17 世纪的西班牙最盛行的似乎还是后者。斋戒、苦行、睡眠不足、自愿丑化在所有的记叙故事中都能找到,这些女性组成了名副其实的"活体殉教者名册"。有些人仔细记录她们曾经遇见上帝的那些幸运机缘;但是只有少许见到异象者得到了"这种心灵升华的殊荣":这是一种神秘的融合。

为了体验耶稣受难和基督徒殉教磨难而折磨伤害身体,这种行为也具有它的极限,那是崇拜者们不能逾越的底线。绝食和危险有害的做法都会导致死亡。而那样的结果就会造成一个严重的问题:那样不是对上帝的杰作造成了损害?这难道不是一种自杀吗?因此这些神秘主义者们总是行走在这条底线上。事实上,让他们摒弃自我毁灭的想法的是他们想要自我折磨得更多更久一些,这样才能更好地接近他们追随的典范——十字架上的耶稣。因此他们必须找到一种恰到好处的平衡,全身投入遁世之途,同时减轻苦行苦修的程度。因为如果对身体的操练太过疲乏不堪那便会阻碍精神的修炼。正如从前圣安瑟伦所讲的那样,"需要用一只审慎之手来驾驭身体"。

5) 融入身体

苦难之人历经所有考验终成为耶稣基督的身体,这便是最高之向往。对于耶稣基督的仿效表现在身体上呈现了几种现象模式:从身受五伤产生圣痕发展到刺穿,经过内心的告白和经受了这些既是考验也是作为上帝选民记号的伤痕的锤炼。圣方济各是第一位选民——除了瓦尼的玛丽——

---

① 伊莎贝尔·普特兰:《面纱与羽笔》,前揭,第 89—100 页。

② 在 16 世纪西班牙用于苦修的那些宗教著作最多(《罪人之指南》《浮世论》《奉神之艺术》《神操》等)。请参考皮埃尔·格鲁:《16 世纪宗教文学文选》,巴黎,克林克西克出版社,1959 年。

并成为神秘主义者们代代相传的杰出典范；让身体蒙受圣伤，这个题材通过经文和画像形式得到了广泛传播，它表明"这汇集了效仿耶稣的两条途径：五伤的静修与殉教"。在他们看来，比起这些五伤，另一些伤痛更像一种记号，身上某处让全身都感受到的一种强烈的痛楚，集中了诸多疾病的苦难，宗教徒身上一处静静地流淌着鲜血的伤口：脑部周围的小结，有些甚至大"如巨大的坚果"，脓包硬化，翻开的伤口处结满了已经干掉的血渍还有肿块。并不是所有的征象都是五伤，因为有些圣徒为了更强烈地感受他们的磨难，保持着一种潜在的苦痛，让自己的伤痕不为人所见到。

17 世纪是一个热衷蒙受圣伤的时代①。方济各会的修士们曾力保圣方济各受圣伤的唯一性，却徒劳而为。第一位研究受圣伤人员的历史学家泰奥菲勒·雷诺在 1665 年便列举了，除圣方济各和锡耶纳的圣凯瑟琳之外，13 起身负完整五处圣伤人员的案例以及五六起身受部分圣伤的案例。在这之前，阿尔诺·德·赖斯或许把设定的条件放宽了些又或者得到的信息更全面，他在 1628 年就指出了 25 例这样的案例。佩德罗·德·阿尔瓦在 1651 年发现了 35 例。但是受圣伤还未成为一个总是显而易见且能引人注意的现象，在这样的情况下，这些数字又有何价值呢？此外，所有那些上帝的选民受圣伤的方式也不尽相同。圣妇利达在前额中央扎了一根荆棘，锡耶纳的圣凯瑟琳先是右手受伤然后又再领受了其他的一些圣伤。如果人们了解到另一些有关修女们秉持一种理念把铆钉深深插入手中的案例，记叙她们生平的传记作家们往往想把她们塑造成受圣伤者，那么此类数据就更难加以统计确定了。不过这些数字的公布表明了对于那些身上伤痕的关注发生了新的变化，这些身上的伤口都是为了与上帝变得更亲近；因为 16、17 世纪神秘主义的复兴加剧了这些宗教人士的渴望程度，他们更加希望把自己变身为活生生的带耶稣的十字架。但是有一点是毋庸置疑的：之所以树立的典范一直都是圣方济各，因为大部分的受圣伤者都是女性。甚至新老神秘主义者的区别也在于此。

圣维罗妮卡·鸠连尼的情况发生的较晚，因而在典范效果上稍逊一筹②。

---

① 皮埃尔·阿德奈斯所撰词条"五伤圣痕"，载《神秘主义与苦行主义的灵修词典》，前揭，第 14 卷，第 1214—1215 行。

② 莱聂尔-拉瓦斯丁和阿尔弗雷德·阿巴迪：《关于三位受圣伤者的注释》，载《法国医学史协会公报》，1933 年，第 106—111 页。

维罗妮卡是位于翁不里尼和托斯卡纳边界的卡斯泰洛城里嘉布遣会女修道院的一位修女，据其祷告，在她 33 岁，与基督同龄的那年，将耶稣受难时用的荆冠戴于头上。这第一次施以的圣痕在她额头周围留下了一圈殷红且凹凸不平的印痕，还有一些荆棘状的紫色淤斑，这给她造成了巨大的痛楚。女修道院院长在替她检查了一番之后，将此事告知教区主教，后者便指示她去找医生。这些人那时使用的都是各色药膏、发疱药、膏剂之类的药物，无法达到治愈的效果；于是他们宣称这些伤痕"肯定"是超自然的。两年后，1696 年的圣诞节那天，维罗妮卡又在心脏位置接受了新的圣伤，接着三个月后，即 1697 年的神圣星期五，又接受了其他几处圣伤。在她的日记中，她记叙下了这一事件："昨天晚上，正当我冥想之时，耶稣与圣母还有那些圣徒显圣于我，就跟通常我已经遇到过的情况那样。他嘱咐我要忏悔。我就那样做了。但是我刚开始做，便不得不停下来，因为剧烈的痛楚让我心生违背之意，这让我面对上帝时感到罪恶。因此耶稣基督要我的守护神为我继续。他便谨遵神嘱，将手放于我的头上。"在恢复知觉后，她抓过带耶稣的十字架，把它按在心口，满怀深情地亲吻耶稣的那些圣伤，并表达出想要分担耶稣所承受的每一处痛楚的愿望。就在她神志恍惚的时候，耶稣第二次显圣。第三次显圣的时候，他问了她的愿望，而每次维罗妮卡都回答，她想与耶稣一起钉于十字架上受磨难。她说她看到了从耶稣基督的五处伤口射出耀眼的五道光芒，并且光芒照射向她，"细小的光芒中，四道是来自铆钉，第五道是长矛"。从恍惚中清醒过来后，她注意到她的双手、双脚还有肋部都被刺伤了。

宗教裁判所在得悉此事后，委托主教予以调查。后者便来到修道院并威胁要将维罗妮卡作为巫女在修道院中央处以火刑；然后他将维罗妮卡囚禁于一间小室并强令她像一个被逐出教会的人那样站在门口，由一个杂务修女监守。而一些医生则负责治愈她身上的那些伤口。数月间，主教一直将她的双手捆缚在一双封住的手套里；但是这些伤口非但没有愈合反而扩大了。在看到她身上的那些伤口给修道院的生活带来了那么多困扰后，谦逊而顺从的维罗妮卡心怀歉疚，她恳求上帝让这些外在的圣痕消失，就给她保留下那些痛楚即可。这些事情一直到三年后，即 1700 年 4 月 5 日终告一段落：在同一时间，那些圣痕都消失了，仅留下一个红色斑点，连疤痕都没有。但是在接下来的数年间，这些圣痕复又再现。

1714 年,主教和一位由佛罗伦萨特别派遣过来的耶稣会会士发现肋部的伤口能够在祈祷请求之下自我愈合而不留下任何伤疤的痕迹。这就是封圣文书中记载的事件①。后来她又发生了其他一些"经历",最后一次是在 1726 年,也就是这位修女辞世前一年,而所有这一切都是令人信服的。

面对这样的现象,神学家和民众们引用了三条理由。这都是些表皮的创伤,只要进行普通的清洗或合适的处理便能够使其愈合消失。但是这些伤口也可以是魔鬼的杰作,是一种恶魔附身般幻觉的结果,而宗教裁判所的那些神学家们的职责便是用有效的意识领导来擦去这样一种偏离的痕迹。除非这涉及到一些欺骗之事,但这其实是一码事。16 世纪西班牙的神修活动便是这样因两起欺骗案例受到了严重影响:一起发生在 1544 年科尔多瓦圣克莱尔修会一位名叫玛坦蕾娜·德·拉克鲁斯的修女身上,另一起则是 1588 年里斯本的一名多明我会的修女,名叫访亲之玛利亚修女,这两起案例本已混淆视听,但最终得以招认。五伤圣痕最终被理解为是神授意志的明确表示,并且应该被予以接受。但是关于这是一种神经官能症失控或精神病理学的见解却从未见有所论述,当然 17 世纪的医生在那时对此也还无法理解。

对于耶稣和圣徒们的仿效并不是普通的模仿:它是"长期受想象之物熏陶的"一个结果,在这种熏陶中,对于耶稣受难的每日默想,对于痛苦耶稣的崇拜热爱,对于五伤的始终不渝的虔信,对于宗教画像如饥似渴的凝视,这些都占据了主要的位置。在这样一种背景下,那些受过圣伤的女性被视为杰出人物,她们是"诸多修女们的先锋",那些修女们通过想象受过圣伤的她们从而最终得以真实地体验救世主蒙受的痛楚磨难。

蒙受圣伤的现象通常显现出具有特定日期并渐进发展的特点。圣方济各是在光荣十字架瞻礼那天领受圣伤的,当时他正默想耶稣受难并无比希望能与耶稣一起钉于十字架上受磨难。星期五,主要是神圣星期五,对于所有见到异象者和受过圣伤者来说,看起来像是一个接受上帝选择的日子。"劳思圣女"伯努瓦特·朗居雷尔就是在 1673 年 7 月的一个星期五见到了活生生的耶稣"被铆钉钉于十字架上,就像在髑髅地受难那样",并且她还听到耶稣说:"我的女儿,我如此让你见到我,就是为了让你能够分担

---

① 维罗妮卡·鸠连尼在 1839 年被奉为圣徒。

我受难时的痛苦。"从那天以后，"伯努瓦特在每个星期五都接受钉于十字架上般的折磨，也就是每周从星期四下午四点直到星期六早上九点，她就一直躺在自己的床上，双臂交叉，双脚上下重叠，双手有些弯曲但却绷紧，全身纹丝不动，比起一根铁杠子都还要僵硬。全程伯努瓦特都一动不动，没有一丝动静显示这具缺乏生气的躯体是生是死，因为她的行为带有双重的印记，既含有难以描述的殉教之意又具有难以言表的幸福含义①"。每周的这项十字架磨难被伯努瓦特称为她的"周五苦难"，持续了长达十五年之久，在人们修建劳思修道院的时候，这才中断了两年。这样一种行为并不具有任何独特之处。对于任何一个神秘主义者来说，耶稣受难重现是每周五的惯例。完全的斋禁，对于耶稣受难进行重新的冥思默想，以及对于这悲剧的一天中各个不同程序的严格遵守使得星期五这一天显得与众不同。但是如果说陪伴基督于受难之路上源自于一种经过深思熟虑的方法，那么这里还存在一些表现，在现代人看来，其规律再现就可能显得不可思议了。在那些受过圣伤的女性身上，那些伤口每逢周五都会流血，而且在神圣星期五，出血情况还会比平时更加严重；又或者那些一天流七次血的女性，即在每天的法规所规定的时刻都会出现流血现象。我们知道她们也是与耶稣受难有关。这些辅佐性的受难做法总是通过阅读那些提及此类内容的经文，按照基督的模式进行调整，绝不会出现混乱的状态。

　　蒙受圣伤从一开始的头戴荆冠，也逐渐地发生了变化。有时候未来的圣女也会感受到自己面临一个选择：耶稣基督正是这样在皮尔蒙特显圣于卡特琳娜·德·拉格尼兹奥面前，并给她两个冠冕选择，一个是花冠，另一个则是荆冠。她当然选择了后者；但是因为她才年仅十岁，耶稣基督阻止了她的选择："你还只是个孩子；我先为你保管（这顶荆冠）。"事实上她最终还是接受了此冠。在这之后，她又接受了其他的圣伤。这位神秘主义者注意到在她的身体里发生了一个变化。血液的流向似乎发生了改变；它强劲有力地涌向那些圣伤而月经没有了。"这真是难以言表"，卡特琳娜·埃梅利希强调指出。在她身上，还表现出身体的完全和谐化结构，首先就是心脏的变化；后者就像是被分裂成五个，而那些圣伤便是那五个附属心脏，每一个都似乎拥有它特有的循环；不过它们都服从于它

---

① 　修道院长费罗：《劳思圣母月》，迪涅，1878 年，第 160—161 页。

们的中央心脏、生命的规律,尤其是服从于一颗更高贵的心脏,那就是基督的心脏,它们从那里获取动力。血液循环还是按平常那样进行,但是在某些由教会日历确定的时期,这些"外围"心脏便会停止向器官的中央心脏输送回所有它们本来从那里接受到的一切,因为它们为所遵从的那颗心脏保留了一部分之所获。这幅图像归纳出一条导流的规律,即耶稣基督与受过圣伤的选民们之间的血液循环的规律。基督圣伤的血液流入受过圣伤者的伤口中,而与此血相对应的便是从他们的五伤中流出的鲜血。这是救世主的精神输血。这是一个通过血液相连的超自然联盟,它把所有的选民都化身为一个唯一的神秘躯体。体验耶稣基督的圣伤,分担他的痛苦,这样可以相融于他,身融于身,心融于心,血融于血:这是神秘身体的"伟大循环"。这不就是对于哈维①发现的出乎意外的说明吗?

虽然这些表现一般都被视为是预定的征象,但是它们都受到了教会当局方面严格的检查,就像我们看到的维罗妮卡·鸠连尼的情况那样。主教或其委托人关心的只是这些现象的宗教精神方面,至于身体病变的自然层面问题则留给带有专门工具的那些专业人士。格勒诺布尔的主教德让利斯大人便是由昂布兰城一位著名的医生陪同前往劳思了解伯努瓦特·朗居雷尔的病情。布尔戈斯大主教费迪南德·德阿泽维多也同样让两位专业人士去探访了玛丽-耶稣的让娜。一般说来,在 17 世纪,如果不存在重大疑问,那么医生的确认总是大同小异:在对那位神秘主义者施以各种医治方法后,他们便在宣誓之后宣称这些类型的伤口都是非自然的。只有灵魂和身体的造物主才有能力在他们身上制造那样的改变。通过神秘主义者的身体,恰恰正是耶稣再次化身来接受磨难,因此蒙受圣伤是超自然的。

对于耶稣基督的仿效表现在身体上也可以呈现为,修女们所领受到的或她们为之让自己受苦的字面入册②。这些"印记"——这一字眼在 17 世纪的女性传记中频繁出现——是让教义内容变得清晰可见的方法,是保存一段特殊时期的"永恒记忆"的方式。就像用来在上面刻名字的第一块树皮那样,血肉之躯上的第一道刀伤想让人相信的便是那崇高感情具

---

① [译注]哈维(1578—1657),英国实验生理学先驱,阐明了血液循环的本质。

② 让-皮埃尔·阿尔贝:《圣徒传记:使之圣化的写作》,《场地》,第 24 期,《圣徒的制造》,1995 年,第 75—82 页。

有的永久性；这种情感的持久性将来在她快被疑惑击垮的那天可以让她
继续地坚定下去。印记产生了坚定的信念，摧毁了岁月的销蚀。这些虔
诚的签名，就像是"无声却又喋喋不休的嘴巴"，它们同样也是被上帝预定
的记号。而且这些圣宠的现实性都通过画像得以保持下来。苏巴郎正是
这样让人了解到何为升天。在 17 世纪，真福者苏索在这种状态下用尖刀
在自己的身体上刻下那些姓名首字母，它们曾让耶稣成为人类的救世主。
此外，这些印记并不仅局限于身体表皮。阶梯教室里，身体在解剖刀下被
仔细分析，逐步揭示了那些深藏于皮囊之下的各个器官。神秘主义者身
体上的印记开始向内在发展，甚至一直到心脏肌肉处。外科医生通过解
剖一名修女的尸体力图寻得在她一生中将她吞噬的内心之火的迹象，对
于他们来说，毫无疑问他们可以在心脏里看出一些端倪①。心就像蜂蜡
一样，在上面拓印下了灵魂的激情。这些敬慕的表现是否真的太过极端？
身体有所表达。一名虔诚者在死后，人们对他的身体进行了解剖，结果在
他身上发现了两颗心脏。在 17 世纪中期，保罗·迪贝将这种生理上的反
常是作为一种畸形来进行分析研究的。但是那些神学家们对此很警惕。
"两者交锋，他们往往比自然主义者更占优势，并且他们说上帝赐予他这
颗新的心脏作为一个圣宠和爱的象征"；他们便向以西结求救（36，26："我
会赐予你一颗新的心脏"）。而专业人士则下结论说"这些神学家们有充
分的理由认为这些异人是为上帝的荣誉而生②"。

6) "被上帝之爱所耗尽的心"

那些神秘主义者们对于同时代人所施以的迷惑魅力促使那时的许多
专业人士探究死亡的人体，希望能最终找到可以解释这些不平常行为的
答案。当外科医生们着手对第三名多明我会修女保拉·迪·桑·托马索
（1624 年逝于那不勒斯，享年 63 岁）的遗体进行检查的时候，圣徒传记的
经文对于看起来像是人体构造上的奇珍异品之事当然是再三强调："人们

---

① 让-米歇尔·赛尔曼：《巴洛克时期那不勒斯和它的圣徒们》，前揭，第 309 页。
② 由让-克洛德·杜贝引述在《17 世纪一位外省医生对于矿物质水与怪人的关注》中，载《加拿大医学史公报》，第 15 卷，1998 年，第 344 页。

从她的胸腔内取出心脏,并当着众多修道士和其他值得信赖之人的面将它打开。人们发现里面空空如也就如一只气囊,它已经被上帝之爱所耗尽。在心脏内部,人们发现有一个凸起的纤维网状物,在这些纤维之中有两条比较粗大的纤维。其中一条很明显地显示出一个十字架,在其肋前有一个跪倒的人。在她活着时,她就是这样用神明的眼睛去感受,而每次当她说道'我的耶稣'的时候,她便感到自己的心在融化①。"

蒙特佛科的克莱尔于 1308 年辞世,自从关于她辞世的故事流传开来之后,表现一名隐修院修女心脏上印有耶稣受难时用的刑具的画像便成为圣徒传记的一个经典之作。那些变身充当为解剖家的修道院修女打开了这名神秘主义者的遗体,发现在她的身体里心脏长得像一个神龛,装满了耶稣受难时用到的所有刑具②。随着反宗教改革运动发展,神秘主义得以复兴,这样的例子变得越来越多。奥尔索拉·白宁加莎是 17 世纪在整个南部意大利最著名的神秘主义者,她的遗体解剖也一样留给人们诸多惊奇。她的心也一样被上帝之爱所耗尽。这起解剖手术还发生了一点特殊情况,执刀的外科医生一听到这位修女辞世的消息便匆匆赶来以至于都忘了带上那些手术工具……"这就是为什么他用他工具袋里的一把小刀来划开遗体的胸膛。……在用这把钝刀切开了皮肤之后,他询问现场是否有锯片";但是人们拿给他的锯片显得没有什么用处。后来别人就让他用锯齿刀,这样才成事。"他一打开这具遗体后便发现里面没有心脏,在它的位置处只有一点点烧尽的薄膜和数点血滴。这些血液被收集在一把银质勺内,后被装在一个小瓶里,一直密封保存至今而无腐败变质。……当我们看到这些景象之时,我们认为她的心因生前怀着对于上帝的强烈爱德而燃烧殆尽,就像她自己在其一生中曾无数次说的那样,她自己感觉到在燃烧③。"

关于圣徒的言语所构思出来的故事也可以成为心脏上那些印记的由来。在一次关于上帝之爱的布道上,塞尔斯的圣方济各提到了上帝与锡

---

① 由让-米歇尔·赛尔曼引述在《巴洛克时期那不勒斯和它的圣徒们》中,前揭,第 308 页。

② 请参考由皮埃罗·坎佩罗西演绎的文本《无动于衷的身体》,法译本,巴黎,弗拉马里翁出版社,1986 年,第 9—11 页(原版,米兰,1983 年)。

③ 修道院院长 F. 普隆:《从真福圣地的归档中提取的劳思圣母奇迹的故事》,加普,1856 年,第 308—309 页。

耶纳的圣凯瑟琳之间心脏互通的圣迹，这次布道给安娜-玛格丽特·克莱蒙修女带来了巨大的震动，并"在她的心灵里产生出极为强烈的印记，使她一整天都沉浸于此"。这种内在的圣宠以心脏上的各种印记形式被表现出来：创伤、烙印、耶稣面部的印记。这些爱之印痕由 17 世纪末那些面向广大民众的故事记载下来。但是可能它们应该被作为"心灵深处的"印记来进行解读，而不再是刻在身上的一些记号。因为这已不再是将神秘主义者们的遗体进行解剖以便在其心脏深处重新发现十字架或耶稣受难刑具的年代。

7）爱的殉难和穿刺

如果说在身体上的这些铭刻记号可以被视为是上帝对于神秘主义者希望融身于基督身体的回答，那么它们也只是一小部分选民特别享有的待遇①。比如刺穿就正是这种爱的殉难。毁灭是神秘主义演说的四大法则之一，其他三条分别是谦逊、淡漠和贫穷②。这种摧毁的、自我剥夺的意志，以及导致其脱去"外在的衣衫"的这种愿望都并非新鲜之事；从艾克哈特大师开始，处于自我的痛苦状态，这便是一条生命的法则。从 16 世纪起，有一些伟大的塑像会赋予其新的现实性。"自我牺牲"，"感觉官能自我丧失"，"弃绝自我"，"变得无意"，"每天向上帝奉献数次极致的苦痛"，"每天让自己承受钉于十字架般的折磨痛苦"，这些都是耶稣的圣泰蕾丝自传中以及《福音珍品》作者提到的诸多用语中的一些，后者的这部著作于 1530 年在荷兰出版，1545 年被译成拉丁文，1602 年被译成法文，它深刻地影响了 17 世纪法国的那些神修流派。

纯爱的伟大范式，即"爱之殉难"，便是泰蕾丝的穿刺模式。在贝尔南，阿维拉圣女接受圣宠的这一情节和其守护天使让其众所周知的团体得到启示，这一情节通过文本和图像得到了广泛传播。从 16 世纪开始的

---

① 米歇尔·德·塞尔托：《神秘主义者的历史真实性》，载《宗教科学探索》，第 73 卷，1985 年，第 325—353 页。
② 米诺·贝尔加莫：《圣徒的学识：法国 17 世纪神秘主义的演说》，格勒诺布尔，热罗姆·米庸出版社，1992 年；《灵魂的解剖——从塞尔斯的方济各到费奈隆》，格勒诺布尔，热罗姆·米庸出版社，1994 年。

大部分传记故事都显示出，这位加尔默罗会修女不仅仅在伊比利亚半岛具有影响力，而且她对西方神修都产生了持久的影响。而在这些记叙中，很多都是有关穿刺的情况：来自圣体的一道强烈光芒就像一枝箭一样射中了这位神秘主义者的心脏，而她的衣服却完全没有任何被刺破的地方。彼时身体到达了爱与痛的极致，从此这位修女的生命发生了巨变："我看见一位天使现形在我周围，我的左边。我看到在他手里有一柄金色的小叉，并且在这柄叉子的顶端，我似乎看到了一点火焰。我感觉他把这柄叉子数次插入到我的心脏里；这柄叉子一直深入到我的脏腑；似乎有人从我身上取走了这些脏腑，让我感到被上帝的伟大之爱所炽热地燃烧。痛苦是如此的剧烈，使我不禁发出这些呢喃之语，而这无边痛楚又是何等的美妙至极，使我无法希望它能有所缓和，能满足灵魂的便只有上帝。这并不是一种身体上的痛苦，而是精神上的，然而身体又必然被有所涉及，甚至参与甚多①。"

穿刺伴随着蒙受圣伤，所以这位修女感到满心欢喜。圣三会的玛丽-玛德莱娜修女，我们所看到的她的生平是由皮尼神父转述，她通过穿刺在肋部获得了圣伤的"印记"，从那儿流出"鲜红的血液"；然后，她忽然感觉到"被一只无形的手所伤"，于是得到了耶稣受难中的另几处圣伤②。她的身体被烙下了和耶稣一样的伤痕，"当身体被钉于十字架上时"，她的身体从此便使她变身为"一个由身体本身成就而得的副本"。这便是最高修为。

17 世纪下半叶，关于耶稣童年的崇拜虔信的发展可能可以解释圣婴耶稣在某些神秘主义者观念中所具有的影响③。1696 年的冬天，维罗妮卡·鸠连尼根据听其忏悔的神甫的建议，用笔记下了她的所思所想，圣婴耶稣手执一根长杖，杖的一头是铁剑，另一头则是火焰："他把剑锋抵在我

---

① 阿维拉的泰蕾丝：《自传》，载《作品全集》，马塞尔·奥克莱尔编，巴黎，1952 年，第 207 页。也请参埃玛努埃尔·雷诺：《阿维拉的圣泰蕾丝与神秘的经历》，巴黎，瑟伊出版社，1970 年，第 40—49 页。

② 亚历山大·皮尼神父：《圣三会令人尊敬的玛丽-玛德莱娜修女——仁慈圣母修会创建者的一生》，里昂，1680 年；由雅克·勒布伦引述在《17 世纪女性宗教传记中的组织和身体及死后留名之地》中，前揭，第 117—118 页。

③ 亨利·布列蒙：《自宗教战争结束以来法国宗教情感的文学史》，前揭，第 3 卷，第 2 章，第 211—217 页。

的心上,我立即感觉到剑从心脏的一面穿透到了另一面。但是他仁慈和蔼地望着我,让我明白到我从此便与他更紧密地联系在了一起。我感觉到在我的心上有了一道伤口,但是我不敢视之。在擦拭之后,我取下沾上了血渍的手帕,我体会到一种巨大的痛楚。后来当您要求我检查伤口是否真实存在,我便那样做了,并发现了那处开放式的创伤以及鲜活的血肉。可是,那里却一点都没有流血①。"

8) 作为上帝选定标记的病症

在这些修女们的一生中,至少对于毕生在寻觅痛苦的耶稣的那些修女来说,疾病总是如影随形②。从圣母往见会招募的修女们的情况来看,或许她们在身疾方面比其他的修女们状况更为严重:当初此修会建立之时,塞尔斯的圣方济各不就是想要接纳通常因健康状况不佳而被拒之于宗教修会大门外的那些女性吗? 自 17 世纪起,富有隐喻之意的"蒙难"一词表达了借由其所引致的疾病和痛苦从而想要达到这种令人羡慕的状态的意愿。1634 年,一名耶稣会会士比福鲁斯在安特卫普出版了题为《十字架与坚毅的神圣之所》一书。在书中,他举了好几个取材自殉难者故事的例子并配以版画,这样有助于那些信徒们用早期基督徒殉教者的精神状态去抵制那些痛苦的侵蚀。1661 年,博絮埃在最小兄弟会修士们的封斋期上做的一次关于苦难的布道上又采用了这样的比喻:"当上帝用疾病或另一种不幸来试炼我们的时候,取代殉难的便是我们的坚毅。"至于冉森派教徒,他们在疾病中看到了这种方法可以用来战胜威胁着罪人的疾病苦痛。他们甚至想要将之看成一个联盟,这样便能够在道德完善和四枢德中变得越来越强大。因此,通过一个奇特的变身,疾病对于帕斯卡来说变成了"基督教徒的自然状态"。一个生病的冉森教徒并不是一名普通的病患,而是一名"患病的悔悟者",他应该利用身体的衰弱从而使他的精神变得强大。在这样的社会环境下,疾病变成了罪人的机遇,对他来说这

---

① 由修道院院长 F. 普隆引述在《从真福圣地的归档中提取的劳思圣母奇迹的故事》中,前揭,第238 页。

② 关于具有殉难之意的痛苦,此处笔者遵循的是雅克·勒布伦的杰出研究《根据女性传记看17 世纪殉教概念的演变》,前揭,第 79—78 页。

是在腐化堕落的疫气中净化灵魂的大好机会,这些腐败瘴气会损害他的救赎。"激动渴望的火焰熊熊燃烧,盖灭了另一股更为灼热的火焰,那是情感之烈焰,它还使得尘世的欲望变得不再那么强烈",大阿尔诺写道:"她使自己全身充满欢欣愉悦,她在虚弱中战胜了肉体,就如同把敌人打倒在地一般。"在灵魂与身体所投入的这场持久的战斗中,凡是能够削弱身体的便能够提升灵魂①。

通过淡泊而坚韧地承受苦难从而达到殉难的效果,这是后特伦托时期神修的一个共同点。修士和修女们一丝不苟地将苦修行为与早期殉教者们认同的牺牲进行比较。因全身重大创伤而需要进行的外科手术则可以被当作一种上帝的赐福来接纳。雅克·勒布伦曾转述过克莱尔-奥古斯丁·加尼耶的事情,后者于 1706 年在博讷城的圣母往见会辞世,她的案例恰恰说明了这种场景具有的二重性:一方面外科医生感觉自己被授予医治病痛的职责,另一方面承蒙这位专业人士将把利刃插入伤口中,忍受着折磨的修女渴望苦痛来得更猛烈些。克莱尔-奥古斯丁曾因患有一个病势恶劣的肿瘤而饱受摧残,她都已经被病痛折磨得不成人形了,"在她的下颌骨右边内部的肌肉变得非常坚硬并存在增生现象"。外科医生们"决定使用铁器和火来进行摘除这个肿块的手术"。就像早期的那些殉教者们泰然自若地接受上天安排给他们的命运那样,这位修女也准备好了接受这项手术;所有的器具,剃刀、剪子和金属镊子都被一一摆放在一张桌子上,外科医生开始用火把这些利器烧红消毒,而她却不让外科手术的包扎物等器械在她身上留下印记。"当修道院院长和护士们都为她将要忍受的一切而吓得瑟瑟发抖时,这位可怜的修女却照着耶稣的样子,平和得就像是被带到祭献上的羔羊。"祭献一词很是恰如其分,这位温和而坚韧的修女是多么地贴切此意,而这项手术又是显得多么地粗暴血腥;总之,这就是一幅殉难的画面②。在经历了这样一场噩梦之后,她需要过六个星期身体才能恢复健康,这是充满难以描述之痛苦的六周时间,但是

---

① 18 世纪初,旺多穆瓦的神甫安托万·布朗夏在其随笔《论对于病患们的不同状态的告诫》中,就疾病是"有益的惩罚"这一观点也进行了详述;请参考雅克·勒布伦:《从前的治疗保养:医生、圣徒和术士》,巴黎,现时出版社,1983 年,第 12—13 页(第 2 版,巴黎,瑟伊出版社,"历史要点"丛书,1995 年)。

② 由雅克·勒布伦引述在《根据女性传记看 17 世纪殉教概念的演变》中,前揭,第 82 页。

"在她面前的这些折磨人的磨难"丝毫不会改变她天生的温和性情,也不会有损她的坚忍不拔。还有这样一位名叫亚波林的修女,她也和旧时的殉难者一样,刽子手打碎了她的下颌骨,粗暴地拔掉她的牙齿,而这位圣母往见会的修女却都——平静淡然地忍受下来,对她来说,这一切正是让她离受难的耶稣更近的一个契机。

在这样的考验中,一切的磨难都可以使这种靠近变得更加确定:外科手术的那些器械让她联想到在耶稣受难画面中通常伴随他左右的那些刑具;在她眼里,那些陪伴她的充满怜悯之情的修女同伴们扮演的就是圣洁的女性;而那位医治严重病痛的医生,只好无可奈何地取代了迫害他人的刽子手的位置……这种模仿比较虽然会令人困惑发窘,但只要我们参阅一下这些修女汲取信仰和想象之养分的经书和圣像,便可以恍然大悟了。大量巴洛克时期的作品生动形象地表现了耶稣基督的殉难,并且在17、18世纪被用在那些最负盛名的教堂的装饰上面,随着这些虔诚之作被大量传阅,最终殉难的题材得以普及推广。比如维也纳城墙下土耳其人的威胁,甚至早期基督教徒的殉难也被还复以一定的现实性。画布上,土耳其人的头巾代替了头盔,弯形大刀取代了双刃剑,但是不变的依旧是野蛮残暴;无所畏惧的圣徒们总是经受着那惨无人道的酷刑,且最终逃不了被处以斩首的极刑,这使得他们的慷慨之血尽染整个画面。

因此在其他人的目光注视下进行的这项外科手术变成了一个可怕的考验;但是病患者通常都以忘我克己的态度承受住了手术中的一切,这种精神状态让在场之人无不惊讶得目瞪口呆,最受震惊的便是医生了。这位专业人士估计最清楚人体的极限所在,超过那个点身体便很难去承受那样的痛苦。因此,在那些记叙这些场面的宗教传记中,他扮演的角色既是具有有效身份的医生,也是科学的见证人,能够为这些不可思议之事作证以及讲述这些神圣的殉难新形式。因此这是一个令信徒心满意足的殉难。至少,在18世纪初,一位刚为亚眠的一名修女做完一例极为痛苦的手术的外科医生就是这么认为的。在从她的大腿骨中取出一片手指长的碎骨片后,他将它交给了修道院的院长,并对她说:"院长,您可以将它作为圣骨保存,因为有多少殉难者都不曾有过如此这般的折磨。"

恶性肿瘤在过去的年代一直对人们造成了极大的威胁;在这种疾病面前,医生完全束手无策,因为它最终不可避免地将以死亡终结并且给患者带来极度的痛苦和恐惧。这种身体承受的毁灭便是一种上帝选定的明显标志：上帝把疾病传送给你，即是选定了你。但是这样一种优先权进行起来却不那么轻松。如果疾病的那些病症还未暴露，那么就应该善于保守这个秘密，不能对任何人透露半字，甚至是对身边亲近之人也不能说一个字，包括那些家庭成员或修道院的修女们。默默地承受病痛的折磨是一项极少碰到的独特待遇，一般都甚少提及。这里完全无关腼腆羞耻之心。这并不是因为患者不想展现身体、暴露疾病以接受治疗，所以才保持缄默，而是因为患者想要尊重上帝对她的信任。这就是为什么某些修女能够隐瞒病情长达几十年之久。直到在她去世之后，人们开始整理遗体的时候，这个疾病才突然暴露在人们眼前。"恶性溃疡"侵蚀了她的颈部，"脓肿溃疡"占据了她的胸腔，这些都说明了这些年来这位逝者所行的是怎样的一条受难之路。

雅克·勒布伦关于 17 世纪宗教传记的研究大致呈现了身患癌症的修女们所忍受的诸般痛苦的惊人概貌。当时人们都担心癌症是一种具有传染性的疾病。对于那些照顾这种病患的修女们来说，这也是一种考验，是克服畏惧心和厌恶感的机会。直面内心之所惧，行仁义善德之举，照料正与病痛和死亡相抗争的他人，也是同样亲身体验了耶稣受难，这使得本令人难以承受之事反而变得使人向往。因此玛格丽特-安热莉克·沙泽勒修女在看了耶稣走上髑髅地的画面后，她为自己的怯懦感到羞耻，因而自责不已，她正是这样才克服了对于其中一个女伴的抵触心理，那位女伴正忍受着已溃烂化脓的痔疮的煎熬。当她在照顾这位生病的修女时，她一闻到伤口那里的臭味便感觉到一阵恶心；这被她视为是不可饶恕的行为。于是她"拿了一点擦拭过溃疡脓水的帕巾，并把它们放进自己的衬衣袖口里，包裹在手臂上，就这样在那一天剩余的时间里都随身携带着"，以此作为苦修①。而不来梅的伊丽莎白，她则是在自己住处收容了"一名可怜的 12 岁小姑娘，她深受痔疮的折磨，这种病让她的面部变得十分可怕，所有看到的人都唯恐避之不及"，这位修女却着手照料起这位小姑娘，"尝试着用抚摸去减轻她的痛苦：她正是这样在对这个不幸之人的照顾中使

---

① 雅克·勒布伦：《令人毛骨悚然的癌症：关于 17 世纪女性宗教传记中癌症的表现的研究》，载《社会与健康科学》，第 2 卷，第 2 期，1984 年 6 月，第 22 页。

看上去被病魔折磨得像麻风病患者的人得到了尊敬"。

抚摸一位癌症病人,亲吻那些令人厌恶的伤口经常在有关这些修女的虔诚文学中有所影射,这些修女们对于那些血脓或呕吐物既不表现出反感之态,而且也不抗拒使她们的嘴唇碰触到这些具有传染性的脓肿上:这便是"圣方济各之吻"。克服人之常情,驾驭其本能,通过济世救人来进行苦修,这看上去像是与上帝变得更为亲近的最可靠的方法①。那是一种令人无法抗拒的"幸福":被上帝选择之路战胜了身体的诸多深渊。

病痛在肉体上的表现越接近基督的那些创伤,上帝之选的标记也就更为明显:肋部的伤口以及胸部的肿瘤在当时都得到了世人极富暗示性的联想。1693 年,玛丽-多萝泰·德·弗洛泰在阿尔比的圣母往见瞻礼上逝世,享年 56 岁;在修道院度过的漫长岁月里,她无时无刻不在沉迷于死亡、垂死之人、尸体、坟墓、在上帝面前毁灭的焦虑、背负十字架的"炽热的欲望",她从没有停止过对耶稣基督的效仿。但是事实上,这种病态的意识很可能是由于家中诸多亲人去世所造成的。一个观想让她对于十字架的期望渐渐成形:"她似乎看到在她的右肋有一处伤口并感觉到痛苦带给她的极度恐惧。"耶稣的伤口首先是出现在观想形式的祷告中,后来得以完全地具体化:"她感到在乳房处有一种尖锐的刺痛,这是人们所能忍受的最痛苦的一种癌症的初始。"于是这位修女在一片心驰徜徉中实现了她向往已久的死亡凤愿,终于如愿以偿。身患痛苦的疾病变成了用身体修行的方法,模仿受伤致死的耶稣基督以及实现在耶稣基督面前灭亡……②

9)"做你们想要对病人做的一切事情……"

圣徒想要行善事,于是决定把自己的身体在死后交与解剖家们处理;这不是有助于展示他的身体发肤——他这副作为不幸代名词的皮囊是多么地罕见吗? 正是如此,1587 年,塞尔斯的圣方济各还是帕多瓦的一名学

---

① "我应该取一点脓水,再舔一舔那些膏药。"(《居永夫人自述的生平》,1720 年;再版,巴黎,1983 年,第 82 页)很感谢让·伊沃内使我引起了对居永夫人的注意。

② 雅克·勒布伦:《令人毛骨悚然的癌症》,前揭,第 24—27 页。

生,当他身患重病之时,他表达了这样的愿望,如果他死了就将他的遗体捐赠给医学院的学生以作解剖之用①。他后来活得好好的,身体也就没有送去解剖;他直到 1622 年才逝世。那年 12 月 24 日,他在一次布道传教受了严重的伤风感冒后,讲了这样一席弃世言论:"这意味着该是时候离开了,而我为此而感谢上帝;衰弱消沉的身体让灵魂变得迟钝不堪。"两天以后,他发生了脑溢血,丧失了一切行动能力,并且人们根据医嘱对他给予了积极的护理照料。为了不让他昏睡过去,人们大声地跟他讲话,并用热毛巾按摩他的头部;最后人们还让他喝下一些苦涩的药水。他任凭摆布。凌晨 1 点,应该对他进行临终涂油礼了,但是人们却无法让他进行临终圣餐,因为他不停地在呕吐。彼时他变得很平静并开始祷告。27 日早上,他的病势更加严重了;他甚至丧失了感官的功能。人们给他放血,而他处于昏睡中。在他清醒的时候,好像与上帝进行了交谈,接着复又陷入昏沉中。

那个时代的科学并不肯轻易地承认它的无能为力。按照医生的建议,人们开始拔他的头发,大力地敲打他的大腿和肩部;被这些痛苦刺激到重新清醒过来的圣方济各对各各他山上垂死的耶稣进行了暗指,他说:"我所受之痛苦与那位的痛苦相比根本不值一提。"接着,为了将他从死亡线上拉回来,人们在他头上涂上了斑蝥的膏药;当人们把这些膏药从他头上拿掉的时候,他的头部就会被撕下一层表皮。为了救他,人们还做了一切尝试。他们用炽热的铁器在他的颈背烤了两次,还有一次是用"火苗圆头"灼烧他的头顶;头顶被烧得都可以看到骨头了……他发出凄厉的惨叫,但却没有抱怨呻吟。当人们问他是否弄痛他了,他却答道:"是的,我感觉到疼痛,但是请你们做你们想对病人做的一切事情。"时不时地,他微微颤抖着嘴唇发出"耶稣玛利亚"的声音,并呢喃着某首圣诗。接着他就失语了,当那些在场人士开始念诵临终经文时,他魂归天国了。

10) 现代殉难经历的漫长时期

征服身体是一项令人精疲力竭之举,因为这种行为总是备受质疑。因

---

① 亨利-保罗·图泽:《塞尔斯的圣方济各病理学方面的生平》,载《法国医学史协会公报》,第 14 卷,1925 年,第 17—18 页。

为实现对于身体的胜利需要费些时日："太过于简单的殉难无法成就一名
伟大的圣徒"，阿维拉的泰蕾丝这样认为。想要具有那样的想法，这些追求
圣洁的向往者们只需阅读圣徒传记文集、《金色传说》、耶稣会修士利巴代
乃拉的大汇编或《圣徒之花》便能有所心得。《圣徒之花》于 1667 年被译成
法语。这些书籍文献都用相同的笔触记录了与相继而至的痛苦折磨相抗
争的每一位圣徒的生平。在抛弃身体价值的岁月中分阶段进行这项进程
是一种刚毅坚强的标志；因为经过了所有这些考验的洗礼，沉淀下来的是
一颗沉着冷静的伟大心灵。每一个欲念，每一种折磨都增添了一份怯弱和
放弃的危险。但是每克服一处痛苦也意味着向上帝又靠近了一步。那些
传记文学都遵循这种把殉难过程变成障碍跑的结构。里面提到的典范榜
样都是很古老的，但是却从来未曾停止过再版或批注评论，诸如锡耶纳的
圣凯瑟琳和斯奇丹的圣莉德温的例子。后者的传记共有三部，内容分别为
她殉难之路的三部曲：《出道修行》、《修行中的进步》、《修得完美爱德状态
的莉德温》。在锡耶纳的圣凯瑟琳的生平中我们也找到了这样的三部曲，
因为就像撰写她生平的传记作家雷蒙·德·卡普指出的那样，"一切都应
以三位一体的名义行事"。事实上，那是四本福音书内容交错衔接部分的
重新上演：《宁静隐居的生活》、《在为了上帝的光荣和灵魂救赎的芸芸众生
中的凯瑟琳》、《圣女之死和那些伴随她的奇迹》；十三周为一个阶段，与耶
稣受难的那个礼拜仪式的时间差不多。这位圣女在 33 岁逝世！

　　由于并不是每个人都能够表现得像那些神秘主义者们那样，所以在
基督教日历盛行的年代，大家就都按照"耶稣受难时钟"的时刻表去重新
体验耶稣基督的牺牲，那个时刻表是一种活页纸做的时钟表，它在加泰罗
尼亚地区一直被编订出版，直到 19 世纪为止。白天和夜晚的每个时刻，
还有从神圣星期四的 6 点到神圣星期五的 6 点，都对应着一首宗教感恩
圣歌的诗曲和有关耶稣受难的一个片段的图片，信徒们可以对它进行冥
想静修从而更好地将它内心化。

　　众所周知，在圣徒行为中的一切都被归结为对于耶稣基督的效仿；每
一个意向，每一个行为都亦步亦趋地模仿上帝为救世而献身的一个片段；
他们对于细节问题忧心不止，由此制定了有关虔诚崇拜的空间与准确时
刻的参考数据规则——受难的位置状况，所受痛苦的数目，耶稣基督的五
伤以及圣母玛利亚的七大忧伤——神秘主义者们将之改变成适合自己情

况的模式。因此,卡西亚城的圣妇丽达在她的单人小室中确定了与耶稣受难的七大阶段相对应的七处部位,以此为了能够更贴近地重新体验耶稣经历过的一切。

在这些真实的行为中有两个特点可以被理解为是对于有关救赎的末世学的极端履行。首先是他们认为人来到这个世上就是为了受苦以及应该让苦难成为生命法则的一部分①。但是这不就是对于泰蕾丝箴言"或受苦或死亡"的阐述说明吗?这句箴言不断地在布道传教和宗教经文中被反复提到。不断地受着鞭策的这种苦难也应该可以作为见证;无论在圣徒的生前还是死后,只有当我们论及于此或是其他某人谈论起的时候,它才受人注目。现代的殉难发生在他人的眼皮底下,此处这个他人的作用是主要的,因为他确保了这些殉难新闻得以传播从而使这些殉难者们的行为富有意义。正是这种关系使得神秘主义者那饱受折磨的身体变成表现耶稣身体的"显著写照②"。

这些圣徒们切身体验了耶稣基督的苦难,并由此表现了教会是一个受苦受难的团体,比起拯救自己,他们考虑更多的则是他人的救赎。他们正是为了他人而接受不能接受的以及承受不能承受的;他们通过效仿耶稣,从而轮到他们变成了救世主。教会的这种万能化身在它所经历的那些危机时刻中表现得尤其明显。对于卡特琳娜·埃梅利希而言,法国大革命带来的那些考验都是教会欣然忍受磨难的机会。而且在这种情况下,教会团体与神秘主义者在所受苦难上是高度一致的。"除了伴随她一生且尤为令人伤心的痛苦以及精神上的苦难之外,记叙她生平的其中一位传记作家指出,她还长期患有表现各异的疾病,这些病症通常表现得极为矛盾;因为她不仅要忍受教会面临的所有苦难,还要忍受来自她个人肢体上的各种病痛的折磨。她全身上下没有一处是完好健康或不受病痛折磨,因为她已经向上帝奉献了一切③。"所有这些遭受的不幸痛苦的考验

① 在阿维拉的泰蕾丝看来,身体就是痛苦,而这份痛苦是来自上帝的信息;因为上帝会拯救"那些在炼狱中炼尽罪愆的灵魂"。而19世纪的 J. K. 于斯曼斯则是在完全不同的情况下谈到"用受苦受难来洗尽罪孽",并且在她看来这是"灵魂的最有效的消毒剂"。

② 宗教史小组(拉比西埃):《苦难》,多勒-蒙托朗会谈,1989年8月31日—9月2日。

③ 卡尔·艾哈德·施莫格:《安娜-卡特琳娜·埃梅利希的一生》,巴黎,安布鲁瓦兹·布雷出版社,1868年,第212—214页。由让-皮埃尔·阿尔贝引述在《被肢解的身体:带着某种虔诚分割身体》一文中,《场地》,第18期,《四分五裂的身体》,1992年3月,第40页。

最终使其"粉身碎骨",真正实现"肉身的溃败①"。

11) 悔悟的女罪人

　　圣徒们通常是在他们生命中的关键时刻受到了震动,他们身体的姿态就说明了他们生命发生突然转变的那决定性时刻。关于抹大拉的玛丽亚皈依的这个题材便是对于这种时刻所做的意义深远的寓意画像式解释。夏尔·勒布伦在大约 1652 年的时候创作了画作《悔悟的抹大拉的玛丽亚》,此画是由教士勒·加缪为坐落于圣-雅克市郊的加尔默罗会修女教堂里的圣女抹大拉的玛丽亚定制的。这幅画表现了出现在这位罪人生命中的那个裂点:那便是她"弃绝富贵享乐,耶稣充满爱意地完全接受了她"的特殊时刻。表情悲惨的脸抬起面向天空,身体就像是遭到了冲撞而脱了臼般显露出绝望之情;双手的表达还有衣物的皱痕都强调了这份圣宠的瞬间。或许在这幅画里我们可以看到画的内容直接影射了这幅画的定制者勒·加缪教士所发生的突然又显著的生命突变,记叙其生平的传记作家指出"上帝的圣宠,对于想要为他树立的坏榜样以及在巴黎造成的丑闻向公众致歉的希望,还有决心弃绝世人珍爱的一切的愿望,这些都使他突然失去自制②"。在自我反省的那些时候,许多同时代的人本可以表达自己的那些忏悔之言,而我们也明白了,由于这位著名的罪人,她同时亦是一名伟大的悔悟者,忏悔在 17 世纪催生了一种空前的虔心崇拜。

　　与众多表现抹大拉的玛丽亚的艺术作品不同③,在勒布伦的画中,抹大拉的玛丽亚披着一头密而浓的长发,在圣博姆的山洞里冥思并暗示了"对于情感的某种有些模糊的诉求",这幅画推论性地清晰表现了关于忏悔的功课。正是因为反宗教改革运动非常强调重视这名圣女的人格,她成为了伟大的悔悟者,成为了典范。加尔默罗会还有一套关于她的专门

---

① 　让-皮埃尔·阿尔贝:《圣血与天国》,前揭,第 94 页。

② 　《悔悟的抹大拉的玛丽亚:法国加尔默罗会修道院里的 17 世纪艺术作品》,展览目录,小皇宫博物馆,1982 年,第 158—159 页。

③ 　关于抹大拉的玛丽亚的画像:《抹大拉的玛丽亚与关于圣像的特伦托教谕的实施(1563)》,载《神秘主义、艺术与文学中的抹大拉的玛丽亚》,巴黎,博谢纳出版社,1989 年,第 191—210 页。

的崇拜。"我是光荣的抹大拉的玛丽亚的热诚崇拜者",阿维拉的泰蕾丝在她的自传中这样记叙道。"当我与上帝心灵相通,确定他就在我身上时,当我匍匐在他脚下,当我感觉到无法忽视痛苦的存在之时,我通常就特别会想到她的皈依。"

贝吕勒为对悔悟者抹大拉的玛丽亚的崇拜在法国的发展做出诸多贡献。1625 年,他出版了《耶稣基督赐予抹大拉的玛丽亚的精神与圣宠》一书,在书中他指出,抹大拉的玛丽亚独一无二,这位罪人是得到上帝圣宠的首选之人。贝吕勒的修行促进了有关"哀悼死亡的基督"的画像的发展,这些画像有些是具有四个人物的画面,其中有圣若望、圣母玛利亚以及这位女罪人,还有些是带有两个人物的画像,画中抹大拉的玛丽亚表现出在西蒙家用餐的谦卑态度,她热情又痛苦地亲吻死亡的基督之手;就在她再次跪伏在基督墓碑脚下前,在耶稣复活的早上。"我们到处都可以见到跪在耶稣脚下的抹大拉的玛丽亚,"贝吕勒说,"这是她的修行也是她的造化;这是她的爱也是她的皈依,这是她在圣宠中的标志也是她的与众不同";这是"悔悟的圣女"与耶稣的痛苦之结合。但是只有当身体处于赦罪愿望的面前时,悔悟的身体才可以证明自己的无罪;当抹大拉的玛丽亚陪在死亡的耶稣基督的身边之时,正是因为她得到了耶稣的宽恕,她得到了17 世纪的人们的同情①。

12）圣人的颂诗

无论在画作中还是在雕塑作品中,殉难的圣徒总是袒露出受到刽子手凶残折磨的那部分身体。这些艺术作品无论平淡与否都使得信徒们联想到有信仰者总是能够战胜殉难中的那些可怕暴行。在施刑人挖空心思的折磨下,那些可能会成为无法言语的伤痛完全不会让有信仰之人产生任何动摇。他的面部表情也好,他的身体发肤也好,都不会有一丝背弃抵抗这种暴行的痕迹;殉难中的圣徒的身体是一具从容镇定、已与尘世无关

① 在 17 世纪巴黎人的家里,有将近四分之一的圣徒画像都是表现悔悟者抹大拉的玛丽亚的艺术作品。请参考安尼克·帕代雷-加拉布伦:《揭示隐秘:3000 户巴黎人家(17 到 18 世纪)》,巴黎,法国大学出版社,1988 年,第 432—433 页。

的躯壳,这是他者的身体。甚至,这具受折磨的身体已成为彰显侍奉上帝是何等高贵的一个躯体。受到暴徒施虐的那部分身体从此成为在其同类人中辨识圣徒的标记,它表明了圣徒的身份,圣徒也乐意将它展示于众:圣女露西或圣女奥迪勒的眼睛,圣徒马梅或圣徒埃拉斯美的脏腑,圣女阿加特的乳房或是圣女亚波林的牙齿……埋葬圣徒也是突显这具躯体的时刻,它在饱受折磨之后现在安眠在一层熊熊燃烧的织物上面;某些画作描绘了一些天使正在进行庄严的窀穸之事,这些画作就不得不让人联想到耶稣基督的遗体进入圣墓的那一幕。

圣徒在逝世之后还总是能够出现在信徒们的记忆中。他显现于他们面前,提醒着他们未曾实现的诺言,有时还惩罚他们的肉体。因为信徒们知道将他们与圣徒相连接在一起的这个契约有着他们无法违背的必要性,这些罪人们不敢冒大不韪去触犯这些条规。当圣徒的身体说话之时,除了执行别无他法。

圣徒的神化,即在天使的帮助下飞升,构成了他生命中最后一个步骤。这里有两种模式:一种是圣保罗式的,他应该是"无上幸福的,【但是】是否他的躯体也有如此感受,这就只有上帝才知道了";还有一种是圣女抹大拉的玛丽亚式的,她对这种飞天情况已经司空习惯,因为"那些天使每天带她上天七次,去倾听天堂的奏鸣"。在反宗教改革时这是一个珍贵的题材,经常被艺术家们用来在订购的重大作品中作为插图。在"升天"的这个重要片段中,那些神圣的庇护者也被展现其中,诸如苏巴郎描绘的圣杰罗姆或吕克兄弟绘画的阿尔坎塔拉的皮埃尔。在画的中央,只见圣徒目光望向天空,双臂高举,双手张开,屈着双脚,他将自己的身体交由数群小天使,这些小天使摆出非常用力的姿势将他运移上天:这是一个向往天堂、处于失重状态的身体。在画像的顶端,天空开始云开天明,光芒穿透大片乌云,整个画面充满了巴洛克式的辉煌;或许因为在这些反宗教改革时期的伟大作品中人们应当看到一种撕裂的、一种精神混乱的迹象,而且这是对于一种世界的看法的终结①。画作的下端表现的是这位圣徒尘世生活的所在地的景象,而他从此将生活在庇佑之下。画中也会画上庇

---

① 关于从 17 世纪末开始的绘画开端及其新的意义,请参考让·德吕莫:《天堂还剩什么?》,巴黎,法亚尔出版社,2000 年,第 408—439 页。

护者的象征之物,通常是由天使们怀抱着:阿尔坎塔拉的皮埃尔的链子或是圣杰罗姆的红衣主教的帽子。

13) 等待复苏的身体

如果说那些分担耶稣之苦难的杰出圣徒们,他们的愿望是融入耶稣的身体,那么寻常的信徒们则是期望到天国后在耶稣的身边能有一席之地。信徒死后便是终结了其在尘世的受苦考验。在肉身死亡之后到最后审判之前还有一段漫长的停顿期,因为总是受到怀疑的那个希望①是重生,既是身体的也是灵魂的,为了在上帝的右边获得一席之位②。

死者的遗骸在"圣洁的泥土里,即信徒们长眠之地里等待他们复活时刻的到来③"。一直到 16 世纪,甚至直到 17 世纪,这些遗体都只是被草草掩埋在集体公墓里。高级神职教士们在乡村游历期间经常会遇到埋葬遗体的仪式,或是看到一些尸骨不全的遗骸暴露在外,或是遇到一些在坟茔附近举行的聚会,又或是看到教徒们在公墓里拉扯闲话,并且他们在途中遇见的这些遗体埋葬都具有明显的抛弃状态的特点。他们的这些见闻考证了一个事实:活人生活在死人中间,生命与死亡被紧密地结合在一起;死人能够施然出现在活人的世界里,这显示了对于生命的一种根深蒂固的乡村观念、对于冥土彼世的一种恒久的看法;教会——至少是地方上的牧师——似乎在很长时间里都对这种观念秉持一种妥协的态度,但是之后便开始排斥这种观念并与之相对抗。宗教骑士团的团长很想要整顿清理一下这些窀穸之事,要求在埋葬死人的墓地场所要赋予其一定的体面庄重,让世人对于逝者比之前更为尊敬。尊敬、秩序、体面:这正是通常出现在教会人士笔下的几个字眼。

那些修道院等宗教团体被再三劝说勿再把那些死者遗骨散乱在外,最终自 15 世纪末起在布列塔尼建起了"圣骨箱",用来专门存放死者的遗骸④。

---

① [译注]基督教三德之一。
② 勒内·马尔雷:《对于死者复活的信仰》,载《思考的时代》,第 3 卷,1982 年,第 120 页。
③ 亨利·德·斯彭德:《圣洁的墓冢》,1596 年,由阿兰·克鲁瓦援引在《16 和 17 世纪布列塔尼的文化和宗教》一书中,雷恩,雷恩大学出版社,1995 年,第 155 页。
④ 因此 1573 年在康邦的一次会议记录里达成了禁令,这次会议记录是有关"建立一个存放逝者遗骨的小盒子"的参观事宜(阿兰·克鲁瓦,同上,第 160 页)。

但是直到 16 世纪甚至于在 17 世纪,这些收敛骸骨的事宜才变得普及起来。人们将它们堆积在教堂南面门廊的拱穹之下,那里已被改造成存放遗骨的阁楼,人们可以借用梯子进入到那里,也有人在公墓里建造了一座木头长廊,这是一种单坡屋顶,在屋顶下面细致地堆放了先辈们的遗骨。到了这场变革的末期,在下布列塔尼的那些最富裕的教区,例如圣泰戈内克,尸骨埋葬地变成了用石头所打造的场所,亡者遗骸被一起存放在同一处。

教会通过对死亡所涉及的领域进行神圣化之后,终于实现了其目的。生人与亡者之间的交流可以按照新的规则进行:活人为逝者的休眠举行感恩活动,亡者则为生人的救赎代为诉求——大家各司其职。死亡空间随着生命意识逐渐发生的深刻转变也发生了相应的变化,伴随产生了许多新的习俗惯例,尤其是在文字上。一些警句格言以死亡的记忆的形式如今流芳于一道无名的集体遗骨墙上。虽然这么一道墙确实把一个群体的记忆和宗教信仰牢固地保留了下来,但它并没有抹去个人的记忆。从布列塔尼到奥地利,还有一些瑞士地区以及巴伐利亚州,大概从 15 世纪开始就流传着“头骨盒子”的习俗,在这个盒子上刻着亡者的名字。甚至在这个头骨上会直接书写上一篇由一幅植物图案镶边的文字,讲述死者的“故事”。但是人们弄这么一份身份记录卡是要呈现给谁看呢?当然不是给亡者的。在最后的审判这一时刻到来之时,他完全能够在一堆尸骨中重新找到属于他自己的那具骸骨。这份记录是写给他的后代子孙看的,以及这个族群中活着的那些成员,通过阅读这些文字,他们便不会忘记他们对于死者所负有的义务①。

在那些从 17 世纪起就盛行巴洛克式的死神文化的国家里,那些死人的骨头被视为是一种装饰“材料”。因此在神职人员们的创新举动下,这些人骨教堂到处可见。在科隆圣乌尔苏拉教堂的金室里,或是在葡萄牙的埃武拉人骨教堂里,头骨和其他肢体骸骨交错叠放,它推动了身体与圣子之间一种新关系的建立。这些骸骨勾画出一些阿拉伯式的装饰图案,有洛可可风格的或奇形怪异的,它们阐述了耶稣受难的那些重要时刻。在那些复活等候室里,这些亡者零落的遗骨戏剧般地再现了各各他②的

---

① 请参考伊夫·勒富尔的杰出贡献:《欧洲的尸骨冢堆》,载《死亡并不是什么都不知道:欧洲和大洋洲的遗骨》,巴黎,国家博物馆联合出版社,2000 年,第 69—82 页。
② [译注]基督受难地。

一幕,解释了尘世的虚无浮华。

14) "荣耀之身的大美"

如果说整个人性注定是堕落的,这是亚当虚荣自负以及忘恩负义带来的后果,那么灵魂得救的观点就是在身体重新组合之前使得身体的衰退变成一个意外,一段暂时的插曲。然而,教会不停地提醒人们,只有那些听从上帝之言的人将来才能在天国获得胜利的荣耀。因为在整个灵魂救赎中,躯体的败坏乃至肉体消失都只是暂时的;到了复活的那天,躯体将以其骨骼为架构重组而成,只有骨骼在肉身腐烂之后还依然存在。而且就算骸骨四散零落也不会阻碍重生,如果人们相信某种传统的话。这种传统由摩西五书中的那些犹太评述人在三世纪的时候就传承下来了,并且被医生加斯帕尔·博安在其著作《解剖学剧场》中重复提到:"在人的身体里,"他写道,"存在着这么一根骨头,无论水火或其他元素都无法将之摧毁,也不会因为受到任何外力而被折断或打碎;到了最后的审判的那天,上帝在其上面浇之以天堂之露,则在它的四周血肉肢体将又复再生,从而聚合成一个躯体,上帝之生灵赋予其生命之后,他得以复苏,变得生气勃勃。【那些犹太人】将此骨称之为'路次'(Lus 或 Luz)。"事实上,解剖家们对于这根骨头的位置持不同意见。维萨里①肯定地认为它长得像一颗豌豆的样子,并且就位于脚大趾的第一个关节处,而那些犹太教法典的研究者们则认为如果它不是十二节胸椎骨的第一节骨头,那么它就该位于颅底……但有一点是确定的:之所以身体以这颗小小的骨头为中心进行重组,是因为所有人都认为这是一颗硬不可摧、抗腐抗烂的骨头。事实上,大家都没有跳出抗腐性这个大主题。骨骼从原来干巴巴的状态将重新又变得湿润,将会覆盖上肌肉和皮肤;身体经过逐渐发生的再次肉质性变,与死后的状态完全不一样了。

文艺复兴时期,卢卡·西纽雷利和米开朗琪罗分别在奥尔维耶托大教堂和西斯廷教堂创作了许多伟大的壁画作品,这些壁画都是有关复活的片段,表达的正是骨骼和身体重获新生的那些阶段。由于他们对人体

---

① [译注]比利时医师,解剖学奠基人之一。

结构有一定了解，由此我们也可以了解到那时解剖学上所取得的进步，他们证明了身体历史和西方感觉史上的一段关键的时期。变身的所有过程就发生在我们面前，它颠覆了事物的平常逻辑：这些骷髅白骨森森，眼窝凹陷空洞，它们开始稍稍抬起墓穴石板或是开始发出动静，样子阴暗让人不安，它们身缠裹尸布移动起来，一些尸体的肌肉都还未完全复原，这些男性或女性的受惊的躯体终于从地下挣脱出来，向上帝表示感谢或敬畏……因为所有这些摄人心魄的场面就发生在公正的上帝面前，这位最高仲裁人保证使那些好人们得到回报，他们的身体闪发光耀、服从于上帝，而那些坏人将永受惩罚，他们的身体将深深受着悔恨和之前就舐舐过它们的火焰的折磨。

　　为了加深罪人的恐惧感并且提醒世人末日的到来，在16世纪的天主教反新教改革运动中，表现复活的画作更是到处可见；然而，虽然通常有那么多的画作存在，但是这些伟大的教化类的艺术作品传递的是表现那些上帝选民的身体的新景象。在所有的画作里，表现复活的那些身体都只是那些身形饱满的躯体。他们在辉煌和荣耀中复苏：男男女女的身体如花般绽放开来，他们都与完成救世任务时的耶稣同龄。事实上，此处既不存在无辜婴孩的身体也没有老弱病残的躯体。复活是凝视冥想中的那具美好的身体最辉煌的时刻。

3

圣骨和被显示过圣迹的身体

　　对于圣骨即圣徒身体遗骨的崇拜，其历史之久远堪比天主教会[1]。这种崇拜在一得到认同之后，马上就形成了在圣徒墓冢周围修建圣所教堂的习俗。如果一家修道院不巧没有产生圣徒，那么他们就必须在祭台的石头里妥善封存一小块虔诚请来的圣骨，在这张祭台石桌上面进行弥撒圣祭[2]。

[1]　词条"圣骨"，载《天主教神学词典》，巴黎，勒图泽与阿内出版社，第13卷，第2章，1937年，第2312—2376行。

[2]　最近有两部著作从不同的角度涉猎到了圣徒圣骨的这一广阔领域，即阿诺德·安杰南特：《圣徒和圣骨的历史：从早期基督教至今》，慕尼黑，1994年；《死亡并不是什么都不知道：欧洲和大洋洲的遗骨》，前揭。

圣徒即便已然逝去,也仍然是大家极为崇拜的对象①。他的身体是神圣之物的聚合之处,是一具圣物躯体,也是虔信崇拜与返本归源的对象②。因为圣徒的身体也是打上了某种特殊身份印记的印戳,是一个作为模板的身体,相对于它而言,宗教修会则不断地在更新发展,它还是表明其永恒的象征。圣骨和存放它们的圣骨盒起到了统一群体的一个主要作用。

1) 圣骨,身体之源

人死后,我们还敬拜遗体?是的!在信徒们的眼里,它散发着生命之光;它是生命之源。并且也存在一些征象使这些信徒的想法显得有道理:保存的躯体奇迹般地没有腐烂,并且散发出一种美妙的"神圣气味";遗体在被埋葬之后过了很久,当解剖刀在肌肉上划第一下的时候,哦,这简直就是奇迹!身体开始流血了!但是,即使岁月漫漫,圣徒的身体也还是生命无限。被人们虔诚地收纳在一个圣龛里的遗骨会散发出一种信徒们都想要得到的力量。

在圣体所在的那个城市或附近的地区,圣徒的身体必然被赋予一种守护的功效。在圣徒仙逝之后,有时候为了确定在何处安放圣徒遗体,在两个地区群体间会爆发激烈的争端,这些争议不仅反映了涉及到香火朝圣的物质利益,而且也深刻表明了人们不愿与这身体之源分开的意愿,它使生命不朽,薪火相继。这个遗体存放问题在通过一个征象得到解决后,那么被选定的这家修道院的一切生活存在从此都将围绕它来运转。因为它是永恒的化身,每个个人生命中的那些重大事宜都是在它身边进行;结婚、出生以及死亡都置于这位共同的先人的庇佑之下,而且通常人们会用圣徒的名字给新生儿取名。圣徒的遗骸是无法估量的珍宝,它们被都市居民们庄严地带往各处,用以止旱停雨,驱战避疫。人们对于这具身体抱以风调雨顺和家族薪火相继的期待,因此它对于所有人的人生来说都是

---

① 阿尔丰斯·杜普隆:《神圣之事物:圣战与朝圣——图像与语言》,前揭,第 383—385 页。
② 《圣骨盒,圣徒身体的碎片》,载《碎片的身体》,展览目录,巴黎,国家博物馆联合出版社,1990 年,第 47—50 页。

非常重要的。由于圣徒圣骨的存在,这个地方变得具有存在感,变得与众不同。这个身体之源使得这个群体的归属感得到凝聚加强①。

因此,我们看到圣徒身体留下来的圣骨比那些古老的身体残骸还要多得多;它们通过关于圣骨来历的同一种宗教观念铸造起具有相同价值观的信仰。在同音异义的背后存在一个巧合,我们不能弄错:"市政机构"以及"行业团体②"在不同程度上都是参考了具有缔造者意义的圣徒的身体。很可能在 18 世纪的时候,某些人事与那些古老的联系开始有些脱节,而个人与集体之间的一些新的联系开始确定下来;这些联系并不是根据宗教象征体系、基督教的道德或是根据对于显示圣迹的钟情被建立起来的,而是依据一种生活中更为世俗的观念。不过在 18 世纪末,那些古老的信仰还是强劲依旧;而且没有人怀疑冒犯圣物的那些革命者们曾想将之终结。他们将圣龛清空,对于具有象征性的联系嗤之以鼻,与旧时信仰的过往决裂。他们预感到将要发生的精神演变,并且加速推动了它们的发生发展。为了"自由地活着",不仅应该建立起其他的社会关系,还应该创造一些新的象征,转而面向一个以人为本的未来而不再以围绕着死人的躯体转的"迷信"为基础。就好像朝夕间就改变人们的精神心理和行为,废除神圣事物的影响力,抹杀这些数百年来的联系是一件很容易的事情……人们围绕着火堆跳着卡玛尼奥拉舞③,在火堆的边缘,总是有一个虔诚的妇女或是一位管理圣器的老人在收集一根趾骨或是一片烧到一半的肱骨碎片:这是一份无价的珍宝,明天,等革命风暴过后,它就会给人错觉,似乎还是可以与旧时的信仰重新建立起联系④。

2) 无以计数的圣物

从中世纪开始,每个崇拜圣骨圣物的地方都忙着通过购买、交换或赠

① 安德烈·沃切兹主编:《中世纪和现代的公民宗教(基督教徒与伊斯兰教徒):楠泰尔学术会议会刊(1993)》,罗马法国学院,1995 年。
② [译注]市政机构及行业团体中的"机构"、"团体"两个词语在法语原文中均为"corps",此法文单词还具有"身体"之意。
③ [译注]法国大革命时期流行的舞蹈。
④ 雅克·热利:《埃唐普的"神圣身体":一个民间崇拜的结束》,载《19 世纪的埃唐普地区》,梅-绪尔-塞纳,阿马泰伊斯出版社,第 168—192 页。

送等手段来获得圣物。16世纪和17世纪主教的亲自拜访证明了这些圣骨圣物移交的事宜有多么重要。罗德兹的主教埃斯坦的弗朗索瓦1524年在其主教管区进行了视察,这恰恰表明了主教的忧心所在:评估所持有的圣物的价值,记录圣骨盒数量,评价宗教团体对于那些神圣的身体的重视程度。他花了6个月时间视察了288处虔诚崇拜的场所,其中167处还有待盘点清查①;清点出来总共有628块圣骨圣物,每处差不多三到四块。麻风病医院和修道院拥有的圣骨数量更多;这表明了它们在治疗意义上的重要性。

　　但是这都是些什么圣物呢?虽然我们可以肯定它们中百分之九十都是身体上的圣骨,但是相反地却不可能精确地确认这些圣骨到底是身体的哪部分骨头。其中不到三分之一的圣骨都是属于新约中的人物的。先是圣皮埃尔和圣施洗约翰,然后是艾蒂安和巴泰勒米;女性,尤其是以圣母玛利亚做代表,这倒不令人感到奇怪,然后代表人物还有抹大拉的玛丽亚和安娜:这个顺序等级恰好也与她们名字的排列顺序相同②。这样一种情况并不适用于利穆赞,因为我们在其他一些地区也看到了这样的情况,但存在一些细微的差异。但是因为许多神堂都是因为圣骨而被修建起来,这些圣骨都不同于主保圣徒的圣骨,后者在四分之一的情况中都没有被体现出来。大众熟悉的圣布莱斯从一群平常的圣徒中脱颖而出;他超过了马尔西亚、厄特罗普、洛朗以及马丁。再后来,卢普、费雷奥尔、塞巴斯蒂安还有罗克都证明了,信徒们对于那些减轻了他们每日痛楚的神圣医疗者们都赋予了极大的信任。

　　大部分的圣骨都成小块状。通常只有那些供朝圣的教堂圣所才保存了完整的遗骸。圣体的碎裂确实不会扰乱宗教信仰③。遗骨成碎片甚至有利于广施圣骨的善行恩德,因为每一块碎片都仍然具有原来的神圣职责,部分具有全部的价值。所以不存在任何反对广散遗骨的行为,甚至如果其他的信徒们得不到遗骨的碎片,这将成为一件憾事。因为对于圣骨的崇拜建立在圣徒躯体的神圣性可能会赐福于虔信者的这个基础上。就

---

① 尼克·勒迈特尔:《有待细看和触摸的身体:鲁埃尔格教区的圣骨(1524—1525)》,载《文艺复兴时期的身体——第三十次图尔学术会议文会刊》,图尔,1987年,第161—162页。

② [译注]这三位女性的名字法文名分别是la Vierge,Madeleine,Anne。

③ 让-皮埃尔·阿尔贝:《被肢解的身体》,前揭,第33—45页。

像酵母可以发面,使面团可以做成有营养的面包那样,小块的圣骨可以让修会和世人得益很多,可以使他们恢复健康,得到拯救。但是在所有各色的圣物中,它们并不是都具有同样的价值;只有那些被"请"得更为频繁的圣物才是,因为圣物的重要性更甚,其承载的意义也就更多。有一些圣物与耶稣受难(十字架、裹尸布、荆冠)或圣体奇迹(圣血、汗水)有关;其他一些更富争议性的(耶稣的脐和包皮)则被教会搁置一边①。因此,圣徒的身体被分成数份,没有人将之独占。脚骨并不常见,但是大腿骨和手臂骨,我们在那些存有丰富圣物的教堂圣所几乎总是可以见到。肋骨也不是普通常见的圣骨,它们在 17 和 18 世纪的某些清单上有记载。头骨无论是在价值意义上还是数量上,与其他所有的圣物相比都具有绝对重要的位置。它作为最重要的圣骨,决不能与动物的头骨混淆起来:它是人的度规的标记。正是它启发了神秘主义者们的沉思冥想;利摩日每隔七年都要举行庆典,圣马尔西亚的头颅骨是博览会庆典上的重点②。头骨圣物经常被妥藏在一个通常浇铸成铅板的半身圣骨盒里,它被用来鉴定圣徒。但是有时候这里面没有头骨;那么这个半身圣骨盒就用来收集存放各路珍贵虔诚的骸骨。此外对于虔诚的教徒来说,这并不是那么重要,他通常对此也并不知晓;对于他来说,无论是什么样的圣骨,在他面前的圣骨形象都被赋予了圣物承载的神圣职能,而那才是重点。

因为食指在口语文化中具有类似于表达方式的重要作用,而且它在宗教的神圣历史中还可以变成昭示预兆的一个手势,所以圣徒的食指不是一件平常的圣骨。虽然存放手指骨的圣龛绝对没有像放手臂骨的圣龛那么多,但是圣徒的数量众多,他们的手指骨都被恭敬虔诚地保存起来了。比如墨西拿的圣大雅各,博洛尼亚的圣托玛斯·阿奎那,坦恩的圣蒂博,慕尼黑的圣多米尼克,班贝格的圣女日多达,海尔布隆的圣女伊丽莎白,威尼斯的圣女抹大拉的玛丽亚,上帝感恩会的圣女玛格丽特,勒芒的圣朱利安等等,人们都是借由敬拜他们的其中一根指骨圣物从而表达对他们的崇敬虔诚③。

---

① 帕特里斯·布塞尔:《圣物及它们的正确用法》,巴黎,巴兰出版社,1971 年,第 102—168 页。皮埃尔·圣提夫斯:《圣物和传奇的形象》,巴黎,法兰西信使出版社,1912 年,第 109—184 页。

② 安娜·卡利翁:《圣马尔西亚的奇迹》,载雅克·热利和奥迪尔·雷东主编:《身体的奇迹之镜》,巴黎,巴黎第八大学出版社,1983 年,第 87—124 页。

③ 《指骨圣物》,载《德国艺术史百科全书》,慕尼黑,1987 年,第 8 章,第 1207—1223 行。

从 12 世纪到 16 世纪，那些稍逊一筹的圣骨在金银匠们的手中得到了发扬光大；它们通常被抬高到珠宝的级别，在手指形状的装饰华丽的银质珠宝匣，或是水晶质地的圣体匣中展示出来。但是这些当然都是先驱者的手指，特别是食指，它们尤其受到崇拜：在巴塞尔、帕多瓦、奥格斯堡都是这样的情况，在法国则是圣让迪杜瓦。因此，金银匠们和画家、雕塑家以及雕刻师们都推动了肖像模型的传播普及，例如用食指指向天空、预报救世主到来的圣施洗约翰的肖像。

3) 具有距离感的圣骨

当打开墓穴、需要移动或抬起圣徒遗骨到祭台上的时候，教会会组织举行许多极富庄严性的盛大宗教仪式。移送圣骨是一项主教的特权，在 16 和 17 世纪中，主教们都广泛使用了这项权力；因为在维持教会的事宜中，或者在面对异端邪说时为重新获得人心的那些举措中，它是一个具有分量的论据。这项大事通常被赋予戏剧性的特征，给人留下极为深刻的印象，以致于几十年之后，当时参与过这项活动的人还是情绪激动地说这是他们人生中最重要的时刻之一。比如埃唐普的巴拿巴教友会神父巴西勒·弗勒罗在一本专门关于他家乡的"古物"的书中，激动地回忆了 1620年在桑斯大主教在场的情况下对于主保圣徒康、康蒂安以及康迪埃纳的遗骨进行确认的仪式："他将神圣的圣骨多次展示给众人，而且为了证明他的虔诚敬仰之心，他反复地大声叫喊，这些圣骨在那天剩下来的时间里被展览于众。我有幸在我年轻之时能够目睹并且亲吻这些圣物……①"

16 世纪中期在"光芒万丈的鲁埃尔格"，红衣主教乔治·阿马尼亚克，即罗德兹的主教，他为开棺请圣达尔马斯的遗骨组织了一场重大的宗教仪式，半个世纪之后，这场升骨仪式还是让当时列席仪式的历史学家安托万·博纳尔记忆犹新。1551 年 11 月 13 日，在圣阿芒教堂前面搭起了一个舞台，身着主教服装的高级神职人员站在上面，舞台前聚集了很多平民百姓，他在民众面前双手久久地高高举起圣徒的每根骨头；接着头骨被放到一个银质的圣骨盒里摆在祭台上，而身体的其他部分被放置到一个

---

① 《埃唐普城市和公爵领地的古物》，巴黎，1683 年，第 361 页。

铅质的箱子里,然后被放回到墓穴中去。在当时反新教的社会背景下,这是关于圣徒身体的一个非常成功的礼拜仪式的片段[①]。

虽然天主教反宗教改革运动善于利用这些人数众多的集会以保持民众对于天主教的忠诚信仰,但是在这之前就存在于信徒与地方上圣徒的圣骨之间的这段关系中出现了一个重大的变化。直到那时,这段联系几乎都是物质肉体的。为了求取庇佑或是获得痊愈,信徒们或触摸或亲吻圣骨,他们甚至在某些场合随身携带。在经历了一场意外事故后,人们为生命担忧,于是他们把这些虔诚之遗骨放在那些病患的身上,期待他们能早日康复。在圣徒节日的那天,人们在乡村城市的街道上结队行进,所有那些想要获得庇佑的人都可以触摸那个圣骨盒,或是从它下面通过。因为,人们对于这具虽死犹生的身体抱有等待奇迹出现的期待:"谁摸到了圣徒的遗骨,"圣巴西勒说道,"谁就等于参与了圣洁之事并且同享圣宠。"想要与圣骨建立起一种内在的联系,这种希望自古代以来就已经通过圣徒葬礼或睡在圣徒墓穴上等待托梦等形式有所表露了,而且后者这种例子在中世纪屡见不鲜。

私人的圣骨并不罕见,而且它们散布很广:这样可以与圣徒的身体有一种密切的形式。因为有时候人们会把它们带在身上,天主教改革想要限制这种可疑的近体接触,因为它有可能会把巫术行为与神圣的宗教仪式混为一谈。因此1619年,利穆日教务会议章程规定禁止在个人家中私存圣骨,禁止将它进行贸易,禁止从圣骨盒内取出圣骨进行展览[②]。人们似乎并不能轻易地接受这个禁令,因为大家还是继续到处在使用圣骨;但是由于不再合法,这种做法变得会受到指责,因而人们必须遮掩行事。

从此在那些崇拜虔信的公共场所,圣骨被封存在封闭的圣骨盒内;要与之进行直接的接触联系不再具有可能性:人们只能透过玻璃在一定距离之外瞻仰它,这些玻璃将圣骨隔绝在信徒们大胆的行为之外。此外为了避免中世纪频繁发生的"圣物失窃"事件,那些圣物箱从此都被悬挂在非常高的地方,或者被安置在围绕着祭台的梁柱上面;只有为了一些重大

---

① 尼克·勒迈特尔:《有待细看和触摸的身体》,前揭,第165页。
② 加布里埃尔·阿乌迪西奥:《昔日的法国人》,第2章,《信徒:15—19世纪》,巴黎,科兰出版社,1996年,第248—249页。

场合,比如圣徒的节日或者当修道院遇到灾害时,人们才会"松开那些用于固定的螺帽",把它们降下来。触碰了才算见证,人们都渴望与另一个亡者的身体建立直接的联系,在这样一个文化里,把圣骨放置在一定距离之外,这种做法引起了相当大的影响。只有那些重要人物还能够接近这些令人崇敬的圣徒遗骸,有时候还可以触摸一下这些圣物,甚至在有些例外情况中还可以将它们带在身上。这就是即将分娩的皇后们的特权,在卢浮宫或是在枫丹白露,人们会把圣女玛格丽特的腰带放在她们的肚子上,这根腰带保存在圣日耳曼德佩修道院内。至于平民百姓,他们就只能用一下替代品了;就像路易-塞巴斯蒂安·麦尔西耶充满神韵的文字叙述的那样,他在 18 世纪末记叙了一种做法,圣艾蒂安蒙教堂的侍卫在圣热内维埃夫的墓旁让信徒们呈上那些病患的衣服接受圣物碰触①。

虽然现在这些圣骨不再"和大批民众发生会使其贬值的接触",但是那些衣物等圣物还是能够亲近民众;甚至有时候它还会被大肆利用,那些衣物被分成无数极小的碎片,被放入到朝圣者的身上。在文艺复兴到启蒙运动的数百年间,人们在圣于贝尔·达登大教堂里进行一项名为"圣于贝尔之切割"的活动,用于战胜狂犬病②。病人跪倒在地,向神甫露出前额,后者用一把又薄又锋利的手术刀进行操作。他掀起一小片外皮,划出一个细小的刀口;然后用锋利精细的剪刀挑出圣带里的一小根细丝,这根圣带本来是属于一位圣徒的,接着他把这根细丝放入那道外皮的小伤口里,他在划开皮肤后用一个螺丝刀形状的压扁的冲头让那道伤口保持豁开的状态。然后,他在伤口上涂抹上一种膏药,用一根黑色布条束紧患者的头部,这根布条在两侧和中间分别有一根细带,用于系在脑后固定绷带。如果患者想要让这个手术完全成功的话,那这位"被切割者"必须做一个九日经礼;神父会让他每日都忏悔告解并领圣体,"就着白色干净的布单"而睡,"用一个玻璃杯或其他特别的容器"喝东西,并且遵守严格的饮食制度。朝圣是一种苦修。

在 15 世纪末,圣体崇拜还仍然与圣骨圣物的崇拜有着密切的联系:人

---

① 路易-塞巴斯蒂安·麦尔西耶:《巴黎画景》,热夫·卡普劳编,巴黎,法国大学出版社,1979年,第 264—266 页。

② 特里高-鲁瓦耶:《狂犬病治疗总结——圣于贝尔代为祈祷式以及在圣于贝尔·达登更为特别的情况》,《法国医学史协会公报》,第 14 卷,1925 年。

们把圣体瞻礼节的圣体饼——耶稣的身体，和其他圣徒的身体放在一起。但是很快出现了变化，并且反宗教改革运动加速了这个变化：人们后来都把圣体饼妥藏在一件金银制品中，在这件金银器上面放上一个玻璃质月形物件，即"圣体匣"。耶稣基督的身体就呈现在那里，庄严地与圣徒的圣骨分离开来；而且在庆典的时候，人们也只能用眼睛去虔诚地崇拜它。但是，这种因圣体饼崇拜而使两者分离开来的规定并不会使圣徒的圣骨有所贬值，相反因为在圣骨可以避免与信徒接触的时候，这种保护圣骨的行为随之而产生了察看辨认的演变。人们将圣徒或圣女的遗骨放入一个新的封壳里，比起原来的容易被虫蛀蚀的木头棺材也更为端庄体面。因为打开墓穴并不是普通的操作；它还需要对遗骨进行"真实性"的检验，有时需要有专业技术人士来做担保；而拟写在纸带上或羊皮纸带上的一些确认文字可以使得所作评定的真实性永久留存。因为这里涉及到要经得起那些人文主义者和新教徒们的批评，他们现在都可以大胆质疑这些遗骨的身份。在这种新情况下，天主教会通常会看重那些当地的"地位稍次的圣徒"，通常他们的遗骨还保存完整，而单独一根遗骨的真实来历总是更容易受到质疑。

　　如果人们目睹到为了让所持有或区分出的圣骨变得可信可靠而做的那些努力，那么就可以明白有关这些圣骨的真实性的问题并非次要了。1630年，在一本专门有关卡梯奈的著作里，菲利耶尔的修院院长莫兰教士讲述了对圣伯努瓦和圣女邵拉斯迪克的圣骨进行的艰难认证，它们被偷偷地从蒙卡桑修道院带到了卢瓦河畔弗勒里的修道院；他谈到了神奇的辨认察看过程，并且看到了上帝之手[①]。实际上，比起检验圣骨是否曾经在虔信崇拜中起过作用，了解圣骨的"来历"就不是那么的重要了。从某种程度上说，检验其真实性的仅是其应用价值。

　　自15世纪末以来，我们目睹了一项与实际相符的谋取策略，往往可以搜寻到种类多到令人惊讶的圣骨。不过，这样一种手段大概既有想要满足收藏爱好的原因，而且这种爱好越来越明显，也有想要提供广泛的神圣援助的因素。应该把这种对于圣物的狂热爱好与不断递增的对于各色珍奇物品的嗜好相对比，在文艺复兴时期欧洲到处都流行着这种爱好。收集圣物，从某种意义上来说，这不就是重建一个天国宫院的缩影，从而

---

① 纪尧姆·莫兰：《卡梯奈的历史》，1630年，第256—262页。

使尘世与天国及其恩德靠得更近吗？我们通过路德知道，萨克森选侯即英明的腓烈特是一个在上帝面前的伟大收藏者，1510—1520 年间，他在维滕贝格所做的收藏很快就吸引了大量朝圣者前往朝圣。他的收藏来自四面八方，有些是通过购买得来的，有些是交换过来的，某些圣物显得离奇甚至不太真实，但他不会在这种问题上表现得过于纠结：圣婴耶稣的舌头碎片，圣约瑟夫的裤子和圣方济各的衬裤，来自耶稣诞生的马槽的稻草细枝，圣母玛利亚的头发以及她的几滴乳汁，还有耶稣受难时的荆条和铆钉的碎片……总之，他总共收集了 17143 件圣物[①]！虽然他的藏品量如此之大，但是与其收藏的雄心相比，那就显得要小得多了，其中 7000 件左右的圣物后来都汇集到了埃尔埃斯科里亚尔隐修院，西班牙君主们曾想在那里牢固地树立起他们国家政教合一的基础。

4) 处于论战中心的圣物

某些重大决定总是不乏获利的思想。那些圣徒和圣女具有围绕在上帝身边的非凡殊荣，他们那受人崇拜的圣骨可以用来提升知名度和威望，并且由此而增加教堂的收入。数量与日俱增的赦罪与充满生气或被如此认为的这些珍宝密切相连，只要支付一小笔捐款，那么对于圣骨的虔诚崇拜便可以让罪人彻底免除尘世的苦难……所有的圣骨交易，而且通常还是伪造的圣骨，让那些拒绝这些有害的混淆以及排斥这种明显的滥用信任的人士感到愤慨。亨利·艾斯蒂安在他的著作《为希罗多德辩护》中指出了这些事情的非相干性以及欺诈性，对此进行了嘲讽，这些欺诈行为在 16 世纪上半期还引发了"废物贸易"。此外，这些过度行为激起了天主教徒们的反感，但他们并不是反对这些行为的最后的人，并且教会的某些人士也希望以得体庄重为前提整顿虔信崇拜的事宜。特伦托会议过去一个世纪之后，博絮埃负责在天主教教会进行新教教派协商会议，以牧师为对象，开始着手进行"把一切服务于迷信和利欲熏心的获取行为从圣徒及圣像的崇拜中剔除出去[②]"，并且也意识到崇拜的净化始终都未尽其业。

---

① 由加布里埃尔·阿乌迪西奥引述在《昔日的法国人》一书中，前揭，第 247 页。
② 由帕特里斯·布塞尔引述在《圣物及它们的正确用法》一书中，前揭，第 70 页。

因为很快关于圣物的问题被放置到了教义信条的领域,并且成为天主教徒与新教徒之间的主要论战之一。单纯用信仰使之成为义人的赦罪原则,就如同奥格斯堡信纲所明确提到的那样,最终使那些新教徒废除了对于圣徒的崇拜。相反,特伦托会议令人想起旧时的教义学说,天主教的那些神父们对其进行了发挥演绎:圣徒的身体已然是"耶稣基督身上充满活力的肢体部分和圣灵的神殿",他们自然应该受到信徒们的崇拜。但是这道在会议尾声才仓促起草的教谕并没有真正地对所期许的问题做出回答。此外,主教会议上的那些神父们也没有谈及对于圣物的崇拜类型。事实上,这些条款规定存在的含糊不清是在教省的主教会议上才得到修正,尤其是米兰主教会议制定的教谕,在这些会议期间,米兰大主教圣查理·博罗梅自 1565 年起便要求大家讨论圣物的问题。圣物应当陈列在"庄严明亮的地方",所有利欲熏心的思想都应该予以摈除。但是只有在1576 年才采取了关于圣徒身体的最后措施。

这些决议确实下达得晚了一点,就在这之前,路德在圣保罗的思想中发现"人可以用信仰为自己辩护而无需经法条文",1517 年他把自己的观点写成著名的论文并张贴在维滕贝格城堡的教堂大门上,就在瞻仰圣物免罪之行的前一天。1543 年,加尔文出版了《圣物条约》,他在书中把这种崇拜看成是一种过分崇拜以及亵渎圣物的行为,但是他认为首要的任务是抵制赝品圣物,他要求对此应该进行清理①。虽然《条约》并不是针对圣物所撰写,但是它使得圣物在利用价值方面受到了影响,并且为新教关于身体的概念奠定了基础。加尔文指责那些持有圣骨的人让自己变成了刽子手的同谋,这让他们产生了罪恶感……这本书出版 20 年之后,"1566年夏天的那群蛮横之徒"投入到一场"象征符号的革命"中,把这一清理措施变得极端激进②,这场革命就是要使落在他们手里的所有的圣像和圣物都消失殆尽③。

---

① 根据让·加尔文的《圣物条约》,载《文选》,O. 米勒编,巴黎,伽利玛出版社,1995 年,第194 页。
② 索朗日·德庸和阿兰·洛丹:《1566 年夏的蛮横之徒:北方的圣像破坏运动》,韦斯霍克出版社,1986 年。
③ 奥利维耶·克里斯坦:《象征性的革命:胡格诺派的圣像破坏运动和天主教派的重建》,前揭。

关于对圣徒身体的崇拜的批评并不是新见现象；13世纪诺让的吉贝尔以及16世纪初的议事司铎比德斯就曾提醒道，"任何人都是尘埃，无论归去来兮"，他们反对关注圣徒的遗体比关心圣徒的名声和精神还甚的做法。对于圣物崇拜的反对声随之引发了对于圣徒身体崇拜的严厉批评。就让圣徒们好好安眠于墓中吧！提取遗骨更加变得受人指责：对于圣物的崇拜与救赎的愿望背道而驰，因为叨扰到了这些遗骨，这样有可能会影响到这些圣徒的复活；而且一旦这些圣骨被四散开去，那么一种滥用就有可能始终存在。为了作为见证，人们想要在不同的地方都出现一个圣徒的相同的圣骨：圣施洗约翰的头，圣皮埃尔和圣保罗的遗骸，其中某几位的情况讽刺地向世人表现了"他们的身体在罗马，他们的骨头到处都是"……后来所有在墓穴中提取到的遗骸，之后都被硬说成是圣徒的遗骨！在关于这些圣骨的问题上，加尔文指出了四部福音书中都没有提到的地方：谁提出了圣骨一说？它们是从什么时候又是如何走入了我们的视野？他用考证的方法导入了历史：这个时间消失在有人声称发现了圣骨以及又有人把它们迎上了祭台这两个时刻之间，在他看来这个时间的问题是极为重要的。

为了压制来自异教徒的批评，天主教会采取与这种态度截然相反的做法，并支持圣骨的采集。数笔巨款和一个宝贵的时间都是用来使圣骨盒中的圣骨得到价值的提升，这些圣骨盒通常是根据它们的形态来进行制作。1578年人们偶然间重新发现了地下墓穴，这之后，教会制定的看重圣徒身体的整项政策从天主教会的中心蔓延开去。这项政策强调了圣骨的传播流通，要求重整遭到破坏的崇拜场所，并且要在教堂圣所中积累这些身体的珍宝，这些教堂圣所都有一些支持的信众还拥有一定的资产可以获取这些圣物。在罗马的地下埋葬着许多早期殉难者的遗体，罗马这座圣骨取之不竭的宝矿对世人产生了巨大的吸引力，这使得对于圣骨的需求不断增加。这种吸引力驱使菲利普·德·内里甚至在发现宝贵的遗骨之前就来到那些地下墓穴做祈祷……在西班牙传奇的萨克罗蒙特修道院以及德国科隆，人们也都能感受到这种吸引力，那里一个罗马时代的墓地的发现就无耻地满足了不断增长的对于处女遗骨的需求，并催生了一个肖像画的丰富题材。

然而从这些遗骨的重新发现中所催生出来的狂热崇拜随之引发了对

于这些圣骨真实性的疑问。在 12 世纪和 13 世纪的几次遗骨迁移之后，格列高利九世宣布今后在地下墓穴中不再存在殉难者的遗体。但是依然有人想要相信那儿还剩着一些遗骸，而且人们认定任何带有棕榈叶标记的墓地，并且在墓里面可以找到一瓶装满淡红色干涸的沉淀物的小瓶，这样的坟墓就会是一个殉难者的墓地。从那以后，人们踏上了寻找这些著名标记的征程，当它们并不是那么明显的时候，人们常常假定它们曾经存在过……①1685 到 1686 年，马比荣②逗留罗马期间，发现在他们负责监督挖掘遗体的时候，那些具有地下墓穴管理功能的圣体盒没有体现出对于身体的一种相当的尊重；在看到那些遗骨被混杂在一起，并且身份鉴定也经常是错误的时候，他在内心激起了反感的情绪。回去后，他对于"那些被称为圣徒，且或许甚至都没有接受过洗礼的身体"表达了他的一些疑虑。1698 年他出版了《未知的圣徒崇拜》并获得巨大的成功之后，这些疑虑更是引发了与宗教仪式的圣部会议之间更为严重的冲突。因为他发现自 1668 年起鉴定真实的基督教徒殉难者时，作为必要标准的那瓶装血的小瓶子也是不存在的。而且他由此推断这些遗骨并不是圣徒的遗骸，而只是一些普通基督教徒的遗体。

　　然而论战虽然如此猛烈，但还是没有制止 17 世纪末圣骨传播继续长久地进行。诚然自 16 世纪起，所有天主教国家都收获了不少圣骨，但是彼此之间并不平均。虽然意大利毫无疑问是这项虔诚举动的主要受益者，但法国也不遑多让；它曾遭到异教徒们的大肆攻击，因而必须着手重整诸多崇拜场所的神圣职能。在它们旁边，海尔维地的那些天主教区以及德国莱茵河沿岸和南方的那些教堂圣所也是主要的圣物获得者③。在这些巴洛克文化盛行的国家，那些神圣的宗教仪式与一些巫术行为很接近，在那里从 17 世纪末开始，尤其是在 18 世纪的时候，这些圣骨盒变成了名副其实的艺术品，宗教修会富庶的资金和信徒们捐赠的祭献品都成为它源源不断的源泉。

　　最后，教规要求圣骨要符合一位主教规定的形式才具有效力。因此

---

①　帕特里斯·布塞尔:《圣物及它们的正确用法》,前揭,第78页。

②　[译注]法国本笃会修士,古文书学创立者。

③　恩斯特·阿尔弗雷德·施图克尔伯格:《瑞士圣物史》,2卷,苏黎士,瑞士民间传统学会出版社,1902—1908年。

1693 年 6 月 24 日,朗格多克省希兰教区本堂神甫向视察其教区的主教要求检验一盒从罗马带过来的圣骨。在阅读了证明它们真实性的信件之后,这位本堂神甫记叙道:"主教大人在大祭台的中间打开了圣骨盒,这些圣骨与信中描述相符,也就是说有一根几乎完整的手臂或是大腿的大骨,刻着'神圣的殉难者拉帕拉蒂',另外一根骨头刻着'神圣的殉难者彼伊',还有一根只剩一半了,上面刻着'神圣的殉难者曼尼';一切都与上述信件内容相符,主教大人对这些圣骨进行了认可并证实其有效,命令要赋予这些圣骨以崇高的地位,并且把它们当做圣徒的圣骨来崇敬①"。但是并不是所有的认证都是如此地有模有样,就像 1745 年塞奈的主教在阿隆教区表现出来的态度所引发的躁动那样,在那个教区,有两个半身圣骨盒被认为里面装着圣多南的遗骨。因为这位高级神职人员起了一个危险的想法,想要在行政官和堂区财产管理委员不在场的时候检验一下圣骨盒里的遗骨;这个消息迅速传开,大批民众都涌入了教堂。面对事态发展的趋势,这位主教退却了,他只肯在那儿碰到行政官和堂区财产管理员的情况下才回来再行检验之事。作了这样的表态之后,他嘱咐他们清空圣骨盒,并且在一个星期后把这些圣骨埋到教区墓地里。据说这些圣骨早在一个半世纪前在迪涅就被盗了,盗窃者是一位名叫戈捷的神甫。如果有违抗者,他往往就威胁要向教区颁布褫夺职权的命令! 我们不知道那些村民们的反应是怎么样的,但是为了平息舆论,四年后这位主教让人从迪涅带来了一些合乎认证程序的圣多南的圣骨。一切又恢复平静:教区居民们重新找到了他们的圣徒身体同时也找回了他们的宁静②。

5) 被肢解的身体

地下墓穴里的那些遗体并不都能保证真实性,相比较而言,同时代的圣徒身体更受青睐。通常这种寻找从圣徒活着的时候便开始了;塞尔斯的圣方济各的侍从因此收集了他主人的那些旧衣服,就是因为预见到有一天它们都会成为圣物;尤其是他把人家给方济各剪头发时落下的发丝

---

① 由加布里埃尔·阿乌迪西奥引述在《昔日的法国人》一书中,前揭,第 249 页。
② 同上书,第 250 页。

都小心翼翼地保管了起来，每次这位圣徒放血之后，他都回收这些血液，并把这些干涸了的血液保存起来。此外，死时留下圣洁声誉的那些名人通常就会成为修会修院间激烈争议的对象。有人会对一个受人崇敬的遗体做出一些出于虔信的小偷小摸行为；那些包围遗体的人群会抽走头发或衣服等。那些最著名的大人物们也不能逃脱被窃取的命运，比如阿维拉的泰蕾丝就是这样的例子。

在她仙逝后第二天，就是1582年10月4日，她的遗体被庄重地下葬于阿尔巴托梅斯修道院内。人们把她放入一个棺木内，并把棺木装满了石头、石灰还有红砖，就是为了防止有人把棺木升吊起来。但是就在九个月之后棺木盖子被打断了！修道院的修女们对此感到很伤心，刚好一位修士路过，她们便询问这位名叫格拉西安的神父是否可以补救这个状况。当人们清除石灰渣之后，发现这具覆盖着泥土的身体还"完好且未腐败，就像是昨天才刚入土的那样"。弗朗塞斯科·里贝拉神父继续讲道："有人几乎把她的衣服都扒走了，因为在她下葬的时候身上的衣服还是好好的；人们替她洗去泥土，一股强烈而神奇的香味飘满整个屋子，绕梁几日，久久不散。人们替她穿上一件新长袍，用一张毛巾单把她裹起来放入之前存放她遗体的那个棺木。但是在这样做之前，教区主教拿走了她的左手……"格拉西安神父对里贝拉的叙述进行了细致的补充："我是把这只手放在一块头巾里包好拿走的，而且还折了几折放在一些纸里面，它还从里面渗出油来。我把它放在一个密封的箱子里留给了阿维拉城。当我取下这只手的时候，我还切了一根小指带在我自己身上。当我被俘囚禁的时候，土耳其人从我这里拿走了这根手指，后来我又用了差不多二十个里亚尔和一些金指环把它买回来。"

对于这位圣女的身体的侵害并没有就此止步。三年之后，也就是1585年11月，阿维拉城的一些修士开始悄悄地窃取遗体占为己有；但是因为他们并不想让阿尔巴托梅斯修道院的修女们完全看不到她们的前任院长，所以他们决定留给修女们一只手臂，他们中的一员格雷戈里·纳西安神父负责截肢。以下依然是根据里贝拉神父所叙述的他是如何做这件事情的。"他拿出一把刀，这是他带在腰间以备万一的，然后把刀深深插入左手臂下，就是格拉西安神父切下手的那只手臂，而且在格雷戈里这个恶魔把圣女遗体扔到楼梯的时候，这个胳膊就脱臼了。然后神奇的事情出现了！他切这只手臂并不比切甜瓜或新鲜奶酪还要费力,他从关节处切下去的时间和他花时间找到关节这个地方也差不多。身体和手臂就这样分开了。这具神圣的躯体被放置在床上,格拉西安神父的发现正和我们看到的一样,这位修女虽然被埋葬了那么久,却没有少一根头发,从头到脚肉质饱满,腹部和胸部就像是一点都没有受到易腐物质的侵蚀,以至于当我们用手靠近轻触,她的肌肤虽然更加轻薄,但是让人感觉就像是刚刚才去世那样。身体的颜色就跟那些装了牛脂肪的气囊袋的色泽差不多:面部有些压扁;我们认为应该是在它被埋葬的时候,遗体被放在了最下面,它是被过多的石灰、砖头和石头压到的,但是并没有被压碎。"

这些修士们带着遗骨来到阿维拉城,又重新叫来一些医生检查了一遍这具遗体;这些医生证实"这些都不可能是自然现象,除非这真的是圣迹"。三年后,即1588年,里贝拉在阿尔巴托梅斯修道院再次看到了被送返回来的圣女遗体。他在看到遗体完好的保存状态的时候再次惊愕万分:"虽然身体稍有点欠着身,像那些老人走路的样子那样,但身体基本还是笔直的,我们还分明看到她的身形还是很优美,没有萎缩。当人们要把她竖起来的时候,只需用一只手在她背后支撑住就可以了;人们替她脱掉衣服再穿上她生前穿的衣服。她身体呈椰枣色。眼球干涸但还是完整的。她脸上的那些痦子上还依然长着它们的细毛。双脚很漂亮,匀称。"里贝拉为这具身体的"现状",这些不朽的身体征象所震惊①。

圣徒的身体是在被许可的情况下被瓜分的②,甚至教会也参与其中,这样的事情并没有激起反感,或者说几乎没有;因为这具神圣的躯体是圣宠的分发者,真是无法想象怎么能够去剥夺那些如此渴望的那些人的圣宠！身体丝毫不腐,体内散发出美好的神圣香味,这些都清清楚楚地证明这不再是常人所在的世界。这种奇迹就像是表现上帝的意志的那种象征。

因此如果需要的话,对于圣骨的崇拜证明了在天主教众们的想象之物中身体占据了主要的位置。甚至即使是很小一片身体的圣骨传到了教堂圣所里,人们都会急急忙忙地将之供奉起来,崇拜万分。因为获得圣骨

---

① 马塞尔·奥克莱尔:《圣女泰蕾丝的一生》,巴黎,瑟伊出版社,1950年,第362—365页。

② 让-皮埃尔·阿尔贝:《被肢解的身体》,前揭,第33—45页。

还只是第一步。应该提高圣骨的价值意义,让它在信徒们的眼中变得显而易见。当这些遗骨只是肢体骨头或头骨中的一块碎片的时候,人们往往用蜂蜡或贵金属重新做出这部分的肢体骨头或头骨的样子,然后把这块圣骨放入这个遗骸盒中。这种身体形态的修复主要就是为了对神圣身体进行崇拜,在修复的这段时间里,圣骨不可以再被触摸。而且为了赋予圣骨更为吸引人的魅力,人们把它放在一个贵重的匣子里,这个匣子周边被精巧地镶嵌上了珍珠、黄金和宝石。从此圣骨变得更加珍贵,既由于其散发出来的神圣性,也因为附加在圣骨盒上的价值。但是很明显的就是这种锦上添花的做法使得圣骨对于平民百姓而言变得更加遥不可及了。

6) 说话的圣骨

当修会需要有人关注的时候,那么这些身体的圣骨就可以引起信徒们的注意。圣徒的舌头就是这些"说话的"圣骨的一个最好例子。这个说话的器官不就是忧心于将迷失的虔诚教徒带回到圣地的传教士们手中最好的一张王牌吗?因此,在圣让娜·德·尚塔①逝世之后,有人把她的舌头收集起来放在一个铜质的圣骨盒里。后来它被托付给了阿维尼翁的圣母往见修道院,在那里它被视作是"让娜圣骨中继心脏之后最珍贵的圣骨",因为它"曾经说过那么多令人敬佩的言语"。因而每年的圣体瞻礼节,这个神圣的舌头都会被放在一家教堂里展览一个星期,接受信徒们的崇拜,主持教堂的教士往往会允许信徒们亲吻这块圣骨。另一根舌头是让·内波米塞纳的,它在17世纪也是相当出名;它的名声并不是因为它曾经释放出的那些卓越的启示,而恰恰是当她的君主曾要求她向其出卖教派的秘密时,这位圣女始终缄默不语。这类圣骨总是与圣徒生前的一段生命片段息息相关。

这些圣骨因一些蔚为奇观的表现而引人注目,尤其是出血现象。在那些带着钦佩之情记叙下来的故事里不乏一些有关身体的事例,那些"因承受着不公平的折磨而惨烈死去"的逝者发誓要进行报仇。普通信徒们的身上因留下了受伤的痕迹,从而他们的身体控诉着那些杀人的罪犯,而

---

①　[译注]天主教圣母往见会创始人之一。

与这些普通信徒们的身体相比，那些圣徒们的身体可能表现出来的就要晚得多了；比如当刽子手肆无忌惮地把烙铁烙在他们的身上时，或在人们发现他们的身体丝毫未曾腐烂之后。在托伦蒂诺的圣尼古拉逝世四十年后，有人开始提取他的两个手臂，令众人惊叹的事发生了，从遗体里涌出大量的血液，"就好像他还活着"。他的身体不光看似还活着，而且它表现得像是那样，因为当他的身体被切开的时候，身体流血了。接着在手臂与身体分割开来的时候，同样的奇迹也发生了好几次，"被带到各地的数滴血液引发了无数奇观①"。1646 年，保存于托伦蒂诺一家教堂的圣尼古拉的两只手臂突然间开始流出"大量色泽鲜红的热血，人们一直收集了有三盎司之多"。人们便想起这位人称"魔术师"的圣徒以前曾经也用一样神奇的流血的感情吐露法预言过天主教会将会面临的不幸——土耳其人和异教徒带来的危险，或者是基督教会长之间自相残杀的斗争——这种感情表达"就是为了替每个人向上帝祈求宽恕，平息他的怒火，或是为了向那些分裂教会的人昭示他们会受到惩罚②"。因此人们在这个流血现象中看到了一个征兆，并且人们对此也不进行反驳。每当有危难之时，这位圣徒的身体就会以它自己的方式来进行表达，提醒信徒们属于他们的职责义务。

这些不曾腐烂的身体被视为是奇迹，因为它们似乎有违于所有的自然法则；时间没有在他们身上留下痕迹；他们似乎凝固在了一种永恒之中，然而按正常的逻辑人死之后不久身体就会腐烂。那些圣徒传记作家们就强调指出了这种遗体保存的神奇状态，皮肤颜色成蜜色，肢体鲜活，面部轮廓生动。雅克·德·沃拉吉尼把这些不可思议的身体看作是"上帝的食物储藏室，耶稣基督的圣地，天堂香水罐，神圣的喷泉以及圣灵的肢体"。

之所以圣徒的身体让人觉得逃脱了毁灭性的死亡的命运，那是因为它还能够具有另一个反转表现，即气味的变化。有关圣徒生平的文本经常提到"神奇的香味"、"芳香的气味"、"神秘的芳香"，人们一般认为这些

---

① 夏尔·卡伊尔神父：《民间艺术中圣徒的特征》，巴黎，1867 年；再版，布鲁塞尔，文化与文明出版社，1966 年，第 148 页。

② 《在意大利从圣尼古拉的双臂中神奇般涌出的血的情感表达》，载《法国轶闻报》，1646 年 1 月 17 日。

都是苦修和四枢德的虔诚行为的缘故。对于信徒们来说，毫无疑问，美好的气味就相当于是"最虔诚之人被选定的象征"。"在圣洁的香气中死去①"是伟大灵魂的特权，是应该效仿的对象②。"当人们打开棺木，里面躺着荣耀的圣埃蒂安，大地震动，一股美妙的幽香从这具圣体中散发出来，现场飘香四溢，每个人都感觉到了天堂。数名病患和中邪者之前就被带到了这个令人惊异的地方，从他那些极为虔诚的圣骨里散发出来的唯一的香味治愈了 73 名患有各种疾病的患者，那些附着在人身上的恶魔也被这位神圣的殉难者的四枢德所驱退，那些中邪者亦得到了解救。"耶稣会会士利巴代乃拉，反宗教改革时期伟大的圣徒传记作家之一，他在 1667年构想关于圣徒埃蒂安的身体时就是用了这些文字③。这个情节具备了一切元素：大地对于这一非同寻常事件的预兆性表现，在场者在鉴定这个充满天堂宁静感觉的时刻所感受到的惬意的感觉，病患被治愈，邪恶的力量被驱散，着魔的人被解救。

宗教骑士团团长在这些令人惊异的表现中看到了关于这个神奇事实的真实性具有的其中一个证据。就像 18 世纪罗马教皇伯努瓦十四世关于圣迹的类型所发表的宣言那样："人类身体当然可以不发出臭味，这是有可能的"，他指出，"但是要散发出美好的气味，那就是超乎自然的了，就像经验得出的结论一样。如果一股气味散发出持久而美妙的香味，没有让任何人感到不舒服，能够让每个人都惬意愉悦，如果并没有存在或曾经存在过能够制造出这种气味并使之如此恒久的任何自然原因，那么我们应该将之与一个超乎自然的原因联系起来，并把它看作是圣迹④。"

圣洁的气味在宗教语言中具有一种象征的涵义；它和一系列的其他几个意义——颜色、形态、位置——有助于刻画出两大概念，即善与恶，并将之对立起来。"当人们离这具圣体非常之近的时候，从这具圣体中散发出来的气味闻起来非常美好；当人离得较远的时候，这股气味并不那么明

---

① ［译注］此为字面意思，法文 odeur 为香味；原文 mourir en odeur de sainteté，"死时留下圣洁的声誉"之意。

② 让-皮埃尔·阿尔贝：《圣洁的香气：关于香料的基督教神话》，巴黎，法国社会科学高等研究院出版社，1990 年。

③ 利巴代乃拉：《圣徒的生命之花》，1667 年，第 2 卷，第 100 页。

④ 《被上帝赐福的仆人》，IV，第 489 页。

显,没有人说得清楚它闻起来像什么;如果说它让人想到什么,那就是苜蓿,但味道非常清幽。"格兰西安神父就是这么描述的,他讲述了发现阿维拉的泰蕾丝不腐之身时的情况。对于这些被赋予典范意义的圣徒身体,人们本来可以用"恶臭的气味"、"有害性的腐烂"以及"硫磺蒸汽"来进行反衬,这些字眼按传统都是用于描绘喧闹的集会。一方面,圣女,上帝的孩子,他们散发着美妙气味的身体突出了四枢德,另一方面恶魔的孩子则身带罪恶和死亡的气味。

7) 显示圣迹的身体和被显示过圣迹的身体

在特伦托主教会议的决议实施当中,面对与新教的争议,宗教修会起到了主要的作用,他们成为积极的传教者,宣传圣骨崇拜。每个修会都拥有自己的天赋特权的圣徒,这有利于圣骨崇拜的宣传,而每个修院也依托于别人托付于它的圣徒身体的碎片或是它通过修会渠道在罗马获得的圣骨碎片。圣骨到处流通,但是只有当它们固定下来,或者当新宗教建筑建成的时候,这些奇观才会发生。从 1580 年的天主教荷兰到 1650 年代的法国,天主教在宗教改革运动中局面大为好转,建立了许多宗教机构,这必然伴随着许多神奇之事的发生。亨利·普拉特尔在其关于从 16 世纪末到 17 世纪头几十年里尔城的研究中,清楚地指出了修会建立与奇迹增加之间的一致性[①]。

在教堂档案记叙的一系列冗长的圣宠当中,身体被神奇般治愈是诸多圣迹中最为主要的一项奇事。民众往往受到教士们的煽动而将这个事情当成显示圣迹来看待,关于这类事件,得到详细说明的只是受到疾病困扰、受着病魔折磨的身体的不幸状况。在那些主教的调查卷宗当中,由目击者提供的那些细节详情——尤其是由那些专业技术人士所作的证词,但是他们的学科发展还仍然处于开始阶段——让我们能够看出民众的痛苦和期望;但是虔诚记录奇迹的修士们让我们的所见所闻走了样。因为,为了凸显所获圣宠既特殊又寻常的特点,对于每个面临能够化身为被显示圣迹的人,记叙的人总是费心于重新确定这个奇迹的性质,着重强调神奇治疗的

---

① 亨利·普拉特尔:《面对圣迹的基督教徒:17 世纪的里尔》,前揭,第 37—45 页。

那些不同片断。得病的身体必须已经历经了诸多为了康复所做的各种医治的尝试,尤其是这些病魔缠身的身体必须被认为"对于世间医生来说都是治愈无望了"。接下来文本记叙的仪式只是为了凸显所发生之事的超自然性:这个被医生认为不可能再被治好的身体结果被治愈了,这就变得出人意料并轰动一时。但是在这之前,这位朝圣者必须答应改掉自己身上长年累月的坏习惯,他必须要谦恭地服从于圣所平常的惯例仪式,他还必须发愿如果治愈的话要感谢上帝。一旦恢复了健康,他不能忘记自己许下的承诺,否则就要回复到他以前的那种不幸的状况中,有时还会变得更加严重。因此,奇迹在身上似乎具有三个连续的阶段。首先是预备阶段,在这个阶段中以期望和苦难为特点;接着便是发作阶段,这个阶段的各种征象根据地点、说情者、病患的疾病以及心理状态的不同而有所变化。病况的发作来势极其凶猛,就好像为了表现最终重获宁静,身体状况就必须到达被病魔折磨的顶点那样。在教士等说情者的帮助下,经过一番考验,这位被圣迹治愈的病人得以脱胎换骨。身体和灵魂皆得到救治的病人终于结束了一场奇异的战斗,而这场博弈说到底对他还是多有裨益的。"在体现出来的神力面前,饱受病痛的病患在奇迹的舞台上只是昙花一现,即从表现出身体衰退到重获新生,身体被修复到近乎永远理想的状态①。"

在一个充满暴力的世界里,圣迹经常像是弱者在身体上或精神上的得救手段。正是多亏了这些挑战人类任何一条逻辑的圣迹事件,那些不幸之人才可以要么从拦路抢劫的盗匪或大兵手中逃脱升天,要么免遭被法官下令扔进黑牢的可怕命运。还是多亏了圣迹,在土方工程中被掩埋的工人也好或是赶家畜去饮水时发生溺水的农民们也好,他们都得到了解救;因此圣迹还可以减轻平凡人生命的艰辛。在一切似乎都迷失了的那个年代,圣迹反击了落在人身上的不公与暴力,它表现出一种内在的公正,使这个无序的世界重新恢复了一点秩序。

众多被显示过圣迹的人主要都是些身患重疾的人。有时,患者在睡梦中会产生看见圣母玛利亚的异象;他被带到了教堂,在做了一番祈祷弥撒之后,他就好多了;在回去的路上他就感觉病势没那么严重了,到家后几乎都好了……这如何不能让人相信这是个圣迹!实际上,恢复健康可

---

① 雅克·热利和奥迪尔·雷东主编:《身体的奇迹之镜》,前揭,第17页。

以根据不同的地点和不同的人具有各种不同的形态。16 世纪在爱什特雷马杜拉,有些朝圣者在瓜达卢佩的圣母院做完祈祷弥撒之后,就有可能立即痊愈了;另一些人在疾病严重发作之后,他们的康复期可能会比较长;还有一些人在经过几次反复之后才最终恢复了健康①。

的确,恢复健康最常见的就是一个渐进的过程,就像在一个医疗治愈的过程中一样;因此那些跛脚的人在过了一段时间之后才好转,才完全恢复了腿脚的功能,然后可以将之前用来帮助行动的托架献赠出来作为还愿物。但是在圣迹效果的延时性上,或许我们应该看到近现代的一个特征,那就是医学让患者习惯了分阶段来恢复健康;而在中世纪,或在圣徒的坟墓上面或在下面,对于那些长期蛰伏的疾病的治疗显示出来的效果则表现得更为即时性。

8) 合乎福音的圣迹

教会通过言语、经文和画像影响人们的行为举止;它树立起一些典范榜样,在时机到来的时候,它们就成为信徒们敬服的对象。那些有关圣迹的故事,里面记载了被显示圣迹者的话语,这就显示了一种精神上的渗透。因此福音书里的人物成为信徒中某些人敬仰的典范,这也就不是什么令人惊异之事了;借义于耶稣圣迹的一些状况、举动很明显地启发了某些行为。1664 年在圣尼古拉-德波尔,让娜·法尔代是一名 12 岁的腿脚不便者,她在陈述中讲到当她在这个教堂——著名的朝圣圣地参加弥撒活动的时候,圣尼古拉触摸了她的胳膊、膝盖还有大腿。在这位小姑娘的想象中,这位圣徒重演了基督治愈瘫痪患者的一幕②。1725 年在巴黎,一位名叫安娜·沙利耶的冉森教徒疾病突发,然后她的血崩突然就被治愈了,这就是有关血漏病的片断③。安娜·沙利耶 45 岁,她的丈夫弗朗索

① 弗朗索瓦丝·科雷姆:《16 世纪瓜达卢佩的朝圣与圣迹》,马德里,维拉茨盖之家出版社,第 17 期,2001 年,第 129—161 页。

② 奥迪尔·梅斯:《信徒们的证词:17 世纪初圣尼古拉-德波尔圣迹的故事》,载《法国天主教会历史杂志》,第 75 卷,第 194 期,1989 年,第 177—185 页。

③ 让-克洛德·皮:《安娜·沙利耶——圣安托万郊区的一个圣体圣迹》,载雅克·热利和奥迪尔·雷东主编:《身体的奇迹之镜》,前揭,第 161—190 页。

瓦·德·拉·福斯是圣安托万郊区的一名木器师傅,这位妇女持续出血已经有二十年了;这个病起初是断续出血,而自从她七年前的最后一次分娩之后就一直处于出血的状态。她求医问药,看了三十来名医生,其中不乏名医,也毫无结果。1725 年 5 月 31 日,她决定圣体瞻礼节那天让人把她抱到家门口看一看经过的游行队伍。到了节日那天,她在一位劝说她要相信上帝的耶稣教女伴的帮助下终于来到了家门口,那位女伴的话让她想起了"耶稣基督在他尘世中所创造的所有奇迹,尤其是治愈了先天失明者、瘫痪的人还有血漏病患者"。她坐在扶手椅中观看了宗教仪式队伍的游行,当圣体来到她所在的位置的时候,她站了起来,重重地摔倒在路面上,然后又站起来了。她还跪着前行了几步,表达了愿跟随圣体直至圣玛格丽特教堂的愿望。人们帮助她又重新站起来,在一旁稍做扶持,她有足够的力气可以自行走路。她就这样跟着圣体到了教堂门口:"一到那儿,她就感觉到出血停止了,她完全痊愈了。"

这个由一位教士流传下来的故事再次重演了治愈出血的奇迹,这也催生了大量相关的文学和画集,使安娜·沙利耶变得声名远播,她甚至得到了宫廷和罗马教廷的接见。虽然这个神奇般的治愈是发生在普通的冉森派教徒身上,但它一样有利于推动圣体崇拜的发展。正是因为安娜·沙利耶相信上帝就存在于圣体饼中,她成为了新的被圣迹治愈的出血者。画像记录下了这一切,使之流芳百世。

9)惩戒的圣迹

圣迹并不总是以正面的意义显示在人的身上。它也可能表现为一记警告,上帝通过这个警告想要向个人或团体表示他的不满。上帝支配着圣迹,其中也包括当他认为有必要的时候,他就通过惩戒的圣迹制止那些行为。一些人突然表现出身体受到了惩罚,那是因为他们口出亵渎神明的话语或是破坏了受人崇敬的圣像。另一些人是因为没有能够遵守承诺而受到了惩罚。所有惩戒的圣迹都遵循这种纠正人类错误的逻辑。在上帝的杰作面前表现出怀疑的态度,这就是傲慢的表现,那么身体也会因此受到惩罚。伪福音记载的关于"圣母玛利亚的助产士"的故事,在雕刻家们和画家们对这个主题的创作推广下,在中世纪引起了广泛的反响①。据说,这两位助产士被约瑟夫叫来协助圣母玛利亚分娩;一位叫做泽利米的助产士进行阴道检查的时候发现玛利亚还是处女之身甚为惊讶:"玛利亚她怀孕了,她分娩了,可她还是处女。"听到这些话,第二位助产士萨洛梅靠近说道:"如果我没有自己核实过,我是绝对不会相信这些话的。"她得到玛利亚允许进行检查后,她便进行了触摸,结果她的手就变得枯萎干瘪了……她听从了圣母玛利亚的劝告,触摸了圣婴,把他当作世界的救世主来看待,结果她的手又恢复了原状:因不信神而受到惩罚,承认错误后得到了补救。关于助产士证明圣母玛利亚童贞的这则简单直白的故事曾经受到了天主教会神父们的斥责。它经常被提到,并经过了稍微的改动,通过《金色传说》得到了广泛的普及,接着又通过神秘剧的形式把萎缩瘫痪的手搬上了舞台②。在16世纪初,这个题材从肖像画作品中消失了,在特伦托主教会议后取而代之的是关于圣多默的怀疑的题材:触摸肋部的伤口更具有可接受性,比起圣母玛利亚分娩所诱发的联想要少一些淫秽性。此外,所有或多或少涉及到耶稣诞生的主题,当然除了耶稣诞生的经典场景,都从获得许可的图片中消除掉了。

如果说圣迹在时间上通常表现为一个分期进行的过程,那么惩戒性的圣迹则是骤然产生的;此外它从这种骤然性中体现出对于个人或一个群体的示范意义。这种特殊性在宗教受难和宗教争端时期,宗教改革运动或大革命年代中表现尤其明显③。仿佛就应该立刻惩罚这些奇思异想,这样可以使得圣迹果断证明上帝总是按有利于真信仰的人来进行裁定。

4

身体意象的转变

在有关身体的艺术作品领域中,虽然发生的演变通常都比较缓慢,但

---

① 拉梅尔斯医生:《圣母玛利亚的助产士》,埃斯库拉普出版社,1935年,第2—10页。
② 雅克·保罗·米涅神父:《神学新百科全书》,第43卷,载杜埃伯爵:《神秘剧词典》,1857年。
③ 在16世纪和17世纪,瘟疫经常与异端邪说联系在一起,上帝的怒火不期而至。请参考克里斯汀·伯克尔:《在鲁本斯的画作〈圣方济各·沙勿略显圣〉中暗指异端邪说的鼠疫意象》,载《16世纪报》,第27卷,第4期,1996年,第979—995页。

从文艺复兴到启蒙运动的几百年中发生的一些转变还是可以看得到的。在大革命前夕，人类已经完全不再带着和宗教改革时期一样的目光来看待身体。这是因为对于生命的意识和世界的看法已经发生了改变。对于教会而言，找到适应这些变化的相关程序变得十分必要。特伦托会议之后，它在多方面介入进行干预。它尽力监管民众的宗教仪式，尤其是在乡野村间。但是当它在压制异教发展上稍有些起色，它又要忙着招架科学运动的发展了。

在教会文化与多数文化之间存在着一种巨大的流动性，此处具有多种多样的流通渠道，但是这些通道都不是那么地畅通无阻，它们身处在一场世纪交锋之中。因为在从文艺复兴到启蒙运动的数世纪中，生活在乡间村野的那些信奉基督教的民众仍然抱持着一种生命的理解，这种观念虽然通常被掩盖，但它仍然非常活跃；这个观念通过言语和行为被表达出来，而天主教会为了降低这些言语行为的可信度，将之定性为"迷信"。事实上，这些不仅被教士也被医生称之为"迷信的行为"正是一种古老的文化底蕴的表现，由于这种文化实质与一种存在于世上的原始的方式相对应，因而它就更加难以根除。作为拯救个人的宗教，基督教提升了个人的价值，促进了个体的突出，因此有利于将其与广泛的亲属关系间的那些陈旧的联系分离开来，也就是活人与先人之间那种含义丰富的联系。直系与旁系的这种密切关系反映了对于身体的一种原始意识。这种意象必然反映的是一种双重的隶属关系，反映了一个具有双重经历的身体。个体是自己身体的主人，因为他的出生就意味着一具新躯体的诞生，但是他总是感觉到自己与家族谱系的这个集体的大身体之间有着千丝万缕的关系。而教士们提出的正是要让这具个体的身体免于受到集体的大躯体的影响，从而帮助信徒们准备面对末日的审判。

但是教会从 16 世纪开始便面临着另一个挑战。之所以像哥白尼、开普勒、伽利略，之后还有牛顿，这些科学家们能够推开看待世界的新大门，还有维萨里揭开了身体的新画面，这都是因为人类的心智已经得到了文明的洗礼。关于自然法则的系统阐述以及关于人类身体的更为准确和细致的认识，都是根据对于其生命的感觉和他的未来、对于人类自身所提问题的成果；对于世界的认识随着关于身体的问题的不断深化而得到拓展。身体结构有什么秘密？身体器官都有些什么功能？进行怎样的治疗保养才能克服死亡？这份对于自我的新的忧虑正是对于身体的关注，由此产生了对于治疗护理的一种需求，而在 17 世纪下半叶医生们却无法满足这种需求。因此大概在 1680 年到 1730 年之间，欧洲发生的一场意识危机同时也是一场关于身体意识的危机：个体痛苦地从集体的大主体中挣脱出来。从某种意义上说那正是现代人诞生所付出的代价。诸多思想上的昏昧混乱尤其表现为对于入土之人的强烈幻觉，特别是表现为发生在宗教领域里的狂热的冉森教派现象，即使冉森教派的这个危象不能就简单地看成是身体的混乱状态。对于这个挑战，教会是否真正地给出了予以回击的方法？面对在西方缓慢绽放的身体的崭新意识，教会给出了什么样的应对？如何斟酌调和措辞？这些言语都意在惩罚罪人身体和挫伤关心个人充分发展的男男女女的期望，而这种个人的充分发展恰好是经历了一个身体形象上的价值提升。

事实上从 16 世纪开始，关于应该要保持并尽可能长久地保护身体的健康，这一见解逐渐被世人所重视。关于称颂健康体魄和自然终老的身体的论文专著层出不穷。这种想要延长人间寿命的期望与人们对于人世间的看法分不开，他们认为世间的生活并非就注定是某些严守戒规的说法所断言的那种尘世的样子。这种乐观主义以及战胜不幸的人类意志是文艺复兴时期都市文化的基础。在这种背景下，身体非但没有沦丧，反而能够成为个人充分成长的源泉。这就是新教伦理用自己的方式所表达的内容。这是西方文化中一个重要的决裂，它使得人世与末日审判被拆分开来。

1）一个新教的躯体？

在对身体的差分研究方法中，人们所推测出来的天主教徒与新教徒身上的差异大概就阐明了那些同时代人对于那些重大问题所作出的回答，这些问题自 15 世纪末开始便摆在他们面前。对于新教徒来说，重要的是给予那些身处危机状况中的人们以良方，克服困难和焦虑，坦然接受落在身上的命运，不是为了放弃那部分身体，相反则是要克制自己由此而超越自己。虔诚、对于逆境和苦难的抗争就变成了起到鼓舞作用的实践行为。从这个观点来看，身体既没有被过度地贬损也没有被不恰当地约束过多。在生病的情况下,减轻身体的痛苦以及治愈疾病是一个重要的目标:健康、身体或精神上免受苦难,这些都是个人得到充分发展的条件。这恰恰与天主教权威的言论截然相反,后者极度强调人的苦难这一特点。比如分娩中的妇女就是如此,她们的苦难被教会阐述为是因为夏娃所犯下的罪孽所付出的代价。此外,新教徒们也和天主教徒一样,为了方便得到拯救,他们也都毫不犹豫地使用基督教化的护身符;但是两者心中的动机却是不同的。如果说天主教徒是出于对于"叮当作响的那块石头",即母亲腹中的胎儿塑像具有的类比善德始终虔信不变,那么新教徒的动机就超越了这道基础的层面。在德国那些发生过改革的地区,新教徒们并不会盲目地寄期望于物件被假定具有的能力;这块石头首先是被用来给予自我信心;这是一种"具有精神作用的老鹰石头",它可以让人接受自己的命运,战胜困难。天主教女性消极且不独立,她们把自己的命运放置在圣母玛利亚或某位圣徒的手中。新教女性则与她们完全不同,她们表现为自己本人,能够对事物发展做出影响。

在新教徒看来,身体并不令人蔑视;它甚至值得人们去保护它,如果需要的话还值得人们去拯救它。这样我们就能更好地理解为什么新教徒们接纳了求助于助产士来解救分娩中的妇女的那些早期教徒。因为在18世纪的时候,助产士被认为比接生婆能更好地保护产妇和婴儿的生命。因此人们就应该运用学识,从经验中获取教益,必要时接受使用工具。在影响到两条生命的这样一种无比重要的道德行为中,天主教徒拒绝求助他人的理由仅是因为体面端庄。挽救生命的期望应该优先于其他任何的考量。

2) 狂热的冉森派教徒

为了与上帝相通,与基督共融,这些神秘主义者们为自己规定了非常夸张的苦行生活:身体成了这些修行男女的主要目标,对于他们来说,一切都应该被祭献给寻找救赎。但是只有身体被暴露出来了,这具躯体因日复一日的苦修而变得衰弱,因身上的苦衣而受到磨损,因严苛的清规戒律而承受撕裂的苦难。这是个人与他的身体之间的纠葛,是上帝要求的一种试炼,相较于判断力,他更苛求要保守秘密。而在狂热的冉森派教徒身上,我们则看到了完全是另一种的逻辑。对于冉森教徒而言,比起拯救自己的身体,更重要的是拯救教会,它因无视谨慎克制的态度、暴露于公众的行为而面临危险①。这里,身体首先是在艺术作品中,它要求被演绎出来。关于旧约象征说的一些血腥暴力的大骚乱带有纠正性,事实上这完全就是表现出来的关于身体意识的一种新的转变,它就发生在西方社会演变的关键时刻间,大致在 1720 至 1750 年这几十年之间。

这些事件自 1727 年开始陆续发生在巴黎圣梅达尔公墓帕里斯副祭的墓地附近,它们似乎表现出一股自发的民众潮流。虽然早期的一些案例遵循的是经典线路,即与一位圣徒的圣骨或其代替物——此处为生长在墓地附近的树木或坟墓的泥土——接触后得到了神奇的治愈,但是很快由于冉森教危机的爆发,在对于副祭的崇拜与政治行动之间表现出一种紧密的相关性;这些圣迹似乎就是对于"昂布兰掠夺"以及冉森教派主教索阿南被教会革职的一个回应。1730 年 11 月这些圣迹失去了它们自发的民众色彩,在反对教皇谕旨《唯一诏书》被颁布为教会和国家的法律这场斗争中它们变身为抗争的论据。身处其中的那场论战证明了这场改变:这些圣迹变成了证明召唤具有有效性的证据,而这些动乱突出了上帝施在人体上的行为的有效性。很快副祭的墓地就被切断了有生力量的来源,于是运动就转移到了城中各个角落,有在自家宅第之中进行,也有在地下室和阁楼,之后运动又四散到了外省。有关的宗教仪式改变了性质,身体受到了另一些考验。从此那不再是一些因"纠正性的动乱"而受到损伤的身体,而是一些自我反省的身体,它们表现出过度的紧张就好像需要一个外界的帮助。于是血腥的宗派主义的失控时代到来了,那是充满"令人厌倦的挫折"以及"使人精神振作的折磨"的时代。在这些画面背后存在着一种通过暴力论证的逻辑,而在这当中"急救员"积极地充当了这些狂热的冉森派教徒的助手。

即便不是所有的冉森派教徒,而且也远远没有那么多冉森派教徒参与这些偏执行为,社会的演变还是深刻且长久地受到了狂热的冉森派教徒这一事件的影响。事实上,它应该被当作自 16 世纪起使社会发生震荡

---

① 卡特琳-洛朗斯·梅尔改革了关于冉森教派教义的偏差的研究方式,《从上帝的事业到国家的事业:18 世纪的冉森教派教义》,巴黎,伽利玛出版社,1999 年。

的那些改变的一个征象。狂热的冉森教派教徒这段历史在于它与 1720
到 1730 年间发生的宗教政见的转变具有关联,在遗嘱中对于弥撒需求的
锐减以及宗教先贤祠里对于圣徒的祈祷现象逐渐消失也都可以对此有所
证明。对于末日审判以及对于身体的疑问揭示了存在的一些新的忧虑。

3) 艺术作品的演变

从文艺复兴到启蒙运动的数百年间,关于身体意识的演变表现为艺
术作品上的改变。从教会推崇的所有圣徒到对于信众的教化,在诸多被
描绘最多也最模糊不清的圣徒当中,其中之一大概便是殉难中的塞巴斯
蒂安。当然这位圣徒的名望应归功于他作为庇佑者的角色,因为他和圣
徒罗克一直到 17 世纪末为止都是作为庇佑者受到大家崇敬。遭受着鼠
疫侵害的民众向那些伟大的圣徒祈求保佑,罗克便是这些圣徒中的一员:
箭雨刺穿了古罗马军团士兵的肋部,它们象征着上帝为了惩罚做出亵渎
宗教行为的那些人而降下的厄运。塞巴斯蒂安在这场鼠疫中幸免于难,
这使得他变得更加有能力去拯救这场可怕的瘟疫中的那些鼠疫患者。但
是将身体暴露出来使得教区居民可以一览这些箭雨所造成的伤痕,这样
的行为并不总是能够得到反宗教改革运动的那些高级教士们的赞赏,他
们规定这些画像必须消失,因为在他们看来这些画都"有失体面"……然
而如果说这是由教会发起的一项虔信崇拜,却又恰恰就是之前的那项崇
拜。用于传教布道的演说将抵御疾病的祈祷和寻求拯救紧密地结合在了
一起。

米谢勒·梅纳尔在勒芒以前的主教管区的那些教区教堂里研究过这
位圣徒的姿态和动作①。最古老的那些雕像仍然将这位圣徒表现得很凝
固,紧绷的目光望向他处,双手被束缚着:这是表现"世上的人类情景的典
型形态"。匀称和静止赋予这一形象以神圣的意义。然而从 17 世纪开
始,非宗教的部分有所增加,去掉了一些神圣性的东西,艺术家们倾向于

---

① 米谢勒·梅纳尔:《勒芒前主教管区教区教堂里祭坛后部装饰屏上关于圣塞巴斯蒂安的那
　些受人喜爱的画像》,载《西部地区以及布列塔尼年鉴》,第 90 卷,第 2 期,《场所和神圣的事
　物》,1993 年,第 357—375 页。

将这些雕塑表现得人性化,赋予它一种"向前的动作"。这些塑像都陈列在祭台后部的装饰屏的那些壁龛里,那里收纳着这些新的模型作品,就好像"动作只有在这些敞开的洞穴中才能铺展开来"。直到 17 世纪末,根据来自意大利的雕像来看,表现这位圣徒的雕像五尊中就有一尊所表现的塞巴斯蒂安双臂是下垂的,双手被捆绑在背后,而从那以后有越来越多的雕像表现的圣塞巴斯蒂安一只手臂是举起的,另一只手臂是放下的。这位圣徒的身体通常被表现为肢体歪扭,他的身体表达了当时的人们生活在一个分裂的世界里是多么艰辛……

这场涉及整个欧洲的演变更为清楚地出现在 1550 年至 1560 年间。由于钟和表的先后问世,于是便有了对于时间的控制,海外新世界的发现,由于得到了测量和绘图这些新技术的调整,于是空间也在人类的控制之中,还有天文望远镜的发明,这些都改变了人类与宇宙之间一直以来所保持的关系:于是"天堂发生了变化①"……但是在人类历史上,文艺复兴时期充满了模糊性。生命新意义的诞生以及它所引发的期望和激情并不是轻松地一蹴而就。当一切都被暴力所占据,那么对于一个更加美好的世界,一个更加完美的个人的期望就会变得模糊不清:发生在欧洲的暴力与宗教意识以及战争重新爆发有关,海外的暴力则与新大陆的分割有关。但是从那时起,当下与个人的价值提升都构成了文艺复兴的新颖之处。世界开启了另一个时代,对于身体的另一种意识绽放开来。焦躁不安的身体从一个集体的大主体中挣脱开去,为其所获得的自由付出了巨大的代价。因为如今人们把身体放到了关注的首要位置,人们花了诸多心思去保养身体、维持健康、延长寿命,身体只有当死亡之时才又恢复为孤零零的个体,既没有子孙后裔的身体在道德伦理上的出现,也没有那个集体的大主体的出现,虽然后者从未曾消亡过。正视且接受这份孤独对于怀有信仰的人来说是有可能做到的。如果丧失了信仰,那么个人就只剩下面对他自己了……或许在这些信仰和行为的混乱中我们应该看到当代人苦恼的主要来源之一。

---

① 请参考让·德吕莫从新的角度所作的关于天堂的分析,《天堂还剩什么?》,前揭,第 408—439 页。

第二章　公共的身体，身体的公用

尼科尔·佩勒格兰（Nicole Pellegrin）

短工的皮肤、毛孔、肌肉和神经与拥有才学的人不同；他的感情、行为和做事方式亦是如此。生活条件的不同影响了整个外部与内部结构；这些不同的条件定然会是人性诸种原则所致的结果，而人性的这些必需的原则本身并不会变动不居。

休谟，《人性论》，第 2 卷

1

言说身体：卑微者以及其他人

这项任务既困难，又动人心魄。"历史的缺席者"不计其数，他们身体存在的表征极其微弱、零零散散，还常常受到恶意对待。

卑微人群——穷人和可怜人——在文学作品焦虑不安的镜像中反射出不洁的特性，一般来说只有"多亏"过去行政管理层（宗教或世俗阶层）和当今历史学家（无论男女）抽象的统计簿册，他们才能有所存在。然而，当统计簿册对自己名下的魂灵以及举办了多少次圣事进行计数时，如此的抽象性就显得特别有用，因为这些数字可令人对那些簿册上分娩的身体、俗世新生儿的身体、亡者诞生于天国的身体、结合者（婚姻与加入教会）的身体有所想象。尽管如此，计数魂灵或"炉火"的统计簿、堂区登记簿、入济贫院或女修院者的簿册、"计数清点"簿、捐税簿都太过抽象，从来不会去言说身体，只会对赋予其生气、归于上帝的最优秀者——灵魂——进行述说①。而构成我们有关祖先物质生活知识的其他来源是否能言说得更多，也难以确定。日记、回忆录和自传（我们在此使用的主要资料来源也涉及到建筑、家具与服装的某些元素，以及司法卷宗和零散的公证书）都可算是"文本"，它们在展现人世间的动荡不定时，自身也都会受缚于一个信念（驯服身体的信念）和一种必须性（建构书写空间，该空间有其自身的规则惯例和特定的目的性②）。

这一庸常的双重主题占首要地位，在旧制度时期提供给我们的（及其自身致力构建的）档案中，身体只能缺席或起次要作用，重要的是千万不能忘记宗教上的原因，因为在那个时代，宗教使人缄默不言、充满矛盾，而且也使当今出现了极其世俗化的过时读物。由于该主题常常以书面形式出现于页边（想想那些堂区登记簿的页边或页下注解，它们在论及疾病、暴力等时提供了相当丰富的资料③），故而这些时代呈现出的男男女女们的肉体存在，犹如一个万花筒，影像变动不居，且稍有些模糊：这些视像有时显得光辉夺目，但更为经常的是，显得可怜兮兮，这其中既有具体的资料，也有令人烦忧的痴念，尤其是性欲方面，而写这些东西的人都是教士。

个体与众不同的身体遭官方轻视，被系统地掩蔽起来，却又不断地东山再起，只有当它与其他身体混在一起且由此成为"真正的"身体的一部

---

① 身体在有关耶稣受难的作品中既受蔑视，又必不可少，关于基督教对身体的认知，可参阅玛丽-多米尼克·加斯尼耶：《寻找身体：基督教身体观的基本要素》，载让-克里斯托弗·戈达尔与莫尼克·拉布吕主编：《身体》，巴黎，弗兰出版社，1992年，第71—90页。在其他许多资料来源中，《布列塔尼叙事诗集》中就有布列塔尼的一首描写身体与灵魂对话的杰出诗作（拉威尔马克的泰奥多尔·埃尔萨：《布列塔尼口传文学珍宝》，斯佩泽，布列塔尼出版社，1999年，第487—491页）。

② 热内维耶·波莱姆：《蓝色圣经：大众文学选集》，巴黎，弗拉马里翁出版社，1975年，以及《身体的赌注与蓝色图书馆》，载《法国人种学》，第3/4期，1976年，第285—292页。仅为了与之对应，我使用的文献来源还包括道德箴言、医学论著、虚构的文学作品和肖像作品之类的知名作品。米歇尔·德·塞尔托对我颇具指导意义，赋予了我灵感，尤其是他的那本《创造日常生活》，2卷本，巴黎，UGE，"10/18"丛书，1980年。

③ 阿兰·克鲁瓦：《本人是普鲁维雷克的本堂神甫让·马丁……文艺复兴时期至17世纪末的"新闻工作者"本堂神甫》，雷恩，顶点出版社，1993年；马塞尔·拉什维：《悲惨岁月：太阳王时代的饥馑（1680—1720年）》，巴黎，法亚尔出版社，1991年。

分时，它才能获得荣耀。这些"真正的"身体是同业公会（corp-oration①）、居民社团、教会，而教会就是基督的身体，是国家三个等级中的头一个等级。在浸淫着基督教宗教情感的世界中，对（几乎②）所有人而言，身体都只是不朽灵魂的临时居所。可悲的性征，已永远遭毒害，注定会腐烂，虽将灵魂拴缚于己身，但身体——充其量——也只能成为服务于拯救大业的工具，既拯救个人，也拯救四海混同的集体。尽管如此，由于身体将会复活，由于它也是上帝的形象，正是上帝选择让人在自己的肉身中获得体验，故而从末世论的观点来看，这具身体也必当得到尊重。因而，正如他们就疾病或秘术所清晰表明的那样③，身体的所有运动既充满危险，又满怀承诺，既是神圣的宣谕，又是成圣的手段。它们自身就是语言，既可阅读，亦可供人阅读，但当它的那些符码规则将宗教内在化与身体的表达性混合或并置在一起时，至今仍常常令人觉得极为陌生。

有个来自鲁埃加特的书记员，在朗格多克地区某个大领主底下当差，很能干，还是个自学成才的编年史作者，1738 年 3 月下雪的时候，他不得不从里昂去了趟塔拉尔。这位皮埃尔·普里庸怀着激动心情所写的文字表明他并未求助于现成的表达模式："从这座山里出来后，我身体的所有部分都几乎冻僵了，我觉得能从里面脱身而出简直就是奇迹。"此外，翌年夏天由于差点被巴黎新桥的人群挤得背过气去，他还借用了灵修用词来表达自己所受的苦痛："在如此处境中，我很幸运我只有这样一具经苦修磨炼的身体来拯救自己的生命。"同样，农民和织布工路易·西蒙为了揭示自己年

① ［译注］作者将 corporation（同业公会、行会）拆成 corp-oration，前面的 corp 与 corps（身体）字形相近，从而意指 corporation 这样的集体才是"真正的"身体。

② 关于"不信教的"思想以及无神论的古代形式，由于对所有人而言这都涉及到"近代人的身体"，所以罗贝尔·芒德鲁具开创性的批评性著作仍显得卓尔不群（《近代法国引论（1500—1640 年）：历史心理学散论》，巴黎，阿尔班·米歇尔出版社，1961 年，第 294—297 页）。

③ 弗朗索瓦·勒布伦：《古代养身术：医生、圣徒与巫师》，巴黎，现时出版社，1983 年，第 11—14 页（第 2 版，巴黎，瑟伊出版社，"历史要点"丛书，1995 年）；米歇尔·德·塞尔托：《16 至 17 世纪的神秘主义寓言》，巴黎，伽利玛出版社，"历史图书馆"丛书，1982 年，重版，"Tel"丛书，1987 年；让-诺埃尔·弗尔内：《女性出神状态》，巴黎，阿尔托出版社，1980 年。遗憾的是，除了让-皮埃尔·阿尔贝（《圣血与天国：基督世界里那些神秘的圣徒》，巴黎，奥比耶出版社，1997 年），史学家们在叙述及理解往昔点点滴滴的日常生活、大部头的神秘主义著作以及教会的回忆录时，鲜有"建树"。尼科尔·佩勒格兰：《烙印的书写，16 至 17 世纪》，见皮埃尔·科尔迪耶与塞巴斯蒂安·雅杭主编：《肉身伤痕》，普瓦提埃，大西洋中西部历史学习与研究小组，2003 年，第 41—62 页。

轻时的相思之苦究竟有多深——与宗教完全无关——遂于 1809 年左右对自己的生活作了番评估,他说:"我的灵魂已受诅咒,根本笑不出来……",稍后他还说"有一天,我伤心欲绝,朝自己的织布机上捶了一拳①"。意义的加剧、强化都是用体态语汇和我们现在不用的意识形态语汇来实现的。这些心灵-精神范围内的焦灼-憧憬的形式乃完全打上基督教信仰烙印的身体所专有。天主教(男女)圣徒的自传提供了更令人困惑的例证。

玛加利大-玛利亚·亚拉高克感官的自动性以及难以抑制的冲动,甚至都能被她那个时代信仰上最不具热忱的人所理解,那为什么不在这儿说说她呢?这位帕雷-勒摩尼亚尔圣母往见会的修女在 1715 年写道:"我这人很神经质,一点点脏东西就会使我心惊肉跳。他[上帝]在这方面狠狠地惩罚了我,以致有一次,我想清扫一个病人的呕吐物时,竟然情不自禁地用舌头去舔,把这些东西都吃了下去,我还对他说:'如果我有一千具身体、一千种爱、一千次生命,我都会把它们献祭给你,供你驱使。'……可他温柔体贴,只有他的恩情才赋予了我力量来超越自己,他不会对我不管不顾,而是会让我见证他所予人的那种喜乐感。因为后来到了晚上,如果我没搞错的话,他将我紧紧相拥,将我的嘴紧贴于他那颗圣心的伤疤上,达两三个小时左右,我很难表达自己当时的感受,也说不清楚这样的恩宠在我的灵魂和我的心灵中所造成的影响②。""心灵"处于狂喜出神状态,身体倍感愉悦:该如何翻译甚而感受这些字眼在那个时代所表达的意义,它们能向我们诉说些什么呢?

人体虽是上帝的用具,但也是它们自身意识形态与物质工具的创造物,人体只有在得到当今世俗社会阶层的接纳后才能放射出光芒。它们允许通过语言来表达那种欣悦感,而这种语言已几乎不为我们所掌握,仅受文人操控的此种欣悦感首先谈论的是占主导地位者的身体,即便这身体不是谈论的主题,但仍只有它才能成为参照系③。想想翻译中的那些

---

① 皮埃尔·普里庸:《18 世纪乡村作家回忆录》,埃马纽埃尔·勒华拉杜里与奥雷斯特·拉努姆编,巴黎,伽利玛-朱利亚尔出版社,1985 年,第 124、129 与 94 页;《路易·西蒙:法国古代的村民》,安娜·菲隆推荐,雷恩,法国西部出版社,1996 年,第 59 与 64 页(书中所说的是织粗纱的织布机)。

② 玛加利大-玛利亚·亚拉高克:《自传,1715 年》,载《受真福者的生平与著作》,巴黎,普西格出版社,1915 年,第 2 卷,第 82 页。

③ 即便就滋养了拉伯雷的"大众文化"而言,我也觉得应该是这样(米哈伊尔·巴赫金:《弗朗索瓦·拉伯雷的作品与中世纪和文艺复兴时期的大众文化》,巴黎,伽利玛出版社,1970 年)。

变化(并不仅仅与语言有关)和努力，当今的史学家都不得不如此行事，只是这并不表明谨慎持重会是画蛇添足，是假谦虚，但可以断定的是，这种必然会出现的不适应肯定会使我们对往昔的身体性进行重构时落入圈套之中。

往昔时代漂亮姑娘健康的气色、乞丐化脓的瘰疬、农夫和铁匠躯体的疼痛、老饕们和鸡奸者们的享乐，都永远不会是异国情调的东西①！它们的重出江湖，其中包括考古学家使之重见天日的骷髅②，都不仅仅具有偶然随机性，还得对之进行小心翼翼的解读、审慎地作出阐释。释读茫然，目光相错。

2

"身体"：词语和亡者

对于往昔"现状"所具有的此种异国情调，词典乃是首个揭示者，菲勒蒂埃编的词典堪称其中最贴切者③。词条"身体"就此来了篇长篇大论：首先是它的长度(三十个段落，分成三个长列，表明我们这位编词典的神甫对这个主题并非无动于衷)，随后是他为词语的词义所设的不同词序，最后是丰富了每个构成词条的词项中的例句。

自一开始起，亚里士多德、伊壁鸠鲁和"近代哲学家们"就被召聚在一起，以便辨析疑义，给出定义(某种"坚实的、可触可感的物质")，就其构成进行争论，且罗列出其种种稀奇古怪的等级：天体、月下体(sublunaire)、本原体、天使体、行星体、自然体……照此来看，人类似乎只能出现于第三段，与动物性以及据判断与之相对的、专属人类的身体与灵魂的概念相关。基

---

① 马克·布洛赫：《会奇幻之术的国王：尤其对法国与英国国内归于国王威力的超自然特色的研究》，斯特拉斯堡，伊斯特拉出版社，1924年；让-保罗·阿隆：《19世纪的食客》，巴黎，拉丰出版社，1974年；莫里斯·勒维尔：《索多玛的火刑："无耻之徒"的历史》，巴黎，法亚尔出版社，1985年；弗朗索瓦丝·卢与菲利普·理查德：《身体的智慧：法国谚语中的健康与疾病》，巴黎，迈松纳夫与拉罗斯出版社，1978年。

② 参阅弗朗索瓦丝·皮波尼耶与里夏尔·布加尔：《美人还是野兽？对中世纪农民身体外观所作的评论》，载《法国人种学》，第3/4期，1976年，第227—232页。

③ 安托万·菲勒蒂埃：《通识词典》，海牙，阿尔努尔出版社，1690年，未编页码。

督教神学与伦理的漂亮讲义在此也拟出了大纲:"兽类的灵魂就是其身体,随身体消亡。巫师将身体和灵魂交与魔鬼。福音书说,谁关心自己的身体,谁就会丧失自己的灵魂。据说人若放纵自己的身体,就可说他的身体不贞洁。人应该靠自己身体的汗水来挣取面包。"这篇讲义用《圣经》的名义,谴责所有身体不受控制的行为。随后就是描述,描述"身体的品质",对之进行证明(健康乃是"好身体"的准则,也就是说身体并未"状态欠佳"),但它只是层躯壳而已,需要给它吃喝/使之受到磨炼(穿粗毛衣,行斋戒),因为"身体没有灵魂,若用比喻的说法[就是]军队群龙无首"。

人体的外貌只是到了后来才出现,而且是在对躯干和蔽体的服装作了详细描述后才现身的:所有的东西都被叫做"身体"(我们会回到这一点),这么做是为了引出"胸衣"这个词。这些描述解释了此后同居和分居之类的司法语汇。然后,产生了并非无关紧要的联想,文字的笔调和风格突然为之一变,从而导向了某个意义,该意义直接源自司法语汇,但又从世俗世界滑向了精神现实。"身体也可被说成是具同灵魂相分离的尸体":死亡的寂灭可使人在来世得到解脱,肉体的腐烂乃是复活的承诺。

这些多重意义,更为普通也更为技术化,从而也得到更详尽的发挥,延伸了这些最初的定义。身体于是在物质与知性上具有了坚实性:聚拢在一起的各类东西,就像建筑或文本的汇集,是主体或客体的基础,最后也是最主要的是,它是"由无数人形成的团体"(朝廷、教务会、市政当局,等等)①。此外,还必须注意的是,在这个时代的文学中,对机体的隐喻是一种展现隶属关系或此种关系断裂时最受关注的方式:"异端"——胡格诺派——究竟是麻风、癌肿、淫荡的身体,还是长耳、短腿、弱膝的动物呢②?显而易见,对菲勒蒂埃、里什雷③与其他词典编纂者而言,专属于身体的罪恶并非19—20世纪的那些词典所列举的内容:身体唯一害怕的是丧失灵魂以及

---

① 所有这些例证都值得关注。占主导地位的思想体系的各种回响(但不普遍适用),不仅对身体认知的地位及模式,也对战争(兵团、警备队)、政府与建筑所使用的某些方法等作了说明。

② 安娜-玛丽·布雷诺:《旧制度时期社会性身体病理学》,载《来源》,第29—30期,1992年,第1卷,第181页,又见弗朗索瓦-奥利维耶·图阿迪主编:《疾病、医学与社会阶层》,巴黎,拉赫马用出版社,1993年。

③ 皮埃尔·里什雷:《弗朗索瓦词典》,日内瓦,维德霍尔德出版社,1680年,第183页,在一篇旁征博引关于"针对"(à)及"在"(dans)(身体中)这些介词的论述中也重述了这个例子。

公 共 的 身 体 ， 身 体 的 公 用

1. 乔治·德·拉图尔：抓跳蚤的女人，约1630年，南锡，洛林历史博物馆。

　　家常场景颇受世俗画家的钟爱，这是幅"家庭画"，画名尚未确定。可算是静物画，由红褐色与金色构成，无疑这也是擅长室内场景的画家对白驹过隙般的生命沉思所得：短促而摇曳的火焰，空空荡荡的椅子，被两个指甲压扁的虫子，怀个孩子的希望。

2. 路易丝·穆瓦庸：水果蔬菜女贩，1630年，巴黎，卢浮宫。

3. 约阿希姆·博伊克雷尔：厨房内景，1566年，巴黎，卢浮宫。

采购食品的丰满女子在这些摆满食品的场景中处于中心位置。这幅弗莱芒画作（右边）里画了鱼、家禽和蔬菜，通向两个背景：平静的大自然可透过两扇窗户窥见；还有个颇为诱人的场景，是在炉灶前方，有个厨娘正在那儿忙碌。路易丝·穆瓦庸（1610 –1696年）的作品要更有意思。我们并不知道这位法国静物画的开山女祖师是愿去描绘采购真实食物（只是这些食物不可能在同一个季节同时成熟）的场景，还是愿描绘对那些空洞的食物讨价还价的场景。猫的存在是否突出了"虚荣"？

4. 扬·斯贝莱希特：河边的农妇，1665年，安特卫普，皇家美术馆。

　　该场景明显有一丝情色意味，画中的两名妇女身体健硕，衣着体面，弗莱芒画家都喜欢这么画。一棵枯树及其倒影将头顶水罐的女子同其女伴分开。青绿色水塘是蓄水池、牲畜饮水处、沐浴的地方，也可当作镜子用。

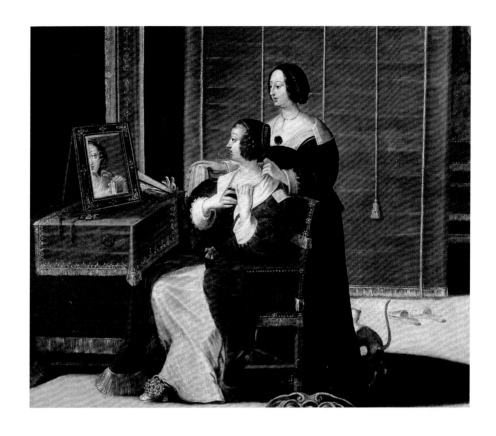

5. 阿布拉姆·博斯原作的复制品：观看，17世纪，图尔，美术博物馆。

　　这幅画与原画一样，有些怪诞，得仔细观看，但现实主义的细节仍很丰富：被床幔挡住的床，名为"梳妆台"的桌子，桌前一名女仆正在为爱打扮的女主人装扮仪容，小镜子是当时只有有钱人家和出身名门者才有的装饰品。

6. 佚名：圣体游行仪式，约1700年，图卢兹，奥古斯丁教徒博物馆。

　　1562年5月17日，图卢兹每年举行的（天主教）"圣体交付"纪念活动提供了了解这座城市与和平安宁的社会的理想视角。城里所有社区内的男性成员，无论是平民还是神职人员都会围绕圣体显示台和圣物箱列队行进，看热闹的人在显示台和圣物箱前面都必须跪下。

7. 奥利维耶·佩兰：甘贝集市，1810年，甘贝，美术博物馆。

下布列塔尼地区的这幅油画想画得鲜活生动，展现赶集时的快乐场景：畅饮烈酒（这儿指的是苹果酒），跳舞和游戏时展现自己的身体，购买别致的商品（牲畜和小饰品），向乞丐施舍等。

8. 第36幅《箴言插图》，雅克·拉尼耶特的版画，17世纪中叶，法国国家图书馆。

　　这个烂醉如泥的人帽子掉了，毫无尊严可言，在围着围裙的小酒馆老板和一位"正派的"有产者的冷嘲热讽下呕个不停。他坐的条凳、餐具不全的支架桌、小酒馆里遮荫的棚架都表明了旧制度时期的用餐方式。

9. 瓦西·芒德兰：强盗团伙的头子，版画，佚名，巴黎，法国国家图书馆。

　　路易·芒德兰（1724－1755年）专门做走私平纹细布和烟草的非法营生。他仪表堂堂（曾当过逃兵），对"税卡官吏"恨之入骨，再加上他的犯罪营生长期以来都很成功，所以很得人心，许多图像和故事都证明了这一点。

10．卖蜡烛和还愿物的女贩，见让·米斯特莱等的《埃皮纳尔与流行图像》，巴黎，阿歇特出版社，1961年。

待在一栋富丽堂皇的宗教建筑的角落里，这位装模作样的老鸨想对善男信女的迷信行为嘲弄一番。版画家让她卖祭坛上用的蜡烛和蜡制的残缺肢体。挂着拐杖的孩子没有得到半点施舍，只有狗对着他汪汪乱叫。

11. 圣－索弗尔的雅克·格拉塞：科西嘉岛上伏击的农民，见《旅行百科全书》，1796年，巴黎，装饰艺术图书馆。

12. 圣－索弗尔的雅克·格拉塞：昂古莫瓦的农妇，见《旅行百科全书》，1796年，巴黎，装饰艺术图书馆。

13．圣－索弗尔的雅克·格拉塞：巴黎郊外的农民，见《旅行百科全书》，1796年，巴黎，装饰艺术图书馆。

14．圣－索弗尔的雅克·格拉塞：孚日的男人和女人，见《旅行百科全书》，1796年，巴黎，装饰艺术图书馆。

通过服装来塑造身体有几种变化形式，均与性别、年龄、地位、财产和区域相关。法国的这些例证展现了服装构成的体貌特征，这种特征无人能够否认，哪怕革命者想尽办法，幻想将之终结也是枉然。

15-16．节庆时穿的一双女式木屐，就在现在的上卢瓦尔与阿里耶日区。

这两种款式的木屐由于搭襻为皮制，所以特别轻便，比起有钱人才穿的高跟皮鞋和棉鞋，穿这种鞋步态会截然不同。

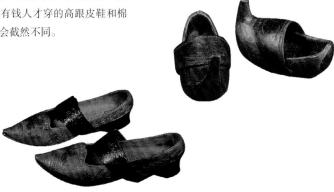

17．路易·勒南：农民的晚餐，1642年，巴黎，卢浮宫。

从这幅画的字里行间可释读出社会经济的内涵，但不应使人忘记从审美的角度来欣赏它（人群和色彩的布局方式），而且更应该从象征意义上来对它作出阐释。因为对那时候的信众而言，这唯一的一顿餐饮堪比圣餐。

失去灵魂后的纵欲和魔鬼。只有淫猥、懒惰、酗酒、暴力才是令旧制度时期的词念兹在兹的真正恶行。奇怪的是，菲勒蒂埃与里什雷直接提及的唯一一种身体疾患乃是"身体上的脓肿"。就那些"身体健康、精力充沛"的人而言，他们拥有的是"新的"身体，"自由、机敏、饱满、灵活"，却不无嘲讽地说，若有人"不去背叛自己的身体的话就会有好的气色"。事实上，人只要"不胜娇弱、耽于声色"，就是个罪人。整本词典都在给出意见，由于它必须使用简单的反例，故能有效地让我们明白有罪之身"共通的"影像。

　　"传记作者"个性化的自我在摆弄"身体"这个词时，其刻意采用的视角，形式极其多样化的方式，表面上与词典文字专有的那种普遍中性的语调相距甚远，但其实几乎没什么差别，即便在其间隐约出现像饥饿、疲惫之类极为普通的身体机能时也罢。从年代顺序及意识形态层面来说，比菲勒蒂埃的词典晚出现的一部作品应该算是 1686 至 1739 年间在图尔奈西斯的鲁梅吉当本堂神甫的亚历山大·杜布瓦的《日志》，值得注意的是，其中"身体"一词仅在六个场合下出现，且只有两层意思。其中四种情况，就像我们现在出棺时做的那样，"身体"就是尸体，只是语境才似乎使之显得神圣起来：士兵的尸体，其肉体仍旧柔软，遂使出现奇迹的流言散布开来；圣徒阿尔芒的身体，人们在游行中抬着他的身体，祈求里斯维科得平安；教宗的身体，人们把它安于陵墓中；最后还有 1709 年在主保瞻礼上集体埋葬的那些尸体，当时是荷兰占领期间，他们烧杀淫掠，亵渎神灵，使得"严冬"苦不堪言（饥馑、疾病、逃亡）①。在另两种情况中，杜布瓦所说的身体乃是指宗教集体：耶稣会教团（"屈从于威严大于慈爱的教会的团体"）以及奥斯定会和方济各会，它们的教义"荒诞乖谬"（至少其中某些宣道者是这样），这位编年史作者只得对此作简单评述，说"个别人的错谬不应归咎于团体②"。

---

① 在大众流行文学中存在数不胜数关于作为死亡形象的身体的例证（参阅热内维耶·波莱姆《身体的赌注与蓝色图书馆》中引用的文本，前揭，第 286—287 页），当然在为死亡作准备的极具虔诚性的作品中，也能见到（高乃依·佩尔杜西乌斯：《丧事规则或良好习惯》，瓦朗谢纳，s. e., 1655 年）。

② 亚历山大·杜布瓦：《17 世纪乡村本堂神甫的日志》，亨利·普拉泰尔编，巴黎，雄鹿出版社，1965 年，第 98、134、157、119、99、145 页。让-巴布蒂斯特·拉乌诺也采用了这种独特的使用方法，《日志，1676—1688 年》，米谢勒·巴尔东与米歇尔·维西埃编，埃特皮利，乡村出版社，1994 年，第 10、37、104、133、160、225、226、227、228 页。葬礼和游行是唯一出现（亡者、圣徒和/或法定的）"身体"的事件，但有两个例外，出现在他的《文集》的最前面部分。此处，叙述者的身体和灵魂因见到他所在的新教区的祭坛和牧师住宅破旧不堪，突然震惊不已。

对这位教士而言,他所说的"身体"这个词因而也就包含在专指行会的世界图景之中:神职人员是作为自己所属的教会团体的一员说话的,他作为教会真正的代言人,只能对末世论和告解这些自己参与的事件的图景作一番表达。1709年末,他的笔下出现了时代的终局和一系列恐怖(希望)的景象:"末世审判难道不令人觉得可怕吗?……永别了,必亡的时代!但愿我永远不会想起你,尽管我还记得都是①我的罪孽招致了上帝的怒火②!"不过,另一些身体,更为生动、世俗的身体,也大量出现于文本中,其中大量记录了许多人的肉体生活:提了饥馑,也提及了瘟疫和战争造成的灾祸,描述了年轻人和有钱人日常的暴力行为,痛斥了暴发户招摇过市的品位,谴责了私情引起的各种麻烦事③。鲁梅吉的这位本堂神甫从未曾提及自己的身体,脾气也向来火暴,但他记性很好,1696年他因这些"不幸"突然惊呼道:"现在这个时代,人们谈论的只有窃贼、杀人犯、饿殍。人们确实受够了这个世界。"亚历山大·杜布瓦与他的堂区水乳交融,他的笔乃是手的延伸,他说自己无论从身体还是道德上看,都已觉得精疲力竭,但似乎是因为整个集体都感受、分享了这一疲惫,他才会这么说的。

这些教士所说的恐怖行径,以及他们拥有引领灵魂的特殊地位,解释了其他许多人为何也有此种启示录式的论调。然而,对灾祸频仍的边远地区的神职人员而言,这倒没什么特别。其他晚近的回忆录如同这两部"自传",同样表明了尚普诺瓦·瓦伦丹·雅莫雷-杜瓦尔和芒索·路易·西蒙也拥有独特的农民身份④。两人都是天主教平信徒,都想追溯自己

---

① [译注]此处原文为"Que je ne me souvienne jamais de toi, si ce n'est pour me souvenir que c'est[sic]mes péchés qui ont attiré cette colère de Dieu"。文中的[sic]意为"原文如此",因原文使用的est(是)为单数第三人称,而mes péchés(我的罪孽)是复数,故前面就应使用复数第三人称sont(是),而非est,但中文无法表现出来。

② 亚历山大·杜布瓦:《17世纪乡村本堂神甫的日志》,前揭,第92、153—158页。

③ 亚历山大·杜布瓦:《17世纪乡村本堂神甫的日志》,前揭,第108页。堂区内六个月发生了三起犯罪事件,其中有个小伙子爱上了自己的妹妹,还使妹妹怀了孕,而妹妹尽管表面显得端庄正经,但也爱他爱得死去活来("她们越是显得圣洁,就越是要怀疑她们")。

④ 瓦伦丹·雅莫雷-杜瓦尔:《回忆录:18世纪一个农民的童年和教育》,让-玛丽·古勒莫编,巴黎,西科莫尔出版社,1981年;路易·西蒙:《路易·西蒙:法国古代的村民》,前揭。关于这些文本的地位,可参阅这些著作颇有意思的前言,并与巴黎门窗制造商(雅克-路易·梅内特拉,18世纪门窗制造业行会会员;《我的生平日记》,达尼埃尔·罗什编,巴黎,蒙塔巴出版社,1982年)的《日志》,以及奥贝(即现在的加尔省)领主手下一个鲁埃加特人所写的两部朗格多克编年史(埃米尔·列奥纳尔:《路易十五时期我的村庄:根据一个农民的回忆录所写》,巴黎,法国大学出版社,1941年;皮埃尔·普里庸:《18世纪乡村作家回忆录》,前揭)前的引言介绍文字作比较。

的"成功之道"：叙述一番，留下痕迹，也许还心怀愧疚。但因为前者是18世纪中叶洛林地区好几个公爵的图书管理员，而后者由于大革命当上了自己所在镇的镇长，所以他们的文字（形式和内容）明显不同。若对其中一人而言，对文字的爱犹如一根红线串起了一本真正的"回忆录"，那对另一个人来说，婚姻-激情之事则被经常论及，他想写成"一本书，我会在书中写下自己这一生中发生的那些大事"。

从中追踪"身体"一词、与不计其数的具体形象相遭遇、发现其身体性，并非没有用处。这两本著作有无数原生态的东西（realia）（在尝试理解穷人走路的样子以及他们"极其饥饿的状态"时，我会有机会论及），但即便在那些不想对之加以展现的文本中，它们也会频繁出现，那是因为它们关注的是自己。正如"现实主义"小说那样，这些呈现出来的现实发生的事实在叙述中产生了……现实的效果，也像"自传"那样，此种叙述恰是遗嘱和辩词。因为两位作者下笔成书的动机是为了定义-构建自我，在战胜物质的同时（生理与社会混同在一起形成的压抑感）通过回溯性的方式将胜利显现出来，仿佛想从终其一生的斗争中脱身而出。如果说雅莫雷-杜瓦尔不断求助"身体"和"灵魂"来描述两种顺服的形式，那并非偶然：一方面基督徒会以合理的形式接受死亡，另一方面法国人又以令人厌恶的愚蠢方式臣服于自己的国王。至于受苦受难者的身体，只有在整体处于此种形式之下才会被提及，它被认为是"大自然的废料"，陷于泥潭之中，裹于"稀薄的黏土层"之内，它想到了死，"好几次都这么想象过……。我活跃的想象力并未使我想到灵魂与身体简单分离之类的死亡，而是用最具穿透力和最剧烈的痛苦摧毁我生命的那种酷刑①"。雄辩的段落想要强调的是这些挥之不去的萦念是多么天真无邪，这些萦念在无教理问答书可看的艰难的童年时期就已出现在他们的心头，从这些段落可见，自我的生命至成年时期仍在令他们担惊受怕，他们怕自己的防线被突破，危及到自身的完整性。然而又有一

---

① 瓦伦丹·雅莫雷-杜瓦尔：《回忆录》，前揭，第114、115、265、312页。有趣的是，我们还注意到，对他而言，空瓶子如同"没有灵魂的身体"，他第一次酒醉时，从身体上经历了各种各样"兴奋感"、"陶醉感"，还因神秘的狂喜感而抽泣起来（第215页）。当儿子杜因父亲酒醉而大为不满时，可见这些图像并不能说明他有多"兴奋"（路易·西蒙：《路易·西蒙：法国古代的村民》，前揭，第30页；弗朗索瓦-伊夫·贝斯纳：《耄耋老人回忆录（1752—1842年）》，2卷本，波尔·塞莱斯坦编，巴黎，尚皮翁出版社，1880年，重版，马赛，拉菲特出版社，1979年，第65—67页）。

种共同的图景,将肉身看作一副包着骨头的皮囊,这皮囊既俗不可耐又令人肃然起敬。该图景加剧了宗教上的焦虑感,促使社会反其道而行之,其中某些行为一有机会便会蠢蠢欲动,肆意妄为。

还有位写自传的本堂神甫,他后来辞了职,讲述了1792年人们在夏特勒罗尔如何散布圣迹降世的传言。他们从废弃的嘉布遣会墓地中挖出一具保存相当完好的"尸体",认为它有利于重新恢复因非基督教化运动而对基督教冷淡者的信仰。实际上,就是"将骨头归拢,在上面巧妙地裹了层缝合而成的皮(母猪皮),弄成身体的模样,不同部位的空腔内填满麻絮,他们还弄了一套嘉布遣会修士的服装,这场闹剧当然是嘉布遣会的那些修士挖空心思制造出来的,这么做就是为了有朝一日使他成为圣徒……。他们在整个城市里到处说碰到了圣迹,拼尽老命地希望别人能够受骗上当,安于虔诚①"。这故事煞是滑稽有趣,当地老百姓还编了小曲大大地讽刺了这件事,但这也说明神圣性原来也要通过物证对死亡的彼岸进行确认:将已成"尸体"的肉壳好好保存,让它散发出久已不再的芬芳的甜美气息②。即便人死后没有散发出"神圣性的味道",但基督教社团的所有成员仍会相信灵魂存留了下来,甚至作为灵魂容器的肉体也会存活下来,变得"荣耀璀璨"。他们都心知肚明,但想必就是不愿明说吧。这具身体就是其彻头彻尾的尸体(英语是corpse),它凝聚了人们强烈的期望,以致在天主教礼拜典仪中围绕它搞出了极其复杂的仪式,即便它什么都不是,人们还是希望赋予它尊荣;而且当人们想要施行最为严厉的惩罚时,还会处罚之,从肉体上打击之:不能进入公墓、不让安葬、示众、解剖③。

---

① 雅克-恺撒·安戈兰:《回忆录,1733—1803年》,克里斯蒂安娜·埃斯卡内克拉波编,博纳,戈尔戈纳出版社,1999年,第145、231页。

② 让-皮埃尔·阿尔贝:《神圣性的味道:基督教的香料神话》,巴黎,法国社会科学高等研究院出版社,1990年。可参阅17世纪神学家评论女性身体是"腐烂的污秽场"(皮埃尔·达蒙:《法国古代的女性神话》,巴黎,瑟伊出版社,1983年,第50、125—129页等)。

③ 关于解剖时的恐怖情状,有许多目击证词,1712年有个乡村知识分子就写过这方面内容(皮埃尔·普里庸:《18世纪乡村作家回忆录》,前揭,第50页;蒙彼利埃因办了医学院之故而成了"食肉城")。墓地长期以来将未受洗的儿童、"外国人"、上吊者、新教徒、冉森派教徒等全部隔离开来(参阅1874年的圣弗洛朗墓地,见托马斯·克塞尔曼:《法国近代的死亡与来世》,普林斯顿大学出版社,1993年,第196页;关于18世纪,可参阅雅克琳·蒂博-帕扬:《亡者、教会与国家:17与18世纪巴黎议会管辖范围内的葬仪与墓地的行政管理史研究》,巴黎,拉诺尔出版社,1977年,第94—204页)。

人死后不让下葬其尸体，古人就担心这一点，如果没有升天通途的话，死者随时都会抓住生者。因为许多被排除在外的人（戏子、游人、承认自己不信天主教的人）当时都认为这样的噩梦会"成真"，为争取下葬权而犯罪、暴乱及大众惩罚死者的情况，并不鲜见。如同无数因饥饿或处境悲惨而起的暴乱那样，1695 年埃克索瓦人跑到街上，抗议新任命的"宣过誓的丧事差役"的所作所为，因他拒不将一个穷人入棺，埃克索瓦人因人数众多，各色人等（男人、女人和孩子，各色手工艺人）都有，所以颇具典型性，而且他们的行动模式也过之而无不及：扔石头、撕毁书面文件、乱扔家具、执行私刑。煽动此次"骚乱"的煽动者逃之夭夭，躲过了伺候他的死刑及通常随之而来的各种刑罚：尸体大卸八块后示众，任流浪狗吞食。对身体的处罚，甚至对没有生命的身体的处罚，采取的暴力惩罚方式也都具有永恒性，如同地狱之刑。官方法律也无甚区别，它会将自杀者的尸体示众，把弑君者先手后头砍下来，再当众展示肢解下来的"剩余部位①"。尽管如此，在极端的展示场景中，"尸体"仍保有足够的人性，也就是说具有神圣性，应获得最后一点尊敬：将尸体盖起来。

有个耶稣会教士说，因为"我们要为逝去的邻人和朋友行基督教的爱之事功……。我们得承认，无论死者是富裕还是一无所有，我们都得使死者的身体有蔽体之物，若非如此，就会不近人情；无法否认这对于生者而言也很重要，他们一旦与这样的场景相遇，就会惊骇莫名，几乎不会再有人的羞耻心，见到亡者如此，他们大多会产生显著的变质和改变，这样的事发生几次就已足够。至于如何看待身体的剩余部分，甚至对那些无赖和为恶不悛者的身体，在将之置于通衢让过路人观看、产生恐惧之情时，也应该保留使之有蔽体之物的习惯，至少给他盖上几块破布烂衫，对待人体时不应将人性忘得一干二净，不应使生者害怕②"。这样的说法很有见地，对死者的身体保持特别的尊敬，对后世呈现该场景的所有文本和所有实践行为也产生了积

① 威廉·贝克：《17 世纪法国城市里的抗议：惩罚文化》，剑桥大学出版社，1997 年，第 56—63 页；伊夫-玛丽·贝尔塞：《农民起义史：对 18 世纪法国西南部地区平民起义的研究》，2 卷本，日内瓦，德罗兹出版社，1974 年，多处地方；罗贝尔·芒德鲁：《近代法国引论》，前揭，第 79—81 页与 326—329 页；米歇尔·诺韦尔：《1750 至 1820 年普罗旺斯节庆变体》，巴黎，弗拉马里翁出版社，1976 年，第 75 页；埃马纽埃尔·勒华拉杜里：《罗马人的狂欢节：从圣蜡节至星期三的圣灰节（1579—1580 年）》，巴黎，伽利玛出版社，1979 年等。

② 高乃依·佩尔杜西乌斯：《丧事规则或良好习惯》，前揭，第 371、375 页。

极的影响。因此必须回到身体性的其他表达方式上，来尝试探询心智与文本的转变过程，且追踪身体与灵魂之间的关联缓缓消失的进程。

近代的宗教性更弱，这有许多层面的原因（首先是心理与世俗方面的原因——路易·西蒙比雅莫雷晚，但他是本堂神甫安戈兰的同代人）。他在叙述中未将身体与灵魂关联起来，尽管他的见证还算不上很特别，但能揭示出某些新的感觉方式。当然，他第一次使用"身体"这个词时，描述的是 1763 年巴黎旺多姆广场上圣奥维德的瞻礼仪式，用了形容词"神圣的"与之相连，但在该文本的其他地方，其含义却差别很大，且颇具世俗性：涉及到对心爱女人的身体的仰慕，而且这位回忆录作者在论及自己及其未来读者的身体时，也只述及如何保持身体健康之类的话题。先说自己爱穿粗布衣，然后提供了如何保持健康的建议，而"干净"与节制是其中的两个要点："如果你想长寿，身体健康，那无论何事都不应过度，特别是饮酒和吃饭。吃得略饱就该离席，酗酒最令人憎恶。劳作切不可过度，也不要熬夜，还有其他的事情，我就不再一一明说了。要一直保持身体干净，要尽可能保持整洁。瘦比胖好，不要让自己的身体长膘，有过多的脂肪，因为这会使你痛苦。注意不要受冷也不要受热；如果觉得太热，就去烤火让自己清凉，而不要去凉快的地方。千万不要玩游戏，除非是为了纯粹消磨时间才娱乐一下，切不可上瘾[1]。"

出现于大众常识角落里的这些庸常的公理，我们也可在谚语和到处兜售的小册子里见到[2]，也许新的身体图像已略见雏形：该图像传承自如何安排身体力量这一漫长的传统，但有创新之处，它规避了灵魂残存的麻烦，亦使心智发生剧变，且对 18 世纪末的乡民社会产生影响[3]。其他思考身体性的方式有哪些呢？这么说吧，即便在乡村世界，身体也从未仅被视

---

[1] 路易·西蒙：《路易·西蒙：法国古代的村民》，前揭，第 33、83 页。

[2] 热内维耶·波莱娜：《身体的赌注与蓝色图书馆》，前揭，以及弗朗索瓦·卢与菲利普·理查德：《身体的智慧》，前揭。

[3] 这儿要特别小心，因为这儿的例子都很独特，不能仅通过这些例子就来描述心智的集体以及个体的演进过程。可参阅对与"精神"相关的身体所作的不同认知，其中有特色的有，路易十五时代一个写编年史的村民（皮埃尔·普里庸：《18 世纪乡村作家回忆录》，前揭，多处地方），以及 1776 年出生于托纳罗瓦的一个领半饷的军官，他在描绘自己的童年时上帝完全缺席（让-罗什·科瓦涅：《科瓦涅上尉的备忘录》，让·米斯特莱编，巴黎，阿歇特出版社，1968 年，多处地方）。他唯一提及自己虔诚的地方是，在插入步枪里的首粒子弹上刻了十字架图案："它会给我带来好运"（第 60 页）。

为死亡的形象和可怕的来世形象。

3

身体的斋戒

旧制度时期的法国饿殍遍野，尽管严重的粮食危机到路易十四时期以后已有所减弱，但直至 19 世纪对食粮挥之不去的渴念仍处处可见。正如拉摩的侄儿所言，得时时"把指头伸到大张的嘴巴里去……，这种感觉总是存在……饥饿感老是回潮"，老是觉得"最糟的是，我们还得在这种困境中控制自己的需求。没喝没吃的人走路也和别人不一样；他是跳着走，爬着走，扭着走，拖拉着走；他这一辈子都得做着不同的姿势……，要么阿谀奉承，要么当个廷臣，要么当个奴才，要么当个乞丐。……乞丐的哑剧乃是大地上最了不起的晃脚舞①"。

对饥饿的共同回忆实际上并不满足于仅去维持这种焦虑感和顺服感，这让道德学家的黑色幽默逮个正着，此种别样的多愁善感使长期残留下来的日常举止带了那么点强迫性：每一餐都是上帝所赐，要长时间咀嚼，哪怕一丁点食物都不能随便扔掉，等等。有钱人会自己烤一炉炉面包，再把面包藏在橱柜里，啮齿类动物都喜欢躲在那儿（面包箱、面包柜、餐桌上的抽屉，等等），而乞丐则会把弄来的面包放在褡裢里，再用线把褡裢给串起来②。对从小就"饿得前胸贴后背"、"得勒紧裤腰带"的人而言，死亡首先没有别的原因，就是因为没东西吃，至少从没让人体验到活着的

---

① 皮埃尔·古贝尔：《17 世纪法国农民的日常生活》，巴黎，阿歇特出版社，1982 年，第 116—134 页；让·德吕莫与伊夫·勒坎：《时代的不幸：法国的天灾人祸史》，巴黎，拉鲁斯出版社，1987 年，第 346 页；马塞尔·拉什维：《不幸的年代》，前揭，第 91 页；达尼埃尔·罗什：《日常事物的历史：17—19 世纪消费的诞生》，巴黎，法亚尔出版社，1997 年，第 245—252 页；德尼·狄德罗：《拉摩的侄儿》，让-克劳德·博奈编，巴黎，弗拉马里翁-GF 出版社，1983 年，第 124—127 页。

② 士兵在战场上也是这么做的，参阅在上普瓦图地区将乞丐尸体入棺的诉讼笔录；塞巴斯蒂安·雅杭：《18 世纪上普瓦图地区对贫穷的定性研究方法》，载《西部古代史研究协会年报》，1991 年第 2 季度，第 133 页；让-罗什·科瓦涅：《科瓦涅上尉的备忘录》，前揭，第 54 页；亚历山大·布埃与奥利维耶·佩兰：《阿尔莫里克的布列塔尼人的生活（1833—1844 年）》，巴黎，塞热出版社，1986 年，第 247、319 页。

感觉:"我心想人只要有东西吃,他就不可能不想活下去";"[我没法]想象有人会没有胃口"。在常常吃了上顿没下顿的小雅莫雷看来,那个连小口食物都咽不下去的难友简直就是个自残的疯子①。重要的是别忘了孩提时代的这段回忆,那时候每天出去找面包乃是头等大事,但又得不情不愿地遵从斋戒的规定,天主教的教历强迫这么做,寻觅绝对的灵魂希求这么做,大多数人也在自发这么做②。

教士经常抱怨"基督徒,特别是村民毫不理会大斋期的斋戒规定"。但这样的教士并不太多,他们觉得,除了几天大吃大喝之外,餐桌上经常没肉,这样的限制哪来意义可言。唯有严厉的(也是乐观的)本堂神甫拉乌诺对此种不敬行为备感遗憾,既然他堂区的教民不得已只能吃素,且日常的饮食中也根本没有东西可以减而再减了,他就建议强制为他们设立新的作息时间表,让他们更清楚在礼拜之日有哪些时候应该忏悔。"不应借口说他们那儿的饮食根本没有城里的好,就抱有那样的幻想,因为再没有比面包更有营养的了,而且每人还至少有一片面包。斋戒时,确实得少吃东西……。因此,尽管他们只有面包为食,但不应一下把它吃掉,也不应像其他时候一天分好几顿吃。……为什么农场工人不把午餐时间延后一个小时,为什么不让马车夫在11点而是10点为牲口卸套呢?假定羊倌9点起就已在放羊,那为何不让他11点和正午之间在田里吃午饭呢③?"纯粹空

---

① 瓦伦丹·雅莫雷-杜瓦尔:《回忆录》,前揭,第119页(这样的场景也发生在托纳雷的济贫院里)。五十年后,饥饿也在折磨着托纳罗瓦的一个孩子,他从继母那儿逃了出来,而继母则是从佩罗尔的梦魇中逃出来的(让-罗什·科瓦涅:《科瓦涅上尉的备忘录》,前揭,第4—6页;夏尔·佩罗尔:《往昔时代的故事》,G.鲁热编,巴黎,加尼耶出版社,1967年,第187页及以下各页,"小拇指")。

② 可重读帕斯卡,尤其是《致外省人书信》中的第五封信札,以及鲁道夫·贝尔笔下那些厌食的圣徒生平,《神圣的厌食:中世纪至今的斋戒与神秘主义》,巴黎,法国大学出版社,1994年;J.-P.阿尔贝:《圣血与天国》,前揭。医生和神学家建议的禁食疗法有种苦乐参半的意味,我们可将这些建议同大多数人遵从的摄生法作比较。当1774年旺代地区新教徒客栈的老板们强行让所有住客遵守封斋期的禁令,也就没什么好令人惊奇的了(罗贝尔·索泽:《教士论如何进食》,见让-克洛德·马尔格兰与罗贝尔·索泽主编:《文艺复兴时期的饮食实践与饮食论》,巴黎,迈松纳夫与拉罗斯出版社,1982年,第252页;鲁迪·斯坦麦茨:《17与18世纪通过进食法规看身体的观念》,载《近当代史杂志》,1988年1—3月,第13—17页;弗朗索瓦-伊夫·贝斯纳:《耄耋老人回忆录》,前揭,第180页)。

③ 让-巴布蒂斯特·拉乌诺:《日志》,前揭,第249页。至少到1770年止,中部和西部地区的城市似乎还是严格遵守大斋期的斋戒规定的(弗朗索瓦-伊夫·贝斯纳:《耄耋老人回忆录》,前揭,第49、196页)。

想，这位本堂神甫本人也是这么承认的，但他强调比起其他许多食物，谷物近乎全能，他说农事活动可限制每日劳作与用餐的节奏，该节奏应随季节和职业的不同而变化。尽管如此，对"葡萄工、樵夫、脱谷工和其他干粗活的人"而言，拉乌诺仍算宽宏大度，他自问"如何才能让他们觉得大斋期没那么严厉"，他像那个时代的教士（及经济学家）那样也想通过减少节日的数量来避免他们的"不敬"，通过制定新的劳作规范来减少乞食行为①。

此外，餐桌礼仪的神圣化并不仅仅受狂热教士的关注，如塞尔斯的圣方济各及其他"风俗文明"传教士那样，他们想要使基督教化深深融入基督徒生命的每时每刻之中②。日常生活中，通常的用餐方式和农民用餐礼仪的复杂性显示了摄取食物的宗教维度，吃饭时要么坐着，要么站着，要么站着匆匆吃完，要么边走边吃。餐桌值得受关注的乃是物质对象和象征对象。好像只有在法语中，这个词才既指人们使用的一件特殊"家具"，又指人们食用的食物，但这件当代西方用具拥有这一意涵的时间并不长，而且无疑极具地方色彩："table"，首先是指木托盘，被置于本身也可移动的台座上、搁凳上、木桶上、面包箱和面缸上，宾客的腿会撞到这些东西，所以吃饭时很不舒服。旧制度时期除了有个公证人提到之外，没有任何地方说起过这件家具，它不值什么钱（18 世纪在普瓦图不到 10 个利弗尔），只是给它装了固定的桌腿之后，它才成了大众起居室内的中心物件——物质上的/或象征性的③。

---

① 关于不遵守节日之规，可参阅尼科尔·佩勒格兰：《受冒犯的节日：18 世纪末中西部地区的教士与信徒》，载《布列塔尼年鉴》，1987 年，第 407—420 页。用面包来替换通常的施舍物遵循的是"合理性"逻辑，拉乌诺响应的正是这一逻辑，但这样的做法引起了多起抵制活动与暴力骚乱行为，如 1714 年的蒙莫里庸（帕斯卡·耶罗尔：《旧制度时期上普瓦图地区的救济与照管：宗教战争初期至大革命时期的济贫院》，里尔，博士论文翻印处，1996 年，第 224—248 页）。

② 塞尔斯的圣方济各：《选集》，巴黎，伽利玛出版社，"七星"丛书，1969 年，第 240—244 页（在"婚床正派礼仪"一章中饶有兴味地描述了餐桌规则）；安托万·菲勒蒂埃：《通识词典》，前揭，词条"餐桌"；弗雷德里克·朗日：《用餐或游戏和深底餐盘》，巴黎，瑟伊出版社，1975 年。

③ 对餐桌在单居室农舍内摆放位置的变动，以及 19 世纪末出现的对餐厅所作的大量研究主要局限于布列塔尼和卢瓦尔地区（让-弗朗索瓦·西蒙：《布列塔尼下游地区的农家餐桌》，见《布列塔尼与凯尔特地区研究》，布雷斯特，大学出版社，1987 年，第 453—462 页）；阿莱特·施韦茨：《从起居室到卧室》，见米歇林·博朗主编：《亡者的财产清单与家具销售：经济生活与日常生活史研究（14—19 世纪）》，鲁汶，学术界出版社，1988 年，第 319—330 页）。亦可参阅雅克·佩雷：《据亡者财产清单描述 18 世纪上普瓦图地区的乡村家具》，见《17—19 世纪法兰西-魁北克乡村世界的演变与急速发展》，罗什福尔学术会议，1982 年，巴黎-蒙特利尔，1986 年，第 494 页；《18 世纪加蒂纳地区的农民》，拉克雷什，热斯特出版社，1998 年，第 213 页；为了对比，对约 1758 年安茹地区一户资产阶级家庭及大规模农垦的详细描述（弗朗索瓦-伊夫·贝斯纳：《耄耋老人回忆录》，第 8—13，79—86 页）。

然而,它的中心地位一开始似乎只出现在想象中,到后来才成为货真价实的家具,才使人的身体通过这项"创造发明"获得了舒适的享受,这说法合情合理。农民所用的午餐,勒南兄弟也画了出来,叫《午餐图》,该画似乎隐喻了圣餐,他们将一块白布置于画布中心,一个值钱的台座上,他们笔下圆滚滚的黑面包熠熠闪光,一杯葡萄酒散发出红宝石色的光芒[①]。

日常实践最好地证明了此种潜在的神圣性。因为古老的用途和禁令将人们放置食物的场所转变成了暂时禁忌或永久禁忌的空间。在布列塔尼,不得将脚和臀部搁在餐桌上,让孩子掉在餐桌上或让孩子从餐桌上方经过会很危险,不得倒过来放面包,等等。更有甚者,必须尊重席次规则,这与宫廷礼仪有得一比:安排宾客入席,房屋主人可优先入座,主人在切面包和分发面包前要在面包上刻上十字符号,妇女与幼儿不得入席,她们要么站着,要么待在后边,这些都是大革命之前的习俗。甚至用餐的愉悦感(常常是千载难逢的机会)最终也须通过心满意足的方式体现出来:吞咽的声音、打嗝……请求表达谢意。旧制度时期的餐桌,即便寒碜得要命,也是用来追思开创性场景的祭坛,基督教最早领圣餐时就是在这样的场景中吃面包和喝葡萄酒的。

谷物的极端重要性和对油脂的幻想乃是其必然后果[②],经年累月、时间一长便足以限制古代的摄生法,只能在瘦牛和肥牛之间轮流挑选,但还不如说这是在常年可食的谷物与难得一见的猪肉食品之间所作的轮换选择。事实上,累积(向来都很难)起来的农民饮食状况的新资料与这样的图景略有出入,而且以后会给人造成一种饮食多样性的印象。就素以贫穷闻名的地区(索洛涅、佩里戈尔、上普罗旺斯、捷沃当、布列塔尼、普瓦图省的加蒂纳[③])

---

① 约埃克·科尔奈特:《勒南兄弟与 17 世纪前半叶的图像文化:〈农民的晚餐〉(1642 年)三讲》,载《大学现代派史学家协会年报》,第 20 期,1995 年,第 91—137 页;让·哈尼:《食物与灵性》,见西蒙娜·维耶纳主编:《对食物的想象》,格勒诺布尔,格勒诺布尔大学出版社,1989 年,第 137—149 页。

② "肉汤"乃是 18 世纪安茹及上普罗旺斯地区的节日盛餐(弗朗索瓦-伊夫·贝斯纳:《耄耋老人回忆录》,前揭,第 20、196—197 页),油光锃亮的嘴唇是吃得心满意足,甚至是表示味道绝佳的标志(安娜-玛丽·托帕罗夫:《从烹饪来看 1850 年至今下阿尔卑斯地区农民的生活》,艾克斯,南方出版社,1986 年,第 102 页)。

③ R.J. 贝纳尔:《18 世纪捷沃当农民的饮食状况》,载《经济·社会·文明年鉴》,第 6 期,1969 年,第 1449—1467 页;阿里安·布吕顿-戈韦尔纳托里:《饮食与意识形态:以板栗为例》,载《经济·社会·文明年鉴》,第 6 期,1984 年,第 1161—1189 页;安娜-玛丽·托帕罗夫:《通过烹饪来看下阿尔卑斯地区的农民生活》,前揭;热拉尔·布夏尔:《静止的村庄:18 世纪的索洛涅的赛纳利》,巴黎,普隆出版社,1972 年,第 101—109 页;阿兰·克鲁瓦:《16 与 17 世纪的布列塔尼:生,死,信》,2 卷本,巴黎,马卢瓦纳出版社,1981 年,第 367—452、804—859 页;雅克·佩雷:《18 世纪加蒂纳的农民》,前揭,第 210—213 页。

而言，这方面的证据老早就有，但只有在繁荣富庶的地区（要么是这些地区的乡村头面人物表现得如此，要么是这些地区因富庶而出名），食物混杂不一的特性才显得特别惊人。好几次谷物危机与死亡率的大幅攀升并非出于偶然，从中无疑能找到某种解释。多样饮食（就质与量而言）的重要性对常于腹中唱空城计的身体来说尤为重要：一方面存在替代的食物，当然都是些时令性的食物，可使谷类少的现状不致太突出；另一方面，搜寻与准备这些食物使人的身体疲累不堪，也使那些不得不这么做的人，亦即妇女和孩子的工作量大增，她们专心致志地采集、回收的都是些并非栽培出来的"令人恶心的"食物。这些"野生"食物虽然也很必需，但总是不见载于当地的资料中。拉布吕耶尔描述过长着人脸的"好几头野兽"费九牛二虎之力拔"根茎"的事情，但这件事只在描述公共灾难有多可怕时一笔带过，可这些植物却是定期补足日常饮食的食物[①]。

　　隐修院院长索瓦庸 1676 至 1710 年任索洛涅的赛纳利的本堂神甫，他在一篇辩词中说他的那个"寒酸的地方"要比富庶的博斯更好，这篇辩词雄辩有力、极尽夸张之能事，但将两地文化的方方面面悉数囊括，首先突出的就是营养："博斯人瞧不起索洛涅人，他们因拥有广袤富庶的麦田而心高气傲，指责说索洛涅只有大片荒地、欧石楠丛、蕨类植物和染料木。索洛涅人则躲在他们的地洞里，有柔软的床铺，穿得好，吃得也好，吃的是上等的油脂，还从来不吃干面包。他们嘲笑博斯人，说他们根本不缺土地，却还是沦落到外出乞讨，说他们坐拥如此丰饶的资源，却每年冬天都会有人冻死，甚至没有生火用的木柴，他们既不采集大麻，也不采集亚麻，既不采摘蔬菜，也不采摘任何种类的水果，就这么眼看着自己缺乏各种生活必需品，可索洛涅虽然缺土地，但还有好几种资源。就算土地稀缺，可他们仍有鱼类、牲畜、蜂蜜、树林、水果，只是我们不明白就算他们不用干活也还是穷人。……我们怀着崇敬之心发现该教区虽然在贝里、博斯和

---

① 拉布吕耶尔：《全集》，巴黎，伽利玛出版社，"七星"丛书，1951 年，第 333 页；皮埃尔·普里庸《18 世纪乡村作家回忆录》，前揭，第 43 与 152—153 页）就该主题也说了许多献媚的话，说他 1709 年冬天在鲁埃格惨状中看见了"上帝之手"。尽管本堂神甫们会施燕麦粥，但大地上触目所见的都是"老人和孩童嘴里嚼着野草。虽然没什么比死亡更可怕，但我发现他们的漂亮脸蛋酷似天使，所以……觉得他们肯定都会上天堂"。

利姆赞一千多个贫穷的教区里算得上一穷二白，但在 1694 年的饥馑之年，所有人却都有吃有喝，有地方住。"当然，面包的味道不好，"糟糕的奶酪像白垩一样片片剥落"，"就连浑浊发臭的水都不太用得到"，索洛涅人毫无疑问定会营养不良（疟疾更使他们虚弱不堪），但由于采用打猎、采摘、园艺和小规模养奶牛等手段，其他地方（普瓦图、迈纳、朗格多克）都没像他们那样养奶牛①，故而他们都能享用到丰富的食物。即便缺肥肉，但这些奶制品也具有一定的营养价值，可以补足吃不到肉的窘境。根据兼任本堂神甫的隐修院院长索瓦庸所言，肉只有"优哉游哉的农场主和散工才吃得到"。

除了某些特定地区和运气好的农场之外，乳制品的缺乏说明了这些作者在谈及奶制品时为什么会有萦绕不去的想法，当然这样的作者也极少。路易·西蒙把自己讨厌牛奶视为不正常的现象，他觉得有必要就此作出解释：他从出生六个月起就不愿吃母乳，于是母亲就"让我喝汤，因此我养成了这个习惯，一直爱喝汤而非牛奶②"。他说"我在法国生活时出现了大量新奇事物"，于是他也搞了两场美食革命，但其中的内容没什么特别：无非大量使用土豆（很多人都知道），让自制干酪现身江湖（很多人不太熟悉）。他首先说"先用松露或土豆；首批用又红又长的，有刺激性的味道；然后用白松露或白薯，味道柔和些。与此同时，还要用圆松露，我们把它叫做里昂松露。随后用黄松露，它味道甘美，所有松露中为最上品……。我不想去描述怎么种这种果实；这儿所有人都认识它"。至于第二种美食创新，对他而言似乎颇值得回味，就是加工"此地出品的干酪"，牛奶女贩和她们的客户都可以自己动手做，但直到 18 世纪最后三十年，他们才学会如何用自家奶牛挤的

① 热拉尔·布夏尔：《静止的村庄》，前揭，第 102—104 页。必须明确的是，无论这位隐修院院长兼本堂神甫怎么说，1693—1694 年的赛纳利与其他地方一样人口也在急剧减少。这都是贪婪造成的，约 1700 年，图尔奈西斯的大农场主们自己吃"松软的干酪和面包，还把黄油卖给别人"（亚历山大·杜布瓦：《17 世纪一位本堂神甫的日志》，前揭，第 114 页），还有在 18 世纪的上普瓦图，当汤"料"用的不是黄油，而是核桃油（让·塔拉德主编：《维埃纳从古至今》，博德苏勒出版社，1986 年，第 221 页）。

② 路易·西蒙：《路易·西蒙：法国古代的村民》，前揭，第 28 页。关于土豆，可参阅米歇尔·莫里诺：《18 世纪的土豆》，载《经济·社会·文明年鉴》，第 6 期，1970 年，第 1767—1785 页；贝阿特里斯·芬克：《有趣的关系：18 世纪对烹饪的反思与实践》，圣艾蒂安大学出版社，1995 年。

奶来做干酪①。大部分地区的奶牛畜牧业发展得都很缓慢，故而奶罐和奶壶成了仅在城市周边地区流动的女贩手中真正的主角，这些有趣的女性形象富有活力、体态优雅，但也很轻佻②。

在布列塔尼的雷提夫笔下不太神秘的勃艮第地区，给食物划分等级与对食物的想象似乎比西部地区有着更鲜明的反差。但首先这是雷提夫及18世纪末的其他社会改革家因遵循虚构出来的惯例而导致的结果，他们意图在呈现悲惨的现状时能提出几个特别成功的具体案例，确保人们相信会有更美好的未来。托纳罗瓦地区"并不悠闲的"农民工作的不稳定性，马上就能从他们"习惯"吃什么东西看出来，他们吃的是"大麦或黑麦面包、喝核桃油或大麻籽油熬的汤……。他们就靠喝差劲的饮料，来维持他们天天干粗活的生活"。相反，像雷提夫的父亲那样的富农，无论是从食物的质量还是数量来看，其惯常吃的东西都要好得多：早餐（主餐），约清晨五点开饭，汤里有"腌猪肉，里面放了卷心菜或豌豆，还有一块咸肉和一盘豌豆和卷心菜，[小斋期]喝黄油汤和洋葱汤，之后还有炒蛋或白煮蛋，要不然就是蔬菜[菜园里种的蔬菜]，或相当好吃的软干酪"。其他餐（"晚餐"、下午的点心、夜宵）则似乎简单得多，而且用餐时间不定，主要取决于干的是什么样的农活。因此，播种期以及辛苦的春耕时期的晚餐-午后点心都是在田间用的，吃的是"每人一份的面包、核桃、一块软干酪、装在柳条瓶里的四品脱葡萄酒，还有满满一黏土瓶的水，因为户外的大风很容易使人口渴"。但部分面包和水都会给犁田的牲口用，因为萨希的农夫"在给马吃燕麦之前，会把瓶里的水倒进他们的帽子里，在里面放上面包，做成汤一样的东西给这些牲口吃，让它们打起精神，[马匹吃草时，主人]就用镐子捣碎土块、清除

---

① 路易·西蒙：《路易·西蒙：法国古代的村民》，前揭，第90页。关于这场干酪革命及各小地方间的比照，可参阅让-罗贝尔·皮特：《法国传统干酪分布图的梳理解读》，见皮埃尔·布吕奈主编：《干酪的历史与地理分布：历史地理学研讨会》，卡昂大学出版社，1987年，第202—204页；阿兰·克鲁瓦：《16与17世纪的布列塔尼》，前揭，第830页；让·塔拉德主编：《维埃纳从古至今》，前揭，第221页；雅克·佩雷：《18世纪加蒂纳的农民》，前揭，第212页；等等。

② 流动女贩特定的头部姿势（在那个时代的男人看来，其外貌是否蕴含着某种独立性？）本身颇值得研究，其中揭示出（置于头上或胯部）驮货时的各种技巧，这些技巧可令人发现某些尚待发现的特定姿势。

碎石子,吃着大块黑面包①"。

因此这些饭食只有从陪衬的、次要的方式来看待,才会失去其素食的特点。肉只有在节日时期才能吃到,或在大斋期之外清晨喝的汤里作辅料用,就算富农每人每年也至多只有27公斤的定量。既然添入的肉(主要是腌猪肉)把防腐用的盐和动物蛋白质结合在一起,使蔬菜汤(里面或多或少会放好几种蔬菜,但几乎都少得可怜)的味道更好,很有可能还能"蘸着"面包吃,于是肉就成了某种佐料②。至于布列塔尼人吃得很多的果汁"饮料"、凉拌生菜、蔬菜馅饼,则都是在城里长大、极受孩子们喜爱的农场女主人不惮其烦制作出来的,"因为能干的女园丁结婚后,会用水果做出来各种美味的食物,如用草莓、覆盆子、醋栗、南瓜、梨子、杏子、桑葚、苹果、栗子、漂亮的果子烹制而成的食物……"这些无限美满的形象把乡村的童年生活说得神乎其神,但仍无法掩盖女人身体上付出的艰辛,照那些美化母亲的作家儿子所言,她们乃是使各自家庭其乐融融、提升各自家庭在社会上的地位的主要媒介③。这几乎成了日常家务琐事的理想状态。

阿瑟·扬所见的法国人歧义丛生的身体并不仅仅是17—18世纪描

---

① 埃马纽埃尔·勒华拉杜里:《17世纪的乡村人种学:布列塔尼的雷提夫》,载《法国人种学》,第3/4期,1972年,第215—252页,尤其是第230—233页。在葡萄收获季节,尤其是安茹的农业工人,他们吃的东西也都和这差不多(弗朗索瓦-伊夫·贝斯纳:《耄耋老人回忆录》,前揭,第20、38—39、81页,对农民和资产阶级的饮食作了比较)。朗格多克的奥贝地区的口粮也有社会等级之分,但其构成差别很大:最贫穷者平常吃的是"白葡萄酒烩兔肉或羔羊肉、凉拌生菜、油橄榄、葡萄干、蜗牛和腌沙丁鱼"(皮埃尔·普里庸:《18世纪乡村作家回忆录》,前揭,第118页)。

② 须注意面包本身极少会加盐,因大革命之前盐的价格很高(让-雅克·艾马丹盖主编:《食物史论》,巴黎,阿尔芒·科兰出版社,"年鉴手册",第28期,1970年,第298页),这势必会使人(不)喜欢寡淡的味道,而且很多人也不知道有盐这回事,但这也解释了为什么法国各地会求助于"穷人才用的刺鼻调味料"大蒜种,以及味道强烈、刺激食欲的油脂之故(让·德·拉封丹:《杂集》,巴黎,伽利玛出版社,"七星"丛书,1958年,第566—567页;约翰·劳德:《1665—1675年日志》,爱丁堡,苏格兰历史协会,1900年,第77页;让·塔拉德主编:《维埃纳古往今来》,前揭,第220页;乔治·维加埃罗:《养生史:中世纪以来的健康与不健康》,巴黎,瑟伊出版社,1999[1993]年,第29、39、77页;让-路易·弗朗德兰:《味道与必需性:论西欧烹饪中油脂的使用(14—18世纪)》,载《经济·社会·文明年鉴》,第2期,1983年,第369—401页)。

③ 埃马纽埃尔·勒华拉杜里:《17世纪的乡村人种学:布列塔尼的雷提夫》,前揭,第231页。可参见对家庭主妇的又一番描述,这位母亲开垦了大片农田,于1773年46岁上去世(弗朗索瓦-伊夫·贝斯纳:《耄耋老人回忆录》,前揭,第65、91—92与176页)。请比较1787和1789年扬到处遇见的那些穷苦的妇女(参阅下一条注释)以及菲尼斯泰尔的女性居民,即那些"在自己家忙里忙外的女佣人"(雅克·康布里:《1794与1795年在菲尼斯泰尔或该省官厅的游记》,布雷斯特重版,勒富尼耶出版社,1836年,第162页及其他地方)。

述"欧洲大陆"游历见闻的那种老生常谈①，它乃是农业与工业（畜牧、园艺、采摘、纺织等）发展初期各类工种所致的结果。妇女会像男人一样从事这些工种，她们尽管能获得最低限度的酬劳，可连这也很不稳定，除此之外，她们平常还得照顾家庭，使家庭拥有（重复）产出的能力②。这样的工作常被忘得一干二净，但都是些体力活，需要鲜有人具备的耐心：既指洗衣服和烹饪（宰猪、为丰收季和婚礼准备餐宴等）这些特别需要体力的活，也指揉面做面包，平常为动物和男人准备吃的这样的活。有一些复杂的装置（挂锅的铁钩、把锅搁在火上的三脚台及其他金属吊架挂钩）试图使人能方便地操作各种大小的生铁锅和平底锅，但烹饪即便在日常生活中仍旧需要整个身体投入进去，且根本无法休息（"只有丈夫才能坐在餐桌旁不动"，普里庸说），相当熬人③。

---

① 约翰·洛克：《法国游记，1676—1679 年》，J. 洛编，剑桥大学出版社，1953 年，第 236 页；阿瑟·扬：《法国游历见闻录，1787、1788 与 1789 年》，3 卷本，H. 塞重编，巴黎，阿尔芒·科兰出版社，1931 年，第 76、78、234、329—330、808—809 页。

② 马丁·塞加兰：《法国传统中的丈夫与妻子》，巴黎，弗拉马里翁出版社，1979 年；欧尔文·赫夫顿：《她的前景：西欧女性史（1500—1800 年）》，纽约，文提之出版社，1995 年。若需了解出色的地区性研究，盖伊·盖里克森：《奥夫雷的纺织工：法国一个村庄中的乡村工业与性别区分（1750—1850 年）》，剑桥大学出版社，1986 年。在布列塔尼的科努阿耶，"女人做肉糜……但生炉子则只有男人才能干"（亚历山大·布埃与奥利维耶·佩兰：《布列塔尼叙事诗集》，前揭，第 123 页；让·勒塔雷克：《科雷地区领主封地中农民的饮食》，载《布列塔尼历史与考古学协会论文集》，第 73 卷，1995 年，第 305—307 页；烧粥时，必须有两名妇女一起搅动锅炉的搅棒；奥迪尔·泰弗南：《18 世纪瓦纳省乡村地区的物质生活：以饮食为例》，载《布列塔尼历史与考古学协会论文集》，第 70 卷，1993 年，第 266 页）。

③ 皮埃尔·普里庸：《18 世纪乡村作家回忆录》，前揭，第 118 页。还有餐叉和撒糖罐（泽维耶·德·普兰霍尔：《雪水、温水与冷水——冷饮的历史与地理分布》，巴黎，法亚尔出版社，1995 年）、普通至极的餐具（刀具和勺子）以及日常烹饪的一系列用具都值得去研究：了解它们的重量，数数它们有多少，对它们进行比较，但也要从它们是个人用品还是集体用品，是仪式用品还是日常生活用品来加以阐释（参阅布列塔尼的木勺）。只有从人类学的观点对撒沫勺和热菜炉都审视过一番之后，才能精确化和客观化（戴维·希勒与劳伦斯·威德莫：《城里的老鼠与田野里的老鼠：18 世纪下半叶日内瓦乡村与城市内部的比较研究进路》，见米歇林·博朗主编：《亡者的财产清单与家具销售》，前揭，第 139 页；乔埃尔·布尔努夫：《中世纪末期阿尔萨斯陶瓷用具形式的分化与烹饪模式的转变》，见让-克洛德·马尔格兰与罗贝尔·索泽主编：《文艺复兴时期的饮食实践与饮食论》，前揭，第 222 页）。还需要研究"方砖炉灶"（与妇女身高相适，便于烧菜，但无法对折）的地理分布与社会化程度；18 世纪，方砖炉灶是南特的有钱人家及商人家特有的陈设，这种现象阿尔萨斯和普罗旺斯似乎不比西部各省份少（吉尔·比安维梭与弗朗索瓦丝·勒里耶弗尔：《南特人：费伊多岛》，巴黎，法国文化遗产登记出版社，1992 年，第 57 页）。若需了解家务活及家务用具的精确描述及图示，可参阅弗朗索瓦丝·瓦洛-德雅尔丹：《18 世纪维克桑的日常生活：根据杰南维尔（1736—1810 年）身故后的清单对乡村生活的揭秘》，蓬图瓦兹，瓦埃梅尔出版社/蓬图瓦兹历史协会，1992 年。

上身前倾得厉害,凑到低矮的炉膛上,双颊常被裸露在外的很低的火焰映得通红,双臂因不停地搅动粥和浓汤(至少这只有在收成好的时期才吃得到)而僵硬,家庭主妇和协助她的女人一定得身强力壮才行。

4

步伐沉重与步履轻盈

尽管近来发现了一些墓地和编了号码的资料,后者里面都是军队的文档和标明嫌犯及罪犯体貌特征的卡片①,从而使我们可以指望了解祖先的身高;但对身体外部层面及其体态的重构仍虚构居多,此言非虚,因为日记作者、小说家和其他文人在此方面仍旧是我们最好的信息来源,其中也包含他们笔下的那些异于常人或纯粹想象出来的人物。因为他们有这样的"印象",作为人类首个标准的笔直体态之所以会被接纳且保存下来,乃是由各种保持姿势(站、坐、蹲或躺)的方式产生的,而这些姿势都是生理学、圣事与心理学介入后社会塑形的产物。人们梦想能让道德和脊梁保持笔直的状态,但也时常会通过寻求柔韧性而来点修饰。

若需了解身高所具有的象征体系,那通过对某个年轻羊倌煞费苦心的描述比对新兵或通行证申领者做身体测量要有用得多,因为只有这种想象出来的东西才能赋予这些统计资料以可靠性。雅莫雷试图使老百姓心目中的法国皇帝显得更真实,把他视为无所不能、近乎神圣的人,让他拥有"巨人般的身材",嗓音洪亮犹如"雷鸣",因为"我们村里的法官在身高上超过了其他村民",而且他讲的话很有威信。至于巴黎人,由于他们高高的房子仿佛"堂区教堂",所以在目不识丁的小尚普诺瓦的梦里,他们只能"比其他人长得高大②"。必须注意的是,身材高大乃是一个基本标

---

① 这些体貌特征都保存在成捆成捆的诉讼记录中,或残留于宪兵队的档案中自成一格,但不幸的是它们并未成为系统化研究的对象,描述的顺序与描述的要素在此与它们提供的那些编号的信息同样重要(共和三年[即 1794 年——译注],普瓦捷地区申领通行证的 82 人平均身高为 1.61 米,但他们脸上都明显可见天花留下的疤痕,令人印象深刻)。至于所谓近代时期的"仍在使用的"墓地,尚极少受到仔细研究。

② 瓦伦丹·雅莫雷-杜瓦尔:《回忆录》,前揭,第 117 页。编年史作者皮埃尔·普里庸也有这样的幻想,即帅气的男人和身材高大是联在一起的,参见《18 世纪乡村作家回忆录》,前揭,第 51 页。

准,旧制度时期就是这样评判新兵的,但身体无畸形和腿部曲线优美也同样受重视。

对打家劫舍的芒德兰所作的各种虚构描述都自觉自愿地坚称他的仪表"孔武有力,胆大包天",还把如今不看重的身体上的魅力放在首位,但男子气概要比八面玲珑有价值得多:"他的体型表明他当然能做到已经干下的那些事;身高五尺四五寸,金发,宽肩,身材匀称,步履轻盈①。"出自共和三年普瓦捷区的大革命时期的体貌特征,也相当关注其他特点(服装是其中的一部分,但如今当局也会对之描述得如此详细吗?)。花月25日夏特尔若尔的监狱有人越狱,成为通缉对象,从通缉令上看,他有姓无名,内容是这样的:"莫罗——马贩子,住在塞尔奈镇上,该镇属维埃纳省圣杰奈斯特区,35到36岁,身高五尺一寸半,体胖、丰满,浅黑色头发,有天花留下的小疤,身体健康,穿短上衣、坎肩、灰布短裤,菌菇色皮肤,灰色长袜,着系鞋带的鞋"。在另一份印刷品上也这样描写了一个"体质"不太好的移民:"拉布罗斯的加波里,前近卫队队员;28到30岁,身高五尺五六寸,脸部肤色金黄、红润,头发与眉毛呈深金黄色,鼻子扁平宽大,眼睛蓝色,嘴巴中等大小,嘴唇略厚,金黄色胡须稀稀拉拉,脸部丰满、呈椭圆形,小腿和大腿都很结实②。"

路易-塞巴斯蒂安·麦尔西耶在其《新词》一书的词条《腿型》中对腿型好看的小腿大谈特谈③:"以前在坟墓般的隐修院里,人们会对初学修士的体型评头论足,而在我们的时代,在那些注定会被打得落花流水的军队里,人们常常只看重体魄强健、五官漂亮、腿型好看……这难道不是很有趣吗?"还有走路也值得关注,尽管我们觉得这项活动应该谈不上有什么历史:任何

① 米歇尔·弗雷斯特:《芒德兰时期(1736—1784年)瓦朗斯一个资产阶级的编年历》,罗歇·卡纳克编,格勒诺布尔,格勒诺布尔大学出版社,1980年,第43页(芒德兰5尺4,5寸相当于约1.70米)。可与圣西门公爵对廷臣的腿所作的许多评论相比较(弗朗索瓦·拉维耶:《三周不见天日:记忆中的舞蹈家圣西门》,见阿兰·蒙当东主编:《舞蹈社会诗学》,巴黎,人类出版社,1998年,第110页)。

② A.D.86:L597。我得感谢克里斯蒂安娜·埃斯卡内克拉波与埃莱娜·马图兰,是他们为我发现了这些文献资料。

③ 路易-塞巴斯蒂安·麦尔西耶:《新词或新词词汇,更新或采纳新的用法》,2卷本,巴黎,穆萨尔出版社,1801年,第2卷,第74页;若需了解17世纪的情况,亦可参阅《贵妇汇集》中的"另论漂亮小腿之美及其所拥有的力度"(布朗托姆的皮埃尔·德·布尔代耶先生:《贵妇汇集,诗歌与坟墓》,巴黎,伽利玛出版社,"七星"丛书,1991年,第439—453页)。

人在任何年龄段都会有各种各样的走路姿势。在旧制度时期的法国，蹒跚学步（哪怕晚学）一直都是很容易的事，任何地方都可以学，只要牵根布条就行。这些织物做成的布条都是用从羊毛外缘拔下的小毛搓成的，用来做成绳子，把它缝在学走路的孩子的衣服上，然后大人"跑到前面，在这个姿势中，胸部成为重心，身体的重量就压在这个重心上①"。毫无疑问，尽管人们并未充分地衡量过这些身体上的策略造成的影响，但紧身衣和胸衣对人的塑造则已成为详加研究的对象②。如同摇篮，它过早地使欧洲的婴儿同自己的母亲分离开来，通过有规律的摇晃使其安宁，边框创造出界限、节奏，也有可能会使骨架变得笔直，迥然不同于原本养成的柔韧性和弯曲状，而在其他各洲，孩子都是被背在背上，这样他们老早便有了行动的自由。

鞋子是另一种活动属性，"因为它把我穿在里面，就像我穿着它一样"（让-弗朗索瓦·皮尔松），它是种防护，与世界和虚饰有着牵连③。因而它成了某种中介，用以体现仪表的道德寓意，将特权者和穷人、女人和男人、城市和乡村、两性中穿高跟鞋的有钱人和"平底鞋"的卑微者隔离了开来。就此而言，它激起了乡村知识分子的注意，成就了旧制度时期社会中的那些编年史作者④。

有钱人尽可能不走路，他们所穿的精美的布鞋或皮鞋走了几步路都能算得出来，也就是说走得很少，他们创造出的那些动作都体现出了苦心

---

① 亚历山大·布埃与奥利维耶·佩兰：《布列塔尼叙事诗集》，前揭，第 48 页；弗朗索瓦丝·库赞等主编：《布条与缘饰》，博纳，戈尔戈纳出版社，2000 年。必须注意的是大革命之后的漫画以搞笑的方式画出了那些人上半身前倾的姿态，对怀念旧制度时期的行为作了讽刺：老人与/或他们的模仿者、保皇派年轻人。

② 其中有雅克·热利、米雷耶·拉杰与玛丽-法朗士·莫雷尔：《步入生活：传统生活中的出生与童年》，巴黎，伽利玛-朱利亚尔出版社，"档案"丛书，1978 年，第 115—118 页；尼科尔·佩勒格兰：《蓝色诸省：法国各地区服装与旧制度时期游客的服装》，见《奇妙的靛蓝色》，马赛，马赛博物馆出版社，1987 年，第 59 页。尚需对各种用以支撑身体的物品，如拐杖、棍棒等的不同使用方法作出描述，加以理解，这些用具可使身体（及阳具）变得更直，它们既是行动的支撑物和工具，亦是权力与独特性的表征。

③ 让-弗朗索瓦·皮尔松：《身体与椅子》，布鲁塞尔，隐喻出版社，1990 年，第 40 页。

④ 与梅内特拉、雅莫雷-杜瓦尔、路易·西蒙、雷提夫与让-罗什·科瓦涅一样，皮埃尔·普里庸也是其同时代人的行为、姿势以及鞋子的无与伦比的观察者（《18 世纪乡村作家回忆录》，前揭，第 50、61、68 页）。令他自豪的是，他所在的朗格多克地区的村庄的村民们"任何时候都穿着粗丝袜和平底鞋"（同上，第 118 页）。尽管某些与教士级别相当的人的社会地位和所属社会的层级较高，但他们也并没少关心这些事（弗朗索瓦-伊夫·贝斯纳：《耄耋老人回忆录》，前揭，第 29 页）。18 世纪末高跟鞋暂时退出舞台是否证明了普遍的男子气概已得到确立，且/或因之而引起了身体上的不安定感？

孤诣的柔韧性。许多趣闻轶事都表明了这一点；面对穿了一天后"开裂的"鞋子，制造商大为吃惊，他宣称："反复思考了这事的缘由后，他总算开了口，说我总算明白了，莫非夫人一直在走路①。"18 世纪终日与那些轻飘飘的贵族周旋的日内瓦的特隆尚医生之所以有这么大的名气，是因为他向他们大力推荐锻炼身体的方法，尤其是步行锻炼法，而对那些拥有封闭式华丽四轮马车的终日无所事事者而言，步行根本不入他们的法眼。但这样的"特隆尚式锻炼法"和锻炼时所穿的平底鞋还是会令人浮想联翩：我们不都这样嘛，过去大多数男男女女不也走路嘛！可他们的那些鲁莽大胆的祖先们不得不借助拐杖的支撑，因为他们穿着高跟鞋，走起路来摇摇晃晃，装了硕大的鲸骨框的裙子晃来晃去，在古代不可能不引得沿途步行的农夫农妇们惊诧莫名，其中包括妇女和不出远门打工的男男女女。约 1710 年，并不天真的年轻人雅莫雷-杜瓦尔对普罗万某"征税官"的那些宾客们各式各样走动的姿态赞叹不已："同这些男女相比，穷兮兮的农民似乎简直就是徒有人形的畜生。……女人的步态有种我说不出所以然的慵懒感，农妇身上我从未见过这样的情形。此种极度自负感似乎根本不接地气，只对土地饱含着轻蔑之情，或许她们相信自己对土地已经够尊重了吧。她们周身显得很肥大，下身呈宽大的椭圆形，让我很是吃惊。我轻而易举地就感觉到了她们拥有的威严，因为我觉得这身厚重的服装应该足以使她们动弹不了吧。不过人们会发现我还没有描述这架精巧的机器的形状，它里面没什么组成部分，只有人们美其名曰的环箍。我根本没觉得这身打扮的女子有多荒唐可笑，倒是觉得她们简直可以和女神媲美。"至于农民出身的小说家布列塔尼的雷提夫，则终生会对那些套在丝袜里的漂亮可爱的小脚着迷不已。大革命期间，他对出现在舞台上的平底鞋和那些穿平底鞋的"男不男女不女的"女人感到十分厌恶②。

① 让-弗朗索瓦·马尔蒙泰尔：《文学的要素》，6 卷本，巴黎，内德拉罗谢勒出版社，1787 年，第 1 卷，第 208 页。

② 瓦伦丹·雅莫雷-杜瓦尔：《回忆录》，前揭，第 153 页；加布里埃尔-罗贝尔·蒂博：《赞美神话：布列塔尼的雷提夫与玫瑰色的鞋履》，载《雷提夫研究》，第 7 期，1987 年，第 99 页；尼科尔·佩勒格兰：《无拘无束的服装：1780 至 1800 年法国着装行为初探》，埃克斯，阿里内阿出版社，1989 年，第 85—86 页，以及《风格与着装：旧制度时期的女扮男装形象》，载《克丽奥》，1999 年，第 10 期，第 34 页。散步时各种仪式的历史及风景的历史也有许多东西可写，特定服饰的出现同样也是如此（乔治·维加埃罗：《养生史》，前揭，第 105 页）。

穿在脚上的东西，即便由很厚的皮子做成，那时除了南部地区的城乡之外，却仍然是一种近来才有的奢侈品，是为了炫示之用，而非一直穿在脚上，所以极为珍贵稀有。就此而言，人死了以后这些东西就成了来路不明的非法交易品。在18世纪的普瓦图和利姆赞，那难道不就成了"洗尸女"的报酬吗？这难道不也是代代相传的财产吗，根本不用考虑每只脚的变形程度、脚的尺码和脚两侧的形状①？应该是到了18世纪，在某些只穿木屐的省份和穷人家那儿，皮鞋传播得仍不尽如人意。况且，季节好的时候，后者还常常宁愿"打着赤脚走来走去，虽然不太舒服，但厚底靴容易让脚挫伤和扭伤"（木鞋），所以就喜欢露着光脚丫。在所有反对法国国王专制主义的人看来，穿起来不舒服的木屐（但有各种各样的木屐，北部地区长期以来就一直穿木底鞋）乃是个污点，说明生活有多凄惨。雅莫雷-杜瓦尔自己就不爱穿鞋，他喜欢洛林农民"双脚无拘无束"的模样，可看见洛林那些来自利姆赞、奥维涅和多非内的季节工时，又觉得痛心："他们沉重的步伐和发出的响声吸引了我的视线，我注意到他们的双脚都被囚禁在奇形怪状的木屐之中，木屐的开口处箍了层铁圈，用同种金属做的两层金属片下也装了，金属片用钉子固定，钉帽的直径应该有半指宽。虽是劣等木鞋，但保养得还是很上心，那很好地证明了这些人以前还算有钱，现在则过起了苦日子，令人颇感悲凉，我很清楚这些亲爱的老乡过得有多苦②。"

在游客眼中，法国就是个到处穿木屐的国度，所以让他们觉得法国很穷困，但这个国家说不定就喜欢这种乱哄哄的气氛。这些英国人一登上布洛涅码头，便注意到法国人不仅说话很夸张，而且水手和城里人穿的木

---

① 尼科尔·佩勒格兰：《依据死者清单来看18世纪普瓦图的乡村着装》，见《乡村世界的演变与急速发展》，前揭，第484页；《无拘无束的服装》，前揭，第142与160页；[约瑟夫神甫?]《骷髅地的圣母修道会的建制》，s. l. n. d. [1634?]，第350页。直到20世纪中叶，某些宗教社区所穿的木屐仍不分左右脚；通常都是穿名为"夏朗德鞋"的拖鞋和绳底帆布鞋，这种鞋容易"做"，用不着在里面衬草垫或布片。

② 瓦伦丹·雅莫雷-杜瓦尔《回忆录》，前揭，第112与174页。必须注意穿木屐的男女精确的地理分布，还得了解他们之间的相异性：这些资料无疑同那些动机不良的信息提供者乱加归纳所得出的结论相悖，像雅莫雷、医学地方志和游记的作者就是这样的人。然而，1740年5月，普瓦图的布克瑟罗尔有个葡萄工为了追盗贼，只能"撇下木屐"（A. D. 86；BI/2—40），还有个小牛倌在找牛时，由于没脱掉木屐，导致脚背"开裂，露出了里面的神经"（让-罗什·科瓦涅：《科瓦涅上尉的备忘录》，前揭，第5页）。

鞋啪嗒啪嗒的也响得很。英国人出于根深蒂固的排外心理，认为正是由于木屐发出了杂七杂八的嘈杂声，才导致了走路的姿势也会很特别，尤其是冬天踩在泥潭里走路会发沉，步行者的两腿上还会溅满泥浆。同时，他还解释了双腿干净、鞋子小巧、似跳舞般赏心悦目为何会令人浮想联翩，这也让我们理解了自传作品中不可计数的走马观花式评论，这些评论说灵巧、年轻、能"腾挪跳跃"（雅莫雷语）会很令人高兴，说"小腿很粗"的女人没什么魅力。照路易·西蒙的父亲的说法，这种人即便嫁奁丰厚、穿绫罗绸缎，也都算是"不健全的"；更何况，后者还挑了个"小腿轻盈、步履生风"的女人做老婆①。

舞蹈，毫无疑问是"唯一一种女人可像男人那样表达自己的身体语言，与男人形成了完美无缺的互补性"（J. P. 德塞弗），它要求展现自身时采取精致优雅的形式，一本正经的社会向来需要这样②。舞蹈乃是一门规训的课程，是社会的责任和宣泄的出口，社会自上至下都是如此，尽管天主教神甫和清教牧师都说要对舞蹈百般提防③。

作为恶中之恶的娱乐活动（常在晚上跳舞，不是很容易出岔吗？），舞蹈所起的效果，照塞尔斯的圣方济各的《虔诚生活引论》第33章的说法，与蘑菇和笋瓜起到的效果相类："他们（医生）说，再好吃的（蘑菇和笋瓜）也没什么价值，所以我认为再好的舞会也没什么好的。"此种立场还算随和，但他又引申出了彼岸的形象："唉，当你们在那儿的时候，时间正在流

---

① 瓦伦丹·雅莫雷-杜瓦尔：《回忆录》，前揭，第121、128页；路易·西蒙：《路易·西蒙：法国古代的村民》，前揭，第42与74页。甚至在布列塔尼的尼古拉斯·雷提夫家，他父亲结发妻子的身体也遭到了耻笑，见《我父亲的生平》，鲁热编，巴黎，加尼耶出版社，1970年。

② 让-保罗·德塞弗：《文论中的含混性》，见乔治·杜比与米歇尔·佩罗主编：《西方女性史》，第3卷，《16—18世纪》，巴黎，普隆出版社，1991年，第301—303页。在只有专业舞蹈演员的时代，甚而在大众都可跳舞的时代，互补性也不能等同于平等，因为在那个时代，跳上跳下乃是男人的事务（娜塔莉·勒孔特：《17与18世纪法国的舞蹈教师和芭蕾舞演员：那时候舞蹈是男人的事务》，见《身体的历史：论舞蹈演员的培训》，巴黎，音乐城出版社，1998年，第153—172页；伊夫·吉尔谢：《法国的传统舞蹈：从古代农民的文明到基督教信仰复兴时期的休闲》，圣-茹安-德-米利，传统音乐与舞蹈协会[FAMDT]，1998年，第266页）。

③ 让·德吕莫：《科卡涅地区的死亡：文艺复兴时期至古典时代的集体行为》，巴黎，巴黎出版社，1976年，第120—121页；尼科尔·佩勒格兰：《主持村镇节日的年轻人组织：15—18世纪中西部地区的节日与年轻人组织》，普瓦捷，西部考古学家协会（SAO），1982年，第276—279页；玛丽-克莱尔·格拉西：《塞尔斯的圣方济各笔下的舞蹈隐喻》，见阿兰·蒙当东主编：《舞蹈的社会诗学》，前揭，第71—73与77页。

逝,死亡正在趋近,只见死亡对你们百般嘲弄,让你们跳起它的舞蹈,跳舞时,亲人的呻吟声似小提琴伴奏,而你们只能一条道走下去,从生至死。这样的舞蹈乃是必死者真正的消遣。"这封信的最底下还写了句警句:舞蹈使人忘却本质,使人忘记在尘世体味永恒难以言喻的快乐时是多么危险重重。舞蹈与基督教的这种召唤无法兼容,因为"它会激起淫荡之心",使这"两只易碎的小瓮"靠得愈来愈近,两只小瓮指的是男人和女人,故而舞蹈一直遭到猛烈的抨击。无论是对清教徒还是对天主教徒而言,舞蹈都是"撒旦的发明"。然而该如何想象这些激烈的叱责对信徒们造成的影响呢,因为谴责要么形诸书面,要么口头宣讲,要么纯粹出于想象,要么将这三种表达模式融于一体,就像布列塔尼的布道者在"布道板"中所做的那样①? 大张挞伐只能表明谴责毫无作用,但也说明那个时代男女舞蹈者的身体很有可能占了上风,就算有教士的威胁,可他们仍然投身于自己心仪的"激情"之中。

1722 年,书记员普里庸②随主人来到佩皮尼昂,尽管鼠疫横行,却仍"冒着染病的风险"对最近合并过来的这个省份有何特别之处作了仔细观察。他们发现有些教书匠认为舞蹈中"撩人的"动作着实堪忧:"无论用何种乐器演奏音乐,鲁西荣的民众都会喜欢得不得了。大庭广众跳舞和私下聚会跳舞时,男人都会把右手放在女舞伴的背后,还将她们举过头顶。若有人不参加舞会,就会被永远逐出鲁西荣;如此放荡不羁是不成体统;昂杰利克小姐就是因此才不愿去西班牙的;虽然最终还是得去,但他父亲肯定不会让她跳这种舞的。"该文本说明外来者对此感到很吃惊,也表明了鲁埃加特那位知书达理的父亲的拳拳之心,话虽如此,可它仍然承认舞蹈具有多种社会功用,使人胆敢冒犯宗教禁令:为步入婚姻殿堂,吸引和挑选未来的伴侣,将其置于所有关切者的眼前,以此种方式展示个体和集体的才能,这对于确认自我、获得社区的认同感颇有必要。

---

① 造这些人形陶器(易碎的镂空"小瓮",语出清教徒达诺的《论舞蹈》),就是为了避免跳舞时相碰,否则一碰就会"碎裂"(兰伯特·达诺:《论舞蹈》,巴黎,1579 年,第 33 页;阿兰·克鲁瓦:《16 与 17 世纪的布列塔尼》,前揭,第 1222—1230 页;凡奇·卢多与阿兰·克鲁瓦:《天堂之路》,杜瓦讷内,沙斯马霍出版社,1988 年)。

② 皮埃尔·普里庸:《18 世纪乡村作家回忆录》,前揭,第 58 页。这位总是用第三人称讲话的作者提到的昂杰利克是他的女儿。

但普里庸认为古代的舞蹈（与我们当今的芭蕾舞相似）既是通过严格的身体训育而得的成果，也是训育身体的手段，其中也包括非贵族阶层①。《供年轻的两性公民所用的共和国真正的礼仪》在共和二年得到启用，因为舞蹈乃是最佳的"身体锻炼法，……其中最重要的一些要素可矫正身体或使身体更为灵巧②"。

作为锻炼身体与仪式化消遣的舞蹈具有几何般精确的特性（跑来跑去，摆出各种花样，做出各种动作，赋予姿态以价值），就此而言，舞蹈确乎能令人产生近乎神圣的愉悦感，即便在像阿莫里克这样的地方，跳舞也会"充满激情和狂热。……女人和男人热烈地分享着对舞蹈的热爱，简直到了无以复加的地步。……人们对我们的许多舞女采取的便是这种几近宗教的态度，她们几乎总是双目低垂，似黯然神伤而非满心欢喜，这或许会令人想起舞蹈的神圣起源③"。甚至对极尽抽搐扭曲之能事的加沃特舞和热烈欢快的雅巴多舞也持此种态度，"雅巴多舞是甘贝附近地区的舞蹈，开始时也是围成一个由 4 或 8 人组成的圈；然后一对一对分开，或向前跳，或向后跳，接下来舞者会将手放于女舞伴的头部上方，使之灵巧地转圈。这种舞蹈随场地不同会有很多变化，极其复杂，但无论在什么场地跳，它总具有洒脱自如、狂放不羁的特点"。

绝大多数人的舞步都因鞋底黏黏糊糊而容易粘住，所以步态远没有那么轻盈（精气与新场地有很大关系，只有在苍穹那"令人满怀希望的"精气中，有福者才能翩翩起舞），还要看室内的情况（被踩得结实的地面，加

---

① 乔治·维加埃罗：《矫正的身体：教育权力史》，巴黎，德拉热出版社，1978 年，第 60 页；尼科尔·佩勒格兰：《主持村镇节日的年轻人组织》，前揭，第 230—236 页；埃马努埃尔·贝瑞：《17 世纪法国的舞蹈与贵族的培育》，见阿兰·蒙当东主编：《舞蹈的社会诗学》，前揭，第 197 页；伊夫·吉尔歇：《法国的传统舞蹈》，前揭，第 41—44 页。重读莫里哀的《贵人迷》及舞蹈教师对音乐教师的反驳。18 世纪，奥贝的村子里有个舞蹈教师（埃米尔·列奥纳尔：《路易十五时期我的村庄》，前揭，第 119 页）。

② 普雷沃公民：《共和国真正的礼仪：供年轻的两性公民所用》，鲁昂，勒孔特出版社，共和二年，第 5 页。在随后论述剑术的段落中，说对剑术的了解也"具有首要性"，但这"与适合女孩的训育法没有任何关系"。

③ 亚历山大·布埃与奥利维耶·佩兰：《布列塔尼叙事诗集》，前揭，第 172 页；在论及布列塔尼戏院的"dansou al leur nevez"一章中，快乐与责任混淆在了一起，因为跳"圆圈"舞就是为了帮邻村农夫平整新的脱谷场地。其他类型的舞蹈，有成双成对跳的，有排成一排跳的，对它们的描述令人想起了守护主保瞻礼及婚礼（第 197—198 与 296—298 页）。参阅让-米歇尔·赛尔曼：《下布列塔尼地区舞蹈中的大众传统》，巴黎-海牙，穆顿-法国社会科学高等研究院出版社，1963 年；伊夫·吉尔歇：《法国的传统舞蹈》，前揭。

高床铺,以避开水洼和潮气①)。在画家想象出来的寻欢作乐的场面和其他类似的场景中,乞丐的身体就显得特别迟钝呆板。有时,凭着这一点还能追踪到逃犯或心爱女人的踪迹,而这样的踪迹很容易失去。"我承认从鞋子留下的脚印看应该是她,当然不会是我父亲,因为当时天气还亮着呢",某天早晨害着单相思的路易·西蒙这么说道②。

相形之下,穿袍者(法官和教士)的"庄重肃穆之态"乃是刻意显露出来的,至少从他们的肖像上看,他们的姿态都很挺拔,只是造型上有些做作,姿态却又显得矜持。这般矜持的确有点"装模作样",描绘城里宗教祭祀仪式的画作中的形象也清楚地表明了这一点。画家凝固于画布上呈螺旋型排列的队列和特意为之的身体姿势都浸润着某种观看世界的态度,在这种态度中,高官显爵和仪式的庄重肃穆之感必须铭刻入画中主角的肉体之中。埃克斯人的屏风却以彼此对观的两面性呈现出来,描绘"圣体瞻礼节游戏和仪式"的屏风强调的是不同社会群体及节日期间不同时刻表现出来的多样化的姿态,宗教与世俗,公共仪式和私下消遣同生共存:一面展现的是整齐有序、气势宏大的队列,各类高官着曳地大氅鱼贯而入;而另一面则呈现出丰富多彩的小场景,各色形象生动活泼,描摹得惟妙惟肖:"游戏"的表演者、庙会上的巨人、小店主、到处闲逛的人、开怀畅饮的人,不一而足。手臂高举,步履交杂,摩肩接踵,裙裾相错,富人和穷人似乎全都飘然欲飞③。暂时无序的身体在极其短暂的时刻中将社会秩序裹挟而去,埃克斯的圣体瞻礼节表明身体的多元化(呈现模式)将会持续很长时间,通过表现世俗消遣活动的形象,宣告了姿势民主化的来临。

---

① 热拉尔·布夏尔:《静止的村庄》,前揭,第 94 页;雅克·佩雷:《18 世纪加蒂纳的农民》,前揭,第 196 页与 208 页。与松软的大地相反,"临终的"灵魂之鸟(âme-oiseau)会翩翩飞舞,遂成了无数版画或歌曲的对象(拉威尔马克的泰奥多尔·埃尔萨:《布列塔尼口传文学宝库》,前揭,第 491 页)。

② 路易·西蒙:《路易·西蒙:法国古代的村民》,前揭,第 55 页。必须注意的是,节日期间,这女孩穿了"鞋",但也有可能只是普通的木屐,因为西蒙对男女同乡的脚上穿什么鞋总是很感兴趣,"我一生中遇见过许多新奇玩意儿",所以他能注意到"鞋"上的钉子并非"木钉"(第 90 页)。

③ 《18 世纪的埃克斯-普罗旺斯》,埃克斯;米歇尔·沃维尔:《1750 至 1820 年普罗旺斯节日的变化》,前揭,第 70—71 页;米凯莱·艾克拉什、克里斯蒂安·佩里格里与让·佩南:《图卢兹市政长官的形象与排场》,图卢兹,保罗-迪皮伊博物馆,1990 年,第 143—145 页及其他各处,约 1700 年图卢兹的圣体瞻礼仪式。

　　时移世易，人们惯于将步伐沉重与步履轻盈对立起来想象，从而既构成了社会地理学，也构成了地区地理学。即使国内的迁徙者（雅莫雷笔下的季节工和所有"逃离"贫穷的人①）因穿厚重的"鞋子"而闻名，但巴斯克人与巴斯盖兹人，以及普罗旺斯部分沿岸居民轻盈的脚步却构成了口耳相传的俗谚。他们一年中大部分时间赤足而行，要么就穿绳底帆布鞋或纤巧的鞋子，故而吸引了游客的目光。吉贝尔 1785 年 7 月随他人捕完沙丁鱼回到圣让德卢茨后，看见沙岸上有这么多贝约纳来的女贩，心中大为欣喜："她们有五六十个人，络绎而至，都是体态轻盈，衣着漂亮，穿着红色胸衣和色彩鲜艳的衬裙，所有人都着纤薄的白衬衣，扎着辫子，光着小腿和双脚，疾跑而来，从圣让德卢茨到贝约纳的三里路，她们一个半小时都没用到②。"

　　那时候，步行者都是体形硕大、步履沉重，没成想结实的小腿肚竟因而出其不意地拥有了情色魅力，不过通常指的都是男性的魅力，因为女伴的双腿常常被身上的长袍遮住了。拉布吕耶尔在写于 1691 年的《性格论》中并未忘记这一点："伊非斯在教堂里看见一款新鞋，再看了看自己的鞋子，不觉脸红起来；他再也不觉得自己穿得有多好了。他来望弥撒本想显摆一下，现在只想避人耳目；那天接下来的时候，他一直待在自己的房间里。他瞅着自己的双腿，照着镜子，对自己根本满意不起来③。"往后瞅自己后背的曲线，尤其是对小腿肚是否浑圆特别在意，乃是当时特有的态度，那个时代的美男子对自己下肢的柔韧性和自己的脸面同样都很看重④。

①　旧制度时期各农民阶层都很不稳定，其中也包括定居的农民和佃农，至少在普瓦图是这样，他们常常得在租佃合约到期前离开自己开垦的土地（雅克·佩雷：《18 世纪加蒂纳的农民》，前揭，第 157 页）。

②　雅克-安托万·吉贝尔：《1775—1785 年法国与瑞士各地游历见闻录》，巴黎，道戴尔出版社，1806 年，第 298 页。尽管担心南部地区的游客会有溢美之嫌，但他们呈现出来的形象仍很表面化（约翰·洛克：《法国游记》，前揭，第 18 页；阿瑟·扬：《法国游历见闻录》，前揭，第 148 页；书记员普里庸：《路易十五时期我的村庄》，前揭，第 213、232 页，据埃米尔·列奥纳尔所引）。

③　拉布吕耶尔：《全集》，前揭，第 395 页（1691 年第 6 版的增添部分）。

④　卡拉乔里：《评论、绘画与箴言词典》，里昂，s. e.，1768 年，第 1 卷，第 303 页与第 2 卷第 81 页；路易-塞巴斯蒂安·麦尔西耶：《新词》，前揭，第 2 卷，第 74 页；尼科尔·佩勒格兰：《无拘无束的服装》，前揭，第 59、105 页。

5

体重与褶纹

男性对身体曲线美的关注还导致对弯曲程度的强调,学习舞蹈和舞蹈训练(弯腰和各种敬拜礼也包含在内)可让人痛苦地达到这一点,但问题是这没法以人的意志为转移。因年龄所致的发福和从事各种职业所致的变形都会使身体有所变化,严格说就是人会变得弯腰曲背,有时还会使人腰断骨裂。"他长时期弓着腰,已成了驼背。岁月的重负使这位老人彻底直不起腰来",菲勒蒂埃宣称道①。但就算今人熟悉18世纪医学流行的矫形逻辑,及有钱人家的父母和形形色色改良主义者将之奉如圭臬的情形②,可某些姿势的历史真实性仍值得在此来论一论。

在旧制度时期,有近四分之三的法国男女从事田间劳作,使他们的身体有种特别的模样,拖拉机和其他农业机具只是最近才出现。也可参照上世纪某些画作来看农民耕作时的特定形象。米勒的作品远远不同于18世纪田园牧歌般的画风(华托、朗克雷、格吕兹和弗拉戈纳尔),也与版画及文学中的牧歌形象截然不同(雷提夫与比内笔下粗犷、欢快的勃艮第男女)③,他至少早期就已重新引入了描绘直立与弯腰的手法,令人想起早先描绘拾穗之类需不断重复姿势的农活的作品中呈现出的身体形象,不过米勒1857年创作《拾穗者》时,该农活已濒

① 安托万·菲勒蒂埃:《通识词典》,前揭,词条"弯腰曲背"。需注意的是"弯曲"在当时是驯马术语,这本词典在论及人时只用转喻意。关于"年老体衰的"老年人,所谓的"养老金"公证书这样的资料来源当可再三参阅(让-皮埃尔·布瓦:《老人:从蒙田至首批退休金》,巴黎,法亚尔出版社,1989年;戴维·特罗扬斯基:《启蒙时代法国老人实录》,巴黎,艾舍尔出版社,1992年)。

② 伊拉斯谟:《礼仪初阶》(1530年),菲利普·阿里耶斯编,巴黎,朗赛出版社,1977年,第68—70页;乔治·维加埃罗:《矫正的身体》,前揭。

③ 所有表现形式都值得关注,但那些出于各种不同理由通过美化或丑化的方式冲淡现实性的作品更值得关注。关于这些变形,可参阅凡桑·米里奥引人注目的分析,见《"巴黎的呼喊"或异装者:表现巴黎手工业的作品(16—18世纪)》,巴黎,索邦大学出版社,1995年,该书极大地弱化了人种论的色彩(埃马纽埃尔·勒华拉杜里:《17世纪乡村人种学:布列塔尼的雷提夫》,前揭)。

于消失①。该场景的主题并不具有现实性(是将近代的收割者与虽贫穷却充满尊严的形象融合在了一起)，但农妇矮壮的身形却无法掩盖劳作对身体的种种约束，需在炎炎烈日下劳作，不得不时常弯下腰，将辛苦搜集来的谷粒在膝上拢好。这样的活计对身体而言不啻是种折磨，尤其是要干的农活还有许多。

其他各种高要求的动作都源自对特殊行为的操练(从事各个工种时的姿势或表达尊敬的姿势，如今人们对这些姿势已有些淡忘，如屈膝礼和跪拜礼)。养成好习惯②并不仅仅是某种纺织学词汇的隐喻，当岁月在脸上形成皱纹，当良好的风俗教导"年轻人学会如何规规矩矩做人。恰如俗谚所云，他像羊毛织物般被折得服服帖帖，养成了好习惯，也就是说他今后不会变坏③"时，那道褶纹既成了解剖学上的，也成了道德上的标记。身体上的褶纹与灵魂上的褶皱相对应，特别可用来将劳作者与游手好闲者加以对比，从身体上来看，可断定法国贵族的种种行为完全不会产出什么成果。按照某耶稣会教士的说法，法国贵族"无论和平时期还是战时，都很需要敏捷的身手，保持高贵的姿态，这便要求他身形极其柔韧，动作极其灵敏：无论是跑步、跳跃、敛神不动、匍匐前行、蹑足而行还是其他轻巧敏捷的动作，都需如此，而做生意则与之完全相反，因为做生意会把身体累垮，要么点头哈腰，要么弯腰曲背，要么一直坐着不动，站着不动，要么在炉火边上和水里待得太久。简而言之，做生意对身体有百害而无一利，它常常会损害健康，总是会危及人的灵敏性，而军队就要求具备这种

---

①　赫伯特：《让-弗朗索瓦·米勒(1814—1875年)》，展览目录，伦敦，海沃德画廊，1976年；让-克洛德·尚波雷敦：《描绘社会关系的画作与创造出的农民的永恒形象：让-弗朗索瓦·米勒的两种创作手法》，载《社会科学研究学报》，第17—18期，1977年，第6—28页；里阿纳·瓦尔迪：《丰收的阐释：法国近代早期的拾穗者、农夫和官员》，载《美国历史评论》，第98卷，第5期，1993年，第1447页(拾穗)。关于脱谷者劳作的艰苦性及其报酬，可参阅当时的论述(弗朗索瓦-伊夫·贝斯纳：《耄耋老人回忆录》，前揭，第18、74、80页；亚历山大·布埃与奥利维耶·佩兰：《布列塔尼叙事诗集》，前揭，第112页)。

②　[译注]Pli既可指布料上的褶纹，亦可指皮肤上的皱纹，但转喻义也指好的习惯和规矩，所以prendre le pli就有了三重意思：一为把布料折起来(形成褶纹)，二为弯腰曲身(形成皱纹)，三为养成良好的习惯或规规矩矩做人。所以作者才有此说。下文的camelot指羊毛织物，"Il est comme le camelot"本义指"像羊毛织物般(被折得服服帖帖)"，转喻指"被制得服服帖帖，乖乖就范"。

③　安托万·菲勒蒂埃：《通识词典》，前揭，词条"褶纹"。这儿的这些例子几乎都和布料有关(camelot指羊毛织物)，但在伊拉斯谟那儿都是指植物(伊拉斯谟：《礼仪初阶》，前揭，第68页)。

灵敏性,贵族就完全凭靠着它①"。身体因劳作而变形显然在洛里约神甫的时代即已成为现实状况;它之成为对贵族有利的评判依据,乃是一个不容小觑的事实。

裁缝为缝衣服所采取的特定姿势对其而言已成了第二天性,因为照奥利维耶·佩兰的说法,即便他真的坐在椅子上,根本没有在自己的裁缝铺里,他还是会继续保持某种姿势,至少会"右腿曲起,这样的姿势透露出了他的职业②"。这在西方仍是专属男性的姿势,不可能是缝纫女工的,缝纫女工一直以来都是他们的下属,她们得像所有女人那样夹紧双腿,除了在床上③。对女裁缝严加管束,对她们的姿态、身形、装束和道德作出特定的要求,无疑表明了她们和男性产生了竞争关系,因这个职业长期以来都是由男性把持的。在这种情况下,担心妇女有自己的收入(证明多生育的好处),就很难通过让她们永远做学徒工这样一厢情愿的幻想(女人们忙忙碌碌却可以整天待在家里,体态优雅却又很有帮助)而消除掉。缝纫女工矜持的身体即便在肖像画中,也展示出了某种晚近才出现的规训特质,做针线活的这种规训特质既有身体上的益处,也有道德上的益处,受到了像德·门特农夫人和卢梭这些气质大不相同的教育家们的高度赞扬④。毫无疑问,旧制度时期被带至小学校和缝纫房里穿针引线的小女孩们在那儿学会了"不胡思乱想"、"坐姿端正",对惯于将两性对立起来且为两性设置等级的社会中行为举止之间的种种差异深信不疑。身体的训

---

① 弗朗索瓦·洛里约神甫:《在人类心中的激情上长出的秘密的道德之花》,巴黎,德马尔出版社,1614 年,第 537—538 页。让-保罗·德塞弗发现的这本著作令人想起了亚里士多德《政治学》第一卷,其中竟然还作出了这样的评判,即女性因着装过多过重,故而该臣服于男性(尼科尔·佩勒格兰:《风格与着装》,前揭,第 38 页)。

② 亚历山大·布埃与奥利维耶·佩兰:《布列塔尼叙事诗集》,前揭,第 71 页;阿莱特的法尔吉:《手工艺人的职业病》,载《经济·社会·文明年鉴》,第 5 期,1977 年,第 998 页。

③ 由于女性长期以来都不得穿长裤,不管是罩裤还是内裤,所以更得采取这样的姿势(尼科尔·佩勒格兰:《风格与着装》,前揭,以及《女红的美德:对针线活女性化的研究(16—18 世纪)》,载《近现代史评论》,1999 年 10—12 月,第 745—767 页;令皮埃尔·普里庸吃惊的是,于泽斯的女性都穿衬裤,但奥贝有个当兵的妇女却一直穿着长裤,见《18 世纪乡村作家回忆录》,前揭,第 116、132 页及后文)。反之,人们也承认之所以会这样要求女性,是基于这样一事实,即有个女人大腿中弹,是因为小腿分得太开,有个男人中弹是因为小腿并得太紧。关于坐下时膝盖分开的理想程度,参阅伊拉斯谟《礼仪初阶》,前揭,第 69 页。

④ 尼科尔·佩勒格兰:《女红的美德》,前揭,第 754 页;让-雅克·卢梭:《爱弥尔》(1762 年),巴黎,加尼耶出版社,1964 年,第 459—461、499 页。相反,版画家布夏尔东却似乎有着"缝纫女学徒"的梦想,但人们并不认为这幅作品很好地表达了他晚近的观点。

育，无论是使身体为了展示之用，还是/或为了遮遮掩掩之用，反正同样都只局限于某个单一的性别，狄德罗用一句名言对此种训育法作了概括：

> 男孩的教育：要像个男人那样撒尿！
> 女孩的教育：小姐，别人看见您的脚了①！

跪在圣所和神圣的场所（耶稣受难像的脚下，通往山间礼拜堂的小径，泥泞的路面）又硬又冰的地面上，产生了另外的姿势，无论是在历史还是社会上这都有据可寻。清教徒出身的外国游客对此有很好的描述，他们挖苦"天主教徒装腔作势"，说他们观瞻圣体时，在人群冷眼注视下，不得不"双腿跪在泥潭里②"。圣徒的一生中有着许多过激的行为，至少从叙述中可知，"经常长时间下跪"确实存在现实的风险。有好几个人都是这样，像拉罗克修道院院长、卒于1784年的奥赫的议事司铎，不都因为这种姿势，"膝盖上生了个很大的肿块，蔓延到膝盖的上部和下部"，而教会里其他人之所以出名，也不都因为他们能（是上帝的礼赠还是强行自我折磨？）"在教堂里一跪就跪六个小时"吗③？这种下跪的癖好遭到了经历过宗教改革的游客的讥讽，他们从中发现了灵魂与身体奴颜婢膝的证据。不过也能想象出其他的理由。如教堂空荡荡的大殿里没有常设座位和跪凳，天主教仪式中经常得屈膝下跪，仪式持续时间过长，尽管这可使男女信徒的关节不再桀骜不驯，但参加宗教活动确乎堪称神圣的考验，有时也是残忍的考验。不是说天主教祷告席的座位底下隐藏着"怜恤"，好使人得依靠，而这"怜恤"不是可以悄无声息地使只能长时间站立的议事司铎

① 狄德罗：《未编订的文本》，见赫伯特·狄克曼：《旺德尔地产清单与狄德罗未编订的文本》，日内瓦，德罗兹出版社，1951年，第196页。我们会注意到男性的阴茎与女性的双脚，阳具的绝对必要性与对轻佻的否定性之间具有等值性。

② 艾尔卡纳·沃森：《男人与大革命时代，或回忆录[……]含1777至1842年他在欧洲与美国游历的日志》，s. d.［1845?］，伊丽莎白镇（纽约）重版，克朗·波因特出版社，1968年，第129页，"我很不情愿地双膝跪在泥潭里"（南特，1781年3月）；格雷戈里·汉隆：《17世纪法国的告解与社团》，费城，宾夕法尼亚大学出版社，1993年，第232页（泰奥菲尔·维奥的引文，约1618年）。

③ 佚名《拉罗克修道院的院长M、奥赫教会的议事司铎和修会会长、教区代理主教的生平，由某修道院院长M撰述》，奥赫，迪普拉出版社，1788年，第41页；米歇尔·弗雷斯特：《芒德兰时代瓦朗斯一个资产阶级的编年史》，前揭，第41页。

不再疲累吗？

在路易·西蒙笔下的 18 世纪的迈纳，堂区教堂只有"十二张无靠背的凳子，每张凳子可坐三人，每人只需为凳子付五个法郎；人们一直都得站着，举行圣事或祈祷时会跪下"，只是到了 1772 年，有个本堂神甫才引进了"条凳"①。读了这些文本后，就能很好地理解那些有权有势者为何热衷于在教堂里获得专用座位，还带来"方垫"，既可让自己舒服又可显得与众不同的缘故。菲勒蒂埃说得很明确，"方垫"就是"填充丝绒的大枕头或靠垫，贵妇和主教都会把它带入教堂，这样下跪的时候就可以舒服点：这也是地位的标志。有位贵妇带了方垫……，贵族的妻子都带着上面垂着银色饰带的方垫，法官大人的妻子带来的方垫上则绣了丝带②"。争来争去就是为了获得一个区别于他人的可倚靠的东西，身体某些部位（臀部、肘部或膝部）可靠在上面，但这样的交锋并不仅仅局限于宫廷人士。圣西蒙就叙述过在凡尔赛夺凳子的事情，平民的回忆录和无数司法文件也都描绘了乡间教堂里发生的类似一波三折的情节，如博絮埃笔下莫城的大教堂便是其中一例③。

本堂神甫拉夫诺在其《文集》中花了好几页篇幅描述了他所谓的"抢位诉讼"，就是指主教大人和各类要人为了抢占唱诗班的座位互不相让。他很想让人做些新的条凳，放在大殿里：想在那儿给孩子讲教义问答，孩子则按照性别严格分开④，而且他还将所有这些座位出租给出价最高的

---

① 路易·西蒙：《路易·西蒙：法国古代的村民》，前揭，第 107 页，"这让我们有了坐的东西，教堂里也配备了，后来便越来越多"。1755 年南特地区的杜隆也有类似的资助，那儿的堂区居民需付 6 利弗尔的入场费，而且每年还得为一个脚的长度的座位摊派 10 个苏，条凳没有靠背，这样就不会阻碍到坐在后面的人（阿兰·克鲁瓦：《南特教区杜隆：17—18 世纪的诸本堂神甫的生平》，载《灯塔》，1992 年，第 34 页）。必须注意"selle"当时就是"座位"的同义词。

② 安托万·菲勒蒂埃：《通识词典》，前揭，词条"方垫"。1732 年，教堂里的这些"软乎乎的垫子"让外省人士大为吃惊，但它们与普遍的趣味颇相契合，因为此时床上的枕头也愈来愈多，无论是穷人家还是有钱的色情狂的家里都是这样，公证过的清单和黄色小说里都揭示出了这个现象（雅克·佩雷：《18 世纪加蒂纳的农民》，前揭，第 208 页；彼得·克莱尔：《打破情色叙述中的家具：关于欲望的历史》，载《法国研究》，第 57 卷，第 4 期，1998 年 10 月，第 409—424 页，尤其是第 410 页）。可以移动的床上用品是否会有助于使"爱的体位"变得愈益多样化呢？

③ 埃马纽埃尔·勒华拉杜里与让-弗朗索瓦·费图：《圣西门或宫廷体制》，巴黎，法亚尔出版社，1997 年，第 89 页；让-巴布蒂斯特·拉乌诺：《日志》，前揭，第 18、23、49、58、68、85 页。

④ 反宗教改革的教士们琢磨出了这种性别隔离措施，至少该措施在画中是实现了，有几位描绘农民生活的插图画家就是这么画的（参阅亚历山大·布埃与奥利维耶·佩兰：《布列塔尼叙事诗集》，前揭，第 78 页；布列塔尼的尼古拉·雷提夫，pl.9）。

人，如此一来便在他的堂区居民中引发了纷争。但这么做正好说明他很喜欢赶时髦，因为这种做法当时尚未得到普及。然而，他对此种用具之所以如此关注，倒并非仅仅是遵守主教下的命令。他注意到自己在参加各类会议时，或听说要举办会议（在主教辖区内组织的教务会议，甚至是在布里召开的最高级别的新教会议）时，有权支配扶手椅或椅子，而且这也是因为他很遵守等级制，尤其对高层神职人员更是礼遇有加。与 19 世纪卫生学教育家主导的"条凳战争"截然不同的是，这样的纷争其实波澜不惊，他之所以念兹在兹或许可从他自己的腿脚不灵便得到解释。以前，简陋房屋内可移动的设备中根本就没有让人坐着舒服的座椅，即便是本堂神甫的住宅也不例外，"落座。〔就是指〕坐在座位上休息。坐在条凳上、椅子上、茅厕上、草地上，坐在地上①"。

菲勒蒂埃的词典条目乍一看让人颇为吃惊。它着重的是路易十四时期休息时的坐姿体现出来的怪异的文化现象，以及会使姿势各异的各种奇怪的场所。这位精研词汇学的修道院长提及了那些特别制作出来的座椅，上面似乎可坐好几个人（难道没有靠背、撑架、撑脚、扶手诸如此类的东西吗？），但在我们熟悉的这种家具用品之外，还有许多具有同样功能的合乎自然的空间。我们发现其中既有旧时的用法（甚至是坐在地上，利用起伏不平的地面顺势而坐），也有新式的用法，而那时候无产阶级床上的枕头恰好也多了起来：出现了"内凹式扶手椅"和其他用于排便的"坐便器"，条凳在教学场所内也普及了开来，但除了城市，其他地方这种东西都很罕见②。然而，我们吃惊地发现，就《通识词典》所下的定义而言，条凳和椅子竟然相对立，这是那个时代通过一系列吸收适应过程，从一者过渡到另一者而致的结果。在 18 世纪的布列塔尼，这两样家具

① 阿兰·克鲁瓦：《堂区神职人员，国内变革的调解者？ 几条方法论评点、几个结论》，载《布列塔尼年鉴》，1987 年，第 470 页；让-弗朗索瓦·皮尔松：《身体与椅子》，前揭，第 75—83 页；达尼埃尔·罗什：《日常事物的历史》，前揭，第 190 页；安托万·菲勒蒂埃：《通识词典》，前揭，词条"落座"。对于词汇学研究者而言，"他们把屋内那些用来排出腹中污物的地方叫做暗处、公用场所，或叫做茅厕"（词条"茅厕"）。

② 让-弗朗索瓦·皮尔松对仪态和座位紧密结合的各种文化作了引人注目的分析，参见《身体与椅子》，前揭。关于"茅厕"，可参阅罗杰-亨利·盖朗：《厕所：坐便器史》，巴黎，发现出版社，1985 年；皮埃尔·普里庸：《18 世纪乡村作家回忆录》，前揭，第 68 页（1722 年 6 月在普瓦捷买了台座椅式便桶）；关于学校后来才引进条凳的情况，参见菲利普·阿里耶斯：《旧制度时期的儿童与家庭生活》，巴黎，普隆出版社，1960 年，第 188—189 页。

都有各自独特的功能,使各个文化阶层的差异愈来愈大,超过了城乡的差别。城里大多数达官贵人和平民当时都选择了单人坐的椅子,而农民却仍旧只用"乡村风格的"条凳,也就是说这样可以让大家"坐在"一起。至于神职人员,由于他们仍旧充当潜在的文化中介角色,所以兼有这两类家具,并认为它们分属于两类心智状况。私密与混杂的概念于是日益变得矛盾起来。

18 世纪末奥利维耶·佩兰的画和为《布列塔尼叙事诗集》所作的版画鲜明地描绘了这种家具的等级制及其伴随而来的对身体的约束。《布列塔尼人物集》中只有主人公的祖父有权坐带靠背的座位,这张扶手椅就放在壁炉台下。家庭所有其他成员都只能坐圆凳、粗制的条凳或箱凳,他们在地上坐着不舒服时,双腿会杵在面前,或双膝下跪,坐在鞋跟上。因此,无论何种情况,晚餐时人们都只用一只铜盆盛荞麦面,大家一起吃。这些图像令人想起了各个地方各个时代的特色,法国比较晚近时期的有关坐、躺、倚和吃的身体技巧均包含在内①。布列塔尼的条凳并未兼容所有这些用途,那当作"阿尔莫里克床的踏脚凳"的凳子与和面的大木箱难道也是如此吗?普瓦图乡村地区自 17 世纪末起出现了许多"用稻草填充的椅子",还把传统的箱子竖起来当壁橱用,那种椅子里面会放"盐盅"或储盐架,没有间接税的地区不会用这些东西,但该省和诺曼底一样都会用几块厚度不一、常常是绿色的布匹将床铺遮围起来。18世纪,布列塔尼和萨伏瓦则与之相反,会用木板当围栏,将床铺加高,这样就得爬到床上去②。日常生活中使用所有这些家具都需要特别灵巧的身手:菲尼斯泰尔的布列塔尼人长期以来都是用一根棍子拍床,将很难够到的床上用品抽出来,来访的客人必须像夏尔特尔大修道院的普里

---

① 亚历山大·布埃与奥利维耶·佩兰:《布列塔尼叙事诗集》,前揭,第 15、187 页及其他地方。只有 1835 年版的《布列塔尼人物集》中的公证人事务所内才有单人椅。

② 雅克·佩雷:《根据亡者的财产清单所见的 18 世纪上普瓦图地区的乡村家具》,前揭,第 491 页;尼科尔·佩勒格兰:《18 世纪上普瓦图地区的乡村纺织业及其现代化:亡者的清单讲义》,载《里昂学术协会第 112 届大会(1987 年)》,巴黎,1988 年,"现当代史",第 1 卷,第 377 页。关于巴黎人普遍使用的这种床铺,都是从亡者的财产清单获悉的,可参阅达尼埃尔·罗什:《双人床》,载《历史》,第 63 卷,1984 年 1 月,第 67—69 页。西部地区的羽毛褥子当时似乎就被放在床垫上,或代替床垫,而非盖在睡者的身上。织物层层叠叠地盖在上面就是为了舒适,《豌豆公主》的故事讲的就是这个。

庸那样，同意让自己"像葬在死人坟墓里那样被埋在"一只兼作橱柜用的床里①。

这些不同的特色，既有地理上的因素又有社会的因素（其演变很难加以描绘），因而大众就寝、休息和做爱便有了各类特点，但与之相关的文献资料却残缺不全，只有布列塔尼和安茹的小部分地区由于重写了法国大革命前后历史的前人种学家们半是好意半是俯就的描述，才有所留存。所以，曾当过本堂神甫的贝斯纳尔或许正是由于思乡之故才变得长夜难眠吧，他回忆自己童年时期晚上睡觉的情形："床至少有四尺宽，上面会放两层羽毛褥子，或在床上铺上羽毛、床垫和草荐，床有四根柱子，四周围以绿色或黄色的布料当帐子，显得鼓鼓囊囊，铺床就寝时，睡在上面很难不使椅子摇晃。那时候不仅是佣人睡在上面，甚至父母和朋友也都在那儿睡，只要之间稍微有那么点关系，他们就会双人同睡，有时是三个人睡在同一张床上。"出于对生动活泼的凯尔特语的热爱，佩兰和布艾还对家具的身体性成因特别关注。故而，在距"首都一千里远的地方"，在与巴黎人上的"厕所"（"博斯和诺曼底的佃农对此毫不陌生"）沾不上边的地方，他们遂把布列塔尼的围床作为"吊篮"这一章的中心"角色"。

他们说，这"是种正方形的箱子，高度至少有一图瓦兹②；开口处约有三平方尺，人进去后将嵌于横向滑槽上的两块盖板滑拢，就能盖得严丝合缝。除了几根置于高处的相距极近的杆子之间的空间外，没有其他使空气流通的法子。要进入这样的床里，很不方便，尤其是爬出来更困难。中等身材的个头勉强能够把身子伸直；但若想抬头就难了，因为很容易碰到上面的木板而把头撞破。睡在里面的通常有好几个人，他们极少换内衣，也从来不洗澡，即便白天在泥坑里干完活、节庆时喝得酩酊大醉之后也是如此。为了补足这段描述，我们还得说羽毛褥子和枕头就是用燕麦搓成的团，向来极短的床单就是块很粗的麻布，而毯子则是用植物织成的毛料做成，或用叫做'巴兰'的废麻丝织成的布料做成。没什么钱的佃农睡稻草就已心满意足，他们在这样的床里尽可能将稻草铺得整齐有序，还把稻

---

① 这位患有幽闭恐惧症的书记员既感到害怕又很投入，大清早被放出来后便花了二十四行写了这段文字（皮埃尔·普里庸：《18世纪乡村作家回忆录》，前揭，第94页）。

② ［译注］图瓦兹（toise）为古代法国的长度单位，约为1.949米。

草放到床单和毯子的下面。最后,穷极潦倒的佃农除了在地上铺上稻草外就没有什么可以睡觉的铺位了,要不然,如果他们住得离海岸近的话,就会用海上那种名为'比赞格拉'的漂来的一条条漂浮物铺在下面。这种漂浮物很容易吸入潮气,导致这些不幸的人落下病根[1]"。

在描绘巴黎人的"人物肖像"(凯尔特迷和卫生保健学就此发生了同样的争执)时,与"画作"优美的构图和医学普及化相对的是,此种描绘细部上无疑颇具现实主义。然而,它忘了古代无论是封闭的还是非木制的卧具,之所以会在夜间采用那种防护体系,其间还有深层原因。要在暖气不足的公共房间里创造出温暖、私密的空间,当然是想使疲惫的身体得到休息,而站立和艰苦的劳作肯定不会比条凳、圆凳及其他临时用来当座位的东西更能提供舒适感[2]。但在那个害怕暗夜的世界里,这样的床也能使人免受种种邪恶与死亡力量无时不在的威胁[3]。因为整张床有可能都会成为坟墓("坟床"甚至没有统一的形状),人们在上面半坐半躺,垫上许

[1] 亚历山大·布埃与奥利维耶·佩兰:《布列塔尼叙事诗集》,前揭,第 36 页;弗朗索瓦-伊夫·贝斯纳:《耄耋老人回忆录》,前揭,第 83—84 页。在城里,床上用品几乎没什么差别,即便在昂杰尔的资产阶级家中,"配偶也都是同床共枕",但五十年后就不是这种情形了(同上,第 137 页)。在索洛涅也是如此,都是好几个人睡在一起,没结婚的人也睡在集体共用的床上,于是床便成了家里不可或缺的财产(热拉尔·布夏尔:《静止的村庄》,前揭,第 99 页)。

[2] 关于所有这些观点,尤其是取暖用的木柴常常短缺,亡者财产清单的概述很是激动人心(热拉尔·布夏尔:《静止的村庄》,前揭,第 96—98 页)。生火和准备晚餐也要取决于壁炉及其各种设备的形状,这样的设备有很多,既有中等高度的,也有很矮的(参阅雷蒙·勒科克的《家庭生活中的物品:烹饪与生火用的铁制用具(从起源至 19 世纪)》中对壁炉用具及类型所作的介绍,巴黎,贝尔热-勒法罗出版社,1979 年,以及乔瑟琳·马迪厄《18 世纪佩尔什/魁北克烹饪的比较分析》,见让·佩尔特尔与克洛德·图弗诺:《饮食与地区》,南锡大学出版社,1989 年,第 175—183 页)。

[3] 或许指的是所有那些昼行夜出的野兽:母鸡和猪(偶尔会吃婴儿),饥饿的啮齿类动物,蚊蝇之类不受欢迎的昆虫,南方人为此会"放只盖上粗亚麻布的炉子"(雅克-安托万·吉贝尔:《法国与瑞士各地游历见闻录》,前揭,第 369 页)或是跳蚤和蟑螂。更糟的是,晚上会出动各种各样淫荡的恶魔和居心不良的幽灵,充斥于黑漆漆的睡梦之中。参阅罗贝尔·芒德鲁:《近代法国引论》,前揭,第 77—79 页;阿兰·克鲁瓦:《16 与 17 世纪的布列塔尼》,前揭,第 2 卷,第 803 页;与达尼埃尔·罗什:《日常事物的历史》,前揭,第 128 页及以下各页。

关于就寝及起床时免受魔鬼侵袭的仪式,参阅伊拉斯谟:《礼仪初阶》,前揭,第 105 页;拉萨尔的让-巴布蒂斯特:《仁慈的规则与基督教文明》,罗马重版,《拉萨尔手册》,第 19 期,s.d.,第 49 页;皮埃尔·普里庸:《18 世纪乡村作家回忆录》,前揭,第 95、134 页。关于治鼠害及其他有害动物的手段,参阅让-巴布蒂斯特·拉乌诺:《日志》,前揭,第 233、239—240 页;路易·布特尔等:《瓦雷德的"乡村编年史"(1652—1830 年)》,让-米歇尔·德博尔德编,巴黎,学校出版社,1961 年,第 15 页("农村里灭除它们的手段,就是四处扬谷粒")。

多枕头保持坐姿（就此而言，"他们的床都很短"），还有种种防止人猝死的预防措施，礼仪手册、游记和画集中对此都有所涉及：张贴宗教画，快速脱衣服，未净身时需着外裙，自省与祈祷。

这些睡梦中胆战心惊的身体图像令人想起了过上"清洁与肮脏"、"健康与不健康"、"公共与私人"、"纯洁与不洁"的生活所采取的各种特殊方式①，其中还说到肌肉要有柔韧性，精神要特别坚强。历史上和社会上对自我及其排泄物、病态的思想及混合香味，有着各具特色的理解。

6

对身体的关注与身体的排泄物

很多研究都生动地揭示出在保持清洁的诸种实践方法中有着种种异趣，故事也是迥然相异，再去论述究竟有何用处②？或许还不如借助新的文本，来着重研究社会习俗的多样性及其心理的维度，尽管要有所发现、有所理解尚有难度。

情色小说中有许多迂回间接的描写，突出了这些差异。1784 年的《英国间谍》中有段"萨福小姐的自白"，讲的是维利耶勒贝尔一个年轻农妇的职业生涯，她被巴黎最有名的古尔当妓院招去，供弗里耶尔小姐享用③。女孩承认自己年纪轻轻就轻佻虚浮，还无意中透露自己的身体在这个世界得不到任何映照，引不起任何反响，要满足自己的志向确实很困难，就像那些描写轻薄趣事的反教权故事中的女主人公，也像那些描述温柔可人的仙女的故事中的女主角那样，她一直以来就喜欢"对着水桶、泉水、本堂神甫的镜子照，……我离不开镜子；我会把自己梳洗得干净利落；

---

① 所有这些概念都得到了很好的研究，但据外省具体的例证和没有时限的资料来源来看，这些概念仍有待厘清。

② 乔治·维加埃罗：《清洁与肮脏：中世纪时期以来身体的卫生》，巴黎，瑟伊出版社，1985 年；让·皮埃尔·古贝尔：《对水的征服》，巴黎，拉丰出版社，1986 年。萨拉·马修斯-格里柯对保持清洁的实践方法的演变过程作了精彩的概述，《身体、外表与性欲》，见乔治·杜比与米歇尔·佩罗主编：《西方女性史》，第 3 卷，《16—18 世纪》，前揭，第 61—66 页。

③ 佚名《女同性恋派：萨福小姐的自白》，巴黎重版，G. 布里福出版社，1952 年，第 11、21 页。照古代某个厌恶同性恋和厌女者的说法，女主人公成功达到了"良好的目的"（原文如此），成了手段高明的异性恋娼女。

我经常洗脸、洗手,尽可能把头发和帽子弄得漂漂亮亮"。乡村女孩这身打扮似乎并不"干涩"(她会用水洗脸,而非"刷子"和抹布擦脸),但此种洗脸方法仍然太简单,巴黎的情场女子中有许多同性恋者,她们都会长时间沐浴净身,与之形成了鲜明对照。对这样的场景会作大段描写,就是为了把男性读者撩拨得心痒难熬,总令人觉得这样关注身体多少有些超前意味,但在骄奢淫逸的富人中间却日益成为普遍现象,所以这样做反而揭示出了大多数人对待身体的习惯做法中留存有阴影区域(污垢和混杂起来的强烈味道)。终将那些阴影区域消弭干净的水革命在某些城市里小荷才露尖尖角,有钱人家的家里开始出现了水盆、夜壶和澡盆①。

"他们开始为我洗澡。次日,他们会领我到弗里耶尔小姐的牙医那儿,他会检查我的嘴巴,把我的牙齿矫正,洗牙,让我用干净的水漱口,好使呼出的气息清新甜美。回来后,他们又会给我洗澡;轻轻把我擦拭干净后,他们又会替我剪脚趾甲和手指甲;他们会帮我剔掉鸡眼、老茧和老皮;他们会替我刮毛,那些没长对地方的绒毛会使皮肤摸起来不光滑;他们会帮我梳毛……会帮我把露在外面的地方洗干净……他们在我身上涂上许多精油,然后像所有女人惯常做的那样帮我梳妆打扮,替我梳头。"这份伪自传是一个男人写给其他男人看的,明显是异想天开之作,但从其物质层面上的理由来看,还是合乎情理的。因为它对无产者的女性身体令人反感的褶纹地形图条分缕析,揭示出主导性的男性幻想,也使人得以理解启蒙时代那个世纪的末期是如何看待清洁所具有的诱惑力:它既能刺激情欲,又能起到区分的作用。穿白色衣服并不足以表明有多干净,此后必须使被衣服覆盖住的皮肤也能达到这种程度。因此,就此而言,必须能有大量的水可用,且随时随地都能用,还要掌握用水的方法,自己给自己洗漱。还必须让自己有权这么做。物质匮乏的文化及其外表与罪的意识形态之

---

① 1788年在普瓦捷和库当斯,86％的造册清单中并没有列入水壶和水盆(罗伯特·里克:《库当斯的亡者清单》,载《诺曼底年鉴》,第4期,1970年,第310页);清除头发(和阴毛?)中的跳蚤的梳子,公证人也没有提及,肥皂储得极少,但洗衣服的用具很多地方都能见到。照脑膜的利特蕾的说法,"夜壶"就是"晚间用的长方形瓶子"。参阅词条"污垢"、"去垢"、"发痒"、"捉跳蚤"、"梳洗"、"搓洗"、"刷子"、"阴虱"、"跳蚤"、"臭虫"、"寄生虫"等,与17—18世纪的词典,以及伊拉斯谟所提的建议(《礼仪初阶》,前揭,第67页)。小羊倌在照料牲口棚、打谷子之前得花好几个月的时间清除浑身都是的"寄生虫"(让-罗什·科瓦涅:《科瓦涅上尉的备忘录》,前揭,第5—9页)。

间的关系再一次联结得如此紧密,以致其间的关联很难理得清楚。

　　医学著作与公证过的详细清单,并非如今可使我们厘清无产者身体同沐浴的关系史的唯一文献资料。宗教与司法文献亦可补充进来,俾使勾勒出清洁身体与裸露身体的历史,这样的身体比我们有可能认为的要更为生动。尽管蒸汽浴室和其他公共澡堂在 16 世纪的城市里已经消失(因爆发时疫、缺乏充足的水源供应①),但在河里洗澡的做法却从未间断过,虽然我们也相信王国司法部门所有出版物里的那些说法。从这些报道(叙述了给溺亡者收尸的过程,但也报道了发生在水边的各种各样的冲突纠纷)可见,我们所谓的卫生实践法颇具持久性,至少对平民阶层的年轻男女而言是这样,但这么做也是(尤其是?)为了获得快乐②。

　　有篇旁征博引的文章论述迪涅在古代的起源和该城的主教府,但突然跑了题,说城里的教会有个议事司铎,也是个哲学家,名叫皮埃尔·伽森狄,他不仅说这个地方温泉特别好,还提及了一些不太有名的消遣活动,就是"在布列奥纳河里洗冷水澡,夏天,特别是年轻人都会在那儿玩耍,尤其是在岩石滩那儿,附近有个很深的洞,水量很充沛,适合游泳;……游完泳后,只要天气晴好,他们经常会去河边野餐,此情此景常让我想起这些诗句:

> 在嫩草间躺卧,
> 在大树的树枝下,在潺潺流水之滨
> 毫不费力就能使身心愉悦,
> 尤其天气晴好、阳光明媚时
> 应季播种的花朵翠绿长青。"

---

① 让-保罗·德塞弗:《冒失的裸体》,载《法国人种学》,第 3—4 期,1976 年,第 219 页;达尼埃尔·罗什:《日常事物的历史》,前揭,第 157 页及以下各页。

② 弗朗索瓦·巴亚尔:《近代里昂的游泳,17—18 世纪》,见《历史中的游戏和体育:第 116 届全国学术团体大会会刊》,巴黎,历史与科学工作委员会出版社(CTHS),1992 年,第 2 卷,第 229—245 页;皮埃尔·伽森狄:《迪涅的教会》,巴黎,1654 年,迪涅重版,1992 年,第 29 页。有个在干农活的年轻佣工"由于想洗洗澡使自己精神点,没想到淹死了",夏朗特 1786 年 4 月 9 日(A.D. 86;B Ⅷ—37,夏鲁法庭)。亦可参阅约瑟夫·达金:《尚贝里的医学地形学》,尚贝里,s. e.,1785 年,第 138 页;皮埃尔·普里庸:《18 世纪乡村作家回忆录》,前揭,第 118 页。

这个故事以及其他许多文章（如《穿靴子的猫》里经营磨坊的卡拉巴斯侯爵就差点淹死）都证明了，有一部分人是通过学习游泳来强身健体的。这项活动虽有季节性，但由于可让人洗净全身，所以与中世纪末期以来越来越多法国人不爱干净的景象有点相悖，或者说有点出入①。有这么多的文字都在描绘在水波不兴的河里洗澡的情景，读至此，人们应该会相信"资产阶级家里的所有那些孩子和佣人，还有各行各业的学徒工和出师的学徒"都会特别干净，因为"他们受到了另一些年轻流浪汉的吸引"，也会跑到河边和运河边洗澡。同样也想象得出，在河中洗澡要优于社会特权阶层群体，尤其是那些女眷的洗澡方法。在17—18世纪的里昂，人们经常会去河里洗澡、游泳，只有出了事故，才会对此说一说。尽管如此，在各个阶层中仍有78名男人和男孩溺水而亡，但只有两名妇女落得同样的命运。在1737年7月20日的事件中，7名在河里洗澡的妇女受到了十几个半裸男孩的骚扰：他们撩起这些妇女衬衣的"前襟和后摆，让她们露出身体，还粗鲁地抚摸她们身体的各个部位，举止猥亵，口出秽言"。这起案件审得不明不白，厚厚的司法卷宗里大部分诉讼都是如此（诉状里究竟有哪些是真实发生的冲突？），这样的案件让人觉得，启蒙时代初期（或许只有那个时期）受到质疑的，乃是男男女女在河里洗澡时赤身裸体的情景，而非夏天许多人像往常那样在水中嬉戏的场景。警察局的许多规章条例涉及的都是不穿衣服的情况，经常受到指责的是"赤身穿衬衣②"，而许多宗教和教育学文章谴责的呼声也是日益高涨（两者常常相生相伴），表明在公共浴场有可能或者说很有可能会"损害身体与灵魂③"。

《基督教对在公共浴场洗浴的危险所作的指导》一书谴责了"许多人，尤其是孩子洗澡的时候毫无顾忌。更别提还会经常发生令人不快的事

---

① 当然，内衣的出现、使用"刷子"，以及换衣服愈来愈勤也起到了弥补作用（乔治·维加埃罗：《养身史》，前揭，第106—107页；安托万·菲勒蒂埃：《通识词典》，前揭，词条"刷子"）。

② 许多地方都参照了让-保罗·德塞弗：《冒失的裸体》，前揭，以及弗朗索瓦·巴亚尔：《近代里昂的游泳》，前揭；亦可参阅尼古拉斯·德拉马尔：《警察论》，2卷本，巴黎，1722—1738，第1卷，第590—591页；埃米尔·列奥纳尔：《路易十五时期我的村庄》，前揭，第154—155页，以及皮埃尔·普里庸：《18世纪乡村作家回忆录》，前揭，第118页。参阅下文，n.163。

③ 佚名《基督教对在公共场合洗浴的危险所作的指导》，巴黎，洛坦出版社，c.1715，多处。该著作针对洗浴提出了许多实质性的建议，但就算洗澡时小心谨慎，该书仍坚称这些建议有很大的用处。从这些理由，甚至从其目的来看，它与卢梭主义者的卫生学启发的《共和国真正的礼仪》一书几乎没什么差别（普雷沃斯特：《共和国真正的礼仪》，前揭，第2页）。

故,那些对健康,还有对廉耻和节制毫不在意的人,身体通常都会很差。地点:应避开人群,尽可能将自己遮蔽起来。同伴:如果没什么危险的话,就一个人洗澡;要不就与通达事理的同性前往。方法:不得喧闹;全身没入水中;穿内衣,要不至少入水和出水时动作迅速,尽可能不要把自己暴露在他人眼前。无论何处,基督徒都应有强烈的羞耻心"。由于在公共浴场洗澡对身体益处多多,所以就得有所管制,洗澡的场所也受到了监控。但这样的"指导"和其他许多情形一样,只可能对真正虔敬的读者(或许也对作者自己)才说得通:教会的愿望不切实际,最多也只是反映了当时(某些)人欲规避此种行为的观点和行为。即便那些标准文本,也一向解释得不明不白,但它们仍在身体日常的物质层面上规定了可容忍的限度,还指出了意识形态构建中的薄弱环节,其他文献资料却与之不同,后者更加"现实主义",更加冷嘲热讽。因此对允许操练身体功能的具体场所进行检视可同时呈现出诱人的、有趣的和新颖的视角:有不设围栏的洗浴场所和大部分锻炼身体的竞技场所(后面会提及)①,但也有普通的"场所",因为身体无疑老早以前就是在那儿被强行规训,甚至被强行监控起来的。

1743 年在特鲁瓦有个场景,是在布瓦街,有条汇入塞纳河的小河在路中央流淌。然而"在这条小河的两岸,无论何种年龄和性别的人每天都会例行公事,来此将消化之物泻于河中。在这些场合下该遵守这样的仪式:他们先坐下来,不得转动,既不朝东转,也不朝西转。他们会撩起或放下遮住排泄部位的内衣和衣服。他们会蹲下来,双肘置于膝盖上,手心捧头。排泄完毕后,他们重新穿上裤子,既不用布头也不用纸来擦拭;完事后,他们就会起身离开②"。

从各方面看这都是篇奇怪的文本,因为描述排泄时用了诗意抒情文风,且就地球上各色人等排泄粪便的方式作了学术性的描写;然而如此大量引证只可能有一个目的,即维护特鲁瓦人这一在公共空间最为"古老与

---

① 封闭场地的缺位是所有球类竞技的特点,打球的场地当然有一定的规矩,其面积有一个或好几个教区那么大;关于牛皮球,参阅亚历山大·布埃与奥利维耶·佩兰:《布列塔尼叙事诗集》,前揭,第 169—172 页。

② 佚名《论排泄的方式:古代习俗论,在特鲁瓦学院所读,1743 年 5 月 28 日》,尼姆重版,拉古出版社,1998 年。参阅罗杰-亨利·盖朗:《厕所》,前揭,我们现在已经不用土耳其式厕所了,除了高速公路附近之外,已经再也找不到这样的地方了。

合理的"习俗。在模仿学术论文的表现下,亦可读出对某一潜在的"习俗文明"所持的异议,但更为微妙的是,从中亦隐约流露出平庸乏味的身体具有崭新的社会图像。在 18 世纪中期,特鲁瓦男女都只懂得要蹲下排泄粪便,这种姿势如今只有小孩子还觉得方便。无疑令我们更为惊讶的是,他们竟然从未觉得有擦拭的必要,那个时代已经在用植物的叶片(城市里的街道上没有)、纸或布片来擦拭了,但这种特殊式样的"方巾"只有颇为讲究的有钱人才用①。"排泄物"(排泄的行为和排泄之物)被人看见,会令当时的男男女女感觉甚为不便,所以西方人年纪很小的时候就已懂得如何去遮掩排泄物、鼻涕、痰和其他体"液②"。然而,就完成排泄而言,户外随地大小便由于很方便(但似乎仅限于某条特定的街道),所以长期以来一直受大多数人的青睐,有时甚至也会受上流社会的青睐。

　　1779 年,巴肖蒙说了则趣事,讲的是杜勒里公园和卢森堡公园尝试在园中设收费"厕间"的事情。他们徒劳地在园中巡逻,以免"那些频繁泻肚者不付此项税费。一旦有人发现某人坐在那儿,毫无还手之力,就会夺过他放于地上的佩剑、拐棍或帽子,强迫他支付比通常所需付的费用多得多的罚金③"。他明确表明,那些"被逮个正着"的人会被严密看管起来,这些从中牟利者会被交由法庭审判,对这些拉屎毫不节制的人会课以赋税。然而,措辞婉转和自我嘲谑体现出来的焦躁不安之感,在一个世纪前精英人士的言论中并不存在,纵令有伊拉斯谟和其他写"基督教礼仪"手册的作者也罢,不过所有人都断言"有天使的地方并不存在"。

　　无论是人还是动物,在公共场所亮出性器排泄正愈来愈显得不合情

---

① 安托万·菲勒蒂埃:《通识词典》,前揭,词条"方巾";皮埃尔·普里庸:《18 世纪乡村作家回忆录》,前揭,第 134 页(巴黎,约 1739 年)。

② 经血与分娩时流的血也值得关注(出于比照的目的,可参阅美国月经保健法的漫长历史,参见约安·雅各布斯·布鲁姆贝格:《身体规划:美国女孩的闺中历史》,纽约,文提之出版社,1997 年,第 27—56 页)。旧制度时期罕见的女性自杀诉讼笔录与其他文献(亡者的"内衣清单"、魔法的"秘诀",等等)使此等历史得以重见天日。

③ 巴肖蒙:《可视为共和国文学史的秘事回忆录》,36 卷,伦敦,约翰·亚当森出版社,1780—1787 年,第 14 卷,第 340 页。1780 年左右尚未存在所谓英国式的厕所,人们会去柴堆、马厩、洞穴或院子的角落里排泄,可参阅弗朗索瓦-伊夫·贝斯纳:《耄耋老人回忆录》,前揭,第 145 页。关于维克桑乡间地区,参阅弗朗索瓦丝·瓦洛-德雅尔丹:《18 世纪维克桑的日常生活》,前揭,第 254—255 页。可将伊拉斯谟所定的廉耻规则(《礼仪初阶》,前揭,第 68 页)与他所谓天使的永恒目光一直关注着我们最低下的"功能"的说法作比较。

理，从而使（随之出现?）城市规划专家和习俗的编订者有理由出台新的政策，尽量为公民们的行为设定等级并将之分离开来①。但就对身体行为作这样的划分——在 18 世纪，对大多数人而言，此种仍处于酝酿期——而言，其呈现方式倒并不仅仅与礼仪相关，其中包含了各种不同的领域，与私人空间及着装方法的重组一样有着各种相异的层面②。用石块遮裹、用布料遮挡都是其中的呈现方式，它们与古代社会男女的身体有着奇异而又起伏不定的关系。

7

身体的遮蔽：内与外

整座房屋，整件衣服，即便不能自行配置，但仍能成为某种遮蔽、某扇窗户、某种投-资和某种修-饰。住所与服装因而涵盖了所有指征和策略，也就是说成了引人注目的交流手段。就此而言，对这些"语言"作极具功能主义的释读仍不足以说出个所以然。这些物质对象，当然都很实用，和其他许多各类象征性用具一样。因此，无需就旧制度时期的乡村建筑和衣帽间拟定一幅图像（如今只要不惮辛劳总能画得出这样的图像，但日常生活中大多数临时搭建的住宅，还有服装，其最终的物质形态均已烟消云散③），而是可以回忆各种场所（不动产或动产）地理上的、也是临时性的多样性形态，因绝大多数人都是住在这样的地方。也不可忘记，至少在 18世纪，某些住宅在这样的转型期间所起到的作用，在这样的住宅中，堂区

---

① 将屠宰场（和墓地）移至他处先于集市的搬迁（让-克洛德·佩罗：《现代城市的起源：18 世纪的卡昂》，2 卷本，海牙-巴黎，穆顿出版社，1975 年，第 2 卷，第 554—568 页；雅克琳·蒂博-帕扬：《亡者、教会与国家》，前揭，第 227 页及以下各页）。关于擤鼻涕，使用手绢有多种方式，在大众阶层手帕的普及很慢，手绢的使用与廉价烟草及棉织品的出现有紧密的联系，参阅让-约瑟夫·谢瓦里埃、伊丽莎白·卢瓦尔-蒙加宗与尼科尔·佩勒格兰主编：《手帕诸相》，肖莱出版社，2000 年；安妮·杜谢纳与乔治·维加埃罗：《烟草，旧制度时期兴奋剂的历史》，载《法国人种学》，第 2 期，1991 年，第 117—125 页。

② 比如，有选择性地改善生活水平、财富与人的快速流通、减少节庆天数、获得大量不太昂贵的兴奋剂（咖啡、烟草、葡萄酒），都对身体的规训有着多种影响，但这儿对此不会多加述及。

③ 比如，就房屋而言，可参阅《岩石》与《303》（第 56 期，1998/1）杂志中的许多文章，贝尔热-勒夫罗出版社的"乡村建筑"丛书，或让·库兹尼耶：《乡村房屋：社会逻辑与建筑构造》，巴黎，法国大学出版社，1991 年。

教士不仅住在里面,还在里面举办宗教仪式,这些神职人员觉得有必要露脸时,也会在里面长篇大论一番。

18世纪本堂神甫之间的争执之所以令人感兴趣,并不仅仅在于这样的争执纷繁复杂,措辞之严厉粗暴(此种新的现象既与教士住所有关,亦与特伦托会议之后圣职地位的提高有关),还在于它们所揭示出来的文化适应现象。其间,堂区居民(并非仅指本堂神甫各自所辖的那些堂区居民)也对展示用的和私密性的场所开始关注起来(是否闻所未闻?)。这些场所当时是指有钱的堂区居民或出手阔绰的教士的住所,对那些不得势的人而言,它们很容易成为忌妒和/或憎恨的对象:纵火焚毁、重建教士住宅,之后再对纵火犯处以死刑,1686年修道院长杜布瓦就在其《日志》的开篇数行专门写了人称黑麦面包的加斯帕·菲塞尔的案例①。尽管如此,对某些人(无论男女)而言,能经常去教士的住宅、教堂和圣器室走走,不仅是提升社会地位的手段,也是获得美的享受和感官愉悦的方式,从而使身体与灵性都有机会发生转换。

因为教堂即便凋敝得再厉害,仍旧是美丽与光明的场所,任何人无论男女都能从中发现这一点,或者还能满足普遍的审美需求,而这种需求在日常的居屋内是很难得到满足的;因这种居屋不仅寒碜,而且住了很多人,摆了很多东西,挤着牲口,还散出难闻的气味②。在对镀金祭坛装饰屏、雕像、彩绘玻璃窗、枝形大烛台计数清点时,还不应忘记薰香的气味(还有尸体腐烂的气味③)和闪闪发光的典仪时用的装饰品和大蜡烛。毫无疑问,还须提及吟唱与祈祷(唱诗或声嘶力竭的叫喊)引起的幸福感,它

---

① 第一段——似乎如此——应包含了1670年什一税这件事(亚历山大·杜布瓦:《17世纪乡村本堂神甫的日志》,前揭,第61页)。参阅雅克·马尔卡代:《18世纪起普瓦捷的教士住宅》,载《西部地区古物协会年报》,1982年,第649—658页;米歇尔·维尔努斯:《教士住宅与茅屋:法国古代的本堂神甫与村民(17与18世纪)》,里奥兹,托吉里克斯出版社,1986年,第154—157页与版画;达尼埃尔·罗什:《日常事物的历史》,前揭,第110—111页;雅克-恺撒·戈兰:《回忆录》,前揭,第57—63页。

② 很难从大众水平上捕捉真正的"农民情感",他们的身体要么闲着无事可干,要么外出闲逛,古代的自传作者很少论及农民喜欢清静的事例,即便他休息时"在树阴下"悟出了什么道道也于事无补(路易·西蒙:《路易·西蒙:法国古代的村民》,前揭,第31页)。相反,所有人都能敏锐地洞察到人类作品的宏伟特质。就此而言,似乎可从感官上对经常去宗教圣所的行为作出释读(参阅让-罗廿·科瓦涅:《科瓦涅上厨的备忘录》,前揭;路易·西蒙:《路易·西蒙:法国古代的村民》,前揭,各处)。

③ 必须注意除了1776年的宣言之外,人们仍继续把尸体埋在地下,所以地面经常翻动,教堂地面也常常铺得很不平整(雅克琳·蒂博-帕扬:《亡者、教会与国家》,前揭,第411—428页)。

们是为最不受关注的人而发，直抵最卑微的教堂和田野，而且某些布道者无论是否在传道，其能言善辩的口才总能激起某些情感①。因此，无论是从本义还是从转义上来说，奥贝的堂区本堂神甫、朗格多克城堡内小教堂的神甫都有能力撼动那些村民。1754 年被叫去在圣诞节前某个星期日讲道时，他"在唱经弥撒中唱过福音节后，便作了关于普世末日审判的宣道。当他宣布所有的星体都将坠落、爆裂时，听众，尤其是女人便嚎啕大哭起来。身居高位的布道者从来不会在这怜恤时刻软下心肠，这只是就身体而言，但与此同时，在拯救灵魂时却又无人像他那样心怀怜悯"。

雅莫雷和西蒙在回忆童年时，述及教堂礼拜时多有这样的感人时刻和身体上神奇的体验，这改变了他们的想象，使他们更为向往美好的，至少是另外的世界。尽管这两位编年史作者由于进了文学圈而觉得自己很了不起，可他们为何会认为自己的感受与目不识丁的同胞的感受截然不同呢？就像狄德罗笔下的那个侄儿所宣称的，难道在磨坊和陋舍里不也到处都有拉摩这样的人吗？对绚丽多彩之物的喜好，无论是声乐上的，还是其他东西，即便如路易·西蒙及其家庭三代人都展露出了过人的音乐才华，更能欣赏这些东西，但这种喜好仍不能算作是学问教养的必经之途。之所以能当个人见人爱的守灵人是因为能吹拉弹唱小提琴、单簧管，这位懂得织造粗纱的编年史作者还能唱好听的单旋律圣歌，这让他自孩提时代起就能进入圣器室的大门，同教士们结下颇有益处的友谊。此外，他还视多才多艺的祖父为偶像，他祖父是"教堂里有名的圣歌队员，有名的猎手，身手极为敏捷，他有次从市场那儿车辘辘转似地翻筋斗，一直翻到了莫里耶②"。西蒙未来的妻子安娜·夏波虽在本笃会的女修院里当佣人，但由于在嬷嬷们的身边，所以也习得了一些举手投足的礼仪，这让她与少数女同乡有了点

---

① 这些情感在皮埃尔·普里庸的文字中有所反映（埃米尔·列奥纳尔：《路易十五时期我的村庄》，前揭，第 87—88、231 页）。关于乡村教堂的财宝（布料或其他东西），可参阅维克托-路易·塔皮等：《17 世纪布列塔尼的巴洛克式祭坛装饰屏与灵性：符号与宗教研究》，巴黎，法国大学出版社，1972 年；尚塔尔·图维：《信仰之线，丝绸之路》，布卢瓦，教区博物馆，1993 年；《城市的艺术，乡村的艺术》，展览目录，圣武盖伊，凯尔让城堡，1993 年；克里斯汀·阿里波：《丝绸与圣器室：礼拜典礼》，巴黎，绍莫吉/图卢兹，保罗·迪皮伊博物馆，1998 年。

② 路易·西蒙：《路易·西蒙：法国古代的村民》，前揭，第 26 页及其他各处。祖上多才多艺，既是歌手，又是杂耍演员，还能翻跟头（charte 是指二轮马车），西蒙就是这么写的（与其他那些平头百姓的主人公一样）。照他的逻辑，首要的乃是身体上的优点。必须注意的是，他的祖上"是冬天外出猎野鸭时死的"。

区别,使她在婚姻市场上和恋人心目中的身价均得到了提升①。

反宗教改革时期的教士并未忽视音乐对教民的诱惑,当他们试图把教民吸引至自己的教堂内使他们"改宗"时,就会在装潢上下功夫,使音效更能吸引人。本堂神甫拉乌诺1676年一到布里堂区述职后,便立马着手装修,还对主祭坛作了翻修,因为主祭坛"尽管让人的灵魂觉得它神圣可畏,但使人身体上产生了不悦之感"。更有甚者,这位牧师像其他牧师一样,唱诗时也从来不缺多声部,有时在复活节和圣约翰节时还会演奏小提琴曲,俾使如此庄严的时刻在他堂区教民的灵性生命中产生两个高峰②。他虽然取得了一定的成功(但天气变幻不定,路途的状况和田间劳作也常常使教民远离了他的教堂),可也有各种顾虑:他害怕圣诞歌曲世俗的诱惑力太强("只限于私下吟唱"),所以1683年的圣约翰节时,他没让一支小提琴乐队"在望弥撒和晚祷时演奏。但我欣喜地发现上帝乃因我们的声音,而非乐器的声音而得尊崇;如今由于人们在大庭广众之下,抱有恶意,甚至是犯罪的目的大肆使用乐器,故而使这些乐器的声音变得太滥俗"。这支由村民组建的乐队,由于太把音乐和聘请它的那些堂区居民当回事,而与另一支由当地贵族,尤其是刑事长官支持的小提琴乐队相对立,结果两者"拳打脚踢,扇耳光,用棍子打,绶带也给撕坏,从而惹上了官司"。音乐能使灵魂沉醉,有时也会横生枝节,但尽管会引发流血冲突,它还是很有"必要"的,因它会使身体和灵魂、内心的满足和公开的演示错综复杂地纠结在一起。

这都是很本质性的东西,但长期以来很少会有人对此做白日梦,因为很难发生变化——无论如何,人们长期以来就是这么声称的③——,所以

---

① 路易·西蒙,同上,第49页。该如何对本堂神甫的女佣或修女这一文化中介的角色作出评估呢?

② 让-巴布蒂斯特·拉乌诺:《日志》,前揭,第7、148页与其他各处,有关小提琴;第183、211与241页,有关圣诞歌曲。因阶层及/或个人利益问题产生社会对抗并不鲜见,彼此竞争的乐队就曾发生过血腥的争斗(莫里斯·阿古隆:《古代普罗旺斯的苦修者与共济会会员》,巴黎,法亚尔出版社,1968年,第60—63页,在普罗旺斯,小提琴手和长鼓手之间势不两立)。

③ 厄内斯特·拉维斯与夏尔·塞尼奥波斯:《法国现代史》,第8卷,《第三共和国的演变》,巴黎,阿歇特出版社,1921年,第442页。可与艾尔贝·德芒荣的类型论及所作的分析进行对比,《法国的乡村居所:类型论散论》,载《地理年鉴》,1920年,第352—375页,并与格温·梅里翁-琼斯所作的分析作对比《法国的建筑与农舍》,见休·克劳特主编:《法国地理史中的主题》,纽约,科学出版社,1977年,第343—406页,以及阿兰·科隆:《家庭:居所与同居》,见菲利普·阿里耶斯与乔治·杜比:《私人生活史》,第3卷,《从文艺复兴至启蒙时代》,巴黎,瑟伊出版社,1986年,第507—513页。

如果能借助足够多的例证，而且日期也能确定的话，那绝大多数人的住所都能很好地揭示出心理现象的转变过程。这儿就有一个很特别的例子，如 1700 年左右索洛涅的塞纳利的修院院长，但需注意的是，前提是他并非农民，而且还是个……大个子。他很不喜欢自己的堂区居民住的那种遮遮掩掩、不见天日的住所："居民们都不喜欢把［当天花板的］木板升高。他们就喜欢让脑袋顶着房子的横梁，对我这样个子的人来说就很不舒服，而且危险。……他们应该为［自己的房子］弄几扇大窗透透气，而不应让房子这样黑咕隆咚的，这倒是很适合给犯人当牢房，而不适合自由人居住。"在那个"统计学"的时代，农民的描述有很多，但用处都不大。就像省长杜潘在其《双赛弗尔省的统计回忆录》中所说的，所有人都说自己的房子"太小，比地面还要凹下一只多脚的高度，常常没有窗，光线透不进来，只有靠低矮的房门才行，但房门几乎总是关着的……，里面只有一间房间，家具就这么彼此堆在一起[1]"。做此种归纳的作者都属于"改良主义"政党，对那些总是认为亘古不变才好的反调，他们都抱持怀疑的态度。以布列塔尼为例，布列塔尼有无数"小村镇"，经济状况也很特殊，但无论如何，这都说明了尽管家具挤在一起的程度不同[2]，人和牲口必得取决于每个家庭支配财富的多寡，还要看容纳空间是多还是少；这样的空间永远会处于变动不居的状态，而且无论是从本义还是从转义来看，每个社会群体内在固有的特点是，随着时间的变迁，它们都会去重新创建居所，在里面做各种分隔。

因此，17 世纪在东部的莱昂，无论是棉麻经济还是土地出租领域都有了长足的发展，于是人们开始建造两层砖楼，而且设施都很好，屋外还有突出的楼梯（apoteis，也叫做"外端"或"桌罩"，里面有父母亲的睡床和一张长桌）。需要买棉麻布料，所以钱不会仅仅花在"葡萄酒和帽子"上面，而是会用来使房子更坚固，房内可住两家有亲戚关系的人家，各家的

---

① 热拉尔·布夏尔：《静止的村庄》，前揭，第 94—95 页；克洛德-艾蒂安·杜潘：《双赛弗尔省有关统计的回忆录》，第 53 页；玛丽-诺埃尔·布尔盖：《解密法国：拿破仑时代各省统计学》，巴黎，当代文献出版社，1988 年。

② 不过，虽然是挤堆在一起，但一向都会很有条理，就像下布列塔尼的"直线排列法"所显现的那样（至少是在大革命以后），放在那儿的有衣橱、碗橱、餐桌、封闭的床，有时还会有钟。古人排列家具的技巧始于何时，已很难研究了。

名字就刻在门楣上,从而让人想起以前非家庭成员混居的日子。18世纪瓦纳泰的砖石建筑因其主体建筑质量上乘,而且装饰手法多样丰富,也让人吃惊不小,但这样的房子向来都是几户人家合住,无论是布列塔尼还是之外的地方均是如此。这样的"住屋"是用每天耕地时留下来的土块和干草及黏土混合成的胶泥砌成的,随着每次人口的增加,这样的房子便会涌现出来,愈来愈多。因而,(财富与人口的)变化便在农村地区产生出一种新的、但只是昙花一现的居所,而且还不得不将住宅与井及其他集体设施连通起来,以前从来没有这样的做法。这便使得古代质量上乘的房屋发生了变化,且用于每户人家及其牲畜的空间也变小了。这样的布局虽然是用来重新让佃农和更多的牲畜入住,但也使农村的住房和道路网络发生了重组,居所的室内亦产生了变化。起初建成的房间都很大,分成厅、牲畜棚和库房,但当缺乏必须的附属建筑物时,劳作本身也必须进行重组。尽管下布列塔尼地区有漂亮的砖石建筑,但仍须不时将成捆的谷物保存在临时挑选的地方,如窑洞内,或把它们摞成堆放在田野里。共和二年,省长康布里对这种始料不及的效果作了很好的描述,脱粒得放在"冬天"完成,如此便可相应地缩短许多地方"季候欠佳"时身体修整的时间[1]。

茅屋当然没有坚固的房子壮观,但如果家具没有乱堆、干净整洁、有着居家过日子的氛围的话,从心理层面上而言,它也能比那些美观坚实的大宅显得更"舒适"。尽管麦秸和胶泥得时常翻新,但它价格便宜,就隔音的效果(是真的隔音?还是主观上的感觉?怎么才能知道?)而言,当然没法和瓦片、板岩和砖块同日而语。乡村建筑形态混杂的状况在许多省份都能见到,它与永恒不变论者所说的要建造适合于各个地区的"住人机器"相异,尽管非本地的观察者有各种说法,但这种混杂的状况仍无法说

① 米歇尔·拉埃雷克:《17世纪南部莱昂地区的乡村建筑与家庭结构》,载《布列塔尼历史与考古协会论文集》,第70卷,1993年,第217—219页;让-克里斯蒂安·邦斯与帕特里西亚·加亚尔-邦斯:《旧制度时期瓦纳泰的农村住房与建筑》,载《现当代史杂志》,第31卷,第1期,1984年,第22—24页;丹尼斯·格拉克:《下布列塔尼地区古里昂的厅堂》,巴黎,国家博物馆联合出版社,1992年,第10、15页(卡普西宗的房屋内将厨房区与厅堂其他区域分开的高背凳始于何时?)。《地中海乡村地区:永久性与变动性》中说,普罗旺斯地区也有类似现象,其住宅外部会分隔开,内部也会相隔,埃克斯/马赛,国家教育文献中心(CNDP),1977年。

明人们的生活方式和日常生活的满意度究竟如何。那些观察者无论是公证人还是旅客，都是外地人，他们的看法只是一己之见：忽视了屋内的各种物品，以及外与内之间产生的移位，这种移位构建了日常生活的全部实践，还会对身体与灵魂作出调整。日常路线几乎成了惯常仪式，要去牲畜棚、井、花园、田野、公用烤炉、树林、市场、教堂等地方，就这么不停地走来走去，"从而使人自问"在法国乡村"有谁会待在家里，何时待在家里"①。

　　因而，在这样的世界中，无产业者只能随偶然性的摆布，听任租佃合约不断的更改，那对谁而言，房屋不再是某种途经的地方，不再是不能让人过夜的地方呢？当然，家就是一团"火"，是个能让人感到暖和的地方，既能在里面干家务活，也能在里面理理财。虽只有一只炉子，但炉膛中的火焰能将家里的所有成员聚拢在一起，甚至如果地方足够大的话，守夜时还能待上几个邻居。很久以来，它也是一个人们试图在里面搞点"装潢"的空间：墙上一般都会挂上护符，有时窗户虽然只有一扇，且常常没有玻璃和窗帘，但会放盆花给它点缀一下，既能起到遮挡的目的，又可显得美观②。但即便对那些整天待在这些狭小房间内的女人、小孩子和老人而言，家也似乎尚未成为他们偏爱倾心的对象，他们只是慢慢才学会去珍惜这些拥有往昔岁月的处所。此外，房屋也缺乏由四处传播的文学作品所传输的那种科卡涅③地区的梦想，除非是住在塔尔提娜夫人的宫殿里④。独特的是，旧制度时期日常生活中的娱乐和劳作均是在公共大厅这样封

---

① 皮埃尔·古贝尔：《18世纪法国农民的日常生活》，前揭，第61页；达尼埃尔·雅加尔：《17世纪法兰西岛的乡村住宅》，载《马赛》，第109期，第70页及以下各页；雅克·佩雷：《18世纪加蒂纳的农民》，前揭，第157页（关于租佃合约到期后不断搬家的状况）。

② 资料都很贫乏，而且经不起推敲：艺术或文学作品要么太黑色，要么太优雅（居伊·拉特里：《梳子与镜子：共和六年在加斯科涅的朗德的两名旅客》，见菲利普·马特尔主编：《南方的发明：大革命时期南方的呈现形式》，艾克斯，南方出版社，1987年，第133—148页，尤其是139、141，荒野；埃马纽埃尔·勒华拉杜里主编：《风景，农民：中世纪至20世纪欧洲的艺术与土地》，巴黎，RMN-BN，1994年），亡者清单和自传作者对此彻底缄默不语。然而，对花的喜爱能从周年纪念日献花、婚礼上戴插了野花的缎带，以及城市里警察的规章制度中见出。当然，小贩的所有货物和许多美化过的（也很齐整）茅屋中也都有雕出来的叶片装饰（洛朗斯·封丹：《15—19世纪法国兜售史》，巴黎，阿尔贝·米歇尔出版社，1993年，第238—240页；克里斯汀·维吕：《玫瑰与兰花：18世纪巴黎玫瑰与兰花社会性与象征性的用法》，巴黎，拉鲁斯与读者文摘精选，1993年，第98—99、259页）。

③ ［译注］cocagne在法语中意为"快乐"、"幸福"。

④ 充沛的食物（和穿金戴银的服饰）以及休闲生活是科卡涅地区的特色，但那儿未曾有过希望拥有漂亮的住所那样的梦想（让·德吕莫：《科卡涅地区的死亡》，前揭，第12—13页）。

闭的场所里展开的,但那儿较少举办欢快的节庆。在农场和"作坊"(这种既是工作间又是窝棚的房子里住的都是手艺人)里,人们络绎不绝来来往往,故而使私密性情感的发展受到了阻碍。此后很长时间,只有住在小房子里的男人(和女人)以及某些消沉厌世的享乐者才会要求这种私密性。在整个白天(以及晚上,各种约束从不见少①),绝大多数人的生活,无论是物质的还是精神的,都是展现于外部,身体按照毫不间断的公开展示之规则自我表现,这种展示决不允许对自我的自动彰显。

我们所谓的私人空间从未让旧制度时期的作家们——还有必要指出他们是谁吗?——和前人种学时期稀有的旅客们劳神费心,在他们笔下,私人空间一下子就转变成了公共场所。这些场所永远朝着外部敞开,丝毫不见私密的维度,虽然他们也说过室内的情景。"我们在(加斯科涅的)朗德见到的这些房子都建得很好,或用石块砌成,或由木料搭成,彼此用砖块或泥土相隔,再在上面刷白;房屋都用瓦片覆盖,许多房子都特别讲究整洁和雅致,故而门和遮板都会涂成绿色或红色;好几件屋子里还有吊篮、藤架,树木排列得整齐有序,条凳都摆在树下的阴影里。农民们除了简单的生活需求之外,还可以在里面想想心事,自己安排些娱乐活动,而且他们总能将屋内布置得舒适便利。朗德的这些居所都很隔绝、分散,有些建在松林里的大块空地上,尤其是那种外观看上去特别舒适的房子令我想起了北美的种植园。"那时候的朗德极为空旷,成了18世纪末那些懂经济学的旅客的梦想之地,他们很不喜欢人满为患、污浊肮脏的城市,但这让他们忘了一个基本面:对这些地区的居民而言,他们得不停地搬家迁移,还得踩着那种有名的高跷,这让他们"从远处看上去很像移动的钟楼②"。就他们看护畜群的工作而言,就他们还能在日常居所外的空间见到自己老乡时的那种快乐而言,那些空间都是半敞露、半封闭,经过了明确的规定。

---

① 奥雷斯特·拉努姆:《私密性的逃亡者》,见菲利普·阿里耶斯与乔治·杜比:《私人生活史》,第3卷《文艺复兴至启蒙时代》,前揭,第229—232页。

② 雅克-安托万·吉贝尔:《1775—1785年法国与瑞士各地游历见闻录》,前揭,第271—272页。该文本早于18世纪末"南方的发明"(贝纳尔·特雷蒙:《大革命时期加斯科涅的朗德的发明》,见菲利普·马特尔主编:《南方的发明》,前揭,第105—114页;居伊·拉特里:《梳子与镜子》,前揭),与那些观察所持的逻辑不同,后者认为朗德地区就是蛮荒之地,但这种说法也未必更为"真实"。

因而，从古代的社会性来看，可见我们回顾往昔时对私人和公共这些概念作的重构在理论上有多不堪一击：节庆所涉的区域有时要比堂区的辖区还要大，而且无论从物质上还是象征意义上来说，它们常常都是些完全开放式的场所。天空和宇宙悬垂于上方，外人（过路的穷人和附近堂区处于敌对状态的年轻人）即便要冒种种风险，也都能轻而易举地穿行而过，之所以要冒风险是因为事实上他们常常会在经过时被"féru"，意即被打伤。大多数古代节日场所都是交手的场所：主保瞻礼乃是"竞技"的巡回决斗场①，沿途为长途跋涉而来的朝圣者（列队行进的朝圣者）和"示威演习者"设障碍，婚礼或"节庆"时以及在花园和小酒馆里比试时设封闭的场所——或在谷仓，或在露天——供集体用餐时集体饮酒等。为重铸的两口钟祝圣完毕后，"人们会涌到本堂神甫家里用晚餐，所有年轻人都会带上武器，畅饮干杯、射击②"。

守夜本身，自18世纪末起与私密的家庭空间以及同饮共餐一样也变得神秘起来，它能聚合很多群体，而不止大家庭里的那些人，举办地设在特定的场所，更开阔，暖气也足，有时因共同分摊灯烛费的缘故，还比一个人住的屋子光线更好：洞穴、畜棚（西部叫做"toit"或"tect"）、勃艮第的岩穴、普罗旺斯的兽穴，等等③。而且所有的集体生活场所都是如此，既可

---

① 可参阅18世纪为举十字架和旌旗时发生的争斗（凡奇·佩鲁：《举旗杆：特雷戈瓦朝圣节的竞技》，见《岩石》，1986年12月，第41页；亚历山大·布埃与奥利维耶·佩兰：《布列塔尼叙事诗集》，前揭，第208页）以及"主持村镇节日的年轻人"与其他年轻人竞争的类型论（尼科尔·佩勒格兰：《主持村镇节日的年轻人》，前揭，第154—178页）。

② 亚历山大·杜布瓦：《17世纪乡村本堂神甫日志》，前揭，第173页；亦请参阅第110、119页（北方村庄内携带武器的"年轻人"）。至于南方，埃米尔·列奥纳尔的《路易十五时期我的村庄》内有许多例子，前揭，第162—163、183页（奥贝热闹的敲锣打鼓场面）；莫里斯·阿古隆：《古代普罗旺斯的苦修者与共济会会员》，米歇尔·沃维尔：《1750至1820年普罗旺斯节庆的变形》，前揭。

③ 必须注意的是杂处并不必然会那样，就和小酒馆一样，里面可以谈情说爱，也可从事公证事务、商业行为等。参阅弗朗索瓦-伊夫·贝斯纳：《耄耋老人回忆录》，前揭，第1卷，第302页，第2卷，第42页；吕西安·卢班：《普罗旺斯社区的男性空间、女性空间》，载《经济·社会·文明年鉴》，第2期，1970年，第541页；让-路易·弗朗德兰：《农民的爱情（16—19世纪）：法国古代乡村地区的爱与性》，巴黎，伽利玛-朱利亚尔出版社，"档案"丛书，1975年，第119—122页；达尼埃尔·法布尔：《家庭：私人对抗习俗》，见菲利普·阿里耶斯与乔治·杜比：《私人生活史》，第3卷，《从文艺复兴至启蒙时代》，前揭，第543—580页。关于夜晚的统治和"壁炉的王国"，参阅达尼埃尔·罗什：《日常事物的历史》，前揭，第128—141页；佩罗尔：《故事集》中连续的几幅页首插画（巴黎，1697年，或阿姆斯特丹，1721年）。

劳作,亦可休闲,杂处到了极厉害的程度,幽暗的光线中,摆出的各种姿势和说的话连我们如今都会觉得太过自由。然而,此种"放荡不羁"乃是"习俗"的一部分,亦使得社会对它的控制从未间断过。有段描述在"麻纺作坊"守夜的有名的段落,布列塔尼人法伊的诺埃尔说自 16 世纪起,就开始对女性实行持续不断的监控,施之特别的压力:"有些人整天想的就是如何暗送秋波、如何微露酥胸、织布时如何把手伸到对方的腋窝底下、如何偷偷地吻来吻去、如何从背后拍拍肩膀,但这些行为会有许多老人看着,他们目光敏锐,洞察秋毫,一家之主也会睡在床边,床则围得密不透风,如此看管,任何人都会无处遁形。"

当司法情报触及的是可疑的来往行为、洗衣池或私情时,就会很有戏剧性,这些情报着重关注的是无产者的一举一动所具有的公共特征,对常常藏于暗处的人群有着极为敏锐的洞察力。洗衣妇们都知道堂区里的女人究竟有谁"见"或没"见"(……经血),她们都是亲眼所见,只是觉得没必要说出去而已。开苞、妊娠和分娩很难逃过那些窥伺的女人和村里的长舌妇,这方面她们都很有一套。这样的关注(并非专属女性)便使得极端私密的身体变得极为透明。甚至在领主的一摞摞司法文档中,也回响着有关各种非法活动的传言。谋杀者、自杀的女性或单亲妈妈都有着种种辛酸史,像普瓦捷那个杀害婴儿的女孩便是。1754 年,在鲁耶,"传言四起,说是有人看见了上文提到的瑙的衣服、被单和床单,它们都摊在干草堆上,不管怎么洗,还是有很多血渍,于是全村的女人都跑到那个洗衣妇的屋子里,她不在家,出去乞讨了,后来沿路搜寻,在房子附近找到了她。女证人抓住她的衣领,要拖她走。瑙扇了她一耳光,于是女证人就对她说,你还是承认自己把孩子藏哪儿了吧,要不我就把你剥个精光……①"。这样的威胁,或许可算是最可怕的丢人现眼的事情(浑身脱个精光),终于使她承认孩子已亡。

有则说一名年纪轻轻的女佣一心想要寻死的故事也很能说明问题(也不乏令人唏嘘之处)。"生性轻浮,而且很坏"(这是几名证人用到的形容词)

---

① 虽是普通的故事,但由所有男女证人一件件细说出来,看到房子内外发现的带血的布料(床上用品和女性服装),再加上她笨手笨脚,(心甘情愿?)埋孩子的时候还让孩子的脚"从土里露了出来",还是觉得很恐怖(A. D. 86;B Ⅵ-265/4;该份文件是伊夫·库图里耶替我发掘出来的,谨致谢忱)。必须注意的是,女被告成功躲过了女看守的看管,这种事在 18 世纪普瓦捷的"监狱"里也很常见,欲控制身体,但身体常常以逃跑告终。

的她于 1721 年在普瓦捷的特朗歇区纵身跃入水井中。预审报告中说路易丝·布吕雄的尸体上还"穿着衬衫、灰色衬裙、胸罩，脚上穿一双长袜，但没穿木屐"（她把木屐整齐地放在了井边），"显然她当时来了例假，衬衫上和私处都有血"。几个女邻居在法医报告中作了补充，说她有段时间以来，喜欢在街上和孩子们唱唱歌、跳跳舞，还说她想再给自己买些合身的护胸（"两只胸罩"），而且——显然她有些"错乱"——"大约十五天前把乡下人的发式换成了城里人的发型①"。从这些故事可以看出对其他人的身体及其周边的环境（和穿着打扮）已有所关注，但令人震惊的是，某些人乔装打扮竟然还成功了。偷窃、偷情和乔装都需要这么做。有些女人一辈子都乔装成男性，不但携带武器，还随商船出海远航，在一个靠外在说明内在从而使一切均通过"外表"来认识自己甚至来评断自己的世界中，这是最为出彩的例证②。

8

身体，外表的剧场？

生活于众目睽睽之下，或受所有人的关注，这种分享就是早被我们忘得一干二净的古代集体性。在这其中，身体永远会受到评估和挑战，而且完全是通过外貌来对之作出评断的。可是我们难道要继续将存在和表象、道德感和对身体的关照、权力和外表混淆起来，对之不闻不问吗？只是我们再也不会生活于臣属于上帝和国王的世界中，拥有神圣本质的上帝和社会等级制中"最高人物"本身，也要受出身、地位和性别归属之严格、明确的管制。因为古代社会一直受邻居问题（很快便会成为司法案宗③）的威胁，邻居之

---

① A. D. 86；G 657（1721 年 10 月 9 日的诉讼笔录和报告书）。

② 达尼埃尔·罗什：《外表的文化：着装史（17—18 世纪）》，巴黎，法亚尔出版社，1989 年；西尔维·斯坦伯格：《玛格丽特，又名让·古布列，七年战争时期中一位勇敢的骑士》，载《克丽奥》，第 10 期，1999 年，第 149—158 页；尼科尔·佩勒格兰：《风格与穿着》，前揭。

③ 格雷戈里·汉隆：《17 世纪阿基坦纳的攻击仪式》，载《经济·社会·文明年鉴》，第 2 期，1985 年，第 244—268 期。伤痕-创伤-苦行，以及身体和象征意义上留下的痕迹的历史，仍值得书写，还有农民和城里人斗殴时，作为赌注和战利品的男女用的包头帕也要接受检查清理。女人打架时，先是彼此对骂，接下来一般都会先拽头巾，然后再拳打脚踢（A. D. 86：B I/2—38，莱塞萨尔，1740 年 12 月；A. D. 79；第 1160 扎，圣-迈克桑，1781 年 1 月；等等）。

间要么彼此相距于千里之外,要么相安无事,要么相处融洽,反正都得求助于交流-间离这种精细的技术手段。身体及其举止行为需有可见性-可读性,如此才便于对着装进行详尽无遗的编码,方能快速洞察着装所用的语言①。

怀念旧制度时期的那些人(大革命之后的回忆录作者中有许多都是如此)描述了所有"在各行业及社会各阶层的习俗之间所作的极为明显的特定划分方式,其中有许多细微差别,借此,我们几乎一眼就能辨识出每个公民将自己置于何种等级之中。女人也是如此,对裙子的分类与对服装的分类一样都已建立起来。普通的笑、大声的冷嘲热讽,甚至有时表现出来的公开侮辱的行为,都受到了审视,后者可被视为是某种扭曲的形式"。此种"事物的等级秩序",无论男女每个人都很遵守,但其间也有细微差异,因为这些作者都承认 1780 年代(他们的"回忆"就是始于该时)是一个"骤变的时代,标新立异成了普遍的准则"。然而,编年史作者(出于真诚,以及/或担心造成滑稽的效果)不乐意去提及那些暴发户和妄自尊大的人,倒并非仅限于旧制度时期的那个时代。1780 年左右就有一个药剂师自认是医生,还戴了专属这一阶层的假发,可他不得不像个真正的"下跪的火枪手"那样,为被他的傲慢堵得心慌的病人(根本没生病)排排毒②。当然,那些垄断谷物经营的富农也都将穷人忘得一干二净,还不想……给堂区捐钱③。

---

① 可参阅 18 世纪有关布雷斯村的详尽例证,布雷斯村有各种习俗,村民彼此憎恨,他们为自己辩护的方式也很费解,但又被视为是一份伪人种学文献(加斯东·让东:《萨沃纳边界地区撒拉逊的未婚夫妇:以一份 18 世纪手稿为依据》,载《图尔努艺术与科学之友协会》,第 XIV 期,1914 年,第 83—99 页)。关于民众穿戴中占主导地位的色彩及其意义,参阅尼科尔·佩勒格兰:《蓝色诸省》,前揭,第 235 页,与《骷髅地的圣母修道会的建制》,前揭,第 346 页(象征体系可"造就"宗教社团中的所有成员,对他们进行区分,进行塑造)。

② 这位大老爷本来会对这个社会地位低下的人说:"您一方面想过来向我表示敬意,一方面又不想这么做。"由于一身旅行者的装束而未被认出身份,他觉得受了侮辱,故而为了羞辱这个自以为是的人,他付给他 30 苏,让他给自己灌肠,并让满城的人都知晓了这个故事(列昂·贝兰·德·里波曼埃尔:《1789 年前普瓦捷往事回忆录》,普瓦捷,旧书商出版社,1846 年,第 135 页及以下各页)。亦可参阅尼科尔·佩勒格兰:《自由的装束》,前揭,第 141—142 页。

③ 亚历山大·杜布瓦:《17 世纪乡村本堂神甫的日志》,前揭,第 114 页,这些农民吃起东西来斤斤计较,好把黄油卖给别人,参阅 n.41。皮埃尔·普里庸的著作(埃米尔·列奥纳尔:《路易十五时期我的村庄》,前揭;皮埃尔·普里庸:《18 世纪乡村作家回忆录》,前揭,散见各处)和 18 世纪经济学家的著述(关于布列塔尼,参阅让·奥杰:《布列塔尼省历史与地理词典》,增订版,2 卷本,雷恩,莫利耶出版社,1843 年,第 1 卷,第 11—13 页)中述及了很多乡村地区的暴发户和其他"太阳神"式的人物。

照本堂神甫杜布瓦的说法，17世纪末的危机时期，他在图尔奈西斯伤心地看见"那些生意人的孩子，穿着和农民的打扮大为不同：小伙子们戴的帽子上都镶金披银，至于其他装束也可想而知；女孩的发式有一尺高，穿的衣服也都很合身。他们虽然这么有钱，但穿着却与自己的身份不符。他们在家里很不讲究。大多数人身上只穿衬衫，其他人也只穿换洗的衣服；只有星期天是例外，那天他们要去教堂或小酒馆，其他时候都很不讲究，以致男人看了这些女孩没欲念，女孩见了这些男人也会没想法"。这样的冷嘲热讽刻薄得厉害，令人想起上教堂的人之间常有的那种敌意，但这种敌意并非他们所特有，而是涉及到所有人，它们会扰乱清晰可辨的表象，不顾"混淆等级"所致的政治风险，而着意表现自己。

禁奢令、多方面的禁止和道德学家的谴责，以及流行的故事和图片，说明人们对社会解体（"分裂"）很担心，着装有越常规的话就会这样。所有人都有不遵守秩序的潜在性，但最危险的却是那些处于此种环境下的越界者。虽然军人经常会穿短裤，甚至有时农民也如此，但妇女穿短裤却是渎圣，等于犯了亵渎君主罪。至少理论上是如此，因为女性异装似乎不像男性异装那样经常会受到处罚。这样做受到崇敬而非蔑视证明了男性气概的优越性，女性都梦想能颠倒自己的性别，"假小子"虽损害了"神圣的民事权利"，但也能自夸这是"高贵的欲望"；相反，男性"穿女人衣服就有失体面，用外在的服装来玷污自己，可见这样有多卑鄙下流①"。然而，蒙田1580年在前往维特雷-勒弗朗索瓦的途中，获悉有个年轻妇女"因怎么样都不想做女人，念念不忘这些有违道德的异想天开"而被吊死了。她以织布为生，身上穿的男人装或是巴西尼地区的其他女孩给她做的，她甚至还明媒正娶（因而经过了宗教仪式）讨了个老婆。而名叫奥贝的阿尔达特的女孩则要幸运得多，她是个士兵，后来当了逃兵，多方辗转之后，回到了南方的家乡，当上梳毛工，过着平静的生活。普里庸不带丝毫蔑视，而是以喜剧的笔触写道："这女孩粗壮丰满，从头顶至脚底，有五尺一寸高。她脸上肉鼓鼓的，像是满月，五官标准，无论神情还是语气都像男人，大约

---

① 威夫斯（1542年）与努瓦洛（1609年）的文本，由尼科尔·佩勒格兰所引，《风格与着装》，前揭，第25页。别忘了狄德罗的惊呼中所包含的那种怜悯有多危险："我向您抱怨的就是女人！"

有二十三岁左右。她自童年起就一直穿男装,常年戴着流行的翻边帽,头发卷曲,穿着英国式的服装和短裤,冬天穿皮鞋,在其他基督教徒面前姿态优雅却又坚定无比地走来走去。这样的装束使她成了名人。这男性化的女孩身体强健,战无不胜,勇气可嘉。"她唯一的缺点似乎就是太"饕餮"。因此,1748 年重回平民生活后,她"就把从军中带回来的钱全挥霍完了①"。至少按照普里庸的想法,何种行为会被判定为男性化而非女性化,是与男子气的着装相关的。

即便这种借由服装来认定身体的做法向来都很多元多变,但仍可表明这样做首先可确定归属感:每个男女都是某个性别、某个年龄群体、某个阶层(场所)、某个社区(城市、职业、军队、宗教,等等)的一员,应该会携带(带来)独特的标记。检察官只要没"穿上"法袍,他就根本没法接近那些闹事者,因为那些人根本"认不出"他②。授袍仪式极为复杂,因为这样做必须得(采取各种方式)使装束显明此人的职责及其所处地位,使其中的各种要素适于彰显其间的变化。葬仪、改宗、晋升、节庆与工作的轮换、过渡仪式(洗礼、脱去幼儿的服装、首次领圣体、婚礼、亡故)也都需要有特定的"着装"。旧制度时期,有不止一个作者提及这些信息、提供了例证③,但游客——他们的叙述确切地说就是旅途回忆、自传或更为抽象的重构——在此仍旧是我们最好的信息提供者。故而在 1778 年的《布列塔尼词典》中,来自拉翁城的某个工程师—数学家才会写下"基伯隆"这一词项:"人们对我们的风尚变化多端很是不满;我不知道这样说是在理还是不在理,我只是观察到,在布列塔尼的这方海岸上,没有两座村庄的服装,尤其是女人的装束会是一样的。她们的穿着和发式都不算

---

① 蒙田:《旅行日志,1580—1581 年》,巴黎,伽利玛出版社,"Folio"丛书,1983 年,第 77 页;皮埃尔·普里庸:《18 世纪乡村作家回忆录》,前揭,第 227—228 页;玛丽-约·博奈:《16 至 20 世纪女性间的恋情》,巴黎,奥迪尔·雅各布出版社,1995 年,第 36—37 页;卡特琳·维莱-瓦朗斯主编:《假小子》,卡尔卡松,加雷/赫西俄德出版社,1993 年;克里斯汀·巴德与尼科尔·佩勒格兰:《异装女性:"坏榜样"》,载《克丽奥》,第 10 期,1999 年,第 7—204 页。

② 国家图书馆:若利·德·弗勒里的手稿,第 1743 号(圣麦克桑的谷物骚乱)。

③ 尼科尔·佩勒格兰:《自由的装束》,前揭,第 71、73、77、121—123、189 页("葬礼"、"主日"、"穿褴褛"、"成婚"、"成人服装");弗朗索瓦-伊夫·贝斯纳:《耄耋老人回忆录》,前揭,第 1 卷,第 30—31、303 页(40 天休战期结束和婚鞋);亚历山大·布埃与奥利维耶·佩兰:《布列塔尼叙述诗集》,前揭,第 60—61 页("人的首套服装",先于"首次饮酒课");《菠萝教派》,前揭,第 11 页(在维利耶-勒贝尔着节日盛装)。

便宜，但常常不太有品位。这边海岸的居民都会去邻城的市场，所以在那儿的市场上能见到这种奇异多变的景象。即便有钱了，也没能使她们改变自己的装束，有钱家庭的妇女和没钱家庭的妇女之间的唯一区别就在于一方穿的是丝绸衣服，而另一方则穿羊毛，但两者都是一种式样①。"

　　这并非是布列塔尼的特色。这一断言可应用于王国的所有地区及所有乡村。尽管会有屈尊俯就、描述也不够精确这样那样的缺陷，但在旧制度时期，各地区不同社会群体和不同年龄阶层所用的"方法"、着装的多样性，也就是说习俗的多样性，在19世纪之前很久便已是不争的事实，还或多或少涉及到所有的省份。当然，常常是只能通过布料上的细节来显明自身，而这些细节就今天来看简直根本无法辨识。比如，上普瓦图地区就对普遍化的着装方式很满足，其间的地理因素可忽略不计，反正这种做法已是根深蒂固，天然就存在，再怎么样也没人想明确自己的意图，"里摩日的季节工总是穿土蓝色"，普瓦捷的某些居民也总是留"农民的发式"，孔弗朗泰的佃农总是穿"当地传统的服装"，南方人普里庸喜欢穿夏特尔罗代地区的木屐，等等②。其他地方则相反，比如阿尔勒地区，当地风尚的更替似乎极快，以致重构外貌使之稳定下来几不可能，但南方的精英人士却认为自己从中发现了某种永恒的古典因素③。不过，服装的千变万化并非完全随意发展而来，而是不着一词便可将世界显现出来。这种语言可供任何男女使用，可通过视觉来加以说明，亦可对建基于组织结构和等级差异之基础上的社会有哪些特有标志作出解释。

　　在村里的知识分子皮埃尔·普里庸那儿，这样的题材用之不竭，他继续用插科打诨式的幽默向我们述说作为表象的各种风尚的基本原理，装

---

① 　让·奥杰：《布列塔尼省历史与地理词典》，前揭，第2卷，第389页；雅克·康布里：《菲尼斯泰尔游记》，前揭，见各处；尼科尔·佩勒格兰：《自由的装束》，前揭，第38—39，111页及其他各处；弗雷德里克·马盖与安娜·特里高：《论外省：图像、服装》，巴黎，国家博物馆联合出版社，1994年。

② 　皮埃尔·普里庸：《18世纪乡村作家回忆录》，前揭，第68页。1753年，被控反抗《救济法令》起而造反的香帕尼亚克的佃农就被描绘成"穿普通衣服，着灰白色哔叽背心，翻领上别着朵蓝花"（A. D. 86；B Ⅷ -）。

③ 　尼科尔·佩勒格兰：《自由的装束》，前揭，第20—22页。

束可说明存在,它能将身体与灵魂缠绕不清地纠结在一起。佩皮尼昂居民的"所思所想和处事方式都是西班牙式的,无论是在冬天还是一年中其他三个季节,白天男人头上都只戴一顶便帽;他们比法国人还要喜欢幻想"。是否因为他们和伊比利亚地区毗邻,所以才"会在头上戴顶便帽",还是因为他们通过不戴帽子来突显自己的男子气概?况且,在构建人种学的老生常谈中,并非只有男人才起到主要作用,普里庸便像其他许多人一样,很喜欢通过对装束的描述、对风俗的评论、对气候的考量和对身体的评判这些混合在一起的因素,来对各个省份作出"评判①":波尔多的女人"都很整洁,穿得很得体",夏特尔罗尔的女性居民则"皮肤光洁、滑嫩、白皙。到冬天,她们穿的鞋子要比普瓦捷的女人漂亮",尚贝里的夫人们都是"法国式装束",而于泽斯的女人则穿"女式长裤,她们说这是为了抵御穿堂风和该地区常刮的信风",等等。

　　同样,普里庸单独列出的构成奥贝地区精英圈的二十八位贵妇人,其穿着和举止与同村不太有钱的女同胞们比起来大为不同。"在那些妇女和女孩中间,有二十八位戴头巾和五颜六色的饰带,穿带裙环的裙子,这种裙环她们称之为篮子。或戴 Carpan[帽子],上有三条饰带,要不就戴黑色的女帽,穿短外套。必须注意的是,她们穿的都是便袍,手上拿把扇子;为了降温,七八两月她们会去维杜尔勒,泡在河里,只让脖子以上的部分露出来②。"很有意思的是,我们注意到普里庸忘了把自己囊括进这个影子剧场中了,虽然他自己也当过牺牲品:衣服被偷过三次,分别在佩里桑纳、蒙彼利埃和巴黎③,让他懊悔至极(至少他是把这当作很严重的事告到法庭上去的),从而表明服装在当时是"很重要的东西",无论男女都认为只有它才是存在和财富的象征。对绝大多数人而言,女式头巾或小衣柜难道不是包含

---

① 皮埃尔·普里庸:《18世纪乡村作家回忆录》,前揭,第61、66、68、113页。17—18世纪的国外游客也都采取这种方式来构建身体—服装的人种类型学。

② 她们的女伴们在村里都算是真正的有产者,都会戴假发(皮埃尔·普里庸,同上,第118页;埃米尔·列奥纳尔:《路易十五时期我的村庄》,前揭,第92页),初次戴头饰时也会煞有介事地举办过渡礼:到达一定年龄、在市政厅或当地司法部门担任新的职务时都会举办仪式。在布列塔尼,饰带这种语言可用于指明年龄,参阅亚历山大·布埃与奥利维耶·佩兰:《布列塔尼叙事诗集》,前揭,第61页。

③ 皮埃尔·普里庸:《18世纪乡村作家回忆录》,前揭,第46、48、54页。另一次,在现今的杰尔的一座城堡里,饿极了的老鼠在他睡着时啃坏了他的短裤、长袜和他衣服上的圆领(同上,第63页)。

了一切吗①？动产容易消失、毁坏，但可以想尽办法把它们保存好，缝缝补补后再传给下一代，因为它(并未)标明了地位和财产的种种差异。

衣着的此种表现性以及从字面上对它的释读均可很好地辨认出来。其诸种形态已如此深切地内在化，以致当符号被颠覆或反转过来时，它们仍会继续塑造存在的方式和表象赖以形成的方法来与之相适应。罪犯也不会忽略这一点，他们懂得如何打扮自己，用借来的衣服来显明自己的身份，从而轻而易举地骗过那些容易上钩的受害者。诨名"牛皮大王"的尼维是个狡猾的窃贼，他懂得如何把自己扮成"少东家"、"有钱的布料商"和"虔诚的人"。在凡尔赛的商人家里只要"穿边上缝金丝的棕色衣装，佩把剑，时不时从兜里掏出金色的鼻烟盒与手表看看，表明自己想买东西"就成。他就是以这身行头才能见到店里最漂亮的商品，还能看出用何种手段撬门而入。在鲁昂，为了去几家教堂偷东西，"他穿上了黑色衣服，假装很虔诚，还把几名同伙打扮成自己的仆人，让他们穿上仆人的号服"，然后他会装得很虔诚，乐善好施，这样便打开了圣器室管理人的心扉和当地某个人的家门，后者在家里摆放着许许多多装饰品。后来，改头换面一番(自己扮成本堂神甫，让他的帮凶扮成教堂财产管理员)之后，他又在巴黎盯上了一个专卖教堂金银器的正派商人②。

被解放的身体透明甚而裸露，面对从自足自为的着装习惯中产生出来的这些错觉，对之所作的革命性的想象乃是一种笨拙的反应，但当时那些服装的改良者们与其他时代的人完全一样，也仍旧无法逃脱意识形态，这种意识形态在好几个世纪中一直塑造着整个社会的心理现象：他们当然会禁止在衣料上做标识，但他们让所有被设定的身体穿上制服，等于几乎立马便恢复了这种做法③。同样，对那些人而言，只要穿上僧袍就会是僧

---

① 尼科尔·佩勒格兰：《窃贼、婴儿与亡者：18世纪上普瓦图地区的女式头巾》，见《各阶层的女式头巾》，肖莱出版社，2000年，第115页。

② 伊萨贝尔·富歇：《18世纪的两个窃贼团伙》，巴黎，法国社会科学高等研究院硕士论文，1989年，第55页；佚名：《诨名"牛皮大王"的尼维的生平，他自袗提时代起就犯了偷窃和谋杀的罪行，最终在格雷夫地区被当场抓获，随他一起被捕的有他的老师波夫瓦、同党巴拉蒙和芒西翁》，巴黎，尼永，s. d. [1729]，第141—142页(在这出滑稽的短剧中，这位鲁昂来的假本堂神甫装作在找价格便宜的商品，但扮成教堂财产管理员的同党假装不想让教堂的装饰品太花哨，在后者的授意之下，他改变了主意)。

③ 多林达·乌特拉姆：《身体与法国大革命：性别、阶级和政治文化》，纽黑文，耶鲁大学出版社，1989年；尼科尔·佩勒格兰：《自由的衣着》，前揭，见各处。

侣,穿什么衣服能看出是什么样的人,帽子决定发型,帽徽证明公民责任心,绿色代表保皇派,长袍扼杀男子气概,却又能使着长袍的男性更为神圣化,等等。尽管如此,18 世纪有个杂家倒是比那些出口成章的人说得更细,他明确表明"比起音乐,穿衣打扮更能使人驯服。只要穿丝绒服装,风俗也会变得温柔敦厚起来①"。毫无疑问,对习惯于穿麻衣和厚重的哔叽服的欧洲人而言,穿上棉质服装,定会有心理上的影响,但究竟如何还得有所询问。这些布料的不断侵入应该会对欧洲大有神益,如旺代某个地区的农妇都穿粗布紧身褡。照保皇派侯爵夫人拉布埃尔的说法,"它们形成了某种护胸甲一样的东西,很难穿透;故而共和派才会不止一次地抱怨很难杀死这些女人"。这些护胸甲似的服装很重,颜色深暗,长期以来便同贵族闪闪发亮、轻盈飘逸的丝绸衣服以及南方或诺曼底地区的印花布服装形成鲜明对照,这种服装是到 18 世纪后半叶才慢慢普及了起来②。当它们出现时,有的还饰有花边和洋纱,有的没有,这些服装使女性身体显得更为优雅、柔软,抓人眼球,当然也使她们进一步受到了奴役。

古代服装残存下来后,就算没人再去穿,但仍保存了某种奇异的在场性。偶尔见到这些服装(不过,布料会因岁月侵蚀、寄生虫和回收再利用,再也无法留存下来)之所以会令人神思飘摇,可通过它们独特的沟通能力得到解释。作为自我的变形和独特的残存之物,能从整件衣服中见微知著。它浸润着人类的体液,与之产生接触,它造就了(这具)身体,成了(这具)身体③。和农民的世界一样,无论在修女的身前还是身后,服装都是她的"拱扶垛",约瑟夫神甫就是这么宣称的④。"身体"这个词,难道不能

---

① 卡拉乔里:《论四色》,s. e.,4444[1761],第 50 页。

② 演变随地区而不同,因为就穿印花布服装而言,普罗旺斯比法兰西岛和西部地区要早得多,阿尔勒画家拉斯帕尔的画作就表明了这一点(路易·西蒙:《路易·西蒙:法国古代的村民》,前揭,第 88—89 页;尼科尔·佩勒格兰:《自由的衣着》,前揭,第 20—22 页;《水手与手工艺匠人:服装图册中的普罗旺斯形象(16—19 世纪)》,见贝尔纳·库赞主编:《普罗旺斯的形象:中世纪末至 20 世纪中期呈现的图像》,普罗旺斯,1992 年,第 282—296 页,参阅第 291 页)。

③ 男女圣徒的衣着,还有伟人和臭名昭著的罪犯的衣着,由于和他们的尸体有接触,就像头发和其他废料那般,而成为受人膜拜的遗物(尼科尔·佩勒格兰:《自由的衣着》,前揭,第 59 页)。可阅卡尔图什死后制作的蜡像面具,上面有他的头发和他 1721 年被处决时戴的帽子(圣-日尔曼-昂莱博物馆)或 18 世纪男孩子穿的缝补过的背心的碎片,发现自一座城堡的通道内(《选择性回忆:伊夫林省重现的遗产》,巴黎,绍莫吉出版社,1997 年,第 80—81 页)。

④ 《骷髅地的圣母修道会的建制》,前揭,第 345 页。

如人们所见的那样从四层意思上去理解吗：肌肉与骨骼构成的整体，受限定的个体或集体，生者和/或死者，但也是躯干上的服装，其面料因用鲸须、铁和/或铁丝做的撑架而得到加固，可使人姿态优雅、神态矜持①？即使人们未被僵硬的紧身褡勒得喘不过气，难道也不该将它"脱下来"吗？当人们四仰八叉地躺下，想好好休息休息时，难道就不该"光着身子穿衬衫（和短裤）"吗？难道无论是晚上上床睡觉还是在白天，都要永远置身于刽子手的斧钺或克洛诺斯的镰刀之下吗②？

穿衣服的身体，无疑可算是同意选用的表述法，因为照原罪的说法，赤裸的身体在原初的神话中被从失落的天堂里撵了出来，在到处都是恶人的世界中，它再也不会被认为是原来的那个样子了。似织物般朽烂，且其本身成为由"生理组织"和骨骼构成的异质的合成物，那在基督徒的上帝的注视下，这具身体真的存在吗？抑或是另一种"东西"，如裹尸布和坟墓？

---

① 铁制紧身褡在夏多布里昂的《墓畔回忆录》中有很好的描述，巴黎，伽利玛出版社，"七星"丛书，1952年，第20页。参阅布里吉特·封塔奈尔：《紧身褡与胸罩》，巴黎，拉马蒂尼埃出版社，1992年，第27页（铁制上装保存于克吕尼博物馆内），尼科尔·佩勒格兰：《自由的衣着》，前揭，第81页；乔治·维加埃罗：《矫正的身体》，前揭，但"身体"不同的挺拔度、对待身体的地域性和对之所作的再三抨击仍有待理解，正如普瓦捷和萨伏瓦地区的例证或宗教服装所表明的那样（拉布埃尔侯爵夫人：《旺代战争回忆录，1793—1796年》），巴黎，普隆出版社，1890年，第5页；约瑟夫·达金：《尚贝里医学类型论》，前揭，第127—128页）。1710年，吕锡尼昂有个小女孩被身上穿的新袍救了一命，葡萄园园主因她偷葡萄朝她开枪，但子弹没穿透袍子（A.D.86；B VI/78 bis；1710年10月4日）。

② 路易·德·彭蒂斯：《回忆录》，巴黎，法兰西信使出版社，1965年，第185页（1627年处死蒙莫朗西侯爵："快脱光，穿上短裤和衬衫"）。1785年，在有两个人被杀的案件中，如果尸体没穿衣服，农民就不愿去守灵（A.D.86；B VIII—300）。在其他地区（1739年，香槟-木桐），一个没纳税的人受到羞辱，两个邻居"把他全身脱个精光"（他们只让他穿了衬衫）。见此情景，有个亲眼目睹的人说"就是刽子手对罪犯也不会这么残忍"（A.D.86；B I/2—39）。

第三章　欧洲旧制度时期的身体与性生活[1]

萨拉·F. 马修斯-格里柯(Sara F. Matthews-Grieco)

近三十年来,在已出版的关于西欧性生活史的研究著作中,身体主要显现为两个层面。首先,它被习俗与立法覆盖,两者彼此都试图对身体的生殖功能进行规训及指导,同时出于社会及灵性方面的原因,欲完全压制无序的性欲冲动。其二,身体犹如惯于忤逆的性活动的媒介(或牺牲品),因而就像违反宗教、道德及社会的"罪行"所偏爱的场所,从而使意图将性实践包容于习俗及法律限度内的无能的社会规范具有永恒性与相对性。在欧洲旧制度时期,某些因素,如介于青春期及适婚年龄之间一段很长的时间、由诸种文化理想设立的对艳情之爱及罗曼蒂克之爱的期许,或对同性关系设立的宗教与社会禁忌,也都明确决定了对身体及性欲之主观体验的集体感知。本章试图揭示 15 至 18 世纪的身体与性实践,主要借助于司法档案,就个体的行为举止以及社会习惯而言,它们都很能说明问题。在这些文献中,宏观结构(机构的意识形态与文化规则)与微观历史(主观体验与个体的策略)之间的矛盾难以避免,但最终总能揭示出这些复杂的语境,而身体与性欲就是其日常生活。

*　　*　　*

此处所考虑的这段时间受某种历史分期的决定,该历史分期与政治

---

① 我的本意是将此篇文章献于让-路易·弗朗德兰(让-路易·弗朗德兰,2001 年 8 月 8 日去世),他在该领域以及其他许多领域都起到了筚路蓝缕的开创作用。

及文化史所通用的分期,即中世纪、文艺复兴、宗教改革、启蒙时代,相离甚远。之所以作此选择,理由是作为 15 世纪特征的人体的重塑与婚姻的提倡同关注人口增长的某长时段的初始时期,以及要求以崭新的眼光来看待身体及其性生活,颇相呼应。自 15 世纪初至 17 世纪中叶,西欧试图发展出一套与社会秩序相和谐的身体及性生活观,使之唯宗教和人口增长马首是瞻。到 17 世纪末,夫妻关系中情爱变得重要起来,成了某种文化信仰——从医学上为身体的愉悦感正名,将其视为某种身体的自然表达,是个体间情感的维系——,开始间接地促使替代性的性实践以及同性恋次文化得以有所抬头。对三十年来有关性生活史的出版物所作的这一综合,以旧制度时期作结:自 14 世纪中叶起人口锐减使欧洲动荡不定,对此种现状的担忧最终在那个时期得以平息下来,情感上的爱恋与以生育为目的的婚姻普遍相安无事——至少理论上如此——,但也就在那个时代,日益资产阶级化的社会愈发强烈地感觉到贞操的重要性,于是便着手将身体及性欲打入冷宫,认为它们不登大雅之堂。因而,本章所要研究的领域以中世纪末期与文艺复兴时期对身体及性欲持相对积极的态度为始,以道德存在与身体存在彼此疏离的发轫期作结,此种坚定不移的疏离观始自弗洛伊德,照他的说法,性快乐是无法与文明社会相容的①。

旧制度时期的身体及性生活史极大地受益于文化人类学的成果,后者使人得以理解那个时期身体的象征性仪式及其使用方法,比如自发组织起来的荒唐可笑的鼓噪行为,恋爱交往与婚礼仪式中的姿态语言。物质文化史以中肯的方式构建摄生法、卫生状况、物质环境、私人与公共空间、着装与外表,澄清了这些问题。身体及性生活史的其他进路大部分仍得归功于社会史——那些围绕家庭形成过程中的规律性变化,或关注社会阶层与财政手段如何影响生活策略的进路尤为如此。功能主义社会学亦完全如此,通过按照规范与偏差所形成的诸种价值观来定义性的身体②。文艺复兴

---

① 关于旧制度时代末期身体的"疏离",可参阅乔治·塞巴斯蒂安·卢梭与罗伊·波特主编:《启蒙时代的地下性世界》,教堂山(北卡罗莱纳),卡罗莱纳大学出版社,1988 年,序言,第 1—24 页。

② 为了全面充分地了解历史与心理学在研究古代社会身体时所用的进路,可参阅萨拉·凯与米里·卢班主编:《中世纪身体的范围》,曼彻斯特-纽约,曼彻斯特大学出版社,1994 年,序言,第 1—9 页。

与旧制度时期的文化依照随社会阶层、年龄、性别、医学与婚姻规范的不同而变通的准则，将社会与性欲"合法"与"非法"的身份派定给个人。婚前怀孕的女性若在孩子出生前结婚，几乎不会受到社会指责，而若眼巴巴瞅着孩子出生，未婚夫又在婚前人间蒸发或死亡，那她立马便会遭到其所在社区的唾弃，沦为非法之列。然而，个体也会时不时地通过不同阶层间的融合，甚或寻找可彰显其身体的和性的主观体验的他种文化路径，来质疑这些起规范作用的身份认同感。此外，就社会文化语境以及周围社区价值观而言，"合法"（起规范作用的，或受容忍的）与"非法"（偏离轨道，或不可容忍的）之间的边界也时时在变。譬如，年轻人的性关系在 15 及 16 世纪的意大利总体而言还是较受宽容的；而一旦这种实践方式扩展到成年人身上时，他们反而受到了严厉的打压。

历史学家的任务就是去发现性的身份是如何被察觉的，合法与非法之间的界限在不同时期与不同社会的人群间是如何酝酿成形的。他必须决定哪些空间可归至当时社会和文化的每个阶层中，且尽可能重构个体与社区如此看待等级化身体的方式。因而，女性之间若产生性愉悦，在各个时代及语境中，她们都会被视为是没男人要的穷妇或是罪犯，她们僭取了原本属于男性身份的社会特权。

在当时那个时代，就个体如何对自己的身体与自己的性欲进行掌控，医生、官员、教士、邻里、教民和市镇当局，甚而还有夫妻及其孩子间都对之众说纷纭。我们如今所了解的以前的性欲体验主要来自文献和官方发布的报告，因而反映了它们代表的国家政体所拥有的价值体系。这些资料来源极少能使人了解参与者的主观体验，即便留存下来某些"一手的"证言（如法庭证词、私人信件与日记）也是如此。当然它们都属于这个语境，是在该语境中写成，随撰写者的文化背景及认识社会的能力而有所变化。身体——及其性欲——再也不能与对文化的感知相脱节，此种感知决定了人与人之间的互动方式及其行为时的主观体验。同样，对身体——及其性欲——的认识也无法与社区评估个体行为的方式相脱节。欧洲旧制度时期通过对社会参与者表示首肯、谴责或进行规训，从而对冒当地之大不韪的僭越行为和偏差行为展开一场长期的斗争，它主要采用的是变通性强的策略，不是去谴责或惩罚那些性行为不端的迷途羔羊，而是去——尽可能——修复或弥补分歧，将他们引回正道。

1

少年与青年时期：性欲初启和习惯方式

在中世纪末期与旧制度时代末期之间，西欧的性文化以青春期和适婚年龄之间一段相对漫长的时段为主要特征，这段漫长的少年时期（男孩的时间总体比女孩要长）到旧制度时期变得越来越长①。尽管理论上"合法的"性生活仅限于夫妻，但无论是男孩还是女孩，少年时期也并不必然就得禁欲。正如我们在本章中有机会好几次提到的那样，年轻男性还是可以进行一些受容忍的、不同的性实践——但得看是何种情况，其中针对他们这个年龄段的性实验，根据社会阶层的不同，是城里人还是农民，态度都有很大的不同。15 至 18 世纪西欧青年迷恋性的习惯方式揭示出社会与情感对他们的控制正在逐渐内化，与此同时少年期也在慢慢延长，其间年轻人在生理上已能生育，因而从性的观点看他们具有潜在的活跃性。同时，虽然当局不断压制，社区也在口诛笔伐，但无数实践活动仍在持续着，明目张胆地回应着年轻人的欲求。

1) 年轻人的社会化：同业会与鼓噪仪式

与少年相关的道德及社会的无序状态主要得归因于年轻人吵吵闹闹的天性，以及年轻人对权威的反感，还有他们已能生育的身体不受规训的性冲

---

① 兰多尔夫·特隆巴赫：《西方是否拥有现代性文化，英国是否在 1500 至 1900 年间从未发生变化？》，载《性史杂志》，第 1 卷，第 2 期，1990 年 10 月，第 296—309 页（纵观文学对该问题所作的回应）。正如彼得·拉斯雷特所作的评论，青春期的年龄段对女孩而言是随社会阶层以及营养状况等某些因素的变化而变化的，但总体而言，女孩似乎都是在 13 至 15 岁之间达到生理成熟期的（《中世纪起欧洲性成熟的年龄段》，见《早期数代人的家庭生活与不伦之恋：历史社会学散论》，剑桥-纽约，剑桥大学出版社，1977 年，第 214 页）。男女两性的适婚年龄愈益推迟，15 世纪至 16 世纪中叶女孩平均为 16 至 18 岁，城市女性比农村女孩结婚早，而到了 18 世纪末，女性首次结婚的年龄已至 24/26 岁。对年轻男性而言，结婚向来都比较迟，都是在他们有固定的职业之后：旧制度时代初期，为 24 至 25 岁，到 18 世纪末缓缓延至 28、29 岁（莫里斯·多马斯：《16 至 18 世纪的蜜意柔情》，巴黎，佩兰学术书店出版社，1996 年，第 40 页）。

动。为了包容及控制这些危险,自文艺复兴时期以降,年轻人正式组成的群体和团体便成倍增长。它们在法国和意大利特别流行,成了男孩除去家庭之外最为有效的一种社会化方式。他们形成了某些集体,而这些集体反复灌输的价值观塑造了对自我与社会责任,以及对身体与道德身份的认知。

在青少年不安分的那些岁月里,年纪最小的会在远离家庭的地方接受职业培养,年纪最大的则试图稳定地从事某种活动,使他们最终在职业和社会上都能有所成熟(懂得何谓从事职业和经营婚姻的权利),独身者团体则将躯体暗流涌动的颠覆性能量导入获得允许的活动之中。为了将无甚教养的少年培育成公共及私人习俗的卫护者,年轻人群体便以集体方式身体力行,将之强化为成熟所需的社会价值观——通常年长者和上级领导也都会参与进来。在15和16世纪的乡村及城市,年轻人也都组织成各种宗教及世俗社团——巴蒂会(badie)、兄弟会、同业会、青年修道院和主持村镇节日的青年组织。少年、独身青年,甚至还有已婚人士都会在那儿定期聚会,不仅是为了将年轻人喜街头斗殴的天性扼杀于摇篮之中,同样也是为了将他们的能量引导至有组织的活动当中去:宗教仪式时的游行队伍,排演剧目,节庆时像狂欢节那样组织假面游戏。同时,同业会或青年修道院的负责人也都有责任推动群体内部的各项活动,这些活动的终极目标就是将旺盛的精力转变过来,向年轻人反复灌输需担负责任这样的宗教与道德价值观。

公共秩序排在第一位,乃重中之重,要向他们教导父辈那一代的价值观——即便在最受重视的群体内也会逐渐灌输点点滴滴的人文主义文化,让他们知道杰出人物都会控制自己的身体——,新成立的操办典礼仪式的组织同样也在试图确保年轻人的安全,阻止他们在公共场合与街头三两相聚、游手好闲、吵嚷喧哗①。他们认为无所事事的少年在城里游

① 关于15和16世纪佛罗伦萨同业会及青年群体,可参阅伊拉里亚·塔德伊:《文艺复兴时期佛罗伦萨青少年的成长发育》,佛罗伦萨,奥勒斯吉出版社,2001年;理查德·特来克斯勒:《新的仪式性组织》,见《文艺复兴时期佛罗伦萨的公共生活》,伊萨基-伦敦,康奈尔大学出版社,1980年,第11章,第367—418页;同上,《佛罗伦萨的仪式:文艺复兴时期的少年与救世军》与《"年轻人来了!"共和国与大公国时期佛罗伦萨的蠢事》,见《文艺复兴时期佛罗伦萨的儿童:佛罗伦萨的权力与依赖性》,第1卷,宾厄姆顿(纽约),中世纪和文艺复兴文本与研究出版项目,1993年,第3,4章。斯坦利·乔纳吉在《文艺复兴时期威尼斯的男性和女性:贵族社会十二论》中考证了威尼斯年轻贵族相类似的社会化融合方法,巴尔的摩-伦敦,约翰·霍普金斯大学出版社,2000年,第9—12章:"成年期评估:少年与性别"、"亲族关系与年轻贵族"、"政治成年期",以及"低级贵族:贵族单身汉",第185—256页。

荡,很容易受到鸡奸者和妓女的引诱。多明我会修士锡耶纳的贝纳尔丹巡回布道,对父母不好好管教孩子的行为进行揭露,谴责他们甚至当着自己孩子的面拉皮条,还穿上优雅的衣服吸引年长男人的注意,就是为了靠后者的保护,整个家庭才不愁吃穿①。年轻人的同业会和举办典礼仪式的组织因而就有了另一层目的:保护他们的贞洁,或至少使自己的性取向保持正常。

文艺复兴时期的意大利甚至想通过集体仪式来削弱邻里之间的团结性,以便使宗教与世俗同业会得到更好的发展。与此同时,阿尔卑斯北部地区的团体也在尝试关注各类特殊的职业,组织成呢绒同业会、弓箭制造同业会或匠人同业组织。与此现象相平行的是,自发形成的团体也在以另一种方式确保年轻人的社会化顺利发展。按年龄段组成的群体会与邻乡乡民以及当地社区成员聚在一起,参加颇为流行的鼓噪仪式,这种喧嚷吵闹的讽刺性游行活动一般是围绕婚礼喜庆、违反通行夫妻道德的行为组织起来。此种喧闹的仪式在托斯卡纳和意大利中部地区叫做晨曲(mattinata),在皮耶蒙特叫做"赞巴里"(Zambramari),在英国则叫做"喧嚣小曲"(rough music)或"骑驴游街"(skimmington ride),它能在婚礼上调动一大批年轻人,而邻村的穷小子们也可让新郎新娘喝酒,祝他们健康,若后者喝得太少,他们就会唱难听的小夜曲起哄。

然而,大众对婚礼的裁定权只不过是欧洲旧制度时期年轻人群体的传统特权而已。年轻人同样也负责与谈恋爱和五月节庆相关的游戏。甚至夫妻关系若逾越了社区的规范,也只得听任年轻人的摆布,而且受到了全村乡里的支持。1563年,就有个泼妇和她逆来顺受的丈夫被戏弄了一番,有个男人扮成穿裙装的丈夫,被另外四个男人扛着,旁边还跟着一大群吹着风笛、敲着鼓的喜气洋洋的人群。这群人被二十把火把照得透亮,还让这对夫妻唱歌来活跃气氛②。

---

① "鸡奸"是四旬斋布道时的主题,1424年贝纳尔丹就在佛罗伦萨的圣十字教堂进行一系列布道,谴责种种骄奢淫逸的罪孽。迈克尔·洛克:《15世纪托斯卡纳的鸡奸者:锡耶纳的贝纳尔丹的观点》,见肯特·杰拉德与格特·海克马主编:《追捕鸡奸行为:欧洲文艺复兴与启蒙时代的男性同性恋》,纽约-伦敦,哈林顿·帕克出版社,1989年,第7—31页。

② 关于鼓噪仪式以及大众裁定仪式的书目浩如烟海。经典人类学史著作,可参阅娜塔丽·泽蒙·达维:《暴政的理由》,见《法国近代前期的社会与文化》,斯坦福大学出版社,1987年,第97—123页;马丁·因格拉姆:《英国近代前期的骑驴游街、喧闹小曲和讽刺小曲》,(转下页注)

那些违反此种等级制、悖逆分配好的两性角色或违背性实践调控规则的行为,就这样遭到人群、小伙子们和孩子们(男孩)的羞辱和惩罚,这些人这么做其实就是在模仿年纪比他们大的人的做法。我已经解释过此种集体行为的周期性之所以如此密集,乃是因为女性就业市场呈周期性增长之势,她们纷纷要求获得相对的独立性,而男性在面对这一切时觉得不安全的缘故①。不管是由何种状况诱发鼓噪仪式,反正这些戏剧化仪式就是刻意要显得荒唐,让人觉得耻辱,如此方能强化社区的道德律令。这些喧杂的仪式扩展至整个西欧,使用某种通用的象征语言,其意义甚至绵延至 20 世纪初。

2) 引诱仪式与婚前性行为

有人描述过引诱仪式,提供了大量这些场合的信息,在这些场合中青少年可在"合法的"夫妻关系之前有性活动。由民事或教会法庭处理的婚约破裂的案例也有这样的叙述,宗教人士或道德改良人士,甚或还有被当地习俗逗乐的观察者所写的各类故事亦曾作过此类描述。人口登记簿会记录婚前怀孕和非婚生孩子的出生情况,这同样会给出统计数据,多亏这些数据,我们才能判断婚前性行为的状况。这些资料来源表明同一社会阶层的适婚者之间大部分婚外异性性行为或有可能和婚前性行为一样存在。婚姻期间怀孕频率恰与非婚生孩子的出生频率一样,这毫无疑问表明了经常发生性行为并不会走到婚姻这一步。结婚率与非婚生孩子的比

(接上页注)见巴里·雷伊主编:《英国 17 世纪的流行文化》,伦敦,劳特利奇出版社,1988年,第 166—197 页;爱德华·帕尔默·汤普森:《喧闹小曲》,《共同的习俗:传统流行文化研究》,纽约,纽迪出版社,1993 年,第 8 章,第 467—538 页;雅克·勒高夫与让-克洛德·施密特主编:《敲锣打鼓仪式:在巴黎组织的圆桌活动(1977 年 4 月 25—27 日)》,巴黎-纽约,法国社会科学高等研究院出版社/穆顿出版社,1981 年。关于旧制度时期对流行文化的压制,可参阅彼得·伯克:《欧洲近代早期的大众文化》,纽约-伦敦,哈珀火炬丛书,1978 年;罗伯特·缪尚布莱德:《法国近代大众文化与精英文化(15—18 世纪)》,巴黎,弗拉马里翁出版社,1978 年。

① 这是戴维·恩惠当的论题,他论述了 1560 至 1650 年间英国男女之间普遍具有的不安定感,并以强制浸水以及其他羞辱妇女的仪式以资佐证。戴维·恩惠当:《严管出成效:英国近代早期父权制权威的强化》,见安东尼·弗莱彻与约翰·斯蒂文森主编:《英国近代早期的有序与无序》,剑桥大学出版社,1985 年,第 116—136 页。

率在整个旧制度时期仍然是成比例的。无论是已婚妇女,还是未婚妈妈,生头胎孩子的年龄段都是相同的,这说明了之所以会有大量非婚生孩子,都是关系骤然结束导致的①。

欧洲旧制度时期特有的交往模式是什么呢?英国直到17世纪中叶,法国直到18世纪初,意大利直到18世纪末,有闲阶层年轻人之间若是互献殷勤,那通常就是在正式谈恋爱,若要达到亲密程度,那这段时间还太短,也不甚重要。这样便有两种可能性。第一种情况,年轻男女的父母亲朋会为之挑选配偶,此时通常会借助于职业红娘,之后才会细致地评估该候选人的家庭地位和今后的财务状况。若首轮筛选的结果令人满意,两名候选人的家庭以及支持他们的"亲朋"之间就会初步达成一致,进而处理双方的财务状况。于是在这对未来将要结为夫妇的男女双方尚未有进一步发展之前,可安排他们见面,看他们彼此之间是否属意。若没人提出强烈的异议,他们一般都会同意彼此结合在一起,这表明他们信任父母的良好判断,要不就是屈服于父母的权威,不敢乱来:修订并签订婚姻合约后,就会安排举办隆重的婚礼。第二种可能性是,在有闲阶层中,主动权掌握在男方手中:若他对在公共场合,如在教堂礼拜或在舞会和节庆中遇见的女子感兴趣,那他就会接近其家庭及其朋友,以便对方同意他向女方求爱。若要同意这一点,女方家庭就得先期进行调查,确保未来的丈夫个人的人品和财务状况都没问题。此时,才能正式求爱,还要举行一连串仪式——这在整个旧制度时期日渐兴盛——,如送礼物,上门拜访,私底下交谈,写情书,表达爱意与矢志不渝的情愫。当然,处于该社会-经济阶层的恋人可不受监督地互献殷勤,泡温泉,去打猎或参加舞会,私底下发展进一步的关系。但归根结底,他们仍需获得父母亲朋的允准。在这种情况下,对财务问题和地产状况进行讨价还价和友好协商就成了恋爱行为中的收尾阶段,而非起头阶段②。

处于社会顶层的阶层,父母、家庭和朋友对孩子择偶总是抱很大的希望,这一点很难加以否认。父亲不满意,便可轻易剥夺儿女保持地位所需

① 乔纳·谢勒肯斯:《英国的求爱行为、秘密成婚行为以及非婚生育状况》,载《跨学科历史杂志》,第10卷,第3期,1995年,第435页。

② 劳伦斯·斯通:《不确定的结合:1660至1753年间英国的婚姻状况》,牛津-纽约,牛津大学出版社,1992年,第7—12页。

的钱财。然而在 18 世纪,英国稍早,法国和意大利稍晚,风靡各地的个人主义概念渗透至所有社会阶层。浪漫主义运动无疑也对父母对子女婚姻大事的控制权给了温柔一击,即便那些拥有良田万顷或名声显赫的家庭也未能幸免。除了父母和公证人的算计之外,年轻人的希望通常也总能被考虑,尤其是其他所有因素——如社会地位和财务状况——都被认为几乎与之处于同等地位的时候更是如此。

在"中等"社会阶层和乡村低级贵族内部,相比欧洲其他国家,英国人求爱的自由度更大,在其他国家,只有仆人、工匠、城里的工人和农民才拥有相对的自主权。在法国和意大利,对那些根本没有自由择偶权的单身男女而言,媒妁在整个旧制度时期起到了重要的作用。但大多数情况下,下等人和机械工人都有各种恋爱仪式,英国叫做"夜间求爱"或"不宽衣同床",法国特别是乡村地区则叫做"沼泽地区的热吻"或"同床不宽衣"①。此种习俗是指在女方父母默认或不知情的情况下男方在女方住所过夜。年轻恋人可在女孩卧室内的壁炉前,甚或是女孩的床上聊天度过夜晚。严格的规定管制着此种习俗,唯恐万一导致非法婚前怀孕。无论是意大利还是瑞典、俄罗斯,类似的实践在欧洲大部分国家都曾出现。不过,几乎无论何种情况,只有当着父母亲朋或某个教会人士的面交换婚约之后才能进入这样一个阶段,如此一来,即便尚未举办婚礼,年轻恋人也已在"上帝的眼中成婚"。在意大利,未婚夫妇可同吃同饮,甚至同床,因为他们已被视为新婚夫妻②。常被诟病为试婚现象的晚间谈恋爱使年轻人可探查彼此身体与感情上是否合拍,有时甚至在最终敲定不离不弃的婚姻之前即可确定对方是否有生育能力。1601 年,波尔多的法官阿雷拉克的让将这种实践活动称为"世上最奇异的风俗":"他们以试婚的方式娶妻。

---

① 让-路易·弗朗德兰:《年轻人性生活中的压抑与变化》,见《性与西方:态度与行为的演变》,巴黎,瑟伊出版社,1981 年,第 279—302 页。

② 关于恋爱与订婚仪式的书目很多。就大部分而言,都是在考证大众习俗,如特鲁瓦人无父母授权的婚约,同教会与国家反对这种允许年轻人在无父母同意的情况下缔结婚姻的行为之间发生冲突的研究文献。可参阅让-路易·弗朗德兰:《特鲁瓦无父母授权的婚约(15 至 17 世纪)》,见《性与西方》,前揭,第 61—82 页。关于意大利,可参阅达尼埃拉·隆巴蒂:《1700 年特伦托主教会议的订婚与婚姻规定》,见米凯拉·德·乔尔乔与克里斯蒂安·克拉皮什-祖伯主编:《婚姻史》,巴里-罗马,拉泰尔扎出版社,1996 年出版社,第 215—250 页。关于英国,可参阅戴维·克雷西:《出生、结婚与死亡:英国都铎王朝与斯图亚特王朝时期的仪式、宗教与生命周期》,牛津大学出版社,1997 年。

他们同床共寝之前也从来不会落笔签婚约,只有在和女方长期生活过,尝试过此种习俗且试探出田地是否肥沃,才会接受婚姻的好处。此种习俗与神圣的律令相悖;尽管如此,它仍在这个国家根深蒂固,以致他们宁愿抛开宗教,也要这样做①。"

甚至在夜间谈恋爱之前,其他许多受管控的游戏和接触也都很方便年轻人见面,让他们选择潜在的伴侣。在狂欢节期间的圣瓦伦丁节、五月的各种节庆,以及庆祝圣约翰节和丰收的活动中,仪式化的消遣活动使得年轻人可彼此结识、调情,从而再进入严肃的求爱阶段。比如五月会举办各种游戏和舞会,小伙子们会在日出之前把花束放在女孩家门前,向女孩大献殷勤。名声不佳的女孩或拒绝过求婚者的女孩同样会受到惩罚,她们家门前会被放上荨麻束和荆棘束②。与通过植物表达同样有说服力的是身体语言,它在求爱初期的恋爱行为中也起到了重要作用。若言辞缺位,那姿态动作也已足够:拧捏、用手摁、偷吻、假装打闹、扔雪球以及其他示好的举动,都是易于理解的简单的交流模式,可表明女方特别属意者为谁。布列塔尼的守夜聚会,第戎的钓饵聚会,托斯卡纳的夜间聚会:整个欧洲的乡村地区都有这样的聚会。年轻人在父母及邻人的注视之下,锻炼、谈天、欢笑、跳舞。求婚者可"偷走"对方存心掉落的纺锤,这样就能用接吻来弥补。法伊的诺埃尔描述了16世纪这样的一次晚会,他注意到"许多诚实可信、却又不拘礼节的行为都得到了允许③"。

"偷走"东西再归还、送礼物与收受礼物、拒绝或退还礼物这样的语言或多或少已成为恋爱过程中的普遍现象,甚至可在诉讼中用来当作婚约破裂的证明。赠送手绢、饰带、手套或纸币都伴随着情感的交流,可感可触地表达了求婚者的意图。关系终结也就表明会归还礼物,而或正式或

① 阿雷拉克的让:《学说汇纂》,波尔多,1601年,第243页,据克里斯蒂安·德普拉所引,《生活、爱情、死亡:16—18世纪的仪式与习俗》,比亚里茨,南方的土地与人出版社,1995年,第249页。

② 约翰·吉里斯:《1600至今英国婚姻中的风风雨雨》,纽约-佛罗伦萨,牛津大学出版社,1985年,第25—26页。

③ 法伊的诺埃尔:《厄特拉佩尔故事与演讲集》,雷恩,1603年,ff. 52 v°53 r°,据让-路易·弗朗德兰:《乡村地区的爱情(16—19世纪):法国古代的爱情与性欲》,巴黎,伽利玛-朱利亚尔出版社,"档案"丛书,1975年,第121页。

秘密的订婚仪式通常都会奉上传统所要求的象征性的物品,如戒指、发箍、徽章,甚或一笔钱。

恋爱行为当然是基于彼此属意的基础上的,而且以两个主要参与方之间的某种权力游戏为前提。女子的荣誉处于紧要关头:她必须事无巨细地算计自己走到每一步会得到何种好处,而不用冒显得"表面贞洁、暗地淫荡"的危险,也不能冒情感表露过多的危险,尤其是在拿到公众认可的婚约之前切不可拿自己的贞洁当儿戏。此外,求爱的规则与仪式对女性来说也有特定的意义:恋爱交往在女性的生命周期中代表着某个时刻,这样的时刻很少,女性需施行某种决断力,享有某种自主权①。获双方同意的恋爱交往亦使女性拥有了某种地位和角色,将之置于比求婚者更高的位置,她可在此种暂时优越的处境中获得男方的注意,收受他们柔情蜜意的情书,听取他们低眉顺目的请求,并作出回应。从她们在受控背弃婚约的诉讼中说出的那些模棱两可的搪塞推诿之辞来看,可见女性似乎同样熟稔那些既含有习俗意味又含有法律意味的契约条文,正是这些条文管控着他们的交往和订婚仪式。她们握有弱者和无能者的武器——狡猾,驾轻就熟地利用熟人相知,以使她们所择的配偶得到承认,或对他人的选择提出异议。

不过,就算亲密程度、情感表达与身体上的亲昵表示获得了进展,这也不见得是令人期待的幸福时光,反而有可能会引起麻烦。恋爱交往会发生变化,令人焦虑不安,甚至是绝望,在这种情况下女孩就会与某个自己不爱的人结婚,要不就心急火燎地等待人们觉得与她不般配的候选情郎出现。况且,订婚期亦可延长,以使年轻人安排好自己的财务事宜,也可缩短,以免夜长梦多。所有这一切都会令人躁狂,即便最坚强的年轻人也不免如此。恋爱引起的身体不济在医学上的症状,医生都相当熟悉:爱欲忧郁症自 16 世纪起便成为医学特定的处理对象。雅克·费朗在其《论爱情或爱欲忧郁症的实质及其治疗》(图卢兹,1610 年)中观察到,爱情既是精神上的,也是身体上的疾病,它会同时损伤肝脏、大脑与心脏。出于

---

① 娜塔丽·泽蒙·达维:《16 世纪法国的界限与对自我的体认》,见托马斯·海勒、莫顿·索斯纳与戴维·维尔贝利主编:《重塑个人主义:西方思想中的自主权、个体性与自我》,斯坦福大学出版社,1986 年,第 61 页,与阿曼达·维克里:《绅士的女儿:英国乔治亚时期的女性生活》,纽黑文-伦敦,耶鲁大学出版社,1998 年,第 2 章,"爱与责任",第 39—86 页。

这个理由,须对此严以对待,因为爱情甚至可令人生命垂危①。17 世纪,医生理查德·纳皮耶就专治害相思病的男女。他的病人特别喜欢抱怨自己感情上的失落:遭到抛弃或背叛,或因母亲对自己渴求的婚姻横加阻挠而万分沮丧②。

3) 性入门与性学习

年轻人婚前该有什么样的性体验(与恋爱交往某些恋爱场合有关)呢? 家中的房间都由父母、子女和仆人共享,甚至晚上睡一张床,全家人都得在一居室或两居室这样有限的空间内干活、吃饭、睡觉,成年人之间的性活动不可能不被人发现。自中世纪到 19 世纪,大多数人的起居作息永远处于混居的状态,尽管教会对兄弟姊妹、父母与七岁以上孩子同床共寝持谴责态度。1681 年,格勒诺布尔的主教大人卡缪断言:"魔鬼通过剥夺孩子身体的贞洁,从而使孩子失去灵魂贞洁的最通常使用的一种手段,就是父母与自己的孩子同床共眠这样的习俗……这时他们已开始知晓人事③。"家居建筑与室内空间发展史见证了富人与贵族家庭中卧室缓慢地分离出来的过程。仆人与其雇主之间距离的扩大,以及个人单独睡一张床,都表明了这一点。然而,这样的特权并非那些过不起如此奢华生活的社会阶层所能达到的。对仆人这样的社会底层而言,晚上杂处乃不变的法则。同一性别的佣人和孩子都睡一张床,即便宗教当局和医学权威部门对同性相处和早熟的性启蒙日益感到担忧也毫无办法。在这样的状况中,性的私密性对同处一个屋檐下的父母和已婚年轻人而言,几乎不可能达到。孩子长大后,已能明白(甚至可亲眼看见)性交这样的肉体行为。性关系若要避免被人窥视,就只能限于私下约会,尤其得走不合法的渠

---

① 雅克·费朗:《论相思病》,由唐纳德·A. 比彻与马西莫·恰沃莱拉翻译、编订,雪城(纽约州),雪城大学出版社,1990 年。

② 关于 Napier 及 17 世纪爱欲忧郁症的症状,可参阅米歇尔·麦克纳:《神秘的疯人院》,剑桥大学出版社,1981 年,第 88—98 页。关于女性在这方面特别弱势的状况,可参阅劳林达·迪克逊:《岌岌可危的贞洁:启蒙时代之前艺术与医学中的女性与疾病》,伊萨卡-伦敦,康奈尔大学出版社,1995 年。

③ 1681 年格勒诺布尔教区会议的教令,据让-路易·弗朗德兰所引:《古代社会的家庭、亲族、住宅与性欲》,巴黎,瑟伊出版社,1984 年,第 97—98 页。

道,如在谷仓、村里的小酒馆、紧锁的房子或租来的房间之类的公共场合里媾和,或在户外,如田野或牧场,镇上的公园或夜间的小巷。至于求婚者与其未婚妻之间的合法关系,若想受人尊重,归根结底就得在社区里保持某种程度的可见性。

　　孩子同样也会暴露在佣人和兄弟姊妹的私情面前。年轻仆人和男孩子之间的性幽会并不少见,特别是人们以为少年的精液又少又弱,因而不太会把女孩的肚子搞大。贵族们的回忆录中有很多描述父亲家里的女佣人使男孩了解性事这样的逸闻趣事,以致此种类型的小故事竟成了文学中的传统主题。这些孩子小小年纪便不再烂漫天真,可算早熟——十三四岁,竟而还有九岁、十岁的——这样的结果有时很糟糕,因为孩子会发展出长久的兴趣,婚后都会喜欢和女仆杂处,甚至于十岁便得了性病①。

　　当男孩长大后,权力的平衡便产生了移位,他们成了侵袭者,而女仆则成了牺牲品。尽管当时的伦理认为主人乃一家之主,可管束居住于其屋檐下的所有人,但我们仍可假定雇主也有权开发那些为他打工的人的身体——也就是有权让他们干体力活,有权享受他们的性服务。这项"权利"同样扩展至主人的男性后代和近亲身上。在 18 世纪普罗旺斯的"妊娠申报单"上可见平均 50％的主人同女仆间的关系都是由大中学毕业的小伙子(雇主的儿子、外甥或侄子)干出来的②。由于这些申报单只涉及到独身女性,她们未获得来自其引诱者一方的任何赔偿,故而我们某种程度上可确切地推测出这些司法文件所述的案例其实少了很多。更何况由于受到主人或者男方近亲的"关照",有孕在身的女仆完全处在他们的道德责任感的保护之下:人们必须提供生活必需品直至其分娩,拨出一笔钱用作孩子刚出生时的费用,或替年轻母亲找个令人满意的丈夫,于是她的名声就会自动得到修复。由于出身良好的年轻人同女仆结婚简直连想都不用想,所以年轻人之间的爱情只有在私底下进行才能得到容忍。再者,坚决要生下孩子的女仆或女孩在受教区保护或在当地法官面前陈情时,通常不会去指认她们的引诱者,这样做当然是希望只要不弄出什么丑闻,

---

① 西系・费尔查兹:《家庭敌人:法国旧制度时期的主仆》,巴尔的摩-伦敦,约翰・霍普金斯大学出版社,1984 年,第 174 页。

② 1727 至 1749 年间平均为 58.8％,1750 至 1789 年间则为 42.0％。西系・费尔查兹,同上,第176 页。

引诱者及其家庭就会给予物质上的好处。

所谓"游学"这样的文化培育之旅对精英阶层的男孩们构成了另一种性入门的机会，因人们希望他们能广结人脉，了解各种风俗。因而父母亲也都希望年少懵懂的儿子能遇到一位优雅的贵族女子，他们相处款洽，如此便可使尚不成方圆的孩子多了解点人情世故。但这样的学习也未尝没有风险。1776 年，年方十七的赫伯特勋爵造访欧洲大陆期间，家庭教师写信给他母亲彭布罗克伯爵夫人，暗示他们去意大利的行程得推迟一段时间，等她的被监护人变得成熟一点再走："我根本不想让他的激情在意大利被唤醒，因为他现在满脑子都是礼节，想成为有道德的人，他在那儿肯定会感到困惑①。"对英国和法国的年轻贵族而言，意大利代表了文化与艺术臻于完善的顶峰，尽管人们认为它那优雅精致的沙龙乃是千百种危险的根源。对英国的女贵族来说，巴黎则是个更受人尊敬的地方：无论是舞蹈，还是击剑，无论是学习建筑，还是造型艺术，那儿总能使人达于完美。但不管途经哪座城市，他肯定会饮酒作乐，常与妓女厮混。历史学家经常会注意到这样的情况，即游方四海的日记中详细记下的性交欢这样的文字早已被作者的后人因出于羞耻心而删改过了。

对所有的社会阶层而言，年轻男子与已婚女子的通奸构成了另一种婚前性体验的机会。这被认为是比较"安全"的解决方法，只要将两人媾和后怀上的孩子算作丈夫的就行，即便孩子是在丈夫离开或死去十个月后再出生也无关紧要②。但仍需找一个同意这么做的搭档，还需做得天衣无缝。通常对天性暴躁的年轻人来说，强奸要容易得多，特别是轮奸更容易。他们会选定一个因社会地位低下而不敢声张的女性当牺牲品，只要她冒冒失失去荒僻的地方，或平常生活不检点就能得手。

至于女孩和年轻女子，婚前性体验并不完全限于同雇主的儿子开开玩笑，或在正式的恋爱交往中打情骂俏。她们要么是被主人性侵过的女仆，要么是轻信许婚诺言、结果被始乱终弃的年轻女子，这些未婚女性无论处于何种性关系，都会遭遇两种风险：非婚怀孕和贫穷，然后沦为妓女，

---

① 西系·费尔查兹，同上，第 518 页。

② 林赛·布莱克·威尔森：《女性的疾病》，《法国 18 世纪的女性、江湖医术与职业女性》，博士论文，斯坦福大学历史系(UMI)，1982 年；参阅第一部分关于"孩子晚生"的内容。

这就是所有的后果。

婚前性行为会影响到所有的性关系,它要么在习俗允许的范围内进行,要么受迫成婚后以合法的方式进行,多亏有婚前怀孕方面的数据,这些影响都可算出来。只要孩子在公开举办婚礼以及在教区登记结婚前出生,就算是婚前怀孕。按照人口统计学者约定俗成的做法,可以说只要孩子在婚礼举办前八个月内出现在教区洗礼登记簿上,就可这么认为。婚前怀孕尤其可被归于这样一个事实,即成婚的过程通常需很长一段时间,这样就使年轻男女有了颠鸾倒凤的可能性,至正式成婚时,他们的关系就能臻至水乳交融的地步。然而,还有其他类型的婚前怀孕:当双方都未预见到会结婚时却被强迫成婚,以及出于偶然原因怀孕。面对既成事实,年轻男女的双方家庭、邻里、教区官员或当地法官可强迫他们结为夫妇,以维护社区的体面,避免乱发慈悲招致羞辱。社区内部,教区和周边地区都很团结,女性若同意与属同一社会阶层的单身人士发生性关系,尤其是还许诺成婚,那她们就会受到比较好的保护。1742 年,在皮耶蒙特的一座村庄,当地受人尊敬的本堂神甫及其侍从,还有父母及邻里都聚在一起,商议如何保护玛格丽塔·薇娜扎的名誉,这个年纪轻轻的女仆被另一个仆人多梅尼科·兰皮亚诺弄得怀上了身孕,但后者对成婚老大不情愿。女孩的捍卫者都揣着长柄镰刀和大头棒,把多梅尼科囚禁在一间房间里,说他如果不尊重自己的诺言,便必死无疑。死不松口的登徒子害怕有性命之虞,便同玛格丽塔互发誓言,主持人本堂神甫随后宣布他们结为夫妻,并说从此以后他们可同床共枕①。另一种婚前怀孕发生在一方欲迫使另一方成婚的情况中②。最后一种类型说明了在由订婚礼形成的恋爱交往期间也会怀上孩子。直到 18 世纪,在欧洲的某些地区,怀孕被视为是婚姻的先决条件:怀孕向各自家庭表明了小两口定会子孙满堂。显然,后三种类型的婚前怀孕很容易不受规定交往行为的契约的控制而成为

---

① 桑德拉·卡瓦洛与西蒙纳·切鲁蒂:《皮耶蒙特六七百年间的女性荣誉及社会对生育的控制》,载《历史手册》,第 44 期,1980 年,第 346—383 页。关于 17 和 18 世纪意大利特伦托宗教评议会对习俗婚姻的冲击,可参阅圭多·鲁基耶罗《结合之欲:文艺复兴末期有关魔法、婚姻和权力的故事》,纽约-牛津,牛津大学出版社,1993 年;达尼埃拉·隆巴蒂:《古代社会制度中的婚姻》,博洛尼亚,伊尔穆利诺出版社,2001 年。

② 关于英国的强迫婚姻,可参阅劳伦斯·斯通:《不确定的结合》,前揭,第 83—104 页,"强迫成婚"。

"违法"行为,结果自然便会多出许多非婚生的子女。

年轻人的青春期和通过婚床合法疏通性欲之间的时间段愈来愈长,在这期间,他们总得想办法减轻体内的激情或激情导致的症状,而婚姻习俗只不过是回应感官欲望的可能的解决办法而已。但在整个这段时期内,婚姻已注定成为受官方允准解决性欲的独有的"核心场地"和主要手段,有鉴于此,旧制度时期的教会——天主教和新教——都试图借助对身体及其欲望进行规训来管控基督徒的意识。

2

成年期:婚姻与相关事项

双重标准,或曰 double standard,使人可对婚姻前的鱼水之欢做种种试验,同时又迫使女性将贞洁一直保持到结婚为止。然而,即便当恋人合法地结了婚,因而亦可合法地享受肉体关系时,性欲仍旧是宗教与医学所迫切关注的主题。

婚床甚至可成为"竞技场",在此竞技场中,教会是为了拯救灵魂,医学则为优生出谋划策。个体间最亲密的关系因而成了一个引来争议的场域,但需以教会与国家所谓的道德及人口论为主导。夫妻之间的性爱显然已成异性之间交合最为通用的形式。不过,婚外情、诱奸、强奸在旧制度时期的家庭中仍相当普遍,远比司法档案列出的数据要常见得多。同样,此处的双重标准也沉重地压在各色男女的行为和态度上,夫妻需在道德上严于律己,这并非他们预想中的那么容易①。

1) 夫妻在生育和肉体享乐之间秉持的态度

婚姻中涉及性关系的大部分禁条均与该体制的双重职能有关。一方

---

① 参阅凯斯·托马斯具开创作用的文章《双重标准》,载《观念史杂志》,第 20 卷,1959 年 4 月,第 195—216 页,以及贝尔纳·卡普驳这篇文章的论文《重论双重标准:英国近代早期的女性平民和男性在性方面的声誉》,载《过去与现在》,第 16 卷,第 2 期,1999 年 2 月,第 70—100 页。

面,生育众多健康子女乃是配偶间发生肉体关系的首要目标。另一方面,赋予人类弱点以合法的表现形式可使婚床变为预防淫荡之罪的场所。尽管圣保罗明言"结婚总比欲火焚身好",但夫妻"责任"这样一个概念——无论是天主教,还是新教——仍赋予了各方要求另一方遵守该责任的权利。然而,这一"责任"只是对夫妻性生活的规矩作出限定而已,因为无论是在宗教机构还是医学机构看来,在人类自然欲望的合理体现及淫乱放荡之间存在着绝对必要的霄壤之别。对西欧而言,异性性行为存在两个主要层面,各自处于判然有别的两个领域之内:第一个就是夫妻性生活的节制有度,必会使生育达到最优化状态;第二个是纵欲总会如影随形的激情之爱,狂热地结合在一起据认会使生殖力变得脆弱。

　　夫妻性生活受到各阶层对规范的所有讨论的制约。宗教上的规定通过布道宣讲,或通过告解这样的机会传递出来。医学上的建议则是口头作出,要不就是通过各类讲述"秘诀"的书籍和处方透露出来,再不然就是通过对生育行为和女性生理提供建议传达出来,无论是医学普及读物还是专家论著,里面都会提出这样的建议。除了关于调控夫妇性生活的种种理论上的条件之外,还有物质上的条件:在某些季节,身体必须做出某些牺牲,因为农活得日出而作,日落而息,所以很少有精力去发生性关系。也有夫妇会暂时分离,如一方去朝圣,随船出海,或上前线打仗。除去直接对夫妻性生活限定之外,同样也有天主教会在某些确定的日子要求人们禁欲的提议,如礼拜日、圣日和斋戒日,四旬斋——16 世纪总共是 120到 140 天。这时候不可举办婚礼,特伦托公会议(1563 年)规定的节日期间也不行,就是指圣主将临期(五到六周),复活节期间的圣日和四旬斋时的六星期。尽管这期间照旧有性行为在宗教改革和反宗教改革之后已不算什么大罪,但出生登记簿显示西欧的人口——甚至在新教地区——仍倾向于尊重这些约定俗成的禁欲时段①。在中心城市,怀孕周期似乎差不多都是以每年"官定的"时间来安排,尽管在乡村地区,还有周期性的季节性农活也阻碍了夫妻性生活,使得无论从婚姻登记还是怀孕记录上来看,人口登记簿上都出现了意味深长的下降趋势。比如 18 世纪在法国的

---

① 　弗朗索瓦·勒布伦:《旧制度时期的夫妻生活》,巴黎,阿尔芒·科兰出版社,1985 年,第37—38 页。

克吕莱，七月中至八月中收割小麦或其他谷物的农忙时节人们极少会举办婚礼。相反，在像翁弗勒尔和诺曼底的贝桑港这样的海港，七、八、九月人们会举办大量婚礼，这时恰好处于两个捕鱼（鲭鱼和鲱鱼）季节之间。此种季节性变化在欧洲整个乡村地区都可见到，只是随港口和乡村、谷地和山区，随何种收成或各个地方的其他活动的不同而不同。

习俗中的迷信和禁忌也对一年一度妊娠和生孩子这样的周期产生了影响，受影响最大的主要是婚礼。人们以为结婚最好避开五月，因为在这个专奉圣母的月份娶妻会冒被老婆管束的风险①。狂欢节期间，同样不要怀孕，因为怕在这样愚蠢的传统节日期间生出来的孩子也会有点疯疯癫癫。反之，春季则总是人口出生高峰，无论城市还是农村都是如此。每年这个时期无论是婚内还是非婚内怀孕人数的增长，照医学权威的解释，都是基于这样一个事实，即气候温和的这几个月份乃是特别适合生育的时期。夏季的酷热会使子宫冒加热的危险，会使之达到放荡淫乱的温度，而那团"火"会使人不育。此外，所有权威人士都在说夫妻性生活需节制，他们对性生活的频率（通常是以双方的年龄来计算，年轻人每周性生活可以更多）提出建议，他们还要人遵从摄生法，比如"热性的"食物和香料，如红鲻和胡椒像春药，但会有危险，尤其是再多喝葡萄酒的话，就会有避孕的效果②。

"婚姻贞洁"这一原则表明要对性欲实行严格的控制，不仅是宗教当局，而且医生和人文主义者、论述婚姻的作者也都在这么宣扬。照这些当局人士的话，配偶间的性关系应该节制、受控、以生育为宗旨。同样，尽管某些医生和教会人士允许妊娠时发生性关系（以避免丈夫在他处找乐子，最终堕入罪孽之中），但仍有很严格的共识：夫妇应该在某些时段——例假、妊娠和哺乳时——完全禁止性关系，因为女性在此种身体状况下根本没有这方面的欲求。

此外，人们还认为哺乳和妊娠是不相容的两个功能：无法想象女性在

---

① 弗朗索瓦·勒布伦并不认同这种解释，他认为这个月份的圣母玛利亚崇拜只是到了19世纪才变得重要起来（同上，第40页）。然而，直到目前为止，对该禁忌仍得不出任何其他解释。17和18世纪，主教和其他教会代表便常持此说。

② 关于通过控制性欲达到摄生效果，可参阅艾伦·格里柯：《意大利（14至15世纪）的社会阶层、食物与想象中的营养》，博士论文，巴黎，法国社会科学高等研究院出版社，1987年。我在此感谢艾伦·格里柯，他证明了这些涉及性关系的营养处方在16与17世纪仍很常见。

喂奶的同时还能怀个孩子。在人们的想象中,乳房和子宫彼此紧密相连,乳汁只不过是提纯了的经血而已。从这个观点看,完全不可能在两个孩子中间分配养料:俩孩子要么同时生病,要么一道夭亡。这种根深蒂固的想法毫无疑问因有观察经验的佐证而得到加强,这不仅关涉到婴儿和胎儿的健康,也关涉到母亲的健康,因为旧制度时期欧洲的大部分人口长期以来都很缺乏维生素,营养不良①。而且,哺乳时发生性关系据认会"毒化"乳汁,使之口味很差,例假以及妊娠也都被认为会减少乳汁的营养价值。

例假来时发生肉体关系相当成问题,因为医学界认为在整个这段时间,经血很容易成为有毒之物。尽管渊深的医学理论开始仅仅将经血视为某种排泄物、无法消化吸收的排出的废物,但人们仍普遍相信通过每月一次有毒的经血可令人发现女人有多么低下,相较男人她在原罪中所负的责任更大。承认生育和例假之间存在某种关系的看法还很不清晰:人们观察到动物怀幼崽时都会发热,因此他们以为人类也是在女性来例假时才能繁殖。可这一"腐朽的"自然之物据认会对此时怀上的孩子大有害处。魔怪就来自于这种不良的性关系。例假来时怀孕遭到《圣经》②以及所有医学权威的禁止,这样做僭越了深层的文化禁忌。因此怪胎、畸形或体弱多病的孩子都是他们的父母不负责任的可见标志。

此外,后代不完美也可归结于交合时姿势"不正确"。就生育而言,唯一合理的姿势乃是身体伸展开来的姿势,女人躺着,男人在上,此种态度不仅产生了性的等级,也强化了文化上的信念,即男性的"活动能力"更强,与女性的"被动性"正好相反。因而,双性人的出现除了其他几种可能的原因外,也可归结于男女颠倒了"正常"姿势之故:女性取了上位。同样,怪胎的出生也被认为是"像动物那样"疯狂地交合,要不就是"性欲过剩"的缘故③。

---

① 关于近代初期欧洲食物营养与人口关系史的两种不同的进路,请参阅托马斯·迈克温:《现代人口的增长》,伦敦,爱德华·阿诺德出版社,1976 年;马西莫·利维·巴奇:《人口与食物营养:欧洲人口史论》,博洛尼亚,伊尔穆利诺出版社,1989 年。

② 尤其在《利未记》15,19—23。关于分娩时造成的不洁,可参阅《利未记》12,2—6。

③ 关于这个主题,可参阅奥塔维亚·尼科利:《"月经与怪胎":16 世纪怪胎和经血禁忌》,载《历史手册》,第 44 期,1980 年,第 402—428 页,玛丽·加鲁奇英译,英译名为"Mestruum quasi monstruum":monstruous births and menstrual taboo in the sixteenth century,见爱德华·缪伊尔与圭多·鲁基耶罗主编:《历史视角中的性与性别:历史手册选辑》,巴尔的摩-伦敦,约翰·霍普金斯大学出版社,1990 年,第 1—25 页。

自 16 世纪盖伦的医学理论至 18 世纪末医学-法律的论著止,女性性高潮都被认为是成功生育的过程中必不可少的一个条件。据认为这样能释放出女性的"胚芽",在与男性的胚芽相混合后,就能形成一个完美的孩子①。不过,性高潮中阴蒂的作用并未被完全理解,虽然它已被承认为是"女性的愉悦点"。雷阿尔多·科隆波 1559 年宣称自己发现了这个器官,但与单性解剖论的观点完全相同,他认为阴蒂就是男性的阴茎②。女性身体的这一构造相比男性并不完美,但在提升女性性快感的原则中还是起到了作用:女性难道不是希望能像对方,即便更为完美的男人那样合理合法地享受鱼水之欢吗?若男性伴侣在她尚未达到性高潮时便射精,那人们便会认为她肯定非常希望通过刺激自己来减轻压力,释放生殖器官淤积的体液和滚烫的情欲,若非如此,就会对健康有害。

夫妻性行为的主要目标当然是生育。只有父母的欲望才能决定孩子的性别。男孩——继承人——比要给嫁妆的女孩好(即便进入修院),尤其是父母上了年纪后,责任最终总会落到儿子的肩膀上,因为结了婚的女儿就会离开家门。医学建议构成的流行文献与更为丰富的理论文本一样,里面都充斥着各种如何生男孩的处方:性行为后,女性应该朝右侧躺卧(人们以为子宫的左侧是生女孩用的),性行为时,丈夫则应扎住自己的左侧睾丸,只让右侧睾丸发挥作用(据认右侧可制造出生男孩的精液)。关于如何生育的夫妻指导手册和流行论著针对的是那些想要对生孩子了解更多、负起责任的读者(无论是中间阶层还是有闲阶层都是如此),于是这种题材自 17 世纪起,便在英国、法国、荷兰和德国广获成功。针对广大公众所写的论著,如《助产士实践全书》(伦敦,1659 年),就提供了各种猜测胎儿性别的方法;普及化的各类选辑,如尼古拉斯·威内特的《夫妇之爱图解》(巴黎,1686 年)也被翻译成欧洲各大语言,在整个 18 世纪一印再

---

① 若需全面了解近代初期有关生育的医学理论,可参阅伊夫林·贝里奥-萨尔瓦多:《一具身体,一种命运:文艺复兴时期医学中的女性》,巴黎,奥诺雷·尚皮翁出版社,1993 年;皮埃尔·达蒙:《巴洛克时期的生育神话》,巴黎,瑟伊出版社,1981 年。托马斯·拉克尔:《造爱:希腊人至弗洛伊德以来的身体与性别》,剑桥(马萨诸塞州),哈佛大学出版社,1992 年,该书认为亚里士多德的单性论一直存活于 18 世纪的大部分时期内,并与两性生理上具有不同身份的理论和平共处。

② 科隆波接替维萨里成为帕多瓦大学解剖学教授。参阅雷阿尔多·科隆波:《论解剖学》,威尼斯,1559 年。

印。其中大部分文本都将性行为描述为保存且增殖人类这一神圣规划的一部分，且都断言肉体快感对确保生育行为成功而言既是自然，也属必须①。因此，流行的医学建议也在 17 与 18 世纪恋爱成婚的发展中起到了中心作用，尤其是它支持了一个日益增强的信念，照此信念，彼此爱恋为前提的婚姻只会生出无数健康的……男性子嗣。

现实中，一对夫妇自结婚至绝经之间的十五或二十年间究竟能生多少个孩子？自然生育——除了例假、妊娠和女性坐月子卧床休息的三四十天时间之外，不采取避孕措施，亦不禁欲的情况下——生孩子的间隔期为十二至十八个月。这样的"自然"生育可举布里斯托勋爵夫妇为例，他们于 1695 年 7 月 25 日成婚，彼时新娘年方十九。布里斯托夫人 1696 年 10 月 15 日生了头胎，是个男孩，然后又于 1697 年 12 月生了个女孩，此后又继续生了一大堆孩子，到三十九岁上终于完成了当母亲的生涯，在二十年的婚姻生活中总共生了二十个孩子②。尽管如此，这么一刻不停地生孩子也只有请有乳母，以及分娩后一个月便与丈夫过性生活的女性才能做得到。由于认为动物奶不适合哺乳婴儿，故而所有母亲都得给自己的孩子喂奶。

对那些给自己孩子喂奶的女性，或对那些雇佣乳母的女性而言，她们认为哺乳会暂时降低生育能力，至少在哺乳期的整个时段内是如此。由于孩子自长出乳牙（差不多六个月大）起便开始逐渐断奶，这一阻断生育的自然障碍就明显不太重要了：夫妇们于是就可在禁欲和求助避孕措施之间做出选择。我们发现在女性给自己的孩子哺乳的家庭中有二十四到三十六个月的间隔期，这表明避孕措施已获使用，而通常使用乳母的有闲阶层家庭，其孩子出生数量明显呈周期性减少，这说明了某个假设，即这

① 关于各种生育手册，可参阅罗伊·波特：《展现代代相传的秘密：18 世纪亚里士多德的杰作》，见罗贝尔·马居班：《大自然的错误：启蒙时代未经授权的性行为》，剑桥-纽约，剑桥大学出版社，1987 年，第 1—21 页；罗伊·波特与莱斯利·霍尔：《生命真相：1650 至 1950 年英国性知识的创造》，纽黑文-伦敦，耶鲁大学出版社，1995 年，第 2 与第 3 章，第 1—90 页；玛丽安娜·克莱恩·霍洛维茨：《卵子发现之前的胚胎"科学"》，见玛丽林·波克塞、珍·凯塔尔特与琼·斯科特：《相连的球体：1500 年至今西方世界的女性》，牛津-纽约，牛津大学出版社，1987 年，第 86—94 页。

② 按照兰多尔夫·特隆巴赫的计算，布里斯托勋爵在其夫人二十年生育史中与夫人总共只过了十一年成功的性生活，参见兰多尔夫·特隆巴赫：《平等主义家庭的崛起：18 世纪英国贵族的亲族关系与家庭关系》，纽约-伦敦，学术出版社，1978 年，第 173—175 页。

都是中等和特权阶层的家庭为此特意规划所致的结果。约 18 世纪初，孩子死亡率的降低乃是因为对每个个体的孩子投入感情之故，是对生育策略作出的反应。过去尽管人们想生更多的孩子，也让某些孩子存活了下来（直到 18 世纪初，四个新生儿中仅有一两个孩子能活到成年），但到约 17 世纪末，有闲阶层家庭的父母才开始给予每个孩子以更多的关照。为维持社会等级所需的学养和奢侈生活要求一家之主认认真真地作出预算上的规划①。直到 18 世纪末，父亲养家糊口的能力可在家庭规模上得到体现，那时候富人又开始生很多孩子，其中某些人大部分孩子都活到了成年，因而对孩子教育的关注便不会因孩子早夭而空自浪费。

　　仅限于夫妻性生活、使用最多的避孕措施都有哪些形式呢？关于该主题的资料少得可怜，这是因为不管用何种技术手段，控制出生率仍被视为与神圣的戒律以及婚姻的主要目标相悖。虽然基督教道德学家公开揭露那种发生肉体关系时无论如何都要阻断怀孕之可能性的行为，但整个旧制度时期夫妻生育的人口曲线图倒是清清楚楚地表明避孕措施的使用已颇为广泛。不过，避免采用避孕措施的唯一"合法的"手段乃是禁欲。尽管有相当数量的夫妇，即便不算太虔诚，却仍旧内化了那种信仰，即没有生育的可能性却还要发生性关系这样的做法是完全要不得的，不过这样的意见还算不上规定。除却禁欲之外，中断性交的做法毫无疑问可算相当流行的技术手段。用这种方法的不仅仅有未婚夫妇和已婚夫妇，同样还有未经正式结婚的男女，布朗托姆在《风流贵妇》中所说的话可令人相信这一点，他在提及宫中贵妇的奸情时提到了这种实践方法②。人们把它说成是"俄南那样的罪孽"，只是到了 18 世纪初，参照《圣经》关于将精液排在子宫外的说法，这种行为才被看作手淫。结果，尽管采取了各种或多或少"合法的"预防措施，要是真怀了孕，也肯定会被打掉。秘诀、处方和大众医学之类的书籍里在在可见"致命的秘密"或"欺哄大自然的技巧"的说法，还有些要"让花朵闭合"（来月经时），让花朵"迟开"等说得模

---

① 关于人口变化表明英法两国不同社会阶层已使用避孕措施，可参阅让-路易·弗朗德兰：《家庭、亲族、住宅》，前揭，第 191—206 页；劳伦斯·斯通：《18 世纪英国的家庭、性与婚姻》，纽约-伦敦，学术出版社，1978 年，第 173—175 页。

② 布朗托姆承认这种实践方法主要出现在有奸情的人中间，而成了婚的人则对此持绝然谴责的态度。参阅让-路易·弗朗德兰：《家庭、亲族、住宅》，前揭，第 210 页。

模糊糊的处方。助产士和医生建议女性洗温水澡、适度做运动，以这种间接的方式来做掉胎儿。上流社会的贵妇如果认为怀孕来得不是时候，似乎毫不犹豫地就会采取这些方法。1725 年，卡罗琳·福克斯夫人给在贝斯的丈夫的信中，说经过两次相距很近的生产之后自己要去养身体。由于害怕再次怀孕，她向丈夫描述了自己流产的方法："我对你一点都不满意，"她写道，"我昨天吃了药，满心希望能打掉孩子，尽管忧心忡忡，但我还是抱着很大希望。"到了次日，她又向丈夫写信，充满了成就感："我不再怀孕了（我是不是很有办法）①。"

另一些避孕方法更机械化。阻塞阴道——用的是蘸满了醋的海绵——和使用保护套无疑早在 18 世纪前就已得到应用，但人们通常将它与不合法的性行为相连。法国有名的有"外套"或"英国斗篷"，英国则有"法国信"，这种保护套用亚麻或羊肠制成，长达 18 到 20 厘米，用绿或红的丝带系住（18 世纪末的几件样品上甚至还装点了色情图案）。随着 19 世纪初橡胶的引入，这些不舒服的材料变得过时。这种主要用来预防性病、其次才是为了避孕的避孕用具大部分仅限于卖淫和通奸时用。

女性有道德与宗教责任让丈夫进入自己的身体，因为拒绝他使用合法的方式来减缓压力只会使其去找外遇，在这种情况下，妻子就得对丈夫的性放荡负责。这表明女性很少能做到不怀孕，除非她们的丈夫愿意采取避孕措施，如中断性交、口交、互相手淫或肛交，除非使用阴道塞物或服避孕药这样的规避手段②。妊娠的风险众所周知：十个女性中有一个会死于分娩或产后发热引起的并发症；对急需生育自己孩子的男性而言，不停地结婚成了不变法门，尤其在 15、16 和 17 世纪。1530 年，纪尧姆·维索里斯已结了五次婚：我们对他的第一任老婆一无所知，但第二任让娜·乌东是在 1523 年 4 月 9 日生产的，过了一个月后就死了。维索里斯又于 1523 年 7 月 15 日娶了第三个老婆洛伊斯·巴杰罗娜；她于 1524 年 6 月 8 日分娩，九天后就死了。第四任妻子是伊萨波·加洛普，她于 1526 年 6 月 7 日与维萨里斯成婚，十个月后身故，无疑也是死于分娩。1530 年，维

---

① 兰多尔夫·特隆巴赫：《平等主义家庭的崛起》，前揭，第 172 页。

② 关于欧洲近代初期的避孕及流产状况，可参阅安格斯·麦克莱伦：《古典时代至今的避孕史》，佛罗伦萨，巴兹·布莱克维尔出版社，1990 年；约翰·里德尔：《古代世界至文艺复兴时期的避孕和流产》，剑桥（马萨诸塞州），哈佛大学出版社，1992 年。

索里斯的日记戛然而止,此时他已在五年内娶了第五任妻子,但一个孩子都没留下①。

妻子与母亲因难产而死的状况,既是由鼓励生育的意识形态,也是由基督教对夫妻责任的信念导致,但到 18 世纪初形势发生了转变,夫妻性行为也有所改变,夫妇间对避孕措施的使用亦得到了发展。情感化个体主义的飞速发展、在孩子身上投入更多的感情和金钱、丈夫日益担忧妻子的健康和舒适,已成为家庭内部怀孕及生产减少的主要原因之一②。除了那个时代特别是法国和英国中等及有闲阶层家庭有意树立起这样的规划之外,"自然"生产的职能似乎已愈来愈同"自然"(从而也是良好的、令人渴求的)快感这一原则同一。从由那个时代的小说传播开来的夫妻幸福观来看,这些观念逐渐与其他(罗曼蒂克的)想法不谋而合,它们创造出了一种婚姻、爱情与性和谐三不误的氛围来。所有这些因素毫无疑问都促使已婚夫妇用相对自主的方式来管理自己的生育,而不再去理会宗教和道德令人压抑的无理要求。

2) 流行的杂居方式和贵族的放荡

在英国和法国,只有上层等级才会继续讲究门当户对的婚姻。力求配偶间和谐相处在阿尔卑斯山北部地区的中等及有闲阶层中间愈益成为可资实现的目标。反之,在意大利,贵族、职业阶层和商人直到 18 世纪末仍维持着约定俗成的婚姻观。那儿的贵族精神将通过创造出某个文质彬彬的陪伴者,即陪侍骑士(或曰 cicisbeo),发展出一套特别的策略以满足社会需求及夫妻间的情感(甚至性方面的)需求。

所有那些描写这一习俗的人、到意大利找乐子的游客或令人反感的道学家,都对贵族这些残酷的婚姻策略起到了始作俑者的作用,使得年纪稍长的男性不得不同他们父母挑选的伴侣共同生活,而年纪轻的则不许结婚。当时的观察者试图将这种实践方法视作某种以文质彬彬的方式勾

① 让-路易·弗朗德兰:《家庭、亲族、住宅》,前揭,第 209 页。另一个不停结婚的例子是由格雷高里奥·达蒂提供的,吉恩·布鲁克主编《文艺复兴时期佛罗伦萨的两本回忆录:布奥纳科尔索·皮蒂与格雷高里奥·达蒂的日记》,纽约,哈珀与罗出版公司,1967 年。

② 劳伦斯·斯通:《英国的家庭、性与婚姻》,前揭,第四部分"1640 至 1800 年封闭的小家庭"。

引女子的、"合法化的"通奸形式。教会人士对之大张挞伐,认为开这样的玩笑简直毫无意义,这会导致两性走得太近,铸成大错,和生性轻浮者跑去跳舞看戏没什么两样①。事实上,陪侍骑士同他的贵妇之间似乎很少有通奸关系。布罗斯的夏尔以法国驻威尼斯大使为例,他观察到只有约五十名有陪侍骑士(而全城约有五百名这样的骑士)服侍的贵妇会与这样的花花公子同床共枕;其他人则出于对宗教的尊重,与她们的这些心腹达成谅解:陪侍骑士只要不走到"本质性的那一步",就可做各种熟不拘礼的动作②。

　　就西欧其他地区的通奸现象而言,双重标准使男人有了更大的性自由,却严求女人保持贞洁,这种性自由继续统管着社会各阶层的婚外关系,但最上层的贵族阶层和王公贵胄是例外。总而言之,在旧制度时期的欧洲,丈夫犯下通奸或多或少地都被认为"正常",即便教会说这样做在道德上需受谴责。若丈夫在犯下这样的小过错时很是小心谨慎,不在情妇身上大手大脚花钱,也没有闹得家里鸡犬不宁,那理性的女人就应对丈夫的外遇不闻不问。女性通奸似乎极为罕见,这部分是因为女性的性名誉比起男性更脆弱(她们很容易失去),部分是因为家庭责任所系,照顾孩子和亲朋填满了女性的生活,只要得到社会首肯,她们就会心满意足,这便在某种程度上减缓了女性在亲近的家庭和朋友圈内寻找另类关系的想法。就女性而言,明目张胆的通奸通常是由于夫妻间长年累月形同陌路、殴打和谩骂、丈夫一而再再而三的不忠造成的。在 18 世纪中期和末期之间,在恋爱结婚成为流行方式的地区,女性对丈夫不忠的抵制相当激烈,对谩骂及殴打的宽容度也明显小得多③。

　　女性通奸很大程度上被视为是由丈夫的过错造成的,若他能满足妻子的性欲(使其"无暇他顾"),以适当的方式监管她的话,就不会这样。因

---

① 罗马诺·卡诺萨:《性的复辟:16 至 18 世纪的意大利性史》,米兰,费尔特里内利出版社,1993 年,第 109—110 页。

② 布罗斯的夏尔:《寄自意大利的家书》,布鲁塞尔,联合出版社,1995 年。关于陪侍骑士,可参阅马尔奇奥·巴尔巴里:《在同一片屋檐下:15 至 20 世纪意大利家庭的变化》,博洛尼亚,伊尔穆利诺出版社,1988 年[© 1984],Ⅶ.2,"丈夫与陪侍骑士";罗马诺·卡诺萨:《性的复辟》,前揭,第 6 章"陪侍骑士"。

③ 劳伦斯·斯通:《破碎的生活:英国的分居和离婚(1660—1857 年)》,牛津-纽约,牛津大学出版社,1993 年,第 XV-XVI 页。

而戴绿帽子的丈夫就会丢尽男子汉的脸面和名誉,而被控不忠的女性则会让丈夫和全家人蒙受耻辱、遭人奚落。1699 年,艾尔德盖特的斯蒂芬·西加尔报告说他妻子欺骗了他,和他的学徒工塔伦特·里弗斯有染,还说她怀了孕。人们认为他没能满足自己的妻子,于是他成了街坊邻里嘲笑的对象。有首讽刺性的小曲写的就是这件事,还有个男人在家门口戴了对角来羞辱他①。

杂居混处在以前的家庭里很常见,主人及其妻儿、学徒和佣人共住在常常很局促的空间内,这样很容易在雇主和女仆之间产生亲密的关系。主人对为其服务者的身体拥有"权利"成了此类极为常见的通奸的诱因。实际上,性诱女仆和嫖妓都是婚外性行为极其常见的形式。然而,雇主与仆人之间因这种关系最后闹到法庭上见分晓的比例可说是少之又少,因为求助于法律总是最后不得已使用的方法,通常都是因为女仆怀孕以及引诱者不愿承担责任引起的。怀孕大多数情况下都得到了慎重的处理。主人会说服女仆去指控她所在社会阶层内的某个人或某个男仆,安排妥当后好使女仆不再把孩子生下来,要不就付一笔生孩子和坐月子的费用。若她的雇主家境宽裕,那女孩还能得到一笔嫁资,主人还能为她找个夫婿。但仍需强调的是,主人与女仆间的性关系并不必然以怀孕或丑闻收场;害怕染上性病或动感情毫无疑问都会让许多男人避免发展全面的关系,故而仅满足于脱去衣服抚摸或彼此手淫②。

因女主人争风吃醋而丢了工作,或因怀孕而被辞退,有这样的风险,那为什么仆人还要同已婚的主人维持那种性关系呢?这样的性关系可因身心疲惫、工作劳碌而致烦闷或在社会生活中觉得孤独且受着种种限制而引起。主仆间的肉体关系同样也可因扣薪水或遭辞退、承诺物质补偿,或动了真感情而起。肯定的是,同女仆保持性关系的意图极其普遍,数不胜数的私人日记和回忆录都可资以为证。因为男女主人宽衣、穿衣,晚上

---

① 伊丽莎白·弗伊斯特:《英国近代早期的男性:荣誉、性和婚姻》,伦敦-纽约,朗文出版社,1999 年,第 70 页。

② 西系·费尔查兹:《家庭敌人》,前揭,第 165 页。关于仆人与其主人间的性关系,参阅上书,第 6 章,"主仆间的性关系",第 164—192 页;布里吉特·希尔:《仆人:18 世纪的英国家庭》,牛津,克拉伦登出版社,1996 年,第 3 章"女仆在性方面易受伤害及其性生活",第 44—63 页。

铺床,清晨唤醒,在私处捉虱子这样的工作都会交给男女仆人来做。即便仆人一开始不愿替雇主这么做,但他们在日常工作中仍会受到不停的骚扰,最终以停止抵抗收场。在一份由干农活的女仆泰蕾丝·鲁呈请的"怀孕申报单"上,女原告断言起初她对雇主得寸进尺的做法持抵抗的态度,但最终却委身相就,只是因为他是自己的主人①。

就妻子这方面而言,婚外情会受到丈夫的鼓励,因为丈夫就等着妻子不忠,好获得某种补偿。女性通过通奸来让自己的男人获得晋升的策略在宫廷中相当明显,但也同样出现于其他社会阶层中。塞缪尔·佩皮斯的日记对这种类型的互惠提供了珍贵的资料。我们发现日记中记叙了1660至1669年约五十则婚外情色交易的故事,其中大部分都与那些已婚妇女有关,而她们的丈夫则都与佩皮斯供职的事务所有着某种关系,而他曾出面为这些百依百顺的丈夫谋得职位或津贴②。

在那些首先因走得近、社会地位不平等,以及依附于某位恩主而促成的性关系中,同样也有乱伦的身影。家庭平衡受到猛烈冲击后,出于利益和便利之故,便会形成新的"乱伦"家庭。若有人有工作,就会重新构成实用型家庭,其中侄女或媳妇既可当女管家,也可当情妇,或为了不使全家遭殃,拖儿带女的寡妇也会同自己的连襟生活——同睡——在一起③。

除了通奸和乱伦外,游走于婚姻边缘的其他类型的非法性关系也可在司法档案中找到。通过承诺婚姻来强奸、私通和诱奸的行为丰富着暴力与贫穷的编年史。自中世纪末期至18世纪末,强奸主要被视为是一种侵犯所有权的罪行,因为女性的身体在其尚是处女时属于她的父亲,婚后属于丈夫,入修会后就属于基督④。若已达婚龄的女孩失去了贞操,那她在婚姻市场上的价值就会严重缩水,而若妻子遭到强奸,则其丈夫的荣誉就会备受责难。体虐和偷盗常与强奸联系在一起,比起性侵犯本身,通常

① 西系·费尔查兹:《家庭敌人》,前揭,第166页。

② 欲从性关系的观点来分析塞缪尔·佩皮斯的日记,可参阅劳伦斯·斯通:《英国的家庭、性和婚姻》,前揭,第552—561页,"绅士风度的性行为:个人历史"。

③ 在马丁·盖尔的故事中,可找到乡村地区这种"折中"类型的绝佳例证。只要能有助于家庭和村子,其身份就不会遭质疑;只有开始想侵吞其配偶家的财产时,这样的行为才会引起纷争。参阅娜塔丽·泽蒙·达维:《马丁·盖尔回乡》,剑桥(马萨诸塞州)-伦敦,哈佛大学出版社,1983年;法译本《马丁·盖尔回乡》,巴黎,拉丰出版社,1997年。

④ 参阅乔治·维加埃罗:《强奸史,14—20世纪》,巴黎,瑟伊出版社,1998年。

它们会受到法庭一方更多的关注,受到更严厉的惩罚。

对强奸的起诉向来与受害者的年龄和地位有特别的关系。奸污一个尚未到青春期(通常在十二至十四岁)的孩子会受到极为强烈的谴责,甚至会被处以死刑。强奸僭越了社会的界限,因为女性的社会地位高于强奸者,故强奸就得受到同样严厉的制裁。但在大多数情况下,司法机关都会与那些家庭合作,找出不太激烈的解决方法,以使受害者恢复名誉。15世纪中叶,威尼斯有个贵族佩雷格利诺·维尼耶强奸了极年轻的女贵族玛尔切拉·玛尔切洛。法庭作出的判决有着明显的和事佬意图。维尼耶得做出选择,是在牢里待一年,并向这女孩偿付 1600 杜卡托的嫁资(因为他的贵族身份,判决极其轻微),还是被迫成婚。维尼耶和玛尔切拉一家人选择了结婚,主要是因为侵犯者和受害者同属一个社会阶层。他们于1468 年 3 月 12 日举办了婚礼①。从社会的角度看,在社会地位相等的人之间实行强制成婚不啻是对强奸适婚女孩的一种解决方法,即便女孩没有怀孕,但在社会地位不相等的人之间发生强奸行为就会得到不一样的处理。1466 年,在雷恩附近,有个年轻的西班牙商人赫阿尼科·达比耶托在两个布列塔尼朋友的陪伴下,性侵了一个年龄只有约十二岁的女孩。受害者玛尔戈·西莫内是受人尊敬的画家的女儿。她当时孤身一人出城,徒步去邻城拜访已结婚的姐姐。这三个年轻人骑马而行,都呈微醺之态,从中"揩了油"。尽管犯罪行为很明显,且有证人作证,但判决仍很温和:法庭考虑到侵犯者和受害者之间社会地位的差异,判处强奸者向女孩父亲赫安·西莫内支付 30 布列塔尼金埃居,法庭认为这笔钱可添做小女孩的嫁资,重新确立她及其家庭的"荣誉",并在当地婚姻市场上"重获"价值②。

社会地位低微的妇女据认可成为那些社会地位优于她们的人轻而易举到手的猎物,甚至若她们不顾礼节赋予她们的道德庇护,还会受到社会地位更低的人的侵犯。比如小酒馆里的女仆就被认为和妓女差不多,所

---

① 圭多·鲁基耶罗:《色欲的界限:文艺复兴时期威尼斯的性犯罪和性生活》,牛津-纽约,牛津大学出版社,1985 年,第 106 页。

② 让-皮埃尔·勒盖:《中世纪时期的"强暴"案例:玛尔戈·西莫内强奸案》,见阿兰·科尔班主编:《历史上的性暴力》,巴里-罗马,拉泰尔扎出版社,1992 年,第 3—24 页;法语版:《性暴力》,巴黎,伊马戈出版社,1992 年。

以如果碰到醉醺醺的客人的话,她们的处境就堪忧了。她们有苦不能言,后者根本不把遇到的坚决抵抗当回事,可见这些醉客就是要达到集体性侵的意图。社会地位更低下的仆人和妇女也像小酒馆女仆或她们的农村姐妹那样,要是孤身一人走在城里的街上,也会岌岌可危,她们会在空荡荡的马路上遭到攻击。1768 年,步行去主人家的女仆萨拉·哈伯在切尔西到处可见的在建楼房内遭到两名水手的攻击。她被捆了起来,嘴里塞了块手绢,被两人强奸,还被掠去口袋里的四五个先令。十个月后,她把因这次不幸遭遇生下的孩子遗弃在了伦敦的弃婴堂里①。

强奸乃是文化的产物,其中女性不仅被视为比男性低下,而且被认为一来到这世上就是为了满足男性的需求,尤其当她们社会地位低下的时候更是如此。两性间以及各社会阶层间的关系就是这么一个基本的规则,从而导致强奸行为不太会受到惩罚:主人对女仆,士兵对流动女贩,地方贵族对村里的女孩。该规则同样表明除了法律程序之外,还得经常做出决定在涉及到社会地位不相同时用金钱做出补偿,或社会地位相等时使之强制成婚。此外,强奸很难获得证明。体虐受害者时在其身上留下的痕迹和证人听到的呼喊声都可用来证明使用了暴力,以及受害者的不愿合作,同时阴道破裂和化脓也可证明有实实在在插入行为的发生,尤其当传染上性病时更是如此。身体本身也因而成了外在的表征,受害者的美德也可得到彰显:女孩肉体上的瘀青、疤痕和伤口愈多,美德愈显,抵抗愈激烈,美德便愈坚固……受害者的道德正确性愈强烈,侵犯者的过错便愈确定。

强奸的法律地位如同偷盗或侵犯所有权之类的犯罪那样,在整个旧制度时期仍有着惊人的持续性。在法国,要到 1791 年新的法典出现之后,强奸才被判定为"侵犯人身罪",而非"侵犯所有权罪",这主要得归因于平等这一革命原则。尽管如此,控告所用的证据仍有赖于女性及可能存在的对其有利的证词;必须反驳明显存疑之处,即认为任何成年女性在违反其本意的情况下都不可能被强奸,女性只有在性行为中获得快感才会怀孕是"科学"的事实。在整个这段时期,以及直到相当晚近的某个时

---

① 兰多尔夫·特隆巴赫:《性与性别革命》,第 1 卷,《启蒙时代伦敦的异性恋和第三性》,芝加哥大学出版社,1998 年,第 283 页。

期,仍有许多人坚持认为强奸使受害者遭受的耻辱远甚于其所受到的侵犯。

怀孕申报表与教区济贫登记簿上写满了遭性侵和感情虐待的悲惨故事。常常是,社会地位低下的妇女遭到强奸后,"收受了"几个子儿,就可"证明"她们是妓女。偏听盲信的女孩刚从农村过来,当女仆,遭诱奸,再怀孕,然后被各种各样的雇主抛弃,贪婪的堂区居民又对她们紧追不舍,又被自己家人驱逐出门。非婚生子女的出生率比例奇高,都是女仆遭性诱后产下的:在 1676 至 1786 年间的朗格多克,75%非婚生子女都是女仆遭诱奸的产物,仅有 25%归因于婚约破裂或强奸①。在 15 和 16 世纪,被控是亲身父亲的男人会被视为有罪,尤其是在孩子出生期间,若因他而受孕的女子这么"声称"的话更其如此。有可能濒临死亡可确保她说的是实话,而不致去冒犯罪的风险。然而在 18 世纪,指控某个男人为非婚父亲的责任又重重地落在了女性身上,因为还得将女性是否真的"无辜"结合起来进行考量。因而证据应越详细越好,比如证词应该要能证明传统上的恋爱交往过程,要能确证结婚的意图,甚至还需展示恋人间互寄的书信。至于子女这一关,他们需找出是否存在推定的父亲与非婚生子女所共有的"自然"表征——如身体上的反常之处(如红棕色头发、怪异之处、先天畸形)。

在旧制度时期的欧洲,一旦提及之所以会有这么多非婚生子女的缘由,便众说纷纭。在 16 世纪下半叶,我们注意到非婚生子女明显减少,总体来说这得归因于新教与天主教宗教改革的影响,以及对性习俗的压制造成的内化。统计数据随后表明英国到了 18 世纪中期又出现了猛增,法国和意大利则是在该世纪最后二十年出现了此种情况。对之所以会出现这种复增,解释可谓数不胜数②。结婚人数的增长,多因工业化时代初期

① 玛丽-克洛德·凡恩:《奸情:朗格多克诱奸史(1678—1786 年)》,巴黎,国家科研中心出版社,1986 年。关于该主题,亦可参阅罗马诺·卡诺萨:《性的复辟》,第 13 章"通过承诺婚姻诱奸女孩";兰多尔夫·特隆巴赫:《性与性别革命》,前揭,第三部分,"非婚生子女与强奸",第 229—324 页。

② 关于近代初期英国和意大利非婚生子女现象,可参阅理查德·阿代尔:《英国近代早期的求爱、非婚状况与婚姻》,曼彻斯特与纽约,曼彻斯特大学出版社,1996 年;乔瓦纳·德·莫林主编:《无家可归:意大利弃婴与济贫的人口及社会模型(15—20 世纪)》,巴里,卡库西出版社,1997 年。对欧洲此种情况作出全面描述的仍是拉斯雷特等人的《私生子及其比较历史》,伦敦,爱德华·阿诺德出版社,1980 年。

年轻人的财富增殖之故。愈来愈多的婚姻是因交往,从而也是因机缘增多之故缔结的,这要比订婚导致的结婚多得多。有闲阶层的习俗也在变化,他们也越来越经常让最小的子女成婚;婚姻不再专属于指定继承人和长女。此外,男女首次结婚的年龄也在递减;交往的恋人年纪越来越小,这便增加了怀孕的风险。还不应忘记的是,许多人在谈情说爱,要么发展性关系,要么生活在一起,却无法结婚,这有各种原因,其中最常见的是对近亲结婚的限制、没有足够财力建立家庭、社会地位不相称,或休夫或休妻之后才能成婚。姘居和重婚这样的例子毫无疑问并不罕见,即便他们很少会闹到法庭。许多年轻恋人都与弗朗西斯·斯托雷及其恋人的处境相类似。两人都是佣人,约 1772—1773 年在伦敦相识,还承诺要结婚。孩子出生后,却又没有经济基础建立家庭,使他们处于艰难的抉择境地中。若母亲接受慈善捐助,且在堂区的作坊做工以养活孩子,那她不但会名誉扫地,还会找不到女仆那样的工作。这对年轻父母决定将两人的结晶遗弃给弃婴堂;他们发誓只要一有机会就成婚①。

确实,所有那些无法通过婚姻过上"合法"性生活的人也并不必然会独身一辈子。在想尽办法仍无法结婚的情况下,他们总是会重新过起"偷偷摸摸不合法的生活",那些生下私生子的女性就是这样,她们的孩子常常有不同的父亲,要么就是受到诱惑,跟其他人姘居,组成一家人。所有这些家庭都在实践此种类型的生育策略,一代一代重复着非法的婚姻生活。而贫穷迫使其他没有工作、无法结婚的年轻妇女过起另一种偷偷摸摸的生活,那就是给性明码标价,她们这么做就是希望能生存下去,直到有其他工作机会出现,对从中顺顺当当脱身而出的女孩而言,这样甚至还能使她们有打拼的可能性。

3) 卖　淫

正是对公共道德和社会机体的健康心怀担忧,才会导致性产业于中世纪末形成制度化。14 至 15 世纪末法国与意大利市镇的政府部门对大批独身人口——学徒工、工人、佣人——形成的失序状态特别不安,这些

---

① 兰多尔夫·特隆巴赫:《性与性别革命》,前揭,第 284 页。

人中的偷情者会使令人尊敬的市民们的妻女处于岌岌可危的地步。这些独身者饮酒、嬉戏、嫖妓，很可能会失去控制，干些令人不耻的淫乱勾当，像鸡奸便是一例。忧惧与日俱增：此种失序状态最终会使得上帝对所有城里人都大为光火。1415 年，佛罗伦萨的行政长官们不得不出资建了三家市镇一级的妓院，以便对独身者找乐子消磨时间的做法进行更好的控制，拯救城市的名誉，避免神圣的怒火。在朗格多克，自 13 世纪起便已拨地建妓院了。法国至 14 世纪末，市镇政府和皇室当局携手共进，以期使卖淫成为解决失序状态的办法。于是，市民们也要求能得到开妓院的执照，因为妓院能同时得到市镇厅和国王的保护①。

他们是这样的逻辑：把妓院推至某些特定区块，使之更易受控，而且在那儿工作的女人也会按照规定登记在册。为妓女提供住所，划定泾渭分明的区域用于揽客，并有屋子供他们从事性交易，这样做并未被视为大恶，尤其是得考虑到良家妇女有沦落风尘的危险。她们很有可能会因看见那些打扮入时的高级妓女而心痒难熬，那些妓女优雅从容的姿态和自由自在的行为会使涉世未深的小女孩也一心想过那种堕落的生活。市镇操办的妓院因而具有保护都市社会的职责，俾使大量妇女能受到控制，因为丧失贞洁会转变成社会失序的潜在根源。遭强奸、受引诱和被抛弃，怀着非婚生的孩子，贫穷和无亲无故，使大多数女性最终会以自己的身体去换一顿饭食、遮风挡雨的地方、衣服或金钱，这被视为是社会长期不安的构成因素。一旦失去贞洁，他们也便失去了跻身"正派"社会的权利；可见这样做再正常不过，因为她们已无贞操可以失去，她们可为那些吵闹不休的独身者提供得到授权的性的排泄渠道，保障"公共健康"；否则的话，那些独身者就会想方设法引诱"良家"妇女，更糟的是，他们还会试图在彼此

---

① 关于 15 世纪意大利和法国的卖淫，可参阅罗马诺·卡诺萨与伊萨贝拉·克罗内洛：《15 世纪至 18 世纪末意大利卖淫史》，罗马，萨佩雷出版社 2000，1989 年；塞莱娜·马兹：《15 世纪佛罗伦萨的娼妓与皮条客》，米兰，曼达多里出版社，"试金石"，1991 年；利亚·奥提斯：《中世纪社会的卖淫：中世纪朗格多克的妓院史》，芝加哥大学出版社，1985 年；雅克·卢西奥：《中世纪的卖淫》，巴黎，弗拉马里翁出版社，1988 年；吉多·鲁基耶罗：《色欲的界限》，前揭；理查德·特来克斯勒：《文艺复兴时期佛罗伦萨的女性》，宾厄姆顿，纽约，中世纪和文艺复兴文本与研究出版项目，1993 年，第 31—65 页，"15 世纪佛罗伦萨的卖淫：主顾与客户"。英国不像欧洲大陆，由市镇政府出资建妓院在那儿并未发展起来，参见卢斯·马佐·卡拉斯：《人尽可夫的女性：中世纪英国的卖淫与性行为》，牛津-纽约，牛津大学出版社，1996 年。

之间满足未能满足的欲望。

担心男人之间发生性关系一直以来都成了纵容卖淫的其中一个诱因。他们害怕积重难返的鸡奸者会丧失结婚生子的意愿。他们同样也会成为招致上帝怒火的罪人，因为鸡奸被视为最令人反感的反自然的一种罪孽。对道德、宗教和人口的关注合起来促成了中世纪末和文艺复兴时期市镇政府对卖淫的组织和推动。海淫海盗的举止行为和不良妇女从今以后就可局限于严格受限的区域内，这样方能保护城市其他地方免受暴力的侵袭，小酒馆和妓院里的那种不良生活就会导致这种暴力。此外，卖淫还鼓励异性恋，因而也潜在地鼓励了生育，这与不孕不育的鸡奸所造成的人口锐减的噩梦差得很远，同样也不会招致电闪雷鸣般的神圣怒火。

在 15 和 16 世纪初的欧洲，最终沦落至市镇妓院里的女性通常社会地位都相对比较低下。一旦过上这种生活，各种不幸就会接踵而至：失业的手艺人的女儿、受诱奸又被抛弃的农村女孩、找不到工作的女仆、被强奸的处女和没有生活来源的寡妇，她们大多数年纪轻轻就入了这行，也就在十四到十七岁，一直到约三十岁才出行。许多人都是因为天真，或是生活穷困潦倒的牺牲品，受到能立马过上好日子、不愁吃喝、衣着光鲜的诱惑，那些说得天花乱坠的人都是铁石心肠，是说服"良家"妇女过那种"堕落有罪"的生活的行家里手，所以那样的承诺显得特别靠谱。在另一些情况下，女性会直接到市镇当局那儿要求进公共妓院（那儿经常有一大串等着进去的人），以便能在城里住上几个月或几年，然后随市场的变化或有所成功后改换地方。在 15 世纪的佛罗伦萨，贞操处（Ufficio dell'Onestà）会对来自意大利半岛，甚至像低地国家、西班牙、法国、德国和波兰这样遥远的地方来的人登记造册。在法国和意大利，或多或少都有这样的专业机构。妓女需向妓院老鸨支付一部分所得的钱，才能有自己的房间，才能吃到三餐，有时甚至还会有内衣和衣服；她们常常还得向那些能给她们招徕顾客的男人——情人、丈夫或仆人——付钱。卖淫的制度化改变了妓女的地位：从偶尔通过性交易赚钱，变成肩负着挽救公共道德重任的职业女性。

此外，妓女也获得了社会的认同，获准参加都市举办的各种节庆活动。比如妓女比赛就是罗马狂欢节的一项传统娱乐活动，就像威尼斯交际花参加的赛船会：这些女人驾着贡多拉进行比赛，以博观众的开心。在博凯尔和阿尔勒,妓女会在圣灵降临节期间的抹大拉节参加跑步比赛①。即便在设有市镇妓院的城市里,也不是所有的妓女都在这类场合服务,公共浴室、小酒馆和私人住宅同样也会雇妓女。在整个欧洲,乡村妓女似乎也同样存在,她们自由活动,遍地开花。集市和市场开业的季节、朝圣途中、战场和农业工人的临时迁徙都会使穷困至极的妓女获得许多机会。寡妇、老姑娘和被抛弃的妻子构成了另一种范畴,她们在一文不名的时候会借助自己不可剥夺的主要资源——身体——来赚钱。同样,某些丈夫甚至在面对妻子的身体时,也会把它当作自己的所有物,以之作为轻松牟利的工具。最后,还有村子或居民区里的妓女,人数不算太多,通常都是寡妇,她们行事谨慎,故而在社会上尚能受到一定的尊重,她们一般是以肉体来获取报酬。在 17 世纪初的彭斯福德,有个已婚妇女就是以这种方式来服务社区的,她接待妻子因怀孕或生病暂时不便行房事的已婚男人,以及没有固定伴侣的单身人士,简直成了当地的牧羊人②。

巡回揽客的乡村妓女构成了某个相对同质化的职业人群,而在都市这样的环境中,职业的多样性很明显。在城市里,卖淫也有等级之分:最底层的是街头流莺,中间层级的是私人妓院的妓女,顶层则是优雅的交际花,侍奉的乃是社会精英人士。即便在 16 世纪市镇妓院关门——主要是因宗教改革期间严厉禁止肉体罪孽而采取的一项措施——之后,无数妇女仍靠卖淫为生,以迎合男人急不可耐的性欲。在 16 和 17 世纪的罗马,交际花之所以社会地位高,取决于其客户的社会地位。总而言之,正派的交际花(cortigiana onesta)——漂亮、聪慧、有教养——拥有各种才能,她们的生活水平同对其趋之若鹜的教会及贵族精英们不相上下。"正派的"交际花的职业精神要求她们具有一定的忠诚度,就此而言她们只能有一个情人,通常可维持较长的时间,从数月至数年不等③。最底层的都是又穷又老又有病的妓女,她们向学徒工和短工兜售自己的身体,就为了得到

---

① 利亚·奥提斯:《中世纪社会的卖淫》,前揭,第 70—71 页。
② 杰奥弗里·罗伯特·奎夫:《淫荡的村姑和任性的妻子:17 世纪初英国的农民和非法性行为》,伦敦,克鲁姆·赫尔姆出版社,1979 年,第 146—152 页。
③ 关于"正派的"交际花及其在文艺复兴时期意大利的社会与文化生活中的角色,可参阅乔琪娜·马松:《意大利文艺复兴时期的交际花》,伦敦,塞克 & 沃伯格出版社,1975 年;玛格丽特·罗森塔尔:《正派的交际花:维罗尼卡·弗兰科以及 16 世纪威尼斯的市民与作家》,芝加哥-伦敦,芝加哥大学出版社,1992 年。

一块面包①。在这两端之间，有许多女性，人们是通过或多或少比较委婉的字眼来定义她们的，如 cortigiana、meretrice 或 puttana。1535 年，松托萨的妓女朱莉娅·隆巴尔多获得了显著的成功：在威尼斯妓女指南《威尼斯妓女收费表》中她的收费排在最前列②。相反，罗马妓女穷鬼卡米拉在这一行的等级中排在稍后的地方：尽管客人都很受人尊敬，其中有一位绅士、两名商人、一个医生和一个船长，但她所拥有的交际花的名头主要是作讨好客人之用，而非表明她自己"有多受人尊敬③"。

迷人的长相并非交际花获得成功的唯一法宝。在这一高度竞争的行当中，聪慧、受过教育、有文学或音乐才能、能把人迷倒，在变幻莫测的社会中都是必不可少的品质。有的人颇具传奇经历，如名妓和女诗人维罗尼卡·弗兰科（1546—1591 年）在法王亨利三世逗留威尼斯时接待过他，还有艾玛·汉密尔顿，她从女仆、妓女、情妇一步步最终爬上了贵族妻子的地位，毫无疑问无数女性正是怀揣着这个希望才进入这一行当的。那些已丧失贞操的妇女会认为她们也会一帆风顺。若她们足够幸运，没染上毛病，那她们就会希望积攒足够的嫁资用来结婚，或自己开办妓院，或买入大批布制品和家具，靠出租度日。另一些人视卖淫为权宜之计，希冀由此找到更好的方向。女仆和缫丝工及女裁缝都会暂时找不到工作，这些只在某些季节纺丝的女性在偶尔卖淫的妓女大军中占了很大一部分比例，她们——以及她们的孩子和其他靠她们养活的人——的生存全赖这项兼职"活动④"。

女性的身体及其有可能具备的美丽一向都是基本的资本，在婚姻市场或性交易中都能派上很好的用场。因此，妓女人名录或妓女指南乃是

---

① 关于 16 和 17 世纪罗马的妓女，可参阅莫尼卡·库泽-隆特夏奈：《维纳斯之女：16 世纪罗马的交际花》，慕尼黑，C. H. 贝克出版社，1995 年；泰萨·斯托雷：《"这个交易充满芳香"：近代早期对罗马卖淫进行的社会文化研究》，2 卷，博士论文，欧洲大学研究院（Fiesole），1998 年11 月。

② 凯西·桑托雷：《"松托萨的妓女"朱莉娅·隆巴尔多：财产描述》，载《文艺复兴季刊》，第 61卷，第 1 期，1988 年，第 44—83 页。

③ 伊丽莎白·科亨：《罗马妓女穷鬼卡米拉》，见奥塔薇亚尼克里主编：《女性的复苏》，罗马-巴里，拉泰尔扎出版社，1991 年，第 163—196 页。

④ 为了以社会与经济观点全面了解 16 至 18 世纪欧洲的卖淫，可参阅欧尔文·赫夫顿：《待客者：西欧的女性历史》，伦敦，哈珀·柯林斯出版社，1996 年，第 8 章，"情妇与妓女"，第299—331 页。

知名城市中心地区的专有现象,它们很快就比普通的人名、地址和收费表要有用得多。人名录中包含了不同交际花身体上的优势以及她们在某些性技巧,如鞭打中具有何种特出能力的详细资料。大部分这类指南在 16 至 18 世纪有无数版本,且会定期出版、增订。1566 年出版于威尼斯的一本指南《威尼斯所有名妓和正派交际花名录,她们的人名以及所住的地名》是秘密售卖的,而 17 世纪初的一本三语出版物《当今时代美艳交际花大观》对欧洲最著名交际花的肖像大吹特吹。1681 年,阿姆斯特丹的一本妓女指南《阿姆斯特丹妓女》在荷兰全境都有售。在 18 世纪的巴黎,有本类似的旅游出版物《皇宫女子》会定期出版。在 1760 至 1793 年间的伦敦,《考文垂花园女士名录或寻欢客日历》对这些绘有画像的女士身体上的引人之处及她们拥有的特别的性技巧作了特别有诱惑力的描述[①]。

尽管 16 世纪废除了市镇妓院,也不准在市内开妓院,但欧洲城市里的卖淫现象仍在发展着。比如意大利半岛的交际花的名声在欧洲范围内都很响:为了尊重自己,游客至少应该和这些妖艳女子中的其中一位共度一夜良宵。蒙泰涅的米歇尔 1580 年去了罗马,英国人威廉·霍尔则于 17 世纪初去了威尼斯,他们都记录了在严守本分的旅行体验中自己与交际花过了一夜的情况,以及所需的费用。自 17 世纪末至 18 世纪初,高级交际花提供的有名的晚间娱乐活动似乎逐渐演变成了某种双重现象。一方面,使精英人士"彼此交流"的沙龙模式扩散了开来,将贵族(有男有女)、高级教士、知识分子、音乐家、文人和当红的艺术家都聚合了起来。另一方面,陪侍骑士制度(特别是在意大利半岛)获得了承认,于是对女性献殷勤便使女性有了更大的灵活性,从而使交际花在正式场合独当一面这样的社会及文化形象显得多余。交际花似乎已在社会中高阶层中不再能起什么作用,即便被包养、受宠爱的情妇在"合法的"婚姻体制外围打擦边球,在"非法"性行为中仍能起到重要的作用也罢。相反的是,性交易在社会底层,像小酒馆、妓院、幽暗的小胡同这样的地方倒仍颇有市场[②]。

英法两国在 17 末和 18 世纪,对妓女的态度也起了意味深长的变化。

---

① 维尔恩·拜娄:《18 世纪英国的卖淫和改革》,见罗贝尔·马居班:《自然之误》,前揭,第 62—63 页。

② 关于此种演变过程,可参阅罗马诺·卡诺萨:《性的复辟》,前揭;泰萨·斯托雷:《"这个交易充满芳香":近代早期对罗马卖淫进行的社会文化研究》,前揭。

欧洲旧制度时期的身体与性生活

1. 扬·哈维克兹·斯蒂恩：乡间献媚场景，17世纪，伦敦，国际美术品拍卖行。

    农民和社会最底层人的恋情常常表露得相当直接。对一桩毁弃婚约的案件进行的诉讼揭示出了恋爱的诸"正常"阶段。此种类型的证词有很多："他承诺会跟我结婚后，就掀起我的裙子，真让我无地自容……"婚前怀孕极高的比例，也证实了这种行为。

2. 路易–约瑟夫·瓦托：献媚场景，18世纪，瓦朗谢讷，美术博物馆。

    军人臭名远扬。他们四处勾引献媚，所到之处总会留下许许多多私生子。这幅画中，两名年轻女子就采取了预防措施：人多时调情不会出什么意外。激情洋溢的感情流露会自动被遏制住，而且婚约也得有证人在场作见证。

3. 让-弗朗索瓦·德·特鲁瓦：爱的宣言，1731年，柏林，夏洛腾堡宫。

宫廷礼仪在17和18世纪时越来越形式化。情郎应该写情书、送花束、不顾一切地追求，还要跪在自己朝思暮想的情人面前。在宫中，爱的宣言成了贵族社交行为的一部分，情感与心灵的仪式都会在社会的游戏场中被设立起来。

4. 版画，罗伯特·德劳奈：据皮埃尔-安东尼·鲍多伊的《迟来的关爱》，18世纪。

只有在谷仓或田间，年轻农民才能找到一方略显私密的空间，但在正式交换婚约之前，婚前恋爱的种种约束使他们很难发展出全面的恋情。这幅画中，周围人本应管住女孩，但其实不然。

5. 看家狗，巴黎，法国国家图书馆。

　　谈恋爱常常是在炉火前，由父母看着，这样就既能使年轻人彼此熟悉，看双方性格是否相合，又不用冒太亲密的风险。该画中，家里的那条狗就充当了卫道者，保护着女孩的贞洁，另外还有个上了年纪的女人紧盯着他们。

6. 您有钥匙……可他却找到了锁，巴黎，法国国家图书馆。

年轻人择偶时无所顾忌，迫使家里人面对既成事实，尤其是父母反对儿女的相好的情况下。18世纪，甚至在有闲阶层中，年轻恋人出于感情原因私下结合在一起的情况也日渐增多。

7. 伦勃朗·哈尔曼松·范·莱因，即伦勃朗：法式床，17世纪，巴黎，法国国家图书馆。

无论是医学文献还是论述家庭的论著，都会提及适合生殖的最佳体位。妻子应该平躺，当丈夫射精时，不要乱动。既然人们认为女方的卵子不太重要，只是对胎儿的形成有用，那丈夫就应确保让妻子享受到快乐。

8. 分娩时推荐的体位，版画，摘自吉罗拉莫·梅里库里罗的论著《接生婆或接生术》，威尼斯，1601年。

16—17世纪，供助产士和接生医生所用的手册愈来愈多。针对许多女性分娩时死亡这一情况，吉罗拉莫·梅里库里罗写了这本产科论著，书中考虑到生产时很有可能会发生并发症，提出各种技术手段并配以插图来解决这个问题。

9. 大卫·德·格朗热斯：萨尔通斯塔尔一家，约1636—1637年，伦敦，泰特美术馆。

　　妇女由于分娩后的并发症死亡成为女性死亡的主要原因，也导致了许多人再婚。17世纪的英国有许多这样的家庭肖像，画中同时描绘了濒死的妻子和随她之后而来的新妇。丈夫手中拿的手帕是葬礼的标志，而右侧的新妻子则已当了母亲，刚生了个孩子。

10．修鞋匠，18世纪，巴黎，法国国家图书馆。

修鞋匠的年轻妻子无法抵御绅士情人的爱慕。这样的关系常常受到丈夫的鼓励，因为他能从中得益，得到资助，所以小两口常会想些计策出来，捞点好处。

'LE MARI *surprit dans sa Chambre, en flagrant delit avec la* Servante, *par sa* FEMME *qui à la faveur du clair de la Lune, vient en forme de* Spectre, *empçone la chemise de l'un, et de l'autre et dans leur surprise, leur fait faire quelque tour dans la Chambre.*

11．被当场捉奸的丈夫，巴黎，法国国家图书馆。

18世纪，75%的怀孕申报都是由受主人或其儿子、兄弟勾引的女仆提出的。而勾引女仆这种事情在现实中要比申报的更多，因为许多雇主尽量避免不让家里的女佣人怀孕，而有的雇主则会给女佣人一笔钱作为赔偿，或安排结婚。

12. 约翰·科莱：揭发，18世纪，英国米德尔塞克斯郡，奥斯特利庄园。

　　在18世纪的英国，说谁是某某人的私生子，会让父亲和未婚妈妈很丢脸。公开控告的唯一威胁就是让有钱的雇主掏钱消灾。科勒的这幅画展现的就是有人到法官面前控告揭发，没有人脉的年轻妈妈绝望之余就跑去指控（虚假的指控）某个有钱有势的男人勾引了她。

13．秘密恋情的结晶，版画，18世纪，巴黎，法国国家图书馆。

　　有个妇女抛弃了刚出生的孩子，这孩子是某次无法见光的恋情的不幸结晶；之所以会这样，或是因为通奸，或是因为虽然结合但无法结婚之故。这幅画中既是主人公又是受害者的母亲只能听命于强制性的社会习俗，这位产妇一只手拽着里面包着孩子的床单，另一只手则拉着自己的情人。

14. 尼古拉·布吕恩：快乐之家，16世纪末至17世纪初，版画，巴黎，法国国家图书馆。

表现小酒馆和妓院里的场景，其动机常常是为了进行道德说教。这样的场景突出的是肉欲和死罪，这样的罪孽有：暴饮暴食，穿奢侈的服装招人艳羡，淫荡。然而，欢快的气氛有其模棱两可之处，因为这种气氛既吸引了观众的注意力，简洁的说明文字却又揭露了这样的行为。

15. 给妓女剃光头，版画，巴黎，法国国家图书馆。

　　18世纪，巴黎约有2.5万名妓女。警方时不时会去搜查妓院，给在里面上工的女孩剃光头，没收她们的各种用具，把她们送进教养院。这项政策只能让贫穷的女性处于恶性循环的状态。就算被放出来，这些妇女也无法靠那些为她们准备的收入很低的工作来养活自己。

16. 巴尔托洛梅奥·切西：两名相拥的年轻男子，16世纪，佛罗伦萨，乌菲齐博物馆。

文艺复兴让男性间的友情作为人类最高尚的爱情而流行起来。这些出身贫寒的小伙子相拥的时候嘴唇相触。特别贫穷的年轻男子出卖肉体普遍受到容忍，只要不造成丑闻就行。

17. 玛交利卡陶瓷，法恩扎，约1510—1520年，埃古昂，文艺复兴博物馆。

尽管15和16世纪对都市名副其实的同性恋亚文化很熟悉，但极少会去明确表现男性间的爱情。神职人员的淫荡是自薄伽丘以来反教权思想的流行主题。

18. 朱庇特与卡里斯托，版画，皮埃尔·米兰，据普利马蒂切的画作，特殊收藏品。

　　长得很像戴安娜的朱庇特搂着仙女卡里斯托，爱神准备用箭射她。这个乔装改扮的神灵的一只脚放在面具上，象征着他在骗人。希腊罗马神话长期以来一直为艺术家们提供借口，使他们不受基督教罪孽观的影响来表现性关系。

19. 两位夫人在床上厮磨，版画，摘自《夏特尔修会一品修士B的故事》，巴黎，法国国家图书馆。

　　萨福式的同性爱乃是插图色情文学的标准主题，18世纪这种色情文学得到飞速发展。这幅版画突出了闺房中温暖、慵懒的气息，表明社交与友情可使女性互爱，但在世人面前又得掩饰这种关系。

20．被主教当场抓住的修士，版画，摘自《夏特尔修会一品修士B的故事》，1748年，法国国家图书馆。

修士手淫，在《夏特尔修会一品修士》中也算是性忤逆的一种。在18世纪的情色文学中，很少会去描写手淫的孤独男人，而对女性彼此取悦对方的描写却有很多。此种差异由一个简单的事实得到说明，即这种类型的文学作品主要是面向男性公众的。

21．五月的影响，勒凯的素描，18世纪末，巴黎，法国国家图书馆。

春天是这样的季节，初现的热气会使血液变热，随之使人开始少穿衣服。赋予女性的"自然的"热量会导致轻浮的爱情，若无伴侣的话，就只能靠自己解决这个困扰了。

22．有趣的坐浴或越过律法的性需求，大革命时期，巴黎，法国国家图书馆。

男性兽奸极受重视，因为它激发了启蒙时代的情色想象力，而女性的兽奸主要在奥维德的《变形记》里提及，并不符合当时人的口味。但贵妇们对陪伴左右的小狗的情欲成了女性手淫的一种变体，这样的"性需求"是性忤逆的开端。

这两个国家的中心问题仍旧是如何维持社会秩序,特别是在巴黎和伦敦这两座广袤复杂的都市里,虽然那儿的人数没有增加,但性交易仍与日俱增,繁荣昌盛。1561年,卖淫在法国被宣布为非法,查理九世禁止在国内开设任何妓院,他这么做主要是为了解决围绕娱乐场所和妓院引起的公共失序问题。尽管在法律的眼中卖淫显得混乱不堪,罪加一等,但仍有源源不断名誉扫地或无生活来源的年轻妇女涌入,特别是单身汉都喜欢找她们,所以卖淫仍旧颇有市场。在法国,随后一阶段就是立法禁止卖淫,路易十四颁布了三项法令(1684年),明令将巴黎地区"伤风败俗的女人"关入大牢。这一措施在整个18世纪周而复始地重复着,试图以各种方式来压制性娱乐产业的发展①。

有钱的妓女和有名的交际花所起的经济作用部分解释了为什么会对她们受人玩弄持宽容的态度,因为她们只是兼职干这一行,只是在澡堂里"临时"打打工,要不在深宅大院里过过庸常的日子。无论是哪个层次的市场,她们都起到了重要的作用,成了当地经济的枢纽。小酒馆和公共浴室里的妓女会鼓励客人消费食物和饮料;妓院里的"女修院院长"会出租服装、家具和房间,向她们手下的"修女"和客人供应甜食;被包养的情妇和交际花并不仅仅只需要时髦的首饰就够了,就她们及其主顾所处的地位而言,这是免不了的,她们还要住豪宅,里面同样要有仆人、厨子、美发师和马车夫。卖淫是项复杂的休闲产业,都市里有很大一部分服务业和财产的流通市场都取决于它。逮捕、囚禁或驱逐妓女,即便是普通妓女,都会对她们所在的区块造成巨大的影响:酒商和食品商无利可图,仆人找不到工作,付不起房租和家具的租费②。即便妓女有时在附近地区惹出了麻烦,但因为有直接的利害牵扯,所以她们通常仍会同邻人保持良好的关系,必要的时候也会贿赂警察,向附近的商户提供足够的客源,以便使她们的存在有利于周围的人。

那这些女性对自己是怎么看的呢?公共风化法庭诉讼时的证词笔录乃是传送妓女本人声音的罕见的资料来源,揭示出了她们极强的独立感。

---

① 关于18世纪巴黎的卖淫,可参阅埃里卡-玛丽·贝纳布引人注目的研究:《18世纪的卖淫和风化警察》,巴黎,佩兰出版社,1987年。

② 关于卖淫在地区经济中的作用,可参阅欧尔文·赫夫顿:《待客者》,前揭,第8章,"情妇与妓女";泰萨·斯托雷:《"这个交易充满芳香"》,前揭;加米尼·萨尔加多:《伊丽莎白时代的地下世界》,伦敦,J. M. 登特 & 桑斯出版社,1977年,第2章,"罪的境遇",第49—64页。

这一行的其中一项优势就是，即便没有像皮条客这样的中介存在，也能使女性自己管控自己的收入。虽然许多妓女遭遇各种不幸后，在救济院苟延残喘，或患了不治之症在医院里等死，但她们中仍有相当数量的妓女最终生活得很舒适，常常过得同那些只能当女仆或织布工的独身女人、寡妇或弃妇一样好，甚而超过她们。财产和身体得到保障对社会底层的独身女人而言堪称奢侈，无论她们干的是什么职业，妓女同女仆和缫丝工一样，都清楚地意识到青春有限，她们希望能在这段时间里靠年轻貌美来改善自己的命运。就妓女而言，如同旧制度时期的大多数女性，美貌的驻颜期均在十五至三十岁之间。过了这个年龄，普通妓女若这行做得不错的话，能存下足够的钱置办嫁妆，再次的话，也能有足够的经验轮到自己来收容、培养和招年轻女孩来干这一行。

　　除了因结婚或培养招来的年轻女孩进而"退休"这样的个体策略之外，也有一定数量的体制上的策略可使女性避免或不再从事性交易。无论是反宗教改革时期的意大利还是天主教法国，都满怀激情地想要创建新的慈善形式，其目的就是为了保护"弱小的女性"。为遭虐待的妇女、贫穷的寡妇和有丧失贞洁之虞的女孩提供的收容所日益增多，收容从良的妓女的女修院和收纳孤儿、穷人、老人和病人的济贫院也是如此①。佛罗伦萨的改宗者修道院和皮斯托亚的圣抹大拉女修院在 14 世纪末就已经很活跃。1618 年建于巴黎的抹大拉收容所，以及创立于同一时代的第戎的好牧人收容所，都证明了当时采取的隔离监禁的社会政策其目的就是为了确保城市拥有良好的社会与道德秩序。在这些关注中，为"从良的"妓女创建教养所向来都是受宗教信仰促成的：人们坚定不移地认为应该让那些真心悔改的男男女女都能得到拯救。一旦进入宗教社团，妓女就能同时恢复自己及其家庭的名誉②。英国稍后采取了济贫院或收容所的

①　关于该主题的数目浩如烟海。可参阅谢里尔·科亨：《1500 年起妇女庇护所的演化：从从良妓女收容所到遭虐妇女避难所》，牛津-纽约，牛津大学出版社，1992 年；安杰拉·格罗皮：《保护美德：教皇时期罗马避世的女性》，罗马-巴里，拉泰尔扎出版社，1994 年；达尼埃拉·隆巴蒂：《贫穷的男人，贫穷的女人：美第奇时代佛罗伦萨收容乞丐的医院》，博洛尼亚，伊尔穆利诺出版社，1988 年。

②　詹姆斯·法尔：《近代早期勃艮第的当局和性生活(1550—1730 年)》，纽约-佛罗伦萨，牛津大学出版社，1995 年，第 141 页。若需了解对天主教与新教国家就该问题采取的不同进路所作的分析，可参阅欧尔文·赫夫顿：《待客者》，前揭，第 8 章，"情妇与妓女"。

形式以代替监狱来改良妓女。1758 年，伦敦创建了抹大拉医院，后来很快又另建了洛克医院分院（建于 1746 年，照料性病患者之用）。英国在建造专门收容妓女的惩戒所（以代替监狱）方面也晚了一步，毫无疑问这是因为该新教国家对或多或少类似于"教皇治下的"修道院之类的机构极为反感之故。

然而，并非所有妓女都会站在宗教和法律的一边向善从良。那些被控犯罪或性生活紊乱的女性就遭到了极其严厉的惩罚：公开鞭笞。把她们放在柱上示众、监禁、驱逐、流放，甚至于用烧红的烙铁实施烙刑都是当时通行的惩罚方式。烙刑于 17 世纪中叶消失，或许是因为这等于是在一辈子惩罚女性，使之没有赎罪的可能性之故。无论如何，加诸于妓女的严刑在 18 世纪有所缓和。当时有愈来愈多的人认识到卖淫主要是因贫穷而起，妓女是受害者，而非女罪人或魔鬼的信使，这使得人们处理公认的性犯罪时逐渐发生了变化。在法国，被认为"可改造的"女孩——即相对比较年轻，且荒淫放荡尚未至无可救药的地步——都遭到了流放，于是流放地到处可见达结婚年龄的妇女（十五至三十岁）。不太严厉的一项措施就是判决她们在收容院或监狱里待几个月，如 1662 年由蒙特农夫人创建、作为仁爱医院分院的圣佩拉基教养所，在那里不停歇的工作、穿制服和虔诚的氛围这样的制度据认可使堕入罪孽之途的妇女改邪归正。尽管大多数进过监牢的男人都能找到工作，但工作不稳定、收入微薄却成了大多数"改邪归正的"妓女的命运，像卖食物、洗衣服、理发和纺织行业的工作（如裁缝和刺绣）根本没法使她们维持生活，从而又直接将她们抛上了街头。况且，这些预防措施根本无法以某种方式控制住游荡于欧洲城市大街小巷中的庞大的妓女数量。据 1762 年巴黎警察局的档案来看，这座城市约有 2.5 万"妓女、老鸨"，而城市人口还没到 60 万。在 1797 年的伦敦，法官帕特里克·考尔克洪估计在这座 100 万居民的城市里有 5 万名妇女靠卖淫为业。比例相当惊人，还不会有减少的趋向。

双重标准在性习俗中继续占上风，照这种标准，单身男人在婚前就应该获得某种体验，它还继续维持着劳务市场的不平等现象，妇女根本无法得到职业培训，而且她们的收入也远远低于男性。这些因素综合起来便极容易将女性置于贫穷境地，为卖淫大敞方便之门。尽管偶尔会对底层妓女——她们是教会里的男性改良者或狂热的法官大人热情之所系，是警察大扫荡的目标,或是像改良风俗协会这样的平民组织的袭击对象——开战,但性交易市场仍旧为社会所有阶层提供了婚床之外的永久性的替代解决方案。这个市场不仅与婚姻市场,而且还与另外一系列色情活动同生共存。不过,这些"其他的"实践活动与异性性行为——无论是合法还是非法——截然不同,也因此提出了与西欧的道德及灵性意识全然相异的诸种问题。

3

身体与"其他"性行为:介于宽容与压制之间

近期对"替代"性行为所作的许多研究表明,异性性行为的模式颇受婚姻的看重,且同样存在于如奸淫、姘居、通奸和卖淫这些相近似的性行为中,它们与色情活动中其他多种可能性共生共存。手淫、兽奸、男同性恋和女同性恋在整个旧制度时期时而遭到忽视,时而受到宽容,时而又遭严厉禁止。宗教与世俗权力会定期行动起来,改良犯下"反自然"罪的社会性身体,而蓬勃发展的性行为医学化——自17世纪后半叶起日渐增长——也更愿意将受不健康实践活动摧残的个人身体作为目标,对其治疗。

1) 手 淫

所谓"孤独之罪"或"俄南之罪"的手淫很难定性,因为大多数都是间接资料。照神学家的说法,这是种"反自然"的罪孽,就像性交中断、鸡奸和兽奸那样,因而被视为最严重的反自然的性行为之一。专注于孤独之性的年轻人据说会丧失对婚姻的兴趣:"男人不想结婚,女人不愿找丈夫,这都是因为他们用此种方式满足了自己恬不知耻的欲望,就这样经年累月,竟然直到进入坟墓为止才罢休[①]。"更糟的是,若这些年轻人结了婚,

---

① 让·贝奈狄克蒂:《罪孽大观》,巴黎,1601年,第2卷,第3章,据让-路易·弗朗德兰所引,《家庭、亲族与住宅》,前揭,第186页。

也会在婚床上继续这种勾当,从而避免了怀孕,如同《旧约》里的人物俄南所做的那样(《创世记》,38,6—10)。对神学家而言,手淫采取性交中断这种形式,既拒绝了婚姻的义务,又犯下了避孕之罪。

尽管如此,教会当局连同舆论似乎都认为自淫不算大恶。它只是一种"反自然"的罪孽,不在"特殊案例"之列,而后者情形更为严重,只有主教才能决定是否能对之赦免。可以说只要堂区教民忏悔自己有手淫行为,作为其上级,任何一个本堂神甫都无需大动干戈,就能对其宽宥:无疑经常告解也会使手淫显得没什么大不了。而文学作品涉及该主题时则有种大彻大悟的诙谐感。在《长舌产妇》(1622 年)中,有个母亲在看望刚生了第七个孩子的女儿时,气急败坏地嚷嚷道:"要是我早知道我女儿这么快又干上了,我还不如让她给自己下面挠痒痒,到二十四岁才结婚呢①。"

少年处于封闭状态,他们住在寄宿学校里,不准接触异性,这些年轻人便只能自己找乐子,弥补一下。夏尔·索雷尔在其第一版《弗朗西翁真实的喜剧故事》(1622 年)中对巴黎学生的生活作了观察,这部分在随后几版中被删掉了:"至于我嘛,我从来没迷上过这种快乐,我意识到把这么好的精液撒掉啥用处都派不上,还不如找个地方让她好好爽爽呢。我可不愿把女士们当作仇人,她们对那些存心不让她们爽的人会恨得牙痒痒的②。"18 世纪初,学徒工约翰·卡农和他的朋友们看了他母亲的一本医学普及读物后,就学习如何聚在一起手淫,他们读的是关于夫妻生育技巧的相关章节③。到 18 世纪中叶,又是在英国,少年詹姆斯·博斯维尔从学校的朋友那儿惊恐地了解到自己爬树时体会到的快感竟然"很致命"。显然很多人都这样无知。1744 年,布洛涅的教区会议教令提议本堂神甫们去对年轻人检查一番,看他们是否"自愿遗精,他们许多人都不认为遗出的精液也是肉体的产物④"。

从医学角度来看,手淫主要的不利之处与体液的协调有关,据说体液平衡的话,就能保证个体的健康。医生认为成年男女性交时体液有规律地流出,对身体的舒适安逸很有必要:禁欲对健康百害而无一利。因此,

---

① 弗朗索瓦·勒布伦:《旧制度时期的夫妻生活》,前揭,第 94 页。

② 莫里斯·多马斯:《柔情蜜意》,前揭,第 42 页。

③ 罗伊·波特与莱斯利·霍尔:《生命真相》,前揭,第 7 页。

④ 让-路易·弗朗德兰:《乡村地区的爱情》,前揭,第 7 页。

就手淫是否必须这一点,在忏悔手册和医学论著之间就产生了长期的纷争。自15至17世纪,神学论著与忏悔手册就不断地在有必要排出腐败、滞流的精子以维持健康,甚或拯救个体的生命和出于淫欲而"遗精"乃是大罪的教令之间争论不休。相反,医学理论声称过度留存性液简直要不得,因为这会有害成年人的健康。对少年而言这就是另一码事了:自行寻求快感会剥夺其成长必需的生命力。身体和心智的发育也会因性嗜手淫而遭削弱,这与年轻人干体力活时超过限度不利发育一样,会导致同样的结果。医生和神学家因而在少年的问题上达成了一致。担心手淫是男孩专有的罪孽开始出现于17世纪的神学论述中。《夏龙萨沃纳主教管区告解者的指导书》(里昂,1682年)提出了这个问题:"如今最普通的死罪癖好是什么?"回答是:"对年轻人来说,就是不正派的想法,就是贪图安逸、淫猥腐化①",这也就是指耽于淫思和自淫。数年后,英国医生爱德华·贝纳德称颂冷水澡的种种功效,列出了其可带来的益处,其中就有可治愈阳痿的说法,而阳痿是年轻时由"学校里可恶的手淫造成的,这种恶习让不止一个年轻人从此永远迷失其间,以致使他们的私处大为削弱,使成年男人在女人面前荒唐可笑②"。

18世纪初,人们开始对所有会危及年轻人健康、使他们不复单纯的行为——无论是色情还是其他类型的行为——展开猛烈的攻击。1710年在伦敦出现了一本匿名手册,题为《手淫,或滔天之罪自淫,以及在两性中引起的所有可怕后果:对那些已因这一可恶行为伤害了自己的人所作的精神与身体上的建议》。这些就性行为、卖淫以及与鳏寡相关的问题所作的模仿医学的杂七杂八的建议并未怎么谴责手淫,甚而还对男女老幼自愿和非自愿手淫的各种形式加以描述。这本小册子的首要目的是要销售一种据称可治愈梅毒的粉末。然而,它从生理学上处理各种各样可治愈的"隐秘恶习"的事实,倒为此类警世文学作品在商业上的大行其道敞开了大门。接下来必定会一版再版和出版增补本(1710至1737年出了十六版),每次都会增补所谓的读者来信,信中详细描述了他们由自淫引起

---

① 据让-路易·弗朗德兰所引:《家庭、亲族与住宅》,前揭,第186页。
② 《冷水浴的历史:古代与近代史》,伦敦,第2版,1706年,第68—69页;据让·斯登格斯与安娜·范·奈克所引:《手淫恐慌史》,布鲁塞尔,布鲁塞尔大学出版社,1984年,第44页。

的身体与心智上的伤心体验。

小册子《手淫》被译成了德语（1736 年），而许多模仿之作也迫不及待地蜂拥而出。首部专门研究手淫的论著是塞缪尔–奥古斯特·提索撰写的《手淫或手淫引致疾病之身体论》，提索的这部论著描述了手淫导致身体衰弱的所有症状及所有阶段。与那个时代另一项恶疾——梅毒——一样，手淫引起的衰弱也是始于小打小闹，最终招致身体和精神全面衰退。有出戏说一个年轻的钟表匠因这个致命的习惯由盛至衰，最终丧命，提索便受此启发写了这本书：要达到防患于未然的目标，就得依靠医学的恐怖。该书重版多次，被译成多种语言：18 世纪法国共出了十二版，1766 年译成英语，1781 年前便印了六版，1767 年出了德语版，至 1798 年已印了八版，而意大利则在 1774 至 1792 年间印了四版。手淫不再是罪孽，而是种如同时疫般的可致人于死地的灾祸。到 19 世纪，它注定会成为大众恐慌的对象。

因此，医学在压制性欲的道德经营术中战胜了神学。它通过世俗化的、"科学的"谴责方式取代了宗教惯于压制的精神，它之所以否弃色欲快感，是因为它偏离了异性性行为的均衡状态。不仅仅是手淫，还有其他许许多多的性行为，都落入了新的性秩序的控制之下，而后者则受到了科学的认可。18 世纪性行为的医学化使色欲快感作为"自然"现象而获得了合法性，由此成年男女间既是"自然"、又很必须的体液交换所形成的异性性关系便得到了促进。与此同时，医学也使人强烈地意识到所有其他形式的性活动都具有"不自然"的特质。

2）兽　奸

在与"自然"秩序相比照之下的各种性变态的等级中，兽奸毫无疑问被视为是因肉体激情而导致的最令人厌恶的一种罪行。可阐明 15 至 18 世纪欧洲兽奸行为的资料也像涉及手淫时那样包罗万象、零零散散。中世纪的动物图志、关于怪胎的医学论著、告解手册以及司法档案包含了各种各样混杂的信息：它们给出了一幅"疑点多多的"兽奸图像，其中既有与动物发生性行为的证明材料，也有对人与兽之间的关系所作的各种想象性的说明。

有写告解圣事的作品将违法性行为按其严重程度和各自特点编订成册①。中世纪初期，兽奸是同手淫作比较的：动物被认为与人类不同，和动物发生性关系就等于是在同无生命的物体性交。到中世纪末，兽奸被认为就是同性恋，这增加了该行为的严重性，而对人和兽的惩罚也加重了。对动物和自然世界的态度所发生的变化促使对罪的性质的体察也产生了变化：动物开始被视为与人类相近，禁止兽奸的立法发展起来，以便在人类和动物之间确定且维持泾渭分明的界限②。

至中世纪末和文艺复兴时期，公共和私人性道德对兽奸及同性恋的压制日益强化，采取的措施也愈加严苛。在 15 世纪的威尼斯，有个叫西蒙的匠人受控与母山羊发生肉体关系。他根本没去否认指控，而是义正词严地说这是因为自己没法和女人发生关系，而且由于出了事故，所以他三年之内都没法手淫。由于无法进行"正常的"性生活，故而他只能退而求其次，尝试和母山羊发生"反常的"关系。一组内科和外科医生受托检查他的性器官，还招来了两名妓女看他是否能受"腐化"。他被判可以勃起，但没法射精。这份医学证词救了他的命。他身体上的无能使之受到了宽容的对待，从而免于火刑：身上烙铁加印，遭捶打，再跺去右手③。对兽奸的惩罚向来都很严厉，人和动物两者通常都会受绞刑和火刑。1606年，洛昂斯的市长缺席判决纪尧姆·居亚尔和他的母狗绞刑和火刑。尽管居亚尔在逃，人间蒸发，但市长仍决定执行判决，将其"画像绑缚于绞刑架上，宣布他的所有财物均没收充公④"。丑闻缠身的社区也应对这既具治疗性又有教化意义的场面感到满意才是。

尽管对违禁者的处罚极其严厉，但人与动物之间的性关系似乎在旧制度时期的欧洲仍很流行，尤其是乡村地区，告解手册和乡村地区旅行时的报导就此所作的客观观察日益增多。与其他许多违法性行为一样，兽

① 关于中世纪教会对兽奸的态度，可参阅乔伊斯·萨利斯伯瑞：《中世纪的兽奸》，见《中世纪的性：随笔集》，纽约，加兰出版社，1991 年，第 173—186 页。
② 关于近代初期欧洲人与动物具亲近性的说法，可参阅凯斯·托马斯：《人与自然世界：近代感性史》，纽约，万神殿图书公司，1983 年。
③ 圭多·鲁基耶罗：《色情的界限》，前揭，第 114—115 页。
④ 爱德华·佩森·伊文斯：《对动物的犯罪指控与死刑判决：无人提及的欧洲动物审判史》，伦敦，费伯与费伯出版社，1987 年，第 296—279 页【译注：原文如此，或许应为第 296—297 页】。

奸似乎也或多或少地受到了当地社区的容忍,只有当这一引起公愤的行为僭越了集体宽容的界限,方会吸引当局的注意。比如乔治·道得尼,17世纪初他在乡村经营了一家小酒馆,被控鸡奸了村里的铁匠,更糟的是,控词还说当时后者正在给牝马上马掌,说他关上牲口棚的门就是为了鸡奸那匹马。这次事件想必耗去了铁匠的耐心,随后他在法庭上宣称自己每次和道得尼单独在一起时,后者总会把手伸进他裤子的开裆里,握着他的"私处",意思是他俩可以一块儿玩玩①。

在乡村世界,兽奸以及此后的手淫都被视为"男孩子的游戏",所以不像奸淫来得严重。只有当这种年轻时染上的癖好延至成年,才会出问题。故而正是因为这个原因,法庭受理兽奸案时几乎都会毫无例外地让被气极的证人逮个正着的成年男人来演这出戏。1550年,据报农夫雅克·吉翁鸡奸了一头母牛。对此的裁决颇具"典型性":据认达到了目的的吉翁身上被堆上几捆柴,连同母牛一起被当众烧死②。那些据称是此类违法性行为搭档的动物通常都是身形颇大的家畜:驴子、骡子、牝马和母牛。个小的动物像母山羊和绵羊似乎很少受到审判,无疑这是因为照管个头不大的牲口这样的任务都是小孩和妇女来做的。法庭受理的这些案例所具有的同质性或许是因为这样一个事实,即对青年人性实验的宽容度相对来说更大一点,但对单身成年人就不一样了,甚至对地位极其低下的人也是如此。社区希望人们将他们的性活动严格局限于异性性关系——偶尔找找妓女、和农妇通奸或在听话的女仆身上找乐子——范围之内。

告解手册与乡村旅游报道指出与动物的性关系在乡村地区相对更频繁,尤其是在男孩中间。让·热尔松在阐明15世纪的男性鸡奸行为时,观察到晚婚为同性性行为和兽奸敞开了危险之门③。同样,克里斯托弗·索瓦荣在描述索洛涅的堂区居民时,也对青少年中间的兽奸和同性性行为作了比照。他间接表明了对少年时期的性试验持宽容态度,这也是欧洲对即便是"变态"的行为所持的态度:"对鸡奸和兽奸这些罪行的指控极为少见,除非在葬礼上或大庆时④。"做过告解者的经历无疑使他克

---

① 杰奥弗里·罗伯特·奎夫:《淫荡的村姑和任性的妻子》,前揭,第176—177页。
② 同上,第25—27页。
③ 《告解室》,"淫乱"章,据让-路易·弗朗德兰所引:《乡村地区的爱情》,前揭,第165页。
④ 彼得·拉斯雷特:《我们已失去的世界》,巴黎,弗拉马里翁出版社,1969年,第156—158页。

服了此种难以调和的不平衡状态:在教会眼里如此罪大恶极的行为,在乡下人的眼里却很普通,那些信徒并没觉得有去多说的必要,除了告解的时候,到那时候实际上也就自然而然地会得到宽恕。

3) 鸡 奸

自 15 世纪初至 17 世纪末,对男性间性关系持何种态度主要取决于年龄和性别。在 15 世纪,同性亚文化似乎在像佛罗伦萨和威尼斯这样的城市中颇为兴旺。到宗教改革时期则渐渐转入地下,只是到了 17 世纪后半叶因自由主义思想的兴起方重现江湖,而且是在都市精英阶层中流行。在 18 世纪,此种性行为亚文化发展出了自己的身份,即"第三性",它想必既影响了社会对其的态度,亦影响了针对无论是男性还是女性性行为的立法。

到中世纪末期,意大利中部与北部一定数量的城市建立了特定的司法调查委员会,以管理公共道德。委员会拥有特殊的权威,可调查性犯罪并对之作出处罚。这些罪行可以是对上帝的冒犯(尤其是在女修院里发生性关系,以及基督徒与犹太人或穆斯林发生性关系),也可以是"反自然"的罪行(经营公共妓院)。以"鸡奸"之名所说的违法行为包括所有不司生殖的性关系,如在阴道外进行异性性行为,与动物发生性行为,男性同性或女性同性之间发生性关系,尽管人们经常用这个词描述的是男性之间的性行为。鸡奸尤其危险,因为据认为它与社会建构的基本原则——家庭、异性关系和生殖——相悖,因而对社会组织和性别的认同造成了威胁。上帝和宗教伦理会因基督徒同犹太人发生性行为或奸淫修女这样的事而蒙受耻辱,但鸡奸摧毁的恰是社会建基其上的这些准则,它招致上帝对所有允许此类行为的社区大发雷霆[1]。

---

[1] 关于中世纪末期与文艺复兴时期意大利男性同性恋,可参阅罗马诺·卡诺萨:《大恐慌的历史:15 世纪佛罗伦萨与威尼斯的鸡奸》,米兰,费尔特里内利出版社,1991 年;加布里埃莱·马尔蒂尼:《17 世纪威尼斯的"可耻生活":社会层面与法律的压制》,罗马,茹旺斯出版社,1998 年;迈克尔·洛克:《被禁的友谊:文艺复兴时期佛罗伦萨的男同性恋与男性文化》,纽约-佛罗伦萨,牛津大学出版社,1985 年;圭多·鲁基耶罗:《色情的界限》,前揭,第 109—145 页,"索多玛与威尼斯"。

　　15世纪，在像热内、吕克、佛罗伦萨和威尼斯这样的城市里，设立了特殊性质的行政官职，以打击极有可能会引发灾祸的行为。1418年，佛罗伦萨政府创立了夜巡官（Ufficio di Notte）一职，"意图根除索多玛与蛾摩拉的恶行，它们与自然如此相悖，以致全能者上帝的怒火不仅仅针对人之子，同样还会针对社区和无生命的物体[①]"。1458年，在威尼斯，第十次教务会议（Concilio di Dieco）为该城引入了一系列法律，以期控制鸡奸，使之不受神圣惩罚的威胁："正如神圣的经文所教导我们的，我主全能者由于厌恶鸡奸之罪，想要将它击倒，所以对索多玛与蛾摩拉城降下怒火，不久之后又因这些可怕的罪行而淹没、摧毁了世界[②]。"

　　在中世纪，针对此种罪行的刑罚与反异端的刑罚相同：绞刑，继之以火刑，且将骨灰撒尽。然而，在15世纪，死刑只在犯下明目张胆的罪行或重犯时才会得到使用。不太严厉的判决有体罚、罚款，甚至只是简单的通告，这与市镇行政官员接触这类案件过多有关。1432至1502年间，佛罗伦萨的"夜巡官"逮捕了10000名被控鸡奸的男人和男孩，但其中只有2000人被判定有罪，且刑罚各不相同，有仅课以罚款的、受体罚的、坐牢的、流放的，只有在最糟的情况下，如那些惯犯，才会被处以绞刑并继之以火刑的刑罚[③]。像这样对严刑峻法持慎重态度的做法，其目的是为了控制过激的行为，而非根除这种城市里日益成为日常现实的男性——尤其是青少年——之间的行为。然而由于遭检举揭发的数量过多，所以也提出了如何保护市中心地区的声誉这样的问题。由于每年有约五十个案例——几乎每周一例——，故而夜巡官愈是活跃，就愈成为所有人的耻辱。1502年这一职位被废除，这么做是力图挽救佛罗伦萨糟糕的名声。但自从托斯卡纳出现天灾、时疫或饥馑肆虐后，政府便又重新找到了道德秩序的关注点。1542年，美第奇的科斯莫一世被大量预兆震惊：穆杰洛地区大地发生震颤，而且闪电将大教堂的圆顶和政府所在建筑的塔楼劈倒，于是大公认为有必要对鸡奸以及所有据认会招致神圣怒火的恶行施以更严厉的惩罚。然而，即便在

---

① 吉恩·布鲁克：《文艺复兴时期佛罗伦萨的社会：文献研究》，纽约，哈珀与罗出版公司，1971年，第202页。

② 圭多·鲁基耶罗：《色情的界限》，前揭，第109页。

③ 迈克尔·洛克：《中世纪晚期佛罗伦萨对同性恋的控制》，载《历史手册》，第22卷，第66期，1987年12月。

准备严刑压制的时刻,政府当局仍普遍继续以过去那种相对宽容的做法来处置鸡奸。直到18世纪(含18世纪在内),只有在明目张胆的犯罪情况下,对鸡奸者才仍采取特别严厉的刑罚①。

对为何采取此种相对宽容的刑罚,出现了许多假设性的解释。一方面,就像卖淫,大量名声不错的匠人、商人和市民被控经常鸡奸,或少年时期便有此种体验,故而施以严刑峻法极有可能会引起严重的后果:使城市人才尽失,且会对当地经济造成负面影响。另一方面,对年轻人"愚蠢的"(人们常常就是这么称呼手淫、兽奸和鸡奸的)性行为之所以会持此种通行的态度,是因为没将少年的这些行为当回事,并且还存在这样一种情况:即所涉及的这些年轻人一旦进入成年,成为负责的市民,就会在社会上表现出正直良好的道德观,他们会同与之门当户对的异性成年人结婚,生儿育女。就此看来,同性性关系只是发生在单身的青少年之间,性伴侣愈年轻(通常是十二至十八岁),就愈会采取"被动的"态度,而年纪稍长(十九至三十岁)后,就能插入,发挥"积极的"作用,于是当局对此就睁一只眼闭一只眼。不过,若同性性行为继续在已婚成年男人间存在,就没有什么借口好说了。约15世纪中期,威尼斯有个叫尼可莱托·马尔马尼亚的贡多拉船夫,他与自己的仆人乔瓦尼·布拉加尔扎发生了同性性关系。这一关系持续了三四年才被发现。尼可莱托在自己的住宅里为乔瓦尼设了张床,他就在那儿同乔瓦尼"在身前,两腿间②"发生了关系。乔瓦尼似乎从这种关系中获得了好处,因为他的雇主让他同自己的侄女结婚,还把他当作家庭的一员。乔瓦尼成婚后,他们仍不可自拔,继续发生肉体关系。此外,他们还开始颠倒角色,由尼可莱托采取被动的姿势。他们两人被活活地烧死了。被动的角色在异性性关系中一般都是由女性来扮演,这种角色若是处于少年的情况下确实更容易令人接受,因为少年被视为尚未完全发育成熟,因而还是个孩子,而不是大人。恰如女性,照当时通行的医学理论的说法,她们乃是"不完善的"人,在法律的眼里和儿童处于同样的地位,故而男孩尚处于边界地带,他们的性欲还未定型,要到成年后才会有眉目,届时他们就

---

① 迈克尔·洛克:《被禁的友谊》,前揭,第227—235页,"16世纪鸡奸管制措施的变化与持续性"。

② 圭多·鲁基耶罗:《色情的界限》,前揭,第115—116页。

会处于男性的正常状态,发挥积极的作用,还能进行插入。

尽管如此,同性强奸仍会被处以极端严厉的刑罚,尤其是在强奸未成年人时。与异性强奸一样,同性强奸的受害者也是社会地位低下的贫民和年轻人,但有时也会出现在社会地位较高的阶层中,或许这是因为那些富家子弟举止优雅之故吧。通过提供食物、糖果、玩具、衣服、钱财加以引诱,说服未满十二岁的孩子屈就于年纪更大的男人。要不然就是暴力强奸,先诱至房中,堵住嘴巴,实行攻击,身体上常常会伴有明显清晰的伤痕[①]。不过,针对男孩实施这样的罪行和暴力行为,所造成的反应要比对女孩犯下这样的罪行更大。首先,上帝不会因异性强奸而惩罚任何一座城市。其二,女孩丧失贞操可通过金钱或婚姻得到"修复",而对男孩而言,这样的罪行则损害了自然本身的"神圣"秩序。

鸡奸尤其发生在纯粹男性的圈子里,像修道院、监狱、海盗和水手的群体。在这种场合,由于女性缺位,肉体的弱点便会暴露无遗,它会因这一"反自然的"恶行而受到惩罚。在都市环境中,男性的社会性建构会有助于形成某种身份认同的群体。年轻人会聚在公共浴室、小酒馆和客栈里,他们会在音乐学校、健身房或击剑房里见面,还会相聚于画室、药铺和糕点铺里,他们可以在那儿饮酒作乐,远离家庭的束缚。但在 17 世纪末或 18 世纪初之前,个体专属的性与社会的认同感似乎还未出现。渐渐露出面目的乃是"休闲产业",如卖淫,这样的产业是在可加以辨别的场所中经营的,而且提供一系列服务和机遇。还有保护人和客户形成的网络,年纪大的市民可在此网络中与小男孩接触,这些男孩通常来自社会底层:他们通过给男孩及其家庭好处来补偿自己的狂热情欲。最后,还有少年和青年人更为同质的聚合体,他们要么是同一住区的朋友,要么是同业会里的同事,通常都是劳动者或手艺匠人,彼此之间都有关系,常常聚成一个群体。他们还会在当地形成各种帮派,有领头的,新成员加入需参加入会仪式。然而,所有这些不同的群体都是男性社会文化的一部分,含有强烈的同性-色欲成分在内,与生命的特定阶段和社交形式相一致,且并不排除与异性发生性关系[②]。因而,男性同性

---

① 可参阅由吉恩·布鲁克转引的文献:《文艺复兴时期佛罗伦萨的社会》,前揭,第 204—206 页。

② 迈克尔·洛克:《被禁的友谊》,前揭,第 148—191 页,"伟大的爱与好兄弟情谊:鸡奸与男性社交"。

社会中的文化中就会有鸡奸,必须重复的是,在这个范围内,也会对涉及年龄、积极或消极的体位,以及规避丑闻的惯例持尊重态度。

由于宗教改革时期采取了道德压制措施,故而至 17 世纪中叶出现了放纵淫荡的性文化。对鸡奸施以死刑几乎在整个欧洲都已几近消失,对这种罪行的指控也意味深长地减少了,这主要是因为对其他形式更彰显、更成问题的犯罪行为日益关注之故。至那个世纪末,无论是在巴黎还是伦敦,性行为亚文化都是蓬勃发展,遍布全城,其主要建基于同(男性和女性)卖淫相连的休闲产业之上。专门干此营生的妓院接纳任何社会阶层的来客,不管是有爵位的贵族还是短工一概来者不拒。它们能满足各种口味,异性的,同性的,特殊的(如鞭打),甚至在某些极其罕见的情况下,还有兽奸。淫荡的贵族在 17 世纪后半叶形成了某种风尚,即酒色之徒如果想受人尊重,就得把美少年和维纳斯一锅端,而到了 18 世纪初,他们就被一股燎原之势给取代了。放纵只能是异性性行为。赶时髦的酒色之徒的社会与文化身份取决于他们只顾享乐的生活方式,也取决于对男性气概所作的定义,从而排除了与其他男性发生性关系的可能性。1700 年,在伦敦的宫廷中,像罗切斯特勋爵这样的浪荡贵族都有妻子、情妇和恋人。纪尧姆三世会常和自己的断袖之交一起抛头露面,同时也能轻而易举地以威武的军人之姿展现自己的"大男子气概"[1]。1720 年代以后,传统上与贵族相连的性自由已不再包含与其他男人的爱恋。人们怀疑像赫维勋爵或乔治·热尔曼勋爵这样的贵族娶妻、找情人都是为了更好地掩盖自己对其他男性的强烈兴趣[2]。

因此,在 17 世纪末至 18 世纪初的英国,同性恋者必须得伪装成异

---

[1] 关于宫廷社交界的同性恋,可参阅罗贝尔·奥雷斯科:《法国近代早期的同性恋与宫中精英阶层:问题、建议与例证》,见肯特·杰拉德与格特·海克马:《对鸡奸的指控》,前揭,第105—128 页;詹姆斯·塞斯罗:《文艺复兴时期的同性恋:行为、身份和艺术表现》,见马丁·杜波漫、玛莎·维希努斯与小乔治·乔塞主编:《隐蔽的历史:追溯男女同性恋的往昔历史》,伦敦-纽约,企鹅-子午线出版社,1990 年,第 90—105 页;迈克尔·B. 扬:《詹姆斯六世与一世以及同性恋史》,伦敦,麦克米兰出版公司,2000 年。

[2] 关于此种转变,可参阅兰多尔夫·特隆巴赫:《近代文化中的性、性别与性的认同:启蒙时代英国的男性鸡奸和女性卖淫》,载《性史杂志》,第 2 卷,第 2 期,1991 年 10 月,第 186—203 页;提姆·希区柯克:《1700—1800 年的英国性生活》,纽约,圣马丁出版社,1997 年,第 58—75 页,"亚文化与鸡奸者:同性恋的发展"。

性恋①。直至 1660 年,在关于罪的概念上,清教徒一直假定每个人都会犯各种各样肉体上的罪孽,而且改邪归正与赎罪乃是个体的事务。1690年代初,像教养改良协会之类的世俗改良组织都由宗教狂热分子和某种相信天启的千禧年主义所指导,它们试图在国内清除所有恶行及罪愆,压制任何可以想象得到的违法行为:对安息日的不敬、酒醉、赌博、谩骂和渎神、猥亵放纵的举止,还有对卖淫和同性恋史至关重要的、被控促进了所有其他罪愆的妓院。这些社团大部分由手艺匠人和商人构成,它们并不满足于将这类伤风败俗的官司成功地闹到法庭上,它们还会利用大众媒体,调动舆论来有利于自己一方。诉讼笔录、誓词和有关这类社团极富战斗性的活动的报告均以小册子的形式出版,以便更好地说服公众,让更多的人支持它们。此外,对聚集了同性恋者的小酒馆和妓院施以惩罚也确实使得此种确保宣传成功的"抓眼球的"材料大量涌现。常去小酒馆或牛郎之家的鸡奸者显示出他们的服装和谈吐都偏好女性化:他们的矫揉造作最终创造出了某种另类的性文化,由于那些流行的小册子的宣传,这种性文化便展现在了公众的眼前。自此以后,鸡奸便被视为某种特殊群体的组成部分,是"第三性",它既不属于男性,也不属于女性,可以说处于"正常的"异性恋文化的外部。在那个时代,论述双性人的医学论著也开始得出了相同的结论。以前,由于医学理论坚持单性论,故而双性人被视为"不完善"者(因为他们部分是女性),或被视为很"不完善的"女性(因为她们有男性特质)。在 18 世纪,经验观察与解剖学开始产生了一个观点,照此观点来看,自然界存在另一种可能性,存在"第三性",尽管它被设计得"很完善",但却拥有以相同的方式发育而成的两性性器官②。

尽管社会上日益觉得牛郎之家的文化是种耻辱,但它仍在伦敦和其他大城市兴旺发达起来:它在那儿形成了某种会馆或秘密社团的氛围,同

① 关于 17 和 18 世纪欧洲的同性恋历史,可参阅阿兰·布雷:《文艺复兴时期英国的同性恋》,纽约,哥伦比亚大学出版社,1995 年;肯特·杰拉德与格特·海克马:《对鸡奸的指控》,前揭;里克托·诺顿:《牛郎之家:1700—1830 年间英国的男性同性恋亚文化》,伦敦,GMP 出版社,1992 年;米歇尔·雷伊:《文艺复兴时期的友谊:意大利、法国、英国,1450—1650 年》,佛罗伦萨,欧洲大学研究院,1990 年。

② 关于双性人,可参阅托马斯·拉克尔:《造爱》,前揭。

性恋者在这种受保护的环境中可获得彼此共享的认同感。这一事实并非仅是英国的特定现象。巴黎的档案资料同样揭示出了18世纪上半叶同性生活的文化及风尚,以及舆论的变化:舆论怀疑在男性间的同性关系中有某种使同性恋者区别于其他男人的特点。都市约会场所的地点同样也在发生变化。除了私密的场所外,街头、公园和小酒馆也提供了会面或诱惑的机会。在这些会馆中,鸡奸者可表达他们优雅的品位,培养精致的社交礼仪,采纳虚构的名号,完全就像其他拥有特定文化与身份的社会群体,如皇宫和18世纪典型的男性秘密社团(泥瓦工社团等)。1748年,有份引起轰动的证词描述了马莱区六雀小酒馆里的一次聚会,里面的男人都在模仿女性,都是头上缠帕,举止娇滴滴。他们把新来者叫做"已婚者",所有人都想去勾引他们。这些人成双结对,互相抚摸,作出不堪入目的举动①。同性会馆的着装惯例和规范强化了群体的认同感,创造出某种隶属于特定性文化的情感。此外,有教养的精英阶层人士并未将男性鸡奸行为视为如同犯罪行为那样的罪过,而是更倾向于认为这是一种完全可以容忍的不同之处,是对生活方式所作的选择。在1730年代,警察的报告反映了这种精神状态上的变化,报告不再使用"鸡奸者"这个词,而是用了"同性恋"一词。前面那个词源出《圣经》,指宗教对诸多性行为所作的禁止,后者始自16世纪,从希腊精神中派生而来,指情欲取向只针对其他男人的男性。

然而,18世纪上半叶同性恋在法国和欧洲发展起来的截然不同的认同感只是冰山一角而已;未浮出水面的部分在很大范围内对"老式"性文化的模式产生了影响,男性间的关系,如同手淫、奸淫和兽奸一样,只要它们不引起公愤,就仍然可以继续受到比较宽容的对待。

4) 女同性恋者与"荡女"

与男性同性恋相比较,女性间的性关系极为罕见,甚至从来没有。旧制度时期欧洲以男尊女卑为主调的性文化是以插入行为来定义鸡奸的。由此便产生了这一不可避免的结果:女性间的同性性关系如果未求助于

---

① 米歇尔·雷伊:《文艺复兴时期的友谊》,前揭,第186页。

阴茎替代物的话,那她们放荡的性行为就不会受到法律干涉。女性性伙伴之间的彼此手淫从未被视为是性行为,因为只有插入和射精这样的行为才能被视为货真价实的肉体关系。由此之故,男性间的性关系会受到严肃对待,而女性间的关系则会遭到嘲笑奚落,当然会被认为是一种有所欠缺的、并不令人满意的性关系。自然界创造男性和女性所用的方式,使得女性强烈的性欲永远只会选择异性性行为的插入,而非自淫或女子同性爱,即便性之初体验一开始——参照了 18 世纪色情文学中反复出现的主题——便令人对女子同性爱的性愉悦产生无限遐想、使感官得到复苏也罢,它也只会使人产生那种想要获得异性性行为中令人倍感满足的插入体验。

见证女子情欲关系的证词少之又少,这是因为此种关系几乎看不见摸不着的特性。女性自出生起至结婚为止,甚至到成婚以后,都是和其他女性同床共枕。独身者都是共同生活,以便分摊费用,共用微薄的收入。女性宗教社团、学校团体和感化院里的社团提供了另一种范围的日常生活,女性可以在那儿轻而易举地发生某种感性关系。女性的劳作和社交结构使得她们大部分时间都是由其他女性作陪:相较于在男人身边,她们至少常常能获得更多情感与身体上的舒适感,而这种舒适感她们在他处很少能找得到。

对神学家而言,"女子与女子"交媾被视为是与其他淫荡之罪相类似的违法行为,如手淫、兽奸、以"反自然"的体位交媾、鸡奸。在 15 世纪中期,佛罗伦萨神学家安东尼努斯将女性间的情欲关系视为九种淫荡罪中的第八种①。在 16 世纪末的米兰,天主教改革家查理·博罗梅宣称,若女性"自淫或与其他女性相淫",就得受罚两年。这样的判决表明人们在对待有关女性关系的罕见的案例时并不太严厉:若男性承认自己与其他男人有肉体关系,那就得处以七到十五年的处罚②。

16 世纪的艺术与文学也不时提到女同性恋的性行为:通常认为这是女孩间寻求的徒劳而又轻浮的快感,可得到宽宥。比如这是一种保持贞

---

① 若需简单了解宗教对女性关系的态度,可参阅朱迪斯·布朗:《无度行为:文艺复兴时期意大利一个女同性恋修女的生平》,牛津-纽约,牛津大学出版社,1986 年,第 7—13 页。

② 同上。

洁的方法,就像枫丹白露那些描绘狄安娜及仙女入浴的作品——绘画与版画——,她们互相给对方擦身体的方式再明显不过①。此种性行为同样也被视为是一种合法的形式,无论是前期学习还是做好准备工作,其最终都会使与男性的爱发扬光大。照布朗托姆的说法,这乃是宫中许多贵妇的习惯行为。此外,布朗托姆的那些话也是老生常谈:他的那些向他透露消息的女伴们都承认和男人产生爱情更好,但如果没有的话,也只能采取那样的权宜之计了。②

就针对犯罪行为的世俗立法而言,特别提及女性性行为的屈指可数的一些法律并未将之视为是轻罪。1532 年,夏尔·甘特宣称,无论哪种"不洁行为"——与动物的关系、男人间的关系、女人间的关系——都该当火刑处死。但死刑极少执行。只有当用木头、皮革或杯子当作阳具使用时,才会用到死刑。对彼此手淫这样的"小"罪而言,判决要轻得多:鞭刑,或公开忏悔③。

女性间性关系之所以成问题,有一部分原因是因为并不存在适当的专用说法。尽管"女同性恋"(lesbienne)这个词 16 世纪即已出现,都是在布朗托姆的作品里,但他的用法要到 19 世纪才得到普及,而且即便那时候,该词指的也只是某种类型的行为,而非以人来分类。所谓的女性间的性行为有不同的名称:玷污、奸淫、互相手淫、鸡奸、性交,要不然就说女性彼此淫乱或彼此玷辱。这么干的女性被叫做"荡女"或"女同性恋者"。医学同样有自己的观点,照它的观点,阴蒂肥厚的女性从生理上看可完成这样的行为,这样的先天畸形是由于年轻时手淫过度引起,或是因局部即不完全的两性畸形造成的。"阴茎式阴蒂"理论对女同性恋所作的解释特别具有说服力,因为它断言在不危及阳具崇拜论这一基本的文化前提的情况下,两个女人想要做爱,从生理上看是具有可能性的。

---

① 帕特里西亚·西蒙斯:《文艺复兴时期意大利文化中女同性恋的显见性:狄安娜与其他"女同性恋"的例子》,见惠特尼·戴维斯主编:《艺术史中的男女同性恋研究》,纽约-伦敦,霍沃思出版社,1994 年,第 81—122 页。布朗托姆:《风流贵妇生平》,巴黎,袖珍书出版社,1962 年,第 126 页。

② 同上。

③ 朱迪斯·布朗:《无度行为》,前揭,第 13—17 页。

尽管女同性恋相对比较隐秘，但17和18世纪的法律仍注意到了她们不同的生活方式[1]。在反宗教改革时期的意大利，托斯卡纳佩夏的女修院院长贝内代塔·卡尔里尼受宗教裁判所审问，以查明她吹嘘的幻觉和奇迹是否属实。1623年，书记员颤颤巍巍记下了贝内代塔讲述的另一次神秘体验：她断定自己处于迷醉状态的身体好几次被一个叫做"光彩"的天使充满，还承认在这些情况下，自己与另一个修女苏沃尔·巴托罗梅阿发生了肉体关系。贝内代塔被判在女修院关禁闭。她在那儿度过了余生，71岁高寿（就那个时代而言）才去世[2]。

在世俗世界，女性也会时不时穿男装，通过乔装打扮来获得男性拥有的好处。此外，某些人还像男人那样生活，甚至娶女人为妻。男性拥有自由活动、有更多可能性赚更多钱的特权成了这么做的动力，它与勾引"异"性的动力相同，甚至有过之而无不及[3]。有些女性穿男装，就为了跟随心爱的人、逃脱虐待自己的丈夫、在险象环生的道路上安全地旅行、逃避官府或投身犯罪活动。另一些人则应征当起了水手或士兵，这常常是出于经济原因，或为了不去卖淫之故——被发觉后，她们就会说这么做纯属爱国之举。士兵这一角色要求她们要有勇气、有进攻性，尤其是得禁绝一切会暴露身份的性行为。比如埃劳佐的卡塔丽娜从西班牙的女修院逃出来后，加入了军队，且于1603年随军去了新世界，她还在那儿参与了征服智利的行动。乔装改扮了近二十年被发觉后，她接受了检查，据称"处女身未受玷污"，这让她有了一定程度的名气。她一身戎装的画像在整个欧洲流传。教宗甚至还特许她不再过女扮男装的

---

① 若需全面了解旧制度时期欧洲女同性恋不同的生活方式，可参阅艾玛·多诺格：《女性间的激情：1668—1801年的英国女同性恋文化》，伦敦，哈珀·柯林斯出版社，1996年；提姆·希区柯克：《英国的性生活》，前揭，第6章，"女同性恋、异装癖者与罗曼蒂克的友谊"，第76—92页；里克托·诺顿：《牛郎之家》，前揭，第15章，"汤姆与傻瓜游戏"，第232—251页；马杰里·亨特详细列出了女性一生中自然而然彼此邂逅的各种机遇，以及发展成"隐形"情色关系的可能性，《女同性恋之歌：漫长的18世纪中的英国女同性恋》，见朱迪斯·贝内特与艾米·伏瓦德主编：《1250—1800年间古代欧洲的单身女性》，费城，宾夕法尼亚大学出版社，1999年，第270—296页。

② 朱迪斯·布朗：《无度行为》，前揭，第117—118页。

③ 关于女性异装癖，可参阅维尔恩·拜娄与邦尼·拜娄：《异装癖、性与性别》，费城，宾夕法尼亚大学出版社，1993年；鲁道夫·德克与罗特·范·德·波尔：《欧洲近代早期女性异装的传统》，伦敦，麦克米兰出版公司，1989年；朱利·维尔莱特：《女战士：为追求生活、自由和幸福而女扮男装的女性》，伦敦，潘多拉出版社，1989年。

日子①。

女演员和交际花也会女扮男装,她们时不时会出于相对来说比较淫荡的目的着男装,还有军队里的女性,她们的伪装被发觉后,通常会受到很好的对待,另有些女人扮演男性角色是为了像男性那样自由行动、找工作方便,也包括能有与另一个女人生活的可能性。玛丽·汉密尔顿是个江湖郎中,1746 年 7 月同玛丽·普莱斯成婚后,由于遭配偶揭发,说其使用工具来行插入之实,被判欺诈罪和冒名顶替罪。这位女丈夫被判在四座不同的村庄内遭鞭刑,并入狱四个月。一俟出狱,她又穿起了男装,在市场和集市上卖自己做的药品,还有人去那儿看她,可见她的名声有多大②。

被控与其他女人有性关系的女性很少出现于司法审判的卷宗内:"女同性恋"并未被认为是犯罪行为。不过,对 18 世纪阿姆斯特丹少数人群的犯罪行为所作的研究揭示出处于社会底层的女同性恋行为所产生的意味深长的影响,特别是在贫穷和独身女性同居的住所中,这些共同生活的场所在旧制度时期的都市社会中堪称一大特色。1798 年,有个女邻居揭发安娜·施伦德和玛丽亚·施密特行"苟且之事"。这女人等她们在阁楼上做爱时跑去偷窥。她甚至还叫来了其他邻居,透过墙上的洞眼饱览这对女情人的激情戏。法庭在当时的情况下毫不手软:没有像通常那样警告一番让这两个女人走人(相对于重案而言),而是宣判她们有罪——主要是因为她们在犯罪行为明显的情况下被抓了现行——,关入大牢③。

法律将女性间的性关系定义为可受法律惩罚的犯罪行为,只是到 18 世纪末才出现。"女同性恋者"自此以后便被当作妓女,两者完全相同,都是根本不懂得克制与自制的女性犯罪者,因此同又蠢又笨的"荡女"不同,后者由于没有男人才不得不自淫或彼此手淫。这些女性都有共同点,除

① 埃劳佐的卡塔丽娜:《修女长官:巴斯克女扮男装者在新世界的回忆录》,由米凯莱·斯滕托与加布里埃尔·斯滕托英译,由马乔里·加伯撰写前言,波士顿(马萨诸塞州),灯塔出版社,1996 年。

② 林·弗里德里:《往昔的女性:18 世纪性别界限研究》,见乔治·塞巴斯蒂安·卢梭与罗伊·波特主编:《启蒙时代的地下性世界》,前揭,第 234—260 页。

③ 泰奥·范·德·米尔:《受审的女同性恋者:18 世纪末阿姆斯特丹女性同性恋犯罪》,见约翰·弗特主编:《被禁的历史:近代欧洲国家、社会与对性的管控》,芝加哥大学出版社,1992年,第 424—445 页。

了性取向之外,她们也都很穷。她们都是受害者,婚姻失败、卖淫、工作赚不到钱,她们成双成对地聚在一起,或聚成小群体,出于需要共同生活在一起。她们同病相怜,但没有任何秘密的网络、任何公开或私下的约会场所,没有专门的"牛郎之家"可供她们使用。女性在公共空间内的活动余地极小,根本没法享受同等地位的男性所享有的那种自由,而这样的自由使得后者形成了拥有自己的群体认同感的同性恋亚文化。

正是在那个时代,处于社会层级另一端的中等及特权阶层出身的女性发展出了某种生活方式,其中的女同性恋关系就是如今所说的"浪漫友情"①。很难确定究竟到什么时候已婚与独身女性间的鸿雁往来及多愁善感的爱情宣言超越了那种体贴关怀的友情。当然,正如那些有名的"兰戈伦的女士"那样,她们也都拥有可以独立生活的物质手段。爱莲诺·巴特勒和莎拉·庞森比一辈子共同生活在一起,都穿或多或少带点男性味道的服装,与 18 世纪末和 19 世纪初文学艺术界的名流们保持着关系。她们创立了某种女性精英的友情模式,肉体关系则在其中起到了一定的作用。

对 18 世纪而言,有个问题仍然存在:即便女性同性恋无法像男性同性恋那样见光,但女性同性恋亚文化是否仍是在这段时期初露端倪的呢?"汤米"(Tommy)一词指的是在 18 世纪下半叶英国出现的女同性恋,而特威肯汉姆流行的"擦牌游戏"(Game of Flats),照 1749 年一本名为《撒旦丰收节》的小册子所说,乃是出自大众媒体的用语,似乎表明人们对专属于某种特定类型者的行为已有所意识,这些人所属的群体很容易就能被辨认出来。由于性行为是一种文化建构,也是生物学意义上天生就有的肉体行为,因而照女性同性恋性行为的演变史来看,似乎也可认为对女性互爱或女性彼此间肉体关系的特殊认同感就是在 18 世纪下半叶方始出现的。即便专家们不赞成用这两种体现性别的表达法——女丈夫或女性朋友——来指称女性同性恋的认同感,认为这种方式影响了真正的另类性文化的发展,但中等及特权阶层浪漫友情的急剧增多,仍使女同性恋者在女性社交生活这一复杂的网络内部获得了一席之地,虽然相对来说还不

---

① 对该主题所作的重要研究仍非利利安·法德曼莫属,见《超越男性之爱:文艺复兴时期至今女性间的浪漫友情与爱情》,纽约,奎尔/威廉·莫罗出版社,1981 年。

太能见光。与此同时,女扮男装虽然曾使社会地位低下的女性获得了身体上的好处以及男性社会身份所拥有的特权,以便满足对自由的渴望、经济上自给自足的需求,甚或在某些情况下满足对另一个女人的欲望,但异装行为最终还是渐渐丧失了它那怪异的魅力,相对而言不受处罚的情况也日渐稀少。

＊　　＊　　＊

在中世纪末期和旧制度时期的欧洲,医学、伦理、社会及宗教对身体的认知反过来也对生物机能、身体冲动和主观欲望作出了回应。直到 18 世纪初,人体仍被认为首先是道德工具,其性行为会随着年龄的变化而变化。此外,诸种色欲行为或得到赞同,或受到容忍,或遭到压制,其间的界限也会随着性别和社会阶层的不同而起伏不定。少年时期纷繁多样的实验只要是暗中所为,大部分都会受到容忍——只是成年后必须发展异性关系,在婚姻范围内进行生育。奸淫、卖淫、手淫、兽奸、鸡奸和女同性恋都或多或少地被视为是严重的罪孽;但只要不引起公愤,且小心为之,也就或多或少地不太会受到关注。

到 18 世纪末,身体、性别和性行为"变动不居"的观念消失不见了,出现了两个判然相对的领域。女性不再被视为生理机能上不如男性:她们被认为是一个特有的性别,与男性截然不同。男青年若与男孩子发生关系不再会不受惩罚:所谓的男子气概,只能用来吸引女性。女性不该再有明目张胆的性欲,从此以后她们只能是没有七情六欲的妻子和母亲。在随后的一个世纪,性行为成了妓女、性变态者和思想不健康者的特权。出身良好的女孩会有许多女式长睡衣,前面的开口处都很隐蔽,上面会绣上"上帝所愿"之类的虔诚语句。性日趋单一化,女性要么当情思绵绵的母亲,要么当淫荡的婊子,两者泾渭分明,这表明了古代多元化的性文化已然式微。出现了由严格的异性性行为构成的男性占主导地位的文化,从而使弗洛伊德误解了女性的精神现象,虽然他说得很有意思。这一新的性文化在整个 19 世纪使人产生了一种持久的信念,即有形的身体乃是栖居其间的道德人格之"天"敌。

第四章 锻炼,竞技

乔治·维加埃罗(Georges Vigarello)

古代的竞技并非体育运动:它们既无机构设置,亦无遴选的组织。但它们确实存在于 16、17 和 18 世纪的法国和欧洲,在许多生活场所和日常生活中在在可见,融入平时的生活,受到广泛的关注;它们也通过获得社会效应或身体上的效果而存在:运动、演戏,还有仪式,都经过精心的安排[①]。为打赌而进行的竞技运动或为赏金而进行的竞技运动,都表明了这是个被劳动时间及宗教时间主导的世界,在这个世界中,游戏有时也会毫无预见地涉及到工作之余的休息时刻,而且也会涉及到宗教节日(具有纯粹传统上的规律性)。身体在此反映了激情与社交所付诸的行为:地方上的狂热之情汇聚在一起,导致紧张、冲突、发泄,或展示了社会实践极其有限的等级社会中的种种差异。

身体在此也反映了特定的机体观:身体运动有助于排出体内的某些"部分",驱除会造成威胁的淤塞的体液。因此,竞技可成为有益的练习和活动:通过摩擦和发热来进行净化。但"古代的"身体还反映了某种道德观:在竞技中,它能任凭自己去消遣、去闲散,但激情却会冒使人背离自身和上帝的危险。因此之故,它能成为"肉体",而非"身体"。

[①] 参阅艾伦·格特曼:《从仪式至记录:现代体育运动的本质》,纽约,哥伦比亚大学出版社,1978 年;乔治·维加埃罗:《从古代竞技到体育节目:神话的诞生》,巴黎,瑟伊出版社,2002 年。

1

贵族与锻炼(16 与 17 世纪)

在现代法国的发轫时期,身体精力及其展现仍旧是权力的标志。很难想象,在描述某个大人物时,会不去提及他强健的体魄、旺盛的精力、卓著的战功。应该证明的是坚忍和力量。应该展现的是骁勇善战。那些得到具体描述的质量都具有相当的直观性:就是"身体强健,四肢发达①","四肢强壮"或"身体壮硕②"。但与之相应的品质也很具体:比如,弗朗索瓦一世经常会在马里尼昂举办狩猎比赛、网球赛、马上长枪比武、骑士比武或投掷长矛比赛;脾气暴躁的亨利二世打瞎了自己军队中某个教官的眼睛,后来自己也在蒙哥马利被长矛刺伤③;同样,孔武有力的比武冠军查理五世在马德里或瓦拉多利德的比武中也常被描绘成圣乔治再世,因其精湛的骑术而弥补了身材矮小的不足④;总之,他的那些肖像充满了各种象征:手执盔甲和长矛,身体前倾作进攻状,披甲的马匹开始疾驰⑤。权力有其身体的面相:强壮必须可见,肌肉要很发达。

16 和 17 世纪,这些形象不知不觉发生了变化。譬如,17 世纪的君主不再以战士的形象示人,即便他们的肖像仍保留了明显的尚武标志。当然,这与对权力的重新表述有关。也与对身体、身体的表像,以及身体的展现有关,比如,态度不再强硬,而是以优雅的举止示人。更为深刻的是,这也与 17 世纪精英阶层及贵族对身体优异性这一价值的重新表述有关。无论是实际还是想象中的图景,它们都同时聚焦于姿态的优雅和服装的雅致,而非展露强壮的身体。

16 和 17 世纪贵族对锻炼所作的修正,毫无疑问极为清晰地揭示了这些转变过程。特别是在竞技中,暴力有所减弱,而强调对身体的掌控和不

---

① 《默茨编年史(15 与 16 世纪)》,默茨,1865 年,第 678 页。
② 布朗托姆:《作品集》,巴黎,1864 年,第 6 卷,第 273 页。
③ 同上,第 3 卷,第 279 页。
④ 罗贝尔·马克洛:《勃艮第家族编年史》,巴黎,1838 年,第 122 页(第 1 版,16 世纪)。
⑤ 提香:《皇帝查理五世》,马德里,普拉多博物馆,1548 年。

俗的仪表，最后还创建了真正的宫廷礼仪，这些都很好地见证了古典时代法国贵族拥有的崭新的身体文化。因而，本文在论述某些竞技历史时也不得不述及社会价值的历史。

1) 正面交锋与战士的技艺

16 世纪刚开始时，宫廷里的竞技都很暴力，会让如今的读者大吃一惊。弗朗索瓦一世向自己的副官圣-波尔发出的挑战即是其中一例。圣-波尔来庆祝三王来朝节，结果却吃到了蚕豆，成为当天的"国王"①。弗朗索瓦提出向这个可笑的国王发动进攻：用鸡蛋、苹果和雪球攻击他的官邸，"以保持体力②"。围攻遭到了应战；但行动开始后很快失控：冲突愈来愈激烈，东西开始乱扔，一块尚在燃烧的木柴砸到了"真"国王的头上。战斗在混乱与不安中戛然而止。1546 年也几乎发生过一模一样的事，但更惨。这次，一只木柜从窗户里跌了出来，砸中了昂吉安公爵，他伤得很重，"没过几天就死了，国王和整个宫廷都为之懊悔不已③。"

在围场里捕猎也有着同样的暴力色彩，"猛兽"遭到围捕，捕猎者拿着剑，徒步追赶。比如，1515 年在昂布瓦兹，好几头野猪被带进了城堡内的院子里，然后在聚于窗前的观众众目睽睽之下被四散驱赶。其中一头受惊的野猪逃进了走廊。国王亲手将其杀死，给自己带来了荣誉④。

a) 摆样子的"武力"

贵族的竞技中许多都与武力这一形象有关：召集人马时几乎毫不讳言需要发起冲锋，进行战斗，需要正面交锋时的强势，甚而颇具挑衅性。尤其是，重现战斗场景似乎特别令人兴奋，就像 1517 年在昂布瓦

---

① ［译注］三王来朝节(1 月 6 日)是一个宗教节日。这一天人们会吃一种糕点，里面藏有一颗蚕豆，发现蚕豆的人就是当天的"国王"。

② 贝雷的纪尧姆：《回忆录》(16 世纪手稿)，见约瑟夫-弗朗索瓦·米肖与让-约瑟夫-弗朗索瓦·普茹拉：《充实法兰西历史的回忆录新编》，巴黎，1838 年，第 5 卷，第 132 页。

③ 同上，第 566 页。

④ N.萨拉，据保兰·帕里斯所引：《弗朗索瓦一世研究：他的生平与统治》，加斯东·帕里斯编，巴黎，特彻内出版社，1885 年，第 44 页。

兹的那次①，当时为了给王储施洗，用木头搭了一座城池，四周围以壕沟，守卫者达数百人。随后的进攻由国王亲自督战。弗朗索瓦率领自己标色的队伍冲入城墙，而"由木头做成、再以铁皮围裹的大炮喷射粉尘和由充满了气的大球做成的炮弹，这些炮弹有桶底这么大，砸向对面的守城者，把他们掀翻，却毫发无伤"。

率领军队的是好战的亲王。国王当大将军。其他大人物则组成发起进攻的战队，骑士进行交战，冲锋时的架势与实战不遑相让。这一形象之所以显得有些独特，是因为需要备战，还要包围。昂布瓦兹的狂欢至少揭示出了 16 世纪初，战斗一直暗中存在，它在贵族的竞技中具有很重要的地位。它也揭示出了王室的象征体系是如何从极具"现实主义"的行为——身体的对抗及其可能发生的变化——中汲取营养的。

16 世纪初，马上长枪比武和骑士比武频率更频繁，具有更大的重要性，可令人直接想起战时的行为：马与马发生碰撞，该形象改变了古老的流血冲突的传统，这项比试长矛的竞技只有绅士才可参加，仍局限于决斗这一正式的范畴之内。1549 年，维耶维尔就毫不犹豫地发起了这样的挑战，他给自己的女婿埃皮内配备了武器，以迎战萨默塞特公爵，因后者的言语攻击了"众望所归的法国的荣誉②"。比武就在布洛涅进行。埃皮内打伤了生病的萨默塞特公爵手下的一名骑士，将其活捉。维耶维尔为其女婿请来的谋士强调的都是身体的优先性：在马上"坐稳"，等到对手距自己"三四步"远的时候就把他的长矛打落，这样便不用受远距离瞄准的束缚，打的时候要尽可能猛；最重要的是要直接发力，但灵活性也不容忽视③。

所有的骑士比武都不是决斗，而是竞技。伴随比武的是庄严肃穆的节庆、入城仪式、加冕礼、大人物的婚姻。但它们与决斗潜在的近似性却使其令人颇感兴趣。它们与 16 世纪初其他游戏性质的实践活动相比，既没有受到同等的关注，亦未受到相似的影射。只有在回忆录或编年史之

---

① 罗贝尔·德·拉马克：《路易十二世与弗朗索瓦一世在位期间大事记（1499—1521）》，见约瑟夫-弗朗索瓦·米肖与让-约瑟夫-弗朗索瓦·普茹拉：《充实法兰西历史的回忆录新编》，前揭，第 5 卷，第 1517 页。
② 维耶维尔：《回忆录》（16 世纪），前揭，第 9 卷，第 101 页。
③ 同上。

类的书中才能发现它们的身影,有它们自己的用语,它们自己惊心动魄的时刻,它们自己的悲惨事件。击打的次数被记了下来,一回回比赛、一次次冲突都得到了叙述:"让他们一个接一个跑动,以致上面所说的塔尔塔兰只骑了半步,矛就断了,好骑士在他的护肩上猛击了一下,便将他的矛击成了五六段,于是军号响亮地吹响了起来,因为这场马上长枪比武实在是完美至极。这番打打杀杀之后,又开始了第二回合,塔尔塔兰勇往直前,他的长矛刺坏了好骑士肩甲的护臂处,好骑士的所有同伴都认为他的手臂肯定会折断①。"起主导地位的武力形象是:马匹的狂暴,兵刃的相接。

然而,16 世纪也确实发生了深远的变化,当时骑士比武似乎仍很活跃。决斗的架构得到了改变:短兵相接不再是不言而喻的事,游戏活动重新得到思考,对身体的参照也是如此。

b) 精心装扮过的交锋与竞技的象征符号

第一个重要变化是:16 世纪初,禁止"聚众斗殴",马上长枪比武中到处都是摩肩接踵的人群,直到那时"因碰撞而斗殴"仍是节庆时期的重头戏。长时间以来,骑士比武指的就是这层意思②,而马上长枪比武这个词则更局限于个人之间的争斗。此种打群架的状况在 16 世纪中期的挑战中再也没有出现过:毫无疑问,它太混乱,也太危险。未来的查理五世在 1517 年瓦拉多利德的骑士比武后就这么说过,当时竞技中的癫狂状态使最无动于衷的人也发生了骚动。眼见护胸甲上鲜血淋漓,受伤者惨遭践踏,尸体横陈,着实让人不适。1517 年的瓦拉多利德马上长枪比武以聚众斗殴收场,在西班牙成了此类情况的最后一次:"人血和马血污染了各个角落;目睹了这一切的人都在喊着老天,老天……小姐们惊声尖叫,哭喊着老天发发慈悲③。"这些事在该世纪中期引起了不安,1559 年亨利二世死后终于使其暴露了出来,他的脸甲就是被蒙哥马利的长矛刺穿的。

---

① 鲁瓦雅尔:《好领主巴亚尔传》(16 世纪),巴黎,巴兰出版社,1960 年,第 61 页。
② 参阅《勒内国王时期骑士比武集》(16 世纪),巴黎,埃尔舍出版社,第 1986 页。
③ 罗贝尔·马克洛:《勃艮第家族编年史》,前揭,第 77 页。

这次事故极其强烈地彰显了该世纪人们对竞技所持的近乎谴责的态度。直到1605年竞技最终被取缔，当时的比赛都是沿卢浮宫的院墙进行，巴松皮埃尔就是在那儿因长矛刺中腹股沟而亡的①。

自这次事故后决定禁止马上长枪比武的亨利四世终结了这段堪与决斗相比的历史。多个现代化的集权制大国愈来愈无法容忍世系之间的团结，领主之间的争吵，马上长枪比武与之很像，有挑战，有决斗书，有四溢的鲜血，有近乎神圣的规约。他们越来越无法容忍自己不能加以控制的暴力。

然而，对战争的参照并未消失。仍然存在反抗，试图对抹杀马上长枪比武和骑士比武进行阻止，造成它们仍旧存在的幻象。卡克斯顿在16世纪末的英国建议至少每年举办一次这样公开的比武："绅士们就能因此而重新找到骑士的古代风范，当君主召唤他们或需要他们时，他们能随时前来应战②。"但毋宁说，这是通过重构马上长枪比武，维持其形式，剔除其危险性，而非让贵族延续此种神话：这是一种拥有传奇般力量的神话。战争仍然保留，比武得到革新。早在1605年前，新的实践就已取代了马上长枪比武。它们的存在使战斗价值得以扎下根来，且很快就颠覆了竞技的风格与精神。

尤其是，1550年后得到接受的两种实践活动，它们常常联系在一起：穿圆环竞技和击木靶比武③。直到那时，这两种活动均只限于让骑士训练，每种活动都以特定的姿势为基础：穿圆环竞技是指将长矛穿过突出于木栅栏上方的圆环，击木靶比武是将长矛猛击某个固定的障碍物（并尽可能将其击碎）。长矛的运用乃是竞技的重点。因此进攻时不会有什么圈套，条件也"很简单"，只在于行为本身。任何一名对手都不会去为骑手设障。肯定不会再有流血的危险。只有武器的应用规定了其行动。技术超越了对抗，灵巧超越了交锋时的武力。标靶不再是几何般精确的空间。

---

① 弗朗索瓦·德·巴松皮埃尔：《生平日记》(17世纪)，4卷，巴黎，勒努阿尔出版社，1870—1877年，第1卷，第165页。

② 弗朗西斯·叶茨：《16世纪帝国的象征体系》，巴黎，贝兰出版社，1989年，第177页（英语第1版，1975）。

③ 参阅吕西安·克莱尔：《木靶、夺指环竞技和头脑竞技：一个马术家族的历史与民族语言学研究》，巴黎，法国国家科研中心出版社，1983年。

战斗得到改变，所有的冲突都已不再。当然还是战斗，但自有其正规的对策，危险大大减少。服装也发生了变化："1570 年 2 月 19 日，国王查理在上述圣奥班修道院的花园里参加了穿圆环比赛，他身着与已故国王弗朗索瓦一样的装束，陪同的大领主们也是相同的装扮，头戴丝绒帽，顶上插着翎饰①。"宫廷服装清楚地表明了举止在此已只是回忆和象征，是对身份的确认，是"假想的重新封建化"，"以佩剑贵族的形象扮演他们正在失去的战士与政客这样的角色②"。

c) 优雅与社交

正面冲突这样的竞技实际上在 16 世纪受到了严厉的评判。正面交锋的形象消失不见了。这对细腻机敏的形象的出现倒是很有帮助，此种形象要求的乃是灵巧和敏捷。穿圆环比赛便象征了这样的革新，很快，类似的要求便层出不穷。在武力和灵巧之上应该结合优雅、风度、某种彰显礼仪的特定方式。当然，穿圆环比赛也要有形式，比如严格遵守跑道线路，手执长矛笔直进行，避免马匹剧烈运动，尤其是要保持风度。礼仪来对技术作了补充：成了优雅与灵敏的混合体。正如布朗托姆所勾画的那样（这是最早对之论述的文字之一），它令人想起了 16 世纪末的那些比赛者。比如，多维尔比赛得相当"漂亮"，甚而使人忘记了他长矛没用好的表现："元帅多维尔像往常那样比赛得极其漂亮，但不幸的是，他由于视力不佳，没什么把握，所以很少能将长矛投入圆环内；但比起是否投得中，他比赛得如此出色才更重要③。"战士的形象当然重要，但归根结底，优雅才应该占上风。需要 17 世纪骑兵形成显著的特色以及构成真正的宫廷技艺，如此的优先性方能日益彰显，比如布吕维内尔在路易十三于卢浮宫进行比赛时所提的建议。这位骑士侍从坚称要使运动具有表面上的自由。他详细说明了何谓风度。他建议举止要有节制，要经过精心算计。最终，他提到国王在穿圆

---

① 让·卢维：《日记：昂杰尔与其他地方值得回忆的所有真实故事》，见《昂茹杂志》，1854 年，第 300 页。
② 约埃尔·科尔奈特：《战时国王：伟大世纪中法国的君权散论》，巴黎，帕约与海岸出版社，1993 年，第 205 页。
③ 布朗托姆：《作品集》，前揭，第 3 卷，第 371 页。

环竞技时需公开进行表演,并提议所有的素质都要经过理性的考虑。国王必须将这些素质显现于民众面前:国王必须经常在公开场合策马前行,"不仅使您的贵族,而且也使您的民众能了解您的精神卓越特异之处①"。撇开谄媚逢迎的说辞不谈,它所强调的乃是掌控,颇具运动心理学的意味。国王比武的形象,国王直接使用武力的形象已让位于更为复杂的形象,当然在此形象中,对军事的参照仍然存在,但起主导作用的却是仪表和"魅力"。譬如,举 1638 年格隆比耶的伏尔松"理想的"比赛的描述便已足够,比赛时另在传统武器之外配把短刀,这样做显然是为了使举止和外表显得更漂亮而已。针对形式上的技巧和优雅程度而为奖金设定等级可确定他们的影响力:头等奖"颁给格斗时骑术最精湛、刀术最优美者";而三等奖"只"颁给"短刀砍定的圆圈与木靶正面所涂的圆圈最接近者②"。无论何种方式均是为了强调严肃的态度和出色的仪表之重要性。

这并不是说此种表演性质的技艺本身在近代的宫廷竞技之前未有所闻:至迟自 15 世纪起,骑士比武便与戏剧化相适应。虚构在此发挥了作用。马尔什的奥利维耶(或称夏斯特兰)就描述过好几次为释放"被囚的公主"或为攻击几名"犯错的骑士③"而举办的骑士比武。战斗可在此处挖掘出传奇色彩,从而激发戏剧性及绘画创作。神话中的动物与人可堵住比武场木栅栏的入口处。中世纪晚期的骑士比武,如勃艮第宫廷的比武,在戏剧化时,必然会与原型有距离。在增加兴趣的同时将文学性整合进来的一种方式就是把神话与君主的权力进行联系。但进攻的技艺和面对危险仍然是此处的中心价值。几近真实的战斗聚焦的是决定性的时刻。尤其是,奖金只与长枪竞技和剑术竞技有关。15 世纪的虚构性冒险故事首先感受到的乃是"真正的勇气④"。战斗仍然必须是"真实的",恰如 16 世纪初那样。

---

① 安托万·德·布吕维内尔:《国王的骑术训练》,巴黎,1625 年,第 131 页。
② 格隆比耶的伏尔松:《荣誉和骑术的真正舞台,或贵族英雄气概的反映》,巴黎,1679—1680年,第 1 卷,第 548 页。
③ 参见马尔什的奥利维耶:《勃艮第家族回忆录》(15 世纪),见让-亚历山大·布雄:《法国历史中编年史与回忆录选编》,巴黎,1839 年;乔治·夏斯特兰:《作品集》(1419 至 1470 年间的编年史),1863—1866 年。
④ 约翰·赫伊津哈:《中世纪的衰落》,巴黎,帕约出版社,1967 年,第 84 页(第 1 版,莱顿,1938年)。

相反,17 世纪节庆的独创性正在于使戏剧化成为人们津津乐道的一个元素。《法国墨丘利》花了好几页篇幅描述了 1612 年那不勒斯骑士比武时的游行队伍①,而对战斗过程的描写只有寥寥数行。骑兵竞技表演这个名称 17 世纪才出现,此种得到更新的形式在当时盛极一时,从其词源学上来看,该词表明了队列和骑马行进的重要性。说句实话,它与穿圆环比武和击木靶比赛没什么两样,但它乃是盛装骑士队和穿着巧妙的马童的前奏。这使它登上舞台时拥有了极其独特的重要性,且强化了骑兵竞技表演与芭蕾舞之间潜在的一致性。该项竞技最为完美的表现形式乃是 1662 年 6 月 5、6 日为庆祝一年前出生的王储而举办的骑兵竞技表演,此次盛况极为重要,以至用王储的名字为这个举办盛会的地方命名:扮成罗马最高司令官的路易十四率领的是五支穿金戴银镶宝石的队伍中的第一支②。昂吉安公爵扮作"印度国王"率领自己的队伍,吉斯公爵扮演的是"美洲国王"。每支队伍支配与其首领地位相当的随从,它所根据的原则将外表和权力紧密地结合了起来:"在国王的骑士队中共有四名马上鼓手,二十四名号手,二十四名武装侍从,四十匹人力马车和八十名马夫,八十名持矛和盾牌(上刻题铭)的侍从,副官和骑兵军官。所有人均身着路易十四的色彩,金色、银色和火红色③。"服装和身体的魅力使人产生这种印象,即这些遴选出的骑士"会在圣热尔维、圣欧斯塔什和圣保罗区人群中进行马术表演④"。它还使人产生一种印象,即国王的马术操练犹如太阳"在群星间运行⑤"。此种全宫廷的人都来表演的竞技代表的是它欲加以推广的权力。《文雅信使》认为皇家的骑兵竞技表演象征了君主制:"盛大的节庆对一个国家来说之所以会如此辉煌灿烂,是因为它们代表了国君的宁静平和及其政府的出色优秀⑥。"

大体言之,恰是竞技中的内容造成了其不同之处:比赛是为了展现,甚

---

① 《法国墨丘利》,1612 年,第 2 卷,第 440 页。

② 参见勒内与苏珊娜·皮罗尔杰:《巴洛克时代的法国,古典时代的法国,1589—1715》,巴黎,罗贝尔·拉丰出版社,"布坎"丛书,1995 年,第 704 页。

③ 玛丽-克里斯汀·姆瓦纳:《太阳王宫廷的节庆》,巴黎,1984 年,第 26 页。

④ 勒内与苏珊娜·皮罗尔杰:《巴洛克时代的法国,古典时代的法国》,前揭,第 705 页。

⑤ 《路易十四时代的骑兵竞技表演报告,有必须参加穿圆环比武、测试之亲王和领主的名字》,巴黎,1662 年。

⑥ 《文雅信使》,巴黎,1679 年 5 月,第 61 页。

至是为了夸饰，以外表而非战斗来吸引眼球。南吉斯是个年纪轻轻的绅士，虽没什么财产，但是个品行端正的贵族，他几乎是无意识地揭示了这一变化。他于 1605 年投资了一笔自认为很大的费用，就是为了参加一场障碍赛。各种护胸和鞍辔花了他 400 埃居。南吉斯付不出钱，但他仍想参加。只是从某些商人那儿贷了点款、在好朋友的帮助下，他才筹足了这笔费用。更引人注目的是，南吉斯并不明确地以谋取任何奖金为目的。他承认自己是个"糟糕的骑兵"。可是，自很久以前，他就想寻求国王的支持。他的财产少得可怜，他却要获得一官半职。这样他就必须"顺利通过"宫廷的考验。他的策略很明显具有社会性：参加王公贵族们的庆典活动，因为他的出身允许他这么去做，强调自己隶属于他们；进入随侍内维尔公爵身边的幕僚中间，而内维尔恰是该项比赛的组织者；确保获得支持；表明自己与他们有相近之处。南吉斯说得直截了当："这花了我 400 埃居。[但]稍微献献殷勤就可略略提升我的勇气，因为能进去的人才是宫里最正派的人①。"首先，他的介入起到了作用。在这种情况下，他的介入达到了与战士的技艺无关的目的。但最终南吉斯还是到军队里任职去了。

必须说在此它与过去有着种种差别，即便某些形式仍旧存在。从巴亚尔到南吉斯，转型颇为彻底，尽管其连续性也很明显。1490 年，巴亚尔也在寻求经济上的帮助，以首次参加骑士比武。这位贵族子弟也没财产，只能同商人商量，到朋友那儿奔走。他也期望能参加马上长枪比武作为自己的进身之阶，但差别出在赌注上。对巴亚尔而言，赌注只是第一步。若向"高官厚禄"迈进，还需认识到需将道德责任及身体力量结合起来。要进行实践。实践要求的是进攻这样的冒险活动，要求的是甘冒风险；实践要求的是"孤注一掷"。总之，需要具备战争中的英勇气概。照此看来，只有实践才能提升自己。况且，在马上长枪比武中获胜也将改变巴亚尔的军事生涯②。这些胜利可使军阶和威望凸显出来。

南吉斯并没有同样的期待。他之参加竞技乃是谄媚者的做法。他之所以这么做是为了取悦于人。在穿圆环比武或障碍赛中获胜并不能改变他的"地位"，即便他不得不参加也是如此。从巴亚尔到南吉斯，显然表明

① 南吉斯：《回忆录》（1600—1640 年），巴黎，1862 年，第 75 页。

② 鲁瓦雅尔：《好领主巴亚尔传》，前揭，第 67 页。

了贵族地位已发生变化。在一个例子中，贵族几乎就是为了在军队里谋取功名，在另一个例子中，贵族参加宫廷的这些活动，是为了追求俸禄和官职。因此，这两种策略既是指发迹的技艺，无疑也是指竞技的技艺。这是平庸至极的形象。其间的差异也几乎毫无新意。

d) 军事竞技和宫廷竞技

但这些竞技能在历史上具有重要性，乃是因为通过它们可明确其间的差异，表达其细微之处。贵族已发生了变化。他们的竞技亦是如此。无论如何，整个17世纪广泛举办的这些穿圆环比赛都具有军事上的根源。这个起源经常被提起，并得到强调。例如，《文雅信使》就描述过1679年圣克鲁和枫丹白露的比赛："并不只有军队才会进行锻炼，贵族锻炼时也会产生极大的愉悦感，使得战争这门职业永远不会在法国遭到遗忘①。"或1719年德雷斯德的比赛，这次比赛是为了庆祝选帝侯的长子与约瑟芬公主的婚姻，被认为是由"战神"举办②。军事理想仍旧是贵族的基本价值。拉巴杜是这么说的，他说资产阶级出身、1648年成为特雷斯姆公爵的波蒂埃之所以获得荣耀，"均因公爵大人的两个儿子在最近的战斗中英勇阵亡而来③"。此外，尚需好好地评估一番这些竞技的象征作用。它们已不必是战士的实践活动，而是成了某种标志。一方面，对某些贵族而言，要说明他们的军人出身，但无需说他们在军队里待过。另一方面，对当局而言，须强调战士的能力而无需应用之。老实说，这已不再是锻炼。它们并不真正地以训练为目标。之所以举办这些竞技，是为了显露某种魅力、某种仪表，是为了让人记得其中的某种隶属关系。它们的价值是象征性的。比如，1680年，王储在圣日耳曼穿着漂亮的长统靴进行比赛，"护膝和两侧有灵动的金银刺绣④"；还有，亲王们在同一天"身披红呢绒大氅⑤"进行比赛。沙龙或跑马场上的这

---

① 《文雅信使》，巴黎，1679年11月，第119页。
② 同上，1719年11月，第96页。
③ 让-皮埃尔·德·拉巴杜：《15世纪末至18世纪末的欧洲贵族》，巴黎，法国大学出版社，1978年，第89页。
④ 《文雅信使》，巴黎，1680年2月，第340页。
⑤ 同上，1683年5月，第286页。

般穿着是为了"表明"战斗,而非为了训练。

证据就是 17 世纪这些比赛的技术都很古老。长矛是自 16 世纪末就已不再使用的工具,完全成了"贵族"的武器。当无畏者查理在格兰德森和南希被瑞士矛兵打得落花流水时,长矛便首次显示了它的局限性①。勃艮第骑士的溃败使得对长矛的重要性作了全面的修正,它逐渐被火器、手枪和胸甲替代②。火意外具有的强大威力再次使骑士阶层显得脆弱不堪,他们不得不在各种类型的武器间重新求得平衡,以增加步兵和炮兵的分量。武器的变化、角色的变化,使骑士丧失了其长期占据的中心地位。长矛的运用只不过成了 17 世纪学校里练习之用,但更重要的是,它倏然之间便成了过去的历史。恰是由于此,对发生变化的贵族而言,它遂成了军队附庸的标志,成了传统的标志。

归根结底,最重要的乃是,17 世纪的贵族感受到必须"重新启动"自身的军事理想。他们觉得有必要将这些理想摆上台面,甚至于将其发扬光大。反之,比起 16 世纪初贵族的所作所为,他们的行为更具有象征性。恰如路易十四比弗朗索瓦一世的所为更具有象征性那样。路易十四狩猎时便是如此,他对选择哪条路线、如何分配猎物会作长时间准备,只是到了 17 世纪末这种做法才令人想起国王闲暇时的武备行为:"尽管我一直没对您说起国王的狩猎活动,但这并不是说该项娱乐活动不会经常带来快乐。因为锻炼对身体大有益处,它不仅能保持精力,而且还永远能再现战争的形象,这位君王拥有极其尚武的灵魂,所以不会将其弃之不顾③。"换句话说,令人想起战斗的力量乃必不可少:权力这一形象不能没有它。但这最多也就是暗示,而非对现实的参照。

事实上,对竞技进行重构表明了,在 16 和 17 世纪的精英阶层中间,身体的文化本身也在重构:注意力逐渐转到了灵巧、仪表、淡化正面交锋上面。当骑士比武及其各种变型让位给了马术赛时,宫廷社会也将完全转变贵族的生活。军队等级将成为其他方面的等级。

---

① 参阅保罗·莫里·肯德尔:《路易十一:通往权力的智慧》,巴黎,法亚尔出版社,1974 年(第 1 版,伦敦,1971 年)。
② 这都是几十年内使用的武器;乃是火枪和滑膛枪之间的"过渡阶段"。
③ 《文雅信使》,巴黎,1682 年 11 月,第 336 页。

2) 身体运动观，宇宙观

除了剔除暴力、增强仪容之外，还出现了其他变化。比如，对训练和身体运动的秩序有了新的看法，这种对它们的形式、价值和有效性进行想象的方式闻所未闻。此种新颖性针对的是登上舞台的身体，体现了变动不居的思考方式：四肢的运动和世界的运动之间的联系，特别是对动力学及其效果进行解释的一种方式。

a) 马术芭蕾，从骑士到骑手

首先是运动的广度和复杂性：行为举止及对其尽可能进行控制登上了舞台，使敏捷分化成了各种形态，直至16世纪彻底改变了运动的技艺。马术就是其中最好的一个例证，它强加给马某种前所未见的规范：不再是迎头往前奔跑、停下那种战斗时简明扼要的措施，而是步法、步调，有时是步伐的节奏。不再仅仅是方向的变化，而是花样、技巧。在舞台环境超越了马上长枪比武和骑兵竞技表演的情况下，这种约束便在16世纪发展了起来。宫廷社会创造了马术芭蕾，罗伊·斯特朗强调了其独创性：戏剧性完全是表演出来的，虚构的战斗必须确保君王在宫内的观众面前赢得胜利。比如，从《爱之殿堂》的描述可知，1565年为了欢庆阿尔封斯公爵与奥地利的巴巴拉的婚礼极尽奢华之能事，其间上演了各路游侠英勇的骑士行为，但最终不敌环绕君王的拥有"美德之荣耀"的"骑士①"。然后有1628年帕尔马的法尔内斯剧目，最先登上舞台的是盛大的骑士比武和骑兵芭蕾②。毫无疑问都是军事主题，但在此从头至尾精彩演出的节目，都是直接服务于某种意识形态和某种绝对化的君主制：骑士形象之所以会受到重视，是为了使其更好地象征君主的威力和宫廷的独立性。

结果便造成了马术混乱不堪，突然之间涌现出了许多显示大胆的动

---

① 《文雅信使》，巴黎，1682年11月，第102页。

② 厄文·莱文：《帕尔马通信集(1618、1627—1628)与巴洛克剧院的首场演出》，见让·雅高主编：《文艺复兴时期的演出场地》，巴黎，法国国家科研中心出版社，1964年。

作,也多了许多遭人忽视的动作:环骑,腾跃,原地旋转,几何图形路线,"优雅的神态"。此种实践前无古人:"新的技艺不可穷尽①"。"骑马"不再是某种身份,某种表明自己隶属于某个等级的标志,而是某种特别的知识,某种权限和能力的标志。精湛的技艺中也有着种种束缚:"我们注意到军事技术的转型将人与马联结于某种不含战争目的的技术当中,它使人对自己的本领产生主观上的兴奋之情,身体的文化与国王集权制中贵族的新角色相适应②。"马术永远会认可某种庄严性,但此种庄严性需凭借廷臣、而非战士的本领方能得到首肯。

16 世纪时语言自身也发生了变化,比如用骑兵取代了骑士。巴斯基耶在其 1570 年的《法兰西调查》中就意识到了这一点:"我们已经淘汰了好几个以前对我们而言很自然的法语词,把它们混合了起来。从 Chavallerie 这个词,我们衍生出了 Cavalerie、Chevalier、Cavalier③。"显然不可避免的是,训练也会不同,会更为细致,学期会延长至好几年,增加教育投资,加强学派之间的论争,会无止境地对技能和灵活性进行比较。

b) 芭蕾与几何学

舞蹈也具有同等重要性,它易于变成个人的激情,恰如絮利,他会在数名廷臣面前随着吕特琴的琴声"独自"跳起舞来④。但真正的变化并不在此,它们在隆重庆祝君主的庞大的舞台布景中更为形象。在 16 世纪的宫廷内,这些舞蹈者环绕在君主周围,就是为了尽显其神圣;正如马术芭蕾相继沿同心圆绕圈子的做法那样⑤。显然,此处的等级有好几层意义。宫廷舞蹈应用了 16 世纪的慑服力,在小宇宙和大宇宙之间建立起联系,

① 艾蒂安·索雷尔:《马术从起源至今的历史》,巴黎,斯托克出版社,1971 年,第 205 页。

② 居伊·波诺姆:《文艺复兴时期马作为人类运动的工具》,载《文艺复兴时期的身体:1987 年图尔学术会议会刊》,巴黎,图书爱好者出版社,1990 年,第 338 页。

③ 埃斯蒂安·巴斯基耶:《法兰西调查》,巴黎,1643 年,第 124 页(第 1 版,1595)。【译注】这三个法语词分别为骑兵、骑士、骑手之意。

④ 塔勒曼·德·吉迪翁:《逸闻》,巴黎,伽利玛出版社,"七星"丛书,1960 年,第 1 卷,第 49 页。

⑤ 参阅安德烈·斯泰格曼:《16 世纪末骑术的诞生》,见菲利普·阿里耶斯与让-克洛德·马尔格兰主编:《文艺复兴时期的竞技》,巴黎,弗兰出版社,1982 年。

它追随世界安排的原则，坚持不懈地重现丝毫不爽地、"有韵律"地环绕国王的宫廷景象，就像行星绕着地球转那样。在某些形象的称号中就有模仿的痕迹，如"至高无上的权力"，比如在1610年1月17与18日呈给宫廷的《旺多姆公爵大人的芭蕾》一文中，几个三角形队列在圆圈内的正方形内部互相交错，该形象"标志着最完美的特点①"。

对运动机能的参照也很混乱：之所以转移阵地是为了遵从宇宙的新法则——16世纪科学推广的几何学法则。该愿景并未将所有的神秘力量驱除干净②：它趋进了机械论，但并未发明之，尚无能力怀疑震荡与惰性的法则。但它首次在受几何学影响的大范围内描述了身体运动，赋予其未曾有过的视觉上可见的秩序、规律性和规范。16世纪末图加洛在那本颇为有趣的《跳跃的技艺》的书中就是这么阐释的，他与"每天都在行星及其天体间发生的三角形和四角形甚至于六角形间的分分合合"作了比较。③ 1581年的《雷恩的喜剧芭蕾》再次对经过计算的严格的几何图形作了阐释："她们芭蕾舞跳的时间很长，有40段，都是几何学的形象，皆保持直线形状，忽而呈方形，忽而成圆形，还有其他各种形式，忽而又很快变成了三角形，且辅之以其他几种小方形和其他小的图形。几何图形忽而演变为三角形，其顶点便是皇后；它们呈圆形旋转，呈链条状交错纠缠，呈现出既有整体感、亦具比例感的不同图形，令在场者目瞪口呆。④"此种秩序在17世纪更形加剧，其时机械论更为清晰地支配着宇宙法则，它根本不允许对身体运动去作精确的分析，因为身体运动的复杂性使计算很是头疼⑤。古典芭蕾与舞蹈术和几何学的关系比以前更为紧密。比如，笛卡尔在瑞典的克里斯汀的皇宫里为庆祝1648年威斯特伐利亚的和平而跳舞便不足为奇，他跳的是"和平的诞生"，是他与波

---

① 《旺多姆公爵大人先在巴黎城的卢浮宫皇家大宅内，后在阿瑟纳克的大宅内跳了十二次芭蕾》，1610年1月17与18日，巴黎，1610年。

② 参阅罗贝尔·勒诺布尔：《近代科学思想的起源》，见莫里斯·多马斯主编：《科学史》，巴黎，伽利玛出版社，"七星百科"丛书，1963年，第456页。

③ 据玛格丽特·迈克格温所引：《修正过的宫廷舞蹈》，载《舞蹈研究》，第2期，1983年，第35—36页。

④ 巴尔塔萨尔·德·博茹瓦约：《回忆录》，据费迪南多·雷伊纳所引：《芭蕾舞史》，巴黎，艾默里·绍莫吉出版社，1968年，第32页。

⑤ 参阅乔瓦尼·博雷利：《论动物的运动》，罗马，1680年。

利尤的安托万合作表演的舞蹈,后者是由克里斯汀的哲学家心腹推荐的芭蕾舞老师①。路易十四参加芭蕾舞会也不足为奇,舞会因托雷利或布夫甘之类人偶的出现而大大增色②,服装五花八门,令人想起了野兽、复仇三女神、战士或魔法师,他们以其步伐严密的几何图形而使舞蹈因拥有机械般的精确性而得到美化③。

然而,恰是随着剑术的兴起,近代欧洲身体素质预料中的剧变及体育运动的剧变便清晰地彰显了出来。

c) 剑,从武力到计算

为了能更好地欣赏身体模型的剧变及其意义,必须再来说说剑的发明,它的发展以及剑法娴熟所需的配备。从来没有像现在这样,几何化的意愿如此彰显。从来没有像现在这样,学习需要不断更新。

此种剑术源于战斗,但也源于某种特殊的悖论:其他进攻性武器的发明,特别是火器。放弃可被子弹击穿的盔甲,就使得用剑尖刺戳成为可能:是刺而非砍,是"剑尖"的出击(击剑),而非"刀刃"的砍削(古代骑士的切削),只需看看对战斗的描述就能说明 15 与 16 世纪发生的决定性的变化。比如,回忆一下 1492 年巴亚尔的骑士比武,当时剑斜劈下去时,碰到铠甲,折断了:"好骑士的剑折成了两段④。"再回忆一下 16 世纪那些截然不同的决斗,当时剑在刺穿身体时使鲜血喷涌而出:"马格莱侯爵凛然一刺将对手杀死,我能再现这一击,却无法将其诉诸形容⑤。"在评论进攻时,不再耗费在对乱刺乱戳、交锋的强度、在盔甲上溅起的火星进行描述,而是对讲究手段和智谋的刺戳动作多费笔墨⑥。

---

① 阿涅斯·贝捷:《和平的诞生:勒内·笛卡尔的宫廷芭蕾舞》,见让·雅高主编:《文艺复兴时期的表演场所》,前揭。

② 参阅费迪南多·雷伊纳:《芭蕾舞史》,前揭,第 51 页。

③ 参阅《对庇雷斯和忒提斯的那不勒斯芭蕾舞会与喜剧大会所作的特别描述,会上有人偶等》(1654 年),手稿 1005,学院图书馆,国王在此扮演了好几个角色,其中有复仇女神、战神、阿波罗。

④ 鲁瓦雅尔:《好领主巴亚尔传》,前揭,第 83 页。

⑤ 布朗托姆:《论决斗》(16 世纪手稿),巴黎,1873 年,第 321 页。

⑥ 参阅帕斯卡·布里瓦斯特、埃尔维·德勒维庸与皮埃尔·萨尔纳的《交锋:近代法国剑之暴力与文化》这篇描述剑的历史的出色文本,塞塞勒,尚·瓦隆出版社,2002 年。

　　首要的结果便是文化的基准点开始移位；对力量和灵巧度的评估发生了变化；还有，在对这项革新作出中肯的评价时也遇到了冲突，老的剑术师在新的原则中只见到故弄玄虚和背信弃义；特别是放弃力量，却为了有助于某种"有缺陷的"实践活动："这种有害无益的乱砍乱刺的对打方式只适合于用尖头刺戳的竞技①。"声东击西因替代活力而遭到指责，还用了动物来做隐喻："一个身体强壮的人，一个真正的勇敢者竟然像只猫或纯粹像只兔子似的被刺穿②。"其中，蒙田也对这种靠权谋取胜的剑术口诛笔伐，认为此种剑术靠的是算计而非英勇，靠的是柔弱而非决断："战斗的荣耀正在于对勇气而非技巧的艳羡……而且在我儿提时代，贵族若逃避成为好的剑术师的话，就会被认为有辱门第，若想学习讲究敏锐度的职业，就会被认为是在逃避责任，是在贬低真正朴实的美德。③"这种评论马上就显得落伍了，毫无意义，但它通过固执己见倒也揭示出了新的感受：存在某种对冲动及对冲动进行控制的原创性的劳动，它就是仪表和灵巧性。最顶尖的战斗肯定会要求动作经过算计，要有策略，要有灵活性。它促进了对娴熟的刺戳技法和有节奏感的动作加以学习。因此，在16世纪初和17世纪中之间发生了大规模的偏移，将贵族的运动机能从力量转向了仪表，将威力转向了灵巧。

　　16世纪有关剑的层出不穷的文本从这方面而言，是个有利的例证：要丰富身体技能，就需认真逐步地学习各种类型的攻防技巧。首先是动作的幅度。从许多论著里可以看出，动作获得了更多的空间、更多的冲劲：右击、劈刺成了身体真正的冲刺，有时之前先要走出简单的一步。手臂的动作不要太大，要与前脚往前跨一小步，尤其是后脚后退一步结合起来，在1553年阿格里帕的论著中④，身体需大幅度向前探出，而在1575年的维扎尼的论著中，脚还需利落地往前跨出一大步："当你们手持利剑时，就要使右脚往前跨出一大步，且立刻将左臂放下来⑤。"在这些增添的东

---

① 亨利·波特：《两个发怒的女人》，伦敦，1599年，第15页。

② 亚伯拉罕·达尔西：《伊丽莎白编年史》，据埃格顿·卡斯尔所引：《中世纪至18世纪的剑术与剑术师》，巴黎，1888年，第76页（英语第1版，1885年）。

③ 蒙田：《随笔》，巴黎，伽利玛出版社，"七星"丛书，1950年，第782页（第1版，1580）。

④ 卡米洛·阿格里帕：《论武器的使用方法及与哲学家的对话》，罗马，1553年，第5页。

⑤ 安杰洛·维扎尼：《论防护》，威尼斯，1575年，据埃格顿·卡斯尔所引：《剑术与剑术师……》，前揭，第76页（英语第1版，1885）。

西中没有任何令人惊异的地方：以潇洒从容的动作赢得一局后，就会采取相同的原则，即劈刺的原则。随后，就是击打[1]。在招架之时，也要运用剑刃，这一点约出现于世纪中。这里仍然没有令人吃惊的地方：先集中于剑尖，然后再慢慢地将各套各类互为关联的击打动作构架起来，整合到一起。在这些文本中，最引人注目的乃是，它们都将极富想象力的、新颖的数学方法完美地结合了进来：剑成为几何学的工具，移动需显示常规的图形。这项有关方向与目的的竞技将曲线、直线和角度结合了起来加以应用，只有这样才能对 16 世纪刚实现的宇宙透视法作出解释。这是科学，但完全属于毕达哥拉斯派的科学，后者认为只有数字自身才有价值。毫无疑问，"尖端"技术适合于这样的系统化：操作时方向性极其明确，脚步的移位具有内在的重要性。约阿基姆·迈耶让学生在图案清晰的石地板上移动。为了更好地遵循几何学的要求，脚步是否就不应该循直线和直角移位[2]？大厅应该铺规整的方砖，进攻者的脚下就会有这些图案。总之，阿格里帕书中的计算更复杂[3]，他在结合了圆圈和内接多边形的基础上决定该如何行动。计算也很有野心，因为通过这些计算，就能预见到动作的三个维度，让深度与侧边的维度相结合。但在此种情况下，直线与相应的击打之间的关系变得几乎无法加以察觉：纯想象的数学在玄奥的秘仪之中变得枯竭。

结果就是要使步伐更易受掌控，甚至更优雅。在此，使姿势几何化与关涉到步调及灵敏度的其他转型趋于一致。

3）学习如何拥有好的仪表？

从芭蕾至剑术竞技，从马术至长枪竞技，贵族的训练活动在 16 与 17 世纪间颠覆了这些活动的形式，使身体拥有了崭新的素质，再次参与至社会的布局当中。这些形式并不仅仅使人有东西可学，而是重新激发了老

---

① 安杰洛·维扎尼：《论防护》，威尼斯，1575 年，据埃格顿·卡斯尔所引：《剑术与剑术师……》，前揭，第 76 页（英语第 1 版，1885）。

② 约阿基姆·迈耶：《奥格斯堡的印刷》，奥格斯堡，1572 年。

③ 卡米洛·阿格里帕：《论武器的使用方法及与哲学家的对话》，前揭；参阅"几何图形"，第 6 页。

师,使教育有了新的面相。在骑士的身体教育和廷臣的身体教育之间发生了彻底的变化。尤其是在如何为身体设计价值,在为这些价值设定等级以及在获取它们的过程中,均发生了彻底的变化。

a) 加以传授的训练活动

必须对古代骑士和廷臣的训练做具体的比较,比如 1380 年左右"茹旺塞尔·布什高"的训练活动和 16 世纪末巴松皮埃尔的训练活动。未来的法兰西元帅布什高在其回忆录中描述了可加以传授的实践方式以及大量活动:"要设法让战马全副武装冲出来。其他时候,要用斧子或大号军锤来强健自己的臂膀。要全副武装并腿弹跳。此外,冲出来时不要骑在全副武装的马匹身上,而是要靠双脚长时间奔跑或步行,锻炼耐力。此外,在两面石膏板壁间尽量往高处爬。此外,从靠墙放的梯子背面尽量往高处登,不能用脚。"[1]训练活动阐明了技能,动作直接定义了身体的素质。对布什高而言,战争仍然是近乎独一无二的目标。它将训练活动与认为活动具有实用性区分了开来。它仍然占据着日常生活,直到竞技被视为是纯粹的娱乐活动:"当身处掩蔽体内时,要和他人一起投掷长矛,或通过其他方式参加战争,我从没停止这么做。"[2]

出生于 1579 年的绅士巴松皮埃尔的见证截然不同,他的回忆录细致地再现了自己的青年时代。这位亨利四世日后的朋友五岁即开始学习读写,九岁学习舞蹈和音乐。在洛林和德国的学院里学习了几年后,又自1596 年起在意大利游历了很长时间,巴松皮埃尔就是在那儿完成了骑术、武器和舞蹈课程的,他的老师都是当时欧洲最博学的学者:首先是在曼图,然后去了佛罗伦萨、那不勒斯,他就是在那儿"在让-巴蒂斯特·皮尼亚特尔的手下学习骑马的[3]",后者被认为是最优秀的教师,但 1597 年时他年事已高,所以只能最多教年轻人两个月时间。巴松皮埃尔经过每

---

① 《布什高元帅功勋录》(15 世纪手稿),见约瑟夫-弗朗索瓦·米肖与让-约瑟夫-弗朗索瓦·普茹拉 :《充实法兰西历史的回忆录新编》,前揭,第 1 系列,第 2 卷,第 219—220 页。

② 同上,第 220 页。

③ 弗朗索瓦·德·巴松皮埃尔:《回忆录》,见约瑟夫-弗朗索瓦·米肖与让-约瑟夫-弗朗索瓦·普茹拉:《充实法兰西历史的回忆录新编》,前揭,第 2 系列,第 6 卷,第 16 页。

一座城市时都会拜访那儿的舞蹈教师,也都会有系统地提到他们,就像提到马术师和骑术教官那样①。此外,他认为舞蹈学习很重要,以至于1598年这位年轻人返回法国的那天,就报名参加了宫廷芭蕾舞会。他还回忆了舞蹈会上的十一位演员:"我想把他们的名字说出来,因为他们都是精英,长相漂亮,身材绝佳,简直无与伦比②。"强调骑士的技能,强调舞蹈者的美感,宫廷的技艺最终获得接受。训练活动的意义得到了改变。也恰是因为他们的人数和他们的等级,使舞蹈这样的活动突然之间变得无法回避,而在布什高的学习内容中,舞蹈则是缺席的。更确切地说,此三者对中世纪末期除战争之外的各类混杂的活动均发生了影响:骑马、习武、舞蹈,巴松皮埃尔就是在意大利学习了这三者。它们成为绅士的特定技艺,表明它们是仅属于绅士的特殊技能。

这三者也对16世纪初在表明君主身体素质时所列举的那些实践活动发生了影响:强调弗朗索瓦一世与亨利八世在金色帷幕营里对打斗姿势的切磋③,列出亨利二世参加的无以计数的竞技④,还有高康大参加的无以计数的竞技活动⑤。这一贵族的新典型将许多活动一笔勾销:学习得到强化和深化;它们变得规范化、特定化。

b) 不同的素质

当在军人的传统价值之上又添加了廷臣所具备的那些更机敏的价值时,词语也发生了变化。有个表达新的价值说法甫一出现便立刻流传开来:"雅致的魅力",即优雅,拥有这种素质的学生每个姿势都应该显得很"自然⑥"。此种"雅致的魅力"应该意味着某种风度和仪容。它很特别,

---

① 弗朗索瓦·德·巴松皮埃尔:《回忆录》,见约瑟夫-弗朗索瓦·米肖与让-约瑟夫-弗朗索瓦·普茹拉:《充实法兰西历史的回忆录新编》,前揭,第2系列,第6卷,第17页。

② 同上,第19页。

③ 让-茹尔·朱瑟朗:《古代法国的体育运动和锻炼活动》,巴黎,普隆出版社,1901年,第177页。

④ 参阅上文,第218页(原书第236页)。

⑤ 弗朗索瓦·拉伯雷:《巨人传》(1534年),见《全集》,巴黎,伽利玛出版社,"七星"丛书,1955年,第92—93页。

⑥ 拉努的弗朗索瓦:《法国与意大利的骑兵:驯马术》,巴黎,1621年,第145页。

与布什高极其粗略的实践活动具有根本性的断裂。它应该与每种训练活动共生息，好似从每种活动中生发出来一样。

此种素质并不太容易下定义，它"只是诸种事物巧妙聚合在一起后散发出来的光亮，这些事物组合得很好，彼此秋毫无犯，却又融为一体。没有此种均衡性的话，善便无法成为美，亦无法成为赏心悦目的美①"。"优雅的魅力"依凭的是其形式上的抽象性，它因 16 世纪声称在古典时代重新发现了此种平衡性和匀称感而得到了认可②。此种素质得到接受也并非显而易见。这些文本中有许多都不太愿意承认贵族的优雅可名副其实地学习得到："这种'天分'、这种'优雅'都是天生的，它能使您与其他人显得不同，也能使您受到其他有此种才能者的认同③。"风度、仪表都应该像贵族身份那样得到传承。教授这些内容的职业有些暧昧不清。然而，在 16 和 17 世纪，它仍然获得了接受，因为无论如何，这种"有教育意义的课程④"都是要传下去的。"许多人都说雅致的魅力根本没法学，我得说雅致的魅力其实就是身体训练，首先要假设本质上没什么不适合去做的事，应该抓住时机，在好老师的教导下学习这些原则⑤。"身体的新资质，颇具特色的新式教学。

对此种特出之处所作的质询在 16 世纪也革新了对身体的研究和言论。被提及的身体素质更多，也更明确：身体被描绘出来，通过特性而非仅仅是通过行为或做事的方式来得到定义。想要明确的意愿，甚至想要对受到良好教育的身体进行描述的意愿，已超越了仅仅列举必须实现的训练活动的意愿。身体价值通过其特性而得到阐明。巴尔达萨雷·卡斯蒂廖内 1528 年所写的《廷臣》一书是该类书籍中的开山之作，他在该书中将灵巧、轻灵、力量联系了起来⑥。皮查姆的《完善的绅士》一书是意大利廷臣的英式版本，他的书谈的都是"灵活、力量、精力⑦"。三种素质在这

---

① 乔瓦尼·德拉·卡萨：《加拉提亚和马尼耶的绅士应该拥有良好的教养》，巴黎，1562 年，第 534 页（意大利语第 1 版，1558 年）。

② 关于古典时代至 16 世纪这一主题，参阅欧仁·加兰：《中世纪与文艺复兴》，巴黎，伽利玛出版社，1969（意大利语第 1 版，1954 年），"古代神话"一章，第 5 页及以下各页。

③ 雅克·雷维尔：《近代的礼仪》，《礼貌与真诚》，巴黎，精神出版社，1994 年，第 61 页。

④ 让·德吕莫：《文艺复兴时期的文明》，巴黎，阿尔托出版社，第 432 页。

⑤ 巴尔达萨雷·卡斯蒂廖内：《廷臣之书》(1528 年)，巴黎，加尼耶-弗拉马里翁出版社，1987 年，第 62—63 页。

⑥ 同上，第 58 页。

⑦ 亨利·皮查姆：《完善的绅士》，伦敦，1634 年，第 207 页。

一愈益抽象的步骤中占主导地位:"雅致的魅力"、力量、灵巧;廷臣可自我控制的形象最终与中世纪那些陈旧的典范愈来愈远离。

可以说,这些素质仍完全来自直觉,是形象,而非机制,是印象,而非阐释。比如,没有在影射机体功能或肌肉时将其阐明,只提及了神经和血肉,而且尽可能费解晦涩。夏特涅雷的力量在16世纪一直受到强调,他"孔武有力、浑身筋肉①"。孩子们应该先"增强肌腱②"。马匹的力量,也只能按照它们的肌腱的素质,它们之所以会衰弱,均与"被弄坏的肌腱"、"受伤的肌腱"、"肌腱缩短"、"扭伤的肌腱"或"损坏的肌腱"有关③。在这些与绳索相类似的东西之中,不见丝毫力学观。它们只是证明了测量身体上的东西有多困难,这等于是对隐喻式的影射进行了谴责:这些"绳索"既无法清查,也无法从拓扑学上定位,它们动作的形式既不明确,亦未受到质询。在16和17世纪的此种观点看来,肌腱就是"管道"和"绳子",这些管道为"全身各部分输送运动和情感所必需的精气④"。唯一一个占主导地位的形象,就是肌腱仍是肉体的中心部位,是柔韧和稳固晦暗不明的标志。

如今被视为显而易见的那些素质也奇怪地缺席了,比如身体的速度:动作的快捷性没有被提及。层层隐喻和16及17世纪的主题相近,根本没对其详细说明,也从未将其视为对象:为了打败瑞士人,西班牙的指挥官们都被描写成"(如别人所说的那样)毫无赘肉、体形偏瘦、精力充沛、身形矫健,且健步如飞⑤";蒙田的父亲叙述过,运动时"鞋底灌铅,以使奔跑和跳跃时身轻如燕⑥"。速度这一概念并未被明确指明。相反,有个受特别重视的形象在许多文本中都被描绘了出来,就是"柔软的"身体:"身材壮硕,极其灵活、柔韧⑦",梅兹雷曾提及亨利二世的形象,说他"强壮、灵活⑧",帕尔

---

① 布朗托姆:《作品集》,前揭,第6卷,第273页。

② 诺埃尔·肖梅尔:《关于如何增加福祉、保持健康的词汇大全》,科梅尔西,1741年,第2卷,第68页(第1版,1716年)。

③ 雅克·德·索雷塞尔:《完美的元帅会教导人熟悉马匹的美丽、优良和缺陷》,特雷武,1675年(第1版,1654年)。参见 Nerf 一词的索引。

④ 诺埃尔·肖梅尔:《词汇大全》,前揭,第2卷,第380页。

⑤ 布朗托姆:《作品集》,前揭,第1卷,第338页。

⑥ 蒙田:《随笔》,前揭,第2卷,第380页。

⑦ 弗朗索瓦·尤德·德·梅兹雷:《法兰西史》,巴黎,1646年,第601页。

⑧ 帕尔马-卡耶:《新编年史》(16世纪手稿),见约瑟夫-弗朗索瓦·米肖和让-约瑟夫-弗朗索瓦·普茹拉:《充实法兰西历史的回忆录新编》,前揭,第1系列,第12卷,第174页。

马·卡耶曾提起亨利四世,说他的身体很有力量,而且"敏捷",这些说法就等于是将与军队和宫廷几乎截然相反的各类要求混合到了一起。布朗多姆提供了一个源自意大利的版本:con bel corpo desnodato et di bella vita,可被译为"活动自如,身材绝佳①"。对力量的信赖和与其截然相反的笨重结合在一起,对威力的直观隐喻与对"活动自如"完全直观性的隐喻也结合到了一起。从法雷的文本一直到 17 世纪卡斯蒂廖内的文本,提出的表达方式都是:"四肢匀称,非常柔韧,柔软且易于适应所有种类的战事训练活动和娱乐活动②。""柔软"这个词即便什么都说明不了,但它仍能产生恍若眼前的印象,而将"取悦"的训练活动添加至"战争"的训练活动,显然表明发生了很大的变化。

描述训练有素的身体的词汇大大丰富起来。16 世纪,各种素质得到明确阐明,变得多样化。廷臣的身体理想将力量和以前未曾出现过的灵敏度联系在一起,他们的动作将审美观添加至有效性之中。但这些曾经改变的语汇仍能平淡无奇地具有包容性,那些形容词只不过是约定俗成而已。必须在机构本身内部追循训练活动的变化,这样才能更好地衡量这些描述的重要性。

c) 机构的形成

16 世纪,意大利宫廷很长时间以来一直是从事学习的有利地方,去佛罗伦萨、罗马或那不勒斯游历就像是象征之旅,是贵族学习秘技、同新的实践活动真切接触的旅行。撰述马术、舞蹈或剑术的首批论著都出自意大利,正如首批受邀至欧洲宫廷的教师也都是意大利人一样③。我们已经发现,巴松皮埃尔于 1596 年去意大利旅行了一趟,作陪的是老管家和"臣属于"他父亲的两位绅士④。阿尔库西亚的埃克苏瓦·夏尔于 1570 年居于费拉雷和都灵的宫中,几十年后,编撰了《猎鹰总管之论》,它是首批论述捕猎飞禽的近代法语论著之一⑤。庞-埃梅利在米兰、那

---

① 布朗托姆:《作品集》,前揭,第 4 卷,第 162 页。

② 尼古拉的法雷:《有礼貌者或取悦宫廷的技艺》,巴黎,1630 年,第 25 页。

③ 费迪南多·雷伊纳:《芭蕾史》,前揭,第 22—23 页。

④ 弗朗索瓦·德·巴松皮埃尔《回忆录》,前揭,第 16 页。

⑤ 参阅菲利普·萨尔瓦多里:《旧制度时期的捕猎》,巴黎,法亚尔出版社,1996 年,第 49 页。

不勒斯、波伦亚的宫中待了 22 个月,后来回忆了 1599 年的辉煌岁月和捕猎生活①。

到 16 世纪末出现了对这些学习方法的批评。庞-埃梅利一直强调旅行时的艰苦、危险、引发的费用、时间的浪费:"我在意大利居住了 22 个月,竟然失去了 15 到 16 位出身良好的绅士。……没有什么比将一个年轻人当作迷途的小马似的打发走更无礼的了②。"这些批评从其自身来看,同孤独的贝雷缅怀自己在 1550—1560 年间在罗马当官时的岁月颇为相像③。学业之旅这一主题在宫廷文化得到发展、绘画或雕塑之类源于意大利的知识流传至国外之时,丧失了其吸引力。拉努建议在巴黎建一所专门学校,使"所有适宜的训练活动均受其支配",这样一来,"在父母那儿或在大学里学习的 15 岁孩子都会投奔而来④"。王室马厩总管布吕维内尔在世纪末最后几年内促使该项目变得更为具体化,"使贵族没有机会在意大利赛马⑤"。1629 年,路易十三批准了这一点,同意布吕维内尔在旧殿路上创办"皇家专门学校":"只有 14 到 15 岁,身材良好,精力充沛,适宜于被召前来学习此种专业的绅士方能获得提名⑥。"

自 17 世纪初起,在卡昂、昂杰尔、拉弗莱什或里翁城内创办了学校,有时创建者是私人,从此学校将长期塑造贵族的训练活动。此处,身体的学习仅限于马术、剑术,这最终确立了贵族训练活动的内容。时间的运用也作了规定:武器及马术课在早上,舞蹈课在下午,"两小时至四个半小时⑦",然后学习数学和素描,此外还添加了历史和地理。学生有住校生和校外生,学制两年(1670 年在巴黎创办的学校学制为三年⑧)。教师的待遇强调了实践活动的等级制,马术教练比起舞蹈教师和剑术教师而言,永远处于最高位⑨。

---

① 亚历山大·德·庞-埃梅利:《贵族的专门学校或机构》,巴黎,1599 年。

② 同上,第 4 页。

③ 参阅贝雷的约阿基姆:《懊悔》(1558 年),见《16 世纪诗歌》,巴黎,伽利玛出版社,"七星"丛书,1553 年,第 452 页。

④ 夏尔·德·蒙泽:《1789 年前的军事教育机构》,巴黎,1866 年,第 66 页。

⑤ 亚历山大·德·庞-埃梅利:《贵族的专门学校或机构》,前揭,第 2 页。

⑥ 同上,第 81 页。

⑦ 同上。

⑧ 《为有利于贵族学习由骑士在巴黎城及郊区创办学校的规定》,巴黎,1670 年,A. N.,01—715(31)。

⑨ 18 世纪有 6000 本认为马术具有首要地位的书籍,1500 本写马术之下两个分支课目的书籍,1200 本写武器和舞蹈教师的书籍。参阅同上,A. N. 01—715(91)。

这些学校每年举办的穿圆环比赛盛景或训练活动证明了《文雅信使》中着重强调的公众的认可程度："没有一个人不会去表明自己有多么灵巧，在两三次穿圆环比赛中身手有多么优雅，这些活动使如潮的人群如痴如醉。[①]"此番盛况也使利斯特延迟了脚步，后者是位英国绅士，17世纪中期前来法国游玩，认为亲身体验一番这一活动必不可少："我去了德冈先生的学校，看了好几位法国和英国的先生在一大批有教养的男男女女面前展现自己的训练活动。庆典结束后便开始用餐[②]。"

此外，想要永远将绅士们的技艺彻底规范化的意愿在17世纪大部分时间内一直是教育规划的应有之意。耶稣会学校的倡导者发现尽心教授礼仪、调教"风度、姿态、举止[③]"很有必要，因此他们引入了贵族学习法，将其组织起来，进行推广，学生都得对之加以学习。毫无疑问，这样做是想同某些"败坏纯真心灵的人[④]"或心智不健全者认为学校只应局限于军界的想法竞争，但认为此乃社会利益以及这些身体知识具有独特重要性的意识也在增长。武器、舞蹈、马术在17世纪首次成为学院教学的对象。"私人"教师能在学校里陪伴富家学生。另外，在每一门技艺中都"最灵巧者""可在规定时间授课，是不是要去其他地方教书完全取决于你们[⑤]"。这些原则并非必须遵循，但略具强制性，这同时也揭示了它们有多么重要，还表明了这些耶稣会士都很清楚该如何运用世俗的方法来装点门面[⑥]。

还有另一个对象，即戏剧，揭示了身体的实践活动在古典学院中是如何具有重要性和崭新维度的。有了此种宫廷技艺，就能不仅采用贵族的训练活动，改变16世纪"讲笑话、做傻事、假面舞会[⑦]"这些老套的教学方法，这些拙劣的剧作直至那时都还广为接受，也可说之所以演这些剧目是

① 《文雅信使》，巴黎，1688年5月，第284页。
② 马丁·里斯特：《利斯特1698年的巴黎之旅（由弗朗索瓦珍本收藏家协会进行首版翻译、出版和注释）》，巴黎，1873年，第22页。
③ 让·科瓦泽：《寄宿生的作息和规章》，巴黎，1711年，第101页。
④ 同上，第115页。
⑤ 同上，第116页。
⑥ 参阅安德烈·辛伯格：《旧制度时期法国耶稣会学院中的道德教育》，巴黎，1913年，"耶稣会士越来越向世俗精神让步；他们像有教养者那样行事；他们摆出年轻人的样子，而且很会说话"（第417页）。
⑦ 亨利-路易·布盖：《阿库尔圣路易学院》，巴黎，1891年，第179页。

为了消遣而非教育之故。戏剧在古典学院中被彻底重估,它追求能"赋予高贵的创新精神[1]"的身体技艺。它教人举止有度;它灌输的是对身体的精确掌控:时刻注意姿态,纠正举止,彻底做好准备,在一个充满举止礼仪暗语的社会中去过世俗生活。它首次关注起教育。姿势和角色的游戏,必须保证"语调抑扬顿挫,有礼有节,举止优雅,步调充满尊严,无论是穿着还是仪容都要端庄和雅致[2]"。它如同贵族的舞蹈一般,可使"举止自由从容,步伐高贵典雅,姿态优雅特出[3]"。宫廷社会已在学习如何表演中做好了准备。

我们看得很清楚,新的社会最终通过传播及教导身体范式,将对"雅致的魅力"和风度举止的注意力关涉到了整个社会,而非仅仅贵族身上。身体的世俗技艺与武器、舞蹈或马术习得中的灵巧无涉,却与贵族的典范有关,它最终对教育学产生了影响:它为此而创造了仅属于自身的训练活动,说句老实话,这些训练活动与影响它们的宫廷社会颇为相近。

4) 自由民的夸饰和"注重灵活的战斗[4]"

古典法国的射击、节庆活动、比赛、检阅和有奖竞赛这些活动先天就不可能达到优雅高贵的目的。学习技术在此并未占主导地位;相反,对身体符号的投入,对服装、姿态和动作,对装束,对训练活动和庆典所用用具的投入才占决定性作用。这是一种能令人想起军事或盛大仪式的方式,只是没有战斗使命而已。

a) 自由民团体

当1578年(?)亨利三世批准在夏龙萨沃纳设火枪兵团时,他批准

---

[1] 让·科瓦泽:《寄宿生的作息和规章》,前揭,第120页。

[2] 夏尔·伯雷神甫,据拉塞尔维耶的约瑟夫所引:《旧制度时代的一个教员:夏尔·波雷》,巴黎,1899年,第93页。

[3] 约瑟夫·茹汪西:《论教与学的方法》,巴黎,1892年,第44页(H.费尔泰翻译,首版,1692年)。

[4] 《文雅信使》,1678年7月,第145页,关于蒙彼利埃捕猎猎鹰的有奖竞赛。

成立的是自由民的民兵团，这是一种中世纪由防备军队守卫城市的旧体制，这种部队"由自由民和居民中的精英人士组成[1]"以保卫城市。他还批准成立了由该民防团为训练成员组织起来的定期的训练活动，允许他们在某个场地聚集，尤其是有射击训练场和开阔空间以便进行射击的建筑和"花园"。批准成立团队，等于是承认他们的竞技、庆典，他们在保卫城市中真正的或想象中的角色："我们考虑到竞技和火枪业极其适合防卫城市和我们王国的要塞，而且它们的接受度也很高，一些年轻人和其他人也经常在那儿进行射击训练，既可娱乐一番，不让自己闲散下来，也可在需要时，进行教学活动，守卫和保护城市和要塞[2]。"在16世纪的某些城市中，这些团队的存在还能填补受雇于国王的"宪兵"卫戍部队人数的不足。因此，有时想要避免卫戍部队开支，却又不愿挑明这个想法，便使自由民团队的存在有了理由。比如，布雷斯特的团队于1549年5月3日获得了亨利二世的批准[3]：兵役、购买武器、安排场地都是团队的职责，团队成员有免除巡逻及"捐税、人头税和租税[4]"的优势。

不过，17世纪王权替换了当地的防卫和警戒团队，但并未使这些"享有特权的[5]"团队彻底消失。无疑这等于取消了它们的军队角色，但维持了其社会角色，它有纯粹象征性的自己的游行、自己的节庆、自己的价值观。尤其是参与城市的非宗教及宗教节日：埃克斯的团队就在主保瞻礼节和圣约翰武装游行庆典中带领游行队伍[6]；第戎的团队在孔代亲王前来造访该城时亲去迎接，并"陪他入城[7]"。集体的使命并未消失：17世纪初就曾请求波奈伊的团队在"火灾、洪灾或发生灾难时[8]"出手相助，亚眠

---

① 1715年1月26日，路易十四颁发的法令，据维克托·弗克所引：《弓箭手、弓弩手和火枪手团体调查研究》，巴黎，1852年，第84页。

② 1715年1月26日，路易十四颁发的法令，据维克托·弗克所引：《弓箭手、弓弩手和火枪手团体调查研究》，前揭，第81页。

③ 参阅加斯东·拉瓦雷：《猎鹰团（尤其是卡昂地区）》，巴黎，s.d.[约1880年]，第35页。

④ 参阅德劳奈《古代弓箭手、弓弩手和火枪手团队研究》中的"特权"，巴黎，1879年，第19页。

⑤ 这些团队之获得承认使它们的成员拥有了税务方面的优势，这与战时或卫戍时古老传统有关联，参阅上文。

⑥ 路易·姆昂：《名叫圣巴尔博的火枪队（埃克斯城的历史回忆）》，埃克斯，1886年。

⑦ 欧仁·德沃：《奥东的贵族骑士和火枪手勇敢的竞技》，1885年，第71页。

⑧ 艾蒂安·莫罗-涅拉顿：《花与花束：对射箭竞技的研究》，巴黎，1912年，第73页。

的团队在"发生骚乱时①"相助,奥东的团队在"情势危急时②"相助。相反,其社会性却迥然有别。

许多团队均获承认,尽管他们要求组建的是一支与时代状况无涉的军队,比如弓箭队或弓弩队。《信使》1678 年描述了他们举办的"文雅"节庆,使人想起了蒙彼利埃弓箭队的欢庆活动,小伙子在节庆中背着箭和箭袋"朝女士们射塞浦路斯粉"。粉是从"箭矢尾部的刺穿的盒子里③"出来的。团队包含各色人等,有贵族,也有遴选出来的公证人,但与传统都有着紧密联系:"可资回忆的场所"使军队得以在城市里存在,使其成员具有公共性和代表性。人数说明了设置规模:1671 年布列塔尼有 41 人④,17 世纪末亚眠有 4 人⑤,1624 年 36 人参加了特洛伊的"火枪手"举办的有奖竞赛⑥,1658 年 38 人参与了索瓦松"火枪手"举办的活动⑦,1687 年 42 人参加了兰斯"火枪手"举办的活动⑧。近一千名射手"在全城游行⑨",就像 1658 年的索瓦松那样,这些人都能参加竞赛。有奖竞赛吸引了许多人,有许多庆祝活动,无疑也调动了这些组织极大的积极性。

b) 灵巧与"勇气"

有两个节日与竞技活动保持步调一致。第一个是年度活动,保留了射猎鹰的老传统,木鸟被放在杆顶,射手会按等级秩序比赛。鸟被射中,比赛就中断。获胜者被选为年度之王,除豁免其更多的捐税之外,更可获得荣誉勋章。第二个时间不太固定,各座城市的团队会在有奖射靶竞赛中彼此竞争。

射击促进了象征。在其促动之下,会举办盛典,强调战士的特色:检阅、

---

① 奥古斯特·让维耶:《古代皮卡迪城弓箭手、弓弩手简论》,亚眠,1885 年,第 59 页。
② 欧仁·德沃:《奥东的贵族骑士和火枪手勇敢的竞技》,亚揭,第 42 页。
③ 《文雅信使》,1678 年 5 月,第 97 页。
④ 亨利·斯坦因:《以前的弓箭手,今日的弓箭手》,巴黎,1925 年,第 161 页。
⑤ 奥古斯特·让维耶:《古代皮卡迪城弓箭手、弓弩手简论》,前揭,第 42—44、174 页。
⑥ 让-皮埃尔·菲诺:《特鲁瓦的弓箭手和弓弩手》,特鲁瓦,1858 年,第 14 页。
⑦ 乌达尔·科克尔:《回忆录,1646—1662 年》,兰斯,1875 年,第 369 页。
⑧ 德劳奈:《古代弓箭手、弓弩手和火枪手团队研究》,前揭,第 92 页。
⑨ 乌达尔·科克尔:《回忆录,1646—1662 年》,前揭,第 369 页。

动作齐整、军事行动;比如,由第戎"火枪骑士"赋予的这一形象就在 1688 年的奥东庆典上出现过。"马队整齐划一,穿着优雅,每人都插了根白色的羽毛①";还有由塞尚的"骑士"赋予的形象,1685 年,"所有人举止优雅,队形整齐②",他们在其他城市的"骑士"面前列队走过。对希腊竞技的影射在集会中经常能听见,如 1717 年在默举行的那次:"先生们,奥林匹克竞技会在希腊人中间享有盛名,它们每五年举办一次,就是为了锻炼年轻人。毫无疑问,我们历朝的国王也在追随这些古代贤人的典范,允许我们习武③。"

贵族廷臣"雅致的魅力"在此并非第一位。首先,它要求的是"让人敬佩④",比武时得讲究灵巧,还得挖掘学院里的古代技艺,譬如普鲁塔克的《希腊罗马名人传》里名人的那些技艺,雷姆瓦就曾于 1687 年的有奖竞赛中引用过:"我们举起胜利之弓是为了迎接你们,接纳你们;你们将头戴棕榈枝和月桂叶,由于接纳了你们,所以你们也将营造胜利的居所⑤。"尤其是,这涉及到通过创造适合其他群体的实践活动而让他们分享贵族的古典价值,竞技的基础是"英雄气概⑥",使身体尽快变得卓尔不群,那是力量的卓越,而非战斗的卓越:"古典时代,只有通过庄重的举止、高昂的头颅才能让人窥见美德⑦。"当然,此乃花费不赀的精英主义要求。17 世纪中期,年轻的公证人博雷利为了参加尼姆的射击比赛,借钱买了一身昂贵的服装:"1658 年 6 月 18 日,我偿还了杂货商 M.塔朗 32 利弗尔的款项,他立下欠条,把收据给了我,我之所以欠他这笔款,是因为我是年轻人,想要参加猎鹰比赛⑧。"

参与社会活动最重要。丹尼尔·利谷计算过,1740 年前,第戎的火枪队里有三分之一贵族成员,大多数成员都是自由民和商人⑨。莫里斯·阿古隆发现,埃克斯普罗旺斯的团队也是如此,他强调贵族等级与自

① 《文雅信使》,1688 年 4 月,第 58 页。

② 《文雅信使》,1685 年 10 月,第 58 页。

③ 德劳奈:《古代弓箭手、弓弩手和火枪手团队研究》,前揭,第 270—271 页。

④ 维克托·弗克:《弓箭手、弓弩手和火枪手团体调查研究》,前揭,第 285 页。

⑤ 埃杜阿尔·德·巴特勒米:《兰斯火枪手史》,兰斯,第 153 页。

⑥ 同上,第 151 页。

⑦ 加斯东·拉瓦雷:《猎鹰团(尤其是卡昂地区)》,前揭,第 47 页。

⑧ 罗贝尔·索泽:《公证人与其国王:路易十四时代的尼姆人埃蒂安·博雷利(1633—1718 年)》,巴黎,普隆出版社,1998 年,第 147 页。

⑨ 达尼埃尔·里古:《18 世纪第戎的火枪骑士》,见《18 世纪的竞技:埃克斯普罗旺斯学术讨论会》,1971 年 5 月,艾克斯普罗旺斯,南方出版社,1976 年,第 71 页。

由民等级各占一半,前者保留了首领的级别,后者则保留了教员和副手的级别①。律师、公证人、检察官、各类官员都是仪表的典范。他们和贵族一样,都容易受某些军事神话,甚至骑士神话的影响。他们得展示身体的价值。许多标志性的东西均在 18 世纪不知不觉耗尽,此时贵族的军事典范已经式微,自由民的尊严愈益彰显。那时,火枪手的招募也发生了变化。1750 年后,手工艺匠人和小店主在团队里唱起了主角:"人们怀疑,武装游行中的荣誉角色已不太使显贵感兴趣,他们不愿没钱干活,只有地位低下的手工艺匠人才会甘愿做这样的牺牲,就为了获得那么一点点他们未曾享有过的尊重②。"

c) 体育社会?

不过,还得在这些团队制定的措施上多花点时间。它们与如今的体育运动的相似性乍看之下就能看出来:由将规章晓之于众的机构组织的竞争性比赛;各地竞争者的临时性集合;定期举办竞赛,"外省的有奖比赛"每五年举办一次③;人数众多的观众会陪在运动员身边,为他们庆祝:"他们每走一步都会被居民拦下,那些人一手拿酒杯,一手握着盛满酒的酒瓶,真心诚意地让运动员饮用。④"

然而,深入之后很快就可揭示出同体育运动特有的差异。招募团队时反映了旧制度时期的社会特性。成员不可自行报名参加,他们都是被遴选而出,且须付一笔加入费。他们不能自行作出决定,每个人都必须"隶属于天主教、教区、罗马教廷,且得是公认的道德良好之人⑤"。他们不能从事某些职业,比如,1697 年在卡昂,只有"城里自由民的孩子或住满十年、非雇工或佣人者⑥"才能加入。会按照与参加者的竞争活动不相

---

① 莫里斯·阿古隆:《旧体制末期埃克斯火枪竞技文献》,同上,第 84—85 页。

② 同上,第 85 页。

③ 德劳奈:《古代弓箭手、弓弩手和火枪手团队研究》,前揭,第 366 页。

④ 维克托·弗克:《弓箭手、弓弩手和火枪手团队调查研究》,前揭,第 252 页(1700 年)。

⑤ 艾蒂安·莫罗-涅拉顿:《花与花束》,前揭,第 30 页。

⑥ 1697 年卡昂火枪队的法令,据弗朗索瓦丝·拉莫特所引:《诺曼底的猎鹰团》,《学术协会第 116 届全国大会会刊》,尚贝里,1991 年,巴黎,历史与科学工作委员会出版社(CTHS),1992 年,第 43 页。

关的标准正式对他们选拔：他们所处的社会设置了需归属于宗教和社会这一道门槛。

团队内部的等级制同样也很独特。队长一般都是贵族，由王室任命，终身制。军官均经选拔而来，就像他们有时会受城市的任命一样。但古代法国常见的等级制造成的结果对竞技的方式产生了影响。每年一度的射击比赛是按照严格的等级举行的，首先参加的都是军官。一旦鸟儿被击中，比赛便行终止，对先行参加比赛者很有利，这样等于是将社会的不平等移入了竞赛，使按照顺序各安其位者的机会减少了。除此之外，城市还对团队严密监控，先前所作的重要决策都在他的管辖范围之内："市议会在适时作出裁断之时，可命令骑士呈递他们达成的磋商文件的副本，从而按照市议会的决议对其进行修改、采用或令其生效①。"

弓箭队、弓弩队或火枪队在未获正式授权之前不可成立团队。它们并未发明体育运动，尽管确实是它们增多了城市之间的竞争性比赛。它们仍不具有平等的地位，尽管有一段时间，它们已能向已显疲态的贵族提供军事上的参照以及身体的典范。

2

竞技，激昂，控制

无论是从学习，还是从学习目的来看，贵族的身体技艺均已分门别类化、系统化，形成了一个特殊的宇宙：清一色的对象，整齐划一的符码。它们被组织起来，受到评论，为某种形象服务；它们具有独特的表现形式，孩提时代即已开始，未曾间断。模仿它们的自由民民团的竞技也具有此种统一性。社会大范围内进行的竞技活动要远为混乱，自发性更强：未曾真正学习过或教导过，空间与时间均很分散，按照自己的形式和配置活动，它们喜欢的是瞬时性和轰动性；它们更喜欢让身体活跃起来，刺激身体，而非让身体去表演；它们使人接受的是其显而易见的确定性，而非被人评头论足。

① 1723 年，奥东火枪队法令第 13 条，据欧仁·德沃所引：《奥东的贵族骑士和火枪手勇敢的竞技》，前揭，第 43 页。

1) 令人兴奋的实践活动，四处分散的实践活动

这些活动与孩提时代的娱乐活动相仿，显得微不足道，轻率随意。它们的场地鲜有固定的，它们的时间也很少确定不变，举办比赛也是灵光乍现的决定，只有庆祝主保圣徒的周期性的节庆是例外。对它们的评论也相当罕见，其中有未在（军事）学校学习的贵族参加的比赛：网球、槌球、台球或冬季在冰面上滑冰①，还有苏尔什或当若为说明凡尔赛或马利宫廷情况叙述的那些娱乐活动，所有这些匆匆提到的竞技活动几乎连名字都没有，既未提到它们的比赛过程，也未提到比赛时的一波三折。

a) 赌博与扩散

夏瓦特是路易十四时代卑微的羊毛精梳工，这位里尔人在回忆录中提及了自己于 17 世纪末参加的数量惊人的竞技活动：网球、曲棍球、木球戏、九柱戏、游泳、滑冰、弓弩射击，甚至还有在城里的街道上及沟渠中"骑木马投长矛"这样的游戏②。夏瓦特玩这些游戏时经常依心情和下赌的情况来决定，既无规律，也没体系，他的那些活动机动灵活，事先也没什么准备。它们从未分门别类，从未被认为具有同一性，也未被认为具有内在的整体性。在此，与现代体育没有任何关联，相反后者的组织方式揭示了一个在特定日期举办的临时性的行为统一的场域，它们的比赛受到管理，每年每个阶段的比赛都有严格的规定。还有，场地也很少受到关注，所有的地方似乎都能竞技，教堂广场可以打网球，积雪的马路可以玩曲棍球，城里的沟渠可以玩射击。此外，这位羊毛精梳工从未将时间浪费在去叙述这些活动上面，除非活动挑起了斗殴或发生了事故。简言之，他只是着重指出"有相当多的人"会"在该城的城墙各处③"玩游戏，有时还能见到"小姑娘"骑在木马上④。不过，他从未叙

---

① 参阅苏尔什：《据原稿出版的路易十四统治时期回忆录》，巴黎，13 卷，1883—1893 年；菲利普·德·库西庸·德·当若：《1684 至 1715 年路易十四宫廷日记》，12 卷，巴黎，1854—1860 年，这些书中有时每天都会写到这些竞技。

② 阿兰·洛丹：《路易十四时代的里尔工人夏瓦特》，巴黎，弗拉马里翁出版社，1979 年。

③ 同上，第 336 页。

④ 同上，第 337 页。

述过比赛，从未对一波三折的比赛、比赛持续的时间、比赛的过程、开赛和结束比赛进行还原。

在古典世界，这些体育竞技活动共分两类：一部分竞技涉及到赌博，比赛者本人要下赌注；另一部分是有奖竞技，获胜者会获得荣誉和奖赏。两种竞技的方式，两种比赛的方式，按照社会群体的不同，稍有细微差别，但它们都与旧制度时期的社会结构有关联。

首先是各式各样的赌博方式，有时出乎意料，赌注都是临时起意决定的。1594 年，下注之后，有个瑞士士兵佩着剑爬上了亚眠大教堂，一直攀到了教堂尖塔的塔顶①。还有 1653 年 5 月 1 日，有个年轻人和十几个人一起在塔米兹河上奋力划船，但岸上观看的观众并不知道他们下的是什么赌注②。总体而言，所有这些日常竞技活动都是围绕着赌博进行的：网球、九柱戏、滚球戏、槌球。竞技活动刚开始出现的时候，赌博没什么重要性。它会维持某种危险状态，造成紧张。当没有组织知道比赛者对抗时会面临何种偶然因素时，比赛的重要性便出现了。它们远非有组织的比赛，而是充满了不确定因素的比赛，每个参赛者都会被调动起积极性。无论何时何地，古代比赛时的契约一直都很繁盛，除此不可能会有其他的看法。"必须为某样东西去竞赛，否则竞赛就会了无生趣③"，1530 年左右伊拉斯谟的《会谈录》中如是说。

网球是个很好的例子。毫无例外，16 和 17 世纪若没有在球网下放赌注的话，便不可能出现这项竞技。只要有大厅，都会被视为是网球场，此外大厅还有名字和派什么用场的说明，除了球戏之外，里面还会有牌戏和掷骰子的游戏。自 1545 年弗朗索瓦一世颁发诏书起，比赛收益就用于支付这些准劳动者的收入："网球竞技的所有收益作为合理的债务，将用来支付赢得比赛者，他们是以自己的劳动获得这项收入。④"观众有时也会介入进来，出资帮助竞赛者，就像 1648 年的"马莱殿网球场"那次，几个"市场里的大嫂"带了两百埃居来支持博富尔公爵⑤。总之，这些比赛都

① 路易·弗朗索瓦·戴尔：《亚眠城历史》，亚眠，1757 年，第 486 页。

② 塞缪尔·佩皮斯：《日记（1660—1669 年）》，巴黎，法兰西信使出版社，1985 年，第 114 页。

③ 伊拉斯谟：《会谈录》（1524 年），据安德烈·德·吕兹所引：《奇妙的网球竞技史》，巴黎，1933 年，第 22 页。关于网球，也可参阅伊丽莎白·贝尔玛斯：《网球竞技》，见吕西安·贝里主编：《旧制度时期词典》，巴黎，法国大学出版社，1996 年。

④ 尼古拉斯·德拉马尔：《治安条例》，巴黎，1705 年，第 1 卷，第 489 页。

⑤ 1648 年，居伊·帕坦的信中提及了博富尔公爵，据亨利-勒内·德·阿勒马涅所引：《注重灵巧的体育运动和竞技》，巴黎，1913 年，第 175 页（第 1 版，1880 年）。

让人满怀激情。16世纪末基思的枢机主教让自己那位灵巧异常的侍从参加网球比赛,再让他和自己对打①。几年后雷瓦罗勒那次,尽管一条腿是义肢,但他仍然拼力比赛,一时间达到了以假乱真的地步②。

b) 有奖竞赛

有奖竞赛的措施则完全不同,贵族的穿圆环比赛,或更常见的射猎鹰比赛,均表明了它们具有潜在的规律性。最具有启发意义的,也是最受大众欢迎的,是堂区庆典时的比赛。它们有多种形式,而且也很普及。布列塔尼的摔跤比赛,普罗旺斯的跑步和跳跃比赛,还有默茨的投石块和跑步比赛③,蒙彼利埃的水上长枪比赛④,有时在里尔或奥当布尔举办的网球比赛⑤;优胜者会在所有人面前展示自己浑身的力量和敏捷的身手,这样的盛会可激活社区的团结感。受到认可、参加竞争,这些尤其是年轻人之间的对抗,使各种定期比赛与当地主保圣徒的节庆有了关联。

形式几乎没什么差别。堂区之间的竞争;周期性的对抗,在所有人都遵守的节庆期间回潮,主显节、四旬斋节、圣枝主日……特别是牛皮球比赛,由于有多名参赛者参加,而且是直接对抗,所以显得更为重要。比赛时场面混乱,所有的击打动作似乎都受允许,身体与身体互相碰撞,事先将球从中立地带发出去后,还得在场上将球推来推去。牛皮球赛算是村里的大型比赛,场地的界限并不明确,混乱的比赛有时会延伸至河里,甚至进入海中,像1557年沃洛涅那次就是那样。当时古贝维尔的比赛者就在波涛汹涌的拉芒什海峡里彼此争夺⑥;这种暴力和复仇的举动甚至定期跑进了议会:"混进了许多酒鬼,他们认出了自己的敌人后便用棍子猛

---

① 雅克·奥古斯特·德·图:《回忆录》(1553—1601年),巴黎,1838年,第334页。

② 苏尔什:《路易十四统治时期回忆录》,前揭,第2卷,第210页。

③ 参阅约瑟夫·雷诺东:《有益的与令人尊敬的领主采邑和领主权词典》,巴黎,1765,词条"骑士候补者"。

④ 安德烈·德洛特:《17世纪蒙彼利埃未曾刊行的回忆录(1621—1693年)》,马塞,拉菲特出版社,1980年,第1卷,第88页(第1版,1876年)。

⑤ 参阅朱利安·德塞:《14至15世纪比利时有关回力球和网球的体育竞技》,布鲁塞尔,桑特奈尔印刷所,1967年,第49页。

⑥ 亚历山大·托勒梅:《古贝维尔的老爷》(16世纪手稿),巴黎,穆顿出版社,1972年,第170页(第1版,1870)。

击之,认为那些人都是垃圾①。"英国乡村地区也因为类似于牛皮球这样的比赛而发生大规模的暴力行为,那儿这种比赛叫做 Knappen 或 hurling。1602 年有这样的描述:"老实说,比赛真的很粗俗、暴力,然而比赛时也需要灵巧,从某个方面讲,它和战争行动有些类似。在这种比赛中,可把球比作恶魔②。"牛皮球比赛也是旧制度时期的竞赛,在各地区发展迅猛,比赛规则各自为政,当地的布局,无序的对抗,胜出者是将球带入预先设定好的地方的某个人,而非团队。地区之间各有变数:球的形状和材质,场地的选择,场地的布局。尤其是球,它就像方言土语一样容易产生变化。在传统法国的庇卡底乡村地区,球是"外圈为皮,里面充满了气③",孔代诺瓦罗地区的比赛者用的球里面塞的是饰有彩缎的布料④,弗拉芒地区则是用黄杨木作球⑤,布尔日或芒斯地区的球则是将木头简单切削而成⑥。

部分激情需要发泄,这样必然会发挥好几个作用。它在面对村庄、堂区或"领地"之间的冲突时能起到调节作用,还能调节团体内部的冲突,特别是单身者与已婚者之间的冲突。在古代这是造成集体分裂的极其敏感的话题,能对群体之间两性的紧张气氛起到调动作用。比如在翁弗勒尔,"每年,该城已婚年轻人都会同未婚年轻人在勒阿弗尔附近举行牛皮球争夺比赛⑦"。它还可对短暂的仪式上类似入会的那种热情进行调节:每年一度的节庆在体育竞赛结束后,会为专门招收年轻人或骑士候补者的修院团体指定一个首领。在古代法国,这些团体可使该年龄阶层在组织节庆或喧闹的活动时对村里的社团发挥影响⑧。在这种情况下,最常令人期望的就是英勇行为。在尼奥尔附近的尚德尼耶举办的老式网球赛,是

① 1694 年 1 月 27 日的诺曼底议会逮捕令,据安德烈·杜布克:《诺曼底地区的牛皮球赛及其残留形态》,鲁昂,1940 年,第 15 页。

② 理查德·卡鲁:《康沃尔郡调查》,伦敦,1602 年,据路易·古高:《布列塔尼的牛皮球比赛和康沃尔郡及威尔士地区的类似竞赛》,载《布列塔尼年鉴》,1911—1912 年,第 599 页。

③ 阿德里安·德·修:《亚眠管辖区内的普遍风俗》,1653 年,第 700 页。

④ 让·巴雷特:《孔代城史》,孔代诺瓦罗,1844 年,第 65 页。

⑤ 安德烈·杜布克:《诺曼底地区的牛皮球赛及其残留形态》,前揭,第 15 页。

⑥ 《文雅信使》,1735 年 3 月。

⑦ 15 世纪文本,据罗杰·沃尔蒂斯:《百年战争时期的民俗》,巴黎,1965 年,第 54 页。

⑧ 参阅娜塔丽·泽蒙·达维:《民众文化:16 世纪的仪式、知识和抵抗》,巴黎,奥比耶出版社,1979 年,第 171 页。

所有人彼此对抗的野蛮的比赛,获胜者尽管遭到击打,但必须将球从村内的场地一直传到市场那儿。在肖雷附近举行马勒弗里耶跳马比赛时,领先的获胜者必须在跳跃而起时将一枚钱币放进干草堆里①。

c) 身体素质与直觉

在各种对抗的形式中,仍有两个身体素质占主导地位:力量和灵巧。自 15 世纪起,网球赛时便不公开地提到过这两点,该项竞技活动期待的就是"极其有力、极其不怀好意、极其灵巧的②"击打。在这些极为罕见的评论中,根本没有提到速度、呼吸,甚至是肌肉,这些评论在提到贵族的身体时都是大同小异。相反,在选择何种活动时,却证实了两种呈现方式:直接对抗时,重要的是进攻性,甚至是像打牛皮球那样;还有灵巧性,就像马勒弗里耶的骑士候补者令人好奇的跳马比赛,或向被困住的动物投掷东西那样,比赛时每个参赛者轮流投掷:桑利斯那儿是将镰刀扔向鸟儿,普罗旺斯的皮埃尔维尔是用石块扔公鸡;最简单的就是,用拳头猛击爪子乱挥的猫③。在最后这几个例子中,灵巧和进攻性结合在一起,无疑使人觉得,暴力出现在这些庆典中乃是家常便饭,它随当地的选择以及为节庆而保留的竞技活动的不同而有所变化。直接与个体相关的素质有很多,与训练活动可能会产生的结果相关的素质却很少:直接受到检验的价值明显要比多方计算价值更大,直觉要比条理更重要。身体的外表有时至多也就稍微被描绘一下而已。但它却与比赛者的文化无关,它是操控文字与讲演者的观察所得,就像那位国王身边的重臣所叙述的 1634 年 8 月 18 日在蒙彼利埃水上举行的长枪比赛,他说有人带领"已婚队"对抗"青年队":"神清气爽、志在必得的人,身高上有优势,而且身材也很匀称,眼睛也是炯炯有神④。"精英人士会通过头脑来描绘无名者的身体。

---

① 参阅尼科尔·佩勒格兰:《主持村镇节日的年轻人组织》,普瓦捷,1982 年,第 591 页。

② 《一个巴黎自由民日记》,1427 年 9 月 5 日,据亨利-勒内·德·阿勒马涅所引:《注重灵巧的体育运动和竞技》,前揭,第 170 页。

③ 参阅约瑟夫·雷诺东:《有益的与令人尊敬的领主采邑和领主权词典》,前揭,以城市名和竞技名查。

④ 安德烈·德洛特:《17 世纪蒙彼利埃未曾刊行的回忆录》,前揭,第 1 卷,第 89 页。

　　反之,实践活动却对言语造成了广泛的影响,就像反复所说的,它赋予了长期潜伏着的身体的对抗性以重要性:牛皮球赛时可看见暴力,比赛时暴力虽然隐于其中,遮遮掩掩,但还是一再地显露出来。沃维尔举例说了普罗旺斯在举办某些节庆时,"每年都会墨守成规地"通过用木棍击打的方式来收场,还有相邻的萨扬和巴吉蒙两个地方是以互扔石块来比赛的,在下午比赛完毕后,晚上农民和手工艺人之间就会聚众斗殴,这有点类似于半仪式化的行为①。缪尚布莱德一直在着重说扔动物比赛的频率,这些行为"易于将人类的激情稍微发泄出来一点,这样就能在暴力普遍化的时代,避免他们经常冲着自己的同类去撒野②"。1727 年,内梅茨花时间参加了"赛鹅棋",之前还在絮雷纳地区的塞纳河上参加竞赛以庆祝圣灵降临节:比赛"混战一团",就为了用牙齿咬下悬在水中央的鹅头③。

2) 受到控制的实践活动,相分离的实践活动

　　这些体育竞技的特殊地位,它们的自由度,它们的分散程度,无可避免地会引起与当局无休无止的冲突,当局定会反对过度与强制、激昂和强力。其三重目标就是要逐渐限制该实践活动:减少暴力,减少赌注,减少竞技显而易见的"无用性"。此番猜疑针对的乃是动荡的状况,甚至是太自由的活动可能发生的不道德的情况。由此便产生了管理的意图,但也想使其改变方向,甚至将其压制住。于是,这些竞技的历史便成了进行限定、设定标志的事业。宽泛言之,它还成了渐渐对身体进行控制的事业:归根结底,所谓的规训能很好地遏制住暴力和激情。换言之,性别之间或社会群体之间的实践活动也不再共享,此种极为具体的方式经由身体证明了距离或差异的存在。

a) 禁令与赌博

　　首先,旧制度时期这些竞技活动都具有同样这些景观,令人觉得这

---

① 米歇尔·沃维尔:《1750 至 1820 年普罗旺斯节庆的变形》,巴黎,奥比耶-弗拉马里翁出版社,1976 年,第 62 页。

② 罗伯特·缪尚布莱德:《村庄的暴力(15—16 世纪)》,布鲁塞尔,布勒波勒出版社,1989 年,第 301 页。参阅第 3 章,"我的领土,短兵相接",第 143—144 页。

③ 内梅茨:《逗留巴黎:针对出身高贵的旅行者的衷心的指导》,莱顿,1727 年,第 228 页。

是不道德的行为,怀疑扩散了开来。它们也有可能是无辜的,但没人会对此直接讨论。古人观点分歧,各种竞技互相颉顽,有"三种类型的竞技。第一种靠的是独立的头脑,灵活性起主要作用,比如国际象棋、国际跳棋、网球。第二种主要靠运气,如掷骰子、凑数赌博游戏、雇佣兵纸牌、纸牌赌博、赛鹅棋和布拉克牌。第三种为混合型,部分取决于技巧,部分靠碰运气,就像皮克牌、凯旋牌、西洋双六棋①"。于是,"讲究灵巧的竞技"便与"讲究碰运气的竞技"截然分开:前者得到容忍,后者则遭到禁止。譬如网球,完全是以参赛者的个人能力为基础,或许可被视为"最为厚道的训练活动,人们可借此消磨时间,而不会惹来丑闻②"。身体的技艺和能力,竞技所需的"技巧"使得赢钱成了合法;相反,运气或好运却使其不具备这一资格。靠碰运气的竞技因其"糟糕的行为③"只能遭到剔除,这些行为相较其他行为,更会造成欺诈、诈骗、幻觉,从"大批因为热爱竞技,满心希望能赚到几乎从未挣到过的收益的人身上窃取可观的钱财④"。近代的法令、治安条例、议会的决策重复颁布,增加了很多针对牌戏和掷骰子的禁令:"明文禁止和防止任何身份和条件的人在吾国任何城市、任何地点开设赌场,亦不得聚众打牌和掷骰子⑤。"当然,还是有好些场所避开了共同法,如宫廷,还有主要在巴黎的皇宫、神殿、外国大使的住处⑥。

然而,赌博的含混性仍然使其在许多地方遭到了剔除。金钱的出现很有可能使竞技遭到贬值,其中也包括讲究技巧的竞技。赌博遭致猜疑。网球本身也有舞弊者、受骗上当者和投机者。比如,1627年,蒙布伦就采用了这种古老的行骗方法,他有条不紊地使伦敦的赌徒相信自己没能力赢,骗取了他们的大笔钱财,且意外爆料说自己有很高的能力和天分⑦;还有圣西门引证过的丰佩图伊,圣西门说他是个"为人正派的怪

---

① 皮埃尔·科莱:《J.彭塔斯的良心不安简论》,巴黎,1771年,第1卷,第898页。

② 让娜·阿尔贝,据安德烈·德·吕兹所引:《奇妙的网球竞技史》,前揭,第53页。

③ 皮埃尔·科莱:《J.彭塔斯的良心不安简论》,前揭,第1卷,第901页。

④ 1708年2月8日巴黎议会的禁令,据拉布瓦德弗雷曼耶所引:《城市、乡镇、堂区、乡村领地总体治安条例词典》,巴黎,1775年,第344页(第1版,1771年)。

⑤ 1611年法令,据皮埃尔·科莱所引:《J.彭塔斯的良心不安简论》,前揭,第1卷,第905页。

⑥ 奥利维耶·格吕西:《旧制度时期竞赛者的日常生活》,巴黎,阿歇特出版社,第14页。

⑦ 蒙布伦:《回忆录》,阿姆斯特丹,1701年,第135页。

人，是荒淫无度的多兹先生的朋友，在内穆尔公爵之前，他就是网球的高手了①"。对网球的禁令早已于 16 世纪成型：议会于 1551 年 6 月 10 日作出裁决，"禁止在巴黎城及郊区建立新的网球场②"；1579 年 5 月 23 日和1599 年 2 月 6 日又重申了该项禁令③。判决已然作出。巴黎网球场的数目在 16 世纪初与 17 世纪中之间开始下降，从 1500 年的 250 座降至 1657年的 114 座④。

17 世纪末的警察报告提及在讲究灵巧的竞技会上出现了许多行踪可疑的人：靠网球及其附属竞技吃饭的骗子，无继承权的年轻人，挥金如土的大领主。例如，戴马尔，他是大奥古斯丁街上妓女的"靠山"，爱寻衅滋事，惹是生非，他不犯罪，也不明抢，但其钱财的来源却很"可疑"，尤其是他会"经常去看有人在里面打牌的网球赛"。与社会闲散人员不同的年轻的埃斯特雷公爵玩过各类赌博，弄得倾家荡产，他经常会参加马扎利纳街的网球赛，警察在那儿仔细数了数他输掉的数千利弗尔。几十年前，同样的评语也出现在被指责为爱网球胜过爱教堂的年轻的神职人员夏尔·普里维身上："他不学习，反而把时间和父亲的钱财都花在了巴黎的网球、打牌、掷骰子和剑术上面，如此一来，他成了这方面的行家里手，但还得不停地去布道⑤。"

b) 肉体，而非身体

如此一来，结果恰好模糊了身体的图像：前面提到的身体素质对这种自由毫不陌生。但比赛者的价值向来遭到贬低，即便 1690 年左右在巴黎批准举办的网球赛⑥中，由网球专业运动员打的公开赛盛况空前，毫无疑问受到了好评，也是如此。往深里说，竞技和严肃之间的传统对立成了焦点，蒙田就含沙射影，将国际象棋这样的竞技抛在了一边，因为它们太诱

①　圣西门：《回忆录》，巴黎，布瓦利斯勒编，1879—1928 年，第 15 卷，第 401 页。

②　尼古拉斯·德拉马尔：《治安条例》，前揭，第 1 卷，第 489 页。

③　同上。

④　参阅亨利-勒内·德·阿勒马涅：《注重灵巧的体育运动和竞技》，前揭，第 180 页。

⑤　克洛德·阿顿：《回忆录》(1553—1582 年)，巴黎，1867 年，第 1 卷，第 23 页。

⑥　参阅其中的苏尔什：《路易十四时期回忆录》，前揭。

惑人："我憎恨它,对竞技性不太强的和不太严肃的事物避之唯恐不及,将本应满足于美好事物的注意力放在这上面令人羞耻。[1]"在此,竞技蒙上了一层阴影。它具有负面形象:它耗费的时间根本就不是真正的时间,它的生活根本就不是真正的生活,即便它能像 1691 年那次引起骚乱和狂热亦是如此,当时除了组建仪式队列之外,还和阿芒提耶的居民举办了场网球赛,后者"向里尔人冲了过来,而里尔人则返冲回去,然后里尔人抢先一步,将对方围了起来[2]"。

可以说运动员无法真正提高自己的威望。他没有自我,行事冲动,只知道"寻开心",头脑完全没有条理,不知该如何解释这种心醉神迷的状态,于是他就放纵肉体,自然也就不太会对罪恶感到厌恶。在此情况下,没有出现丝毫对身体的看法,甚至对不太明显的缺点也不抱看法:古代竞技完全就是娱乐,而非完成任务或聚精会神地做事,是放任自流的原则,而非构建的原则。它属于"贪欲",照雷尼耶的说法,是"罪恶对人性的诱惑[3]"。说好听的,他的空间和时间都很空洞,甚至是负面的,通过此种空虚有助于使人从劳累中恢复过来,只有这一点才是正面的。他的邻居是待在小酒馆、庆典和街头的那类人;他没有见识,能当个手工业行会会员就已心满意足。会提到《巴黎城及其郊区面包铺伙计的悲惨生活》那首诗,诗里说"晚课之后玩滚球、玩掷铁饼,/再去小酒馆里喝点冰镇小酒[4]"。

还有个说圣奥梅地区单身者的普通例子。1577 年的一天,这些单身者决定"打场网球,找点乐子",后来他们在"铃鼓"酒馆里开始赌博,喝了酒后发生争吵,打得头破血流[5]。在这些流行的活动中,没有哪样活动倾向于对体育运动中"训练有素的"身体抱什么看法[6],没有哪样活动倾向

---

① 让-米歇尔·梅尔:《13 至 16 世纪初法兰西王国的竞技》,巴黎,法亚尔出版社,1990 年,第 338 页。
② 参阅阿兰·洛丹:《里尔工人夏瓦特》,前揭,第 353 页。
③ 马图兰·雷尼耶:《林神之屋》,巴黎,1618 年,参阅第 1 系列。
④ 《巴黎城及其郊区面包铺伙计的悲惨生活》[1715 年],据罗伯特·贝克的《1700 年至今的星期日历史》,巴黎,工人出版社,1997 年,第 88 页。
⑤ 罗伯特·缪尚布莱德:《村庄的暴力(15—16 世纪)》,前揭,第 296 页。
⑥ 参阅佩德罗·科尔多瓦:《体育锻炼与竞技,分析的坐标》,见奥古斯丁·雷东多主编:《16 与 17 世纪西班牙社会中的身体》,巴黎,索邦出版社,1990 年,"肉体概念的系统化阻碍了身体概念的发展,因而也阻碍了此种体育运动的发展"(第 276 页)。

于对道德上的收获或体育运动使内心更为丰富产生感想。相反,所有这一切均导向冲动、欲望、贪欲,从来没有人认为竞技和它们之间有什么分别。在这种情况下,肉体压倒了身体这一完整的形象,邪淫的欲念和反复无常压倒了对竞技所作的阐释。"人类最大的惨事①",帕斯卡在一篇相当极端的文章里这么说道,该文的基调部分体现了古代对竞技的看法。"消遣,而无感情②",1601年,塞尔斯的圣方济各将舞蹈和竞技联系在一起,认为它们具有同样感官上的"骄奢之态"。

"弱点"和赌博并不一定都遭到妖魔化处理。比如,17世纪末,国王就曾将800利弗尔的年金赐予了他的网球场场主茹尔丹,还赐给了精通槌球的运动员博佛尔相同的年金,让他们打败那些与他一脉所生的亲王③。就像对靠碰运气的那些竞技一样,宫廷在此也发挥了毋庸置辩的权利。这样的实践活动不该在此受到质疑。相反,赌钱在此成了慷慨、权威的标志。毋宁说,是数额巨大的赌博活动才使当局感到不安。赌博是两厢情愿的事,是个人之间的事,外在于真正的集体规范,它的危险之处是它会使人变得情绪激奋、犯上作乱:赌博者之间会达成一致,而不会去管什么法律,而国家似乎也没有能力去管理。由此,17与18世纪便欲在这两者之间求得平衡:宽容与禁止,竞技这一模棱两可的形象便拥有了此种最终的特征。

c) 节庆,暴力,控制

恰是由于这样的反感有些含混不清,所以必须了解古代社会对竞技进行控制,直至发展到对网球赛进行限制(我们已发现废除"网球场"所造成的具体效果)的意图所在④:这项进展缓慢的工程被视为是对骚动、动荡,甚至是暴力展开的斗争。

---

① 帕斯卡:《思想录》(1656年),《全集》,巴黎,伽利玛出版社,"七星"丛书,1954年,第1147页。
② "当人们能玩能跳时。"(塞尔斯的圣方济各:《虔诚生活引言》[1609年],见《作品集》,巴黎,伽利玛出版社,"七星"丛书,1969年,第225页)
③ 圣西门:《回忆录》,前揭,第12卷,注释。
④ 参阅上文,第249页(原书第266页)。

宗教祭礼时的竞技活动成了第一个目标,1582 年里昂便是如此:"命令里昂的乡野村夫和居民星期日和举办庄严节庆时去参加神圣的宗教仪式,期间禁止所有的网球运动员举办竞技活动,禁止提供球拍和网球,禁止人们在上述日子举行比赛,扑兰牌(brelant)、九柱球戏、纸牌、掷骰子、滚球、槌球及其他活动也都遭到禁止,违者将会获刑①。"混乱无序也受到了关注,这些实践活动毫无节制,也没什么警戒标志,既无时间表,亦无时间设定,这一切都表明了它们的存在明摆着是要和当局作对:"有意见认为,有些人,如小店铺里的伙计、手工匠人、家丁和其他年轻人会在沃朗、巴托内和基耶交通繁忙的街上和公共广场上肆无忌惮地展开竞技,这会扰乱街上的自由度和安全感,使行人很容易受到伤害②。"

尤其是那些节庆,在 17 世纪遭到了谴责,这么做是想对其进行控制,使它的节奏和面对的对象能更为基督教化:"首先要提高宗教节日的道德水平,要使狂欢节和四旬斋节、圣体瞻礼节和圣约翰节重新获得传统上周期性集体欢庆的美妙时刻③。"这是民政高官和教会要人发动的攻势,他们想占据那些放纵的场所,使反宗教改革运动和国家政权取得一致:企图减少放假的天数,重组时间周期和集体性娱乐活动。比如 1665 年奥维涅设立的重大节日就禁止"节日时弹笑吟唱……这样的节日会导致各种各样淫乱活动、烂醉如泥、可憎的渎神言辞、血腥斗殴,接踵而至的就会是谋杀④"。这样的攻势取得了明显的效果:庄严的场景、特许的节庆、仪式队伍的组织和基督教化在 18 世纪以战胜传统的欢庆方式而告终,而城市还要早得多。此种攻势无可避免地也影响到了骑士候补者身上,影响到了他们的奖赏、他们的竞技活动、他们的年轻人组织和他们的头目、他们的临时法律和他们喧嚣好动的性格。对他们的指责是,他们在狂欢节上"跳舞、举办竞技活动、大吃大喝","伤风败俗,令人作呕⑤"。这些团体的权

---

① 让-巴布蒂斯塔·蒙法尔孔:《高贵的里昂城的历史》,里昂,1847 年,第 82 页。

② 1667 年 5 月 12 日、1671 年 11 月 12 日、1700 年 6 月 14 日……的治安法令,见拉布瓦德弗雷曼耶:《城市、乡镇、堂区和乡村领地总体治安条例词典》,前揭,第 351 页。

③ 达尼埃尔·罗什:《巴黎民众》,巴黎,奥比耶出版社,1981 年,第 153 页。

④ 埃斯普里·弗列西耶:《奥维涅重大节日回忆录》(17 世纪原稿),巴黎,法兰西信使出版社,1984 年,第 337 页。

⑤ 据尼科尔·佩勒格兰:《骑士候补者》,前揭,第 281 页。

锻 炼 ， 竞 技

1. 安东尼·卡伦：1533年美第奇的卡特琳与亨利二世结婚大典时举办的骑士比武，16世纪，巴黎，卢浮宫。

　　甲胄对甲胄、标枪对标枪，马上长枪比武仍是16世纪初贵族节庆时的竞技，直到该世纪后半叶才遭废止，因为那时候暴力行为不太能被接受。

2. 安东尼·卡伦：骑象竞技表演，16世纪，特殊收藏品。

骑象比武时使用武器，也有人骑马，颇具象征意义，犹如宣叙调，它模仿的是16世纪的战斗。所谓的暴力只是博人一笑而已。

3. 伊萨尔·希尔韦斯特：1662年的骑马竞技表演，路易十四扮演罗马皇帝，约1662年，凡尔赛，市立图书馆。

17世纪的骑马比武会给马配上漂亮的鞍辔，骑马者会穿上奢华的服装，首先显明的是贵族的身份和参与者的权力。

4-5. 版画，摘自安特卫普的吉拉尔·蒂博的《佩剑学院》，巴黎，法国国家图书馆。

外界对星系圆阵充满神往和好奇，认为它很完美。呈几何状对称的形象引领着17世纪初灵巧的击剑师的步伐，但很难观察得清楚。

6. 意大利画派，插画，摘自卡米洛·阿格里帕的《论武装科学》，1604年，巴黎，法国国家图书馆。

文艺复兴时期，动作首次要求技巧，要有数字和计算方能算数：当然得是理想的几何体，要比机械还要精密。

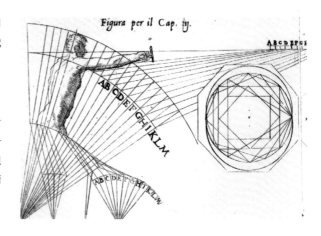

7. 版画，摘自乔瓦尼·阿方索·博雷利的《论动物的运动》，新版，1734年。

首台运动机械，出现于17世纪：身体被视为与使用的机器相似，力量由杠杆创造而出。虽未做实验，或实验做得很少，但运动的宇宙遭到撼动。

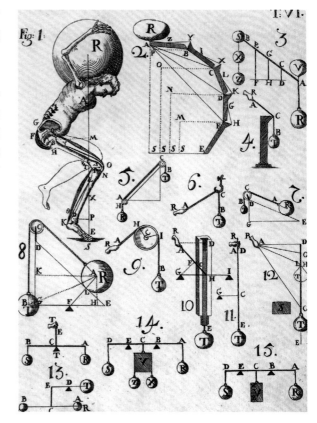

8．安托万·德·布吕维内尔：布吕维内尔先生的皇家驯马术——在骑马竞技场，1623年，巴黎，法国国家图书馆。

17世纪的标枪和射击竞技不讲究对抗性，主要是形式化的竞技，供贵族锻炼身体之用。

9．法国画派，为参加芭蕾舞会的捕珊瑚者绘制的服装，弗朗切斯科·卡瓦利的《佩雷与特蒂丝的婚礼》，1654年，巴黎，法国国家图书馆。

古典社会的舞蹈和游戏，颇富戏剧性。

10．法国画派：网球场的皇族比赛，1632年，巴黎，装饰艺术图书馆。

11．18世纪版画，摘自亨利－勒内·德·阿勒马涅的《灵巧的运动与竞技》，1880年，特殊收藏品。

12．法国画派：网球场与球拍的制作，据狄德罗的《百科全书》，约1770年，伦敦，斯特普尔顿藏品。

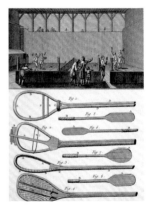

　　网球是"皇家"的游戏，也是社会上一部分人玩的游戏，它有特定的工具、场地，在某些阶层中很流行。赌博也有自己的"赌场"，那儿既有身体上的对抗，也有金钱上的较量。

13. 汉斯·布克迈尔：徒步奔跑，16世纪，特殊收藏品。

村庄节庆时会举办纪念主保圣人的跑步比赛，胜者获奖。

14. 18世纪版画，摘自亨利－勒内·德·阿勒马涅的《灵巧的运动与竞技》，1880年，特殊收藏品。

中世纪残留下来的有产者组成的军事团体，18世纪射击团仍会定期组织比赛，扩大成员的知名度，体现其代表性。

15．弗莱芒画派：1608年塞纳河上的滑冰者，巴黎，卡纳瓦雷博物馆。

16．归于托马斯·范·阿普肖文名下：玩九柱戏的游戏者，17世纪，巴黎，卢浮宫。

这些大众参与的游戏不限特定的场地和规定的时间，随时随地都可玩。

17．加布里埃莱·贝拉：威尼斯圣阿尔维斯的足球比赛，18世纪，威尼斯，奎里尼-斯塔姆帕利亚美术馆。

老百姓玩的游戏中许多都很暴力：长期以来，抢球时仍会互相打来打去。

威尽管限于一隅、力量有限，但仍无法受到 17 和 18 世纪史无前例地渗透至社会肌理中的国家的容忍。因此，就有了 17 世纪中叶蒙彼利埃的例子，类似的决议还有很多："1651 年 2 月 3 日，星期二，我们的司法总管图瓦尔的拉富雷先生颁布了一条法令，禁止任何拥有贵族身份的人当选青年组织的头目，禁止任何滥用其名义实施的行为，行政官缪尔勒先生晓谕①。"1660 年，路易十四命令镇压朗格多克城青年组织头目的选举活动②。18 世纪，该团体急遽衰落，娜塔丽·泽蒙·达维对里昂附近的莫古维及其堂区的研究就证明了这一点③。

暴力遭到了进一步废除，17 世纪末牛皮球赛中的暴力就是如此下场。1686 年遭雷恩的议会禁止，但牛皮球赛仍在布列塔尼得以保存下来。18 世纪中期，在修院桥大批人下水捞球，导致许多人溺死之后，该项活动遭到了坚决取缔④。英国也发出了相同的禁令，1743 年，约翰·韦斯利在科尔努阿伊观察到，人们"如今已不再提起棍球这种康沃尔郡人喜爱的体育运动，训练时许多人多处骨折，也常有人弄丢了性命⑤"。与近代国家对暴力稍稍多了点容忍一样，此种对个体进攻性所作的渐进式控制，诺贝特·埃利亚斯举出了好多例子⑥。

d) 差别，礼仪，卑劣

除了为控制暴力及重新对过度行为下定义颁布了这些决议之外，还存在其他限制行为，这些行为都很重要，而且都是内在于竞技活动内部，从而对活动者作了区分，或者说将那些不参加活动的人排除了出去。有许多情形表明，比赛者之间强行设置了多么深的界限，差别之大等于是将大量实践者限制在不同的行为和场地之中。

---

① 安德烈·德洛特：《17 世纪蒙彼利埃未刊行的回忆录》，前揭，第 1 卷，第 150 页。
② 参阅罗贝尔·索泽：《公证人及其国王》，前揭，第 146 页。
③ 娜塔丽·泽蒙·达维：《民众的文化》，前揭，第 188 页。
④ 路易·古高：《布列塔尼的牛皮球赛与康沃尔郡及威尔士地区相似的竞技活动》，前提，第 586 页。
⑤ 据路易·古高所引，同上，第 601 页。
⑥ 诺贝特·埃利亚斯：《风俗之文明》，巴黎，卡尔曼-莱维出版社，1991 年；诺贝特·埃利亚斯与埃里克·邓宁：《体育和文明》，巴黎，法亚尔出版社，1994 年。

特别是,男人和女人在旧制度时期无法同场训练:他们的竞技活动显得不可调和。老的宗教禁令将这些"聚会"定性为是"对贞洁的玷污①",这具体体现在风俗当中,从而导致对"适宜的"竞技和"不适宜的②"竞技作了区分。除了道学家的诅咒及劝告妇女"尽可能不要参加竞技活动,对此永远要抱审慎和漠然的态度③"的略微正规的说法之外,还是有例外情况。牛皮球、网球、滚球被认为"不适合女人或女孩④",因为它们会让人兴奋,几乎只适合于男性。无论是提耶尔还是巴尔贝拉克,他们在论述竞技时都强调"此种姿势并不属于某个性别的人⑤",这是"两性的混合⑥",所有这一切必须加以禁止。《廷臣之书》认为应该将女人从事的所有"粗俗"的活动都剔除出去,但书中只提到舞蹈、歌唱或弹奏乐器⑦。大量未言明的竞技活动都禁止女性从事,尤其是那些需要力量和努力的活动。因此,鲜有竞技适合于女人。九柱球戏可以算一个,17世纪中期布拉肯霍佛在法国游历时对九柱球戏作了描述⑧。三毛球戏也能算一个,1655年洛卡特里前往里昂时认为此种竞技活动特别女性化,他说"小铺子里的女人用与球拍线一模一样的肠线做成的小板打三毛球。她们彼此把球打来打去,每次有时打200下,有时打250下,最灵巧的可打300下才让球落地。这个活动就是要让球尽可能长时间地保持在空中⑨"。蒙庞西耶小姐也经常提到一个竞技活动,她承认自己在1650年代的夏天每天都会玩上好几个小时:"我早上玩两小时,下午也玩同样长的时间⑩。"

蒙庞西耶小姐在书中回忆说此种性别歧视对贵族而言并非那么显而

---

① 威夫斯由让-巴布蒂斯特·提耶尔所引:《论竞技》,巴黎,1687年,第258页。

② 让·巴尔贝拉克:《论竞技:对自然权利与道德权利的主要问题所作的审视》,阿姆斯特丹,1737年,第2卷,第445页(第1版,1735年)。

③ 同上。

④ 让-巴布蒂斯特·提耶尔:《论竞技》,前揭,第265页。

⑤ 让·巴尔贝拉克:《论竞技》,前揭,第2卷,第446页。

⑥ 让-巴布蒂斯特·提耶尔:《论竞技》,前揭,第257页。

⑦ 巴尔达萨雷·卡斯蒂廖内:《廷臣之书》,前揭,第239页。

⑧ 埃利·布拉肯霍夫:《法国游历,1643—1644年,据斯特拉斯堡历史博物馆馆藏手稿翻译》,巴黎,1925年,第98页。

⑨ 塞巴斯蒂阿诺·洛卡特里:《法国游历,法国的风俗与习俗(1664—1665年),据手稿翻译》,巴黎,1905年,第64页。

⑩ 蒙庞西耶小姐:《回忆录》,安特卫普,1730年(第1版),第257页。

易见：三毛球戏、槌球、台球，还有狩猎，在精英人士中间仍旧是男女共同的活动。国王的这个亲戚就一再说自己对"竞技活动①"情有独钟：她在圣法尔乔组办了一场槌球赛②，在舒瓦齐自己的家中举办了一场台球赛③，她带着英国猎兔狗去捕猎野兔。同样，玛丽·曼奇尼也回忆了自己参加过的狩猎活动④，塞维涅夫人还说自己在格里尼昂观看了自己女儿参加的槌球戏⑤。贵族竞技活动中的性别歧视体现在其他地方：我们已经知道，教授绅士技艺的马术学校构建了一个宇宙，女人被彻底排除在外。

同样引人注目的还有社会歧视：等级社会不可避免地会划分竞技活动的领域。路易十四时期的织布工夏瓦特经常参加的网球活动都设在教堂限定的露天场地、院子里或城里的沟渠那儿⑥。贵族参加的网球活动都设在室内，还有附设的长廊或附楼；17世纪，这些建筑有时会极尽奢华，有各类仆人可供差遣，会向活动者提供精致的器具、皮质便鞋和羊毛鞋、"精美的毛巾"、羊毛帽和亚麻衬衣⑦。

更为重要的是，竞技活动被隔离开显然就是在下"禁令"。比如网球，17世纪认为它太粗俗，不该让所有人都来玩："官员若参与的话，肯定会降低自己的尊严，也会贬损自己的重要性⑧。"教士也不得参与；其行为被严格限制在一连串的教务会议法规、主教和枢机主教的训谕上面："我们禁止教士打台球、打网球或其他任何一种公共竞技活动，这些活动只有在俗人士才能参与，这些人都是穿衬衣和衬裤参加活动的，我们甚至还要禁止他们去观看他人参加的比赛⑨。"障碍在于行为及社会地位之间、竞技予人的态度与运动员获得的影响力之间的不兼容性。有"各种关注，也有各种举止，对和他们不同的人而言，这

---

① 蒙庞西耶小姐：《回忆录》，安特卫普，1730年（第1版），第257页。

② 同上，第250页。

③ 同上。

④ 玛丽·曼奇尼：《回忆录》（1676年），巴黎，法兰西信使出版社，1987年。

⑤ 塞维涅夫人：《通信录》，巴黎，伽利玛出版社，"七星"丛书，第1卷，1972年，第221页，1671年4月15日信。

⑥ 阿兰·洛丹：《里尔工人夏瓦特》，前揭，第334页。

⑦ 波尔多网球教练章程［1684年］，见安德烈·德·吕兹：《奇妙的网球竞技史》，前揭，第310页。

⑧ 让-巴布蒂斯特·提耶尔：《论竞技》，前揭，第260页。

⑨ 1532年巴黎主教埃斯蒂安·庞歇在教务会议上颁发的决议。

些都情有可原①"。竞技可使那些"以严肃的态度保持权威的②"人忘乎所以。网球赛运动员所穿的便帽、便鞋、连袖上衣,那些一旦如此装束便会冒"丧失名誉③"风险的人都不能穿。这些举措不可避免地限制了该活动,还使这样的排斥行为变得更为具体化。路易十四年轻时偶尔也打网球。他有一个网球教练,六个宫廷记分员,有制作网球和球拍的人。他命人在凡尔赛举办了一场盛大的竞赛,但他自己没有上场参加,而是去打台球。当若指出当时经常举办这些活动,据说打台球时的穿着和所戴的帽子可使人确保控制力和尊严④。因此,台球可成为廷臣的竞技活动,甚至夏米亚尔"因其灵巧的身手获得了上层关系,还弄了个官当当⑤";"更为活跃的"竞技活动因其会动摇庄严感而遭废弃:"君主消遣时不该参加各种竞技活动。他们不该同与自己同等级别的人进行争斗。他们不该允许别人的触碰、推搡,不能让别人将他们摔倒在地⑥。"很难将贵族向来庄严隆重的仪式同网球或槌球赛时的激动兴奋之情协调起来。况且,泛而言之,17 世纪的礼仪在竞技活动所讲究的身体技巧之中对态度和举止也有明确的说法:"在打网球、槌球、滚球、台球时,必须注意不得摆出荒唐滑稽的姿势⑦。"结果这种区分扩大了应用面:不再仅仅涉及不同的社会配置和场所,而且也涉及到了社会各群体都几乎"不予认可"的竞技活动。

可以说这些禁令在古典世界是慢慢被强加上去的。约 1528 年,卡斯蒂廖内承认他手下的廷臣"会和农民比试摔跤、跑步或跳跃",但他坚决主张,绅士应该"有绅士的样,不能和那些人一起比试高低";尤其是在比试摔跤时,若被农民击败,就"会很丢脸⑧"。16 世纪,沃洛涅的领主古贝维

---

① 让·巴尔贝拉克:《论竞技》,前揭,第 2 卷,第 485 页。

② 尼古拉斯·德拉马尔:《治安条例》,前揭,第 1 卷,第 484 页。

③ 让-巴布蒂斯特·提耶尔:《论竞技》,前揭,第 365 页。

④ 参阅雅克林·布歇:《16 与 17 世纪的网球赛和法国贵族》,见《历史中的竞技和体育:学术协会第 116 届全国大会会刊》,尚贝里,1991 年,巴黎,历史与科学工作委员会出版社(CTHS),1992 年。

⑤ 圣西门由埃马纽埃尔·勒华拉杜里所引:《圣西门或宫廷制度》,巴黎,法亚尔出版社,1997年,第 85 页。

⑥ 马里亚纳由让-巴布蒂斯特·提耶尔所引:《论竞技》,前揭,第 128 页。

⑦ 安托万·德·库尔坦:《法国的惯常礼节》,巴黎,1670 年,据艾尔弗雷德·富兰克林所引:《18 至 19 世纪的礼节、礼仪、模式与合乎礼仪的举止》,巴黎,1908 年,第 1 卷,第 200 页。

⑧ 巴尔达萨雷·卡斯蒂廖内:《廷臣之书》,前揭,第 119 页。

尔还和臣民一起在诺曼底打滚球、摔跤、打网球："圣母节那天，晚祷之后，我们会在教堂附近用吊竿抓东西，直到深夜[1]"；与古贝维尔同时代的本堂神甫学他们的司铎的样，也在诺曼底打曲棍球："图尔拉维尔有个本堂神甫早晨就从家里出门，去图尔拉维尔做弥撒，然后回来晚祷。当天余下的时间，他就会去打牛皮球[2]"；他们也打滚球或掷铁饼："我去本堂神甫所在的索尔斯梅斯尼尔，发现他家附近有好些年轻人圈了块地方打滚球[3]。"1529 年 8 月 10 日，有好些人陪着一个教士、一个绅士、一个马术师，反正都是各种社会阶层的人，去阿尔图瓦的奥特里克"滚球场"玩[4]。1655 年，还有个教士和诺瓦耶苏朗的堂区居民打网球，在押注上发生了矛盾，"他用刀子捅了对手的胸部，自己的眼睛也被对方打裂[5]"。

然而，社会礼仪、贵族与宫廷的礼仪都在增强，使潜在的竞赛者之间在身体上的差距变得更大，正如反宗教改革时期加强对神职人员的控制，使他们的道德得到提升那样。不知不觉间，"痴迷于"竞技的本堂神甫同奸夫和粗人一样成了一路货色。1612 年获晋升的冈布雷的大主教在 1625 年写给罗马的信中，提及好几个遭禁止的竞技活动，说"他剥夺了百余名牧人的圣职"，甚至他还想"因其中某些人的道德品行或不遵守教义而对他们提出诉讼[6]"。再不能对领主及其臣民们混杂在一起打牛皮球或进行摔跤比赛这样的行为抱一视同仁的态度了，以致 17 世纪末《文雅信使》仅将其兴趣局限在了骑兵竞技表演、穿圆环比赛或射鹦鹉比赛[7]。

e) 身体的一致性

可以说这些戏剧性事件在旧制度时期的法国具有决定性意义。它们阐明了竞技具有重要的象征性，还说明了事先要求具备游戏的礼仪。由此看来，这些对抗方式与现今的体育运动截然不同。个体在对抗时会顾

---

[1] 亚历山大·托勒梅：《古贝维尔老爷》，前揭，第 119 页。

[2] 据安德烈·杜布克所引：《诺曼底地区的牛皮球赛及其残留形态》，前揭，第 14 页。

[3] 亚历山大·托勒梅：《古贝维尔老爷》，前揭，第 167 页。

[4] 罗伯特·缪尚布莱德：《村庄的暴力（15—16 世纪）》，前揭，第 294 页。

[5] 同上，第 102—103 页。

[6] 同上，第 348 页。

[7] 《文雅信使》在 1685 至 1690 年间提到了 22 次穿圆环比赛和 8 次射鹦鹉比赛。

及竞技之前即已存在着的某些联系:同样的村庄集体性,同样的对领主的忠诚度,同样年龄的团体或同样条件的团体,完全特定的亲缘性要求身体即便在其娱乐活动中都要分清何为邻人,何为对手。参与者从未显得具有"独立性",他们归属于哪一队才起决定性作用,当然在下注的竞技活动中还是会有一些差异,还是会有极端的偶然情况,无常的岁月中也会留存下来某些东西。同样的参与者从来不会组建或再次组建属于自己的团队,使其具有一致性。他从来不会使这些关系正式固定下来,从来不会正式使用聘约或提出挑战。场地会使他决定进行什么竞技活动,他属于何方营垒会对他产生影响,他在同意举行何种竞技之前,冲突即已成型:他对身体的安排直接听命于自己所属的社会阶层和文化阶层。他当然不会对此论争,他甚至都没意识到这一点:竞技活动再现了旧制度时期所谓的正常的社会交往脉络,因为此种社会交往性相当明显。泛而言之,该主题提出了公共世界领域与私人世界领域之间的关系这一问题①,竞技活动强调的是私人存在是如何依赖于公共存在,私人化的个体处身于其中的空间和时间是如何受他所隶属的公共秩序、社会秩序及基督教社会所支配的。再说一遍,这一切都证明了在古代竞技与如今的体育运动之间存在着差别。

3) 健康的实践活动,有限的实践活动

除了竞技能带来的愉悦之外,还不能忽视有意通过训练来达到强身健体目的的这一方面,参与者希冀此种实践活动能对身体产生效果:身体更健康,机体更强健。并非所有的参与者都有意识地会有此种希冀:其结果太遥远,不可能使竞技产生这样的魅力。相反,只要承认它向来都能确立某种确定性,某种通过重复的运动而获得充沛的精力和良好的健康状态即已足够:"我们认为它对保持健康很适合",中世纪的文本都是这么说的,"它可使懒汉也变得强壮起来②"。保健在此仍然起决定性作用。在

---

① 参阅"公共生活与私人生活",见皮埃尔·古贝尔和达尼埃尔·罗什:《法国人与旧制度》,巴黎,阿尔芒·科兰出版社,1984 年,第 2 卷,第 55 页。

② 锡耶纳的阿尔德布兰丁:《保持健康之书》(18 世纪),巴黎,尚皮翁出版社,1911 年,第 23 页。

近代欧洲，没有什么能与此种确定性唱反调；相反，也没有什么能表明它与今日对确定性的看法有何相似性；尤其是，没有什么能确保古人是有意去这么实践的：古代的身体观可使训练的效果和其他许多效果之间存在很多种可能的替换方式。

a) 排出体液

论健康的古老文本在此首先延续了古代的标记方式，也就是希波克拉底或盖伦的标记方式[①]：身体运动有助于排空身体，它能激发身体的各个部分，能使器官收缩，能将可引起心绪烦躁的凝滞的体液排出去。1580年，昂布鲁瓦兹·帕雷用他那艰涩而又形象的语言对此作了阐述："运动增长了自然的热度，随之而来的便是更好的消化，最终获得充足的营养，将污物排泄出去，且使精气立时发生效用；由于管道通过此种方式得到净化，此外，通过各部分自然而然的摩擦、彼此碰撞，虽然不是很有力，亦非立刻就会活跃起来，但上述运动可使身体习惯、呼吸和其他行为更为强劲、更为持久和健壮，而且对农民和干体力活的各色人等效果最为明显。这就是锻炼的好处……[②]"管道可有效地排液，各部分得到强化，古代医学的这个重大原则恰好成了中心议题：由体液构成的身体的传统形象限定于身体得到更新、排出体液这一层面。从这个维持原状的干涸状态内诞生出了身体对其的抵制及其一致性。梅尔丘里亚里斯的书首次论及了健身术，16及17世纪该书在欧洲广泛传播[③]，使人们对排液可产生的这些效果有了更多的信心：锻炼"可增加自然的热度和由此引起的身体各部分的摩擦，它能使肉体更为坚固结实，使对疼痛的感知度减弱[④]"。这个

---

① 参阅雅克·乌尔曼：《从健身术到近代体育：体育学说史》，巴黎，弗兰出版社，1977年，"四液病理学说的复兴"，1585年，第97页（第1版，1965年）。

② 昂布鲁瓦兹·帕雷：《作品集》，巴黎，1585年，第32页。

③ 西耶罗尼慕斯·梅尔丘里亚里斯：《论健身术》，帕多瓦，1569年。该版本随后在一个世纪内又相继出了六本书：1573、1577、1587、1601、1644和1672年。关于梅尔丘里亚里斯，请参阅维维安·纳敦：《锻炼与健康：西耶罗尼慕斯·梅尔丘里亚里斯与医疗健身术》，见《文艺复兴时期的身体：1987年图尔学术会议刊》，前揭，第295页。

④ 西耶罗尼慕斯·梅尔丘里亚里斯由雅克·乌尔曼的《从健身术至近代体育》所引，前揭，第106页。

主题也在当时有关健康的论文中经常得到重述："锻炼使人类的身体免除疾病的痛苦,它能不知不觉间化解整个消化系统的多余物①。"

1628 年发现的血液循环根本就未改变身体运动这一角色,就像它根本没法改变体液获得的那种地位一样②。体液的滞留仍然是疾病的主要形象,体液的不流动性及其庞大的数量仍然是真正的危险:"当血管中容留的体液比其应该存在的量还要浓厚或数量太多以致血管常常堵塞或崩断时,就会导致数不胜数的疾病③。"富勒迪耶在其 1690 年的词典中对此说得更简洁:"所有疾病只可能由致病的体液引起[它们都有"危害性,或多到不可胜数"],必须将其排出④。"因此,锻炼这一极其特殊的角色便与净化同化了;打网球者在打完球后适时地摩擦,以便赶在干涸之前多出点汗;回忆录或小说中的这些场景都是一模一样:"比赛者打完一个场次后,就会在房间里攀高,让自己得到摩擦⑤。"出汗仍旧是锻炼的首要美德;塞维涅夫人在其绕维特雷步行的时候就一直忆起出汗这件事:"我们每天都会这么做,而且相信这对健康绝对有好处⑥。"

b) 多孔的身体、锻炼及其界限

仍然必须强调的是,对排除体液说的优先参照导致了一个明确的后果:使锻炼不再具有完全的特殊性。它所产生的效果可被其他实践活动替代,如净化或放血:经由运动来排出体液的行为,或用解剖刀来放血的行为有暗通款曲之处。17 世纪中叶居伊·帕坦在其推荐静脉切开放血术的信中也是这么说的:"我们巴黎人通常很少锻炼,而是大吃大喝,遂成

---

① 《养生术与人类身体的保养,对此自然事物与所有通常采用的饮食方法均得到广泛讨论,且附有多个经严格核准的处方:所有处方均得到古代与现代优秀作者的首肯》,巴黎,1561年,第 6 页。

② 显然很清楚,血液循环的发现为四液病理学说"敲响了丧钟"(莫里斯·考勒里《生物科学的重大阶段,文艺复兴时期与 17 世纪初》,见莫里斯·多马斯主编:《科学史》,前揭,第 1177页)。然而,很显然的是,"体液说在接下来的几个世纪中占据了主导地位"("体液理论",《通识百科全书》,巴黎,1998 年,索引)。

③ 让·德沃:《医学自身或通过本能保持健康》,莱顿,1682 年,第 57 页。

④ 安托万·菲勒蒂埃:《包含所有法语词汇的通识词典》,巴黎,1690 年,"体液"条;也请参阅威斯利·史密斯:《希波克拉底的传统》,伊萨卡(纽约),康奈尔大学出版社,1979 年。

⑤ 保罗:《喜剧小说》,巴黎,伽利玛出版社,"七星"丛书,1968 年,第 822 页。

⑥ 塞维涅夫人:《通信录》,前揭,第 3 卷,1978 年,第 662 页,1689 年 8 月 9 日信。

了很厉害的多血质;在这种状态下,如果放血放得不够厉害,血流得不够多的话,有些病他们便几乎不可能不得①。"弗拉芒在其1691年的《保持健康术》一书中也如是说,他甚而未将锻炼视为有价值的实践活动,而是将其省略不提,因为体育运动在此被视为与其他排出式的实践活动相等同②。因此之故,16与17世纪对如何保持健康所提的建议便具有了暧昧性,它并未搞特殊化,认为只要有锻炼,便可完全不去理会与其对应的那些方式:"若血在你的身上量太多而严重违背常情,那它就会使你窒息,或引起血管断裂,或发生变质,所以你可在锻炼、禁食疗法、发汗术之外再增加放血这个方式③。"

可以说,古代法国在如何保养身体方面,优先的实践活动并非锻炼,而是放血,排出体液的逻辑达到了它的目的:即刻流淌出来,体液可以看得见,数量几乎得到控制。居伊·帕坦发现这一招最有效,他是在照料年仅三岁患有"支气管炎"的儿子时观察到这一点的:"通过血管排出"据认"会令他窒息的④"粘液后,孩子就好转了。一再地割开口子甚至可使他显得未曾有过的生龙活虎,肺部得到加强,抵抗力也增强了:"现在在我的三个男孩子中,他最强壮⑤。"毫无疑问,提前放血可使人更强壮、肉体得到强化,预防疾病。他的这种方法在17世纪的精英阶层中颇为普及。黎塞留枢机主教处于权力顶峰时每月要放好几次血,1639年在威尼斯当使节的安杰洛·科雷就是这么说的⑥。路易十三每个月也要放好几次血,他的外科医生布瓦尔一年当中为他切开血管达47次之多⑦。

更重要的是,要求保持精妙的平衡清晰地阐明了古代表现方式之中的逻辑。高康大的一众老师就比其他人说得更好,要他考虑空气中的湿度、营养的品质、到底是进行锻炼还是不进行锻炼。比如雨天时就要关注

---

① 居伊·帕坦:《论保持健康》,巴黎,1632年,第353页。

② 弗拉芒:《保持健康术》,巴黎,1691年。

③ 波尔雄:《健康规则或养生术》,巴黎,1684年,第50页。

④ 居伊·帕坦:《通信集》,巴黎,1846年,第1卷,第314,1644年1月18日。

⑤ 同上。

⑥ 参阅乔瓦尼·科米索:《威尼斯使节》,巴黎,漫步者-伏尔泰滨河出版社,1989年,"安杰洛·科雷报告摘录",第234页。

⑦ 让·耶里蒂耶:《人体之液:从放血的黄金时代至血液病学的发轫期》,巴黎,德诺埃尔出版社,1987年,第21页。

这些情况,这位巨人雨天时运动量最小:"饮食方面要比其他日子更有节制,食物要吃干燥的,要吃得少,如此才可避免因不可避免的接触而与身体发生交流的空气中变幻无常的湿度,因为有了这样的改变,即便没有平日的运动,也不至于感到不舒服①。"这样的看法很直观,与我们的观点相去甚远,他们相信即便缺乏运动,身体中准液体的状态亦可由干燥的营养成分加以弥补,雨水会润湿体内的器官,浸润与出汗起到了主要作用。四肢的运动可将液体泻出,其他实践活动,像放血、催泻、出汗也都能起到很好的作用。

此种多孔身体观很容易受气流和湿度的影响,16 和 17 世纪就认为精确的监控很重要。比如雾天,稠密的雾气"突然阻塞了毛孔②",使皮肤饱和,阻断了汗液的渗出,很容易发生与锻炼造成的流动的体液发生抵触的危险。因此,雾天运动或散步会有危险,刚开始排泄即遭到了阻挠,塞维涅夫人就反复表达过这种担心:"我得知,12 月 24 日,太阳将隐没于狂怒的云层中(煞是奇怪),雾气会很大。这给我和我的姐妹都提了个醒,就是这种季节千万别去散步③。"此种天气因部分阻断了身体功能而更会对出汗形成威胁。

另一种危险与此相反,是空气进入身体,尤其是冷空气,剧烈的运动后,毛孔就会急剧张开;很久以来,传统说法就强调了这一层危险:"通风时,〔运动后〕不要休息。因为那时提炼出来的空气会穿过、渗入毛孔,直至进入身体内部的各个部分④。"或传染性空气的渗入;发生瘟疫时运动造成的风险;危险的有毒物因运动后产生的热度通过敞开的毛孔穿入:"毛孔大开的身体最易受感染⑤。"

我们发现,这些形象的逻辑与今日不同。况且,古人还认为剧烈运动会令人提心吊胆:它会出其不意地使血液变热,"使体液变质,使人发烧⑥"。激烈运动会威胁到某个尚难描述清楚的规则和尺度,它使毛孔

---

① 弗朗索瓦·拉伯雷:《巨人传》,前揭,第 99 页。
② 贝纳尔丹·拉马兹尼:《论手工艺人的疾病》,巴黎,1777 年,第 42 页(第 1 版,意大利,1700)。
③ 塞维涅夫人:《通信录》,前揭,第 3 卷,第 820,1690 年 1 月 25 日信。
④ 努尔西的贝努瓦:《论保持健康》(15 世纪),巴黎,1551 年,未出版。
⑤ 索尔蒂:《瘟疫时期的解毒剂》(15 世纪),佛罗伦萨,1630 年,第 19 页。
⑥ 波尔雄:《健康规则》,前揭,第 43 页。

大开，因耗尽体液或向身体提供"有害的"气体而使身体脆弱不堪：运动"强烈，会使人变得干燥、消瘦①"，"使关节疲弱，削弱身体②"。"赛跑者"，这些有时需奔走于主人马车前方的仆从经常会患哮喘或疝气；变得"消瘦"、"瘦骨嶙峋"，他们成了"某些小血管断裂"的牺牲品，或由于出汗而失去"他们血液中最富灵性的那些部分③"。体力消耗过大就是冒险，会付出巨大的精力，会导致"过度"，这与保健学的范畴相悖，因节制乃是健康的首要性④。它不再会达到平衡，无望成为健康的身体。如此定会造成危险，就像营养过剩或饮酒过度那样大错特错；因此，趁无法修复机体或确定界限之前，就要将之抛弃⑤。国王的行为阐明了这个准则：17世纪末，他常去狩猎，但狩猎时很冷静，野物分布在围场中，"这样有益于健康，还可保持精力⑥"；而太过激烈的狩猎活动则很危险。国王的健康日志表明了这一点，1666年夏季某日的记录是，"在冰面上快速、激烈地跑动，他在凡尔赛公园里之所以命人铺上冰面，就是供娱乐之用⑦"。很快，侍从们便开始担心起来，医生们也是坐立不安。国王不该从事这么剧烈的运动，否则后果不堪设想："头脑昏沉迟钝，运动混乱不堪，整个身体晕头转向、虚弱萎靡"，直至"疾病渐渐发作⑧"。没有什么能证明剧烈运动的合理性。

c) 是体液，而非肌肉

保健运动应该很简单，日常即可从事，即步行一定的路程。因此，这种运动随时随地都可做到。它无须挑选特定的时间，也无须挑选特定的

---

① 亨利·德·蒙图：《维持健康，延长寿命》，巴黎，1572年，第125页。

② 拉弗朗布瓦西耶：《对每个欲长寿者必须进行管理》，巴黎，1600年，第138页。

③ 拉马兹尼：《手工艺人的疾病》，巴黎，1845年，第119页（第1版，意大利语，1700年）。

④ 参阅路易吉·科尔纳罗：《论节制：长寿建议》，格勒诺布尔，米庸出版社，1991（第1版，1558）。科尔纳罗的这篇文本成了古典保健学的模范文本，在他那个时代，健康具有准理想化的色彩，允许净化身体，减轻身体的负担，使身体远离所有有害的疾病。

⑤ 参阅维维安·纳敦：《锻炼与健康：西耶罗尼慕斯·梅尔丘里亚里斯与医疗健身术》，前揭，第303页，"梅尔丘里亚里斯无论在任何地方，都会不断地重复过度有害的说法。"

⑥ 《文雅信使》，1682年11月，第336页。

⑦ 安托万·瓦洛、阿甘的安托万与居伊-科雷森特·法根：《路易十四1647至1711年的健康日志》，格勒诺布尔，米庸出版社，2004年，第152页。

⑧ 参阅米凯莱·卡洛里：《太阳王的身体》，巴黎，伊马戈出版社，1990年，第86页。

场地。约 1680 年,布里耶纳说外交官夏努就是通过"亲自料理菜园①"来锻炼的,这让某些访客感到震惊不已,这样的活动被认为太低贱,但这样做却可使人"不知不觉出点汗②",使体液有规律、有节制地流动起来。1679 年,蒙庞西耶小姐描述了自己几个月来"老是坐着不动,于健康无益",后来开始锻炼;她在庞斯住了一段时间,不仅在那儿捕猎、打羽毛球,还散步,这种方式足以达到保健的严格要求:"庞斯空气良好,在那儿不知不觉就能强壮起来,还能随时随地外出散步。③"健康锻炼的目的局限于让体液流动起来,其范围局限于日常空间。

从形式和内容上来看,这项运动还有其他的效果,比如赋予体内摩擦以重要性。由于可排出体液或增强肉体,所以被动摩擦具有合理性,人的机体或动物都可产生这样的摩擦,乘坐马车、马匹、船只均可达到此种平衡状态。所有这一切均可在体内各部分之间触发同样的碰撞效果。所有这一切均可使体液确保同样的平衡,加热或"弄干"体液。蒙特农夫人说得最直白,她向自己的兄弟建议"少吃多餐",尤其是要"骑马、乘坐马车和船只散步,出去走走④"。16 和 17 世纪的医生最有学问,他们将运动分成由"内因"和"外因"引起,赞成可将这两种特点结合起来的活动:"骑马乃是内因和外因的运动",使人免受各类疾病的侵袭,因为"慢悠悠地骑马而行,会令人心情愉快⑤"。有节制的运动会使人不知不觉出汗,其所引起的摩擦会对极其敏感的体液产生作用。

必须再举矫形胸甲这个例子,以便对该运动(完全聚焦于体液产生的效果)的所有特点作出评估。求助此种传统的硬性包裹身体的做法,确保使这种防护罩成为唯一一种可矫正身板、对其持续监控的方式,表明这是一种对肌肉漠不关心的奇异做法。将此种器具置于年轻人的上半身,就像 17 世纪对贵族或自由民儿童的习惯性做法一样,这样就能保证"身材挺拔⑥",该做法认为通过外部塑型可塑造身体,而非通过某种内部动能

① 布里耶纳:《回忆录》(1643—1682),巴黎,1916 年,第 181 页。
② 参阅对此种出汗法所作的描述,下文,第 271 页,(原书第 355 页)。
③ 蒙庞西耶小姐:《回忆录》,前揭,第 206 页。
④ 蒙特农夫人:《通信集》(17 世纪),巴黎,1752 年,第 2 卷,第 247 页。
⑤ 亨利·德·蒙图:《保持健康与延长寿命》,前揭,第 127 页。
⑥ 弗朗西斯·格里森:《论佝偻病》,伦敦,1668 年,第 3 页(第 1 版,拉丁文,1665 年)。格里森在此讲述的是预防性的方法而非治疗性的方法。

来塑造身体；这等于是强调了工具的力量，而非肌肉的力量。蒙特农夫人就对此深信不疑，她建议自己的学生"不要不戴［矫形胸甲］，要远离所有眼下看来正常的过度行为①"；塞维涅夫人也这样认为，她建议自己的孙子戴鲸骨胸甲，因为她觉得他的身子骨"太弱，可通过这种方式彻底转变过来②"；莫里索也是，他是 17 世纪中叶皇后的助产医生，他坚信襁褓对婴儿必不可少，矫形胸甲对儿童必不可缺；婴儿尤其需要这么做，"以便让小小的身体拥有挺拔的身形，而挺拔的身体可使人显得端庄得体，且能习惯保持站姿；若非如此，他很有可能会四肢着地走路③"。矫形胸甲不仅能确保具有良好的姿势，它还能确保拥有"正常的"步态。得戴到骨骼巩固之后才可脱下，如路易十五就是到了 11 岁才不穿的④。

烦躁不安、喜欢玩乐的身体肯定会产生情绪和激情。它会沉迷其间，听任感官刺激，有时也会惊惶不定。可它也会通过体液流动来减轻身体的负担，达到净化的功效。它还会调节流动的体液。但具有近乎排他性效果的体液仍处于含混不明的阴影之中，故而对肌肉与功能造成的影响作评估也就有了可能。锻炼并不会明显地对形态学构造产生影响。16 世纪与 17 世纪一样，锻炼仍然喧嚣杂乱，还算不上是正经事。

3

从对力量的更新至对力量的量化

手势及其表现形式所形成的宇宙随着 18 世纪的到来而发生了变化。发生了三重移位，即科学、文化与社会移位，它们似乎对古代的身体锻炼观产生了影响。最先发生的移位赋予了测量与有效性以极大的重要性：对力量进行计算，期待产生结果和进步，使发展与可完善性拥有了前所未

---

① 蒙特农夫人，据费尔南·利布隆与亨利·克鲁佐的《12 至 19 世纪广泛传播的矫形胸甲及习俗》所引，巴黎，1933 年，第 32 页。

② 塞维涅夫人：《通信录》，前揭，第 2 卷，第 347 页，1676 年 7 月 23 日信。

③ 弗朗索瓦·莫里索：《肥胖女性的疾病及新生儿的身体不适》，巴黎，1648 年，第 472 页。

④ 参阅米歇尔·安托万：《路易十五》，巴黎，法亚尔出版社，1989 年，第 65 页。

闻的地位。身体与以前不同,成了测量与清查的客体。比起以前,数字更具现实性,将目光引向了平衡状态与效果。将世界当作用具的观点迫使人们逐渐以其他方式对运动的后果做出评估。第二层移位赋予了集合体即人类和人群以更大的重要性。团体将对身体发生影响视为己任。"完善人类①"的技艺被视为是政治家和医生的规划。比起以前,身体必须呈集体性的调动状态。比起以前,保健必须对更新身体有所规划。甚至还必须使对身体的看法发生改变。第三层移位乃是指身体功能具有了新的表现方式,比如慢慢放弃了对体液的参照,强调肺腑与神经的作用,使生理学上的好奇心比纯粹解剖学上的好奇心具有更大的重要性,着重刺激的程序而非老的净化程序。必须不知不觉地将受陈旧的医学长期器重的体液体质遗忘掉,那是希波克拉底或盖伦的医学,必须使人对这些功效的印象或感觉更少神秘性,如此身体锻炼方能觅到新的合理性。

1) 重新发现力量?

在启蒙时代的贵族和医生的论述中,力量已成为更一般化、更抽象的品质。比如1754年旺德蒙德在其《论改善人类》中,就无休无止地讨论过两个关键性的身体特点:力量和美。当然,在求证这两个占主导地位的特性时虽没有任何发现,但这乃是一种系统化的企图,想要将"力量"呈现为一种统一性的因素,是"生命的首要支柱②",是隐藏在肌肉和神经中机体所具有的特殊的对策。这是针对统一的身体动力所作的研究,而此种动力要比身体动力所致的结果更具特点,这是一种想要对据说具有可改造性和隐蔽性的活力进行阐释和开发的意图。更为引人注目的是,除进步观之外,尚确信具有"不确定的可完善性③",还确信可能会有新的行为作用于机体和集合体。

---

① 维勒纽夫的费盖:《政治经济:丰富及完善人类的规划》,巴黎,1763年;夏尔·奥古斯特·旺德蒙德:《论完善人类的方式》,巴黎,1766年;雅克-安德烈·米罗:《改善及完善人类的技艺》,巴黎,1801年。

② 夏尔·奥古斯特·旺德蒙德:《论完善人类的方式》,前揭,第1卷,第47页。

③ "人类的可完善性实际上具有有不确定性。"(孔多塞:《人类精神进步史纲要》,巴黎,社会出版社,1971年,第77页[第1版,1794年])

a) 退化的本质

　　明显独立于整个身体观的论争表明,自 1730—1740 年起方向已逐渐发生了颠倒,即坚持认为身体虚弱呈增长之势。该主题首先出于道德上的原因,伏尔泰在其《论叙事诗》中便表达了对莫名丧失精力的悔恨之情:"古人因强壮而倍感荣耀。他们平常在进行战车训练时不会避开空气的影响,训练时不会萎靡不振,不会心中烦闷,觉得自己一无是处。①"语调满含抱怨,兼有指责,就像《百科全书》中对奢侈无度、对会威胁力量和健康的"便利设施"深入人心所作的揭露:"在我们的时代,一个人若投身于锻炼活动,会叫人瞧不起,可除了娱乐活动之外,我们又没有其他可供寻求的对象,而这些活动就是我们奢靡生活的成果。②"文明可致怠惰,富足可致虚弱。

　　这番求助于历史的言论是想减缓古典贵族竞技活动消亡的步伐,这些源于古代骑士比武的竞技、穿圆环比赛、脑力比赛、骑兵盛装竞技表演、古老的投枪比武,随着摄政时期以及 18 世纪头几十年的到来而变得过时。对那些论述武器或马术的作者而言,这一切都在衰落,比如拉盖里尼耶 1736 年说自己因看见"贵族骄奢淫逸而倍觉羞惭③",达内 1766 年说"武器的操作技艺已遭我们遗忘④"。伏尔泰的《论风俗》也持衰落之说:"所有这些军事技艺均遭废弃,以前都能使身体变得强壮、敏捷的训练活动,如今几乎只剩狩猎了。⑤"当然,并不是说这番话说出了贵族的心声,甚至也不是说他想要保护这些已然过时的竞技活动。说的完全是另一回事,它指的是竞技活动要合时宜:要面向未来,专注于强化身体,确保"必要的"更新,而非修复之。

　　但并不是说身体真的是在衰退。1750 年后,欧洲死亡率的减少获确

---

① 让-茹尔·朱瑟朗:《法国古代的体育运动和锻炼活动》,前揭,第 410 页。

② 尧古尔:词条"健身术",见《科学与艺术百科全书》;让-茹尔·朱瑟朗:《法国古代的体育运动与锻炼活动》,前揭,第 418 页。

③ 同上,第 414 页。

④ 同上,第 415 页。

⑤ 伏尔泰:《风俗论》(1745—1746 年),据让-茹尔·朱瑟朗的《法国古代的体育运动与锻炼活动》所引,前揭,第 410 页。

证,即便有时平均身高也在下降,如约翰·科姆洛斯在奥地利的证明①,即便与卫生状况的改善也没多大关系,如佩尔努和布尔德莱的证明,他们坚持认为气候与生态的有利变化才具有重要性②。

尽管如此,退化论在 18 世纪中叶仍很有市场,它所指的是身体的形态和风度、穿着、保养。身体已切切实实地改变,其外表已发生退化,其形态消沉沮丧,与古代雕塑表现的理想形态愈离愈远:"欧洲人发生退化这一点不容置疑。③"由于 17 世纪末的古人与现代人之争中,最后结论完全相反,认为现代人更优越,所以此种情感就显得很有意思。有个词经常回潮,那是布封 1750 年后提出的理论,这个词是"退化":它是由"天气、营养状况、糟糕的奴役状态"所起的"衰弱的"影响力导致的结果,可在动物中感知到这种恶化状况,以致"我们瘦弱的羊羔④"根本没法认出来,简直和"与它们同种的野山羊⑤"不可同日而语。体形和骨架随着时间和地点的变化而发生变形,1750 年的同代人已"退化":"我们每天都听说,大自然已发生退化,一旦将其耗尽,它就会衰败下去。⑥"简而言之,威胁针对的是"我们的身体所具有的自然形态⑦"。

b)"国家的"责任

可以说,对身体评估时产生了新的要求,在期待使其完善之时产生了新的要求:对身材的关注更为系统,"数字计算法"在比对时更为精确,对虚弱和残疾的统计更为频繁,所有这一切均表明了对进步的渴求,担

---

① 据艾尔弗雷德·佩尔努与布尔德莱·帕特里斯所引:《死亡率的减少》,见让-皮埃尔·巴尔代与雅克·杜帕基耶主编:《欧洲人口史》,第 2 卷,《人口统计的变革:1750—1914 年》,巴黎,法亚尔出版社,1998 年,第 58 页。

② 艾尔弗雷德·佩尔努与布尔德莱·帕特里斯言之凿凿地证明了 18 世纪"生物、气候与生态因素"发生的影响(同上,第 59 页)。

③ 雅克·巴莱克瑟德:《论儿童从出生至青春期的身体教育》,巴黎,1762 年,第 35 页。

④ 布封:《论动物的退化》[1766 年],见《哲学作品集》,巴黎,法国大学出版社,1954 年,第 396 页。

⑤ 同上。

⑥ 让-夏尔·德萨茨:《论儿童幼年期的身体教育,或对如何使公民获得更好的体质所作的反思》,巴黎,1760 年,第 VI 页。

⑦ 让·维尔迪耶:《适用于有志侍奉上帝与堪当国家栋梁之才的学生的教学概论》,巴黎,1772 年,第 9—10 页。

心会走向反面。关于该主题的"身体"方面,孔多塞在其《人类精神进步史纲要》中提供了一个典范①。布封投身于该未知领域,进一步确认表达了此种感受。十七年间,每隔六个月时间,他都会用身高测量器和三角尺对一个出生于1752年"发育良好②"的年轻人的身高进行测量。他试图鉴别出增长的节奏,将冬天增长的高度与夏天增长的高度相比,对疲乏后有可能不会长身高、对休息后长身高进行评估。老实说,没什么有用的结果,甚至具有很大的幻想性,但它至少强调了想要就每个人的身材客观观察的决心。由于它还伴随着另一个精确性研究,所以以此种姿态更具启发性:研究身材与体重之间的相关性。布封是首位要求精确测量的人:一法尺六法寸(1.81米)的人的重量应在160至180法斤(80—90公斤)之间。若他重达200法斤(100公斤),就是"肥胖";若重达230法斤(115公斤),就是"超胖";"若重达250法斤(125公斤)及以上,就是非常肥胖③"。没有任何解释来论证这些数字的合理性。相反,它们的作用是对好体质和坏体质设限,使限值精确化,标定超过或未及正常体形的最大值的量。

可以说,之所以会对形态产生新的不满,是因为想要修正教育的方式,呼吁训练,强化身体:"那些政府官员,在巴黎每走一步就能碰见侏儒、驼背、跛子、罗圈腿、双腿残缺的人,对此他们难道毫不惊讶?④"恰在该世纪中期,出现了"体质教育⑤"、"身体教育⑥"、"医学教育⑦",这些闻所未闻的表达法和规划更新了陈旧的保健学传统:"纠正虚弱者的体质乃是体质教育的胜利。⑧"也恰是在该世纪中期,出现了国家责任这一极为特殊

---

① 孔多塞:《人类精神进步史纲要》,前揭。

② 布封:《论人》,见《全集》,6卷本,巴黎,1836年,第4卷,第70—71页(第1版,1749—1767年)。

③ 同上,第4卷,第102页。参阅18世纪对可完善性这一主题所作的论述,"永远前进"以及对其所作的可能的批评,伊莎贝尔·奎瓦尔:《完成与超越:论当代体育运动》,巴黎,伽利玛出版社,2004年。

④ 夏尔·佩索内尔:《号码》,阿姆斯特丹,1783年,第2卷,第12页。也请参阅《人类因使用鲸骨身体发生退化》,《通识日志》,1771年,第541页。

⑤ 参阅雅克·巴莱克瑟德:《论儿童从出生至青春期的身体教育》,前揭。

⑥ 参阅让-夏尔·德萨茨:《论儿童幼年期的身体教育,或对如何使公民获得更好的体质所作的反思》,前揭。

⑦ 参阅布鲁泽:《论儿童及其疾病的医学教育》,巴黎,1754年。

⑧ 让·维尔迪耶:《适用于有志侍奉上帝与堪当国家栋梁之才的学生的教学概论》,前揭,第10页。

的说法,要使人民的体质得到增强:延长寿命,"使臣民和家畜增多①",强调群策群力。不仅是经济论证,还有团体产生的新的意识,均清晰地显现出"作为保健者的国家"的前景,它想"精确计算个体环境②"来改变人类。19 世纪的革命者和国家都重新拾起了这个规划:"保健学须力求在总体上完善人类的本质。③"在这规划中,锻炼活动获得了明显可资调动的资源。旺德蒙德希望"在一个像我们这样繁荣的国家中,可以仿效希腊人那样建造健身房④",几年后米罗建议在政府的倡议下推行建造冷水浴场⑤。所有这些希望,与又名夏洛泰的卡拉杜克的科瓦耶与此同时作出的推行公共教育的建议⑥一样,不可能立即实行。尽管如此,锻炼活动却必然会渗入身体的新政治想象当中。

c) "一切均应来自内部⑦"

有个例子清楚表明了该世纪中叶在表现形式上发生的深刻变化:批评矫形胸甲,将之弃用,虽然弃用时显然并未大张旗鼓,但仍具有决定性意义。1741 年首先提出矫形术⑧的布瓦勒加尔的安德利也是着重提出据认可使年轻人保持身材、古代系统地将之用于出身高贵的儿童身上的鲸骨或铁片束身服有可能有缺陷的第一人。安德利的论述使得锻炼活动这一关键问题又成了人们议论纷纭的话题,他强调积极运动优于消极运动,肌肉优于矫形器具,特别是他认为运动时毋需医生和保姆的参与,只需让孩子肩扛重物,即可使他们高耸的肩膀变低。变化极小,但仍很关键,安

---

① 图尔摩·德·拉莫朗蒂耶:《向我们领地上的外国人所作的呼吁》,巴黎,1763 年,据布朗迪·巴雷-克里格所引:《作为设施的医院》,见《治疗机制》,巴黎,环境研究院出版社,1976 年,第 28 页。

② 皮埃尔·罗桑瓦隆:《1789 年至当代的法国国家》,巴黎,瑟伊出版社,"要点"丛书,1993 年,第 121 页(第 1 版,1990 年)。

③ 乔治·卡巴尼斯:《人类身体与道德的关系》(1802 年),见《卡巴尼斯哲学论集》,巴黎,法国大学出版社,"法国哲学汇编"丛书,1956 年,第 1 卷,第 356—357 页。

④ 夏尔·奥古斯特·旺德蒙德:《论完善人类的方式》,前揭,第 2 卷,第 115 页。

⑤ 雅克-安德烈·米罗:《改善与完善人类的技艺》,前揭。

⑥ 参阅夏洛泰的卡拉杜克:《论国民教育或年轻人教育方案》,巴黎,1763 年;加布里埃尔-弗朗索瓦·科瓦耶:《公共教育方案》,巴黎,1770 年。

⑦ 布瓦勒加尔的尼古拉斯·安德利:《矫形术》,巴黎,1741 年。

⑧ 希腊语 orthos,意为"竖直",pedia 意为"教育"。

德利将重物置于低垂的肩膀上，仅使肌肉运动，却赋予了其矫形的威力。此番逆转之后，一切就都发生了改变：身体成为能动的骨架，而不再是被动的骨架，肌肉头一次直接作用于形态。因此，在肩扛梯子、印章以及不同物品的锻炼活动中，正是肌肉而非矫形胸甲将可修正的力量调动了起来。因此，身体被赋予了尚未为人所知的动能。锻炼活动获得了其未曾具备的有效性：不再是简单的净化体液，不再是肌肉保持混乱的紧张状态，不再是简单的强化，而是使运动具有矫形作用且在解剖学上具定向作用。身体通过锻炼而得到纠正，它首次对其形态进行了"改组"。

布瓦勒加尔的安德利努力想"迫使"运动成为自愿的行为：强使儿童从某一侧看东西，以纠正"脖颈的形态"，引导他们从某一侧移动，以校正"脊柱的形态"。极点发生了移位："现在得让自然来作出努力。恰是此种内在、秘密的努力方能使这过程具有动物的精气；这并不是说只要你的手在动，儿童身体中动物的精气便会空闲下来，而是肌肉自身根本就不会动。一切均应来自内部①。"力量只有在受试者本人体内才能找到。大自然"由内向外②"运动，拉瓦特按他自己的方式这么说。必须"由内运动"，几年后胡夫兰特在其写给"照料孩子"的母亲们的、再版多次的"建议"中如是说："我认为没有什么比人性的特点更有害的了，没有什么东西会像它那样将弱点和短处完美地隐藏起来，由外向内运动已几乎成了我们时代的普遍现象③。"相反，必须激活某种"内在的"活力，某种由锻炼和运动构成的明确的身体资源。

卢梭也未提出任何异议，18世纪后半叶的保健学家们也在重复这么说，他们批驳了紧身衣和矫形胸甲，强调身体拥有支配自己的自由："略显强壮时，就让他在房间里上蹿下跳吧；你会发现他一天天变得强健。将他和同样年纪给束缚得严严实实的孩子比较一下，你就会对他们各自进步的差异感到震惊不已④。"这并非说要发明某种特定的锻炼活动；也不意

---

① 布瓦勒加尔的尼古拉斯·安德利：《矫形术》，前揭，第 1 卷，第 100 页。

② 约翰·卡斯帕·拉瓦特：《相面术或识人的技艺》，巴黎，1841 年，第 77 页（第 1 版，1780 年）。

③ 克里斯托弗·威廉·胡夫兰德：《关于儿童体质教育所有重要方面向母亲们所提的建议》，巴黎，1801 年，第 18—19 页（第 1 版，德语，1793 年）。

④ 让-雅克·卢梭：《爱弥尔》，巴黎，加尼耶出版社，无日期，第 39 页（第 1 版，1762 年）。

指如今的体操就是从中诞生的：使用的物品就在日常生活中，可在就近的场地中运动。锻炼活动既未分类，也未分成系列，既没有将它们集中起来，也没有使之系统化。相反，这样的规划颇具穿透性，它动摇了古典的锻炼观，赋予肌肉直到如今一直遭到忽视的威力：这是一种明确的、可定向的资源。

毫无疑问，目标就是要获取新的自由，公民具有完全的自主性后便产生了这样的形象：掌控身体的权力属于他自己，也仅属于他自己。彻底夺取了自主权，此种对自己的自由支配在此可以"自然崇拜"这样的用语简单套用之，它与野蛮人或农民的姿态隐隐约约有关，独立的程度虽然尚不明确，但得到了大力强调："为了强化身体，使其成长发育，自然所拥有的方式，人必不得与其相抵牾①。"启蒙时代对究竟是控制身体好，还是使其自由发展好这一方面，进行了无休无止的争论。

d) 纤维与神经

身体功能最为传统的形象也于 18 世纪中叶发生了改变。相比体液，纤维成了首要原则。它们的活力、力量、柔韧性也成了身体的素质。恰是它们维持了身体的运动。也恰是因为它们，这样的运动才能得到加强②。《百科全书》专门描述纤维的长文确认了这些新的关键性问题："极有可能，医学中有名的气质和活力有很大一部分或多或少都取决于纤维和板状骨的稳固度和力量。③"然而无疑，对此种稳固度的参照仍纯粹是直观性的。类比占了主导地位：强烈的紧张度、柔韧的收缩感、不同的强度。1795 年，亚历山大·蒙罗作了综合论述，但他对肌肉的收缩和神经的"速度"还不太懂，他完全将以前求助于脉管和动物精气的做法排除了出去（"它是如何以及从何处获得此种速度的，我们对此尚无能力去言说④"）。

---

① 让-雅克·卢梭：《爱弥尔》，巴黎，加尼耶出版社，无日期，第 71 页。
② 参阅下文，第 277 页（原书第 363 页），"纤维的'张力'"。
③ 达朗贝尔与狄德罗：《科学、艺术与职业的系统百科全书或词汇大全》，日内瓦，1778 年，词条"纤维"。
④ 亚历山大·蒙罗：《解剖学与生理学体系[……]作者合集》，爱丁堡，1795 年，第 1 卷，第 386 页。

　　这一切均以新的功效为依归，比如运动的效果，不再强调净化体液，而是强调如何传播波动与摆动。孟德斯鸠对此持肯定的态度，他仔细算出了坐在马鞍上的冲力，然后维持此种状态，继续前行："没有比骑马更健康的步态了。每走一步，横膈膜就会律动一次，走一古里，就会产生大约4000 次律动。[1]"由于持此种观点的解剖学家认为"膈"的中心领域——使极为丰富的神经网聚合在一起的区域——能强身健体，所以它产生了很大的影响[2]。此外，狄德罗的《百科全书》还用了好几个栏目来介绍重现马的步伐及其对骑手产生有益影响的机器，这是把会摇摆的椅子，可在房间里从事马术训练，是一种靠线绳和弹簧牵动的由铁和木头制成的机制，"仆人"可"牵动缰绳"，"让锻炼者做种种相应的动作[3]"。最终，1775 年拉比柯做了台机器，其摇摆功能颇为精细，令人发笑：此种"机械骑马器[4]"是让娇弱的或稍微有些残疾的儿童坐在里面骑的。该机器会朝各个方向摇动，身体贴在上面，用铰链的机器臂让身体感受到"震荡"。机器可"刺激"身体。拉比柯的骑马器很荒谬，虽然它从新的视角证明了身体的张力。

　　泛而言之，项目开始启动了，运动、空气、气候、摄生法均能使纤维更为坚实，归根结底，它们可使人的生理发生转变。毫无疑问，整个身体的形象玩的就是持久力和耐力这样的隐喻："我们很清楚，这些纤维巨大的力量可使脉管更为坚韧，使肌肉更富活力，使脂肪的运动更为迅捷[5]。"结果，甚至能使整体的举止、行事的方式直至思考的方式都会发生改变："此种坚实感甚至可将其效果扩展至大脑，使接收感官印象的骨髓具有更大的坚固性[6]。"颠覆身体的范式将不可避免地颠覆锻炼及运动预期中的那些效果。

---

[1]　孟德斯鸠：《我的思想录》（18 世纪原稿），见《全集》，巴黎，伽利玛出版社，"七星"丛书，1949年，第 1 卷，第 1195 页。

[2]　"横膈膜在应激性的历史上起到了首要的作用。"（保罗-维克托·德·塞兹：《对感受性所作的生理学研究》，巴黎，1786 年，第 94 页）

[3]　达朗贝尔与狄德罗：《科学、艺术与职业的系统百科全书或词汇大全》，1778 年，第 12 卷，第889 页（第 1 版，1751 年）。

[4]　夏尔·拉比柯：《新骑马术》，巴黎，1778 年。

[5]　同上。

[6]　同上。

2) 竞技,计算,功效

改变实践活动无疑要比改变其表现形式受更大的限制,然而锻炼活动却在 18 世纪下半叶不知不觉起了转变。回忆录或叙事文章中经常提及,教学法中经常论述,也经常得到实践的此种锻炼活动,其表现形式却截然不同,它是警觉和计算的对象,而以前只重视其展开的过程和效果。从精确测量,从对空间布局所作的暂时规训来看,归根结底,恰是身体素质成了新的针锋相对的对象,特别是力量和速度这些素质,与长久以来直观性的或混合起来的身体特点这些老生常谈不知不觉便分离了开来。可以说,渐进式结果以及经计算得出的结果头一次成了身体期待的东西:这是使其"效益"具备现代性的某种方式。

a) 从放血的末日至健身散步

"健身散步"首先在有教养的阶层日益普及。孔多塞向雷斯皮纳斯的朱莉说自己每周都会去散步,会从昂坦街一直走到诺让街自己的住宅,说散步使他"明显体质增强①"。布封在家里大踏步走路,计算步数,以便没法出门也能很好地评估自己的锻炼活动:"我在房间里要走上好几个来回,每天都会走一千八百到两千步②。"还有卢梭,他也将散步作为文化主题,它是某种深化良知和健康的方式,是山谷和树林里某种浪漫主义前期的做派,毫无疑问它首次使人有机会进行内心的冒险③。特隆尚将强化纤维与增强道德感结合得很好。他在日内瓦当医生,极力倡导节制饮食、强身健体和洗冷水浴,自 1745 至 1750 年起,他便专门诊治欧洲有教养的阶层:"他的学说强调的是身体运动和锻炼。我们的闺房千金都接纳了此种新的治疗方法,认为这是种新模式④。"埃皮内夫人在他家住了很长时

---

① 朱利·德·莱斯皮纳斯,1776 年的信,见《通信录》,巴黎,1876 年,第 305 页。

② 布封,1771 年 4 月 2 日的信,见《通信集》,巴黎,1885 年,第 1 卷,第 197 页。

③ "凉爽的树荫、小溪、小树丛、青葱的枝叶都来净化我的想象。"(让-雅克·卢梭:《孤独漫步者的沉思》,巴黎,1931 年,第 272 页[第 1 版,1779 年])

④ 克莱芒-约瑟夫·提索:《医学健身术》,巴黎,1780 年,据让-茹尔·朱瑟朗所引:《法国古代的体育运动和锻炼活动》,前揭,第 429 页。

间，详细描述了他吃的乳制品和水果，他的散步活动，"可增强体质[①]"的冷水浴。奥尔良公爵向他咨询过。伏尔泰认为他"很了不起[②]"，发明了这种极其平常、自然的实践方法，它的成功促使人们对新的目的或行为持接受态度，人们把办公桌加高，站着工作，或使桌子"随意升降"，还把衣袍改短，不带篮子出门，方便走路。尽管普遍承认了该活动，但约1780年麦尔西耶的反女性主义观点却不可避免地引起了争议："我们的女士都想在特隆尚时代锻炼身体，骑马。但只有一种情况可使她们进入这种她们最喜欢的状态，那就是无所事事。她们在舞会上就表现出了那种令人几乎不可置信的力量。[③]"

可认为增强体质的形式在17世纪中叶发生了变化，最终使古典的实践行为陈旧过时，比如说放血，居伊·帕坦在1640—1650年间曾激情洋溢地为之辩护，据说它极具"预防"功效，通过定期净化儿童的身体，能使孩子的体质增强[④]。一个世纪以后，这种行为成了"于人有害的痴心妄想[⑤]"，人们指责它使纤维松弛，据说即便它有时确实能起到"治疗"作用，但仍无法"增强体质"。因此，1782年麦尔西耶说："人们很少用放血疗法了，年纪大的外科医生再也不会迫使身体健康的人去接受那种危险的排除体液的治疗法。[⑥]"因此，实践行为不可避免地有了改变，人们开始自发锻炼起来，坚信锻炼能起到激发作用，学校或教学法中再次出现了它的身影，比如维尔迪耶1770年为"有志侍奉上帝与堪当国家栋梁之才的学生[⑦]"创设了教育课程，且言简意赅地建议学生通过锻炼来使"身体改头换面。[⑧]"

由于教育学声称能颠覆古典的身体实践方式，尤其像出身好的儿童从事的马术和武术之类的活动，"除了舞蹈之外，这些活动再也不适用于

① 埃皮内夫人：《并非忏悔录：蒙布里昂夫人的历史》，巴黎，法兰西信使出版社，1989年，第1282页（第1版，1818年）。

② 伏尔泰，1757年12月3日的信，见《全集》，巴黎，1827年，第3卷，第1340—1341页。

③ 路易-塞巴斯蒂安·麦尔西耶：《巴黎风情》，巴黎，法兰西信使出版社，1994年，第1卷，第1164页（第1版，1781年）。

④ 居伊·帕坦，1644年1月18日信，见《通信录》，巴黎，1846年，第1卷，第314页。

⑤ 纪尧姆·布尚：《家庭医学》，巴黎，1788年，第4卷，第312页。

⑥ 路易-塞巴斯蒂安·麦尔西耶：《巴黎风情》，巴黎，第1782—1788年，第9卷，第99页。

⑦ 让·维尔迪耶：《适用于有志侍奉上帝与堪当国家栋梁之才的学生的教学概论》，前揭。

⑧ 同上，第3页。

那些有志于武功的绅士们①",所以它拥有更大的揭示意义。目标就是要使锻炼活动"扩展至全世界②",重新评估其需求,优先考虑如何开发身体,而非去满足这一唯一的社会符码。我们已经知道,布瓦勒加尔的安德利就曾建议储备各类活动。维尔迪耶在其学校中重申了这项原则,强调了该体系,要求按照身体各个编定的部分来分配活动,"手臂、手或脚的运动"。训练首次拒绝了形态学的领域:一个崭新的整体被创造了出来。但无论是解剖上的剖析,还是肌肉的分割均尚未给人留下深刻的印象:手臂的锻炼活动也就是靠球戏来达成,脚部的锻炼活动是通过跑步或"某些学生的竞技活动③"来完成。可以这么说,锻炼活动的范围尽管具有创新性,但仍旧混沌不清。

b) 数字与力量

然而,数字占据了一个从未曾有过的地位。布封的信就证明了这一点,他在其房内计算步数,以便雨天也能最低限度地运动一番④。孟德斯鸠的笔记中也证明了这一点,他记录了因马的步伐而传递至骑士身上的律动,以测量一古里中骑士所受震动的次数⑤。迭萨古里耶的笔记证明了这一点,他研究身体处于何种姿势,可获得最大的承重。因此,在这些奇怪而又原始的结构中,竟然混入了牛顿逐级承重的原理⑥;布封也将人的力量同动物的力量作了比较,还说"君士坦丁堡的脚夫能肩扛重达九百古斤的重负。⑦"还有古隆,约 1785 年他纯凭经验推断出根据不同的状态及用药量,可评估疲惫的临界点⑧。身体的运动最终与技巧相分离,而成

---

① 《信仰理性与宗教的学生,或论身体、道德或训诲教育,随附女孩教育论》,巴黎,1772 年,第324 页。

② 同上,第 325 页。

③ 让·维尔迪耶:《适用于有志侍奉上帝与堪当国家栋梁之才的学生的教学概论》,前揭,第236 页。

④ 参阅上文,第 280 页(原书第 295 页)。

⑤ 参阅上文,第 279 页(原书第 293 页)。

⑥ 让·泰奥菲尔·迭萨古里耶:《身体的实验概论》,巴黎,1751 年,第 1 卷,第 91 页。

⑦ 布封:《全集》,前揭,第 4 卷,第 100 页。

⑧ 夏尔·奥古斯丁·德·古隆:《人的力量》,见《论简单机器》,巴黎,1821 年(1785 年呈交至科学研究院的研究报告)。

了各类计算方法的对象。

当然，精确的新形象，也就是有效性的新形象，卢梭在建议舞蹈应具各类目的时提及了这个形象："如果我是舞蹈教师的话，我不会完全跟着马塞尔亦步亦趋地学样。我会把[学生]带到岩石下方，在那儿演示给他看必须摆出何种姿态，身体和头部该如何动，该做什么样的动作，该显出何种风度，忽而用手，忽而用脚，轻巧地沿着陡峭险峻、崎岖不平的小径前行，忽上忽下，从一个尖端冲向另一个尖端。我会像狍子那样跳跃，而非像剧院里的舞蹈者那般舞动①。"除了对肌肉有效，除了获得刺激之外，锻炼的意义改变了很多；它可进一步计算出已获得的效益。它是去完成任务，而非将往昔岁月搬上舞台。在这些各各不同的实践活动中，舞台场景并不总是具有首要性。贵族的舞蹈，舞蹈教师的舞蹈，因其唯一的目的就是教导如何展示与如何"被"展示，故而受到了质疑。在其中置入差距，"目的就是为了有所区别②"，特别是这样需要用到好的方式方法。如此便会使人认真对待礼仪的定位如何逐渐转至"自然"风度的定位：身体从中汲取价值的符号也不再相同。18 世纪处于上升趋势的自由民重视的是有效性的范式，而非仅仅是外表的范式。其中，对数字的运用乃是一个迹象。

训练中，数字可对进步作出衡量，1780 年代，让里夫人举了一个极富启发性的例子。她是奥尔良公爵家孩子的家庭教师，是卢梭或提索的忠实读者，她认为必须定期锻炼，须对奥尔良公爵家孩子的所有姿势进行测量和计算。1787 年 7 月 16 日，测量跳远，"夏特尔公爵先生大约跳了十三步远；他的兄弟尽管穿了皮靴和皮裤，第一次就跳了十三步远"，还有爬树，"他们俩都爬上了两棵高达十法尺，直径三法寸半的树③"。每次成绩都被详细记录下来，以便随之调整力量和进展、负重物的重量、鞋底的铅块。比如从事园艺活动，也有机会测量："他们的水桶是双层底，根据他们力量增长的不同，其中可放入一块铅板④。"她还在奥尔良公爵家孩子的

---

① 让-雅克·卢梭：《爱弥尔》，前揭，第 148 页。马塞尔是"巴黎著名的舞蹈教师……，他用各种技法摆出荒诞的造型"（卢梭笔记）。

② 让-雅克·卢梭：《爱弥尔》，前揭，第 137 页。

③ 据让-茹尔·朱瑟朗所引：《法国古代的体育运动与锻炼活动》，前揭，第 443—444 页。

④ 让里：《未出版的回忆录》，巴黎，1825 年，第 2 卷，第 18 页。

房内装了一台极重的滑轮,让他们定期拉动滑轮,逐渐增强力量。数字第一次构建了训练及其循序渐进的发展过程。它也是第一次引导了人们的评论,对锻炼的方式方法及其更新起到了指导作用。

这并不是说,速度已明显与力量不同:"还可通过锻炼时的耐力及灵敏度来对力量做出评断①。"

c) 数字与时间

数字已成了 18 世纪对锻炼活动进行计数、对耐力进行比较、应对速度、通过各式各样范式来逐渐提高"敏捷度"的新方法②。从这方面说,自17 世纪最后几年开始,赌博就发生了变化,它只关注马匹的表现,花时间让它们对抗并对它们作出客观陈述,运用裁判、秒表,将胜利寄望于不俗的表现。比如从联合门起跑,以 12 秒时间穿过赛弗尔桥,三位参加比赛的骑手每个人均会为自己的胜利押注 100 金路易③。更复杂的是 1726 年萨扬侯爵下的赌注:半小时之内得从凡尔赛宫的栅栏门跑到荣军院的栅栏门前④。如果没有裁判跟着赛跑者,那该如何计算时间呢?必须发明一种裁判规则。这样就要求预先校准好两座航海钟,使其处于同步状态,分别置于凡尔赛宫和荣军院。萨扬在与库尔特沃公爵的打赌中,以 30 秒之差输了 6000 利弗尔。但此种独创的计算法以其前所未闻的对比方式而广为接受。更具有揭示意义的是 1754 年英国士绅波斯特库克的赌注:两小时之内从枫丹白露树林跑到巴黎城门;这是一次颇有创意的尝试,因为波斯特库克戴了块"缝在左臂上的表,这样他就能边跑边看表⑤",还因为第一次有观众站在沿途和终点,人数"有两千人",吕伊纳在记述这次英国人赢得胜利的赌局时这么说⑥。速度使比赛场景及其特殊性变得令人

---

① 布封:《全集》,前揭,第 4 卷,第 100 页。

② 参阅克里斯托弗·斯塔德尼在《速度创新》中对该主题的论述,巴黎,伽利玛出版社,1995 年。

③ 《文雅信使》,1692 年 4 月。

④ 爱德蒙-让·巴比耶:《路易十五统治时期的史志》(1715—1724 年),巴黎,1897 年,第 1 卷,第 236 页。

⑤ 谢伏尼的杜富尔:《路易十五宫廷回忆录》,巴黎,佩兰出版社,1990 年,第 165 页(第 1 版,1886 年)。

⑥ 参阅谢伏尼的杜富尔:同上,第 461 页,n.463,引用了吕伊纳公爵的话。

印象深刻。赛跑者全神贯注，会跟随着好似新型指南针的手表，持续对自己的姿势和决策进行定位。

此外，17 世纪末，英国人在赛马时首先对速度产生了极大的关注："英国人业余时间喜欢运动，也有场地，他们经常狩猎，所以他们跑得快，也跑得远。他们喜欢就谁跑得最远、跑得最快打赌①。"与仅在武器上翻花样相比，这样做确实产生了某种改变：一旦军队等级成为其他人的等级，那么军事竞技活动中具有象征意义的行为就会偏移或消失。竞技比武及其很久以前的派生活动都让位给了狩猎活动和赛马，麦尔西耶报道了这种改变，但他持蔑视态度："对赛马的爱好代替了已完全消失的马术精神②。"随着新的对象，比如说英国马的出现，它的影响力日益壮大，布封说这些马匹"强壮、活跃、胆大，即使再疲惫也能撑下去，对狩猎和赛马而言最佳③"。

表达形式也发生了改变，如 18 世纪末"国王、王后和亲王们骑得飞快时④"，人们对骑手喊叫的"快跑"（tombeau ouvert⑤）这种表达方式。最重要的是要让速度渗入锻炼活动，甚至是日常举止当中，这当然指的是精英阶层。在该世纪中期，克洛于公爵养成了短距离跑马时计算时间、测量速度的习惯："好的遛马者"6 分钟就可在长达"800 图瓦兹⑥"的凡尔赛大运河跑个来回，国王的套车在参加特里亚农和凡尔赛的赛马时"3 分钟整"就跑完了全程⑦。让里夫人也对自己学生的速度作了计算："一分钟多一点"就跑完了"长度约为 550 法尺的悬铃木小巷⑧。"数字尚未精确到秒，场地尽管有限，但适合计算时间，相比以前，现在运动时都要计算时间的长短。

计算速度这一主题在 18 世纪的业余运动爱好者那儿还很少见，比如

---

① 布洛马的尼可：《人与马的荣耀与竞技，1766—1866 年》，巴黎，法亚尔出版社，1991 年，第 19 页。

② 路易-塞巴斯蒂安·麦尔西耶：《巴黎风情》，前揭，第 1 卷，第 1164 页（第 1 版，1781 年）。

③ 布封：《全集》，前揭，第 5 卷，第 20 页。

④ 路易-塞巴斯蒂安·麦尔西耶：《巴黎风情》，前揭，第 2 卷，第 519 页。

⑤ ［译注］直译为"坟墓打开了"。

⑥ 埃玛努埃尔·德·克洛于：《路易十五与路易十六宫廷回忆录》（18 世纪手稿），巴黎，1897 年，第 95 页。

⑦ 同上，第 253 页。

⑧ 据让-茹尔·朱瑟朗所引：《法国古代的体育运动与锻炼活动》，前揭，第 443 页。

英国的《赛马日历》中就没有,但也已改变了过去的评估方法:比赛时的距离是以流逝的时间为单位计算的。拉贡达米纳是将速度算作成绩的第一人。1742 年在罗马,赛马时计算出的"37 法尺秒",是他携带"秒表"跟着马算出来的①。格罗斯雷在该世纪末重新采用了时间计算法,用分和秒作为赛马时的时间单位。1777 年梅尔弗的德吕蒙推演出了团体计算法,对骑士而言,这样就能按照以时间为单位跑完多少路程来区分速度和不同的步态②。但在不同骑手之间作比较的速度单位如今尚处于构建之中。

d) 发明能量?

1777 年拉瓦锡发现的氧气深远地改变了人们对锻炼及其变化形式,尤其是锻炼强度的看法。拉瓦锡清楚无误地确定了呼吸原理,强调讲究精确性的新关系:呼吸的空气和完成的训练之间的比例,被消耗的氧气与表现出的努力之间存在严格的平行关系。拉瓦锡让一些人在密闭的房间内训练,监控氧气的交换,从而显示出氧气的吸入"直接与将重物举至某个限定的高度有关③"。由于身体训练时有了新数字,所以作为能量器官的肺部便清晰地显露了出来。呼吸不再如传统医学所言,可使血液冷却或对动脉和心脏造成压力④,而是指某种新型的氧化反应,使用某种相当特殊的气体就成了开展锻炼活动的条件。可对抗力与疲乏作不同的分析。初步训练和进一步提高时,可作不同的预备活动。特别是能够发明防止气短的新方法。

然而,拉瓦锡的这项发明之后,处理呼吸方面未见任何变化,也未对该具体如何锻炼产生任何影响。不无悖论的是,身体训练的种种范式无疑又回到了对能量摸不清头脑的状态之中。譬如,蜡烛随时间推移消耗空气的形象,古代对生命之火的认识,灯具的消耗与使用寿命有关⑤,然

---

① 据皮埃尔-让·格罗斯雷所引:《伦敦》,洛桑,1770 年,第 1 卷,第 315—316 页。

② 据布洛马的尼可所引:《人与马的荣耀与竞技,1766—1866 年》,前揭,第 106 页。

③ 安托万·洛朗·德·拉瓦锡:《呼吸备忘录》,巴黎,1790 年,第 42 页。

④ "血液循环赋予所有自然行为以推动力,正如我们所见,它凭借自己将空气吸入进来,而肺部则借助这些空气强有力地将血液推至心脏。"(弗朗索瓦·凯斯奈:《动物身体论》,巴黎,1736 年,第 227 页)

⑤ 是拉瓦锡本人参照了"灯具"或"点燃的蜡烛"(《呼吸备忘录》,前揭,第 35 页)。

而也能想象某种效益原则，它是从身体的入与出中推演出来的效益原则，是可计算的效率及进展的交换原则。同样无疑的是，热量的这一力学对等物实际上并未得到重视：能量的科学方程式、训练时卡路里的置换方程式，在 18 世纪末还没有被发现。必须等到 1826 年卡尔诺理论[①]的出现，尤其是 19 世纪中期该理论传播后，它才能对生物学起到某种作用。

然而，交换及其实测效率这一主题要到 18 世纪末才会得到利用。它在营养量、发汗量、训练量之间实现了持久的平行关系。动物饲养员采取了这种方法，以期从动物身上赢利。农业慢慢进入了注重数字和计算的现代性之中；比如，18 世纪中期，贝克维尔在迪什雷谷仓创建了某种"臻于完美"的饲养方法，甚至可使牛或马的形态发生改变[②]。还有饮食、发汗与训练的方法，拳击手、赛马师也未对它们视而不见，它们在该世纪末的英国日益成为下赌的对象。这虽然并不是说某个能量观已占上风，但至少对入与出已开始进行了测量：饮食法，"对必须训练的人而言必不可少[③]"，要有耐性，还要调节训练量，"晚上十点睡觉，早晨六七点起床，立刻洗澡、擦身，举重直至感觉疲惫为止；跑一英里，回家后，享用一顿丰盛的午餐[④]"。但有什么迹象能表明训练好了呢："皮肤状态是运动爱好者对准备进行锻炼者的评价标准。训练时，皮肤会一直很透明、光滑、有色泽，而且更富弹性[⑤]。"

逐渐加之于锻炼活动之上的并不仅仅是道德规则，也是效率规则。

---

① 萨蒂·卡尔诺：《对火的推动力与适合发展此等力量的方式所作的沉思》，巴黎，1826 年。参阅罗多尔夫·弗亚尔与莫里斯·多马斯：《气体的运动理论》，载《科学史》（莫里斯·多马斯主编），巴黎，伽利玛出版社，"七星"丛书，1963 年，第 905 页。

② 关于该主题的完整内容，可参阅安德烈·豪什的重要文章：《启蒙时代末期的训练概念》，载《工作与研究》，巴黎，法国国家体育运动学院（INSEP），历史专辑，1980 年 3 月。

③ 约翰·弗塞吉尔：《保持健康：囊括所有名医建议》，伦敦，1762 年，第 41 页。据安德烈·豪什所引：《启蒙时代末期的训练观》，前揭。

④ 《徒手格斗技巧或拳击规则》，伦敦，1789 年。据安德烈·豪什所引：《启蒙时代末期的训练观》，前揭。

⑤ 约翰·辛克莱：《健康与长寿密码；或对益寿延年之计算原理的简明看法》，爱丁堡，1807 年，第 2 卷，第 103 页。

第五章 灵魂之镜

让-雅克·库尔第纳(Jean-Jacques Courtine)

　　幽暗的小房间内，一位智者观察着一尊石膏胸像。地上有一本看相的著作、几件测量用的器械。墙上则刻了幅解剖图。搁板上还有一些各类表情的头像，等待着受到检验。贵族院的马蓝·居洛身为朝臣和国王御医，其《识人术》(1660)卷首页上开篇是这样说的：此书将详述有关身体征候与语言的知识。

　　　　因为大自然并不仅仅将声音和语言赐予人类，使其阐述自己的思想，但它担心人类会滥用之，故仍会使其额骨和眼睛泄露天机，若他们不够诚实的话。总而言之，它将人类的整个灵魂裸露在外，他不再需要窗户以查看他们的行动、他们的倾向和习惯，因为这些都会显露在脸上，会昭然若揭①。

1
相面术之传统

　　这就是相面术知识。这种揭秘身体的符号，今日通常被认为是古代

---

① 贵族院的马蓝·居洛：《识人术》，巴黎，1659 年，第 1 页。

心理学的一种形式,受到有意诋毁,然而在 16 至 18 世纪之间,它却被认为很有用处,在观念史以及社会交往史上,起到了相当大的作用①。当时,相面术远非唯一一种可断言"身体会说话"的方式。大量知识使这一在整个古典时代产生反响的阐述在更广的范围内有了回响:专门对行动(actio)中的身体技能作指导的修辞术手册,大力提倡控制自我及观察他人的礼仪书籍,养成评估举止及言论的有关交流技巧的书,要求寡言少语、通过身体语言表达的沉默技艺,通过解剖人体从而发现疾患症状以及性格征象的医学书,最后还有教授描绘充满激情的形象的画师文论……

这些技艺与科学建立于极其古老的人类学基座上:最初出现的是关于美索不达米亚占卜术的论著②,以古典时代的希腊罗马提出的相面术为基础③,然后经由西方与阿拉伯中世纪的传统④,逐渐使人的外在与内

---

① 关于相面术的历史,请特别参阅林恩·桑代克:《魔法与实验科学史》,8 卷本,纽约,哥伦比亚大学出版社,1923—1958 年;乔治·朗特里-劳拉:《颅相学史》,巴黎,法国大学出版社,1967 年;格莱姆·提特勒:《面孔与命运:欧洲小说中的相面术》,普林斯顿大学出版社,1981 年;马丁纳·杜蒙:《伪科学在世界上取得的成功:G.拉瓦特的相面术》,载《社会科学研究会刊》,1984 年 9 月,第 2—30 页;菲利普·杜布瓦与伊夫·温金主编:《身体的修辞学》,列日,德伯克出版社,1988 年;胡里奥·卡洛·巴罗哈:《相面术的历史》,马德里,地峡出版社,1988 年;让-雅克·库尔第纳与克洛丁·阿罗什:《面孔的历史:从 16 至 19 世纪初人们如何表达和压制自己的情绪》,巴黎,海岸出版社,1988 年(第 2 版,帕约出版社,1994 年);帕奥罗·格特雷维:《脸部的书写:中世纪至今的相面术与文化形态》,米兰,安杰利出版社,1991 年;露西娅·罗德勒:《脸部的沉默动作》,比萨,帕奇尼出版社,1991 年;《映照灵魂的身体:相面术理论与历史》,米兰,蒙达多里出版社,2000 年;莫舍·巴拉什:《人类的形象》,维也纳,IRSA,1991 年;弗拉维奥·卡洛里:《相面术的历史》,米兰,1995 年;鲁道夫·康普与曼弗雷德·施耐德主编:《相面术的历史:文本、图画、知识》,弗莱堡,龙巴赫出版社,1996 年;纳代耶·拉奈里-达让:《身体的创造:中世纪至 19 世纪末对人类的描述》,巴黎,弗拉马里翁出版社,1997 年;科林·琼斯:《关于面孔》,剑桥,1999 年;洛朗·巴里东与马尔西亚·格顿:《身体与艺术:视觉艺术中的相面术与生理学》,巴黎,拉赫马丹出版社,1999 年;《人-动物:脸孔的变化史》,斯特拉斯堡,斯特拉斯堡博物馆出版社,2004 年;马克·雷纳维尔:《颅骨的语言:颅像术的历史》,巴黎,自由思想者出版社,2000 年;弗朗索瓦·德拉波特:《解剖激情》,巴黎,法国大学出版社,2002;马丁·波特:《欧洲相面术书籍:1450—1780 年》,牛津,牛津大学出版社,2004 年。

② 参阅让·波特罗:《症状,符号,书写》,载《占卜术与合理性》,巴黎,瑟伊出版社,1974 年,第 70—200 页;卡洛·金兹伯格:《交线:指数图的根源》,载《神话,标志,痕迹:形态学与历史》,巴黎,弗拉马里翁出版社,1989 年。

③ 参阅米凯拉·萨西:《古希腊人的科学》,都灵,博拉蒂·博林吉耶里出版社,1988 年(英译本 The Science of Man in Ancient Greece,芝加哥,芝加哥大学出版社,2001 年)。

④ 参阅如尤塞夫·姆拉:《阿拉伯相面术与法克尔》,巴黎,保罗·热特内东方书店,1939 年;安娜·德尼厄-科米耶:《极其古老的米歇尔·萨伏那洛拉相面术》,《医学生物学》,单独出版,1956 年 4 月。

灵 魂 之 镜

1. 法国画派：人体解剖学，16世纪，尚蒂伊，孔代博物馆。

　　黄道人可见于相面术传统和16世纪的解剖学论著中：身体的外部和内部由各星球主导，令人想起了希波克拉底和阿拉伯人的医学。

2．贵族院的马蓝·居洛的《识人术》的卷首插图，巴黎，1660年，特殊收藏品。

国王的御医贵族院的马蓝·居洛既是相面师，也是朝臣，人们常说路易十四也曾求助于他的相面术，让他评判那些想要在宫中谋取职位者的脸相。

3．夏尔·勒布伦：灰林鸮状的人头，17世纪，巴黎，卢浮宫。

夏尔·勒布伦所绘的猫头鹰人说明了人类学也有限度，人体越过了人类学的界限，在动物界摇摆不定。相面术传统中常会出现这种杂交怪物。

4a，b．版画，摘自波尔塔的奇安巴蒂斯塔的《人类相面术》，鲁昂，1655年，特殊收藏品。

波尔塔的奇安巴蒂斯塔的相面术思想，与文艺复兴时期的相面术类似，也是以类比法为主，在自然形式间创造出无穷无尽的相似性和共感性。人类与动物间的界限愈益模糊。

5a，b，c. 版画，摘自理夏·桑代的《相面术与手相术、相术》，伦敦，1653年，特殊收藏品。

相术这门解密人脸的古老技艺着重于脸部，手相术着重于手部，它们都有相似的准则：星体的影响，受类比法的控制，注重右侧线条和短促的、断裂的线条。

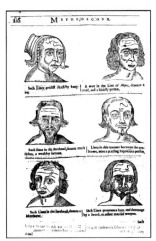

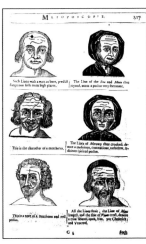

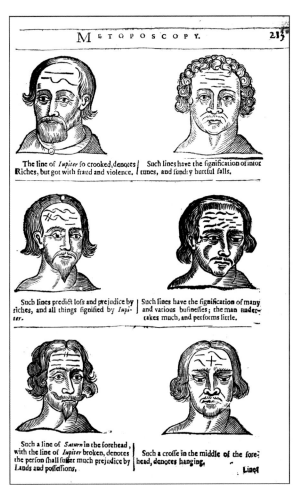

6. 夏尔·勒布伦：忌妒，17世纪，巴黎，卢浮宫。

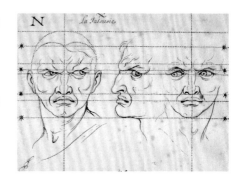

夏尔·勒布伦的《激情之表达方式报告》构建了表情修辞术，他认为灵魂的每种激情都会从脸上表现出来，而且有它的因果语言。

7. 版画，摘自佩特鲁斯·冈佩的《论赋予人类相面术特征的自然变化》，巴黎，1791年，特殊收藏品。

随着18世纪末比较解剖学的发展，冈佩发现了面部的棱角。这些发展包含了进化论的萌芽，从猴子经过中间的那些人种再到美男子，经历过所有存在等级之后，到了那个世纪终将告一段落。

8. 版画，摘自约翰·卡斯帕·拉瓦特的《通过相面术了解人的技艺》，巴黎，1806年。

18世纪末，拉瓦特门徒对解密脸相的激情终于在这台奇异的机器中体现了出来，它是为了用来弄清楚体现在脸上的情绪不为人知的一面。

解 剖 与 解 剖 学

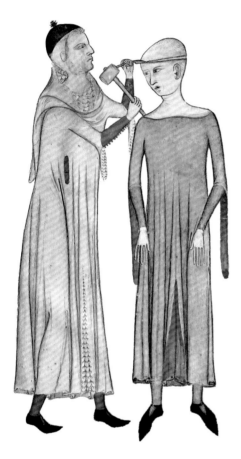

1. 维杰瓦诺的圭多：指定用于解剖的人像，1345年，第11幅图。

1345年，勃艮第的让娜的医生维杰瓦诺的圭多撰写了《值得注意的著作》一书，该书汇集了10篇医学论文，最后一篇就是《指定用于解剖的人像》（手稿 569，孔代博物馆，尚蒂伊）。作品包含24幅图，第11幅（上图）画的是一名医生正在打开尸体的颅腔。

2. 《医学论集》，威尼斯，1491年，特殊收藏品。

《医学论集》乃是首批绘制插图的医学书籍之一。该著作的意大利版（1493年）添加了新的木版画，画的是解剖场景。该画在1495、1500和1522年重印时略有改动。

3. 解剖模型，见卡尔皮的贝伦加里奥《人体解剖学简论》，博洛尼亚，B. 埃克托里斯，1523年，f° 71r°。

卡尔皮的贝伦加里奥是首位解剖学插图的绘制者。他的《简论》是对解剖学的简明概述，有72幅4英寸的插画，其中22幅是木版画，用明暗光线加以烘托。

4. 皮埃特·范·米尔瓦德：威廉·范德米尔医生的解剖课，17世纪，油画，代夫特，市立医院。

解剖科学是解剖画的主要主题之一。荷兰绘画在17世纪抢足风头，贡献了二十幅油画，其中最著名的是伦勃朗的《图尔普医生的解剖课》（1632年）。

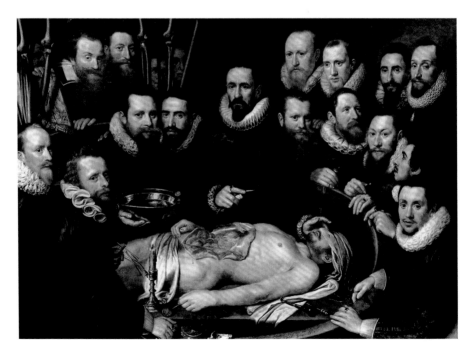

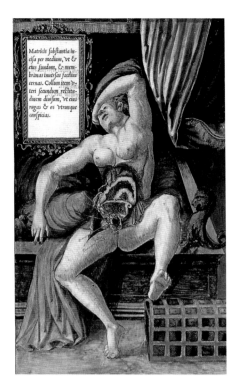

6. 帕多瓦的解剖剧场。

解剖剧场的空间是专门为公开解剖布置的，有时能容纳数百位观众观看。首先它是临时搭建的，均可拆卸，后仿照帕多瓦的解剖剧场，变成了永久性建筑，帕多瓦的解剖剧场建于1584年，受到了解剖学家阿爪本丹特的吉罗拉莫·法布里奇的支持。

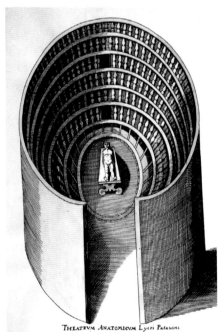

THEATRVM ANATOMICVM Lycei Patauini

5. 女性生殖器官，见夏尔·埃斯蒂安的《论人体各部分的解剖》，巴黎，西蒙·德·科利纳，1545年，第3卷，第285页，木版画，巴黎，法国国家图书馆。

这本对开本巨著第2卷的插画和第3卷的若干插画受到了那个时代如瓦加的佩里诺和罗索·菲奥伦蒂诺之类意大利艺术家的启发。

7. 从背部所见的骨架，见安德烈·维萨里的《七卷本论人体的构造》，巴塞尔，约翰内斯·奥珀瑞努斯，1543年，第1卷，第165页，木版画，巴黎，法国国家图书馆。

多亏弗莱芒人扬·范·卡尔卡所绘的这些插画质量超群，才使维萨里的《构造》一书成为古往今来最著名的解剖著作。

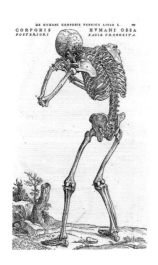

8. 皮埃尔·蓬切：安德烈·维萨里，17世纪，油画，奥尔良，装饰艺术博物馆。

这幅维萨里（1514－1564年）的肖像画临摹了《论人体的构造》（1543年）书名页背面的形象。著作出版不久，这位布鲁塞尔的解剖学家便离开了任教的帕多瓦大学，供职于查理五世手下。

在之间的关系日益系统化,被观相者被认为既肤浅又深刻,既外显又隐蔽,既可见又不可见,既彰显又潜藏。简言之,在灵魂王国——性格、激情、倾向、感情、情绪、心理状态……与身体领域——征象、痕迹、标志、线索、身体特征……之间,出现了超越时代的隐喻,使人们熟悉了人类表情的这一图示,它从这些零敲碎打的知识中穿行而过,将其串联了起来,而其中的相面术则形成了最为系统化的构造。在此,目光成了心灵的"门户"与"窗户",脸孔成了"灵魂之镜",身体成了激情的"声音"或"图画"。

然而,相面术并不想仅仅构成一种知识,这恰好令人想起了《识人术》的卷首页。幽暗的小房间内娓娓展开的科学似受到了光亮不可遏止的吸引,而后台的光亮则沐浴着另一番场景:宫廷与礼仪的场景。因为居洛的雄心是为每个人提供一份在文明生活中如何行事的指导:

> 这是份确实无误的指导,人们可按此在文明生活中行事,那些欲投身于此的人可避免无数偶然降落其身的错误和危险。……生活中任何行为都定然会需要这门技艺:无他,教育儿童,选择仆人、朋友、同伴都不可能做得好。它教你何时行动、何时讲话;它教你的是如何行事,若必须凭激情、建议、意图行事,也必须了解所有进入灵魂的通路。总之,遵从智者的建议,不去同满怀怒气者和嫉贤妒能者攀谈,不同恶人做伴,应用我们所说的技艺,是否就能将我们从恶劣的境遇中拯救出来呢①?

我们立刻便理解了为什么 16 世纪初相面术的大肆发展会与文明的发展亦步亦趋:"为了践行礼仪,必须拥有观察的天分。必须了解人类,发现他们的动机。②"可见总体而言,为什么 16 世纪与 18 世纪间相面术传统的成功与衰落会与社会关系的转型史有紧密的关系。它在 16 世纪以及 17 世纪上半叶之所以会盛极一时,是因为它伴随着宫廷社会的发展,同样,它在拉瓦特作品中得到的大力复兴将会见证 18 世纪最后二十五年间

---

① 贵族院的马蓝·居洛:《识人术》,前揭,第 6 页。
② 诺贝特·埃利亚斯:《风俗文明》(1939 年),巴黎,卡尔曼-莱维出版社,1982 年,第 131—132 页。

社会动荡之时对身份所作的重新定义。

因此，相面术承载的是对身体关注的历史。因为，它不仅想要对"扩展于外"的灵魂语言解密，它还想推动身体的标准，确立相面术"不偏不倚的"定义，在均衡中发现美的理想范型，将眼中残留的畸变、畸形、丑恶荡涤净尽。在人类形态学及动物形态学之间作对比自有传统，自古典时代以来即有增无减，它也将通过杂交和变形这样的游戏来质询人类形象的界限。它对身体技能作出规定，证明外表的合理性，拒绝及认可某些实践方式。此外，它还对欲使个体与社会拥有透明性的欲望作出回应，若在洞穿身份与意图时遇到麻烦，可对它们进行查实："居洛继续说，这门技艺就是要发现隐藏的意图、秘密的行为和犯事的身份不明者。最终，再也没有无法洞穿的精妙伪装，它声称自己能揭开覆盖其上的那一大片帷幕①。"它还在目光所及的领域构建社会区分及性别差异。路易-塞巴斯蒂安·麦尔西耶就是这样确认了那些小个子杀手的："残酷的灵魂居于矮小的身体内②。"而居洛则相信在女性的容貌下可辨查出无限多的罪愆："如此的迷人、优雅只不过是骗人的面具，其间隐藏着无数罪孽③。"因此，相面术投于身体的目光构成了某种图像，某种回忆，是对后者的应用。然而，相面术的解码方式自身也有故事：在整个古典时期，对身体征象的观察发生了移位，对个体表情的敏感度变得更为复杂，对人类外表的辨识产生了转型④。

2

身体及其征象

自 1550 年起便出版了相术著作⑤。相术针对的是面孔，手相术针对

---

① 贵族院的马蓝·居洛：《识人术》，前揭，第 6—7 页。关于伪装与相面术之关系，请参阅乔·斯奈德：《伪装：近代欧洲的秘密文化》，伯克利，加利福尼亚大学出版社，2005 年。

② 路易-塞巴斯蒂安·麦尔西耶：《巴黎画像》，巴黎，1782—1788 年，第 11 卷，第 117 页。

③ 贵族院的马蓝·居洛：《识人术》，前揭，第 47 页。

④ 参阅让-雅克·库尔第纳与克洛丁·阿罗什：《面孔的历史》，前揭，第 23—154 页。

⑤ 特请参阅 16 世纪的相术著作，卡当与桑代著作的后期版本，理夏·桑代：《相面术与手相术，相术》，伦敦，1653 年；杰罗姆·卡当：《相术》，巴黎，1658 年。

的则是手部。两者关涉的都是其正面镌刻着的命运：特征有可能同时表示好运与败运，性格的特征，社会疾患与污迹的症状。因此，相面术所蕴含的思想受到了星相学的左右，而流连于身体的目光则在身体受检验时，因宇宙这一大世界同人体这一小宇宙之间具有无限多的感应及相似性而受到影响。征象从中获得了三重架构：在身体的特征、心理学的所指与保护力量——星体、神祇或自然界……——之间编织出相类的关系，并强化这所指的关系。铭刻于人类肉体中的星体"标记"，特征在其上镌刻了永恒的、不可逆转的符号。照字面意思来看，人们可从中清晰地看见人的性格。它将人体投入不动时间当中。所有富表现性的个体细节都被从卡当或桑代的相术所描述的单调的形象目录中抹去。若没有面孔，便没有任何东西能将这些相面术激活，若没有表情，便没有任何东西能将人的形象激活。

　　然而，在 16 世纪，这些论著对身体的体察却发生了明显的变异。在此情况下，文艺复兴时期相面术对身体的辨识起到了很大的作用，如波尔塔的奇安巴蒂斯塔的《人类相面术》①。当然，波尔塔因其从事的星相术和"自然魔法"职业而无疑拥有他那个世纪的特点，而且他还运用动物形态的比对，而后者仍对标记和共感这些教条恪守不移。但《人类相面术》自有其合理性。体察人类形象时对方法、精确性和积累观察的关注，使之获得了某种新的深度和表现形式。于是，它想要将其激活。波尔塔花了一整本书的篇幅描写眼睛：在眼中，他想要捕获的是目光，而在目光中，他想要捕获的则是表情。相面术试图使行动成为某种征象，而形象则慢慢获得了某种其所不熟悉的心理学维度。

　　1668 年，夏尔·勒布伦在皇家绘画与雕塑学院宣讲了其著名的《激情之表达方式报告》②，该书将使相面术传统经受相当大的震荡。1628 年，威廉·哈维发现了血液循环原理。身体渐渐抹除了魔法的存在，使久居其中的神秘美德也没了市场。在勒布伦的相面术中，人-机器自此替代

----

① 波尔塔的奇安巴蒂斯塔：《人类相面术》，鲁昂，1655 年（第 1 版，拉丁文，那不纳斯，1586 年）。

② 该文本及报告的雕版版本在画家死后印刷了好几次，近来又在《精神分析学新刊》1980 年第 21 期春季号上重现。请参阅同期的于贝尔·达米什的《面具字母表》；同样还有詹尼弗·蒙塔居的《激情的表达方式》，纽黑文（康涅狄格州），耶鲁大学出版社，1994 年。

了人-星座。于是,内在性与外表之间的关系在另一个参照维度中获得了意义:医学、几何、计算、哲学与激情的美学重新受到了认可与掌握。勒布伦的报告撰写了激情解剖学最初的篇章。

先前相面术的传统似受到了细节的遮蔽,如今目光似已远离身体,而身体的承载则变得更为规整,更为易读。那些征候不再与表皮所负的形态学特征相混淆,而成为更为抽象的征象,依各种算计构架而成。由于目光的间离效果及征象的灵肉分离化,于是作为整体的体察法与身体的可见性也产生了转化。自此以后,人们再也不会在身体上读到镌刻其上的文本,而是能看到清晰的符码规则、形象的修辞学。

当然,身体继续将其征象供奉给目光。但它们的结构发生了变化:此后,它本质上具有了二元性,面孔所决定的形象化构造与灵魂的激情产生了呼应。心理学的所指——激情与表情的能指——形象之间的关系离弃了相类这一宇宙维度,原因与效果的语言从今以后将会表达身体的征象。

因此,我们发现,在16与17世纪,人类形象逐渐失去了魅力,渐渐地沉溺于新的主观维度之中。自此以后,此番合理性的提升也会开始谴责古代的相面术。科学"若不算完全徒劳的话,也是极不确定",我们可在《百科全书》的词条"相术"中读到这句话。"想象中的科学,所谓的艺术"又添加了"相面术"这一词条,还提到了布封,说"对这门荒谬的科学该如何更好地思考,他说尽了所有的话[1]"。对身体解密的传统形式开始产生危机。因为,布封断然拒绝将灵魂和身体进行类比。

> 但是,正如灵魂根本没有形式可与任何物质形式相关,故我们不能通过身体的形象来对其作出评判,亦不能通过面孔的长相来这么做。畸形的身体会闭锁强有力的灵魂,人不能通过五官长相来判断某人是天资好还是天资坏,因为这些长相与灵魂的本质毫无关联,它们没有任何类比性,人们只可就此作出合理的臆测而已[2]。

---

[1] 《百科全书,或科学、艺术与职业的系统化词典》,第3版,日内瓦和纳沙泰尔,1779年,第21卷,第767页;第1版,第12卷,第538页。

[2] 布封:《全集》,迪梅齐编,第4卷,巴黎,1836年,第94—95页。

　　人们还以为，自此以后，相面术的崩盘会终成定局。可事实恰恰相反：科学虽使其信誉扫地，可它在该世纪最后二十五年却得到了复兴。于是，它重又获得大众与世俗的痴迷，这一切均与约翰·卡斯珀·拉瓦特有关。与加尔的颅像术的遭遇相同，它的成功一直延续到了19世纪的前半叶①。这门科学已宣判其死刑的学科竟然重又复兴，这足以确定身体的辨识与语言仅靠科学的变化，已无法将其囊括其中。尽管相面术18世纪末不再享有科学的合理性，但它仍是构成大众认知、普通知识的基本元素，其所实践的是如何观察他人，一旦遭逢政治和社会的动荡，对新的身份的解密就会比以前显得更为必须。

　　于是，对身体征象的辨识分成了两个分支：一方面通过冈佩的比较解剖学的发展及面部棱角的发现这一开放的视角②，倾力列举颅骨语言的各种形式，在都市社会到来之际，吸纳心理特征及社会分类法，而都市社会中身份漂移不定，身份不明与世界主义赢得了地盘。但我们也发现在人类相面术中，个体情绪化的语言也很明显："个体中，每个瞬间均有其相面术，有其表现方式③。"《颅骨之言，感情之述》，拉瓦特的这部作品因此便构成了结合这些知识领域的最终尝试，但这些知识的分离很快就显得不可避免，因此它欲使对人类有机体的客观研究同感性人类的主观倾听不再分离，避免知识产生巨大的裂痕，避免西方身体语言产生深刻的断裂。

---

① 约翰·卡斯帕·拉瓦特：《面相术断想》，莱比锡，1775—1778年；弗朗茨·约瑟夫·加尔与约翰·加斯帕·施普茨海姆：《普通神经系统研究与特定大脑研究》，巴黎，1809年。
② 佩特鲁斯·冈佩：《论赋予人类相面术特征的自然变化》，巴黎，1791年。
③ 狄德罗：《论绘画》(1795年)，巴黎，埃尔曼出版社，1984年，第371页。

第六章　解剖与解剖学

拉法埃尔·芒德莱希（Rafael Mandressi）

近中世纪末，欧洲人开始打开人的尸体从事解剖学研究。自公元前 3 世纪起便从未这样做过，但当时解剖人体——唯有古代世界对此熟悉——已在亚历山大里亚实践①。约在 15 个世纪的漫长时期内，再也不见解剖，一种流传甚广的意见认为之所以会这样，是因为天主教会禁止的缘故。

唯一一份可资引用用于支持该论题的文献就是《避免野蛮》（Detestande feritatis）教令，1299 年由教宗博尼法斯八世颁布。然而，尽管该教令宣称高级神职人员坚决反对切割尸体，但博尼法斯想要取缔的这种"残忍习俗"却只是想将亡者的四肢切断，以便更方便地将死者从死亡之地运回至家乡的墓地②。根本没有涉及到禁止解剖，而解剖就是在这个时期开始进入实践的。第一份清晰的证词出自 1316 年：博洛尼亚大学教授利乌兹的蒙蒂诺于那年编订了自己所写的《解剖学》，他在这篇简短的论文

---

① 参阅海因里希·冯·施塔登：《发现人体：古希腊的人体解剖及其文化背景》，载《耶鲁生物学与医学杂志》，第 65 期，1992 年，第 223—241 页；马里奥·维盖蒂：《知识与实践之间：希腊化时期的医学》，见米尔克·格尔梅克主编：《西方医学思想史》，第 1 卷，《古典时代与中世纪》，巴黎，瑟伊出版社，1995 年，第 67—94 页。

② 关于《避免野蛮》，请参阅伊丽莎白·布朗：《中世纪晚期的死亡与人体：博尼法奇乌斯八世对分割尸体的立法》，载《游子：中世纪与文艺复兴研究》，第 12 卷，1981 年，第 221—270 页。该教令的法语译文见于阿格斯蒂尼·帕拉维奇尼·巴里亚尼：《中世纪教会与解剖学的复兴》，载《瑞士法语区医学杂志》，第 109 卷，1989 年，第 987—991 页。

中说自己已于 1315 年解剖过两名女性的尸体①。《避免野蛮》颁布之后没过几年,蒙蒂诺便因其能力得获赦免。

不过,我们并不能排除另有其他解剖学家因觉得自己是该教令所针对的目标,所以就不再解剖人体。但这很难说得清楚。美男子菲利普与路易十世的外科医生蒙德维尔的亨利(卒于 1320 年)在其《外科学》中写道,"罗马教会的特权"对将尸体的内脏取出而言颇为必要②。但他所指的是对尸体的防腐保存,而非解剖。1345 年,勃艮第的让娜的医生维杰瓦诺的圭多出版了《指定用于解剖的人像》。作者说,人们并非经常拥有解剖的机会,那是教会的禁令造成的影响;因此,为了不再直接与死者的身体接触,他决定用人像来解释什么是解剖学,尽管他已有好多次亲自在人体身上操作过③。尽管并不清楚禁令的确切性质,也不清楚其源自何处,但维杰瓦诺的圭多仍解剖得很好。任阿维尼翁三任教宗医生的教士——因其地位高,所以能知道教会禁与不禁的到底是什么——肖利亚克的居伊在其《大外科学》(1363 年)中承认,从尸体身上得来的"经验"是必不可少的④。解剖或许在 14 世纪并不通行,但没有什么能表明是《避免野蛮》束缚了它的发展。

若任何来自教会当局的规章条例并未禁止解剖,那自 12 世纪起习医的神职人员应该会熟悉这一愈来愈重要的限制。然而,首先要申明的是,一旦考证资料,就会发现这一论断经不起推敲:中世纪教会法中没有任何主要文本以官方形式禁止全体神职人员从事医学研究,亦未禁止教士从事此类实践⑤。虽然外科学已切实地成为禁令的对象,不过仅针对高级神职人员。1215 年,拉特兰第四次大公会议的第 18 条教规禁止他们从事任何涉及铁器与火的外科手术。精密的手术包含了会导致病人死亡或截

---

① 厄内斯特·威克斯海姆编订:《利乌兹的蒙蒂诺与维杰瓦诺的圭多的解剖学》,日内瓦,斯拉特金纳出版社,1977 年,重印自巴黎版,1926 年,第 26 页。
② 埃杜阿·尼凯斯编订:《外科圣手蒙德维尔的亨利》,巴黎,阿尔康出版社,1893 年,第572 页。
③ 厄内斯特·威克斯海姆编订:《利乌兹的蒙蒂诺与维杰瓦诺的圭多的解剖学》,前揭,第72 页。
④ 肖利亚克的居伊:《大外科学》,里昂,E. 米歇尔出版社,1579 年,第 35 页。
⑤ 参阅戴瑞尔·W. 艾蒙森:《中世纪关于神职人员从事医学与外科实践的教会法》,载《医学史公报》,第 52 卷,1978 年,第 22—44 页。

肢的风险。这样的手术风险极大,宗教人士怕担责任。因此,并没说教会对医学、外科学或解剖学有任何敌意。

尽管教会当局并不反对解剖,但仍然很有可能存在与基督教有关的文化上的障碍,束缚住了解剖学的发展。尤其是,我们会注意到尸体的完整性与死者复活这一教义相关。然而,从教义上来说,教父著作自1世纪起便已确立起来,当时尸体的命运与复活并不相干。德尔图良说,残缺不全的身体,无论是生前还是死后,均能在复活后完美地整合起来①。殉道士于斯坦、米努修斯·费利克斯、耶路撒冷的西里耶、米兰的昂布瓦兹或奥古斯丁均就此表达过同样的意思。诚然,即便基督教教义同当局主流的意见相左,但对尸体完整性的尊重、今后会复活的信仰仍足以使死者的尸体免受生者的侵袭。但仍有某种普遍的猜测与"禁忌"这一顺手拈来的概念未获区分,这无助于领会基督教一教独大时期解剖学的命运。

其他强调医学史因素的建议也提了出来。他们经常以中世纪外科医生地位之低为例。处理他人肉体的开业医生实施的"机械术",大学的医生都很不重视。解剖学需要用到手,需要把尸体切开,肯定会让人有所保留。因为,直到16世纪,公开展示解剖过程这项工作表明它们都受到了触觉等级制的管理:教授控制进展过程,阅读及评论权威人士的著作。辅助他的有演示者,他会让助手们看见老师是怎么作解释的,而尸体通常都是委托给外科医生或理发师来准备的。但这只能使人认为在某段时间内,解剖也像手工技艺那样受到了轻视。可我们仍无法断定,"机械术"之信誉扫地,是否是解剖无法开展的原因。

1

解剖的发明

如果一千多年来阻止他人研究人体解剖毫无效果,那将视角转向这个问题应该还是适宜的。我们并非是要研究直至中世纪晚期仍未有人从

---

① 德尔图良:《死者复活》,巴黎,德克雷德布鲁韦出版社,1980年,第135页。

事解剖的前因后果,而是要问那个时代究竟是出于何种理由人们才开始求助于此种方法的。我们对何种情况下人们接纳了此种实践方式,而非对什么阻止了解剖更感兴趣。归根结底,这等于是将解剖视为了解身体的某种"自然"方式。然而,借助解剖刀对尸体仔细剖析并不必然证明,在某段时间、某个空间之外,人们已视此种行为是揭露身体"真相"的关键。我们有权假设,运用其他时候相应的证据,就会发现若在好几个世纪的漫长过程中没有人从事解剖,乃是因为人们觉得解剖毫无必要。因此,我们可认为,解剖的到来乃如某种创造,是在获得或完善某种新的有关身体的知识之要求时,对某个适当的、有利的时刻作出的回应。自此以后,必须审视这样的要求是如何建构起来的。

在中世纪西方,人们就此提出了各式建议,这成了接纳希腊-阿拉伯医学的出发点。接纳是通过大量的翻译来完成的。首先是在意大利南部,11世纪后半叶,非洲人君士坦丁在卡西诺山的修道院里将许多阿拉伯医学著作译成了拉丁语。其中两本需着重提及:《概论》,于南·伊本·伊夏克(卒于877年)著,介绍了盖伦的医学;还有《疾患之书》,阿里·阿拔斯(10世纪)著,是波斯医学的百科全书式著作。第二个重要阶段出现于12世纪的托莱多。医学领域内的主要贡献源于那个时期该城的克雷孟的热拉尔,1145年后他来到托莱多,成为小组负责人,领衔翻译了12本著作。这些医学著作中,我们会提到《致阿尔曼索雷的医学之书》,阿尔比加西斯的外科医生拉齐(卒于930年)著,伊本·里万(11世纪)对盖伦的《医术》所作的评注,将盖伦的治疗方式作了阿拉伯式改进,另要特别提到阿维森纳的《医典》①。

阿拉伯人的译作在拉丁语欧洲的医学知识演进中起到了最重要的作用。它们以决定性的方式使中世纪欧洲的医学浸润在盖伦的影响之下。起先以阿拉伯化的盖伦为中介,但很快人们就直接接触起了盖伦的原著。于是,开始编纂希腊语-拉丁语的盖伦全集。至1185年,比萨的布尔根第奥将诸如《论治疗法》、《面色》或《虚假之地》这样的论著制成了希腊-拉丁文版。继此之后,需特别提到的有雷吉奥的尼科洛,此人为那不勒斯的安

---

① 参阅胡里奥·萨姆索:《安达卢西亚的古老医术》,马德里,马富雷出版社,1992年,第269—276页;达尼埃尔·雅加尔:《医学教条》,见《西方医学思想史》,第1卷,前揭,第189页。

茹王朝宫廷医生,1317年翻译了《身体各部分的用处》,此书首次直接重构了盖伦论述解剖生理学的基本观点。

从11世纪末至14世纪初,在所有这些著作的影响下,解剖学知识的地位愈来愈明确。阿维森纳的《医典》或阿维罗伊的《集成》之类译自1285年的阿拉伯医学大全均提到了解剖学,对此兴趣愈浓,它的作用也更为明确。亚里士多德的动物学论著13世纪初由米歇尔·斯科特译自阿拉伯语,数十年后又由莫埃贝克的纪尧姆译自希腊语,该书论述了研究动物和人体的方法,认可其具有合理性[①]。西方自13世纪下半叶起完成的外科学论著已成为阿拉伯-拉丁语著作的源头,它们坚称解剖学知识的重要性。因此,萨利切多的纪尧姆(1275年)的《外科学》,或蒙德维尔的亨利的《外科学》,这些最初的解剖学论述都想替代阿维森纳的《医典》。至于利乌兹的蒙蒂诺,当他想要传播解剖学知识(照阿维罗伊的说法,它乃是医学的分支)时,便会求助于《集成》这本书[②]。

但解剖学并不必然与解剖具有同等的重要性。在深刻了解身体各部分这一必要性与打开尸体了解身体的兴趣之间,只有一步之遥。肖利亚克的居伊在翻译雷吉奥的尼科洛时援引了《身体的各部分》一书,但显然前言中并未提到这个想法。无论是蒙蒂诺,还是在他之前任何从事人体解剖的人,他们都不熟悉尼科洛的译作。当大多数有影响力的中世纪作品只有在阿拉伯-拉丁语版本中才能找到时,求助于解剖的现象就出现了。他们就是阿里·阿拔斯、拉齐、阿维森纳及稍后的阿维罗伊,他们使解剖学成为必须去了解或要比以前了解得更清楚的东西。可一旦提出此种要求,一旦在某个时刻采纳这种要求,那为了满足它,就定然会打开人体,故这些文本并不会明确地提倡这么做。

尽管如此,他们仍鼓励积累经验。在可读到阿维罗伊或阿维森纳的地方,解剖学知识的构建与观察大有关系。就此而言,若想解决权威论著莫衷一是的态度,以便从外部核实其内容,若万一想纠正这些著作,而不仅仅是从中选择时,那让感官来裁定就是解决该问题的适当方式。若外

---

① 参阅亚里士多德:《动物的各部分》,第1卷,5,644b—645a,巴黎,美文出版社,1956年,第18—19页。

② 厄内斯特·威克斯海姆编订:《利乌兹的蒙蒂诺与维杰瓦诺的圭多的解剖学》,前揭,第7页。

科手术提供了机会,或通过造访墓地来检查骸骨,就能直接观察死亡①。在面对这些方法时,解剖更有利,更适合采用系统化的方法。有个方面必须加以强调:解剖尸体意味着有意同身体内的各种事实相遇,他们有条不紊地介入这些事实,声称可经由感官来把握。这与切开死尸如出一辙。

因为,他们着手切开尸体,有着不同的目的:将遗骸运至亡者的出生地掩埋,去除内脏以便防腐,验尸以确定死亡原因。这些实践方式以其意向性(仪式要求、司法诉求)而与另一些方式相异;通常而言,它们出现在12至13世纪之间。只是解剖是到该时期末才得见天日,也就是说是出于其他原因打开人体之后才有了解剖。若认为解剖是因当时探究身体的强烈意愿导致的,那它之姗姗来迟就很有意思;在此情况下,打开尸体的这些实践行为提供了某种可资借鉴的技术手段。因此,我们可以假设,当打开尸体是出于解剖学的好奇心时,解剖就出现了。

然而,尽管研究死尸体内真相的技术极有可能会导致这样的研究,并同那些探索身体的实践方法有所接触,但必须说这么做仍需有充足的理由。这些理由只能源自解剖学的知识状态内部,必然是其内部认识论方面的要求使然,因此验尸时才会显得理所当然。之所以如此,是因为引入了上面提及的那些医学论著之故。首先,通过阿拉伯-拉丁语著作,解剖学升至医学知识中的首要地位,然后在这些文本的影响下,使感官记录在解剖学知识的源头中成为具决定性的功能。因此便出现了某种新的地位和新的动向,使它在13与14世纪之交时,与操控、打开及审视身体内部的实践方法携手而行。

2

观看与触摸

在翻译了雷吉奥的尼科洛的《身体各部分的用处》之后,必须再等上两个世纪之久才能见到盖伦式的希腊-拉丁文全集,它更为丰富,成为又

---

① 比如,蒙德维尔的亨利就是这样做的,参阅埃杜阿·尼凯斯编订:《外科圣手蒙德维尔的亨利》,第34页。

一庞大的解剖学文本，即《论起管理作用的解剖学》。对其的首次翻译应归功于拜占庭文人德米特里奥斯·卡尔孔蒂勒，该书 1529 年印于博洛尼亚①。

但该译文因 1531 年巴黎医学院教授安德纳赫的甘特译本的出现而很快就寿终正寝了。甘特的版本包含了盖伦著作中八个主要卷次和第九卷次的序言部分，遂得到不断重印和若干次修订，安德烈·维萨里对此作了修订，并于 1541 年在威尼斯出版了拉丁文本《盖伦全集》。那个时代，维萨里在帕多瓦教授解剖学，并准备写作《论人体的构造》(1543 年)，曾在巴黎跟从甘特，且与后者合作撰写《解剖学准则》(1536 年)，此书完全以盖伦的解剖学著作为基准。

维萨里在其主要著作出版之前，便经常阅读盖伦的解剖学著作，这使他完全适应了后者的方法。在撰写《构造》之时，这位佛莱芒解剖学家便已掌握足够的知识来对其评估。他说，盖伦"据其所获得的经验，经常会修改、更正其先前著作中的错讹，且据此近距离阐述相矛盾的理论②"。这么说强调了一个基本的方面，即维萨里想要继承盖伦的衣钵：以经验为基础，若其受到欺骗，便会承认错误，进行修正；同样，以对尸体所作的记录为基准，在解剖学著作中辨别错误，只会和他如出一辙。总之，这位帕加马的教师写道，"他想对大自然这本著作凝神沉思，故不应信赖解剖学著作，而是要凭靠自己的眼睛③"。

除了眼睛，也要依靠双手。观看与触摸均是了解的途径，自 15 世纪末起，以盖伦为榜样的解剖学家们便如此宣称，将之作为他们所欲建立的新科学的基石。因此，1545 年，对夏尔·埃斯蒂安而言，"除了忠实的眼睛之外，没有什么对事物的描述是可靠的④"。真相与眼睛，缺一不可。"我们将盖伦遵奉为神，也认为维萨里在解剖学上拥有极大的天

① 参阅斯特法尼亚·弗图纳：《盖伦的解剖学方法与德米特里奥斯·卡尔孔蒂勒的拉丁文译本》，载《百年医学》，第 11 卷，1999 年，第 9—28 页。

② 安德烈·维萨里：《人体构造》，阿尔勒，南方文献-国家健康与医学研究所出版社，1987 年，《论人体的构造》前言为双语的版本，第 37 页。

③ 盖伦：《论人体各部分的用处》，见夏尔·达朗贝格编订：《盖伦解剖学、生理学与医学著作》，第 1 卷，巴黎，巴耶尔出版社，1854 年，第 174 页。

④ 夏尔·埃斯蒂安：《论人体各部分的解剖》，巴黎，S. 德科利纳出版社，1545 年。我按照次年同一个印刷商出版的法语版本进行引用：《论人体各部分的解剖》，第 371 页。

份"，雷阿尔多·科隆波在其《论解剖学》(1559 年)中这么承认，但那是由于"他们与自然相和谐"，因为若事物与他们对之所作的描述不一样，那"我们就会更倾向于真理，有时就会强迫我们自己与他们保持距离①"。1628 年，威廉·哈维在面对皇家医师学院的同事时，只是在经由解剖的证实后，才敢发表其"心脏运动与血液循环"方面的理论。他强调，他的同事们也协助他，"亲眼见证了演示"，以期使真理告诸天下②。照修士让·里奥朗那奇妙的公式，必须观看与触摸，必须通过"眼之手"研究③。

尽管在《论人体的构造》的前言里，作者维萨里显明地宣称由手的灵巧性和眼的尖锐性带来的新科学已到来，但这早已由其他解剖学家阐述过，他们就是所谓的"前维萨里解剖学家"。比如，卡尔皮的贝伦加里奥认为"感官见证"具有替解剖学做"证明"的作用，他论及感官解剖学，且认为这种知识仅限于感官容易察知的结构中④。另一个"前维萨里时期者"阿列桑德罗·贝内代蒂首次描述了空间布局，试图使人们对此达到更好的认识，其视觉形象极富说服力，那就是解剖学剧场。照他在《解剖学》(1502 年)中所作的指示来看，那是座临时搭建的圆形剧场，剧场必须建在空气流通好的宽敞的空间内，四周呈圆形安排一圈座位。这些位置必须按照列席者的级别来分布。会有一名舞台监督全盘掌控，使之井井有条，还会设几名卫兵阻止不速之客的进入。晚上必须用火炬。尸体必须放于中央的高凳上，那地方要灯光明亮，适合解剖者操作⑤。

贝内代蒂之后，对解剖学剧场的描述或多或少更冗长、更详尽，剧

---

① 雷阿尔多·科隆波：《论解剖学第 15 卷》，威尼斯，N.贝维拉夸出版社，1559 年，第 10 页。

② 威廉·哈维：《动物心脏运动与血液循环的解剖学实践》，法兰克福，G.菲策尔出版社，1628年，第 5—6 页。

③ 让·里奥朗(儿子)：《解剖学与病理学手册》，"晓之于读者与作者"，巴黎，G.梅居拉出版社，1653 年(第 1 版，1648 年)。

④ 卡尔皮的贝伦加里奥：《关于蒙蒂诺解剖学的大量补充评注》，博洛尼亚，H.德贝内迪克蒂出版社，1521 年；同上：《人体解剖学简论》，博洛尼亚，B.埃克图里斯出版社，1523 年。若想对贝伦加里奥的这个问题进行解析的话，请参阅罗杰·弗兰奇：《卡尔皮的贝伦加里奥与解剖教学中对评注的使用》，见安德鲁·维尔等主编：《16 世纪的医学复兴》，剑桥，剑桥大学出版社，第 52—53,56—61 页。

⑤ 阿列桑德罗·贝内代蒂：《解剖学或人体研究》，巴黎，H.斯特凡尼出版社，1514 年，f°7r°。

场变得流行起来。有时,剧场的布局结构更为有效,但对解剖学剧场的描述也需规范化,如剧场应该如何构想、如何设立。圭多·圭蒂(1509—1569)①和夏尔·埃斯蒂安就是这么做的,圭多笔下的是敞开式剧场,他们建议在下方拉一块涂蜡的帷幕,"为观众遮挡阴影,且免使阳光或雨水对其侵袭",而且也可使讲解解剖学的人的声音能更好地被列席者听见。剧场必须由木头建成,为半圆形,有两到三级台阶。观众按等级落座,以与尸体的距离多少对座次进行安排,因为那些坐在下方阶梯座位上的人"比那些坐在上方的人看得更清楚"。整个布局均以视线所及进行安排:必须将此表现出来。因此,在剧场中央,以及在解剖台一侧,必须有一个构造,使尸体可时不时提升上来,以便"每个部位的确切状况及位置均可显露出来"。此外,预料之中的是,尸体中挖取的各个脏器也须"由剧场向每个人展现,作为明证②"。

　　法国蒙彼利埃医学院是第一个拥有剧场的地方。我们从费利克斯·普拉蒂这儿得知,1550 年代他就是在那儿从事研究的。1556 年 1 月,"刚建了一座漂亮的解剖学圆形剧场③"。还有一种可拆卸的剧场,蒙彼利埃就建了一座,如果相信普拉蒂的话,那就是在 1552 年。直到 1584 年,帕多瓦才建了座永久性剧场。它是在阿瓜本丹特的吉罗拉莫·法布里奇的支持下建成的,此人 1565 至 1613 年在那儿教授解剖学和外科学。还有木头剧场,大约能容纳 200 人,有五级台阶。其椭圆的形状富有深意,是以眼睛的解剖学构造为蓝本,1581 至 1584 年,法布里奇便在此工作,也就是说之后不久,便建成了圆形剧场。1592 年,当剧场需要改建时,法布里奇开始重又对这一主题感兴趣。时间上的偶合也是形式上的偶合:我们在解剖学剧场的建筑结构中重新发现法布里奇出版于 1600 年的《论视觉、声音、听觉》一书中眼部解剖插图中的圆形和椭圆型构造④。法布里奇使他的解剖学剧场成了目光的具体隐喻。在帕多瓦,人们在眼内进行

①　圭多·圭蒂:《论人体解剖第七卷》,威尼斯,琼塔出版社,1611 年,第 12—13 页。

②　夏尔·埃斯蒂安:《论人体各部分的解剖》,前揭,第 373—374 页。

③　参阅《费利克斯与托马斯·普拉蒂在蒙彼利埃,1552—1559 年,1595—1599 年:两名巴塞尔学生的旅行笔记》,巴黎,法国国家图书馆,1995 年,翻印自蒙彼利埃版,卡米耶·库莱出版社,1892 年,第 126 页。

④　参阅《帕多瓦大学的解剖学剧场》,见《医学黄金时代:帕多瓦(16—18 世纪)》,米兰,埃莱克特拉出版社,1989 年,第 106—108 页。

解剖,眼睛是认知的机器,是身体工厂的观测台,它能使许多观众参与到作为解剖学认知基石的视觉体验中来。

然而,在圆形剧场的大庭广众之下解剖还不够。为了拓展复兴的解剖学这一感官帝国,打开的尸体必须能随时随地置于目光之下。由于缺少真正的尸体,就只能求助于图像。为了使他的作品"对那些拒绝参与实验观察的人而言,不会觉得没有益处",维萨里在书中"插入了各类器官逼真的插画,就像将解剖的尸体置于那些研究大自然作品的人的目光下①"。使纸上也能观察到解剖台上的景况,这就是维萨里赋予其作品中精美插画的作用。读者变身观众这一转型,使用插图教育的意愿,有意识地展现插画,这些都是 16 世纪解剖学带来的新现象。

最初的"插画解剖学"得归功于卡尔皮的贝伦加里奥:他的作品展现了栩栩如生的骨架,剥了皮后用自己的双手打开肚腹和胸腔,向读者展示体内的器官,背景则是远方的风景和房舍。这些插图远比题目更能说明问题。首先,因为它们是教学工具,但也因为在解剖学画集中引入了艺术意图之故。贝伦加里奥之后,艺术家与解剖学家之间持久的合作关系开始建立起来。夏尔·埃斯蒂安的《论解剖》中的大量版画均为意大利艺术家,如罗索·菲奥伦蒂诺和瓦加的佩里诺的作品复制品②。罗索·菲奥伦蒂诺本人也是插图画家,他与普利马蒂切及弗朗切斯科·萨尔维亚蒂合作,后者将 1544 年由圭多·圭蒂出版的希波克拉底的外科学著作译成了拉丁文③。卡尔皮的吉罗拉莫约于 1541 年为乔瓦尼·巴蒂斯塔·卡纳诺论述肌学的论著画了 54 幅版画④。1559 年,科隆波的《论解剖学》出版时,除了卷首页,未附插图,该幅插图据说是由维罗纳人所画。然而,该著作最终还是由米歇尔-昂吉画了插图,由于科隆波是他的私人医生,所以

---

① 安德烈·维萨里:《人体构造》(前言),前揭,第 41 页。

② 参阅凯莱特:《瓦加的佩里诺及为埃斯蒂安解剖学所画的插图》,埃斯库拉普出版社,37,1955 年,第 74—89 页;同一作者:《论罗索及夏尔·埃斯蒂安〈论解剖〉插图》,载《医学史杂志》,第 12 卷,1957 年,第 325—336 页。

③ 《外科学,拉丁语希腊著作》,巴黎,P.加尔特里乌斯出版社,1544 年。参阅米尔克·格尔梅克:《手:了解与治疗的工具》,米尔克·格尔梅克主编:《西方医学思想史》,第 2 卷,《文艺复兴至启蒙时代》,巴黎,瑟伊出版社,1997 年,第 226 页。

④ 《论图解人体肌肉》,费拉拉,约 1541 年;英语译本见列夫·林德:《前维萨里时期解剖学研究:生平、翻译与文献》,费城,美国哲学协会,1975 年,第 309—316 页。

他便在罗马为友人画了这些画。

　　艺术家在确立解剖学图像时之所以参与进来,是建立于这样一个信念之上,即插图在围绕视觉认知时组织起来的知识布局中可起到本质性的作用。画家与解剖学家在涉及感官体验时分享的是同样的价值,科学书籍勘探了那个时代的视觉文化,它们在侵入的同时也带来了特殊的感官性。艺术服务于解剖学知识,为其带来了审美的维度,但其目光也越过了横陈于解剖台上的死尸:对骨架及被剥皮者所作的评论并不属于手术刀,而是属于画笔。恰是艺术家让尸体灵动起来。

3

阅读与解剖

　　感官构建了解剖学、经验学及定性知识的触觉基石,察觉到诸种形式、色彩、肌理、稠度和温度。视觉与触觉乃是身体科学的关键,人们在此可将隔绝智者与自然的距离消除掉。16 世纪中叶,解剖学家就是想在这样的柱石上建构崭新的解剖学。我们必须提及这个"规划",它在数十年间受到不厌其烦的规定,以期使其实现。在感官与知识之间,并无空洞的空间,而是有书籍,它们教你如何去看。因此,必须对解剖学家所读的东西感兴趣,甚至还需对他们阅读的内容及解剖学实践之间的关系予以重视,这些东西不仅可确证他们所读的内容,还构建了身体必须以何种适当的方式受到观察这样的内容。

　　就此,罗杰·弗兰奇注意到了亚历山大里亚的让(7 世纪)对盖伦的论著《论方法》所作的评注,他解剖人体前,会绘制一张描述性的图表,规定身体打开后有哪些脏器该取出来[1]。照亚历山大里亚的让的说法,有六个特征必须被观察到:各部分的数量与质地,它们的位置,它们的长度,它们的形状及与其他部分的连结。这个图表已出现在蒙蒂诺的著作中[2]。两个世纪

---

[1] 　罗杰·弗兰奇:《卡尔皮的贝伦加里奥与解剖教学中对评注的使用》,前揭,第 63 页;也请参阅同一作者的《论中世纪附属解剖学的操作笔记》,见《医学史》,第 23 卷,1979 年,第 461—468 页。

[2] 　厄内斯特·威克斯海姆编订:《利乌兹的蒙蒂诺与维杰瓦诺的圭多的解剖学》,前揭,第 8 页。

后,阿列桑德罗·阿基里尼①,或阿列桑德罗·贝内代蒂②与卡纳诺、安德纳赫的根特及维萨里一样,也一直在从事这方面的研究,维萨里说自己已写出"长文,对人体每个部分的数量、位置,其形状、质地及与其他器官的关联,以及我们在解剖时都习惯观察的大量细节作了论述③"。1561 年,昂布鲁瓦兹·帕雷提醒道,必须考虑每个部分的质地、长度、形状、构成、数量、连结、颜色、活动及功能④。从蒙蒂诺至帕雷,都在持续地观察身体的所有这些特点。维萨里说得很恰切:这涉及到解剖学家解剖时"习惯观察"的各个方面。习惯指的是检查打开的尸体时的方式,但也指对观察内容描述的方式。从书籍到身体,从身体到书籍,对各部分的叙述均在评注《论方法》的基础上得到合理化。但同样也有与评注无涉的,而是与解剖学论述中的其他层面有关,它们使各部分呈现的方式及分割身体的方式有了条理。

　　同质化的各部分⑤与功能化的各部分之间的差异是首要的分隔点,阿维森纳与阿维罗伊就是以此方式组织各自著作中的解剖学通路的。蒙蒂诺与之不同。他的建议特别实用,只针对解剖时获得的身体各部分知识。因此,同质性部分并不会得到单独阐述,因为切开身体还远远不够。至于功能性部分,只是四肢与内部器官的区分。后者成为"动物"、"灵性"与"自然"各部分分类时的对象,分别居于身体的三个腔内:上"腹"、中"腹"与下"腹"。颅腔、胸腔、腹腔与四肢是身体的四大部分,解剖学的平面图便据此构建起来。与其中任何一个部分相应的便是四份论述尸体解剖的讲义,而蒙蒂诺在其著作中建立的秩序乃是解剖操作的过程。必须先从下腹部开始,以便立刻能取各个器官,因为它们会最先腐烂。然后,进入中腹,再后进入上腹⑥。

---

① 阿列桑德罗·阿基里尼:《解剖学注解》,博洛尼亚,H. 德贝内迪克蒂出版社,1520 年,f° IIr°。

② 阿列桑德罗·贝内代蒂:《解剖学或人体研究》,前揭,f° 6v°。

③ 安德烈·维萨里:《人体构造》(序言),前揭,第 41 页。

④ 昂布鲁瓦兹·帕雷:《全集》,第 1 卷,J.-F. 马尔盖涅编,日内瓦,斯拉特金纳出版社,1970 年,巴黎版重印,1840—1841 年,第 110 页。

⑤ 也就是说,与亚里士多德的传统相符,这些部分也是由各要素以相同的方式结合起来构成的,从而每个部分从质上来看均完全相同。它们与非同质性的部分相异,这些部分由同质性的及功能性的部分构成(参阅亚里士多德:《动物各部分》,第 2 卷,1,646a—647a,前揭,第 21 页及以下各页)。

⑥ 厄内斯特·威克斯海姆编订:《利乌兹的蒙蒂诺与维杰瓦诺的圭多的解剖学》,前揭,第 8 页。

检查将三个腔关闭起来的器官后,就轮到检查四肢了。描述的次序在此也按照解剖的次序而行:从表皮至体内,一层层地渐渐深入身体。蒙蒂诺先将皮肤小心地揭起;他说,然后才能观察血管,接着是肌肉和肌腱,必须将它们全部取出,才能直达骨骼①。《解剖学》通过将尸体切割开来研读身体;边操作边阐释,从而就形成了教学。阅读文本变成了阅读身体。

蒙蒂诺对如何观察身体、如何切割尸体,以及如何进行描述所作的指示,至 16 世纪仍在解剖学专著中很有市场。贝内代蒂认为将身体分成三个腔是自己的首创,他先从下腔开始解剖,其援引的理由与蒙蒂诺相同;他列举身体各部分时,也是先从身体的表皮开始,进而深入内部,按照的是"解剖的次序②"。加布里埃莱·泽尔比的《解剖学之书》(1502 年)认为机体更复杂,因为将身体切分成三个腹腔与前部、后部及侧部的分类法相重叠,泽尔比据此在其三卷本的论著中构建了这一平面。阿基里尼没走得这么远,不过他承绪了这个标准。他说,身体有六个"位置",上与下、右与左、前与后③。但阿基里尼跟从的主要是蒙蒂诺的主张,尼科洛·马萨的《解剖学引论》(1536 年),或 16 世纪下半叶昂布鲁瓦兹·帕雷和巴塞尔解剖学家加斯帕尔·博安④也是如此。17 世纪,将身体分成三个腔的说法并未从解剖学论著中消失。像洛朗的安德烈的《解剖学研究》(1600 年)、卡斯帕·巴尔托兰的《解剖学准则》(1611 年)、修士让·里奥朗的《解剖学手册》(1648 年)或多梅尼科·马尔盖蒂的《解剖学》中都提到过这种看法。然而,尽管此种划分法已成为这些著作的一部分,但在某些情况下却并未以之作为基准——如在巴尔托兰和马尔盖蒂的著作中。特别是呈现的次序有所改动,与解剖强加的那种次序完全不同。

蒙蒂诺及其后许多人在描述身体时,随着阐释的深入,身体也随之被清空、被拆卸;由各个章节相续而成的身体,在手术刀的作用下在逐渐缩小。切割,检查,然后丢弃。在文本的每个地方,仍然值得研读的内容与

---

① 厄内斯特·威克斯海姆编订:《利乌兹的蒙蒂诺与维杰瓦诺的圭多的解剖学》,前揭,第48—49 页。

② 《解剖学》,f° 14r°与 29r°。

③ 《解剖学注解》,f° IIr°-v°。

④ 加斯帕尔·博安:《男性与女性身体解剖学研究》,里昂,J. 勒普勒出版社,1597 年,第 15—16 页。

尸体仍残留在解剖台上的部分相应。书籍的次序也是身体解构的次序。1545 年,夏尔·埃斯蒂安阐述了一条相反的原则:他从身体的内部开始,最后到表面①。从骨骼至表皮。这不再与解剖的次序相关。而与构造的次序相关。按照这一区分法,数十年后,洛朗的安德烈对此作了解释。解剖学"可有两种教授法和两种方法:分解法,将所有东西分解成各个部分,就像我们解剖身体时那样……如此,我们才能达致最简单的部分。另一种方法是构造法,相同部分构成不同部分,然后构造成整体②"。

从表面深入至下腹,解剖的次序通往大脑深处。构造的次序相反,它朝着身体愈益厚重的方向行进,与此相符的是,必须先从骨骼开始,经由软骨、肌肉、血管与动脉等,来到皮肤。但每个部分内在的次序仍应该具备;换句话说,比如仍需确定肌学和骨学的次序。夏尔·埃斯蒂安的次序是从头至脚。因此,在《论解剖》中,就有了这样的构造次序,即从头至脚:头骨首先得到描述,脚骨落在最后;脉管学以脸部神经开篇,以下肢神经收尾。埃斯蒂安的首卷著作便是如此构建的,他在第二卷中保留了解剖的次序。我们在维萨里那儿发现了同样的布局。这两位解剖学家在同一个时代写作,却决定采用与直到那时仍根深蒂固的方法相异的次序。因此,1540 年代初解剖学便着手调整,它试图将构造的次序和解剖的次序叠合起来,以求得平衡。在构造法的内部,描述以从头至脚的次序展开,仿佛各部分均有其"尊严"。

我们来概括一下:构造法是从内至外、从上至下,解剖法则是由表及内、从下至上。前者分成三个腔和四肢,后者则以层划分,有时也有前后之分,对功能性各部分的描述依赖于亚历山大里亚的让的评注中所提出的范围,1600 年洛朗的著作中也是这么说的,而至 17 世纪下半叶,修士里奥朗也持此说。身体穿越阅读的格栅,且随时间的积累而重叠交错。平面、空间、方向、序列、观察的事物:解剖学描画其对象,首先通过手术刀的轨迹对描述作出规定,然后添上构造法的次序,从而使文本与解剖者的行为愈益疏离。

---

① 夏尔·埃斯蒂安:《论人体各部分的解剖》,前揭,第 7 页。
② 我据洛朗的《解剖学研究》法语译本引用,《人体所有部分均可得到充分阐明的解剖学研究》,巴黎,T. 布莱兹出版社,1610 年,第 36—37 页。

4
_____

结构、断片与机制

我们在不计其数的论著中读到,构造法的次序与自然界的次序相应。因此,解剖学叙述应从自然界首先构造而成的身体各部分开始,也就是说应先从骨骼开始。从骨骼开始,这也是盖伦在《论起管理作用的解剖学》中所建议的。他说,因为身体的形状和身体的支撑均依赖于骨骼,正如柱子支撑帐篷,四壁支撑房屋[①]。文艺复兴时期的解剖学家采取的也是同样的论据和同样的隐喻意象。维萨里用得更密集,他的话语常常与盖伦如出一辙:骨骼乃是人体工厂,恰如墙壁与梁桁之于房屋,柱子之于帐篷,或船体机身与肋板之于船只[②]。船体机身这一形象后来又出现于《论人体的构造》的第一卷中,应用于脊柱上端[③]——贝内代蒂已在此意义上用过这个比喻,让·费内尔在其《生理学》(1542 年)中也这么说过:"所有骨骼的源头及中枢乃是脊椎,古人将其比诸于船只的龙骨和底部[④]。"对夏尔·埃斯蒂安而言,必须从人体的"大型建筑",即从"建筑的地基"开始,也就是说以骨骼为始[⑤]。西尔维乌斯说,埃斯蒂安和维萨里在巴黎的老师雅克·杜布瓦在其著作的导论中说"从骨骼开始,因为它们是人体建筑的剩余部分[⑥]"。大楼,建筑,它们的地基。这些词语自 16 世纪上半叶起便不断出现,它们求助的是身体的结构,强调形状、稳定和重量。

二百年后,雅克-贝尼尼·温斯洛在其《人体结构的解剖学阐述》(1732 年)中,以其前辈为榜样,认为骨骼具有优先性。乍看之下,涉及的是同样的观点:在身体中,骨骼乃"屋架之于建筑";它们给予身体坚固性

---

① 《论起管理作用的解剖学》,里昂,G.鲁里乌姆出版社,1551 年,第 9—10 页。

② 《论人体的构造》,巴塞尔,J.奥波提努斯出版社,1543 年,第 1 页。

③ 同上,第 57 页。

④ 让·费内尔:《七卷本医学自然之书》,巴黎,S.德科利纳出版社,1542 年。我依据夏尔·德·圣-日耳曼的法语译本引用:《七卷本生理学》,巴黎,J.吉尼亚尔·勒热纳出版社,1655 年,第 34 页。

⑤ 《论人体各部分的解剖》,前揭,第 3 页。

⑥ 西尔维乌斯:《从希波克拉底至盖伦的生理学解剖学部分导论》,巴黎,J.于勒波出版社,1555 年,f°17v°。

和某种姿态,并支撑各个器官①。但在温斯洛的著作中,比较的范围颇为多样化,如在对"骨骼的连结"做解释时就是如此。他说,不单单以嶙峋的骨骼与楼房相比较,还可与"某些移动建筑"相比:海轮、四轮马车、钟表,或"其他运动机器"。这不再仅仅与静态的支撑,而且还与运动有关。建筑凭其本身是不够的,而构造则是对"零件"进行"组装",其中一些保持不动,如"梁桁、椽檩、柱子",而另一些则会"活动,比如门扇、窗户、轮子②"。

在温斯洛的著作中,脊柱仍是"所有其他骨骼的普遍支撑物",此外,它还履行了"不同运动所必需的姿势之总舵"这一功能。然而,"为了在同样的机器中找到这两个优势,就必须拥有彼此相对的两种品质":坚固性和柔韧性;"若能轻盈,那机器就会更完美③"。坚固、柔韧与轻盈,温斯洛的"脊椎"与费内尔的脊椎相去甚远,后者只知重量和体积:"正如骡子借助工具可驮极重的货物,同样,人通过脊椎的襄助后,身体的重量也可承受,被抬起来④。"像建筑师置于楼房穹顶上的砖石一样,维萨里用它与脊柱相比,它能牢牢地支撑住重量⑤。负重的结构使力得到传送、使负载得到分散而能保持稳定。它并非是温斯洛所描述的"机器",它与建筑无涉,而与"骨骼之脊柱机制"有关。

建筑并未因温斯洛的出现才成为机器。自费内尔与维萨里以来两个世纪的流逝过程中,身体的呈现方式及其模型与机器这一实体的特点整合了起来。好几个因素在此演进过程中齐心协力,烙在了开始于 16 世纪、于 17 世纪占主导的世界机械化原则之中——宇宙被视为是一台巨大的机器。在"机械哲学"的定义范围内,机器的模型尤其具有说明性,机器由零件构成,因此也易于拆卸⑥。然而,温斯洛坚持使用的、出现在与机器相关的上下文中的这一"零件"概念指向的就是机器,它首先指的乃是断片,也即碎片。从这层意义及解剖学方面来看,它所指称的就是"部分"

① 雅克-贝尼尼·温斯洛:《人体结构的解剖学阐述》,巴黎,G. 德普雷与 J. 德塞萨尔出版社,1732 年,第 18 页。

② 同上,第 13 页。

③ 同上,第 64 页。

④ 让·费内尔:《七卷本生理学》,前揭,第 34 页。

⑤ 安德烈·维萨里:《论人体的构造》,前揭,第 76 页。

⑥ 参阅帕奥罗·罗西:《哲学家与机器,1400—1700 年》,巴黎,法国大学出版社,1996 年,第 145 页。

这一概念的变形。也就是说,该关键词将处于解剖学规划之核心地位的断片模式翻译了过来。洛朗说"因为解剖学并不处理整具规则的身体,而是处理划分出来的各个部分及肢体[①]",然后他引用了一则有关部分的定义,把它说得"尽善尽美"——那是费内尔所作的定义。他说,部分"乃是依附于整体的身体,与整体相处甚欢,为整体鞠躬尽瘁[②]"。

除了这一简洁的定义之外,费内尔还在同质性部分上花了功夫,他从作为整体的身体出发,着手进行一系列划分。同质性部分均由唯一且相同的质地构成,代表了这些相续的划分所致的结果:它们是"最小的部分,依存于感官"。借助于将向来都很精细的身体物质断片化,他们便能使对这些部分所作的划分不致产生差异,而是达到同质化。考虑到这个观点,解剖学上的划分便与某种方法相呼应,"最杰出的哲学家称其为 analysin,也就是分解之意",因此可使整体化成部分,"或使复合体更简单,或可由果至因,或从后面的事物推断至前面的事物"。[③] 因此,分解需要分析,就解剖学而言它指的就是解剖:切割身体、"人工分解",以使人了解构成的各个部分。然而,切割这一施行于尸体身上的具体行为,也使思想的谋篇布局得以实现;在此,手术刀同样也成了精神的工具。分割身体而形成的"部分",既是由解剖者的刀刃,也是由解剖学家的思想切割而成的。

尽管 1542 年,费内尔将同质性部分定义为"依存于感官"的最小部分,但到 17 世纪,随着显微镜的发明,此种定义已不适宜。光学放大技术使以前裸眼不可见之物均可得见,发现人们过去认为的整齐划一之物竟是异质体,且揭示出那些微粒均藏匿于最小的部分之内。它使不可见之物的边界后退,向断片化打开了新的视界:"再也见不到如此同质的部分了,仔细考虑之后,便会发现在其他几个不同的构造中,它们仍可再分",1690 年,外科医生皮埃尔·迪奥尼写道[④]。在分解的方向上,仍是长路漫漫。

作更为"细腻的"划分,以便达到身体更为精细的结构,如此便可对部

① 洛朗的安德烈:《解剖学研究》,前揭,第 53 页。
② 让·费内尔:《七卷本生理学》,前揭,第 234 页。
③ 同上,第 26—27 页。
④ 皮埃尔·迪奥尼:《人体解剖学:据血液循环所得以及最新发现》,第 4 版,巴黎,L.杜里出版社,1705 年,第 144—145 页。

分,因此而言也就是对零件作出重新定义。身体这一机械装置变得更为复杂,用于解剖学描述中的类比也是如此。1603 年,阿瓜本丹特的法布里奇借助的是足够简明的形象,以阐明自己对瓣膜机制的看法:磨坊,驳船,水库。① 法布里奇的水力模型毫无疑问启发了其学生威廉·哈维的血液循环理论;在此基础上,他发现了这一观点,即心脏就像一台水泵吸进、吐出液体②。水力学也是迪奥尼偏爱的类比法,他将大脑比作水库,后者"供水时将水喷作好几处喷泉":"当供水处管理员想要戏弄某个人时,便会打开管子上的阀门,人们立马就能见到水喷了出来,尽管有时水距水库还很远。大脑担当水库的职责,而供水处管理员则相当于把持神经管入口处的灵魂,可根据自己的意愿或关或开阀门,就像让精气流入遍布其帝国境内的肌肉一般。"③

但这些水力学模型与钟表,或与像马尔切罗·马尔皮基这样的机械派医师所说的"小机器"相较,远不如后者精致复杂。在马尔皮基那里,身体由像肺部这样混合了乳糜与血液微粒的机器构成,或由类似筛子的彼此相隔的腺体的机器构成。④身体的机械化允许某种程度上的复杂化及使用不同的隐喻,但除此之外,它还自 16 世纪下半叶起,在解剖学著述中不可避免地发展起来,它有几个基本的共同特征。一方面,各部分精致聪明的布局足以使人领会生命的功能,对其阐述。另一方面,断片化原则通过划分身体而引入了机器的构成要素:对各个部分的剖析与构造,对零件的拆卸与组装。机械术语由杠杆、绳索、管道、滑轮和弹簧组成,同时,解剖学家在研究所定义的区域、部分的部分、构成的最初单位时,穿过层层相续的断片后也会越走越深。显微镜使丝状体这一形式出现了。它就是纤维。

自 1650—1660 年起,这个概念便确确实实地诞生了,弗朗西斯·格里森、马尔皮基、洛伦佐·贝里尼,或丹诺瓦·尼尔斯·斯滕森(又名斯特

① 阿瓜本丹特的吉罗拉莫·法布里奇:《论静脉瓣》,帕多瓦,L. 帕斯夸蒂出版社,1603 年,第 4 页。
② 威廉·哈维:《动物心脏运动与血液循环的解剖学实践》,前揭,第 58 页。
③ 皮埃尔·迪奥尼:《人体解剖学:据血液循环所得以及最新发现》,前揭,第 596—597 页。
④ 参阅马尔切洛·马尔皮基:《论内脏结构》,见《全集》,伦敦,罗伯特·斯科特出版社,1686 年,第 51—144 页。

农)的著作内均可见到。恰是因他们的努力所致,马尔皮基的学生乔尔乔·巴利维才会在 18 世纪初设想出"首要的原纤维理论,它具有实实在在的系统性和一致性,同时包容了解剖学、生理学和病理学①"。1700 年,巴利维出版了《论运动与致病纤维》(*De fibra motrice et morbosa*)一书;他写道,人体只是由一捆捆纤维构成:在大脑和神经中延长,由膜内的纬线构成,在骨骼中变得粗壮,在腺体、内脏和肌肉中变得密集,它们正是身体这一灵动机器的构造物②。原纤维形态学及"运动纤维"的概念确立起来之后,斯特农据此搭建了自己的"几何肌学",巴利维借助的就是这些观念,启蒙时代这一世纪将断然成为信奉原纤维的机械论时代。筋腱、韧带、骨骼、肉质纤维。运动纤维。首要的纤维。

5

统一与断片

　　小宇宙,维萨里说,这就是"古人为了与宇宙各方面相呼应,所恰当认识的"人体③。这位佛莱芒解剖学家的影射根本不会令人惊讶,因为他与其同时代人分享的是同样的视角,其中人体-小宇宙占据了重要的位置。医学与解剖学论文并未援引作为简单隐喻的大宇宙与小宇宙之间的关联。它表现的是身体与星体之间的联盟。由此可见,论著中反复重述的乃是表现黄道之人的图表,其中身体区域及功能与统治着它们、作为黄道十二宫标志的行星之间有着颇多关联。因此,1493 年印于威尼斯的《医药》(*Fasticulo di medicina*)这本医学文本汇集中,就包含了利乌兹的蒙蒂诺的《解剖学》。列奥纳多·达·芬奇提及了自己打算写的论述"小世界宇宙形态论④"的解剖学著作。我们还在加斯帕·博安的《解剖学剧场》

---

① 米尔克·格尔梅克:《生物学的首次革命:对 17 世纪生理学与医学的反思》,巴黎,帕约出版社,1990 年,第 181 页。

② 乔尔乔·巴利维:《论运动与致病纤维信函》,佩鲁贾,科斯坦蒂努姆出版社,1700 年,第 14 页。

③ 安德烈·维萨里:《人体构造》(序言),前揭,第 49 页。

④ 《列奥纳多·达·芬奇笔记》,巴黎,伽利玛出版社,1942 年,第 170 页。

(1592年)或洛朗的《解剖学研究》这样的著作中找到了相类性结构的论述。在17世纪的前三分之一时期,认为身体犹如宇宙力量及要素的概括,医学与星相学之间的纠缠永远富有活力——威廉·哈维将心脏定义为"小宇宙的太阳[①]"。

故而,尽管解剖学的发展在其自身中承载着机械论的萌芽,且朝着断片化的方向运行,但解剖学家却不会忘记求助于另一种解剖学,即星体解剖学。它碰舶于人与宇宙具有亲密关联的理论之中,其核心是认为自然界是由"通感"掌控、穿越的。在16世纪——发现与探索的时代,发现新世界以便了解它、掌控它——人-小宇宙这一概念使人们对得见天日的解剖学事业,对用图像命名、呈现未知领域的方法接纳起来更为容易。它就是被抛于其上的桥梁,在人与世界具相似性和重叠性的古代模式与向人体进发、最终发现人体且为其绘制地图这一雄心之间作了沟通。领地的各个末端成形于解剖学内部,该解剖学将"缩微宇宙"切分成小块,将之绘图,从而出现了既细致又丰富的术语。断片统一起来。不过,无需对其贬低:直到17世纪上半叶,这些与身体的接近方式——一种与世界配合默契,另一种细分化——覆盖了身体中各个想象的区域,且一同对其进行质询,并将其回应杂糅起来;断片能显示得更多,但只有统一才能解释得更好。

同样,关于身体本质方面的看法与体液理论并驾齐驱,它们参与至人体中,教人如何理解围绕着混合、平衡、品质和要素编织而成的生命和医学。在体液理论中,身体由四种基本体液构成:血液、粘液、黄胆汁和黑胆汁。生命现象依赖这些体液的活动,它们在适当的量中共存,能彼此中和有可能会发生的过量状况。因此,这便涉及到互相作用、质地间彼此对话、身体内部与外部互相交流的网络。在此还有大宇宙和小宇宙之间的关联,星体的影响力掌控着人体体液的运动,恰如它们控制着尘世液体的运动一般。盖伦版本中的体液生理学将滋养欧洲中世纪与文艺复兴时期的医学实践,且自15世纪起与解剖学知识产生了关系,从根本上说,那个时代的解剖学知识也是出自于盖伦的著作。

无疑,我们会在16世纪影响了解剖学家的身体模型中发现建筑学模

---

① 威廉·哈维:《动物心脏运动与血液循环的解剖学实践》,前揭,参阅第3、42页。

型,它确立了本质上为固体的那些表现形式。某种变动将作为人体组织中心要素的体液撇在了一边,而着力于固体部分。甚至简单而言,这说的就是部分,因为照费内尔的说法:"我们再也不会说会扩散至全身的体液,我们说的是部分①。"1611 年,卡斯帕·巴尔托兰明确注意到:"只有坚固之物,我们才会将其称为部分②。"而 1648 年,修士里奥朗也这么说了:"只会检查死尸的解剖学家,不会去操心体液与精气,他们只会考虑固体部分③。"体液似乎在这些擅长解剖学领域的作者的著作中遭到了排斥。令人感兴趣的是,其中有个例外,里奥朗的说法更为精确:解剖学家检查的对象乃是死尸,也就是说它们没法提供可确定其特性的体液,亦即没法确定它们的活跃、混合及流动的程度;尸体只能提供液体,这些液体令人捉摸不透,很难把捉,容易消逝。它是科学上的哑巴,令人不知所措。它们会玷污固体,搅混对它们所作的检测。在必备的工具中,海绵有助于实施解剖;为了更好地看清内脏,人们用它"把整具身体弄干④"。

因此,液体逐渐消失了。星体也是如此。当解剖学开始崭露头角,当"分解"和机械论诞生出原纤维理论时,宇宙与体液遥相呼应的一统理论便被弃于一边,出现了断片化原则,这一在认识论上的胜利提出了长循环这一术语。然而,在约两百年间,以身体碎片设限的解剖学,通过对死去物质的操控和切割,已能赋予这些断片以某种意义,且在将其整合入某个可提供整体性解释的呈现方式时,为其注入生命力。若肉体每一端均不能使宇宙颤动,若在每个组织的碎片中,体液无法让关联身体的物质循环,那么物体就只会了无生气,完全没有意义,孤立无依。直至机械论为断片带来某种新的地位,且使之成为某个零件,错综复杂的布局才使机器成了生者最喜爱的隐喻方式。

---

① 让·费内尔:《七卷本生理学》,前揭,第 234 页。
② 卡斯帕·巴尔托兰:《解剖学准则》,巴黎,M. 与 I. 埃诺出版社,1647 年,第 2 页。
③ 让·里奥朗(儿子):《解剖学与病理学手册》,前揭,第 76 页。
④ 让·费内尔:《七卷本生理学》,前揭,第 209 页。

第七章　身体、健康与疾病

罗伊·波特（Roy Porter）

乔治·维加埃罗（Georges Vigarello）

　　直观标志的数量决定了古代的疾病观。特别是，身体的普遍表现形式在此保存了某种长时期引人注目的作用。文艺复兴时期至18世纪的科学理论必须与此针锋相对。对患病身体的理解，宽泛而言，即身体丰富的表现形式得到更新后，也会与此针锋相对。

　　不能忽略社会和文化的差异。疾病观随环境而变换。比如，在文艺复兴时代，忧郁被时髦的精英人士视为是某种可予接受的麻烦事；但他们却会拒斥患上同样症状——他们称其为消沉——的穷人，认为这乃是愚笨和阴郁的表现。性同样如此。女人身上被称为"歇斯底里"的表现形式于1800年代已被诊断为与之相似的"疑病症"。最后，并非不重要的一点是，疾病有时在病人和医生的眼里竟然会有不同。那些受折磨的人尝试从疾病的个体层面来看待；而很有可能的是，医生，尤其是那些抱着科学诉求或掌握体制权威的人，均强调其客观层面，因为恰是客观事实强化了诊断及预后诊断。

　　如今，医生已在科学图示中明确树立了"疾病"观念。但直观与信仰仍长期占统治地位。由此便有必要研究疾病与保持健康时发生的态度变化。也有必要检视对疾病的恐惧，这是为了正视疼痛与治疗这一策略，是为了澄清疾病之意义（个体的、道德的、宗教的）的尝试。重要的是要记得，对此所持的态度是由广泛的利益，以及对差异的意识构建而成的——社会和性别差异并非毫不重要——这一切都是在传统思想转型至科学思想、从口头文化转型至书写文化、从宗教世界观转型至世俗世界观期间发生的。此外,我们还必须记得,疾病同时也是客观的生物现象、个体的状态及方式。

1

传统医学与身体的表现形式

在理解健康和疾病时,恰是希腊医学及哲学传递出的身体形象在两千年间主导着医生、受过教育的精英人士以及大众阶层的理解力。与之关涉的有体液模式,我们在希波克拉底(公元前 5 世纪)的文字及盖伦(公元 2 世纪)的著作中都见过。它针对的是物质这一形象,也针对表象,以及身体的内部功能。它是从古希腊人的科学思想中产生的:清晰地意识到自然界的四季变换具有规律性,从病人床头观察到的疾病也具有节律性。相反,希腊人可以说对人体内部的运行过程,无论是生理学还是病理学,均毫无所知:没有任何传统任何"逻辑"能让他们掌握解剖。

1) 体 液 论

希腊医学对身体的整个生命的设想与后来大众的想法不谋而合:发展与变化的自然节律具有重要性,皮肤表层之内蕴含的主要液体也具有重要性,它们在健康与患病之间彼此求得平衡。从古典方面看,这些身为生命力因素的液体就是血液、胆汁(或黄胆汁)、粘液和忧郁症(或黑胆汁)。圣让·克里索斯托美是这样描述的:"属于我们的这具身体,如此低微和渺小,由四种元素构成;所谓热性的,即血液;所谓干燥的,即黄胆汁;所谓湿润的,即粘液;所谓寒冷的,即黑胆汁[①]。"不同的体液履行不同的功能,如此便可维持身体的生命。血液乃是生命力的液体,当血液从身体里涌出时,生命也就离他远去。胆汁乃是胃液,对消化而言必不可少。粘液范畴极广,包含了所有无色的分泌物,是某种润滑及制冷之物。这些物

---

① 圣让·克里索斯托美(344—407):《训辞、演讲词和信件选编》,巴黎,1785 年。

质中可见的有汗液和泪水,它们只要过多,便会流出,很明显——感冒和发热的时候,它就会从嘴和鼻中排出。第四种主要体液,即黑胆汁或忧郁症,很成问题。人们几乎从未能找到很纯的黑胆汁;人们视之为是其他液体的晦暗之物,就像血液、皮肤或排泄物变黑那样。16 与 17 世纪的近代医学中便出现了这些极为鲜活、极具决定性的标识。

让液体"状态"成为身体"状态"的标识,并非不合逻辑。生命本身就是某种"流动"之物:液体和生命力均属同类。最微小的侵害或伤害均与液体相涉,尽管它们都以固体形式示人。也有可能会看见液体元素——营养、酒类、药剂——进入身体,再出来时,却已转换成粘液、唾液、汗液、尿液和排泄物。要"捕获"固体是不可能之举。因此,隐秘性与可见性之间便形成了对照:液体的进入与流出,以及它们的转换,均成为体内之谜的阿里阿德涅之线。况且,文艺复兴时期医生在诊断时,常从尿液着手。由此便出现了"尿可预言"这一熟悉的说法。

四种主要液体之间的互动表明的是生命存在可触的现象:温度、色彩和肌理。血液使身体发热、湿润,胆汁使之发热、干燥,粘液则使其变冷、潮湿,而黑胆汁则可产生寒冷及干燥的感觉。人们与主要的基本物质建立了关联,这些物质紧密地构成了宇宙这一整体。血液既热又动荡,似火;胆汁既热且干燥,似空气;粘液寒冷而潮湿,似水;黑色体液黑胆汁寒冷且干燥,似土地。这些类比与自然界的其他面相颇相契和,如星体的力量与四季的更替。冬天寒冷而潮湿,与粘液相似;这时候,人容易着凉……每种液体同样都有其色彩的差异:血液红色;胆汁黄色;粘液苍白;黑胆汁阴暗。这些差异与身体的外部层面有关。它们表明了,为何会有白色、黑色、红色或黄色这些不同的种类,为何某些个体肤色浅,另一些人皮肤棕黑、更红、更黄……

2) 平 衡

体液的平衡同样解释了性格与脾气的范围:人的脸色红润通常指多血,说明他富有生气、活力,身体强健;易怒的脸色说明此人因受胆汁过多的折磨而火气大;人若寒冷、苍白,说明他粘液过多;样貌黝黑者,说明体液阴暗,因黑胆汁过多而性情悲伤。这些生理学、心理学之间体系性的丰富关系,很容易就能带来无数的解释:它们表明了构建性的内部状态("脾气")和身体外部的表现形式("脸色")之间可能具有的联系。从直观上来看,它们都还说得过去,富有暗示性,甚至是"必须的",当科学无法直接、独立地通达皮下时,长时间以来都是这种说法占主导地位。

体液观对从健康到患病的过程有好几种解释。当富有生命力的液体彼此间和平共处、力量保持良好的平衡时,便万事大吉:每种液体都有其尺度,适合于永久的身体职能,像消化、营养、生命力和排出废物便是如此。当其中一种体液聚积起来(变得"体液过多"),或变得干燥时,疾病就会突然出现。比如说,吃得太好,身体就会产生太多血液,"血疾"机会随之而来,或者照现代的说法,血压增高,由此热量就会过多,或产生发热。结果,人就会出血,发生病变,产生中风,或心脏疾病。相反,缺乏血液,或血质不佳,便说明丧失了生命力,而由于受伤而引起的血液流失就会导致昏迷或死亡。当然,对其他体液而言,也是同样的推理:胆汁过多就会肝火旺,容易引起消化疾病,粘液过多就会导致无力、发冷。

当然,这些不平衡可通过合理的生活方式来加以纠正,如吃药或外科手术。人体的肝脏会"长时间积聚"过多的血液——肝脏被视为身体的炉灶,可将营养转化为富有营养的血汤——人们认为若血液受到"污染"或"遭致疾病"的话,就得放血。改变饮食结构也会有用。向贫血患者建议的就是丰富的饮食,要有肉有酒,这样才能产生大量的血液;相反,向中风患者建议的则是"稀释"和"冷却"的饮食,要吃绿叶菜和大麦糖浆。此种传统医学中的无数要素就这么治疗着"良家妇女",甚至稀里糊涂地走上了玄奥、直观的路子。

3) 微妙的液体

体液观兼容、开放,很容易发展。其他的液体补充了这一整体,尤其是一系列整全的"精气",动物的生命精气……他们认为,这些"微妙的液体"极为精细、轻盈,犹如空气,它们穿越身体,起到了生命的呼吸的作用,借由彼此将生命的器官(心脏、肺部、肝脏、大脑)联结于一张巨大的交流之网中。体液的示意图之所以美丽,是因为这样的解释具有极强的生命力,而且有很大的说服力,因为它与日常经验相和谐。必须重述的是,生

身体、健康与疾病

2. 德国画派：检查尿液，17世纪，罗马，国立卫生技术博物馆。

检查尿液，对庸医的信任，18世纪晚期。

1. 沃尔夫冈·亨巴赫：残疾人，1669年，汉堡，汉堡艺术馆。

近代欧洲的疾病：治疗不太起作用，病人行将立遗嘱时的举动。

3-4-5-6. 切萨雷·里帕：图像集，1610年。

与四元素（土、水、气、火）的组合相关的气质长期以来一直控制着健康与疾病的进程。

7．罗伯特·弗拉德：神秘的疾病复原，1631年。

疾病侵袭身体。它从"其他地方"而来。魔鬼攻击身体堡垒的图像在古典世界的许多人眼里，仍旧是合理的呈现方式。

9．米歇尔-弗朗索瓦·当德雷-巴尔东：放血，18世纪，圣康坦，安托万·莱屈耶博物馆。

17和18世纪愈来愈多地求助于放血：当时相信的是身体，因身体的许多模式都和水力学相似，相反，古代相信的是体液，很多人都坚定地认为体液具有关键作用。

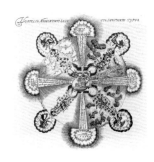

8．兰贝特·多姆尔：江湖郎中或向伦勃朗致敬，17世纪，索恩河畔的夏龙地区，德农博物馆。

江湖郎中是传统医生的形象，总是显得神秘莫测，掌握着各种万灵药。

10. 借助"希波克拉底的支架"减少胯部脱臼这样的情况发生，普利马蒂切的素描插画《希腊外科学家汇集》，16世纪由圭多·圭蒂译自拉丁语。

近代外科医生都很喜欢用机械来从事解剖。

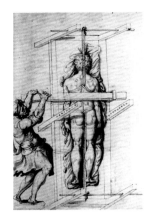

12. 昂布鲁瓦兹·帕雷：处理伤口的方法，1552年。

昂布鲁瓦兹·帕雷是最先掌握截肢方法的外科医生之一，这是想象中的腿部义肢图。

11. 16世纪的白内障手术。

16世纪的外科医生都很有闯劲。长期以来认为白内障就像是在眼球水晶体上悬了一块帘子，只是到17世纪才发现白内障是因水晶体硬化导致的。

13. 昂布鲁瓦兹·帕雷：外科医生的工具和解剖图，1564年。

"铁手"：由薄板和弹簧制成，出现于16世纪末，被认为是最早出现的机械工具。

14. 医用天平，用于测量用餐时的体重变化。桑托里奥·桑托里奥研究人体新陈代谢时发明。

17世纪初出现了量化的医学：桑托里奥坐在巨大的天平上，他还发明了"不知不觉地出汗"这一概念，用以测量数小时之内汗液的流失状况。

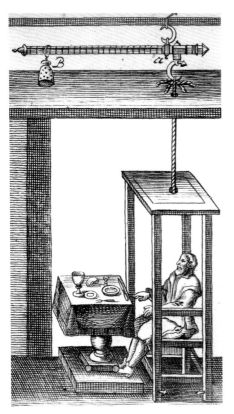

15. 蒙彼利埃的德尼的版画：1667年6月15日，将动物血液首次输入人体。

血液循环的图像使人觉得输血也未尝不可：由于不知道不同血液具有不兼容性，所以输血常常以悲剧收场。

16. 威廉·哈维：论心脏与血液运动的解剖学论著，1628年。

血液循环的演示：巧妙地施以压力后，就可显示有些血管可将血液导往心脏，而某些血管则会使之远离心脏。

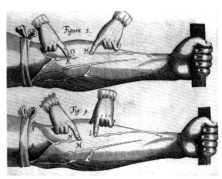

17. 托马斯·杰弗瑞的版画：神经系统，1763年。

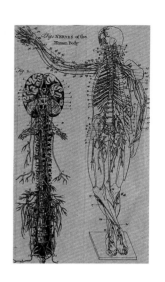

18世纪经验主义哲学获胜，体液理论略有后撤，由于显微镜的性能得到改善，故可强化人们对感觉和感觉能力生理学的认知。

18. 路易吉·加尔瓦尼关于电学理论的实验。

18世纪末开始使用电，这对了解神经系统起到了关键作用。

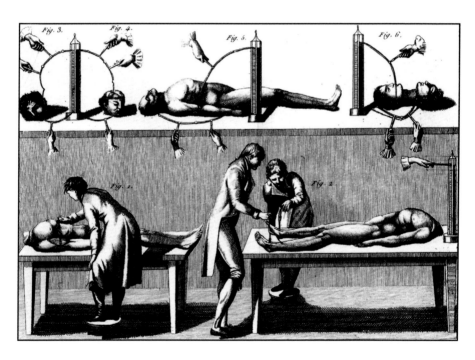

19. 马修·贝里：肺部病理解剖学。

18世纪末出现了病理解剖学：系统观察尸体器官的状况。

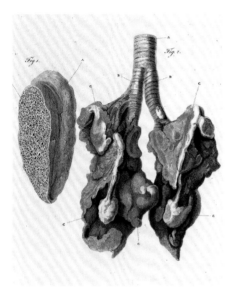

20. 进行真空与气动机实验时的罗伯特·波伊尔与德尼·帕潘。

17世纪末首次对空气进行学术性检验：当气泵在玻璃器皿中创造出真空时，动物就会死亡……

21. 库德雷女士的分娩模型，1759年，鲁昂，福楼拜和医学史博物馆，教学医院。

　　启蒙时代比以往任何时候都更清晰地揭示出，接生婆的无知使得生孩子成了"对无辜生命的屠杀"。1759年，库德雷女士发明了一个机器"模型"，用来更好地教学：这具可操控的假的身体可用于保护人的生命。

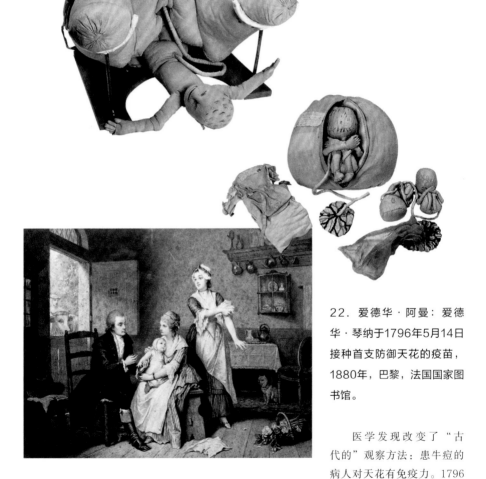

22．爱德华·阿曼：爱德华·琴纳于1796年5月14日接种首支防御天花的疫苗，1880年，巴黎，法国国家图书馆。

　　医学发现改变了"古代的"观察方法：患牛痘的病人对天花有免疫力。1796年，爱德华·琴纳制出首支疫苗，为一个七岁孩子接种牛痘，结果接种无害，而且效果很明显。

命力难道并不因其流动而富有特色吗？生命犹如某种瞬间的爆发；而死亡却僵硬死板：整个世界均可发现耄耋之年显现的刻板性，"变冷"时死亡的僵硬感。无论从医生还是从农民的眼里看来，很明显，生命的精髓并不在骨骼也不在软骨中，甚至不在肌肉中，而是在身体的各个部分中，它们吸收的是外界的燃料（空气、营养、饮料），且将之转换成活力。无论是普罗大众，还是精英人士，他们所持的均为活体论的传统观念，结果便对这一维持生命的炼金术所牵涉到的器官赋予了极大的关注：从口部至唾液、喉咙、肠子，以及这些区域发生的麻烦。

2

大众医学、身体与"通感"

首先，必须审视"大众医学"，它慢慢远离了学者的医学。它仍旧与体液观保持着深刻的联系，但既无后者"分门别类"的精确性，亦无其变化多端的微妙性。它构成了一个体系，一个"逻辑的"整体，与外界经常加诸于它身上的稀奇古怪的特性没有任何关系。它也是经久不衰的体系：它所具备的"条理性"仍植根于近代欧洲城市与乡村这样的小世界中，而且在19世纪的农村地区仍很活跃。

1）"呼　应"

身体在此被视为宇宙的中心：它是通感的心脏，而通感将人与环境联结了起来。它与世界保持"呼应"，与之彼此唱和。人类难道没有屈服于气候、季节、天空、黄道吗？尤其是屈服于月亮，月亮与所有增长、复制及移动之物有关，它也主导着行星的发展、头发的生长，以及孩子的成长。月亮影响放血、伤口的治愈、体液的重量；它会调节女性的月经，会决定成长抑或死亡的时刻。

类比的原则，也就是"标记的医学"，这在大众医学中无处不在；颜色、形状、味道、热度、湿度，这些自然界的元素均会在人体中"标志出"它们的关联，以及它们或凶或吉的特征。比如红色，它是天竺葵或金丝桃油的色彩,用于治疗血液不调;黄色,是金色蓓蕾或思想的色彩,用于治疗黄疸或某些"可怕的"疾病。

2) 和谐与预防

健康是某种居于人体、宇宙、社会之间的平衡状态,永远会受到威胁,显得不稳定。各方影响会得到调节以作平衡,或简单地说,就是互助。因此,预防就成了与自然相和谐的生存技艺,是使内部和谐及外部和谐彼此呼应的技艺。春天净化身体,以便将挥发性的体液清洗出去;夏天,要避免活动或燥热刺激的食物;秋季,要保护体弱多病者,有句谚语是这样说的:"叶子飞落人亦落。"此外,预防就是要实施饮食法,以控制体液不使其过多:"医生白天不会吃苹果。"所谓良好的摄生法,就是指要吃强身健体的食物和天然食品,它们由于和身体相似,所以会于人体有益,如葡萄酒和红肉类。"肉类造肉,酒类造血",有句法国谚语如是说。总之,达到身体平衡的最终秘密就在于避免过度。[1]

还必须提及,在欧洲世界,学者传统在开始时仍与民间传统相混合。精英人士的教条是以自然与神圣的秩序为中心,更因宗教而强化。它们也受到了魔法与巫术的深刻影响。可以说,大众的实践是得到了文艺复兴时期一流学者的支持的。也可以说,这些实践对严重抵牾之处还是颇为宽容的。

3) 护身符与通感

比如,17世纪初的医生兼牧师理查德·奈皮尔借助宗教来治病:靠祈祷治愈自己的病人。更有甚者,他还给病人魔法图和护身符,以求保佑病人"免遭邪恶精灵、仙女和巫术之害"。同样,1644年编年史家塞缪尔·佩皮斯[2](伦敦皇家协会未来的会长)报告了自己的健康状况,在他看来,自己的身体相当棒,他将截然不同的各类影响糅合在了一起:习惯脱衬

---

[1] 关于传统谚语,可参阅弗朗索瓦丝·卢与菲利普·理查德:《身体智慧:法国谚语中的健康与疾病》,巴黎,迈松纳夫与拉罗斯出版社,1978年。

[2] 参阅塞缪尔·佩皮斯:《日记》,1660—1669,巴黎,拉丰出版社,"布坎"丛书,1994年。

衫，每天早上带上松脂油丸，脖子上围圈兔爪作魔法之用。

宗教、魔法、医学汇聚于大众医学中。千种逻辑在此交错纠缠，样样都显得"很有道理"：圣周五烤的面包不会变潮；若将其保存起来，它就能治愈各类疾病；用领圣体时采集的白银做成的戒指可治愈痉挛；圣事坚振礼可避免疾病。

还有种"逻辑"认为，疾病采取的方式就是绕着某样物体循环。它会被转移、移植、变形。比如，患病者必须在自己的尿液中煮鸡蛋，然后将其掩埋；只要蚂蚁吃了它，疾病就再也不会发作。患百日咳的病人必须趁海滩涨潮的时候去冒一下险；退潮时，咳嗽就会消失。信仰令人瞩目：生者与死者之间的交流。病人必须紧紧抓住等待埋葬的尸体的肢体；疾病就会离开生者的身体居住在死者的体内。因此，母亲们都会紧紧贴在断头台脚下，你争我夺地想要替自己生病的孩子摸一摸受刑人了无生气的尸体。这些身体被"恶"穿越，据认这恶进入、离开，在不断地循环。

物品本身同样被易于对身体产生影响的力量"穿越"。譬如，它们令人想起，蜕化可有助延长寿命：新生儿头上的胎膜、蛇皮。那些居于生命"彼岸"的人，以及那些活得长的人，也具有同样的效果：角、象牙、牙齿或骨头。其他物品因其彼此相对的关系也能起到作用：用于肿瘤治疗的活蟾蜍可治愈癌症，吐丝的蜘蛛可"释放"恶。

除了这些万灵药之外，数字也有魔力。它可捕捉住一天、一周、一月、一年的某些特殊时刻，或有利于人，或不利于人。它依赖的是数字及其对称性：在亚麻田里来回奔跑三次，即可治愈眩晕；斋戒期连续九天吃鼠尾草叶就可治愈发热；喝九杯放了九块鹅卵石的糊状的水，就可治疗黄疸。它依赖的是数字和色彩：将围在脖子上的围巾打九次结即可治愈咽峡炎。

3

解剖学调查与"观察"

近代科学只能慢慢地酝酿才能反对这些知识，用观察来对抗传闻，用调查研究来对抗传统。

生物学与医学知识在古典时代已经成为定期研究的对象，研究是以理性的方式,在学校里有体系地组织起来,传授给学生。经过良好培训的医生在伊斯兰地区以及中世纪西方都很活跃,他们以希腊医学著作为基础进行行医活动。至中世纪末期,某些学说虽然根深蒂固,但已引起不满,在某些地方愈演愈烈,知识界发生了闻所未闻的骚动,"文艺复兴"——特别是想要廓清古代学说,发现新的真理——鼓励全新的生物医学研究。自文艺复兴时代起,尤其是自科学革命在机械、物理及化学科学中取得明显的胜利后,随之便出现了一系列尝试,试图在更为坚实的基础上建立医学。

1) 阅读盖伦,还是进行"观察"?

对人体解剖学进行系统的研究在提升医学的地位时极具重要性,尽管中世纪医学不具备对科学性颇强的医学而言必不可少的解剖学和生理学基础。可以说,这一基础需以系统化的解剖为前提。必须有全新的观察要求,以便让解剖刀来探察人体。必须有新的期待,提出新的问题,特别是必须有"观看"的意愿,而非提出根本无法以严肃态度对之确证的宗教禁令[1]。自 14 世纪初起,解剖便愈益流行,尤其是在意大利,当时它是中世纪末期科学快速发展时的中心地带。最初的解剖学演示几可称公共事件,几乎成了盛景。此外,他们的目的最初并非是为了研究,而是为了教学。它们使教授有可能展现自己的能力。他身穿庄严的长袍,端坐于大扶手椅上,高声朗读盖伦著作中适当的段落,而其助手则将提及的器官示人,且另有解剖师负责切割的工作。自 16 世纪起,列奥纳多·达·芬奇画出了约 750 幅解剖学素描——它们都画得很好,不过严格来说,甚至私下里说,这些画对医学的进展没有丝毫影响。

2) 解　剖

真正的断裂始于维萨里的作品。维萨里生于 1514 年,是布鲁塞尔药剂师的儿子,他在巴黎、鲁汶和帕多瓦学习,并于 1537 年获得医学文凭,

---

[1] 参阅拉法埃尔·芒德莱希:《解剖学家的目光:西方对身体的解剖与发明》,巴黎,瑟伊出版社,2003 年;以及此著作中拉法埃尔·芒德莱希所撰的章节"解剖与解剖学"。

且立刻就成了教师;后来,他在查理五世及西班牙菲利普二世的宫中担任御医。1543 年,他出版了自己的杰作《论人体的构造》①。在这些出版于巴塞尔的插图精美的著作中,维萨里借助于个人观察,在诸多主题上挑战了盖伦的教本,并指出对盖伦的信任是以动物知识而非人体知识为基础。"医生会经常谈起网状神经丛,"他评论道,"他们根本就没见过,因为体内并不存在——然而,他们却把它写了出来,就因为盖伦的著作出现过。我不得不相信,自己对盖伦及其他解剖学家的著作如此相信,其实很蠢。"

维萨里最大的贡献就在于创造了研究的氛围,对解剖学研究作了更新,使其建立于观察之上。尽管他的著作并没有任何惊人的发现,但它却促使知识界的策略发生了改变。维萨里之后,求助于古人的权威丧失了其有效性。其后继者不得不看重个人的观察和精确性。当时的人都承认这种做法很成功:最优秀的外科医生昂布鲁瓦兹·帕雷在其出版于 1564 年的古典外科学著作的解剖学部分中使用了此种方法②。帕雷让人将《论人体的构造》的几个部分译成法语,供不懂拉丁语的外科医生阅读。

3)发　现

维萨里的描述很精准,骨骼、肌肉、内脏、血管和神经系统的插图画得也很好。他的后继者们发展了他的方法,将其深化,使其变得更为详细。1561 年,他的学生和后继者,如帕多瓦的解剖学教授加布里埃莱·法罗皮奥(又名 Fallopius)出版了一卷解剖学观察的书,澄清并纠正了他著作中的某些层面③。法罗皮奥的进步之处是描述了人的颅骨和耳朵,以及女性生殖器的结构。他发明了"阴道"这个词,描写了阴蒂,而且第一个为卵巢至尿道的管道划了界。然而,历史开了个玩笑,因为他竟然不了解其功能,后来人们就把这称之为"法罗皮奥的喇叭";也就两个世纪后,人们这才理解卵子是在卵巢里形成的,并通过这些喇叭进入尿道——解剖学开始时也包含生理学。

到 16 世纪末,维萨里的解剖学成了解剖学研究的主要方法。巴托罗

---

①　安德烈·维萨里:《论人体的构造》,巴塞尔,1543 年。

②　昂布鲁瓦兹·帕雷:《十卷本外科学及其必需工具》,巴黎,1564 年。

③　加布里埃莱·法罗皮奥:《解剖学观察》,费拉拉,1561 年。

梅奥·尤斯塔基奥发现了尤斯塔基奥喇叭(在咽喉和中耳之间)以及心脏里的尤斯塔基奥阀门;他同样探索了肾脏和牙齿的解剖构造①。1603年,后继者帕多瓦的法罗普、吉罗拉莫·法布里奇发表了有关静脉的研究成果,其中第一次描述了静脉阀门②;这启发了威廉·哈维。不久之后,加斯帕雷·阿塞利在帕多瓦开始关注起肠系膜乳糜管,并确认了其功能:传输来自食物中的乳糜③。这导向了对胃部作新的研究;弗兰西斯库斯·西尔维乌斯后来在莱德着手研究消化系统的化学理论④。他研究的同样是肾脏的结构,而荷兰医生格拉夫的雷尼耶于1670年则对生殖系统作了出色的描述,且在女性的卵巢中发现了格拉夫之囊。

维萨里的著作乃是探索身体的缘起。这是一个关键性的革命,即便它首先对结构,而非对功能有更好的了解。它创造了某种文化,某种"气候",从医药科学的基础上推动了解剖学的发展。

4) 反对"大众谬论"

文化的改变,换句话说,并非仅仅是知识的变化。1572年,洛朗·茹贝尔的著作《大众关于医学及健康摄生法的谬论》在16世纪确定了这一尝试,即用医学知识来反对陈旧的偏见。茹贝尔统计了"大众之谈⑤"、"良民"的信仰,断言分化出言之凿凿的谚语,寓言变成了真理。当然这是对整个秩序的信念所致。按照这个秩序,"助产士们就能制造出他们所生的孩子的肢体⑥";按照这个秩序,紫水晶就能使戴它的人迷醉;按照这个秩序,"五月的婚姻会不幸⑦"。可以说,这儿要保留的是其步骤,而非结果:想要"承认事情真的已经发生,而非通过理性和论述来理解⑧"。要采

---

① 巴托罗梅奥·尤斯塔基奥:《解剖学著作》,威尼斯,1564年。
② 阿瓜本丹特的吉罗拉莫·法布里奇:《论静脉瓣》,帕多瓦,1603年。
③ 加斯帕雷·阿塞利:《论乳糜或乳糜管》,米兰,1627年。
④ 格拉夫的雷尼耶:《全集》,莱顿,1678年。
⑤ 洛朗·茹贝尔:《大众关于医学及健康摄生法的谬论》,鲁昂,1601年,第2卷,第122页(第1版,1572年)。
⑥ 同上,第2卷,第127页。
⑦ 同上,第2卷,第113页。
⑧ 同上,第1卷,第191页。

取某种更为现代化的方式,要有观察的要求,即便身体的模式对洛朗·茹贝尔而言仍然只是体液,即便他的医学实践从未曾远离过排液这一说法:"除了不断净化身体之外,别无他途①。"

昂布鲁瓦兹·帕雷拒绝的也是同一种秩序。这位御用外科医生说,1570年的某一天他得到国王的召见,去看看某块稀有的石头具有多大的康体效果,他提出了一个证明:让死刑犯吃毒药,然后让这块石头"发挥效力",看其效果。"体验"一旦得到接受,就会立马起作用:某个偷了几个金盘的御厨吃下了毒药和解毒药(石头化成粉末),打破了生命无恙的承诺。当然,结果颇有教益:那人因疼痛不堪而死亡,"像头野兽般蠕动,双眼和脸涨得通红,耳鼻口臀和阴茎里都喷出血来②"。御用外科医生赢了。他的行为证明了"幻觉"可带来痛苦和死亡。这一由医学提供的血淋淋的教训,在 16 世纪下半叶时与更为宽泛的文化活力论结合在了一起:第一次完全确证了"近代"的科学,第一次拒斥了传闻,揭穿③了"魔法师"、"占卜师"和"江湖郎中"的老底。

4

内部运动

解剖学知识日益获得威望,新的研究"报告"不知不觉间重新朝向了对身体及其疾病的研习。传统的体液理论是将健康与疾病引入了液体的总体平衡状态。然而,侧重点改变,直接观察受到了重视。17 世纪,对人体机制,尤其在体液流动的基础上对滞留的液体产生了新的兴趣。由此便立刻产生了有关血液运动的新的视域,泛而言之,即产生了有关内部功能的新视域。

1) 血 "潮"

自古以来,血液便被视为供应生命的液体,或许可算是四种体液中最

---

① 洛朗·茹贝尔:《大众关于医学及健康摄生法的谬论》,鲁昂,1601 年,第 1 卷,第 117 页。
② 昂布鲁瓦兹·帕雷:《全集》,巴黎,马尔盖涅出版社,1840—1841 年,第 3 卷,第 341 页。
③ 参阅凯斯·托马斯:《宗教与魔法的衰落》,伦敦,企鹅图书公司,1973 年。

重要的一种。据认为，它可为身体提供营养，尽管患病时，它也会引起发热及发炎。盖伦关于血液生发及其运动的理论占据了很长的时间。盖伦认为，输送血液的血管，其根源在肝脏（动脉自心脏中诞生）。血液在肝脏中经"调制"（"烹煮"）而成；然后便如同潮水般流出，经由血管朝器官流去，且将营养带了过去。部分血液来自肝脏，随后便进入右心室，一分为二。一部分通过肺动脉，浇灌肺部，另一部分经由"间隔的孔隙"穿过心脏，进入左心室。于是，它同空气混合在一起，加热，并从左心室进入主动脉，再进入肺部和周围系统。动脉与血管间的关系使得少量空气渗入血管，同时动脉则将血液接纳进来。[1]

盖伦赋予血液系统的特点在 150 年间一直受到特殊优待。然而，1500 年，他的教程开始受到质疑，人们的看法发生改变，要求对此进行观察。西班牙神学家及医生米盖尔·塞尔维特提出了一个涉及到肺部"小循环"的假设，且从中作出结论，说血液无法流过（尽管这很不给盖伦面子）心脏隔膜，而是会自行其道，经过右侧的肺部，向心脏的左侧流去。[2] 1559 年，塞尔维特就肺部血液循环所作的假设由意大利解剖学家雷阿尔多·科隆波反复重申。科隆波在其《再论解剖学》中表明了与盖伦相左的意见，即在分隔心房与心室的内壁中没有任何开口。[3] 科隆波的理论传播极广，但简言之，它并未对盖伦的学说造成任何威胁。1603 年，法布里奇出版了论血管瓣膜的论著，他在论及血液系统的手术时没有提取任何这方面的结论。[4]

2）循　环

正如"循环"论，几年后该结论却因威廉·哈维而被采纳。哈维出生于英国西部海岸福克斯通，父亲是农民，七个孩子中排行老大，他常去坎特伯雷的学校上学，后在剑桥的凯尤斯医学院学习。1597 年，他获得文

---

[1] 参阅阿梅拉·德布鲁：《呼吸的身体：盖伦著作中的生理学思想》，莱顿-纽约，E.J.布里尔出版社，1996 年。

[2] 米盖尔·塞尔维特：《关于糖浆的全面解释》，巴黎，1537 年。

[3] 雷阿尔多·科隆波：《十五书论解剖学》，威尼斯，N.贝尔维拉夸出版社，1559 年。

[4] 阿瓜本丹特的吉罗拉莫·法布里奇：《论静脉瓣》，前揭。

凭,然后去了帕多瓦当法布里奇的学生,1602 年才返回伦敦。

1600 至 1602 年,哈维一直在法布里奇门下学习,他研究的是心脏的功能,自 1603 年起他便这样写道:"血液运动是持续循环的;这是心脏搏动的结果。"最终,于 1628 年,他将这些新观念集结成书出版,书名为 *Exercitatio anatomica de motu cordis et sanguinis*(《论心脏与血液运动的解剖学论著》①)。

哈维通过仔细观察,尤其是通过一连串的证明,独一无二地以现象及瓣膜系统发展了血液循环的革命性理论。他没有显微镜,那是晚近的发明。他遵循的是"古代的"亚里士多德的方法,比如强调循环运动的完美性。他赞成亚里士多德的目的论:功能服务于目的,身体结构完善其目的性。当他将盖伦论述心脏和血液的老派学说同现实的结构相比,便觉得有许多问题和悖谬。若如盖伦所断言的,肺部血管就是为了"传输空气",那它们为何不与血管具有相同结构呢? 恰好,对结构的作用也有许多质疑。

哈维题献给查理一世的《心脏运动》一书颇具启发性,他阐述了一个相当新颖的理论,并大胆地断言心脏就是一台泵:有了泵,就能使血液在体内循环。它也是个"中心"。由此可见,该观点将政治加诸于机体之上:"动物的心脏乃是它们生命的基础。它是万物内在的君王,是它们小宇宙中的太阳,万物的生长均仰赖于它,所有能量均源自于它。同样,国王乃是他的王国的基础;是环绕于他的世界的太阳,是共和国的心脏,是所有能量与所有恩宠的源泉。……几乎人体的所有事物均是按照人类的典范而成,数不胜数的事物均是按照心脏的模型集聚于国王一身。因此,对他的心脏的了解,对君王而言并非一无是处,这样就能领会它的功能所具有的神圣的典范性——然而,人类将微末小事同宏大之事相比较也是通行的做法。与此同时,在此……您就能凝神注视人体的第一动因,以及您自身至高无上威权的象征。"这种观点并无嘲讽之处。哈维极力颂扬心脏("万物的君王"),但他却将之简化为一台机器、一台简单的水泵、身体工程学中"任意的某个"部分。

然而,哈维革命性的著作并未获得普遍接受。巴黎的医生,尤其是文艺复兴时期的保守派,有一段时间都追随盖伦的教义。大多数追随者也

---

① 威廉·哈维:《论心脏与血液运动的解剖学论著》,法兰克福,1628 年。

似乎对哈维的建议心怀不满。照他的说法,《心脏运动》(1628 年)出版后,病人人数"人数锐减"。难道先锋的观点不可避免地都会遭到怀疑? 不过,詹姆士一世的医生将受此启发,鼓励并指导对生理学再作研究。观察的魅力占了上风:英国一小批年轻的研究者继续在钻研心脏、肺部、呼吸系统。

其中,托马斯·威利斯乃是创建于 1660 年的伦敦皇家协会的创会成员之一,也是牛津大学自然哲学的赛德利教授。作为闻名一时的伦敦医生,威利斯从事的是大脑解剖、神经与肌肉系统疾病领域的先驱性研究工作,而且在大脑中发现了"威利斯之环"①。不过,英国最了不起的哈维传人应该是理查德·娄尔。他在牛津读书,在伦敦跟随威利斯搞研究,并与机械论哲学家罗伯特·胡克合作,从事一系列实验,多亏于此,他才能探查到肺部如何将暗红色血管里的血液换成动脉里的活血,且在 *Tractatus de corde*(《论心脏》②)中发表了该项发现。娄尔因在皇家协会做了最初的几次输血实验而声名鹊起,他将一只狗的血液输入另一只狗的体内,从一个人输入至另一个人的体内,但这样的实验明显具有"风险",甚至会成为悲剧性事件,不会有前途。

3) 机器的前景

医生们感觉到还得再接再厉,才能使自己的学说更具"科学性"。由安托尼·范·吕文霍克③、罗伯特·胡克④完善的显微镜使微动物(animalcules),微小之物、不可触知之物的运动急遽放大,使他们如虎添翼。当时在普通自然哲学、主要是自然科学方面这些惊人的成就同样对他们有所帮助。机器在机械哲学的推动之下,也让勒内·笛卡尔或罗伯特·博伊尔心醉神迷⑤。由此便出现了整体模式的重要性:身体在 17 世纪的

---

① 托马斯·威利斯:《医学与自然科学研究》,里昂,1676 年。
② 理查德·娄尔:《论心脏、血液的运动与颜色以及血液中乳糜的流通状况》,巴黎,1679 年(第 1 版,1669 年)。
③ 安托尼·范·吕文霍克:《解剖学,或内部论,一方面为有生命者,另一方面为无生命者……》,阿姆斯特丹,1687 年。
④ 罗伯特·胡克:《罗伯特·胡克讲义与选集[……]彗星[……]小宇宙》,伦敦,1678 年。
⑤ 罗伯特·波伊尔:《人体血液自然研究工具以及与液体同一的呼吸》,伦敦,1685 年。

科学中变得自然化，开始"去魅①"。它愈益参照自身，且更为自发地不受宇宙秩序及其渐进法的束缚。杠杆、齿轮、滑轮这些形象愈益被人提及。力量、断裂、撞击也受到愈来愈多的解释。水力学尤其占主导地位。许多以哈维为基准的人提出的是一种对液体及其运动、管道或容器、郁积或缓和的新的理解。风行一时的哲学家自此以后便声称可以改变陈旧的体液理论，指出他们自己的"流溢说"威胁出在哪儿，将他们所谓的疾病的成因指向其他物质的源头。

　　机械论哲学家促进了新的研究纲领。在意大利，马尔切罗·马尔皮利研究了小结构。他用显微镜对肝脏、皮肤、肺部、脾脏、腺体和大脑做了一系列研究，其中许多成果都发表在皇家协会的《哲学学报》上②。比萨人乔瓦尼·博雷利和其他"物理医学派者"（认为物理法则掌控着身体的运行）研究的是肌肉的动作、腺体的分泌、呼吸、心脏运动、肌肉与神经的反射。博雷利在瑞典皇后克里斯汀的资助下在罗马工作时，其最大的贡献就是撰写了 *De motu animalium*（《论动物的运动》）一书，该书出版于1680年③，对飞禽及类似的群体作了详尽观察，且比其之前的任何人都要大胆地宣称，按照物理的法则即可了解身体的功能。博雷利在探查身体机器诸功能时，假设肌肉中存在某种"伸缩要素"；它们的运行由与化学发酵过程相似的程序诱发。呼吸也吸引他的注意力，他将之视为某种纯粹的机械过程，将空气推入流经肺部的血液中。由于很熟悉奥托·冯·盖里克④与罗伯特·博伊尔领导的水泵实验，实验中小动物在"稀薄的"（换句话说，就是真空）空气中呼吸，所以他认为"通风的血液包含生命的元素"。因此，生命的维护需要活力：空气作为到达"弹性粒子"的交通工具，而粒子进入血液中，使血液在内部运动起来。也可以说，人们期待物理与化学能揭示这些生命的秘密。

　　博雷利的同时代人乔尔乔·巴利维尽管更年轻，是罗马教廷学院的

①　参阅安娜·德内斯-图奈：《身体文本：从笛卡尔至拉克洛》，巴黎，法国大学出版社，1992年，"笛卡尔主义标志着'身体去魅化'这一历史时刻的来临"（第35页）。也请参阅让-雅克·库尔第纳：《去魅的身体》，见托班主编：《17世纪的身体》，"法国17世纪文学论文"，西雅图，1995年。

②　马尔切罗·马尔皮利：《全集，铜版画中的优雅形象》，伦敦，1687年。

③　乔瓦尼·博雷利：《论动物的运动》，2卷本，罗马，1680年。

④　奥托·冯·盖里克：《新马格德堡实验》，阿姆斯特丹，1672年。

解剖学教授,但恰是他代表了该物理医学派的顶峰。他的《论医学实践》(*De praxi medica*,1696 年①)断言,"人体就其自然运动方面而言,其实除了整体的化学-机械运动之外,什么也不是,它们依凭的是与纯粹机械运动相同的那些原则"。巴利维清晰地意识到科学化的医学先驱者所面对的困难:他们所引以为豪的那些博学的理论并不能使他们的治疗更为有效。基础研究与医学进展之间的关系仍旧不可预测,甚至难以控制。

4) 首批化学家与物理学家

化学医学派代表了另一种新的尝试。当物理医学派想要借助物理法则澄清人体骨骼时,化学医学派则声称要借助化学分析来这么做。某些学者将体液视为古董和异想天开的东西弃之如敝屣,而转向瑞士突破传统的帕拉塞尔苏斯(1493—1541②)的化学理论,庸医之类的人不接纳他,但像医学界某些激进改革者这类的许多人却很尊敬他。帕拉塞尔苏斯 1527 年在巴塞尔开始其行医生涯,他崇尚希波克拉底的简洁,欣赏大众医学的智慧。他坚信自然和想象力的威力,认为它们可将身体伺候得服服帖帖,减轻精神的负担。帕拉塞尔苏斯的门徒同样使用其后继者荷兰人扬·巴布蒂斯特·范·赫尔蒙特③的观点。范·赫尔蒙特摒弃了帕拉塞尔苏斯的独一酵素论(或通俗精气论),相反而是发展出某个观点,及每个器官均有自己特定的 blas(精气),以调控器官。范·赫尔蒙特提出的"精气"概念在17 世纪中叶并不具有神秘性,而是具有物质和化学的性质。他认为所有的生命进程均具有化学性质,它们或是由酵素的运动,或是由特定的气体引起。这些酵素乃是不可见的精气,可将营养转换为活生生的肉体。转换过程在整个体内进行,但尤其是在胃、肝脏和心脏中。范·赫尔蒙特认为身体的热量乃是化学发酵的副产品,他断言整个系统都是由位于胃部正中的灵魂掌管的。因此,宽泛言之,化学也就是生命本身的关键所在。这些观点相当激进。在巴黎掌管极其正统的医学院的居伊·帕坦④说范·赫

① 乔尔乔·巴利维:《论医学实践》,罗马,1696 年。
② 帕拉塞尔苏斯:《七书论受体与自然物质的等级、成分与剂量》,巴塞尔,1562 年。
③ 扬·巴布蒂斯特·范·赫尔蒙特:《全集》,威尼斯,1651 年。
④ 参阅居伊·帕坦:《通信选集》,法兰克福,1683 年。

尔蒙特是个"弗莱芒疯子、骗子"。完全物质化的灵魂继续缠绕着身体，就像它继续缠绕着医生一样。

范·赫尔蒙特主要后继者之一是弗朗茨·德拉波埃（又名 François du Bois、Franciscus Sylvius）。作为威廉·哈维的追随者，在莱德教书的西尔维乌斯也坚称血液循环对普通生理学的重要性[①]。他诽谤范·赫尔蒙特的观点，称其太过晦涩，说自己将结合化学分析和循环理论，寻求替代酶素和身体形成过程中的气体。西尔维乌斯比范·赫尔蒙特更为过分，他以消化系统为中心，断言这一发酵过程就发生在口腔和心脏内部——消化的热量因化学反应而得以维持——以及血液里，且分散于骨骼、筋腱和肉体之中。

1700 年，哈维之后的普通解剖学和生理学取得了进步，由于使用了这些崭新的、极具威望的机械论与数学方法，故而创造了用科学的方法理解身体结构及功能的梦想。科学医学在随后的一个世纪中完成了其中的某些目标，但同样也遭到了某些失败。

5

在基础科学与生命理论之间

在 18 世纪这一启蒙时代，对普通解剖学的研究——骨骼、关节、肌肉、纤维等等——遵循的乃是维萨里及其后继者竖起的标杆。许多精美的解剖学图册展示了高超的艺术技巧，并从改良后的印刷术中获益，它们将美与功用结合在了一起。

对个体器官的尝试性研究仍在继续，它们受马尔皮利及其他推动"新科学"的人显现出的痴迷之情鼓励，所谓的"新科学"指的就是发明风箱、注射器、管子、阀门以及其他器材或器械。解剖学家试图借助像管道及液体系统之类的机体形象，使微型结构（有时极为微小）的形式与功能的关系大白于天下。因此，机械论法则便以解剖学研究为基础，认为想象中的新技术要比身体的呈现方式更为重要。

---

① 参阅西尔维乌斯：《六卷本全集》，安特卫普与巴黎，1714 年。

1）不可能的结构

荷兰解剖学家赫尔曼·波埃哈弗（1668—1738）是他那个时代的伟人之一。他提出了一个观点，照此观点，物理系统会在整个体内运行，身体犹如完全内在及平衡的所在，其中液体的压力和流动相等同，而且彼此都能找到其自己的基准面①。由于认为以前笛卡尔的"钟表"模型太过庞大而加以摒弃，所以波埃哈弗将身体视为某个包含体液的由脉管、管道构成的网络，使它们彼此交流，且对它们进行控制。健康由脉管系统中液体的运动加以解释，疾病则由该运动受阻滞或淤积而得到解释。古代对体液平衡所作的强调因此也得以保存，但转换成了机械论与流体静力学的语汇。

然而，没有任何迹象表明波埃哈弗和其他人对身体机械论的痴迷已使医学逐渐变得简化或物质主义。灵魂在人体内的存在被视为源于自身。相反，波埃哈弗却认为，检验诸如生命的精髓或无形体的灵魂之类的问题，在医学的日常现实范围内并不适当。紧要之处是要领会结构、生理学与病理学可触知的过程。对灵魂的研究应该任由教士和形而上学家去做；医学应该研究第二动因，而非第一动因，应研究如何，而非为什么和有什么目的。

2）测　量

物理科学日益增长的威望使对身体机器运行进行测量的需求也开始增加。桑托里奥在此方面是个先驱者，他在一台巨大的磅秤上一站就是好几个小时，对自己的体重、摄入的营养、排泄的废物作了一系列复杂的计算，其中一项是为了更好地确定不知不觉流汗时失去了多少体重②。作为伽利略的朋友，他发明了测量湿度和温度的仪器，还有一台测量脉搏频率的钟摆。此后开始的这项传统在 18 世纪初大大地得到了加强，当时

---

① 赫尔曼·波埃哈弗：《医学机构［印刷的文本］》，巴黎，1747 年。

② 桑托里奥·桑托里奥：《论静力医学》，威尼斯，1614 年。

德国科学家加布里埃尔·大卫·法伦海特发明了酒精温度计,五年后,水银温度计和温度刻度尺还仍与他的名字紧密相连①。大约在同一个时代,英国人约翰·弗罗耶做了只可测量脉搏次数的表②。

不过,18世纪最大胆的生理学实验者乃是英国牧师斯蒂芬·黑尔斯,他是伦敦西部泰丁顿的堂区助理司铎。他做了"血液动力学"实验,以测量血液的循环,这在他的《论静力学》(1731—1733③)中有过详细的"血淋淋的"阐述。他通过一根长长的铜管将血液注入活马的颈静脉和颈动脉中,从而测量了血液的强度,并观察到动脉压(借由柱子的高度进行测量)远比静脉压要来得重要得多。多亏他的这些实验可量化血液压力、心脏容积和血液流动的速度,尊敬的牧师黑尔斯才在生理学及血液循环中取得了重要的进步。作为进行动物试验的大胆实验者,这位牧师同笛卡尔一样也对反射行为感兴趣,他将青蛙的头砍去,然后揪它们的皮肤以刺激其反射行为。"流体静力学"的身体之上又添加了身体的"应激性"表现方式。除了体液之外,神经也使自己成了核心。

3)"灵魂"(anima)

牛顿自然哲学的某些方面鼓励科学家摒弃纯粹机械论的身体观念,且提出了有关生命特征的更为宽泛的问题。这就等于是重新挑起了对那些古老论题的陈旧争论,如灵魂学说。照此观点来看,施塔尔的著作便显得极其重要。作为著名的普鲁士医学院奠基人,格奥尔格·恩斯特·施塔尔(1660—1734④)捍卫古典反机械论的论点。他断言,人的目的性行为无法完全通过一连串的机械论反应来解释,它们就像一堆倒塌的多米诺骨牌,或像台球桌上彼此相撞的球。"整体"要比由各个部分合起来的总体更重要。人的目的性行为需假定有灵魂的存在,它就像拥有主席的权威,持续不断地使机体拥有最高的本质。与"机器中"的笛卡尔式"幽

① 加布里埃尔·大卫·法伦海特:《论温度计(1724年,1730—1733年,1742年)》,莱比锡,1894年。
② 参阅约翰·弗罗耶:《论分成四个部分的哮喘》,伦敦,1717年。
③ 斯蒂芬·黑尔斯:《论静力学》,伦敦,1731—1733年。
④ 格奥尔格·恩斯特·施塔尔:《理论-实践医学概论》,哈勒,1718年。

灵"(虽然存在,但本质上却是相分隔的)不同,施塔尔的灵魂乃是某种传输介质,永远会对意识和生理调节产生积极的反应,犹如对抗疾病的防御者。照他的看法,疾病其实是因灵魂之恶而引起的生命机能紊乱之故。严格来说,身体乃是受不朽的精气指引的。因为灵魂直接就可产生作用——也就是说无需范·赫尔蒙特的 archaei(酵素)当中介,也无需其他可触知的中介物,无论是普通解剖学还是化学都解释不清楚:若想了解身体是如何运行的,就必须理解灵魂和生命本身。施塔尔在哈勒的年轻同事弗里德里希·霍夫曼却对新的身体机械理论持赞同态度。他在其出版于 1718 年的 *Fundamenta physiologique*(《生理学基础》①)一书中说,"医学就是正确使用物理-化学原理,以保护人类的健康或在其丧失健康时使其得到恢复的一种技艺。"

18 世纪对活体的实验性研究不断提出活的有机体本质上是机器还是其他东西这样的问题。有些发现揭示出存在某些控制活体的强大力量,它们最优异之处就是能够更新,这与钟表或水泵不同,故不可小瞧。1712 年,法国博物学家勒内·雷奥米尔证明龙虾的钳子和外壳在被切去后仍可重新长出来②。1740 年代,瑞士研究者亚伯拉罕·特伦布雷将珊瑚虫或水螅切成好几块后,发现完整的新个体又长了出来;他在将它们切割后,得到了长出来的第三代③。生命中的这一现象比机械论者所怀疑的要明显得多。

4)"应 激 性"

实验导致了对生命力、进而又对身体与精气或灵魂之间的关系产生了新的见解。这些论争中的中心人物就是瑞士的博学之人阿尔布莱希特·冯·哈勒,他的《人体生理学实验》(1757—1766)④开启了新的通途。

---

① 弗里德里希·霍夫曼:《生理学基础》,哈勒,1718 年。

② 参阅莫里斯·特伦布雷:《雷奥米尔与亚伯拉罕·特伦布雷未编辑的信件》,日内瓦,金迪格与菲斯出版社,1902 年。

③ 参阅莫里斯·特伦布雷:《雷奥米尔与亚伯拉罕·特伦布雷未编辑的信件》,前揭。

④ 阿尔布莱希特·冯·哈勒:《人体生理学实验》,8 卷本,洛桑,1757—1766 年。

哈勒也像波埃哈弗那样对纤维感兴趣,他通过实验证明了弗朗西斯·格里松(17 世纪中叶①)的假设;照后者的看法,应激性(也称为"收缩性")乃是肌肉纤维内在的特点,而感受性(情绪)则是神经纤维独有的特征。随后,哈勒按照神经反应的特点,对其作了根本的划分,分成"应激"与"感受"两个组成部分。神经纤维的感受性就是指对疼痛的刺激作出回应的能力;肌肉纤维的应激性乃是对刺激作出反应时产生收缩的特点。由此,哈勒便能对心脏搏动作进一步的物理解释——哈维没做到这一点:心脏是体内最易产生"应激性"的器官。它由一层层肌肉纤维构成,受流经的血液的刺激,并通过心脏的收缩作出回应。哈勒的理论是以动物与人体的实验为基础,因此他按照器官纤维的构成对其结构进行了划分,且赋予其内在的感受性,它们并不取决于超验或宗教的灵魂。恰如牛顿在面对重力现象时所做的那样,哈勒也相信这些生命力的成因超越了整个认知——甚至不可认知,至少是未知的。采取真正的牛顿方法,便足以研究对它们的效果和法则。哈勒的应激性与感受性观点受到了广泛采纳,成了后来神经生理学研究的基础。

苏格兰学派也同样发展出了一套"动物经济学",该学派以创建于 1726 年的爱丁堡大学闻名的医学院为中心。如哈勒一样,德高望重的亚历山大·莫罗的学生罗伯特·威特教授也探查神经机能,但他对哈勒所捍卫的纤维具有内在应激性特点的看法抱持疑义。他在《论动物生命与其他非自愿行为》(*On the Vital and Other Involuntary Motions of Animals*②)一书中,断定反射取决于"无意识的某个原则……,它就存在于大脑和脊髓中",但他否认自己教授的内容与施塔尔的 anima 或基督教的灵魂是换汤不换药。按威特的观点,身体发展过程取决于无意识机制,但又具有目的性,这倒可以被视为是对弗洛伊德后来所说的无意识这一问题发动攻击的首次尝试。

爱丁堡大学医学院的医学教授威廉·卡伦是英语世界最具影响力的授业解惑者,他发展了哈勒所谓的应激性乃纤维特征的观点。③ 卡伦出生于 1710 年,起初在格拉斯哥教化学;后在爱丁堡教化学、医学材料和医

---

① 弗朗西斯·格里森:《论能量物质界》,伦敦,1672 年。

② 罗伯特·威特:《论动物生命与其他非自愿的行为》,伦敦,1751 年。

③ 威廉·卡伦:《物理学实践首要原则》,伦敦,1778—1779 年。

学。他年富力强之时就成了爱丁堡大学医学院的红人,且出版了极为畅销的《物理学实践首要原则》(*First Lines of the Pratice of Physics*,1778—1779)一书。

卡伦将生命本身视为神经强度的一种功能,并且强调神经系统在疾病病因中占有重要性,他发明了"神经官能症"一词,以指称神经类疾病。约翰·布朗先是他的追随者,后成了他的对手。此人天生奇才,使苏格兰医学变得更为激进,但他后来抽起了鸦片,死于酒精中毒。他比哈勒走得更远,索性将所有关于健康和疾病的问题全部归结为由普通应激性的不同变体所致。然而,布朗取代了哈勒的应激性观点,而认为纤维"易受刺激"。由此可见,能动性被视为是机体受外部刺激所致。照布朗派(人们就是这么称呼布朗的追随者的)的看法,生命乃是某种"强制性的条件"。他认为,疾病是刺激的正常职能发生紊乱引起的,按照身体受到过度刺激还是微弱刺激而定,疾病也应被处理为"严重"或"不严重"。[1]

5)"生 命 力"

在法国,是著名的蒙彼利埃大学——它向来被认为比巴黎更有闯劲——的毕业生挑起了对生命力的争论。布瓦西耶·德·索瓦日否认波埃哈弗论题中机械论可解释体内运动的缘起及其为何具有持续性的原因。[2] 与哈勒相像的是,他也断言解剖学本身没什么意义。相反,对拥有灵魂的活体结构进行生理学研究才更重要。后来,蒙彼利埃大学的老师们,如波尔多的泰奥菲尔,采取了更物质主义的态度,强调是活体而非处于中枢地位的灵魂才拥有内在的生命力。[3]

相似的研究也发生在伦敦。约翰·亨特虽出生于苏格兰,但在其兄威廉的秘密解剖室里受的教育,他提出"生命力原则",其所述的特点与类似于无生命的但又是活的有机物是有区别的。照他的看法,生命力就在血液中。[4] 因此,笛卡尔时代极富特色的"生命机器"哲学让位给了极具

---

① 参阅让-巴布蒂斯特-弗朗索瓦·列维耶:《医学简单体系论》,巴黎,1798 年。
② 弗朗索瓦·布瓦西耶·德·索瓦日:《杰出著作》,巴黎,1770 年。
③ 波尔多的泰奥菲尔:《论理论与实践医学》,蒙彼利埃,1774 年。
④ 约翰·亨特:《解剖学观察》,1773 年 6 月。

活力的"生命特征"或生机论这一观点。"生物学"这一词汇约于 1800 年引入并非偶然,其中起到推波助澜作用的有不来梅的教授戈特弗里德·莱茵霍尔特·特雷维拉努斯,以及开创进化论的法国博物学家拉马克。

对生命本质的论争并非仅由"不事观察"的哲学家引导。由于对人体和动物所作的精确研究,以及提出的假设都经受了检验,故而他们也进步了。比如,以前由范·赫尔蒙特及西尔维乌斯专事研究的消化系统的运行过程也经过了复杂的实验。问题被提了出来:消化是由某种内在的生命力、胃酸的化学反应完成的,还是由胃部肌肉通过将食物碾碎且化成齑粉的机械行为完成的呢? 对消化系统所作的探讨自希腊人以来便无定论,但 18 世纪的研究却因令人惊讶的独创性实验的出现而独具特色,其先驱者便是法国博物学家勒内·雷奥米尔。雷奥米尔驯养了一只鸢,使其学会吞咽、反刍塞满食物的细孔管后,雷奥米尔显示了胃部液体的力道有多大,且证明肉类在胃里要比豆类更容易消化。

正如对消化系统的研究所揭示的,医学也与化学彼此产生了大量互动。苏格兰化学家约瑟夫·布莱克形成了潜热这一观点,并对"固化的空气"作了证明,用新的化学词汇来说,就是二氧化碳。在理解了呼吸系统之后又产生了巨大的进步。布莱克已注意到"固化的空气"是从生石灰中脱离出来的,而且碱也同样存在于呼出的空气中;即便它无毒,但从生理学的角度看,它根本没法用于呼吸[1]。是杰出的法国化学家拉瓦锡(旧制度时期曾任包税人,大革命时被砍头)更好地解释了气体如何在肺部流动。他表明吸入的空气会被转变为布莱克所说的"固化的空气",尽管氮仍保持原状。正如拉瓦锡所相信的,活体的呼吸与外部世界的燃烧状态相类;两者均需要氧气,两者都会产生二氧化碳和水。因此,拉瓦锡在从事物理研究时证明身体在休息的时候会消耗更多的氧气,从而证实了氧气对人体不可或缺[2]。

6) 电 学

随着化学的发展,其他科学的发展同样可以为医学带来很多东西。

---

[1] 约瑟夫·布莱克:《爱丁堡大学化学元素教程》,2 卷本,爱丁堡,1803 年。

[2] 安托万·洛朗·德·拉瓦锡:《为发展燃烧与烧灼的理论对燃素的反思》,巴黎,1783 年。

由于莱德电容器和莱德瓶开发了出来，于是电学也得到了长足发展，电学实验遂成为流行的呈现对象——通常会出于好奇心，以及看他人受虐找乐子而对动物或人体试验品进行"通电实验"。路易吉·加尔瓦尼便是实验电生理学的先驱者，对神经与肌肉标本切片做了通电试验。在 *De viribus electricitatis in motu musculari*（《论肌肉运动中的电能》，1792 年[①]）一书中，这位意大利博物学家描述了在动物实验中，自己用铜线将死青蛙的爪子悬在阳台的铁栏杆上。若发生痉挛，他就从中得出结论，即此种现象中牵涉到了电，且与生命力有关。他的实验由帕维亚的教授阿列桑德罗·沃尔塔作了进一步发展，后者的《动物电学通信录》出版于 1792 年[②]。沃尔塔证明了点的刺激可使肌肉发生挛缩。

这些实验所牵涉到的生命与电之间的关联对后来的神经生理学而言极为重要。它们应该也受到了像玛丽·雪莱的《弗兰肯斯坦》（1816 年[③]）之类科幻小说的影响，该书的主题就是物理及化学实验因拥有人工创造生命这样的威力而具有很大的危险。

7) 繁　殖

繁殖代表了另一个生理学领域内的进步。人们为了了解究竟以何种形式受精，雄性和雌性分别具有何种作用，长时期以来对此争论不休，却毫无结果。其中拜显微镜研究所赐，所谓的套匣（emboîtement）论或精源论在 17 世纪占据了重要的地位。它们认为新的个体首先是在精液中、后自受孕起而在子宫得到完全发展（极微小）的。相反，威廉·哈维却以其权威性认同另一种理论，即卵源说或渐成说，该论认为繁殖时雌性的卵子起中心作用，他在查理一世出于慷慨让其对鹿科动物试验的基础上，证明各器官乃是逐渐在胎内发展而成的。这场纠结于"预成说"和"渐成说"的争论迟至 18 世纪仍众说纷纭，其中又加入了神学（套匣说被认为和预定论如出一辙）和人种政策（可以说，哈维的卵源说在雌性主导论中拥有一

---

① 路易吉·加尔瓦尼：《论肌肉运动中的电能》，博洛尼亚，1792 年。

② 阿列桑德罗·沃尔塔：《动物电学通信录》，博洛尼亚，1788 年。

③ 玛丽·雪莱：《弗兰肯斯坦》，伦敦，1816，1821 年法语译本，3 卷本。

定的权威性）这些更为宽泛的问题。更为精密的胚胎学研究是由卡斯帕·弗里德里希·沃尔夫在柏林开展的。他的 *Theoria generationis*（《繁殖理论》，1759 年①）确证哈维的渐成说观点所认为的胎儿各器官乃逐渐发展而成在试验中可得到证明。没有器官会出现在卵子中；和预先成型以及吹气球那样只是简单地使体积增大不同，诸器官在受精卵中也逐步显出了差异。沃尔夫的著作为 19 世纪著名胚胎学家，如卡尔·恩斯特·冯·拜尔的研究做了准备，后者发现了哺乳动物卵巢中的卵子，解释了排卵的性质，说明了"生命起源的规律"。该规律认为，在胚胎的发展中，普遍特征要比特定特征出现得早②。19 世纪，胚胎学成了生物学的基础学科，因为它解释了何谓发展。

6

启蒙时代的文化与纤维的威望

18 世纪文本作出的这些解释以及定位不知不觉间改变了古典身体的呈现方式。它们在文化现象上转型的范围更宽泛。液体的状态、其构成、其动力不再成为首要的目的。身体的条件是否良好不再局限于简单论断，不再局限于 16 或 17 世纪医生所说的那种实体纯洁性或肉体坚固性这样的论点③。我们发现，它延伸至纤维的结构、反应性力量、其策略和张力，所有这些特殊的原则均超越了古老的运动或纯净原则。1744 年哈勒对应激性的观察、1750 年贝尔努伊将母鸡和雏鸡窒息后通过电击法使之"复苏"的试验不知不觉间使人对身体的力量、行为及如何维持生命的想象发生了转变④。身体的体液形象首先让位给了张力与刺激这些远为复杂的形象。活力发生移位，不再与老的摄生法所谓的体液纯净度有

① 卡斯帕·弗里德里希·沃尔夫：《繁殖理论》，莱比锡，1759 年。
② 卡尔·恩斯特·冯·拜尔：《俄罗斯帝国与亚洲诸国知识论》，圣彼得堡，18 卷，1841—1871 年。
③ 参阅海辛斯·布拉班내：《文艺复兴时期的医生与病人》，布鲁塞尔，书籍文艺复兴出版社，1966 年，"医学观念大论争"一章。
④ 参阅乔治·康吉莱姆：《动物生理学》，见勒内·塔东主编：《科学概论史》，巴黎，法国大学出版社，1958 年，第 2 卷，《近代科学：1450 至 1800 年》。

关,而是与纤维及神经的特殊状态有关,到 1768 年,纤维及神经成了卫生学家提索的"身体机器中的主要部分①"。"卫生原则与保持生命的原则不再相同,它们有着新的隐喻,更多地影射敏感度,令人想起或柔软或绷紧的'线绳',这样能更好地提升纤维的紧张度,且使其与其余的生命工具保持和谐②",19 世纪初让-玛丽·德·圣于尔桑在其论女性健康的著作中也是这么说的。

1) 纤维的"张力"

必须重新回到原纤维的呈现形式上面来,它确证有新的呈现形式存在,与身体新的内在构造有关。通过首批显微镜的镜头揭示出,纤维乃是纤维质的构造,拥有绵长的轮廓,在 18 世纪成为最低限度的解剖学上的单元,是构成身体各部分的首要断片。此外,它还拥有自己的动量和自身的资源:"纤维的张力非他,就是其平常的状态③",狄德罗断言道。它也是运动的首要单元:"在生理学中,纤维就是数学中的线条④",狄德罗1765 年又重申道,将之推进为机体的中心结构,恰如赋予其灵感的哈勒那样,对此多方提及;哲学家的"梦想"就是要在身体的内部空间中将无穷多敏感、活跃的"束与线⑤"错综纠结在一起。

由此,便产生了对预防性极化的持存度及移位、对求助于低温从而改变实践的新看法。凉爽可使纤维绷紧的说法与至今对热度的大肆强调有着天壤之别,后者宣扬的是老的养生法,即清空体液:可使之硬化的低温取代了清除体液的热度。约 1775 年,本杰明·富兰克林建议卧榻需"简朴",上面只需铺粗布即可,这与一个世纪前德·洛尔谟的提议完全相左,后者认为卧榻上应该铺设毛皮,需要加热,就像加热砖块使

---

① 塞缪尔-奥古斯特·提索:《论文人的健康》,巴黎,差异出版社,1991 年,第 66 页(第 1 版,1768 年)。

② 让-玛丽·德·圣于尔桑:《女性之友或医生关于女性的习惯对其风俗与健康产生影响的通信》,巴黎,1804 年,第 169 页。

③ 狄德罗:《生理学诸要素》(手稿,1780 年),巴黎,迪迪埃出版社,1964 年,第 311 页。

④ 同上,第 63 页;就此主题,也请参阅罗塞林·雷伊:《启蒙时代医学思想中的卫生保健与对自身的担忧》,载《通讯》,第 56 期,《身体的统治》,1993 年。

⑤ 狄德罗:《达朗贝尔的梦想》,见《哲学著作》,巴黎,J.-J.波韦尔出版社,1964 年,第 198 页。

炉灶烧热一样。还有锻炼，其所讲究的也是重复张力，使原纤维达到强化的效果①。

2）文化与巩固

我们在此不要自欺，这些变化也在文化领域有其对等物。譬如 18 世纪，特隆尚就是其中一个将纤维的强化规划与道德坚定成功混合起来的人之一。机体的弱点在此成了文明的弱点，巩固的标志成了追索的征候："只要罗马人在进入校场前投身于台伯河中，他们就会成为世界的主人；但沉湎于［热水］浴的阿格里帕和尼禄却逐渐成了奴隶。②"冷水必须予身体以强烈的感受，就像它能使钢铁凝固一般。对纤维质的参照使身体与文化规划相聚合：纤维的身体形象，其完全坚固的一面，均有助于这一信念。作为简朴摄生法、身体锻炼和冷水浴的始作俑者，特隆尚追求的是更为简朴的强化实践法：不要戴睡帽，"即便骑马"也别戴帽，不要穿得太多，避免出太多的汗。他在日内瓦获得了欧洲开明公众的支持。埃皮内夫人在那儿待了很长时间，详细记述了自己对乳制品和水果的摄入、散步、为"强身健体③"而洗冷水浴的情况。伏尔泰将这位禁止放血和清除体液的医生视为"伟人④"，因他发明了平凡、自然的实践方法，但他的成功也使人开始接纳新的模式，即各种"特隆尚式样"的东西，如为便于走路穿改短的、没有裙撑的衣服。

更为深刻的是，在这场柔弱和强化孰是孰非的争论中对身体的参照，成了集体抱负的中心。在此范围内，重要的不再是净化，而是耐力，焦点不再是物体的精致及其异于常人之处，而是耐力及其新的持久力。"完善人类⑤"的

---

① 还可参阅第 278 页（原书第 293 页）。
② 泰奥多尔·特隆尚，1759 年 9 月 3 日信，见亨利·特隆尚：《17 世纪的一名医生：泰奥多尔·特隆尚》，巴黎，1906 年，第 59 页。
③ 埃皮内夫人：《反忏悔录：蒙布里昂夫人的故事》，巴黎，法兰西信使出版社，1989 年，第 1282 页（第 1 版，1818 年）。
④ 伏尔泰，1757 年 12 月 3 日的信，见《全集》，巴黎，1827 年，第 3 卷，第 1340—1341 页。
⑤ 维勒纽夫的费盖：《政治经济学：丰富及完善人类的规划》，巴黎，1763 年；夏尔·奥古斯特·旺德蒙德：《论完善人类的方式》，巴黎，1766 年；雅克-安德烈·米罗：《改善与完善人类的技艺》，巴黎，1801 年。

技艺一经表述,便成了18世纪下半叶政客及医生需规划之事。开始朝渐进式改善、逐级锻炼,朝"无穷的可完善性①"算计。未来具有其现在所不具有的角色:"生活放荡者挥霍自己的健康比败家子挥霍自己与他人的财产对自己的后代更有罪②",约1780年,纪尧姆·布尚在其论家庭医药的名著中如是说。社会的变化引领着这股动向,身体保健的价值在此同老的亚里士多德的理想大相径庭:把精力倾注于后代与谱系的威望相悖。18世纪,资产阶级的价值观占主导地位。资产阶级通过这种对身体力量的研究——迫在眉睫的是对健康进行研究,稍后的是对如何强化未来数代人进行研究——总是能更进一步地确立自己的地位。反对意见当然太过简单,18世纪下半叶的转型极为深远,以至于无法仅局限于"资产阶级"这一群体。弗朗索瓦·弗雷、罗杰·夏尔蒂耶或达尼埃尔·罗什③均证明了在这一开明精英阶层中贵族所处的地位。无论如何,"进步"社会确立了起来,对使共同体内的身体的未来持警醒状态起到了促进作用。

更为深远的是,在这一对强化纤维和身体抵抗力的召唤中,个体的新形象清晰地浮现出来,它更为自主、更能作出反应,也更具持久力。它一上来就懂得如何用自己的力量来对抗中庸,它能用源于自身的活力使自己更为精力充沛。换句话说,某个未来"公民"的形象也同样在狄德罗或卢梭提及的这些身体结构中清晰地显现了出来:纤维的命运无法仅局限于生物学的命运之中。

7

从对身体的观察至临床医学的诞生

解剖学与生理学的视点、身体"内部的"呈现方式发生了改变,而对启

---

① "人类的可完善性确实无穷无尽。"(让·安托万·尼古拉斯·卡里塔·德·孔多塞:《人类精神进化史纲要》,巴黎,社会出版社,1971年,第77页,第1版,1794年)

② 纪尧姆·布尚:《家庭医学》,巴黎,1788年,第1卷,第21页(第1版,英语,1772年)。

③ 弗朗索瓦·弗雷:《思考法国大革命》,巴黎,伽利玛出版社,1978年;罗杰·夏尔蒂耶:《法国大革命的文化起源》,巴黎,瑟伊出版社,1991年;皮埃尔·古贝尔与达尼埃尔·罗什:《法国人与旧制度》,2卷本,巴黎,阿尔芒·科兰出版社,1984年。

蒙时代科学的信仰则试图揭示生命的法则。对病患身体的观察也发生了缓慢的变化，即便基础生物学知识与医学实践之间的关系仍不甚明了，即便极少有科学发现在掌控疾病方面产生即刻的影响。

1）使疾病具体化

有许多著名的医生记下了他们对疾病及其阶段和演变的看法。在英国剑桥学习、在伦敦当开业医师的威廉·赫伯敦使用希波克拉底的方法，发展出了一套针对疾病特有征候的令人印象深刻的理解方式。他颇为重视 17 世纪著名的临床医生托马斯·西顿汉姆的建议，照后者的看法，临床症状应该被详细记录下来，"就像画家画肖像时巨细靡遗的观察"，赫伯敦强调在"特有且持续的"症状与那些同疾病毫无关联的因素如年龄或体质之间，二者的差异具有很大的重要性。他的《笔记》（1804 年①）乃是他六十年来在病人床头特意记录下来的成果，揭开了古人的错误，且做出极富洞见的诊断和预后建议。

新的临床技能出现了。维也纳圣三一医院的主任医生莱奥波尔德·奥恩布鲁格在其《新发现》（1761 年②）中主张使用胸腔敲击法。由于父亲是客栈老板，所以奥恩布鲁格自童年起便掌握了一套"绝活"，轻敲酒桶便可知桶内酒是否盛满。从酒桶至病人，他注意到，当他用指尖轻敲健康受试者的胸膛时，会发出敲布面鼓时那样的声音；对比之下，发闷的声音，或异乎寻常的高音，均表明肺部得了病，尤其是肺结核。毫无疑问，这就是身体物理学的新的问询方法。

2）质的魔力

但极少有量方面的迹象：18 世纪医生对"五感官"这一传统诊断方法感到心满意足。他们把脉、通过嗅闻发现坏疽、尝尿、通过听诊来侦查呼吸是否规则，关注皮肤和眼睛的颜色——他们研究的是希波克拉底的形

---

① 参阅威廉·赫伯敦：《疾病与治疗笔记》，伦敦，1804 年。
② 莱奥波尔德·奥恩布鲁格：《新发现》，维也纳，1761 年。

状,即会显露在濒死者脸上的表征。这些习用的方法几乎完全都是质的方面。因此,人们在"把脉的传统"中感兴趣的,并非是每分钟跳动的次数(正如后来的情形),而是脉搏是否有力、稳定,是否有节奏,是否能被"感触"到。对尿样的关注几乎也持相同的态度,即便古人检测尿液的方法(尿检),如江湖郎中所谓的"尿可预测"之类的行为已遭否定:对尿液所作的严肃的化学分析尚未开展。质的判断仍占主导地位,所谓好的诊断就是通过医生的敏锐度及其经验来评测病人。

18 世纪的开业医师遵循的是托马斯·西顿汉姆的轨迹,以希波克拉底为准绳,以经验为导向,积累大量案例研究,尤其是对传染病的研究①。西顿汉姆在英国获得很大的尊敬。这位"英国的希波克拉底"内战时曾担任议会军队的骑兵队首领。1647 年,他前往牛津,1655 年起便开始在伦敦执业,作为罗伯特·博伊尔和约翰·洛克的朋友,他一直坚持认为临床医学中观察要比理论更重要,还教医生如何区别特殊的疾病,如何找到特定的治疗方法。他深入观察了传染病,认为传染病是由大气的特性引起的(他称之为"传染构造"),其决定了何种类型的疾病会在哪个季节散播开来。

3) 疾病的"真正"成因?

按照西顿汉姆的教导,普利茅斯的医生约翰·赫克斯汉姆在其《论发热》(1750 年②)中发表了有关疾病特征的重要发现;切斯特的开业医师约翰·海加斯从事天花和伤寒之类的传染病研究③。约克郡人贵格派信徒约翰·弗瑟吉尔在伦敦的客户都是有钱人,他也是西顿汉姆的狂热追随者。他在其《对伦敦天气与疾病的观察》(1751—1754 年)一书中描述了当时大肆流行的白喉,极富价值④。他的朋友、同样是贵格派教徒的约翰·考克里·莱特森乃是 1778 年创建的伦敦医学协会发起的临床研究的推动者⑤。有了这些在外省发展的医学团体,就能汇集临床资料,互相交换。医学报刊

---

① 托马斯·西顿汉姆:《医学全集最新版》,日内瓦,1696 年。
② 约翰·赫克斯汉姆:《论发热》,伦敦,1750 年。
③ 约翰·海加斯:《如何预防天花》,切斯特,1785 年。
④ 也请参阅约翰·考克里·莱特森:《约翰·弗瑟吉尔的著作及其生平行状》,伦敦,1784 年。
⑤ 约翰·考克里·莱特森:《医学起源史》,伦敦,1778 年。

的诞生同样也有助于使实验公开化,有利于传播信息。系统化的流行病学与病理学研究的项目要到 19 世纪才发展起来。然而,对疾病作极富价值的观察在 1800 年前就开始了。1776 年,马修·多布森证明糖尿病者的尿痛是由糖分造成的;1786 年,莱特森发表了一份论酒精作用的开创性报告[①];托马斯·贝多埃斯[②]和其他人则对肺结核作了研究,此病早已成为欧洲都市严重的"白色瘟疫"。

但在疾病理论中并未出现决定性的进步。涉及疾病真正病因的那些问题仍旧众说纷纭。人们总是将许多疾病归结于个人因素——先祖的原因,或体质太差,缺乏卫生保健,没有节制或生活方式不佳。"体质性"或生理疾病这一概念受到传统体液论的支持,直至 18 世纪中叶仍起关键性作用,从而使人可令人以极其满意的方式理解毫无规律、不可预见的疾病的散播方式:受感染或发热时,某些个体会受影响,但有些不会,甚至同处一屋也是如此。它同样吸引了对个体道德责任感的注意,令人了解如何才能以个人的努力来防止疾病。这一疾病的人格化既具吸引力,又是个陷阱,直至今日人们仍为此争论不休。

4) 疫气和集体的"身体"

疾病本质上是因感染而患的理论也同样得到了传播。团体所作的实验大部分均为自身代言。某些疾病,如梅毒,很显然是人际传播。18 世纪首先在英国、后由法国和德国引入的天花接种也证明了天花具有传染特征。但对传染的假设同样也有困难之处。若疾病具传染性,那为何不是全世界都被感染上呢?

这样的恐惧解释了很久以来便根深蒂固的疫气思想为什么会流传甚广,也就是说据此看法,疾病通常并非由人际接触,而是由环境散发出来的疫气散播的。总之,全世界都很清楚,有些地方比另一些地方更干净,或更危险。对疟疾之类的间歇性发热而言,公众的共识是那些住在沼泽或小溪

---

① 参阅约翰·考克里·莱特森:《有益于促进福祉、节制和医学科学的忠告》,3 卷,伦敦,1797 年。

② 参阅托马斯·贝多埃斯:《健康女神,或论影响我国中上层阶级的道德与医学原因》,伦敦,1802 年。

边的人特别容易受感染。他们知道,低热和发疹热(伤寒)感染的是大城市中人口密度太多的低地地区的居民,同样它们也会传染给监狱、兵营、船只和救济院内的人。因此,认为疾病存留于有毒的大气散发的气体中,自腐烂的骨架、食物与排泄物、水淹的土地、即将腐烂的蔬菜和环境中的其他污秽之物中散发而来,也说得过去。他们说,不良的环境产出不良的空气(体现在腐臭的气体中),再由后者传播疾病。世纪末,改良者们注意到了"感染性"疾病——坏疽、败血症、白喉、丹毒和产褥热——这些疾病特别容易感染低地地区居民、破败的监狱和医院中的人。巴黎的圣主济贫院就拥有发热温床这一难堪的名声,因其肮脏不堪而遭到了特农的严厉谴责①。

人们试图大力预防及阻止传染病。疾病似乎比往常更易威胁个人的身体和集体的身体。关于人口的新观点使集体的期望有了崭新的方向。启蒙时代的医学也成为人类群体的防御性医学:"完善人类②"、"丰富人类③"、"保存人类④",通过强化共同体而使身体更为"丰赡",这展现了各个地区或全国的力量。先确认易感染严重发热疾病的地方——拥挤的陋室、营地、监狱——,再进行试验以发现据认是感染性发热源头的腐烂物产生的原因。正如约翰·霍华德⑤之类的监狱改良者、詹姆斯·库克⑥之类有教养的舰长的努力所证明的,他们所喜欢的对策是为了保持干净而巨细靡遗的"管理"策略:洗涤、烟熏消毒、石灰漂白、喷洒柠檬汁和醋(据认是"灭菌"物质)、大型通风口、良好的道德和纪律。人们重新认识到柠檬和酸橙在治疗坏血病中具有的价值。此外,柑橘不再被推荐为万灵药,而是以干净为目标的整体措施中的一个元素而已。

5)病理解剖学的想象领域

我们还必须提及疾病理论中另外两个进展。受自然史的影响,许多

---

① 雅克·特农:《对英国各大医院与某些监狱的观察日志》,巴黎,1787年。
② 夏尔·奥古斯特·旺德蒙德,前揭(标题文字)。
③ 维勒纽夫的费盖:《政治经济学》,前揭。
④ 《有益身心的书目……保存人类》,巴黎,1787年。
⑤ 约翰·霍华德:《欧洲主要传染病院报告》,伦敦,1789年。
⑥ 参阅詹姆斯·库克:《环游世界日志:1768、1769、1770、1771……》,德弗雷维尔法语翻译,巴黎,1772年。

人都希望为疾病类型分类，也就是说按照类别、种类和变异归类，就像植物学和动物学中的那样：将相似者与相异者列出清晰的图标。基于受林奈威望颇高的著作影响的"疾病自然史"这一概念，人们认为必须建立起疾病分类学，而疾病就是真实的实体，受自然法则的管控；布瓦西耶·德·索瓦日在其《系统化的疾病分类学》(*Nosologie méthodique*, 1771 年)与威廉·卡伦的疾病分类学著作中均从事这一课题。

然而，病理解剖学的上升从长期来看很重要，它揭示了身体的"地下"世界。是帕多瓦大学的解剖学教授意大利人乔瓦尼·巴蒂斯塔·莫尔加尼开启了这条道路。近八十岁的莫尔加尼以约翰·维普弗和泰奥菲尔·博奈先前对尸体的研究为基础，于 1761 年出版了 *De sedibus et causis morborum*(《疾病的场所与病因》)一书。这部著作检验了他做的约 700 次尸检。该书立刻就成了名著，1769 年被译成英语，1774 年被译成德语。

莫尔加尼的目标就是证明疾病就在某些特定的器官内，疾病的症状与解剖学病变相关，器官的病理性变化是疾病表征的起因。他清晰地阐述了许多病理条件，是首个确认了梅毒性大脑肿瘤和肾结核的人。他很清楚当身体半数器官都瘫痪时，病变就会出现在与大脑相对的那一半。他对女性生殖器官、气管的腺体和男性输尿管的研究也同样具有开创性。

其他人继续了他的研究。1793 年，威廉·亨特的外甥、苏格兰开业医师马修·贝里在伦敦执业，出版了《病理解剖学》一书。书中附有威廉·克利夫特精美的铜版插画——其中一些插画展现了塞缪尔·约翰逊的肺气肿，贝里的著作比起莫尔加尼的更像是本手册，相继描述了患病器官的外形。贝里是首位清晰阐明肝硬化的人，他在该书第二版中还阐发了"心脏风湿病"(即风湿热)这一概念。

病理学使 19 世纪初的医学迎来了丰收期，这都是拜弗朗索瓦·格扎维耶·比夏出版于 1800 年的著作《膜论》一书所赐，该书坚持认为疾病会引起组织学上的变化。莫尔加尼的病理学围绕的是器官；比夏则变换了视角。"他宣称，人们越是观察疾病和打开的尸体，他们就越会认为考虑局部疾病时不必从复杂的器官层面，而是从个体的组织方面着手。"

出生于法国汝拉山区的托瓦雷特的比夏在里昂和巴黎念书，并于 1793 年恐怖时代水深火热的时候定居于此。自 1797 年起，他在圣主济贫院工作，开始教授医学，该院是专为穷人而设的大医院。他最大的贡献就是观察到体内不同器官包含了特定的组织,他称之为"膜";他描述了二十一种膜,有结膜、肌膜和神经膜。比夏以极大的热情从事研究——解剖了600 多具尸体,在莫尔加尼的病理解剖学和韦尔乔后来的细胞病理学之间架起了桥梁。专门研究感染区域的看法诞生了:患病的身体由此便从不可见中凸显出来,使人可大致了解其内部紊乱的具体型态。"患病'身体'与病人身体的精确交叠"得到了第一次申明①。

欧洲的近代医学已不知不觉间超越了由通感大行其道的身体视域,后者是根植于大众文化的典范。它懂得如何勘探那个时代的机械、物理、化学的想象领域。它懂得如何使身体的呈现方式朝更有深度的方向转型。然而,18 世纪末它却遇到了如何确证生命这一不可能完成的图景。但它也知道,重要的是要从对个体的反思朝对集体的反思前进。

---

① 米歇尔·福柯:《临床医学的诞生:医学视域中的考古学》,巴黎,法国大学出版社,1963 年,第 2 页。

第八章　非人的身体

让-雅克·库尔第纳(Jean-Jacques Courtine)

在面对可怕的景象时，激情得到释放，偏见变本加厉。令当今的博物学家极为惊讶的是，他们观察到多少世纪以来，在所有领域，均需由科学来达到这一简单至极的起始点：不偏不倚的观察，忠于事实①。

艾蒂安·沃尔夫在其《畸形的科学》一书中所说的这些话，借由当代生物学的阐发，对漫长阴郁的畸人史现象作了言简意赅的综述。这一认识并未出现于严格意义上的畸人史中，而是因畸形的科学——畸胎学——而得到重视。激发人们对身体畸形奇思异想的好奇心、加诸于他们身上的残酷的治疗方法、畸形激起的恐惧感和厌恶感、将它们推上前台的展示、它们引起的各类商业形式，简言之，所有这些既无法引起同情心、又无实际治疗方法的晦暗不明之处围绕着传统社会中的畸人，且试图在学者们的鸿篇大论背后将之消抹殆尽。

1

对异物的去魅

这是段古典史，而其结论却颇富前瞻性：其叙述的是对畸形身体的认

---

① 艾蒂安·沃尔夫：《畸形的科学》，巴黎，伽利玛出版社，1948 年，第 15 页。

知在合理化及医疗措施方面取得的进步。它追溯了古代的悖谬之处、起初的犹豫不决,继之以发展时的举棋不定,至最终获得的进步。"所有这些迷信在人性的发展中曾起过、现仍起着有害的作用,与对畸人的迷信一样,现已不会导致最为怪异的概念、最为不合情理的教条、最为不公正的程序,甚至是最为可憎的犯罪。自古典时代起,我们便显明了这一迷信的各个阶段,我们将之引导到了这样的时刻,即由诸多世纪累积起来的谬误大厦在科学的吹拂之下轰然倒塌。①"这是理性对人性恶魔的胜利,乃马丁医生在其《畸人史》中的著名话语:有序的精神战胜了无序嘈杂的物质,规则臣服了例外,科学的合理性使最负隅顽抗的障碍、创世中最晦涩的奥秘疲于奔命。我们在此发现目光变得矜持,逐渐将古已有之的对各类畸形的宗教盲从和恐惧剥离出去,知识的严格性慢慢地将怪诞之物的诱惑消除干净。因此,这段畸人史在更为广阔的且包含了对异物去魅的进程中获得了其意义。而畸胎学的发展因此也构成了观察模式的世俗化与合理化得到普遍接受的一个例证,令人强有力地感受到了 16 至 18 世纪西方自然科学中对知识的渴望和知识的形式所产生的效果②。

因此,畸形只有在堕入神圣之物的宇宙中,方能受到科学的裁判,其历史进程的诸阶段已被普遍接受。诚然,若粗略言之的话,那这段畸胎史究竟有何言说呢?它首先探查的是最为古老的信仰。居于自然界边缘的畸人与野兽类似;它毫无规则可言,纯然是创世的败者;生活于已知世界的疆界之内,繁殖出奇异的种族、无头的"不来米人"、独腿跛行的单足畸人、居于自身庞大足掌阴影之下的巨足人,普林尼叙述了其中的最优秀

① 厄内斯特·马丁:《古典时代至今[1800 年]的畸人史》,格勒诺布尔,米庸出版社,2002 年。

② 特请参阅雅克·罗杰:《18 世纪法国思想中的生命科学》,第 2 版,巴黎,阿尔芒·科兰出版社,1971 年;乔治·康吉莱姆:《畸形与畸人》,见《了解生命》,巴黎,弗兰出版社,1975 年;雅克·谢阿尔:《自然与奇迹:16 世纪法国的奇事》,日内瓦,德罗兹出版社,1977 年;帕特里克·托特:《秩序与畸人》,巴黎,西科莫尔出版社,1980 年;洛林·达斯顿与凯瑟琳·帕克:《非自然的概念:16 至 17 世纪法国与英国的畸人研究》,载《过去与现在》,第 92 卷,1981年,第 20—54 页;《奇迹与自然秩序:1150—1750 年》,纽约,佐纳图书出版社,1998 年;让-路易斯·费舍:《畸人:身体及其缺陷史》,巴黎,西罗斯-往复出版社,1991 年;巴巴拉·斯塔福德:《身体批评:启蒙时代艺术与医学中对不可见之物的想象》,剑桥,马萨诸塞,麻省理工学院出版社,1991 年;达德利·威尔森:《征兆与奇事:中世纪至启蒙时代诞生的畸人》,伦敦/纽约,劳特利奇出版社,1993 年;让-雅克·库尔第纳:《对畸人的去魅》,见厄内斯特·马丁的《古典时代至今的畸人史》引言,前揭,第 7—27 页(这第一点采取了该篇序言中的语言);让-克洛德·波纳主编:《畸人的生命与死亡》,塞塞勒,尚·瓦隆出版社,2004 年。

非 人 的 身 体

1. 拉维尼娅·冯塔纳：安托尼耶塔·贡萨鲁斯的肖像，约1594-1595年，布洛瓦城堡。

　　佩特鲁斯·贡萨鲁斯的女儿安托尼耶塔·贡萨鲁斯从其父亲那儿遗传了特殊基因。16世纪末，她成了欧洲各国宫中各色人等争睹的对象，其中既有想把她添至保存大量这类巴洛克风格肖像的珍奇屋中的人，也有像阿德罗万蒂之类的学者。

2-3. 版画，摘自皮埃尔·德·莱斯托瓦尔的《回忆录－日志，1574—1611年》，巴黎，法国国家图书馆。

16世纪末这些怪物是按照风格化的规则虚构出来的：人类的躯干，兽类的四肢，七个生殖器官，犯下无数死罪……上帝大发雷霆，警告人类，告诉他们这些邪恶的信使即将来临。

4. 长了好几个乳房的女人，《论畸人》的卷首插图，弗图尼奥·里切蒂著，1668年。

弗图尼奥·里切蒂的重要著作《论畸人》1668年版的卷首插图清晰地描绘了17世纪畸胎学的悖论，它将想象中的怪物与医学上的反常混合在一起：科学揭开了蒙在人类怪胎身上的帷幕，认为这是一种凭空幻想出来的兽性。

5. 让-里奥朗（儿子）：解剖学与病理学手册，1653年。

这幅1605年的版画是以活页纸的形式出版的，出现在里奥朗的著作中，其中有大量怪物身体解剖的图像，说明了怪物正逐渐被去魅，观察者具有理性的目光。

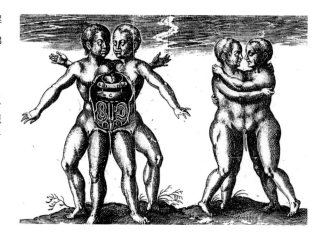

6. 皮埃尔·波埃斯图奥：不可思议的历史，1560年。

过去，怪物都住在已知世界的边界地带。这个"双头"怪存留着某些古代起源时的特征，因为她的两个身体可在共用的部位处分开。怪物的身体标志着政治上的有序和无序。

7. 弗图尼奥·里切蒂：论畸人，1668年。

里切蒂笔下这些人兽怪物形状的寄宿生都是半人半狗怪物的变体，是古人心目中对畸形的理解所致的产物：人与兽之间的"乱伦"关系。

8. 詹巴蒂斯塔·阿莱蒂：与侏儒在一起的萨伏瓦公爵夏尔·埃马纽埃尔一世，16世纪，都灵，沙鲍达美术馆。

16世纪，侏儒在欧洲宫廷中不是什么新鲜事。这位小主人把手放在他头上的侏儒就是其中一位，在类似的宫廷肖像画中，他经常会倚着家畜的脑袋。

9. 尼古拉斯·弗朗索瓦·勒尼奥的版画，摘自《对主要畸形的描绘》，1808年，巴黎，法国国家图书馆。

18世纪对连体怪很感兴趣。这幅由尼古拉斯·弗朗索瓦·勒尼奥绘制的"连体兄弟"的奇怪图像表现了怪物的身体有种令人不安的怪异感：人们会觉得这个寄生体在动，它是要进去还是要出来呢？

10. 朱塞佩·德·里贝拉：留胡须的女人——玛格达莱娜·文图拉和她的丈夫，托莱多，莱尔玛·德·卡萨公爵基金会。

留胡须的女人玛格达莱娜·文图拉时年52岁，正在给新出生的孩子喂奶。看着她的这副模样令人颇为困扰。性别、年龄、身体功能都是混淆不清：这个怪物的身体有种独特的力量，可摧毁常人的感知模式。

国 王 的 身 体

1. 托马斯·霍布斯:《利维坦》卷首插图,
1651年,特殊收藏品。

    体现国家的经典图像,国王的身体就是
国家的象征,他拿着剑和权杖,而他自己也由
"臣民"的身体构成。

2. 法国画派:灵床上的亨利四世,1610年,
特殊收藏品。

    与腐朽的身体相对的蜡像可很好地见证
王国的永恒性。

3. 让·朱斯特：陵墓中的路易十二与布列塔尼的安娜的雕像，1516年，圣德尼大教堂。

　　"帝王"陵墓里安放着用大理石雕刻而成的必朽的身体，大理石做的身体"永不会死亡"，石块可体现出国王身体在肉体上的双重性。

4. 提香：1546年皇帝查理五世在缪尔伯格战斗中，1548年，马德里，普拉多博物馆。

近代出现的首幅国王图像描绘的仍旧是战斗中的国王：国家就体现在战争的体态之中。

5. 夏尔·勒布伦：法兰西国王路易十四，17世纪，凡尔赛和特里亚农宫。

"专制"君主的身体因假发和衣服上的花边而愈显庄严：权威性通过结实的肌肉体现出来，但在他强有力的掌控手段面前，前者就显得相形见绌了。

6. 夏尔·勒布伦：国王靠自己治理国家，路易十四，在古代艺术和神话中被永恒化的身体，镜厅穹顶上的局部图，18世纪，凡尔赛和特里亚农宫。

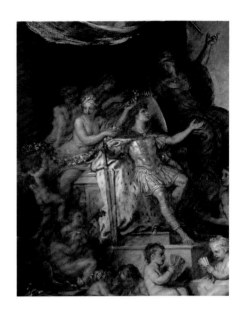

7. 夏尔·勒布伦：路易十四成神，17世纪，蒙托邦，安格尔博物馆。

国王不再像专制君主那样手拿武器。他不再发起进攻，而是悬于力量和危险之上。

者：古典时代已对他们作过描述，遂构成了畸胎学的最初开端①。故而，自最初的知识出现以来，畸人的剪影便将其怪异的阴影投射于人形之后。人类惧怕畸人，或对之顶礼膜拜。中世纪想象中的这些基督教化的表性形式根本无法改变这份古典遗产，它仅局限于将其整合入惩罚与罪孽的基督教牧歌之中。身体畸形成为畸人的主要标志，他要么是恶魔可怕的帮凶，要么是上帝派来显圣的使者，是其怒火的不详预兆，是天庭全能的见证和尘世不幸的信使②。

　　因而，畸胎学的历史表明了宗教对畸人形象的阐释是如何日渐世俗化的，取而代之的是对怪异、非常规和奇事永不知餍足的渴求。畸形真正在欧洲流行起来是约 15 世纪末和 16 世纪初，尤其是在意大利和德国，这主要是因为印刷术的发展，及对奇闻轶事开始关注之故。当畸人离开了已知世界的边缘而萦绕于世界的中心之时，16 世纪某种狂热的好奇心推动着知识界去搜集有关畸人的故事和形象，它们出现在鲁埃夫、里克斯戴纳、波埃斯图奥、帕雷的论著中，也充斥于畸人体的藏品陈列室中。但自文艺复兴时期至 17 世纪，学者和有钱的好奇者搜集的乌七八糟的藏品中存在畸人，可他们根本未曾想过要将畸人的藏品样本作公开展示之用：中世纪的教会收藏了许多圣徒遗物，它难道不是其所处时代最古老的藏品陈列室，供普通人参观之用的博物馆的原始雏形，难道不是畸人身体最初的展览场所？确实，在圣徒遗骸——骨架的碎片和几块皮肤、圣母的几滴乳汁或殉道者的鲜血、圣十字架的木片或撕裂的裹尸布——中间，出现了长途远征的所见所闻、十字军东征的战利品和旅行者的纪念品：龟壳、独角兽的角、侏儒的骨头、巨人的牙齿……

　　这乃是圣物与奇物的神圣联盟，其中神祇消融于远方，圣徒与畸人并排而列，但这一联盟逐渐松弛，然后断裂。在文艺复兴时期的陈列室与著作中，除圣物之外，异物有其自己的生命，只要有好奇心便足以使之显得

---

① 　特请参阅罗伯特·加兰德：《看客的眼睛：希腊罗马世界的畸形与残疾》，伊萨卡，康奈尔大学出版社，1995 年。

② 　关于中世纪畸人，请参阅克洛德·凯普勒：《中世纪末期的畸人、魔鬼和奇迹》，第 3 版，巴黎，帕约出版社，1999 年；约翰·布洛克·弗里德曼：《中世纪艺术与思想中的畸人种族》，剑桥，马萨诸塞，哈佛大学出版社，1982 年；克洛德·勒库图：《欧洲中世纪思想中的畸人》，第 3 版，巴黎，索邦大学出版社，1999 年；丹尼尔·威廉姆斯：《论畸形：中世纪思想与文学中畸人的功能》，蒙特利尔，麦吉尔-女王大学出版社，1996 年。

合理合法。不过,在漫长的畸人史中,此种好奇心居统治地位的时间相对而言并不长。它出现于过渡期,其时宗教权威已开始放弃自己阐释畸形的权利,而近代科学却尚未完全追索回自己的地盘。对畸人身体的去神圣化自 17 世纪下半叶以及整个 18 世纪起进展确实很快:随着 K. 波米昂的"树立"好奇心这一说法确立起来,解剖学和生理学对畸人愈益精确的观察和记录遂得到了发展。对认知对象和方法的框架进行合理布局,蔚然成风的好奇心逐渐将圣物和科学领域内的隐晦之处排除在外,使藏品的偶然性得到更为严格的问询和分类,并使作为特例的畸胎学进入了自然史陈列室有序的空间之中,当然也并非没有抵制[1]。

因而,在这样的背景下,人们对引起 18 世纪强烈兴趣的畸形展开了论战:出版的报告和回忆录、流播的阐释和报道、通讯员网络内部的交流、学术杂志上的文章或皇家学院的争论,但也围绕解剖室和首批自然史博物馆内的陈列品争论。究竟论争些什么在此已无关紧要,重要的是其造成的效果:关注点已逾越古代的奇幻想象,好奇心逐渐同迷信和信仰的传承分离开来,科学上的把握与对畸人反常之处的普遍理解日益形同陌路。因此,这些争论针对畸人起源这样的问题,也就是说论及的是畸形的传统谱系究竟有何种支撑点,也就不足为奇了。大约两个世纪前,在昂布鲁瓦兹·帕雷解释畸人起源时列出的十三条理由中,确实可大致看出几条总括性的组织原则,其中自然与超自然争论不休:神圣的全能、魔鬼的恶行、类比的力量、怀孕在"自然界"的偶然性、精液过多或缺乏、人与兽之间的"不伦"报告。畸人乃是奇迹、巫术、启示、罪孽的后果,或是偶然受孕而成。上帝是否真是畸人诞生的缘起,它们是否真的是偶然所致? 因此,在"双重畸人大辩论"中人们也是这么自问的,这场辩论自 1724 至 1743 年对列梅里、温斯洛和其他几个人发起了攻击,并在知识界激起千层浪。女性的想象是否真的拥有人们所赋予的类似力量,因母亲亲眼所见留下的印象而能生出畸形胎儿? 雅克·布隆戴尔自 1727 年便在其《论女性受孕期间想象对胎儿的影响》[2]中如此质问。即便启蒙时代也未曾对所有这

---

[1] 克日斯托夫·波米昂:《收藏家和猎奇者:巴黎至威尼斯(16 至 18 世纪)》,巴黎,伽利玛出版社,1988 年。

[2] 参阅玛丽-艾莲娜·于埃:《畸人的想象》,剑桥(马萨诸塞)/伦敦,哈佛大学出版社,1993 年。

些质询作过任何定论性的回应,即便像马勒伯朗士《论真理的研究》继续对畸人先存这一神学观和母亲想象力的寓言大力推动这样的著作数度重版,大获成功,即便拉斐托神父描述美洲无头野人的故事和形象,且认为它们直接源自老普林尼想象出来的畸形种族,人们投注于畸人身上的好奇心仍开始发生了转变。莫佩图伊斯就从未曾观察到有人类的肢体属于其他族类,于是他就以那个世纪愈来愈风行的信念,加入了大合唱,认为畸人仅属于医学领域①。

因此,当人们尚对此粗略研究的时候,畸人的科学呈现史正在将我们引导至 18 世纪这一终局时刻。还有什么需要多加说明的吗? 当然有。因为首先对理性——与迷信及科学中的畸人形象相伴相生——的发展不可避免这一概念提出质疑是可能的。即便很难否认对畸人形象的洞察在漫漫的历史长河中曾依赖于吸收与合理化进程这一条道路,但对畸人的去魅化却并未走上线性的持续发展之途,且使整体变得复杂,感受也是变化多端——害怕、受控制的愉悦、厌恶、百般的好奇,甚至有时还有那么点先入为主的同情——这些都超越了仅仅对科学的渴望。② 其次,尚需注意的是,畸胎学史并非畸人史,即便它们常常被混同。畸人史让其他对象受到历史的调查:畸人这一事实的社会构架与司法定义,有关畸胎展览的大众文化与文学,有关先天畸形者的商业,普通的感受,面对解剖学意义上的畸形展示公开表现出的好奇心。这段历史仍有待描写,这些畸人并不属于历史。

2

大众文学中的畸人

因此,面对这段支离破碎的历史,我们现在将转个方向,检视那些生动见证对畸人表现出强烈好奇心的文献资料,畸人激起的普遍的惊奇感,以

---

① 莫佩图伊斯:《维纳斯的身体》,s. l. ,1745 年。
② 关于这点,请参阅洛林·达斯顿与凯瑟琳·帕克:《奇迹与自然秩序》,前揭,第 173—214 页。

及由之引起的五花八门的生意:大众文学的散播。我们知道传统社会中后者的重要性,照费尔南·布罗代尔的说法,这就是仅限于经济交换"底层"的"各类职业"具有的惊人扩展度和大规模扩散度,此外更有印刷术的成功传播,它直至 19 世纪都未曾衰落,故而这种类型的交换并未崩毁①。

畸人构成了这些不定期散页印刷品钟爱的主题,照某个虽年代错误却广为流传的说法,有时它们还被称为"八卦",描写的都是我们如今所说的"杂闻",后来才有了蓝色文库②和各类报刊。这些不定期散页印刷品究竟是什么呢?它们讲的都是人类的各种犯罪行为、渎神、偷窃、谋杀或决斗,以及罪犯的应有惩罚;它们详细讲述自然灾害、流行病、水灾和火灾;它们宣布发现超自然和奇异事件,天上的现象,幻想或奇迹;最后它们还会讲述令人惊奇和恐惧之物、魔法、幽灵和畸人。都是些专事描述暴力、不幸和奇闻轶事的大众文学……

尤其是自 16 世纪下半叶起,活页和小册子也在城市流播,通常都是通过叫卖兜售,只在极偶然的情况下才会进店出售:题目开宗明义,写明日期,标明发生奇事的所在地;图画表现畸人,一篇短文叙述畸人出现的故事,结尾处说明应从中取得的教训。我们将之视为以畸形为主题出现的首批大众文学之一③。这些不定期活页印刷品开创了一种文体,即畸人刊物风格,它大获成功,在活页上风行解剖奇闻的 1550 至 1650 年间,它就已经提出了这些小说究竟会有哪些受众的问题。受众不仅仅是普通大众,其范围更广,包容不同社会阶层,因此这些活页印刷品和小册子传播的力度极大。从而表明了人们对这些受时代的某些记忆滋养的纸上畸人产生了莫

① 洛朗斯·封丹:《15—19 世纪欧洲传播史》,巴黎,阿尔班·米歇尔出版社,1993 年。

② [译注]指中世纪的骑士文学丛书。

③ 关于大众文学的不同层面,特请参阅让-皮埃尔·塞甘:《期刊出现之前的法国信息:1529 至 1631 年间 517 则刊行的八卦》,巴黎,迈松纳夫出版社,1962 年;罗杰·夏尔蒂耶:《1530 至 1660 年间的编辑策略与大众读物》,见《法国出版史》,第 1 卷,巴黎,普罗莫迪斯出版社,1982 年;玛格丽特·斯波福德:《小书与令人愉悦的故事:17 世纪的流行小说及其读者群》,剑桥,剑桥大学出版社,1989 年;奥塔维亚·尼科利:《意大利文艺复兴时期的预言和大众》,芝加哥,芝加哥大学出版社,1990 年;泰萨·沃特:《1550—1640 年间的廉价读物与大众的虔诚心》,剑桥,剑桥大学出版社,1991 年;洛林·达斯顿:《欧洲近代早期的奇闻轶事与奇迹中的暴力》,载《批评探究》,第 18 卷,第 1 期,1991 年秋季号,第 93—124 页;莫里斯·勒维尔:《血淋淋的八卦:杂闻的诞生》,巴黎,法亚尔出版社,1994 年;保罗·塞莫南:《市场上的畸人:英国近代早期的怪人展览会》,见罗斯玛丽·加兰德·汤普森主编:《怪异:独特之躯的文化景观》,纽约大学出版社,1996 年,第 69—81 页。

大好奇心①。因此,皮埃尔·德·莱斯托瓦尔并不满足于在自己的日记里复述这些街头轶事。他亲自去搜集:1609年1月6日,他经过巴黎一家法院门口,突然看到有个小贩在兜售两幅描画畸人的"漂亮、可怕"的雕版画,便立马将其加入了自己的藏品之中②。他作为有产者,其文人的好奇心与大众的惊异感所涉的主题无甚分别。同样,颇受街头文学欢迎的畸人诞生和发现畸人之类的题材在专辑和学者的论著中常常得到原封不动的复制,是这类文章的主要原料。鲁埃夫、帕雷、波埃斯图奥、里切蒂以及其他许多人③的文集在16与17世纪得到多次增印和重版④,它们在有教养的公众阶层中亲自传播着这些通俗小说。而且它们在畸人小说中占了很大的比重,以至于没人没有读过,今后也会有人看,不过它们却构成了有关畸形的首批经验性的资料集。17世纪之交有关畸人的章节中,在学者的观察与大众的好奇心、博学的演讲与街头传说之间,差异仍旧含混不清,界限也很模糊。小说在畸人的领地中起了主导作用。

3

形象与小说

这些畸人小说是如何构造出来的呢?若我们审视一下这些大众杂志的先辈们所用的资料,便会意识到它们的构造既是图解式的又是叙述式的,遵循一整套简单的原则和规则。

---

① 皮埃尔·德·莱斯托瓦尔:《回忆录-日记》,布吕奈编,12卷本,巴黎,勒梅尔出版社,1875—1896年;《一个巴黎有产者的日记》,1515—1536年,V. L. 布里利编,巴黎,1920年。

② 皮埃尔·德·莱斯托瓦尔:《回忆录-日记》,前揭,第9卷,第193—195页。

③ 朱利乌斯·奥布塞昆斯:《奇异之书……》,1552年[法文版:里昂,J. 德图内斯出版社,1555年];雅克伯·鲁埃夫:《论人的受孕和生殖》,苏黎世,C. 弗罗绍尔出版社,1555年;康拉德·里克斯戴纳:《奇异之事与编年史……》,H. 彼得里出版社,巴塞尔,1557年;皮埃尔·波埃斯图奥:《奇异史》,巴黎,樊尚·塞特纳出版社,1560年;爱德华·范顿:《自然界的某些秘迹》,伦敦,宾门出版社,1569年[英文版译自波埃斯图奥];阿尔诺·索尔班:《论畸人……》,巴黎,1570年;昂布鲁瓦兹·帕雷:《论畸人与奇事……》,巴黎,1573年;让·里布拉斯:《论畸人》,巴黎,1605年;弗图尼奥·里切蒂:《论畸人》[1616年],莱顿,巴斯琴·斯考滕出版社,1708年。关于奇事的文学,请参阅雅克·谢阿尔:《自然与奇迹》,前揭;鲁道夫·先达:《16世纪下半叶法国的奇迹文学》,慕尼黑,M. 许贝尔出版社,1961年;乔伊·肯塞斯主编:《奇迹时代》,芝加哥大学出版社,1991年;洛林·达斯顿与凯瑟琳·帕克:《奇迹与自然秩序》,前揭。

④ 1560至1594年间,波埃斯图奥的《奇异史》也出了九版和各类译本。

首要原则:畸人不可无图。在那个时代的"杂闻"范畴内,畸人的出现乃是大事件,可成为插图热衷的对象。因此,使用图像似乎与神祇的介入也比较符合,而对畸人的呈现则与传统社会中身体畸形具双重地位的预言表征系统融合在一起:畸人既是场景,又是神圣的表征。

第二原则:宣告畸人出现,完全不需要存在真实的畸人。因为在 16 世纪最后数十年和 17 世纪最初几十年间,就宣布发生了几件奇事:皮耶蒙特出现的七角怪、伦巴第出现的九头怪、米兰地区"恐惧至极"的畸人、梅斯的猴孩、西班牙有个男人中邪后产下了一个畸人、里斯本人脸披鳞的畸人、象头孩、土耳其的三角怪。此外在日内瓦还有个加尔文派女教徒产下了一头牛犊,不过这很有可能是反宗教改革人士杜撰的,明显是"驴子教皇"和"牛犊修女"的改进版,后来又出现了许多畸形猪和畸形鱼、会飞的恶龙和地上的怪物。然而,除了这些充满奇想的介于人性和动物性的动物图谱之外,1570 年在巴黎又发现了一个阴阳人,"1605 年出生于莫贝尔广场旁樵夫街的两对连体姐妹",1649 年又在蒙塔尔吉出现了两对连体人。后面那个例子,经过彼此对证,可确认确有其事。

在报纸上的畸人世界中,真实的畸人反倒成了例外,以至于活页印刷品的编辑对是否真实从不放在心上:他们会反复使用相同的木版画来表现不同的畸人。① 在大众文学中,小说倒是经常超越甚至产生现实感。

我们发现对图像的滥用表明了那是一种古老的宗教迷信,是对轻信的大众的肆意利用,是传统社会对畸人所作的天真、过时的想象。不过,这也说明了此乃一种对畸形普遍、现实的体验,导致与对畸人身体的感知体验达成的理解截然不同,从而表明它已在漫长的历史长河中发生了转变。

4

畸人与畸形

在古代的城市中,对解剖学上畸形身体的展示与今日不同。当传

---

① "1576 年出现在古巴的畸形蛇木版画也在 1579 年巴黎空中的飞翔恶龙那儿现身。"(让-皮埃尔·塞甘:《期刊出现之前的法国信息》,前揭,第 13 页)

染病和死亡侵蚀着日常生活时,身体上的污点、创痕、先天畸形、残疾既熟悉又不可见,成为感知身体的普通摄生方法的一部分。但即便对身体不完美的容忍限度比诸我们要高出不少,可许多例子都是古典时代出于对人体畸形强烈的好奇心而产生的,他们与常人不同,如奇迹般突然出现,乃神的作品或魔鬼的诅咒。只要畸人出生这样的小道消息传播开来,人们便奔走相告,比贵族的马车和学者们跑得更快。不定期活页印刷品蔚然成风,谣言四起,人群蜂拥而去,越聚越多,立马将发生此事的住宅变成了临时剧场。于是,畸人成了场景中的对象,催生了买卖。

这就是因畸人而起的体验:此种无可抗拒的痴迷程度遍及整个社会,它使社会动荡不定,继之而起的便是展露这种身体上的不幸,这是令人震惊的体验,是令目光犹疑不定、让讲话戛然而止的体验。这就是畸人:某个突然出现的存在,某次临时起意的展示,让感知无所适从,使目光和语言胆战心惊、悬而未决,是某种不可言喻的东西。因为照畸人这个词最完整、最古老的意义来看,它就是指奇异之事,也就是指此种类型的事件,其词源首先与目光、出其不意的感知混乱、双眼圆睁、显现相关①。非人的显现,就是在展露活人的同时对人进行否定:"畸人,即具有负面价值的活体。恰是畸形而非死亡,才是与生命等价之物②。"

畸形不同:在此,畸形更是一种存在而非缺席,更是身体而非符号,更是沉默而非谈话。感知体验不再轰然崩塌,而是形象的系统化建构,是消费和流通的对象;不再是目光忐忑不安,而是对读本或道听途说充满好奇心的行为。这就是畸形:不再真实,而是想象,是对形象和词语之宇宙所作的构造,据说它们可将不可言喻之物,即与非人化人体的狭路相逢、正面交锋完好地转述出来。勒高夫说,要在奇迹的合法性之中效法奇异之事无法预测的基督教框架。于是,畸人的出现渐趋缓和。因此,畸形就是用符号世界中想象中的潜在畸人来代替真实的畸人。对那些欲在漫漫历

---

① "如果我们从词源上看,将奇迹与视觉根源相连,奇迹中就会有某种根本性的东西,那就是显现的概念。"(雅克·勒高夫:《中世纪的想象》,1985年,另出现于《另一个中世纪》,巴黎,伽利玛出版社,"Quarto"丛书,1999年,第460页)

② 乔治·康吉莱姆:《畸形与畸人》,前揭,第171—172页。

史长河中理解畸人的人而言,这具有本质性的差异。因为,同我们的社会相比,赋予传统社会以特征的,乃是畸人和畸形物在对畸形的体验中的共存,同时就我们这方面而言,我们已在小说中将以前畸人之存在及肉体曾引起的创伤一劳永逸地摒弃掉了。

于是,这将我们引导至这样一个问题:我们如何才能建构畸人的形象?我们如何能制作出这些畸人小说?

5

畸形工厂

在 16 与 17 世纪的大众文学中,存在构造此种小说的规则。对遥远地区的畸人、潜在的畸人、并不可怕的畸形、纯粹聊天的产物、纯粹想象中的构造而言,情形确实如此。那这些不定期活页印刷品如何才能构造出人们从未见过的形象呢?为何这些公众却自发认可没人观察到的畸形形象呢?有什么特征可立马使畸人的形象显得真实?

畸形身体的构造遵从一个首要原则,即杂交形象。必须是又有畸形又有人,而且还有其他要素,即必须要有动物界的秩序。我们审视这些形象时,猜测在畸人的呈现中,人与兽之间的角色应该会有分配、安排、交错之类的规则。这些规则对为数不多的重要形象产生了影响。

中心与外围:兽性本质上触及的乃是外围身体,其中心仍是人性。在这个稳定的人性根源上,朝兽性变化,在反复添加取消之后,使四肢显现野兽般的畸形。过度与缺乏:肢体可保留人形,其数量多得惊人。1578 年伦巴第出生的七头七臂怪[1]就是这样,肢体众多,器官又很少:其主头上只有一只眼睛。与七头怪同一年出现的皮耶蒙特的畸人[2]也是肢体多,但这次却没有人的特征,而在外围部分添加了兽性(爪形的手),变形很表面化(一腿为红,一腿为蓝)。还有另外一个轴心,构造畸人形象的规则便是以之为基准的:身体的深度与平面化。以此为基础,

---

[1] 《奇事概论》,尚贝里,弗朗索瓦·波马尔印刷,1578 年。

[2] 同上。

将高与低①、简单与复杂、背面与正面,有时还有敞开与封闭等各种相对的描述整合在一起,幸亏有了这些呈现的原理,才能轻易地使畅销的大众文学中潜在的畸人世界内可能存在的各类畸人小说孕育出来。1624 年发现的"土耳其"畸人就是这么回事:三角、三眼、两只驴耳、一只鼻孔、扭曲反转的双脚。也就是说,有的人体特征过少,有的过多,有的恰好相反,以人为中心的外围会有更多的兽类特征。因此人们就能信马由缰地去进行描述,甚至于编造:谁都没法说畸人小说没有一定的合理性。

对 16 世纪末与 17 世纪初小说中畸人世界所作的这种简单的肖像学探查能得出何种结论呢?首先,这些小说的构造法获得了两类操作法的认可,一类使人类形象系统化地扭曲,另一类将非人的特色加诸其上。我们前面所说的畸形乃是变形的人类,是提取非人器官的形象且将其移植后产生的双重结果。这样便一方面立刻提出了起源的问题,一方面又提出了这些呈现方式的后继者又会如何这一问题。

因为东拉西扯的畸形故事那令人惊异的持久性、毫无定规的方法、持续的重复性定会使我们倍感震惊。因为恰是创造这些小说的程序构成了人们将会在所有那些拥有叙事、肖像与文本传统的作品中见到的原始版本,自此以后,该版本便不停地生产出畸形。在充斥于宗教时代大众文学的畸人滑稽的形象背后,也已出现了科学时代畸人令人不安的阴暗之处,如弗兰肯斯坦、莫罗博士岛上的领年金者,以及登上好莱坞式大船的"其他"生灵。然而,这些呈现形式并不会突然具备持久的叙事性:此处所揭示的对畸人的想象具有人类学而非历史的维度,有了这一维度,若不走以非常规的限定方式使人体呈现出非人形象的路子,就会困难重重。奇异的吊诡之处是:恰是几近机械的秩序统治着身体极端紊乱的形象。

至于这些形象的历史,一旦认出其与古代神话在在可见的杂交人传统遥相呼应时,这段历史便成了宗教的明证。赤身裸体的杂交人变形、不成比例、兽性的特征在中世纪拥有魔鬼形象的基督教化时期稳定了下来。

---

① 许多畸人形象便是这么简单叠加而成,高等级的是人,低等级的是动物,有时相反:帕雷 1564 年在布鲁塞尔对我们说,有只在白天出现的半人半猪的畸人;还有约 1600 年梅斯一个女佣和其中一个哺乳动物性交后产下的"猴孩"。请参阅《论梅斯真实的怪事,女佣因猴子相伴而产下一个畸人……》,巴黎,弗勒里·布里康出版社以锡耶纳的版本为底本,无日期,约 1600 年。

畸人仍旧是世界紊乱的特征,类似于自然灾害,与后者一样都象征着上帝的怒火,召唤人们必须对引起上帝怒火的错谬进行赎罪①。因此,不定期活页印刷品就炮制出了畸形训诲说:畸人乃是神对情欲、通奸、骄奢淫逸、游手好闲、赌博、异端的惩罚。这些印刷品的结论是,必须涤罪,要谦虚,要改进自己的行为。这只不过是些以说教故事为基础的宣扬基督教的世俗印刷品,是依赖威胁与恐惧的、传承自中世纪传统衣钵的教士神学喜闻乐见的东西。而如今,这些小说却有了历史专有的维度,被用来当作揭露新教、使风俗基督教化、占据或重新占据灵魂的工具。这解释了小说何以会在宗教战争和天主教反宗教改革运动这一备受注目的时期内大量增长的原因。

古典时代畸形身体的奇异形象,无论我们以什么方式观察,身体的紊乱和变形似乎都在求助于秩序、理性的形象。16 与 18 世纪间的畸胎学叙述的是畸人的去魅化和畸人呈现方式的合理化,大众文学使这些小说获得了异常稳定的发展,政治史出于宗教与社会秩序的考虑而持鼓励态度。然而,这整个秩序都是障眼法:畸人仍旧普遍令人感到恐惧,它激起了天马行空的好奇心,不断地避免将其限制在清谈或图像的范围之中。因此,必须看见,在贯穿古典时代使畸人有序化的意图中,在坚持不懈地抑制畸形身体时出现了一个本质性的阶段,从而表明非人既无法被同化,亦无法得到呈现。

---

① "我们的上帝欲激起人类的涤罪心,他认为不仅仅天上会发生奇事和可怕的征兆,就连像土与水这样的元素也会如此,如地震、天坑、深渊、抢夺、极度干旱、畸人与畸形生物、水灾、倾盆大雨。"(让-朗德里:《畸胎学》,克莱蒙,1603 年,第 13 页)

第九章 国王的身体

乔治·维加埃罗（Georges Vigarello）

　　君主制中，国王的身体会成为溢美之词的对象并不会令人惊讶。其优越性历来就会加诸于其身体层面上。崇敬会使其成为典范。中世纪文本长久以来便懂得将国王的"外貌"和"肥硕之躯"作为典型，如同他们懂得如何使表面现象焕发光彩一般："他步伐高贵，声音雄浑，音色优美[1]"，国王查理五世时期比萨的克里斯汀这么说；"身躯伟岸，四肢强壮[2]"，准国王奥克人加斯东·德·弗瓦手下的弗瓦萨尔说。比萨的克里斯汀在其描写查理五世的著名传记中虽未刻意强调，但也描述了他身材壮硕高大，孔武有力，体态优美："他身材高大、体态匀称；双肩宽阔有型，身材纤细。他双臂粗壮，四肢比例堪称完美。他相貌极美。他前额高耸、宽阔，眉毛浓厚，双眼有神……[3]"三个世纪后，《法兰西报》或《文雅信使》都说国王具有独一无二的品质，坚持认为他"由于全面锻炼身体和精神而健康状况良好，对任何人而言，锻炼其中几项就会苦不堪言[4]"，他在幼年便已"身材高大、骨架粗壮、肌肉发达[5]"。从

---

[1] 比萨的克里斯汀：《英明国王查理五世的功绩与良好风俗志》（14 世纪），见约瑟夫-弗朗索瓦·米肖与让-约瑟夫-弗朗索瓦·普茹拉：《充实法兰西历史的回忆录新编》，巴黎，1836年，第 1 卷，第 612 页。

[2] 让-弗瓦萨尔：《编年史》（14 世纪），见《中世纪史学家与编年史家》，巴黎，伽利玛出版社，"七星"丛书，1952 年，第 526 页。

[3] 比萨的克里斯汀：《英国国王查理五世的功绩与良好风俗》，前揭，第 612 页。

[4] 《法兰西报》，1631 年 8 月 28 日。

[5] 《让·耶罗阿尔日记（1601—1627 年）》，2 卷本，巴黎，法亚尔出版社，1989（1601 年）。

马上坠落、病痛、事故均无法损害异于常人的勇力，只有富有活力的身体特征才能确保拥有力量和意志："看看他那匹垂头丧气的马，[他]从左边的斜坡上跳上去，双脚灵巧异常，毫无滞碍。"统治臣民的乃是国王，因此他也必定要拥有理想的身体。

若这一差异未得到其他要素的支持，如血统，还有圣事，以及将国王转变为"国家内基督之代表①"的神秘威力、突然使"高贵的王储"成为"高贵的国王②"的敷油礼、强调其人格与地位的独特性，那它就还很表面肤浅。所有的征象均使其无与伦比，甚至将"使臣民成为至高君主的同伴"这样的行为也转变为"危害王权罪③"。长久以来，这些标记也具有其身体层面和身体的征候，有助于令人察觉，甚至于使人能更好地思考权力那晦涩模糊的力量，这是一种极其独特的表示方式，举办加冕礼后触摸瘰疬病人便是一例："上帝治愈了你，国王触摸了你。"身体行为几乎是以视觉的方式展现君主的威力，使神圣的当局更形具体化：只需简单地接触身体，即可改变事物的进程。

长时期以来，身体一直都是权力的呈现，其功能的呈现，体现了国王在国家的布局中所拥有的位置：他是"王国的首领④"，13世纪的立法学家这么说时，强调的是视觉形象及其逻辑。他也是"心脏"，一个世纪后美男子菲利普的咨议官们这么说，他们所开发的形象与有机体内的关联结合在一起，缓慢形成的国家意识、其必须拥有的一致性、多样性及统一性同有机体之间的相似性均大为丰富：他乃是器官，"血管从他而来，有了这些血管……暂存的物质就可得到传输和分割⑤"。从亨利四世无限重复、愈来愈精确的隐喻，路易十四强调的由肢体赋予"肉体、血液、骨骼"，直至最为具化的观点："我们必须考虑臣民的利益，更甚于考虑我们自己。它们属于我们，因为我们是身体的头脑，而他们则是四肢⑥。"最为形象化，也

---

① 勒内与苏珊娜·皮罗尔杰：《巴洛克时代的法国，古典时代的法国，1589—1715年》，巴黎，罗贝尔·拉丰出版社，"布坎"丛书，第2卷，《词典》，第1048页。

② 圣女贞德的这些话据让·巴尔贝所引：《成为国王：从克洛维斯至路易十六时期的国王及其政府》，巴黎，法亚尔出版社，1992年，第65页。

③ 让·博丹：《共和国六书》，巴黎，1579年，据让·巴尔贝所引：《成为国王》，前揭，第144页。

④ 让·德·帕里斯：《国王与教皇的权威》，C，XVIII，据让·勒克莱尔所引：《巴黎的让与13世纪的教会论》，巴黎，弗兰出版社，1942年，第230页。

⑤ 《果园之梦》(14世纪)，据让·巴尔贝所引：《成为国王》，前揭，第483页。

⑥ 路易十四：《回忆录》，据让·巴尔贝所引：《成为国王》，前揭，第486页，n.248。

是最为具体化的象征是:霍布斯的利维坦,它身体上"有数不清的小脑袋,
每张脸都朝向他①"。

身体及其发号施令的等级制布局,以及唯马首是瞻的统一性,均指传统
意义上的王国,指臣服于君王以及拥有个人权威的王国。有机体及其形式、
形象长久以来,无论在头脑简单的人还是在精英人士看来,仍旧是赋予权力
以生命且赋予其意义之物。于是,"国王的身体"不再局限于其最初的表象。
它更为复杂:具有两面性,坎托洛维茨在评论中世纪末期法学家时就这么明
确地说过②。个人的自然身体,也是总称的身体,是抽象的权威当局,是王国
有形的化身,因为其呈现方式无法避免身体的特征,故而它会更加聚焦于
此。从而,这一极为独特的身体史便不可避免地促成了权力史和国家史。

1

自然的身体和奥体

必须使国家意识急遽提升,方能使"政治的身体"这一主题更为通俗:
美男子菲利普和博尼法斯八世之间的争论就是其中的一个例子,他强调
的是国王的权威,自 13 世纪末"王国的身体"这一表达法出现起,该说法
便明显地通行起来。菲利普想要使神职人员在未获教皇的首肯下仍对他
言听计从,他彰显自己的完满权力,断言"自己拥有独一上帝所拥有的王
国③",且宣称自己完全独立。博尼法斯八世秉持异议,他在其通谕《唯一
至圣》(*Unam sanctum*,1302 年 11 月)中呼吁整个权力本来就是宗教性的,
此后也是被"主教团④"保留下来的。但其继任者克莱门五世却作出了让
步,他承认政治权威具有特殊性,不再认为"尘世对法兰西国王拥有完全
的优越性,以及干涉王国事务的整个权利⑤"。法学家也对此确认:国王

---

① 约埃尔·科尔奈特:《战时国王:论伟大时代的君权》,巴黎,帕约与海岸出版社,1993 年,第 81 页。
② 恩斯特·坎托洛维茨:《国王的两个身体》(1957 年),巴黎,伽利玛出版社,"历史图书馆"丛
书,1989 年。
③ 参阅让·里维耶尔:《美男子菲利普时代的教会与国家问题》,鲁汶,1926 年,第 99 页。
④ 同上。
⑤ 让·巴尔贝:《成为国王》,前揭,第 139 页。

正是"王国的首领",他乃是"至高无上的主人①",大肆颂扬团结统一。自13世纪起,承认"愈来愈重要的权力和手段"均在"君主的手中②":王国永远成为最为同质和统一的实体,其中权威与君权合为一体。长期以来便为帝国形象殚精竭虑的国王遂能将自己视为皇帝,成为自己王国内的君主③。就此而言,美男子菲利普手下的法学家们也有新的、起决定性作用的愿望:"赋予国王的,除了封建制度、除了教会对他的承认之外,还有古罗马皇帝在其完满的行政管理中所拥有的几乎无限的、如今却遭肢解和粉碎的权能④。"

15世纪初在"基督的奥体"与"王国的奥体"之间、在"信徒的属灵团契"和"臣民的政治团契"之间产生对比时,此种同质性便急遽增长起来⑤。权力的基础及其持久性发生了变化:集体的灵魂不仅应该令人接受其绝对的原则,而且还应接受其永恒的原则,一致性超越了死亡和更替,无论如何,这就是国王的身体所应诠释的独一的、崭新的延续性。由此可见,像这样拼接起来的形象,就是为了使非物质化的东西具体化:此种"抽象的生理学虚构或许在世俗思想中可算空前绝后⑥"。

1) "国王的两个身体"

能够赋予意义和生命是至关重要的,就像基督赋予信徒生命一般。尤其是他可长生不老,不会死亡,可使共同体永恒存在。国王非物质的身体与自然的身体相叠合,故理所当然地便拥有永恒的身体,他不会像现实

---

① 《果园之梦》(14世纪),据让·巴尔贝所引,同上,第483页。

② 弗朗索瓦兹·奥特朗:《法兰西王国(13—15世纪)构建时期的君权概念》,见塞尔吉·贝尔斯坦与皮埃尔·米尔扎主编:《政治史的轴心与方法》,巴黎,法国大学出版社,1998年,第158页。

③ 埃米尔·卡庞迪耶:《伟大的王国,1270—1348年》,见乔治·杜比主编:《法兰西史》,巴黎,拉鲁斯出版社,1970年,第1卷,第363页。

④ 皮埃尔·古贝尔与达尼埃尔·罗什:《法国人与旧制度》,2卷本,阿尔芒·科兰出版社,1984年,第1卷,第208页。

⑤ 拉尔夫·吉塞:《君主的仪式与权能:15—17世纪的法国》,巴黎,阿尔芒·科兰出版社,1987年,第13页。

⑥ 恩斯特·坎托洛维茨:《国王的两个身体》,前揭,第18页。

那样撒手而去,而是必须生活在千秋万代的后继者之中。王国的稳定性就像其存在,均会获得此种奖赏:它们"永恒地"扎根于国王立足于当下的非物质的身体之中。"共和国只是一具身体①",它不会消亡。16世纪初的英国法学家在提及"国王的两个身体"时毫无疑问说得最好:"国王有两种能力,因为他有两个身体,其一是自然的身体,由自然的肢体构成,就像其他人一样,就此而言他也会臣服于激情和死亡,如其他人;另一为政治的身体,其肢体就是他的臣民,而他及其臣民共同组成了集团……他与肢体融合无间,肢体于他也是如此,他就是头脑,他们则是肢体,只有他才掌控管理肢体的权力;这具身体既不会像其他身体那样臣服于激情,亦不会臣服于死亡,因为国王的这具身体根本就不会死亡②。"强调的是永恒不变的意愿,身体层面永不会变化:"身体完全不会像自然的身体那样,经历童年、老年,罹患所有其他弱点和缺陷③。"

国王将此种经久不变的整一性铭刻于自己的这具身体中,对经久不衰大肆彰显。神学家们通过描述他们的修道院长的神圣性,追忆了13世纪的那些先驱者,规范代代相传,因为这并不依赖于他们自己的身体:"神圣性从来不会消亡,但个体却每天都在消亡④。"约13世纪,教皇也获得了"超个体性","与教会融为一体⑤";1300年,罗马的吉尔确信:"教皇将教会带领至顶峰……教会就是这么说的⑥。"相反,16世纪初,政治上产生革新,激起了超验权威和世俗权威这些表达方式,及权力的"永恒不变性",并通过"国王永不死亡"这一表达法体现出来。国王的人格形象并非由肉体人格构成,这个主题在封建世界还很陌生:亲王和贵族"再也不会与君主紧密相连,但就像身体的四肢一样仍会臣服于王国⑦"。于是出现了质的差别:国王的权威存在于每个国王的人格之上。从而,近代国家观就此

① 让·迪·提莱:《为了虔诚的基督徒国王的王权……》,据让·巴尔贝所引:《成为国王》,前揭,第484页。

② 埃德蒙德·普劳登(16世纪),据恩斯特·坎托洛维茨所引:《国王的两个身体》,前揭,第25—26页。

③ 同上,第22页。

④ 同上,第14页。

⑤ 阿格斯蒂诺·帕拉维奇尼·巴里亚尼:《教皇的身体》,巴黎,瑟伊出版社,1997年,第89页(第1版,意大利文,1994年)。

⑥ 恩斯特·坎托洛维茨:《国王的两个身体》,前揭,第453页。

⑦ 让·巴尔贝:《成为国王》,前揭,第142页。

诞生,1576年让·博丹的《共和国六书》中是这么定义的:"君权就是绝对、永恒的权力①",此种权力直接经由不受时间左右的身体,即国王的奥体表达了出来。

但仍须详细说明国王双重身体的特点,即便如罗贝尔·德西蒙和阿兰·盖里公道地说此双重性"模仿②"了基督,国王的双重身体仍与基督不同。国王占有的是会死亡的"自然身体"。基督占有的是"真正的身体",具体体现于圣体之中。词与词的比照不太可能,这凸显了国王身体与基督身体之间的明显差异性,但也凸显了国王两个身体之间的相对性,一为必死的凡体,另一超验不朽。只有在基督的奥体与国王的奥体之间比较才有价值。只有体现于集体的身体中才有价值,"不朽的身体显现于前后相继的肉体凡胎之后③"。比较两具奥体反而更有决定意义,因为这体现了"虚构身体④"中政治的连续性。之所以说其具有决定意义,还因为这逐步转换了国王身体的自然观,即便奥体与之相对也罢。虚构的极端化难道不正是使不可见变得可见,使国王身体的无形化变得更为可见吗?"因而,他拥有的自然身体具有神圣性和国王的地位;他拥有的并非与国王的职能和神圣性隔绝相异的自然身体,而是不可见的自然身体与政治身体合二为一。这两具身体整合为唯一的一个人格⑤。"此处着重强调的国王之威严针对的是超越于时间的国家形象,纯粹身体观与此不同:如有必要,就要对国王自然身体的绝对独特性加以强调。

2) 两个身体的显现

战争证明了两个身体的重要性:就举亨利四世为例,他是"有血有肉的国王,处身于战士中,显得鹤立鸡群⑥",他在战斗时通过突显国家的身体形象而改变军队。在此,国王的在场清晰地体现了集体的狂热信仰、对

---

① 拉尔夫·吉塞:《君主的仪式与权能》,前揭,第19页。
② 罗贝尔·德西蒙与阿兰·盖里:《近代国家?》,见安德烈·布吉耶与雅克·雷维尔主编:《法兰西史》,第2卷,《国家与权力》,巴黎,瑟伊出版社,1989年,第206页。
③ 让·巴尔贝:《成为国王》,前揭,第41页。
④ 拉尔夫·吉塞:《君主的仪式与权能》,前揭,第18页。
⑤ 恩斯特·坎托洛维茨:《国王的两个身体》,前揭,第23页。
⑥ 约埃尔·科尔奈特:《战时国王》,前揭,第184页。

至为独特的狂热性坚定不移：君权的基本美德就是指国王身体拥有权威的血统、决定性的力量。由此可见，此种在场所具有的"独特"结果就是：可对事物的进程、训练士兵、战斗的意义产生"最佳效果①"。

这两个身体也改变了国家的仪式。尤其是加冕礼，它通过恢复国王的标记——"风信子色"的长袍、披风、指环、权杖、正义之手、皇冠②——来突出其优越性，将拥有最具集体"视觉化"价值之物同时集于一人的身体之上。于是，国王的身体在万众的眼前呈现出双重价值及恢弘庄严之象，"自此以后完满无缺③"，它占据了至优的美德，奇幻之术的威力便可从中流淌而出。此种视觉上的苛求到17世纪变得如此明显，以致法学家们使其变成了颇具功能化的模式："国王的装饰受到蔑视，那国王也会遭人蔑视。"④视觉苛求也出现在权力通过展现其标志和特征而仅仅行使其奇幻魔力的方式中："他身体的在场便可平息所有纷争、使人忠心耿耿，摄政王们对此知道得一清二楚：卡特琳娜、玛丽和安娜带着她们年幼的国王在动荡不安的外省散步，她们的在场犹如奇迹般瞬间便确立起秩序和驯服⑤。"

某些仪式，甚至某些建筑实质上更能体现出身体的两个层面、它们可见的相同性还有它们的差距，以及它们充满悖论的亲缘性，尤其是当它们需要描述权力的消失和转移时更是如此。比如，特别是帕诺夫斯基⑥长期研究的16世纪的"帝国"陵寝，路易十二、弗朗索瓦一世和亨利二世的陵墓都设在圣德尼修道院内：国王的尸体及其腐烂的肉体占据的是下层，充满威严的身体及其肃穆庄严的肉体占据的是上层。陵墓通过自身将死尸推向前台，它再也不会死亡，在石头中显现出身体的双重价值。

葬礼的另一种布局要更为清晰，就是指陪伴国王入坟墓的肖像，拉尔

---

① 布里尼的瓦耶：《论对王储殿下的指导》，巴黎，1640年，第49页。

② 参阅雅克·勒高夫：《兰斯：加冕之城》，见皮埃尔·诺拉主编：《值得纪念的地方》，巴黎，伽利玛出版社，"Quarto"丛书，1997年，第1卷，第675—676页（第1版，1992年）。

③ 同上书，第676页。

④ 安德烈·迪谢纳：《古物与对法兰西国王之伟大和宏伟所作的研究》，巴黎，1609年，第355—356页。

⑤ 皮埃尔·古贝尔与达尼埃尔·罗什：《法国人与旧制度》，前揭，第1卷，第220页。

⑥ 厄文·帕诺夫斯基：《陵墓雕塑》，纽约，H. N. 艾布拉姆斯出版社，1974年，fig. 324、331、354。

夫·E.吉塞对此种仪式作了精到的分析。因爱德华二世的葬仪,这种习俗遂于1327年出现于英国。如此大张旗鼓首先似是权宜之计,因为必须等爱德华三世回来主持葬仪,而且防腐处理的程序也不太可靠,所以要用国王的肖像,将其置于棺椁的上方。其他几次虽有缺席或延迟的情况,但也在随后的葬仪中维持了此种程序。习惯不知不觉地确立了起来,赋予肖像以其未曾有过的作用:描绘权力完满的国王。16世纪出现了一次规模盛大的葬仪盛会,当时弗朗索瓦一世驾崩,已故国王的肖像便被转变为"美好法兰西的政治体①",这一庄严肃穆的替代品展露在万众的眼前,国王坚实的形象便再也不会死亡:肖像只不过是种象征,象征了国王的双重身体。

此外,16世纪完整的葬仪还赋予此种蜡像以更大的作用:十一天内要给他奉上三餐,就像国王仍旧活着一般;议会的头脑们要在葬礼过程中行走在其旁边,以明确它比国王死去的身体享有优先权;自此以后,继位者便不能出现在仪式上,因为当他陪伴着活的国王的形象时,便无法不冒拆穿此种虚构行为的危险。所有这一切都是为了使国王的奥体在迁入陵寝前仍旧受到人们的承认,仍旧是可见的。所有这一切都是为了使两个身体继续存在,直到驾崩的国王入土为安。

此种仪式产生了王位空位期这一问题:最好是认为王国的奥体仍旧存在,最好是确定通过唤起国王不会死亡的形象来保持其延续性,此种严苛的要求在16世纪变得日益迫切,这一要求出现在仪式的用语中,就像迁入陵寝时的那些套话所显示的那样。比如新国王个人的名字在15世纪仍旧会被宣告出来,这是1467年查理七世驾崩时颇为个性化的继位仪式:"为查理国王的灵魂祈祷",这是象征物放入陵寝时喊出的话,"路易国王万岁"则是竖起剑时喊的话。相反,"国王"这一通称则是在16世纪得到宣告,路易十二世驾崩时非个性化的继位仪式便是如此,在喊出"国王已逝"且将象征物放入后,才会单单喊一声"国王万岁"。除了宣告超越自然身体的永恒延续性之外,不会再说其他的话:"我们同时确认,国王已逝,国王活着,精神不得不放弃世间物质性的实体,达到超越的层面②。"仪式以这种方式简单地确认国家的景象已发生改变。

---

① 拉尔夫·吉塞:《君主的仪式与权能》,前揭,第24页。

② 同上,第30页。

3）英国与法国

　　仍有好几种模式共同存在于两个身体的表达方式中，比如英国的方式就与法国的方式没有重叠。前者是语言的，后者强调的是视觉："英国人形成的是司法语言，法国人是通过展演的形式表达出来①。"由此，坎托洛维茨研究都铎王朝时期的文本以验明该理论，就具有重要性。同样，法国葬仪上的肖像及其没完没了的展示也具有重要性，以使其显得戏剧化，甚至极具夸张之能事。

　　差异并非是形式上的，它们触及到了对国王身体的看法。首先是血统。王后通奸在 13 和 14 世纪的法国，会以阴谋罪或谋杀罪论处，以显明血统和世系具有的中心价值。怀疑其通奸就将使继位者名不正言不顺。这一推测出的过失行为会牵涉到由谁来继位这个问题。"英国完全没有这种事"，科莱特·波纳评论道，因为"血统只是成为国王的其中一种因素②"。爱德华二世具有合法性，他不用担心自己的先祖；虽然他母亲是和情人一起登基的，父亲的同性恋也很出名。法国与英国之间的此种差异明显地出现在表达方式中：英语的"我们的主"（Our Lords）自 15 世纪起便与法语的"血统纯正的君主"、"我们令人尊敬的血统③"、"国王的血统或世系④"相呼应。法国人特别强调和关注的是机体，他们认为"法兰西血统就连极细微之处也都永世长存⑤"，甚或"国王的血统"是"神圣的⑥"、"湛蓝的"、极为清澈的。遂使"世界上最优秀的血统⑦"周围环绕着某种弥赛亚般的光晕，就像路易十一老年"偶得"之子查理八世出生时引起的宗教狂热那样。由于刚登基，而且也想使意大利的战争合法化，所以说这样的话就在情理之中。国王的血统可以调解任何继承方面的问题，它禁止教会的监督，禁止"驱逐忠良之辈⑧"，而英国，

---

① 　拉尔夫·吉塞：《君主的仪式与权能》，前揭，第 18 页。
② 　科莱特·波纳：《法兰西民族的诞生》，巴黎，伽利玛出版社，1985 年，第 220 页。
③ 　参阅昂格朗·德·蒙斯特雷雷，据科莱特·波纳所引：《法兰西民族的诞生》，第 221 页。
④ 　《法兰西国王的敕令》（1368 年），第 5 卷，第 73 页。
⑤ 　科斯莫·吉米耶：《国事诏书评注》，巴黎，1546 年，f° 140。
⑥ 　"代代相传的国王神圣的血统"；参阅让·勒克莱尔：《弗兰德战争誓词》，载《中世纪拉丁语评论》，1945 年，第 169 页。
⑦ 　杰汉·玛瑟兰：《1484 年三级会议日志》，巴黎，1835 年，第 217 页。
⑧ 　科莱特·波纳：《法兰西民族的诞生》，前揭，第 225 页。

还有帝国,却给贵族的支持留有了一席之地。

赋予国家的基础是第二个差异。国家这一奥体,英国和法国的起源似乎并不相同。英国法学家坚持政治当道,而法国的法学家则坚称神圣当道。比如,1608 年爱德华·科克爵士重提两个身体的主题,他清晰地阐明了英国的主张:"一个是自然的身体……这个身体出自全能上帝的创造,臣服于死亡;而另一个乃是政治的身体……由人的政策构成……于是,国王便被视为是不朽的、不可见的,不会臣服于死亡①。"截然不同的是,两年后在法国,加冕礼仪式仍坚称国王具有神圣的缘起,称路易十三为"上帝赐予我们的国王②"。这一切可浓缩为几个字:"由人的政策构成"/"上帝赋予"。两种不同的命运影响了法国与英国的奥体,拉尔夫·E.吉塞对此分析得很明确:"英国的政体——由斯图亚特王朝历任继任的自然身体所赋予——'由人的政策构成',具有立宪的形式;法国的政体——由波旁王朝历任继任的自然身体所赋予——讲究的是神圣和专制③。"这两个身体清楚地指称和代表了国家,但专制君主的身体却不可避免地立刻具有神圣的力量。

在暂时成为专制君主制后,该制度便将"无限的力量④"赋予了仍听命于法律的君主,这清楚地表明了在 17 世纪,权力同时具有自然和神圣的特征。这一表达方式源自 16 世纪的博丹,一个世纪后路易十三使其更具个性化:"君权就是指对共和国拥有绝对、永恒的权能,拉丁人称之为威望(majestatem)⑤。"

2

走上前台的专制主义

如同 16 世纪国王的两个身体逐渐同国家同一那样,同样 17 世纪

---

① 拉尔夫·吉塞:《君主的仪式与权能》,前揭,第 148 页,n43。
② 丹尼斯·戈德伏瓦:《法国的仪式》,第 1 卷,第 407—408 页,见拉尔夫·吉塞:《君主的仪式与权能》,前揭,第 147 页,n.26。
③ 拉尔夫·吉塞,同上,第 47 页。
④ 勒内与苏珊娜·皮罗尔杰:《巴洛克时代的法国,古典时代的法国》,前揭,第 2 卷,《词典》,"专制政体"词条。
⑤ 让·博丹:《共和国六书》,巴黎,1583 年,第 122 页(第 1 版,1579 年)。

随着专制君主制、宫廷社会、君主永远具有个人威权的胜利，两个身体的表达形式也随之发生了变化。1610 年的继位仪式就是为了加速使路易十三登基，确保美第奇的玛丽摄政，这清晰地表明了专制主义从来没有对国王的两个身体这一理论产生什么后果。玛丽的谋士们想在亨利四世驾崩后马上召开审判会议，铲除宫廷里的异己分子："王储殿下[在此]被枢密院确立为国王，由王后摄政①。"之所以举办这一极为特别的仪式，是为了加速交接过程，不再通过加冕礼，而是在前任驾崩后立即召开典礼来使国王即位，事实上这改变了传统的规则：君主经由"几乎世俗的仪式②"而立刻就具备了全面完整的权威。在立刻拥立为王的过程中不用交付纹章，也没有王位空位期，而是可以直接穿上象征国王的服装。也就是说，这样的安排可使国王的自然身体和奥体相结合。

此外，17 世纪的专制君主还求助于形象策略，从身体层面多层次地展现国家力量。这种方式也影响了对两个身体的看法。

1）分离的身体或融合的身体？

当然，不仅仅改变了加冕礼。在巴黎举办审判大会之后几个月，路易十三就带上了王冠，官方记录该仪式的尼古拉·贝尔吉耶在亨利四世之子的即位仪式上分辨出两个时刻："因此，通过第一种行为［审判大会］，就可宣布并确立法兰西国王，他与法律和自然赋予的王国结合在一起；但通过加冕礼，他可完全与之结合③。"毫无疑问有两个阶段，这两个阶段互相与婚姻的隐喻相关，后者保有庄严、神秘的整个价值。加冕礼建立了"国王宗教④"，将王位所赋予的权威和神圣的体制连接起来，使国王的触摸具有奇迹般的权力。路易十三 1620 年"触摸"了 3000 多名

① 《法国和纳瓦雷王后美第奇的玛丽举办加冕礼时的等级仪式》，巴黎，1610 年。

② 埃曼纽埃尔·勒华拉杜里与让-弗朗索瓦·费图：《圣西门或宫廷制度》，巴黎，法亚尔出版社，1997 年，第 117 页。

③ 尼古拉·贝尔吉耶：《国王的花束》，兰斯，1637 年，第 57 页。

④ 约埃尔·科尔奈特提及了加冕礼，认为它是"国王宗教中的关键因素"（《战时国王》，前揭，第 220 页）。亦请参阅罗伯特·内什特：《文艺复兴时期的君主弗朗索瓦一世及其王国》，巴黎，法亚尔出版社，"编年史"丛书，1998 年，第 55 页（第 1 版，英语，1994 年）。

瘰疬患者。1701 年 3 月 22 日一天,经路易十四之手的就达到了 2400 这个数字①。加冕礼建立了威望,博絮埃极力说"伟大的上帝形象也可在君主身上见到②"。

不过,1610 年的审判大会深刻地改变了该仪式的体系,它承认一俟前任驾崩,国王便可用其纹章和服装登基,而让君主陈旧的肖像伴着陵寝中的遗骸。两个身体再也不会在视觉上相分离,甚至肖像最后一次出现于亨利四世的驾崩之时也是如此。年幼的国王要等到葬仪结束后才会参与进来,因为他相信有个活的形象超越了死亡。他在前任驾崩之时就已彰显出了身体的完满性:"肖像[会被]丢弃:通过召开审判大会,新国王物质化的威望便可被立刻转移至继位者身上;难道这不就是'永恒正义的太阳王③'肖像吗?"

必须重述的是,对两个身体的观点产生影响的,就是通过上演这一过渡仪式而非确证实体分离而最终确立起来的某个重要时刻,17 世纪的法学家就是这么认为的:"就在已故国王嘴部闭合的时刻,其继位者便立刻接续而上,成为完美的国王④。"后果就是,使两个身体的主张变得更为"统一",更多地引进了奥体,使国王显得像是"抽象政治实体鲜活的化身⑤"。由此可见,此种方式截然不同,它并不会使特异的身体、个性化的姿态与行为"绝对化",而只专注于国家想象的层面:"国王不再是具身体⑥";或者如研究专制君主制时期节庆的阿波斯托利代斯所下的结论:"国家并未与法兰西连成一体,它整个就居于国王的人格当中⑦",完全被象征把持的君主在其每个行为中彰显的都是整个国家,以至于可以断言"朕即国家",尽管这是个可疑的模式。我们知道,路易十四以系统化的方式,将此种宽泛化的个人形象推向极端,使得大小姐⑧说出极具直观性的

---

① 皮埃尔·古贝尔与达尼埃尔·罗什:《法国人与旧制度》,前揭,第 1 卷,第 219 页。

② 雅克-贝尼尼·博絮埃,据约埃尔·科尔奈特所引:《战时国王》,前揭,第 414 页。

③ 让·巴尔贝:《成为国王》,前揭,第 208 页。

④ 让·西蒙·鲁瓦索,据拉尔夫·吉塞所引:《君主的仪式与权能》,前揭,第 44 页。

⑤ 拉尔夫·吉塞:同上。

⑥ 路易·马兰:《国王的肖像》,巴黎,子夜出版社,1981 年,第 20 页。

⑦ 让-玛丽·阿波斯托利代斯:《国王-机器:路易十四时代的场景与政治》,巴黎,子夜出版社,1981 年,第 13 页。

⑧ [译注]大小姐名为奥尔良的安娜·玛丽·路易丝(Anne Marie Louise d'Orléans;1627—1693 年),是具法国王室血统的公主,为亨利四世的孙女。

话："他就是上帝①"。必须说，所有文本所显明的这一断言并不具有法律上的有效性，但所有的证言却都证明这是经验上的真理："国王取代国家，国王就是一切，国家什么都不是②"，这是当时某人的断言。即便国家理性，或简言之理性，被认为减弱了此种专制主义，使其不至于朝独裁制或暴君制发展，但17世纪仍出现了这一全新的断言③。

2）身体，礼仪，宫廷

于是，国王身体最为日常的行为，他的在场及影响，也都发生了变化；没有哪个行为能避开公共生活，没有哪个行为可被视为与国家无关："除了甜蜜的私人生活之外，国王什么都不缺④"，宫廷的有心人拉布吕耶尔说。作为国家存在和权威的鲜活彰显者，国王在其生命中每个时刻均是如此：最微小的时刻都能指称全部。无疑，正是这样才赋予了围绕古典时代君主的礼仪和仪式以特别的意义，该身体符号的价值几乎超越了想要有所区别的意愿。每天被通盘仪式化的举止和姿态乃是一种使公共事务得以存在的方式，使可见的、能动的国家不再是某种单一的权威。礼仪"调节精英小团体内部的关系⑤"，它指定位置和等级，进行区别对待，但它总是通过大量身体的表现形式，使之展现在整个国家的眼前。"提前对国王及其侍从最微小的步伐⑥"调节，伟大国王的宫廷就是这样要求的，要改变国王从起床至就寝的整个行为，以公共展现为目的，这不仅仅是使尊崇具体化，而且也是使公共权威具体化，通过关注整体性而使整体都得到实现，专制君主采用这一不可避免的形式就是为了使人能对国家实体产生想象。

---

① 参阅勒内·皮罗尔杰：《古典时代》，见乔治·杜比主编：《法兰西史》，前揭，第2卷，第171页。
② 皮埃尔·朱利尤：《受奴役的法兰西的悲歌》，巴黎，1691年，据诺贝特·埃利亚斯所引：《宫廷社会》，巴黎，卡尔曼-莱维出版社，1974年，第117页（第1版，1969年）。
③ 参阅皮埃尔·古贝尔与达尼埃尔·罗什：《法国人与旧制度》，前揭，第1卷，第209页，"至少在某些时刻，所有人都具有限制其权力的意识"。
④ 拉布吕耶尔：《性格》，"君主"，据诺贝特·埃利亚斯所引：《宫廷社会》，前揭，第145页。
⑤ 雅克·雷维尔：《近代的礼仪》，见《礼貌与真诚》，巴黎，精神出版社，1994年，第64页。
⑥ 诺贝特·埃利亚斯：《宫廷社会》，前揭，第136页。

传统的大型仪式,加冕礼、国王入城式、审判大会、葬仪,均是国王的奥体加诸于万众眼前的关键时刻。17 世纪的朝政礼仪带来了某种变化,使某个时刻具有了永恒性,即国王的身体在充分自然地展现时,既具备独特的个人性,又具备深刻的象征性。宫廷最大的悖论就是要将个体的标记与符号化的行为糅合起来,使之具有连续性,直至以个人化的方式来颁布规章制度,且使之与国王的变化无常或徇私偏袒相适应:"在宫廷仪式中,国王不会穿专属于国王的标志和服装,但他的态度具有魔力,他的个性具有力量,按照某种高度符号化的行为举止操作,对社会中的精英阶层发挥着即刻的控制力①。"礼仪是使权威与国家这一整体存在的方式,也是使个人的身体得以展现的方式:它是"固定的权能形象,表明拥有身体的国王个人体现了永恒与无限权力的完满性②"。

于是,我们发现廷臣的芭蕾竟然成了"统治的工具③",但我们也发现身体这一无止无休的游戏对由国王身体呈现的这一可见的国家舞台竟然也有裨益。空间又在其上添加了新的、极为特殊的角色:城堡成为国王身体的舞台,成了它的延伸。凡尔赛宫在此获得了极其明确的地位,新的装潢就是为了适合新的行为:这个多亏王国的大能而从贫瘠土地上突然出现的场所,成了国王自我展现、活动的中心。均衡布局的凡尔赛宫好似浓缩的宇宙,它就是为了展现礼仪、彰显权力而建,其整个生命源出于此。整座宫殿与国王展现自己的舞台极为契合:这座殿堂通过陈列个人的武功,"直接反映其权力,在空间中镌刻其奥体,使之与永恒、无限的权能相埒④"来赞颂君王。一砖一瓦建造起来的城市与城堡通过确认某个身体的权力、由个人体现的国家权力而确立了某个范围。

3) 战时身体与民事权力

此种展现的极为独特的特征又开启了某种形象政治。不再仅仅是举办

① 拉尔夫·吉塞:《君主的仪式与权威》,前揭,第 72 页。
② 埃杜阿尔·波米耶:《凡尔赛宫,君主的形象》,见皮埃尔·诺拉主编:《值得回忆的地方》,前揭,第 1 卷,第 1273 页(第 1 版,1986 年)。
③ 诺贝特·埃利亚斯:《宫廷社会》,前揭,第 116 页。
④ 埃杜阿尔·波米耶:《凡尔赛宫,君主的形象》,前揭,第 1272 页。

入城式或大型公共典仪这样的传统形式,如 1572 年查理九世进入巴黎时以胜利之弓的形象展现"特洛伊人后裔"①,而且还有永久设于城堡内的形象,这些形象都是为国王的赫赫荣耀而做的:伟大的君主展现于万众眼前。足够多的形象通过精挑细选的场景和国王的行为呈现出国家发生的变化。

求助于古代英雄,是希腊罗马进入 15 世纪文化的标志,它首先在 17 世纪凡尔赛宫精致的神话序列中体系化,它重复展现的是与诸神平起平坐的国王形象,通过对战争场景的描绘来更好地阐明权力。特别是 1660 年后勒布伦奉命绘制巨幅油画,将亚历山大绘成路易的形象,每个场景都是围绕这位年轻的征服者布局而成的②。油画代替了身体的呈现,它必须以宏大的呈现方式,强调了权力可见的身体层面,尤其是目光即刻具有支配效果的力量:"我忘了围绕君主政体的光线表现的乃是君主个人身上闪现的辉煌光彩。照某些人的说法,亚历山大的眼睛有一种投射而出的寻常光芒(尤其是他投入战斗时),我不知道这是什么样的光亮;如此生动、如此具有穿透力,以致观看者不得不垂下眼睛,觉得头晕目眩③。"国王虽不同于古代的战争英雄,但他的外貌就能让敌人呆若木鸡。

不过,形象策略定然会使伟大变得绝对化,也肯定会使国王的个性具有唯我独尊的特性。于是国王很快便似神话中独一无二的新英雄:"路易与所有的伟人相像,但没有一个伟人会和他相像,因为他只像他自己,他就是独尊的伟人④。"约埃尔·科尔奈特说得很清楚,镜廊内的国王形象,没法从古典时代寻找先例,他只是他自己的参照。君主只要"一出现,便足以将惊恐万状的城市降服⑤",他发挥的作用等同于奥林匹斯诸神,诸神掌控云彩、指挥坐于鹰身上的大军(夺取根特),或乘坐战车跨越河流(渡过莱茵河)。

另一个变化具有重要得多的后果,而且也充满了悖论:将直接描绘暴

①　弗朗西斯·叶茨:《星辰:16 世纪帝国的象征》,巴黎,贝兰出版社,1989 年,第 224 页(第 1 版,英语,1975 年)。

②　关于这点,请参阅约埃尔·科尔奈特在《战时国王》中所作的决定性的分析,前揭,第 235 页。

③　同上。

④　维尔特隆:《与路易大帝并列的所有曾被誉为伟人的君主》,巴黎,1685 年,据尚塔尔·格雷尔与克里斯蒂安·米歇尔所引:《遭废黜的君主或亚历山大》,巴黎,美文出版社,"新汇合"丛书,1988 年,第 72 页。

⑤　约埃尔·科尔奈特:《战时国王》,前揭,第 244 页。

力的形象悉数抹去。镜廊中呈现的战斗中的国王再也不会去正面交锋，他会避免所有暗示其可能会死亡、受伤、面临危险的说法。他的行为就在于展现。由此便出现了使威力展现于他人眼前的奇异而又新颖的游戏：君主尽管具有战斗的权威，但对其身体的描绘却只具暗示性。国王不再会参与战斗场景：他不会再像提香画中的查理五世[1]、让·马罗画中的路易十二[2]，甚或17世纪末法兰西画派中的亨利四世那样，那些都是身披铠甲、手持长矛和利剑的战士形象[3]。他不会再手拿武器。他再也不会发动进攻。他居高临下于战斗之上，只需观战便能运筹帷幄。他的威力，犹如国家的威力，变得愈益抽象，在"去身体化"的同时变得"绝对化"。

恰如描绘国王庄严性的巨幅画作偏好国内形象，只是间接涉及军事权力一样，勒布伦1660年绘制的路易十四肖像也是一个极佳的例证[4]。国王的身体，因戴假发、镶假牙、戴绶带、穿裹衣丝缎、锦衣玉袍而显得庄严肃穆，它的出场拥有焕然一新的特质。高贵的形象集中于精致的服装，力量聚焦于脸部的自信神态和如炬的目光。停顿与服饰表明的是宫廷的秩序和国家的法律。展现权威之孔武有力的标志在代表深思熟虑、极富技巧的掌控标志面前纷纷退场。委婉道出的权威，因其精致化而空前绝后，最终树立起了威望。国王的身体因直接经受住了观看者的注视而开门见山地表明了这一点。

3

生命现象与法律之间的力量

除了形象上的这些变化外，两个身体观均对国家的实践造成了影响，一方面是对国王，一方面是对正义和法律。比如，它长期以来关注的是如何维护国王的身体，以致这成了国家的头号要务。它还使人接受权力与

---

① 提香：《缪尔贝格战役中的查理五世》，1548年，马德里，普拉多博物馆。

② 让·马罗：《路易十二进入热奈》，《热奈之途中的抄本画》，16世纪，巴黎，版画陈列馆，法国国家图书馆。

③ 法兰西画派：《亨利四世》，1595年，凡尔赛城堡博物馆。

④ 勒布伦：《路易十四》，1660年，卢浮宫。

法律身体化的观点，以致只要冒犯国王个人的人格和身体就是犯罪。在这两种情况中，公共空间与私人空间之间的界限不可避免地同君主的个性相混淆，使他的身体权威面对如何管理万民这一任务：方法就是使国王的生命力参与至法律本身的职能中来。

1）延长国王的生命

医学对国王身体的关注显然并没有什么特别之处：首先得延长这位空前绝后者的生命[1]。国王的御医麇集宫中，他们随时待命、受到册封、住在凡尔赛宫中，乃是很自然的事。17 世纪，编订《国王健康日志》倒很引人注目，它公开记载了路易十四的日常身体状况以及所有医疗行为，强调了监控和照料的独特性[2]。耶罗阿尔的《日记》同样很引人瞩目，这位医生巨细靡遗地记录了路易十三的成长和发育过程，日复一日达几十年之久，病人身体的每个姿态、饮食、操练、旅行、快乐或悲伤都记录在案[3]。

我们知道传统医学中保健法的中心原则都是以身体洁净为基准，需要采取各种方法，投入大量时间：体液会导致疾病，体液紊乱会形成病症，因此须定期排净体液，如放血、排汗或催泻。国王的身体必须听命于此种排液养生法，而近代初这种方法更为发达。路易十三几乎每周都要放血，每年他得忍受四十七次放血疗法[4]。路易十四也经常这么做，甚至次数更多，御医使之形成惯例；再加上每月一次的"疗法"（灌肠、催泻），圣西门、苏尔什或堂卓对此都定期作了记录[5]；或将两者结合起来，1701 年帕拉丁公主就这么说过，当时国王的健康状况极差："我担心陛下再也享受不到良好

---

[1] 关于这点，请参阅米凯莱·卡洛里的著作《太阳王的身体》，巴黎，伊马戈出版社，1990 年，尤其是"得救的身体"，第 24 页，与"涤净的身体"，第 59 页。

[2] 安托万·瓦洛、阿甘的安托万与居伊-科雷森特·法根：《1647 至 1711 年的路易十四健康日志》，巴黎，1862 年；参阅 2004 年重编本（格勒诺布尔，热罗姆·米庸出版社），斯坦尼斯·佩雷作序。

[3] 《让·耶罗阿尔日记》，前揭。

[4] 让·耶里蒂耶：《人的元气：从放血疗法的黄金时代至血液学初创时期》，巴黎，德诺埃尔出版社，1987 年，第 21 页。

[5] 参阅古典时代早期的回忆录作者，他们经常会提及这个问题，菲利普·德·库西庸·德·当若：《1684 至 1715 年路易十四宫廷日志》，12 卷，巴黎，1854—1860 年；圣西门：《回忆录》（17—18 世纪），巴黎，1879—1928 年；苏尔什：《据原稿出版的路易十四统治时期回忆录》（17 世纪），巴黎，13 卷，1883—1893 年。

的健康了,因为他一直在服药。八天时间,他被抽走五托盘的血,作为预防措施;有三天时间,对他施行了很重的疗法。三周中,国王要服三次以上的药①。"此处所说的预防性催泻法堪称从未有过的复杂。由于"净化"身体具预防效果,所以比重要的主动疗法、预防疲劳、去乡间疗养都要好。况且,服用泻药本身也是预防性净化措施的前导,因为灌肠可使效果更完满、更好:"[1672 年]9 月 14 日,他就寝之时,做了灌肠,次日再喝催泻汤②。"这两次治疗,目的就是为了使泻药的药效更"温和"、更可操控。

但这些措施的最终目的并未仅仅关涉身体。埃马纽埃尔·勒华拉杜里强调了其社会价值及分化作用:国王的身体因为优异,所以纯净。对他保养,可调动对体液及等级制的想象力:"社会地位越高,就越需要放血、净化③。"贵族的身体具有典范性,卓越的身体要求的不仅仅是与众不同的净化体液方式:这是一种为内在的纯净编码从而对受尊敬程度之间的差异编码的方式,强化了净化体液以掌控身体质素的传统方法所具有的优先性。

但在专制君主制的礼仪中,保养国王身体的目的,是使宫廷生活明朗化:定期净化是私事,但将之公诸于众就成了公共事件,时间安排也会随之变动。宫廷生活一整天都会受保养国王身体的影响。在时间的展开中,一切都在发生变化,弥撒及用餐时间、造访及议事时间均是如此:"治疗差不多要好几个月,他会躺在床上,听弥撒,弥撒时只有指导神甫和朝臣在场。殿下和王室成员都会来看望他。……国王在床上用餐,三个小时中,有许多人会进来,然后他才起床,只和朝臣待在一起④。"所有这些行为都无法遁入隐秘的私生活中:保养国王身体,舒缓或预防其病痛的措施使所有人都得随之调整时间。每个人都必须熟悉且遵循这些步骤,以保护君主的身体。而其私人身体同公共身体却无法清晰地区分开来;尤其是他那具与象征身体无法分开的自然身体,应该在众目睽睽之下得到保养、变得强健。

毫无疑问,国王的物理存在、他的变化、其可能发生的衰颓仍然会对象征造成明显现实的威胁：世俗与神圣相对，"对肉身的想象①"与对双重身体的想象相对。"脆弱的至上性和人类对物理身体的担忧②"是阿兰·布罗的结论。事实上，国王病弱之躯难以掩饰，这在宫廷中时常可以见到。"阿波罗式皱纹③"曾不止一次使光辉的身体受损，特别是路易十四的疾病使其步态和容貌留下了无法磨灭的印迹。神话不止一次与现实唱反调。然而，双重身体形象的意义乃是简单的讨论无法穷尽的。

2）摧毁罪犯

危害王权罪这一虚构的司法事件以其自身的方式证明了：反对国家与反对国王之间具对等性，按照此种内在的歧义性，攻击一者与攻击另一者无法分开，这等于是在损害身体完整性的同时也在损害王国的完整性，反之亦然。没有任何一种犯罪堪与这种对"领土-身体"的威胁相比，它是万恶之中最严重的罪行。似乎在关乎身体的词汇中，没有任何一种惩罚可堪对应此种挑衅。由此，加于犯罪者身上的无所不用其极的惩罚措施会被其胆敢挑战的身体击毁，在君主的全权与受罚者之不堪一击之间有着明显的不对称性：他会被抛入油锅，被铸入铅块，"乳房、手臂、大腿和小腿脂肪备受摧残"，然后"被五马分尸，肢体和身体被大火烧成灰烬，而这些灰烬会被抛入风中④"。危害王权罪在其冷酷无情的身体版本中调动了身体的隐喻：在犯人与国王之间，需用身体来血偿身体。

再宽泛点说，围绕着法律，国王身体与国家身体之间很多地方都显得含混不清。这倒并非是说絮利的君主制原则遭到了遗忘：君主"自身有两个君王，上帝和法律⑤"。而是说只有国王才能提供规则，这应该是所有人的共识，他拥有"制定法律、阐释法律或增删法律的专有权力⑥"。将僭

---

① 阿兰·布罗：《国王的简单身体：15 至 18 世纪法国国王不可能的神圣化》，巴黎，巴黎出版社，1988 年，第 52 页。

② 同上，第 60 页。

③ 斯坦尼斯·佩雷：《阿波罗式皱纹：路易十四的肖像》，见《近当代史杂志》，第 3 期，2003 年。

④ 乌格朗斯的缪雅尔：《遵循王国法律和政令对罪犯施行训诲》，巴黎，1762 年，第 1 部分，第 801 页。

⑤ 据菲利普-安托万·梅尔兰所引：《法学合理案例集》，巴黎，1808—1812 年，第 12 卷，第 187 页。

⑥ 同上，第 12 卷，第 192 页，词条"国王"。

越者的地位转化为冒犯者,对法律的违犯转化为对国王的违犯,将罪犯简化为严重侵犯国王者。因此之故,国王会亲自反驳,这种准个人化的惩罚权利与权力的肉身化有关:"由于违犯了法律,所以违犯者也就侵犯了君主个人;是他——或至少是听命于他的那些人——占有犯人的身体,给其打上烙印,战胜之,摧毁之①。"系统地采取侮辱性刑罚或渐进式刑罚,必须使罪犯与法律的"来源"之间用身体来血偿身体,其中自然有着强有力的逻辑:"君主强有力的身体猛击其敌手,折磨之②",按照所犯错误的性质,使持续的时间层层递进。

此外,还需将刑罚推上舞台,使之明确化:除了犯人之外,还要折磨那些同党。国王的反驳必须备受瞩目。这样可起到教诲的作用。它必须使罪犯胆战心惊,如此方能更好地阐述规则:正义凸显化身的权力。通过将刑罚付诸实施,使之具体化,表明了法律制定者个人身体化的存在。国王身体与国家身体内在融合的终极后果就是,用君主的不可通达性来反对罪犯,用强力来击垮罪犯,此种不可通达性因其不再使用武装符号而更为神秘和可畏。法律与权力仍具有"肉体性"。刑罚的展演,诉诸血腥恐怖,也说明了统治具有这一身体版本。

3) 呈现方式的危机

然而,自 17 世纪起发生了变化,国王的身体不再是象征国家的身体的唯一参照。这并不是说这一变化来势凶猛,具有主导性。对君主身体的信仰在动荡的大革命发生之前远未消失。1774 年,克洛于公爵在路易十六加冕时发现这种信仰仍然很强烈,他说这是"很美妙的时刻",还耗费大量笔墨描写观看者各种各样的骚动,他们面对此情此景时流下的"眼泪","他们只见到:我们的国王被赋予王权的荣耀,登上真正的御座,他们眼睛眨都不眨,效果真是太好了③",他们如同被施了奇异的魔咒,以致"百看不厌④"。

---

① 米歇尔·福柯:《规训与惩罚》,巴黎,伽利玛出版社,"历史图书馆"丛书,1975 年,第 52—53 页。
② 同上。
③ 克洛于公爵:《日记》(18 世纪),见阿尔诺·德·莫尔帕与弗洛朗·布拉亚尔:《18 世纪法国人眼中的自己》,巴黎,拉丰出版社,1996 年,第 1210 页。
④ 同上,第 1211 页。

18 世纪在以村落和村镇为主的法国,对国王的信仰仍旧很普遍,甚至在陈情书①中都能读到对国王的形象发自肺腑的依恋:"圣皮埃尔-列梅尔的居民满怀甜蜜之情,因为他们见证了这行将结束的美好一天是多么光辉灿烂……他们异口同声地说,自己的心已无法表达爱慕与感激之情,救世主国王的温情慈爱让他们欢欣鼓舞,他慈悲为怀,在他们为恶时仍赋予他们神性……②。"所有这些天真的形象均表明了民族认同感与君主的物理及神性的在场具有相等性。

然而,18 世纪有三重变化影响了此种在场,是开明的精英阶层先行觉察到了这一点。首先是权力不可避免地完全"去身体化":国家形式日益复杂已成共识,人们认为是层出不穷的各类角色与机构导致了这种晦暗不明的局势。作为整体的国家更模糊、更抽象,与肉体化身无涉,在这个遥远而又庞大的组织中,君主只是其中的一个征象,尽管从法律上来说,"基本原则③"仍源于他。国王的象征已无法穷尽国家的象征,国家的管理愈来愈无个性,会大范围地渗入社会肌理之中。

第二个变化在于自主性的增长:只有管理范围扩大、手段增多,社会与经济现状更多样化,才能独立于权威,针对权威讨论的氛围日益浓厚,集体认同感的新象征和新原则越来越多。尤其是议会的胆子愈来愈大,触及了集体认同感这样的原则,以致 1759 年像达让松这样还算开明的精英人士断定,"整个国家均通过行政官员的机构代言④"。在此情况下,"身体化"已不再仅仅指国王的身体。一些新的"脸孔"浮现出来,越来越喜欢同英国的模式作比较,潜在的集体代言人越来越有地位,雷纳尔和狄德罗经常会说:"英国的伊丽莎白接受了下议院的谏诤⑤。"国家与政治已无法聚焦,甚至化身为国王的身体:"没有什么比允许每个阶层的公民代表自己更有力的了⑥。"

---

① [译注]指 1789 年前三级会议的陈情书。

② 据皮埃尔·古贝尔与达尼埃尔·罗什所引:《旧制度时期的法国》,前揭,第 1 卷,第 214 页。

③ 纪尧姆·拉姆瓦尼翁:《讲演录》,1780—1790 年,据米歇尔·安托万所引:《路易十四》,巴黎,法亚尔出版社,1989 年,第 174 页。

④ 达让松:《日志与回忆录》(1770—1780 年),见阿尔诺·德·莫尔帕与弗洛朗·布拉亚尔:《18 世纪法国人眼中的自己》,前揭,第 1099 页。

⑤ 纪尧姆-托马斯·雷纳尔:《欧洲东西印度殖民地与商贸之哲学及政治史》,巴黎,1780 年,第 1 卷,第 269 页(第 1 版,1775 年)。

⑥ 狄德罗与达朗贝尔:《百科全书或科学、艺术与职业的理性词典》,第 28 卷,日内瓦,1778 年,第 853 页,词条"代表"(第 1 版,巴黎,1751 年)。

18世纪下半叶,舆论或普选这条道路虽然不太稳定,却使神圣权利的权威日益相对化:"任何人都没有命令他人的天然权利①。"

第三个变化在于知识界与文化界义无反顾地起来革命:国王身体丧失了象征性,而万事万物具有的"理性"则试图使自己更具有机械论色彩、更少魔力。彼得·伯克在论及路易十四统治末期路易十五曾力促1739年起便已不再触摸瘰疬病人的路易十四重新这么做时,提到了"世俗世界中的神圣君主②"这一悖论,路易十五说"他也许根本不明白放弃这样的仪式等于是使自己的权威不再神圣,从而使之衰落下去③"。孟德斯鸠也这么认为,他在论及触摸瘰疬病人的仪式时,揭示出这对维持权威的幻象具有极大的象征作用:"国王就是魔法师。他通过对臣民的精神施加影响来管理帝国;他使臣民依其所欲来思考。他甚至使他们相信,只要通过触摸,他便能治愈任何疾病④。"化身的权威无法证明这一点,而马尔蒙泰尔却说自己平常就能观察到"自由、创新、独立的精神有了很大的进步⑤"。而且君主把自己封闭于城堡中,他的形象已很少出现在能为自己增光添彩的仪式上。钱币、版画、工具上这么多他的形象,都已转换成"普通物件","平常的"图像,远非从前那具"令人肃然起敬的身体⑥"。

由此可见,18世纪末无疑出现了与君权相对的新的关系:路易十六的仪容已无威严可言,人们可大胆建言,对国王的习惯和举止、步态、仪表多所诟病。埃泽克描述了君主狩猎完毕在朗布耶用晚餐后夜间归来时的情景,国王的身体遭到侍从无声的嘲讽,每个细节均表明了身体的去神圣化:"他昏昏沉沉地归来,双腿发沉,被光亮和火焰弄得头晕目眩,甚至连

① 狄德罗与达朗贝尔:《百科全书或科学、艺术与职业的理性词典》,第28卷,日内瓦,1778年,第2卷,1751年,词条"政治权威"。
② 彼得·伯克:《路易十四:荣耀的策略》,巴黎,瑟伊出版社,1995年,第131页(第1版,美国,1992年)。
③ 米歇尔·安托万:《路易十四》,前揭,第487页。
④ 孟德斯鸠:《波斯人信札》,见《全集》,巴黎,伽利玛出版社,"七星"丛书,1956年,第1卷,第166页。
⑤ 让-弗朗索瓦·马尔蒙泰尔:《回忆录》,见阿尔诺·德·莫尔帕与弗洛朗·布拉亚尔:《18世纪法国人眼中的自己》,前揭,第839页。
⑥ 参阅安托万·拜克:《文化的政治化》,见让-皮埃尔·里乌与让-弗朗索瓦·西里内利主编:《法国文化史》,第3卷《启蒙与自由》,巴黎,瑟伊出版社,1998年,第131页。

楼梯都爬不上去。侍从们望着他,都认为他荒淫无度,相信他已醉得一塌糊涂①。"列维公爵认为路易十六"外表差劲②",已难与其前任相比,无疑这话既指身体状况,也指文化现状。

可以说,18 世纪末几十年围绕国王的身体所写的那些小册子,拥有前所未见的力量。安托万·德·贝克说它们具有很强的政治性,有明确的目的:里面说君主昏庸无能,"愚蠢透顶",还说他是"专打瞌睡的国王"、"戴绿帽子的国王③",这不但使身体去神圣化,更对权力的诸种形式正面提出了质疑。革命者像往常一样运用性的形象,使国王性无能的身体与公民们生殖能力强、精力充沛的身体对立起来,这种象征性的说法,像是在说将要诞生新的身体:"生殖能力可改变体质:波旁家族的生殖力因骄奢淫逸而丧失殆尽;而爱国者生殖力强,能诞生新的身体,新的体质④⑤。"这种在权力象征与身体象征之间的关联,已不再完全求助于独一无二者的身体了。

国王的身体史也就是国王的历史。

①　埃泽克:《侍从回忆录》(18 世纪),见阿尔诺·德·莫尔帕与弗洛朗·布拉亚尔:《18 世纪法国人眼中的自己》,前揭,第 901 页。

②　皮埃尔-马克-加斯东·德·列维斯:《回忆与肖像》,见阿尔诺·德·莫尔帕与弗洛朗·布拉亚尔:《18 世纪法国人眼中的自己》,前揭,第 899 页。

③　安托万·拜克:《历史的身体:隐喻与政治(1770—1800 年)》,巴黎,卡尔曼-莱维出版社,1993 年,第 67 页。

④　同上,第 75 页。

⑤　[译注]constitution 既可指体质,亦可指体制,借文字游戏来影射。

第十章 肉体,恩宠,崇高

达尼埃尔·阿拉斯(Daniel Arasse)

通过 16 至 18 世纪这段时期艺术史为我们传递的身体图像而对那时"身体的历史"做一番想象,是以某个预先的反思为前提的。身体的历史,就其各个部分及其各种实践(社会或政治的,公共、私人或私密的)而言,很大程度可建基于且已建基于除艺术图像之外的其他文献之上,首先是各类原典。因此,根本不可能只采用身体原初史料中的理论与批评论述来确认或辨别所论述的内容及图像,而是应该使用特定的资料构建身体史,且不得忽视艺术活动产物本身所构建的那些文献。经由图像呈现的身体史无法与历史分析的其他形式相抗衡:那些用其他文献构建身体史的作者,怎么可能也会去创作、运用这些图像呢? 但作为形象的呈现,那些图像均带有自身固有的利害关系及倾注点。它们并不求助于语言的阐述习惯,其不同的功能(追思、感化、愉悦等)、其受纳的范围(公共、私人、私密)并不仅仅反映当下的状况及实践:它们也作为模式与反模式,具有提议的作用,实践行为必须与之相符——而且它们所产生的投射与倾注,我们在其他类型的文献中均难觅踪迹。这便是 16 至 18 世纪的表象史,我们随后将尝试对之进行概述,在这段历史中,艺术图像被视为特定利害关系的媒介,既是政治、社会或文化的,亦是集体或个人的媒介。

此外,这并非线性的历史。不过作此选择并不见得不合理。尽管从历史进程的连续性来看,采纳 1500 至 1800 这段时期显然只能是任意划分的结果——有人会说这样的划分在时间上卡得太死——,但从艺术史的角度看,这段时期仍具有整体的一致性。自意大利文艺复兴鼎盛期至欧洲新古典主义的来临,这三个世纪,我们可称之为表象史的古典时代,当然是从某个更宽泛但又很确切的意义上来理解"古典"一词。从拉斐尔至大卫,但也可从提香或米开朗琪罗至戈雅或福斯利,艺术实践已被证明可作为理论工具,无论如何变化均无法掩饰其根本的连贯性。在三"绘术"(建筑、绘画和雕塑)中,无疑只有绘画才能最清晰地展现此种连贯性——因为人们正是因它才撰写了不计其数的文章、评论和理论文字,自1435 年起,列翁·巴蒂斯塔·阿尔贝尔蒂的《论绘画》就阐述了某个理论及实践纲要,它在未来的学院教学中将具有现实意义,而且它对身体图像也具有根本的影响力。古典的绘画实践以仿真理论为基础,它区分了以真实性呈现为要义的临摹法和狭义而言完美超越了此种真实性的仿真法,该实践同样提出了依绘画作品描绘的主题,就其"高贵性"或"高雅性"从价值上划分等级这一做法。(1676 年,安德烈·费里比安就将各个范围划分得极为清晰、固定,他从无生命物体画至寓意画区分了六个主题类型①,阿尔贝尔蒂也概述了此种等级制,他再次宣称画家的"伟大作品"并非是去画某个伟人,而是去画"历史",也就是说构图中要将众多人物形象融入某个行为活动中。)而且,古典实践中也有过几次艺术取舍的大动作,就身体图像而言,其中最具决定性的显然就是时而水乳交融、时而分道扬镳的构图和色调两派,真实性和描绘效果分别是其各自的基础:16 世纪发轫于意大利时,佛罗伦萨和威尼斯观点相左(米开朗琪罗/提香可浓缩这一反差),之后它们轮番登场,直到 18 世纪末法国的"普桑派"和"鲁宾派""对色调的论争"。当 18 世纪末新古典主义,尤其是大卫派重新确认构图优于色彩时,我们又重新发现了它。古典绘画史最终形成了某种规律,在古典"观念"(它本身也处于变幻之中)及其替换者"反古典主义"之间周而复始地短兵相接——其中涉及 16 世纪的风格主义、17 世纪的巴洛克风格或 18 世纪最后三分之一时期的崇高体。

因此,我们可设想出某段表现身体的线性历史:从拉斐尔的优雅和米开朗琪罗的可怕之间的反差到大卫和戈雅之间的对立,经历身体不同的

---

① 参阅安德烈·费里比安:《论建筑、雕塑、绘画与其他依赖于此的艺术之原则,附每门艺术各自的术语词典》,巴黎,1676 年。

巴洛克表现形式，从其与古典形象的不同之处找到其条理性。这样的一段历史表明了，以此种"风格"处理的身体图像如何与意识形态或社会的利害关系紧密相关。拉斐尔式身体的"优雅"今后很长时间会成为某种参照系，时人及其后继者之所以会为此欢呼，是因为他们认为这样的身体不仅具有指导宫廷社会内部礼仪的构型功能，而且也展现了对和谐的形式及由此而来的"身处权力之源的个体"的"人文主义"信仰。后来首批风格主义的身体构型中出现了各种悖论特征，其"审美上的不协调"及其"震慑人心的抒情性"被视为某种表现"政治与灵性蒙昧不明"的方式，意大利对此很熟悉，后来"僵化"的第二批风格主义只不过表明自己找到了某种应对该危机的解决方法，即"臣服于专制主义"①而已。"注重风格"的技巧受到了严厉批判，尤其是反宗教改革当局，它将奇异风格弃如敝屣，于是服务于罗马教廷的意识形态绘画便甚嚣尘上。② 同样，我们也能表明，卡拉瓦乔的身体"现实主义"远未同其时代断裂，卡拉瓦乔风格在宗教绘画领域内与当时看重"个体灵性"的价值观颇相符合③。

如此一来，就有可能表现身体形象的线性历史，我们可连续提出某些问题，来理解围绕身体的趣味产生的演变及社会实践方式的转变。然而，有两个主要理由使我们不能走这条路。首先，若身体的图像与其"风格"无法分离（我们就是这样在巴洛克风格或崇高体风格的解剖学素描中认出了文艺复兴时期的解剖学素描），若风格在其形成中包含于一系列的风格之中，而后者又是因诸多取舍而积淀下来（譬如，卡拉瓦乔笔下的那些身体，尤其是他的"现实主义"画法一直在使用"美好风格"的典型构型法），那这些形式与艺术史的时间就不会是线性时间。"宽泛的当下时刻交错重叠……早来者、当下者及迟来者彼此冲突④"，而且艺术构型的线性历史有赖于预先的阐释，有赖于极富争议的史观理论。况且，将身体史描述成内在的艺术形象，再去参照艺术与风格的通史，那我们就会完全失

---

① 参见弗雷德里克·哈特：《风格主义艺术中的权力与个体》(1963年)，见《文艺复兴时期的象征》，第2卷，巴黎，巴黎高师出版社，1982年，第11—19页。

② 参见菲利普·莫雷尔：《文艺复兴末期绘画中想象的形象》，巴黎，弗拉马里翁出版社，1997年，第117页。

③ 参见雅克·图伊里耶，见《法国的瓦伦丁与卡拉瓦乔画派》，巴黎，国家博物馆联合出版社，1974年，第XIX页。

④ 亨利·福西庸：《形式的生命》，巴黎，法国大学出版社，1981年，第87页。

去机会,而无法让艺术史为身体史提供特定的资料。从风格上看待的身体图像只是某某风格创制的整个形式中的一个要素;它只是风格构型操控的其中一项物质,与建筑、空间等一样,若果真如此的话,那它就能澄清受重视的某个风格暗含的信息,只要在社会或科学层面上富于想象,它就能按照某某时代创制某种身体特定架构的方式带来特殊的信息。

正是其中暗含的这些架构和倾注点构成了身体史的对象。因此这与整个线性编年史完全不同,我们尝试从长期以来持续存在的某些问题着手,提出视觉表现方式得以托身其中的某些关键之处,它处于有利的地位,占据了某个中心位置,今后人们就将以此为依归称之为美术体系。

1

身体的荣耀

人体并不仅仅是古典表现方式的中心形象,它只不过是基架。它之所以如此特殊,是因为只有它才是与中世纪末期的艺术产生断裂的决定性因素,某篇文本就此说得很明白,自 1435 年起,该书建立了古典绘画理论,它就是列翁·巴蒂斯塔·阿尔贝尔蒂的《论绘画》。当他在该著作第一卷第 19 章中宣称绘画的首要操作方式乃是在平面上绘线,四边形表现"打开的窗户"时,他并未妄称窗子朝向世界(与人们反复言之的相左),而是朝向历史;它是某种限制,只有这样才能专注于历史[1],它是某种界限,其自律方式就是在此自行构建起来的[2]。然而——阿尔贝尔蒂的人类中心论表现得极其清晰——此种"历史"构建法起先是根据"画师赋予人在[其]画中的身高"决定的:恰是从此身高开始(分成三段),底图才得以构建起来——画面几何空间虚构的深度亦是如此,因为透视的没影点(就是阿尔贝尔蒂所说的"中心点")不该居于"比画师欲画的人更高

---

[1] 列翁·巴蒂斯塔·阿尔贝尔蒂:《论绘画》(1435 年),让-路易斯·舍费尔法译,巴黎,马库拉·德达勒出版社,1992(该段译文有更动)。

[2] 关于"界限的操作手法"建立了"了不起的表现方式之构造自律性",请参阅路易·马兰:《古典论述中的呈现与表现:绘画表现方式的满溢与留白》,载《精神分析话语》,第 5 年,第 4 期,1985 年 12 月,第 4 页及以后。

的地方"，如此方能使"那些观看者以及所画的对象似乎都处于同等的地面上"①。

　　阿尔贝尔蒂的观点的合理性通过其前一章引普罗塔戈拉的话（"他说人乃是万物的尺度"）所阐明，而且也被第二卷及论"构图"中他对该原则所下的定义所印证，他说该原则必须在描绘历史的"构图"中指导画师："画家的杰作就是历史，历史的各部分就是身体，身体的部分就是肢体，肢体的部分就是表皮。故而，作品开宗明义的部分乃是表皮，因为它们形成了肢体，肢体形成了身体，身体形成了历史，而历史则构成了画家作品得以完成的最末一个等级②。"当然，正如迈克尔·麦可桑德尔所强调的，这一隐喻及其演变借自古代修辞术，特别是借自西塞罗对演讲术的描述③。但这一身体隐喻不可被简单归结至修辞术领域。因为就阿尔贝尔蒂的空间观念而言，他仍旧是亚里士多德主义者。对他而言，空间就是身体占据的所有场所的总和，且场所本身也是空间的一部分，而空间的界限则与身体占据的界限相吻合。此外，正如阿尔贝尔蒂的形体运动观所表明的，他的空间理论就是场所理论（或者说空间中的位置理论）④，从这个背景来看，恰是他着力强调的身体隐喻催生了历史的构图。正如人体作为基本的尺度用于构建历史的形象化场所，同样历史也被视为占据了整个场所的身体，画家画笔甫落，敞开的窗户便对之做了规定。

　　该隐喻的力量如此强大，以致好几个世纪以来一直具有现实意义。对古典艺术而言，身体这一有机统一体乃是画家作品的艺术统一体。1708年，比勒的罗杰并不需要想到阿尔贝尔蒂就能设想这样一种统一体——他称之为整体——"如同机器，轮子共同摇晃，如同身体，四肢彼此依赖⑤"。若前面的比照令人觉得具有笛卡尔主义的现代性，那后面的对照就与绘画的"人文主义"理论一脉相承，而其源头就是阿尔贝尔蒂。毫无疑问，他也有其先驱者。总之，《论绘画》的意大利文版在其献给布鲁内莱斯基的献辞

---

① 列翁·巴蒂斯塔·阿尔贝尔蒂：《论绘画》，前揭，第115—117页。

② 同上，第159页。

③ 迈克·巴克桑戴尔：《1300—1450年发现绘画构图法的人文主义者》，莫里斯·布罗克出版社法译，巴黎，瑟伊出版社，1989年，第38页。

④ 关于该空间理论，特请参阅麦克斯·贾莫：《空间观念史》，米兰，1963年，第26—31页。

⑤ 比勒的罗杰：《绘画原则讲义》（1708年），巴黎，伽利玛出版社，1989年，第69页。

中,令人想起了雕刻家多纳泰罗和画家马萨乔。前者的《圣乔治》《大卫》、《圣约翰》《圣女抹大拉的玛丽亚》及后者的《被逐出天堂的亚当和夏娃》赞美的是人体,甚而在其悲剧版本中也是如此。此外,自14世纪起,画家和雕刻家又开始重新关注如何表现人体,既关注其解剖中的细节问题,亦关注其表现能力。阿尔贝尔蒂自己也引用了乔托约1300年完成的《小船》,将其作为富表现力的画作的典范,"可令人从他脸上和整个身体上看见他灵魂骚动的标志,以致各种情感的不同运动出现在了每一个地方①"。1381—1382年,人文主义者佛罗伦萨人菲利波·维兰尼在其《论佛罗伦萨市民团体的起源和同样著名的市民》一书中,认为是自己第一个使用了该表达方式"Ars simian naturae"(艺术模仿自然),这句话赞扬的是画家斯特法诺,说他"可惟妙惟肖地模仿自然,在他呈现的身体中,血管、肌肉和所有细小的特征都很精确,而且彼此相关,仿佛医生所为②"。

我们会重新关注绘画与医学之间这种联想的重要性,它将拥有漫长的未来。首先必须强调的是,尽管有这些先驱者,但阿尔贝尔蒂的文本仍处于关键性的接合点上。在其向艺术家及其赞助人建议的规划中,人体不再仅仅是表达真相或激情时的重要支柱。总体来说,它是表现统一体的基座、尺度和典范。此种特殊的重要性建立了人们俗称的艺术的"现代性",由于两种传统,即不同层面上彼此对抗的古典和基督教传统汇于一体,故而现代性也被纳入了这一普遍的运动之中。

前者由于维特鲁威《建筑十书》一书的广为传播,故在15世纪末具有现实意义和特殊的生动性。自其第三卷出版起,他其实就已将人体的尺度作为比例的来源,而比例会使建筑拥有和谐感,书中有一段文字注定会对欧洲的整体文化造成独特的影响,他"揭示"了完美的身体是如何铭刻在两种完美的几何体,即圆形和正方形之中的。艺术家赋予理想的身体以不同的形象,后人设想的比例问题被单独提了出来,维特鲁威著作威望颇高,促使人们提出了各种建议,有人说人体也可成为建筑中合理性的典

---

① 列翁·巴蒂斯塔·阿尔贝尔蒂:《论绘画》,前揭,第179页。

② 关于菲利波·维兰尼,特请参阅迈克·巴克桑戴尔:《发现构图法的人文主义者》,前揭,第89页及以下各页。关于艺术家"模仿自然"的形象,至19世纪一直贯穿欧洲绘画,且取得不同成果,请参阅霍斯特·瓦尔德莫·扬森:《中世纪和文艺复兴时期的模仿及模仿论》,伦敦,瓦尔堡学院出版社,1952年。

范，因为柱子的比例与人体的比例相像，还有人说屋内楼梯的图案与血液循环相近，而且也与都市有机体的概念大致相近——其中一些图案中，理想城市的平面图遵循的是人体的构型，也有列奥纳多规划的城市的著名素描，他认为地下水道应该能将废弃物排出去而不留任何踪迹。

基督教传统是在另一个范畴内发生影响的，使人体和谐与美的概念更富辩证性。人照上帝的形象被创造出来，乃最美的造物，特别是基督的人体，作为人-神，体现了绝美的观念；相反，魔鬼的畸形身体通过其畸陋性成为秩序的否定，而造物主正是将秩序引入混沌之中创造宇宙的。（照夏特尔的德尼的说法，在整个 15 世纪，最严厉的惩罚就是使人死后变得丑陋不堪，他人眼中所见的畸形将使之痛苦不堪①。）经由人-神之身体的完美化，基督教传统极为看重"身体"一词所具有意义的二元性上：身体乃生命的物质部分，但也指死后所剩的活体，他的身体，他的尸体——因而，从这活体中，身体作为允诺的死亡场所，被罪引入了创世之中②。因道成肉身，基督教的上帝注定会死亡——拉丁词 incorporati（非实体的）就是这个意思——他的身体越是美，就越能使人感受到十字架上或坟墓中那个时刻的耻辱，那不止是死亡，那也是身体。对艾克哈特大师来说，汉斯·霍尔拜因或许就是因此才构思了《死去的基督》，活的基督乃是人类所见的最美者，但在其死后的三天内，他却丑陋不堪③。因此之故，道成肉身的上帝便在其肉体中承担了基督教身体的可怕悖论：他创造的完美形象，却见证了死亡所致的腐烂和死亡的卑污。

在古典和基督教的双重传统之上，文艺复兴时期的思想又添加了第三项决定性因素，使身体的威望臻于顶点：它是世界中心的小宇宙，是世界这一大宇宙的返照和浓缩。借由它，人类造物的身体与灵魂不相分离，共同参与了世界，彼此相属地统治地球和宇宙中的动植物④。这一概念

---

① 夏特尔的德尼(1394—1471)："彼此对视下，因惩罚而获的畸形增添了他们莫大的痛苦。"(据茹尔吉斯·巴尔特鲁塞提斯：《苏醒与奇迹》，巴黎，阿尔芒·科兰出版社，1960 年，第 287 页)

② 若想对该二元性作更深入的反思，特请参阅让-吕克·南西：《全集》，巴黎，安娜-玛丽·梅泰里耶出版社，1992 年。

③ 艾克哈特大师，据艾尔弗斯·海亚特·梅尔所引：《艺术家与解剖学家》，纽约，都市艺术博物馆，1984 年，第 115 页。

④ 关于这些观点，请参阅纳代耶·拉奈里-达让：《创造身体：中世纪至 19 世纪末对人的呈现》，巴黎，弗拉马里翁出版社，1997 年，第 217 页及以后。

的成功得到人-小宇宙诸变体形象及其适应不同理论背景的能力所印证。兰堡兄弟(1410—1416)的黄道之人只是将黄道十二宫符号简单地刻在身体各部分上,据认这样做会有效果。1533 年夏尔·埃斯蒂安出版的《解剖学》中所刻的星体人插图却更为科学地呈现了内部器官的解剖状况,这些器官由箭头相连,代表统管它们的七颗行星。1617 年,罗伯特·弗拉德在其所写的《大小双宇宙,形而上学,自然科学与技术史》一书的书名页上表明,对他而言,维特鲁威式之人乃包容于环形小宇宙中(其内圈包含四元素和黄道十二宫符号),而大宇宙的外圈则含有固定不变的星体、七颗行星、太阳和月亮:人类比例均衡的身体仿照的是神圣完满的形象,由上帝置于宇宙中心,浓缩了上帝的力量[1]。

对人体的形式不一的重视与对"人之尊严"的肯定牢不可分,15 世纪佛罗伦萨的人文主义者就致力于后者。其实在 15 世纪末之前,米兰多雷的乔瓦尼·皮科就在其名著《论人之尊严》中用新柏拉图主义的语汇对之大加赞颂,而该主题也已由共和国掌玺大臣科鲁齐奥·萨鲁塔蒂在其颂扬赫拉克勒斯的颂词中出现过,他在文中回应了多明我会修士乔瓦尼·多米尼契对古典诗歌爱好者提出的批评,而 15 世纪中期,人文主义者安东尼奥·马内蒂则事后在其《论人之尊严》中反驳了教宗博尼法斯八世的《论世界渺小》,该书第一卷意义深远地赞扬了人体拥有"引人注目的天分"。我们毫无疑问也能在但丁及其对人之职责的赞扬中找到此种思潮的源起[2],但就我们而言,更重要的是发现列翁·巴蒂斯塔·阿尔贝尔蒂再次通过清清楚楚地赋予身体以价值的方式来肯定人的尊严。在《论家庭》(1432 与 1434 年重新修订)第三卷中,他断言人拥有三件属于他的"事物",须善加利用:他的灵魂(或精神)、时间和他的身体。然而令人惊讶的是,在这段对人文主义的人类中心论下定义的段落中,他在给出如何使用身体的建议时,坚称要"锻炼",只有如此,人方能使其身体"长久健康、强壮和美丽",这最后一个词绝非无关紧要,因为他在该段末尾又回了过来,将年轻和美丽联系在一起,且特意将"肤色好,脸色

---

[1] 关于罗伯特·弗拉德"反向的"菲奇诺式秘释,请参阅弗朗西斯·叶茨:《乔达诺·布鲁诺与秘释传统》,巴黎,德尔维-利夫雷出版社,1988 年,重版 1996 年。

[2] 参阅恩斯特·坎托洛维茨:《国王的两个身体》(1957 年),巴黎,伽利玛出版社,"历史图书馆"丛书,1989 年,第 357 页,论但丁及其人的职责。

好"作为美丽的特征①。

我们将重提该文本在历史上的重要性，它概述了灵魂（或精神）与身体之间的断裂，从而确立了西方身体的现代性；重要的是，对文艺复兴而言，身体之所以能获得价值，与对身体美的赞扬不可分。这有好几种形式。我们仅研究其中两种，它们处于基本问题的核心之内，自 15 至 18 世纪，它们乃是表现人体的理论及实践的基础。第一种涉及人体的比例，该体系在 16 世纪获得了"前所未闻的威望②"，但也很脆弱。第二种是指承认与开发了"情感效果"，对美的呈现通过重要的社会与文化现象对观众产生影响，经由艺术图像的传布使目光情色化。

1）身体的比例

文艺复兴时期并未反思人体的比例，但它对该世纪的传统作了两大关键性的修正。首先，它改变了教育与技术的构成，使画家能按照真正的人体美理论轻松正确地描绘具形而上学性的身体和脸庞。因为，对文艺复兴时期的理论家及中世纪某些思想家而言，身体比例反映了神圣创世的和谐之感，以及小宇宙和大宇宙之间的联系。因而，对弗朗切斯科·乔尔基而言，它们能从视觉上实现具音乐和谐感的数字比例③。但只消稍微分析一下这些研究比例的文本及图像，就能发现艺术家的研究和作家的断言之间有差异，从而表明比例理论的形而上学威望其实很脆弱。因为无论是在对该主题深入研究的列奥纳多·达·芬奇还是丢勒那儿，我们均未找到这一形而上学维度的蛛丝马迹，尽管他们两人，尤其是丢勒对

---

① 列翁·巴蒂斯塔·阿尔贝尔蒂：《论家庭》(15 世纪)，鲁基耶罗·罗马诺与艾贝托·泰南提编，都灵，埃诺迪出版社，1969 年，第 204—205 与 212—214 页。阿尔贝尔蒂在指称灵魂或精神时，在"anima"与"animo"两词之间犹豫不决。正如该文本的编辑者所强调的，对他而言，这并非指相分离的、不同的实体，而是指"精神运动或变幻之整体"。

② 厄文·帕诺夫斯基：《结构图示的演变：犹如风格史之镜子的人体比例理论的历史》(1921 年)，见《艺术及其意义全集：论"视觉艺术"》(1955 年)，玛尔特与贝尔纳·泰塞德尔法译，巴黎，伽利玛出版社，1969 年，第 86 页。亦请参阅罗伯特·克莱恩：《比例体系》，见彭波尼乌斯·高里库斯：《论雕塑》(1504 年)，安德烈·夏斯特尔与罗伯特·克莱恩笺注，日内瓦，德罗兹出版社，1969 年，第 75—91 页；纳代耶·拉奈里-达让：《创造身体》，前揭，第 117—126 页。

③ 参阅厄文·帕诺夫斯基：《结构图示的演变》，前揭，第 86 页，n. 65。

比例的艺术实践产生过很大的影响。

对比例的反思充斥在列奥纳多的无数手稿之中,致使他创作了各种各样素描。然而,令人吃惊的是,他根本就未去研究或确定某种可大致确立身体理想比例的准则——而这正是自维特鲁威至阿尔贝尔蒂以来习惯的实践方式——,列奥纳多·达·芬奇自功能或解剖上彼此缺乏联系的身体各部分中提取比例,可他计算比例时作出常常令人瞠目结舌,甚而令人不知所措的等式①。然而,列奥纳多所寻求的合理性并非神圣创世时在人体中秘密实现的那种东西——况且,他也对马的身体应用同样的比例体系。我们必须承认他的形态形成论思想模式是想在自然机体——无论有生命与否——的形式中确认活体的生物几何学②。此外,出于同样的逻辑,列奥纳多也对身体运动,因而也对存在理想完美的数学比例、但又必然会在视觉上变换的状态特别感兴趣③。吊诡的是,约 1490 年,列奥纳多所绘的极为著名的《维特鲁威人》就表明了这一点:为了能同时将人嵌于圆圈和方块中,列奥纳多其实改变了形体的比例。确实,正如《论绘画》某段所指出的,该形体由于分开双腿,故失去了四分之一的高度;因而脸部不再占身体总高度的十分之一(这是维特鲁威的标准),但这乃是必须的条件,如此方能使"圈中人"的肚脐位于"在分开四肢的末端之间形成的中心"上④。也就是说是在圆圈中心,与"方块中人"的性别相应的方块中心。不要搞错的是:尽管根据的是维特鲁威比例的论证——他这项了不起的方法其实是通过切萨雷·切萨里亚诺 1521 年不太聪明的改编之后确立起来的——,但列奥纳多关心的还是形体的运动,是贯穿整个世界的运动,套用列奥纳多引用的引以为榜样的奥维德的《变形记》中的话,该运动使"整个形式都成了漂移不定的图像⑤"。古典时代初期,列奥纳多·达·芬奇的古典主义并不像新柏拉图主义那样信仰理想形式的稳定

① 关于此点,参阅厄文·帕诺夫斯基:《惠更斯手稿与列奥纳多·达·芬奇的艺术理论》(1940年),达尼埃尔·阿拉斯推荐及法译,巴黎,弗拉马里翁出版社,1996 年。

② 关于此种专属列奥纳多的形态形成论思想,参阅我在达尼埃尔·阿拉斯的《列奥纳多·达·芬奇》中所作的评论,前揭,第 105 页。

③ 参阅厄文·帕诺夫斯基:《惠更斯手稿……》,前揭,第 80 页,书中说列奥纳多本来是会写出"论运动"这样的文章。

④ 关于这点,据纳代耶·拉奈里-达让所引《创造身体》,前揭,第 118 页。

⑤ 参阅达尼埃尔·阿拉斯:《列奥纳多·达·芬奇》,前揭,第 106 页。

性，尽管在米开朗琪罗之前列奥纳多就创造出"蛇的形体"，但他仍然提出了身体构型法，最后竟至成为风格主义者的主导主题，这并非偶然。由于使用的资料与文学理论家不同，故而对列奥纳多的反思其实也就表明了比例的形而上学观有很大的随意性和脆弱性。

我们都知道丢勒理论著作中对人体比例的研究很重要。自 1497 年起，他就出版了《测量法指导》一书，自第二次逗留威尼斯，即 1505—1507 年之后，他便投入精力，草拟了《人体比例四论》一书，该书完成于 1524 年。从维特鲁威，经阿尔贝尔蒂，到列奥纳多止，他的《四论》包含了一种使人体比例体系现代化的尝试，其中涉及到阿尔贝尔蒂的《摹本》（第二卷）及列奥纳多的比例对运动起到何种效果的研究（第四卷）。但恰如纳代耶·拉奈里-达让所强调的，《四论》的原创性和历史重要性是在别处[1]，首先在于"丢勒第一次以系统化的方式分析了女人与男人的比例"；这样他便与传统发生了决裂，传统认为女人的身体乃是取男人的肋骨而造，并无亚当的身体那般完美，因亚当直接受造自上帝，且"按其形象"而造[2]。丢勒在同样的理论层面上论及男女比例，他将"女性美的问题从形而上学领域移至美学领域"。此外，丢勒自该书第一卷起，便以同样根本性的方法，提出了与身体与形态形成论（肥胖、纤瘦……）相关的五类比例（女性与男性），而且在第二卷中，再以其他十三种类型完成了这一系列，并使第三卷中也出现了其他一些变体。因此，他远未提出某种反映神圣创世之完美性的小宇宙理想形体，丢勒的比例观瞄准的是如何对人体自然构型的多样性作合理化的——亦即几何化的——算计。

然而，正是因为这一点，当身体比例理论享受着极大的哲学威望时，两位对此进行深入思考的艺术家却给出了截然不同的版本，即形而上学不应被考虑在内。富含比例的身影图像无法复原文本的意涵：根本无法找到一种具有本体论真理的理想构型，需强调的是身体的各种自然变体。

---

① 下文请参阅纳代耶·拉奈里-达让：《创造身体》，前揭，第 122—124 页。

② 1399 年，切尼诺·切尼尼在其《论绘画》（1437 年）中评论说，对女人"理想的尺度"谈论得过多，因为"她的尺度丝毫不完美"。该传统在 17 世纪仍然极有市场，这才有像《人体形象理论》（1773 年出版于巴黎，是向鲁本斯致敬之作，因后者在 1605 至 1608 年间即规划撰写这样的著作）一书的作者写道，"雄性形体乃是真正完美的人体形象。认为其绝美的观念乃直接源于神性的创造，神性按其自身原则创造了独一无二的他"（据纳代耶·拉奈里-达让所引：《创造身体》，前揭，第 123 页）。

列奥纳多和丢勒也提出了一系列丑陋身体的变体，且各自以同样的精神指导这一研究，对比例作出定义，故该进路也获得了认可。在列奥纳多那里，"怪异的头颅①"（17世纪，这幅画使他有了很大的名气）与青少年或青年人各种"完美的"侧面像无法分开，他终其一生都在描绘这些人，有时也会冷静地面对老年人残缺不全的脸：从前者至后者，形成了鲜明的对照，时间产生的效果和脸部轮廓在生物学和形态学上持续的转化，均使美变形至丑。相反，在丢勒那儿，美之变丑乃是通过几何格纹上的系统化变体而来，而几何格纹则确保了漂亮脸蛋的基本比例。列奥纳多和丢勒的素描并非"漫画"；该类型似乎是在16世纪末卡拉什的画室周围成型的。只是到1788年英国的弗朗西斯·格罗斯从《素描绘制规则》一书获得灵感写了篇论文，它才显露出了意义②：先由艺术家从事实践，人体比例理论研究不以形而上学为背景，要大量研究"理想之丑"无穷无尽的变体。

后世由艺术家实践的比例理论史清晰地表明了，完美身体的图像首先乃是艺术问题，它涉及的是如何将身体构建为艺术对象。由艺术家提出的各类比例体系证明了，它们并非"真理"，而是个体的概念和风格。米兰人吉安·帕奥罗·洛马佐在其《论绘画》首卷中强调比例拥有数不胜数的变体类型，还在其《绘画殿堂中的观念》中认为，诸神理想的比例应随每个艺术家彰显其艺术禀赋的"方式"而有所调整③。然而，与埃尔文·帕诺夫斯基一样，我们也无法在这"理论与实践的交错配列法"中看出"主观原则"的取胜④，因为17世纪仍然认为准则客观上绝对不会变动，漂亮身体的比例也不会依仗随便某种超验性，但参照模型发生了变化：不再是身体-小宇宙这一观念，反映创世的完美，而是古代雕塑可见的现实感。17世纪下半叶，人们开始条分缕析地测量这些雕塑；18世纪初，比勒的罗杰在其《绘画原则讲义》中认为"性别、年龄和状态这些特殊比例"都是变幻

① 关于"怪异的头颅"，参阅迈克·克瓦克斯坦：《面相学家列奥纳多·达·芬奇：理论与素描实践》，莱顿，1994年。
② 参阅恩斯特·贡布里希：《艺术与幻觉：图画表现心理学》（1959年），巴黎，伽利玛出版社，1971年，第434—435页。
③ 吉安·帕奥罗·洛马佐：《论绘画、雕塑与建筑诸艺术》，首卷论述各种比例类型。关于洛马佐，请参阅安东尼·布伦特：《1450至1600年意大利艺术理论》（1940年），巴黎，伽利玛出版社，1956年，第224—225页。
④ 厄文·帕诺夫斯基：《结构图示的演变……》，前揭，第97页。

莫测，但同时也指出"只有古典……能作为典范，形成美具有多样性这一坚实观念①"；渐渐的，这些完美典范的数量趋于减少。1792 年，瓦特莱认为只有"五六种"可"作为一代代人观察、研究及临摹画家与雕塑家"的典范②。

　　由此可见，从神圣宇宙滑落至艺术世界标志着身体-小宇宙概念开始坍塌，我们将看到与之相应的解剖学也已显出瓦解的迹象；从而表明学院体系与美的规范概念取得胜利；在失落形而上学根据地之后，物质身体的理想美所具有的荣耀在古典表现法的核心中居于了很高的地位，成为各主要意识形态的支撑物。比如，我们惊讶地观察到，经过一个多世纪之后，作品中的身体构型，无论从灵感还是风格上来说，均与圭多·雷尼（约 1640—1642 年，罗马，卡皮托利美术馆）的《幸福的灵魂》及威廉·布莱克欢庆自己亲身参与的"戈登动乱"的《喜日》（1780 年，华盛顿）相近③。无疑，隐喻的语境（人体具有呈现不可见之物的功能）可说明两种图像的相似性。但从《喜日》形式上的由来来看，它的意涵更丰富。安东尼·布伦特在其建筑论著中说，他认出了某幅版画与文琴佐·斯卡莫兹——曾在模仿列奥纳多《维特鲁威人》的不成功的作品中绘制过男性的比例——所绘形体有相近之处，还很确定地说布莱克作品就是它的来源：该形体在某幅版画中出现过，版画表现了赫库拉努姆的农牧神小雕像，是《艾克拉诺及其周边地区古代绘画》一书中某卷（出版于 1767—1771 年）的插图。这位专家的知识很精准，但他有些犹疑不定，这点并非不重要。这首先表明古代形式如何（出乎意料地）以晚近的传统方式东山再起，再将该传统替换掉，从而说明了形式历史的线性编年史究竟有多简单、多虚幻。重要的是，我们认为就古典艺术而言，在抹去了比例研究的形而上学合理性之

---

① 比勒的罗杰：《绘画原则讲义》，前揭，第 77 页。

② 克洛德-亨利·瓦特莱：《绘画、雕塑与版画诸艺术词典》，巴黎，1792 年，I，词条"古典"，据纳代耶·拉奈里-达让所引：《创造身体》，前揭，第 125 页。

③ 关于圭多·雷尼的《幸福的灵魂》，参阅《圭多·雷尼，1572—1642 年》，博洛尼亚，诺瓦阿尔法出版社，1988 年，第 184 页，该书呈现且评论了同样保存于罗马卡皮托利美术馆的绘画草图；关于威廉·布莱克的《喜日》，参阅安东尼·布伦特：《威廉·布莱克的艺术》（1959 年），纽约，哥伦比亚大学出版社，1974 年，第 33—34 页；艾尔贝·布瓦姆：《革命时代的艺术，1750—1800 年》（第 1 卷，《现代艺术社会史》），芝加哥-伦敦，芝加哥大学出版社，1987 年，第 321—323 页。

后,身体的物质美构成了某种审美价值,几乎成了升华上述概念的必要(甚至是充分)条件。

毫无疑问,没有什么能比死去基督身体的古典表现形式更能说明问题,如委拉斯凯兹的画作。古典艺术抛弃了霍尔拜因(或格林瓦尔德)的奥体变丑的画法,试图清除苦难的污痕,抛弃暧昧不明的色欲,罗索的"美好风格"也包含了这层意味,死去基督的古典身体——在该身体中,基督只不过是具身体、尸体——在死亡中仍旧美丽,似阿波罗一般。

2) 肉体的效果

16 至 18 世纪,匀称的人体形象,无论男性还是女性,都是几何体,要产生效果就需依赖素描及特征的精确性:即便丢勒是以独创的方式呈现侧面像的两维形体,其冲击力总体来说更多地与理论家(艺术家可算可不算),而非开业医师、其作品的合作方或接收方有关。在牵涉"女性身体各部分的完美性"时,可引出版于 1773 年、献给鲁本斯的《人体理论》一书,该书充分证明,即便涉及到趣味之类问题,身体的艺术图像还是有其他的关键点:"略丰腴,肉紧实,结实且白皙,淡红色,仿若牛奶或血液中搀入的色彩,抑或如百合或玫瑰混合而成;优雅的脸庞,毫无皱纹,丰满,圆润,白如雪,无毛……腹部皮肤不应松弛,亦不应下垂,而自最突出部位至下腹部,应柔软且轮廓柔和平滑。臀部浑圆,丰满,白如雪,上翘,毫无赘肉。大腿丰满……膝盖丰腴圆润。小脚,指纤巧,秀发,恰如奥维德的赞美①。"

事实上,文艺复兴时期在如何表现身体方面拥有极大的广度,比对比例的反思更持久:裸体,无论男性或女性,都出现在绘画、版画、雕塑,甚或建筑中。裸体对艺术界的不断影响显然与文艺复兴的总体进程脱不开关系,埃尔文·帕诺夫斯基说当时形式及主题"重又获得综合"。由于主题的不断扩大,作品数量大增,用途也出现多样化,这一重新综合素材与主题的进程使得呈现裸体的可能性大大增加。直至 19 世纪,神话中的诸神、女神、英雄、仙女和森林神均以裸体呈现。但我们不能仅仅将这种现象简单地归结为出于肖像创作的考量。因此,隐喻(力量,及程度较轻的

---

① 据纳代耶·拉奈里-达让所引:《创造身体》,前揭,第 138 页,n. 160。

仁慈)中的裸体在 16 世纪取得了惊人的地位,1593 年,切萨雷·里帕的《寓意画》就举出了丰富的例证,该书近两个世纪中一直是欧洲画师的教科书。裸体肖像也出现于 16 世纪,它要么以寓意形式出现,将模特画成神祇或古代英雄(安德烈亚·多利亚被画成海神,美第奇的科斯莫一世被绘成俄耳甫斯),要么极具情色感,这是列奥纳多·达·芬奇发明的概念,后来被枫丹白露画派大量使用①。毫无疑问,在宗教画领域内,裸体的大规模侵入颇具吊诡性,令人瞠目。从传统上看,仍保留了创造亚当夏娃、被钉十字架的基督以及地狱中受罚者遭受惩罚这样的场景,其中对裸体的表现取材于《旧约》中的好几个场景(苏珊和老人、拔示巴洗浴、大卫与歌利亚、友第德拎着何乐弗尼的人头等)、殉道士场景(圣女阿加特、圣徒塞巴斯蒂安),甚至超出叙述文本表现男女圣徒,如忏悔的圣女抹大拉的玛丽亚或圣徒施洗约翰在沙漠中。

该现象颇具吊诡性,对裸体的"近代"艺术处理远未像以前那样,在信教者或虔信者那儿引起虔敬之心,反倒促成了某种效果,使图像转变了功能。因此,照乔尔乔·瓦萨里所言,必须将教堂中弗拉·巴托罗梅奥的《圣塞巴斯蒂安》取下来,因为女人在告解时都承认"看(这幅画)时感觉自己有罪,因为他很美,会使人模仿它去纵情享乐,因为美德就赋予了他这样的生活";挂于教务会议室中的这幅画毫无疑问也在修士中间引起骚动,没过多长时间,它就被卖掉,送给了法国国王②。裸体图像出现于浴室中尚可忍受,就算可使人纵欲,但放于卧室中也可令人接受(说不定还这么希望呢),因为画中的场景对受孕来说还是有好处的。可放到宗教场所中就不行了;然而,整个 16 世纪,它仍成功地进入了这些场所,其中令人印象最深的显然就是西斯廷教堂中米开朗琪罗的《末日审判》。阿雷坦谴责这些只配出现在浴室内的画作怎能现身基督教会这样高尚的场所中,这种说法不无虚伪。但当时的思潮确实如此,正如许多反对壁画的批评家所说,沃尔泰拉的达尼埃莱就说壁画容易被毁,很容易被人"改动"。

---

① 参阅戴维·布朗与康拉德·奥博胡贝:《莫娜·瓦纳与富尔丽娜:列奥纳多和拉斐尔在佛罗伦萨》,见塞尔吉奥·贝泰里与格洛里亚·拉马库斯主编:《致麦伦·P. 吉尔莫的随笔》,佛罗伦萨,1978 年,第 25—86 页。

② 乔尔乔·瓦萨里:《优秀画家、雕塑家和建筑师的生平》(1550 与 1568 年),巴黎,贝尔热-勒夫罗出版社,1984 年(译文已作改动)。

我们都很熟悉反宗教改革时期枢机主教和主教们对这些"过分行为"的恶毒谴责①,但必须注意的是,这些谴责基本上是针对裸体及其"海淫"而发。宗教图像的感官性这一说法还是得到了认可,17世纪所说的图像"感官化"甚至可使画家及雕塑家的出神状态臻于顶点。克雷乔的感官性重获激发,在漂亮的构图中用戏剧化的方式调和艺术与材料,使得贝尼尼的正式作品成了个中翘楚:其《泰蕾丝圣女》因神圣之爱使人身体上产生陶醉之情,却又不致引起不良思想——恰如《幸福的路多维卡·阿尔贝尔托尼》,该画因爱而亡的主题并不会使当局对此持任何保留态度。反之,就绝对不行。通过身体来戏剧化地展现灵性乃是巴洛克策略的核心,从而经由各门艺术来组织管理信徒的(个体或集体的)身体。基督徒"不幸②"的身体会因其身体的冲动得到升华、神圣化而得救、赎罪。在利用宗教时,巴洛克的身体也因此成了超自然介入的征候。当涉及到上帝和他的爱时,被拣选者(无论男女)的身体就会变容,传达爱时就会将文学中性的隐喻作为基础,只有性才能令人心醉神迷地传达出那种体验;神圣的出神状态重新采用了身体出神的姿势。当超自然的介入乃是魔鬼所为时,身体仍然可作为表明这一魔鬼行为的征候:它会变丑,姿势变得不协调,滑稽的面相表明了混乱,而恶就是想使神圣的宇宙因混乱而陨落。在《艺术中的着魔者》中,夏尔科在着魔者的形体中认出了"歇斯底里神经官能症的外在症状③",但必须强调的是,他用来支持其论证的许多图像几乎都是16及17世纪末所作:这些图像的现实性效果使萨佩特里耶的医生创建了某种诊断歇斯底里症的方式,但要等到18世纪中叶及"圣梅达尔的痉挛症"时疫大流行时期(1727—1760年),才会出现对魔鬼是否出现在着魔者的症状中提出质疑④。撇开当局对此产生怀疑的政治与宗教原因不谈(奇迹出现在捍卫冉

---

① 关于对图像淫欲化的谴责,参阅戴维·弗里伯格:《图像的力量》(1989年),巴黎,G.蒙福尔出版社,1998年。

② 参阅让-吕克·南西:《全集》,前揭,第10页,"在错误的感官中,在邪恶的罪孽中,上帝(Très-Haut)会使之从极高处急遽坠落。身体必然不幸……"

③ 让-玛丽·夏尔科与保罗·里歇主编:《艺术中的着魔者》(1886年),巴黎,马库拉出版社,1984年,第XV页。

④ 该流行病与冉森派教徒及耶稣会教士之间的冲突有关系,因为对之显奇迹的乃是某冉森派六品修士的身体,参阅让-玛丽·夏尔科与保罗·里歇:同上,第78—90页,以及该书中乔治·迪迪-于伯曼的《夏尔科、历史与艺术:模仿十字架与魔鬼的模仿》,第127—145页。

森派教义的六品修士墓地上），摒弃魔鬼存在的假设的同时，也令人意识到身体具有某种令人不安的力量。在《哲学词典》的"痉挛"词条中，伏尔泰断定"不可思议的痉挛事件并非奇迹，而是艺术行为"，但他在"身体"词条中也说，"正如我们不知何为精神一样，我们也不知何为身体①"。结果，抛弃幽冥王子涉足世界事务这样的蒙昧主义的同时，身体是否如视觉所见那样有很强的说明力，这点也并不明朗，但我们发现18世纪末"崇高的"身体的出现使古典合理性出现了严重的危机。

　　三个世纪后，教会当局自然不会允许宗教场所中出现淫秽的裸体，但允许私下买画（有教养的精英阶层可这么做），只是不应在公共场所展现。但不该掩盖的是，摒弃本身就是历史与人类学进程的结果，有很重要的意义：目光的色欲化随着文艺复兴的到来而浮现出来。就像卡洛·金兹伯格所强调的②，对那些针对告解神甫及苦修者的教程所作的研究表明，约1540—1550年间，淫乱已取代贪财成为处理最多的罪孽，此时视觉"缓缓现身，成为受特殊对待的色欲感官，紧随触觉之后③"。我们可顺着卡洛·金兹伯格的思路去看，他认为色欲化"与特定的历史条件相关，版画的传播便是如此"，也与神话图像（有很多情色裸体画）的流通范围不限于有教养阶层相关，而后者正是传统的买画者。因此，尽管我们可以像让-吕克·南西那样说"我们并未裸露身体：我们是创造裸体……④"，尽管创造的裸体与基督教的裸体意识不可分割（正是由于有了罪，即意识到了自己赤身裸体，亚当和夏娃才感到羞耻，此种羞耻感既针对裸体，也针对这种意识——而我们知道，教会总是再三禁止观看裸体，甚而禁止我们观看"令人羞耻的部位"），但仍须强调，欧洲社会目光的色欲化乃是历史现象，它接替文艺复兴，继续将神话图像传播至传统的买画圈之外。

　　观察具有决定性作用，因为它能明确何种状况下16世纪才出现了身体的色欲化表现这样明确的形态，从而在林林总总的时尚与趣味的范围内，使身体的艺术和社会实践得以长期发展。自16世纪欧洲图像创造出

---

① 据乔治·迪迪-于伯曼所引，同上，第142页。

② 卡洛·金兹伯格：《提香、奥维德与1500年色欲形象法典》，见《提香与威尼斯：1976年威尼斯国际研究大会》，维琴察，N.波扎出版社，1980年，第125—135页。

③ 卡洛·金兹伯格：《提香、奥维德……》，前揭，第134页。

④ 让-吕克·南西：《全集》，前揭，第11页。

主要题材至 19 世纪止,色欲化表现进程特别清晰:女性裸体均为孤身一人(慵懒地)斜躺着,没有任何语境,仅供眼睛观看。该题材是在婚姻的社会文化语境中(性欲是合法的)出现的:欧洲绘画中首批女性斜躺着的、没有任何语境的裸体,是在婚姻奢华的盒盖下绘制而成的,是由未来的夫婿献给其未婚妻的,而未婚妻则将之连同其嫁妆一起存放至新居中,有时还会有公众列队欢送。这些画作只能作私人用途,它们是在私人的卧房空间内专为未婚妻或未来的年轻妻子所画。好像是在威尼斯,随着乔尔乔内的《熟睡中的维纳斯》的出现,该主题才第一次从私密的场所中步出,成为大众效仿的对象。《熟睡中的维纳斯》显然是被用作私人用途,约1507—1508 年为某次婚礼而绘①,它至少从三个方面使裸体有了合法性:婚礼的语境,大自然中形体的展现(其实是"仙女",或照现代叫法,就是"维纳斯"),最终的尘封状态(不得将之展现于他人的目光之下)。该图像刻意情色化,但有着强烈的文化语境,遂使完成这样的画作成为可能——这令人想起最近罗马发现的古代画作《熟睡中的阿丽亚娜》,阿丽亚娜右臂的姿势将该形体与"高雅的文化及风格符号"(神话符号)联系了起来,大多数用作私人用途的情色图像也就是如此成型的②。《熟睡中的维纳斯》使无数人竞相模仿,出现了许多变体,但只是到了 1538 年,提香从中汲取灵感,创作了《乌尔比诺的维纳斯》之后,方从视觉上明确了真正表现女性身体的情色化策略,此后三个世纪欧洲绘画便未偏离过这条道路。

形体躺于床上,像在宫中③,提香使对神话的参照显得可有可无——以致人们觉得(当然是简单化的看法)它与现代"美女画"极其相似④。毫无疑问,传统的婚礼语境会描绘远景与栽植爱神木的花罐,但此后人们再也不会将婚礼作为绘画作品的唯一场景。事实上,尽管绘画中的女性裸体素材在婚礼语境中找到了其源头(及合法性),但 1538 年这幅作品的成功却与此无关:《乌尔比诺的维纳斯》顾名思义就具有神话上的合法性,采取

---

① 参阅杰尼·安德森:《乔尔乔内、提香与熟睡中的维纳斯》,见《提香与威尼斯》,前揭,第337—342 页。

② 参阅卡洛·金兹伯格:《提香、奥维德……》,前揭,第 127 页。

③ 关于提香特意构建的"形象化场所"所具有的真正的复杂性,可参阅达尼埃尔·阿拉斯:《〈乌尔比诺的维纳斯〉,或惊鸿一瞥的原型》,见罗纳·戈芬主编:《提香的乌尔比诺的维纳斯》,剑桥大学出版社,1997 年。

④ 参阅查理·霍普:《提香情色绘画中的阐释问题》,见《提香与威尼斯》,前揭,第 119 页。

了某种新派做法；出资人指定内容需与主题相称，故画布上会如购画者希望的那样展现 donna ignuta，即女性裸体。此外，提香还唤醒了乔尔乔内熟睡中的形象，画中人的目光直视着我们，清晰地意识到自己将会展现于我们的目光之下。她左手的姿势也具有很明确的意味，这在乔尔乔内那儿是不曾有过的。当时的医学与宗教语境坚信该形体是在自慰，以便做好准备，在性行为时再三达到性高潮①。提香以一贯的情色化方式，改变了《熟睡中的维纳斯》的姿势：乔尔乔内的形象是右臂上抬，露出脱毛后的腋窝，提香则使右臂下垂，让卷曲的长发（变成金色）遮住腋窝；乔尔乔内的画中，左手可让人看见同样剃光毛发的耻部，而提香则在耻部画上浓重的阴影（根本无法从解剖学上判定其合理性），还让拇指与食指合在一起，在乔尔乔内使手指分开的地方产生了一条浓重的阴影，完全不会令人产生"淫猥下流"的想法。因此，从这两幅画看，形象的姿势已然改变，完全成了展露-遮掩的操作方式，且将私处的毛发牵扯进来，推上舞台。乔尔乔内只是简单地将毛发排除了事；提香则使人产生情色方面的联想，只是采取的是"替换法"（金发替代了遮遮掩掩的腋窝）和"二次转化法"（耻部的阴影）②。

提香是有意识地改变模特（为了实现这一点，提香青年时代曾与该模特多次合作），他绘制的首幅未设语境的、躺着的女性裸体画确定了欧洲情色图像的原型。两个女仆的细节表现虽然次要，但也从中构成了这一情色原型。提香再次以不太显明的方式有意识地发明了一个注定会很有前景的观点：这两个忙于整理（或寻找）裸体女人衣服的女仆可烘托这具裸体，这具占据前景的一丝不挂的身体。展现于目光之下的裸体肯定会有社会禁止的场景，只能私下观看，是提香第一个以雄辩的方式将裸体推上舞台，该裸体通过不同的变体（我们只要想想戈雅《马哈》的着衣版和裸体版这两个版本即可），成了身体情色化呈现的主导主题——最终在清教当道的 19 世纪，成为千夫所指的对象③。

---

① 参阅罗纳·戈芬：《提香的〈乌尔比诺的维纳斯〉中的大海、空间与社会史》，见《提香的乌尔比诺的维纳斯》，前揭，第 77 页。

② "二次转化法"这个词取自弗洛伊德的《梦的解析》一书，指某种操作方式，经由此种方式，梦在遭到检查之后，倾向于以协调一致的方式展现情景。

③ 关于并非裸体本身而是着装更令人反感这一点，表明裸体女性就是一丝不挂的女性，亦即照当时的语言来说，就是妓女，参阅我在《细部：与绘画近似的历史》中的评论，巴黎，弗拉马里翁出版社，1992 年，第 237—239 页。

《乌尔比诺的维纳斯》像是份提出了女性情色裸体古典概念基本原则的图样——尽管有数不胜数的图像可资引用，但三个世纪后马奈精心绘制《奥林匹亚》时回过头参照的还是这幅画，看来并非偶然。它是提香首幅独特的躺着的女性裸体画，也是他此类画作中的唯一一幅。后来，他重新引入了语境，因为神话可使裸体画在文化上更具合理性。于是，他创作了许多富有表现力的裸体画作，主要描绘古典理论家所谓的肉体，而肉体其实只是形体的皮肤而已。渐渐地，（男女）裸体画在提香那儿占据了越来越多的地位，1674 年威尼斯人马尔科·博斯基尼对此说得很到位："他使层层叠叠、活色生香的肉体拥有了精髓，她们所缺的只剩下气息了。收尾时，他会用手指数次轻轻涂抹明亮的部分，使之转入中间色调，如此便更为完美。其他时候，他总是会用手指蘸黑色点于一角，或用少量红色突出肤色，使之犹如一滴鲜血[①]。"

尽管威尼斯人很喜欢提香的"画龙点睛"之笔，认为他能用寥寥数笔将技艺和精神综合起来，但在该世纪，人们的眼光与讨论仍习惯于意大利或北欧"色彩画家"的实践方式。鲁本斯是其中最有名的一位，他描绘身体时犹如在为肉体举行庆典：他画皮肤确实画得特别好，能使人从视觉上感受到画中不具有的东西、画中不可能达到且禁止达到的东西、活色生香的身体所具有的三维体积，令人感受到皮肤下生命的跃动、血的热度。比勒的罗杰在谈及鲁本斯的《酒神节》时情不自禁地说："女林神的肤色和孩子们的肤色极具真实感，人们可轻易地想象，若将手放在上面，就能感觉到血的热度[②]。"然而，既然就连贝尼尼的某些大理石雕像中也能发现这一点，可见这样的研究受"巴洛克风格"的影响有多深，该研究包含了几个关键点，其广度大大超越了艺术实践这一独特的领域，它们是 17 世纪末由比勒的罗杰提出来的。

正如雅克琳·利希滕斯坦所言[③]，约 1670 年代震动皇家绘画与雕塑学院的"色彩之争"确立了相当多的东西。除撼动理论界的等级秩序，确立素描优于色彩，从而承认绘画为自由艺术之外，比勒的罗杰还提出了彻

---

① 马尔科·博斯基尼：《绘画中丰富的矿物质》，威尼斯，1674 年。

② 比勒的罗杰：《关于绘画知识与如何评论画作的交谈》，巴黎，1677 年，第 145—146 页，据雅克林·利希滕斯坦所引：《雄辩的色彩：古典时代修辞术与绘画》，巴黎，1989 年，第 182 页。

③ 雅克琳·利希滕斯坦：《雄辩的色彩》，前揭，第 153—182 页。

底改变修辞范型的提议,而后者自 15 世纪的佛罗伦萨人文主义开始起,便主导了绘画实践与绘画的古典理论。在修辞法的三项传统功能——教授、使人愉悦、触动——中,比勒的罗杰与西塞罗一脉相承,最推崇触动;他基于色彩的表现力,以成效来定义绘画修辞术,并断言:"绘画的最终目的并非教导,而是震撼[1]。"可尽管如此,比勒的罗杰还提出了一个新的观看范式,即"正派人","不再当对猜谜游戏乐此不疲的行家,而是能从观看一幅画中获得乐趣的业余者[2]",观看者的身体甚至可获得全新的感官体验,使目光的色欲化臻至顶峰,卡洛·金兹伯格曾表明目光的色欲化应归功于文艺复兴时期的艺术实践及其图像的传播。自提香晚期的画作之后,撼动了色彩画家的肉体修辞术便成了注重审美效果、追求情感与描绘的缘起。这并非偶然。从肉体的场景中诞生的对色彩的愉悦感"因想要触摸而即刻表达了出来"——但须补充一点,触觉不可能"比赋予其欲望的肉体更真实"。于是,观看者的肉体产生的体验便"类似于幻觉,从而使视觉好似触觉一般"。最成功的绘画作品就就应该"放荡不羁",这是照该词最强烈的意义上来使用的[3],色彩画家笔下的身体将视觉的色欲化推向极限,且使触觉与之等同:"在伟大的色彩画家的画作前,观看者仿佛觉得自己的眼睛就是手指[4]。"这就是专属情色绘画的引诱策略,绘画对身体的赞美建立起了绘画的色欲化。

2

对身体的检控

身体在其经典的表现形式中,既因其肉体亦因其理想的比例而备受赞誉。从历史上看,自 16 世纪初至 18 世纪最后几十年止,这与两种艺术

---

① 雅克琳·利希滕斯坦:《雄辩的色彩》,前揭,第 175 页。

② 同上。

③ "放荡不羁的绘画"这个词在尚布雷的洛朗·弗雷阿尔那儿也出现过,他在其《论绘画如何臻于完美》(1662 年)的前言中谴责"色彩画家"引入了"不知所谓的'放荡不羁的绘画',它完全不受束缚,而后者以前曾使这门艺术饱受尊敬,而且还很难习得"(据雅克琳·利希滕斯坦:《雄辩的色彩》,前揭,第 161 页)。

④ 关于这一点及前面的内容,参阅雅克琳·利希滕斯坦,同上,第 181—182 页。

家经常参与的新的社会实践无法分开。这两种实践显然与形象艺术这一特定领域相异,构成了表现个体之身体的新的表现方式:解剖学颠覆了人类有机体的自然定义,创立了行为举止,或曰"礼仪"的固定规则,通过检控其仪态,产生了身体社会化的新的表现形式。

乍一看,这两种实践方式似乎风马牛不相及:解剖学乃是医学,欲建立身体的客观结构,使不可见的身体内部构造得见天日;礼仪乃是有关"教养"的社会科学,欲确立礼节修辞术的规则,只针对身体可见的外在表征。然而,那个时代的历史发展却要求人们将这两者视为相关的实践方式,同时在身体结构及其社会交往中构建身体的"近代"意识。我们很快就发现了其中的内在矛盾,这倒使我们能更好地对这些含混不明、变动不居的矛盾进行比较。尽管有人认为礼仪派是要从外在彰显个体内部良好的气质、道德品质,但它很快成了情感掩饰派;尽管解剖学只想澄清身体机器的管辖范围,但16至18世纪却在传播过程中突然遭遇了某种质询,质询对它是否合理并未提出质询,而是质询其日益平庸化的观点。解剖学图像反驳了二元论观点,后者将身体作为客体,与会思考的主体的意识有天壤之别;它们反对笛卡尔在《第二沉思录》中所说的那段名言——"所谓身体""无论它是否是行尸走肉,都是由骨肉构成的机器"[①]。

事实上,解剖学与礼仪的融合发展同身体与人格彼此关联的思想恰是相互呼应。在这两种情况中,身体乃是人格的封皮,但尽管解剖学有可能会假设两者在本体论上截然不同,但礼仪所说的教养却要求两者具备共生共荣的关系。解剖学与礼仪均依赖于这一纷繁复杂的新假设,即人类个体并非一具身体而已(身体只是用来辨别),而是拥有一具身体(具有物质依赖性,拥有社会责任)。此种区别无疑确立了身体的人类学"现代性"[②],但从16至18世纪的图像来看,此种"现代性"几乎没有市场,18世纪末对该观念的抵制也不仅仅造成了有教养的精英阶层与大众文化之间的社会文化分裂。

---

① 笛卡尔:《第二沉思录》[1641年],巴黎,1963年,第39页。
② 参阅戴维·勒布雷顿:《身体人类学与现代性》,巴黎,法国大学出版社,1990年,尤其是第29—82页。

1) 解 剖 学

不仅解剖学现代观念的创造与发展同对人体（无论男女）之美以及人体色欲化的赞誉同步出现，而且艺术家们有时也在此双重进程伊始发挥了主要作用。这证实了这两种表现身体的实践方式之间具有复杂的关联，我们将会发现，在某些情况下，这一关联甚至能将两种进路混淆起来。

当然，我们会想到提香，他在创作《乌尔比诺的维纳斯》时很可能绘制过几幅解剖学图样，且将其刻于木板上，以便为 1543 年维萨里在巴塞尔出版的《论人体的构造》一书制作插图①。但专事描绘情欲倒错（风格主义的一个特点）的大师佛罗伦萨人罗索也同样写了本解剖学著作，书中的素描由阿哥斯蒂诺·威内兹亚诺和巴尔比耶莱的多梅尼克刻制成木版画——列奥纳多·达·芬奇仍是他们的典范。这位描绘女性裸体的著名画家自 1503 年起便开始创作《莱达》，并获得极大成功。他推动了双重性别的情色主义，创造了裸体情色画，其原型便是《莫娜·瓦娜》。该画是 1513 年应第蒂奇的朱利安之邀而创作的，同时也受到了拉斐尔（和朱利奥·罗马诺）的《芙娜丽娜》以及枫丹白露画派初期许多"裸体肖像画"的影响②。列奥纳多也是这样一位艺术家，他在 16 世纪初便革新了解剖学及其插图绘制的观念③。确实，他的某些素描与该思想有着类同性，而类同性恰是文艺复兴时期的总体特征：尽管他很独特，很现代，也注重现实性，但这幅表现胎儿及子宫内壁的著名素描仍将人体胎儿及牛的子宫关联起来，并认为所有哺乳动物都有类同性。其他素描，如有名的《女性器官》（温莎城堡）就有很明显的错误，可见列奥纳多也会不假思索地创造些"或然的解剖学"，以满足表现的需要，即便观察无法佐证也罢。另一些素

---

① 关于如何在《论人体的构造》(1543 年）及《概要》(1543 年）之间分配几幅《性别解剖图》（维萨里出版于 1538 年），参阅米开朗琪罗·穆拉洛与戴维·罗森德：《15 世纪提香与威尼斯木版画》，维琴察，内里·波扎出版社，1976 年，第 123—133 页。

② 关于后一幅画（已佚失），参阅戴维·布朗与康拉德·奥博胡贝：《〈莫娜·瓦娜〉与〈芙娜丽娜〉：佛罗伦萨的列奥纳多与拉斐尔》，前揭。关于列奥纳多赞美双性现象，参阅达尼埃尔·阿拉斯：《列奥纳多·达·芬奇》，前揭，第 469 页。

③ 其中请参阅戴维·克莱顿与隆·菲洛：《列奥纳多·达·芬奇：人体解剖》，巴黎，瑟伊出版社，1992 年，第 65 页。

描也不注重观察，依据理论上的传统科学概念，与列奥纳多认为用视觉来"证实"的观点具有教育价值这样的说法相忤。但虚构的解剖学素描不该隐藏本质。列奥纳多对发明特别有效的图像表现技巧并不热衷，他的素描总体来说均建立在直接观察基础之上[①]，所以现代专家会毫不犹豫地认为"现代解剖学"就诞生于约 1500 年的米兰，当时列奥纳多正好在托雷的马尔坎托尼奥医生身边工作[②]。

列奥纳多对解剖学的兴趣在其同时代的艺术家中可算独一无二。他对科学的好奇心及其系统化的进路大大超越了画家们通常的实践方法，后者总体来说仍停留在肌肉解剖学、研究骨架及其关节的层面上。但此种独特性本身乃是受到了绘画界"人文主义"理论及实践方式的激发。阿尔贝尔蒂曾在《论绘画》中向艺术家建言，让他们从骨架出发、逐渐将肌肉和皮肤涵盖进来，以构建属于自己的形象[③]。这标志着与中世纪的进路产生了断裂，切尼诺·切尼尼表述过这一点，他说男人比女人少一根肋骨，少的这根肋骨肯定用来创造了夏娃[④]。阿尔贝尔蒂的建议似乎先于艺术家的实践，照乔尔乔·瓦萨里的说法，佛罗伦萨人安东尼奥·波拉尤罗在 15 世纪最后二十五年中曾"剥过许多人的皮肤，了解其内在的解剖结构"，他本可成为"研究肌肉的第一人，因肌肉在形体中极富条理，美丽异常"[⑤]——而对该领域没什么科学兴趣的拉斐尔也在其为《市民放逐图》预先所绘的著名素描中表明了自己对此的关注。维萨里在对其首幅版画的评论中认为艺术家会购买他的《论人体构造》一书，从该语境看，这点并非不重要[⑥]。

艺术家在构建现代解剖学中所起的作用不应令人感到惊讶。与事实相符的是，文艺复兴时期受青睐的科学首先就是描绘性的科学，也就是说

① 其中请参看一幅描绘肩部深层结构的素描，列奥纳多在此结合了三种不同的绘图技法，分别与不同的分析类型相对应（戴维·克莱顿与隆·菲洛：同上，第 90 页）。

② 参阅，同上，第 91 页。

③ 列翁·巴蒂斯塔·阿尔贝尔蒂：《论绘画》，前揭，第 161 页(II,36)："必须……在肢体的大小中维持某种比例，而为了在绘画生灵时尊重这些大小比例，首先就应该在头脑里将骨骼置于最下面，因为骨骼根本没法弯折，它们总是占据固定的地方。其次，必须将神经及肌肉固定于它们各自相应的地方；最后，必须让骨骼与肌肉都覆上肉和皮肤。"

④ 切尼诺·切尼尼：《论绘画》，前揭。

⑤ 乔尔乔·瓦萨里：《优秀画家、雕塑家与建筑师的生平》，前揭，III，第 295 页。

⑥ 参阅米开朗琪罗·穆拉洛与戴维·罗森德：《提香与 15 世纪威尼斯版画》，前揭，第 125 页。

在这科学中，插图绘制术经由自身成了某种示范，图像绘制技巧在科学信息的传布中具有关键性的功能——列奥纳多在论及其素描时所用的"示范"一词也应该在最强烈的意义上加以领会。但列奥纳多的素描独此一家的现代性在于其他方面，在客观中立性之中，正因为这种客观中立性，他的素描才能展现（或呈现）视觉观察所得胜的图像的明晰性。正如某些素描充分表明的，用索状物代替肌肉，可更好地理解骨骼结构移动的机制，列奥纳多的解剖学素描并未掺杂丝毫特别的情感；这位工程师注视着这一切，用图像来记录和分析被设想为机器模型的身体的结构与功能。此种客观的进路，此种不见任何澎湃情感的状态使得列奥纳多与其后继者有着天壤之别——恰是因为这样，这些图像才会显得很淡漠。在这三个世纪内，解剖学与其艺术表现形式不可分离，而后者则使某些与严格意义上的科学不同的关键问题浮出了水面——或至少使与复杂的想象力有关的关键问题浮出了水面，解剖学实践的发展和平庸化则促成了这一点。

　　维萨里比列奥纳多影响更大（列奥纳多的素描只有少数人才看得到，没什么影响力，虽然名气很响），他是现代解剖学伟大的首倡者，1543 年出版的《论人体构造》在身体的科学构造史上具有关键性的承前启后作用，而且这个小宇宙恰恰与哥白尼创造出大宇宙的《天体运行论》处于同一个时代。不过，这部著作在欧洲获得的巨大成功大部分应归功于版画插图，它以引人注目的方式将科学的观察结果推上了前台。第一卷前面部分都是些细部图，之后主要研究骨骼，以三个完整的形象作结，这些戏剧化的形象占了整页篇幅，受到基督教伦理观的影响：一幅骨架摆出绝望的姿势，令人想起马萨乔为布朗卡奇教堂所绘的《亚当被驱出天堂》里的姿势；另一个形象依靠在掘墓用的铲子上，抬"眼"望天；第三个形象（最著名）思考的是死亡，令人想起莎士比亚的哈姆雷特①。第二卷中的解剖图相当复杂。首位出场的是个被剥了皮的年轻男子的正面像，他的肌肉也

① 必须注意的是，镌刻于古典主义风格的坟墓-祭坛上的铭文在《概要》和《论人体构造》两书中是不同的。前者引用了西里乌斯·伊塔里库斯的《迦太基》里的话，带着哲学-美学的调调（"所有美丽都在死亡中消亡，冥河之色流遍苍白的肢体，将形体的优雅摧毁殆尽"）；后者受据认是维吉尔所作的哀歌的影响，表明神将战胜死亡这一人文主义观，很是陈词滥调（"人通过神而活，其他人都归于死亡"）；参阅米开朗琪罗·穆拉洛与戴维·罗森德：《提香与 15 世纪威尼斯版画》，前揭，第 130 页。

在被逐层剥落,其间该形象渐渐站立不稳,该系列构成了一个整体,起统一作用的风景则是画面的背景。该观念显然可在骷髅舞的传统中找到其源头,但完美的比例、富表现力的姿势、令人想起古代雕塑的整体氛围均使这些图像颇具内涵,赋予了它尊严感,使这些形象富有独特的生命力。像这样对古代艺术的参照在某些细部插图中很明显:《贝尔维代尔的躯干》在好几处分析脏器的地方成为基本的参考图,比如第五卷的第二十五幅版画便是,表现女性器官的图画插在某幅侧面像中,令人想起古代的维纳斯(残缺的)半身像;由于从病理学来看,这些内脏属于某个生殖力已届晚期的成年人,但拥有它的又是个"年轻貌美的尤物①",所以对比就更加强烈。

科学细节与自然及艺术背景之间的此种关联并非维萨里专有。夏尔·埃斯蒂安的《论身体各部分的解剖》(出版于 1545 年,但在 1530 年代初就已写好)中,就曾在古代的风景中(或室内)安置形象,使它们的姿势显得颇具"艺术感"②。维萨里的成功表明肯定还会有人这么画,但该传统还可追溯至 1521 年卡尔皮的贝伦加里奥在博洛尼亚出版的《对蒙蒂尼解剖学的评论》以及他出版于 1522 年的《简短序言》两书。这种融会贯通的做法很有可能会使这门刚诞生的科学在文化上和道德上拥有合理性,尽管已获教会授权,但这种画风还是遭到了零星的质疑:从艺术或道德观来看,展现解剖过的身体可表明"身体这门新科学具有独立自主性③",这颇为吊诡。毫无疑问,维萨里插画的古典风格、科学信息与文化"礼仪"间的平衡、插画的优秀的艺术品质均有助于使其获得此种认可。

但解剖学的艺术展现也必然使影射拥有潜在可能性,这样前者的意图就会模糊不清——甚至会逐渐达到与本意相反的结果。因此,采用这样的艺术模式会使人产生忐忑不安的联想。为了为其《身体各部分解剖》

---

① 纳代耶·拉奈里-达让:《创造身体》,前揭,第 190—192 页。

② 因而,第二卷的某幅版画令人想起了罗索·菲奥伦蒂诺在其《摩西保护叶忒罗女儿》的画中想象出来的某个形象。在夏尔·埃斯蒂安的著作中,原封未动的身体与风景和解剖学细部图两相对照,彰显了其中的重要性,而解剖学细部图则会以长方形木版画的形式插入身体的图像中。

③ 参阅乔纳森·索代:《马尔西亚斯的命运:解剖文艺复兴时期的身体》,见路西·根特与奈杰尔·卢弗林主编《文艺复兴时期的身体:1540 至 1600 年间英国文化中的人体形象》,伦敦,里克琛图书,1990 年,第 126 页。

一书绘制插图，夏尔·埃斯蒂安无疑会从意大利知名艺术家的作品中汲取灵感，这些艺术家都是弗朗索瓦一世召来法国的。当他依据瓦加的佩里诺和罗索的素描，对雅各波·卡拉里奥刻制的《诸神之爱》中的八幅情色画重新构图时，发现某些淫荡的姿势却奇怪地产生了科学上的意义。不过，这与变态无关：阿德里阿努斯·斯皮格里乌斯（又名斯皮格尔的阿德里安）在其 1627 年出版于威尼斯的《十论人体构造》中，重画了卡拉里奥版画中的维纳斯人体，后者描绘了维纳斯被墨丘利吓了一跳的场景，他之所以重画是为了画出男性阴茎及肛门肌肉系统的解剖图——该画后被用于 1698 年出版于伦敦的约翰·布朗的《新型肌动描记法，或人体所有肌肉的图像描述》一书中。同样，尽管解剖学图像的合理化策略很早就在呈现被解剖尸体的器官，但这种做法很快就使图像达到了夸张至无以复加的程度。1545 年时，为了表现怀孕女性的子宫，夏尔·埃斯蒂安将"模特"置于床上，让她用左手优雅地托起胎盘，以便让人看清双胎，他开创的这种展现法今后会有很好的前景。我们在胡安·瓦尔维尔德 1556 年出版于罗马的《人体解剖学》、斯皮格里乌斯的《论人体构造》（1627 年）、约翰·布朗的《新型肌动描记法》（1698 年）中都看到过这种布局①。这些图像令人产生的总体感觉还算温和，从而表明这些形体是以婉转的方式来让观者更好地看清解剖的结果，故不太会令人感到不适。这些形体举手投足都是有礼有节，所以也使解剖学广获人缘。它们被剥去了偶尔可见的残忍性和宗教光环，但卡尔皮的贝伦加里奥 1523 年的版画中尚可见到这种情况，有个男人站在明亮光线构成的光环前，右手举着自己的皮肤，展现被解剖过的上半身：这幅版画以此种呈现方式，使身体成了灵魂与解剖学的圣殿，成了"某种圣事，甚至是献祭仪式②"。然而，恰是这层涵义力图主动地将后者涵盖入科学体验中，从而将"自行呈现"被解剖的身体这一约定俗成的习惯给剔除掉。但这种呈现方式却因结构原因而使指涉显得并不明朗，很有可能会发展出同样会很有前景的"主体性效果③"。

---

① 瓦尔维尔德这本书第二卷的首幅版画表现了一个被剥了皮的人右手拿着自己的皮肤（脸很难看），左手拿着把刀，显然引用了米开朗琪罗在西斯廷教堂所绘的《末日审判》中的圣巴托罗缪的形象。

② 参阅《马尔西亚斯的命运……》，前揭，第 130 页。

③ 关于"主体性效果"与反思性指涉的关系，参阅《古典论述中的呈现与描绘》，前揭。

我们可将胡安·瓦尔维尔德的这幅版画冠以"被解剖的解剖者"之名,该画由于采用了这种技巧,故自16世纪中期起,便显出了某种奇妙的效果,虽然它也想通过不偏不倚的方式使这两个形象供科学研究之用,拉近解剖学家和尸体之间的距离。约1618年,科尔托纳的皮埃尔(当时罗马最知名的画家与建筑师)无疑为这种布局提供了最有意思的版本。在他的一幅素描(出版于1741年)中,被解剖的形体摆出一个极为复杂的戏剧性颇强的姿势,像是历史画中向国王谏诤的姿势,它向观者呈现的是喉部割开的放大的局部图,让观众注意这是一幅画中画,处于画框之中,而画框则由其右手紧紧握着——其左手紧握一根棍棒,类似于发号施令的权杖。这种巴洛克式的戏剧化风格颇具艺术冲击力,显然朝着科学的效能又迈出了一步。该图像令人想起基督教殉道士震撼人心的夸张形象,而非临床解剖中立的观察目光。在解剖学插图中倾注想象力时,亦可采取其他方式。1685年G.比德卢出版于阿姆斯特丹的《人体解剖学》依据莱勒斯的热拉尔的素描绘制了版画插图。其中某些图像受到了维萨里的场景的启发,但另外一些则透出奇异的残酷性,无论何种情况,我们都认为这么做是想更接近科学①。先不提18世纪的解剖蜡像(我们会在后面提及它的独特效果),只说阿戈蒂的雅克-法比安·戈蒂耶(《论彩色解剖学》,1745—1746年;《彩色肌学全集》,1746年),他的彩色版画有种鬼魅般的奇异感,而在出版于1779年的《按照自然绘制的骨学与肌学新选集》一书中,画家雅克·加姆兰也使解剖学插图呈现出了奇妙的感觉:他画的"向墓板延伸过去的右侧骨架"呈现出悲剧色彩,仿佛大张的下颌骨突然发出一声令人不可思议的可怕的喊叫声。毫无疑问,这是首批出现的"艺术解剖图"中的其中一幅,这些图像注定会在19世纪取得极大成功,但从纯粹科学的角度看,艺术家心理状态的介入并不会带来情感上的冲击力。事实上,从这些图像可见解剖学很难平庸化,很难成为一门"无甚特色的"科学。在试图使解剖学"文明化",使之变成独立自主的科学之后,其形象化的表现方式却反而凸显出其意涵,即身体并非漠然的"科学对象",人类与其身体不可分离。伦勃朗所绘的两幅"解剖课"就是此种观点的典范。绘于1632年的《图尔普医生的解剖课》是为阿姆斯特丹的外科医师同业公

---

① 参阅:《创造身体》,前揭,第193—195页。

会所作，伦勃朗持"中立"态度。他笔下的一群医生观看一位最优秀的医生的演示，没有丝毫情感上的波动扰乱他们对科学的注意力①。绘于1656年的《约翰·代曼医生的解剖课》也为该同业公会所作，伦勃朗又采取了截然不同的态度——只关注助手与尸体之间的关系，像是处于未完成的状态，效果特别强烈。这幅戏剧性颇浓的画作相当浓缩，身体呈直立状，或许直接借鉴自芒台尼亚约绘于1480年的《死去的基督》一画，但其中心形象仍清晰地表现了"圣母哀痛地抱着基督尸体时的感人肺腑、庄严肃穆之感②"——助手并未看着代曼医生即将用手术刀切开的大脑，而是陷入沉思，对颅顶视而不见，目光注视着早已清空的腹部和胸腔，所以这种感觉更加强烈③。

因此，与清楚区分身体与人格、使解剖学实践合理化的二元论相左④，随着时代的脚步愈来愈快，这些图像立足人类"身体的存在"，在抵制二元论时，涉及面也越来越广。这样的抵制也体现在"解剖学戏剧化"表现方式的变化之中，尸体的解剖呈现出别具社会性的、极为精彩的形式。

1543年，维萨里《论人体的构造》的卷首页成了支持新科学的真正宣言。维萨里的演示就设在一栋令人想起帕多瓦大学的庭院的典雅建筑内⑤，这种戏剧化表现方式颇受关注。尽管完全未与当时展现解剖课的戏剧化表现方式相违背⑥，但这样的展演场景仍使人觉得它是某个新的解剖学项目。该图像两侧出现的狗和猴子也同时令人想起，维萨里曾解

---

① 照纳代耶·拉奈里-达让的说法，图尔普医生的姿势令人觉得与维萨里在其《论人体的构造》的第二幅卷首插图中的形象极为近似，这种无疑由同业公会要求的"用学者来谋篇布局"的方式也解释了该画整体中立的氛围（《创造身体》，前揭，第198页）。

② 参阅肯尼斯·克拉克：《伦勃朗与意大利文艺复兴》，伦敦，约翰·墨里大学出版社，1996年，第93—96页。

③ 若需深入了解这两幅"解剖课"，可参阅米克·巴尔：《阅读伦勃朗：超越文字-图像的对立》，剑桥，剑桥大学出版社，1991年，第388—397页。

④ 关于教会对解剖学的态度，可参阅拉法埃尔·芒德莱希：《解剖学家的目光：西方的身体解剖与身体创造》，巴黎，瑟伊出版社，2003年，第46页。

⑤ 参阅米开朗琪罗·穆拉洛与戴维·罗森德：《提香与15世纪威尼斯版画》，前揭，第127页。自1583—1584年起，授课就在大学内，1584年在大学设了一座永久性解剖场。关于帕多瓦的解剖剧场，可参阅《医学的黄金时代：帕多瓦（16—18世纪）》，米兰，埃莱克塔出版社，1989年，第106—109页。

⑥ 关于这些场景取得成功的状况，可参阅拉法埃尔·芒德莱希：《解剖学家的目光》，前揭。

剖动物,把自己对人体的阐释以及盖伦的错误都"绘制出来",而盖伦是以类同性为基础,依靠解剖猴子来建立其人体分析理论的①。场景中最令人惊异和极为新颖的地方在于解剖学家与被解剖者之间身体的相近性,由于女尸的头部朝向维萨里,好似在凝视着他,故而此种相近性显得更为强烈。解剖学家解剖时竟与尸体处于平等地位,遂使它成了首批将科学家表现为"英雄形象"的版画之一,17 世纪受到了培根的高度赞扬②。这种表现方式丝毫未显现出 15 世纪末解剖学的规训特色,因被解剖的尸体往往是"讲课"前夜被绞死的罪犯③,而画中所涉的解剖学家的身体也与传统解剖学的实践方式相左,因解剖学家以前都是站在远处评点,有时会右手拿书,操作解剖的都是理发师或屠夫。1493 年出版于威尼斯的卡特哈姆的约翰尼斯的《医学发微》卷首页上就绘有此种实践方式的插图(讲台上的解剖学家从远处掌控着解剖台),可见维萨里将骨架置于此书卷首页上,就是想讽刺遵循盖伦传统的解剖学家④,从而强化了与新的解剖学实践方式相关的现代性观念。

此种世俗的明晰性、科学的乐观主义因缺乏宗教上的考量,并未持续很长时间。自维萨里著作第二版起(巴塞尔,1555 年),该骨架右手所拿的东西便被不切实际地替换成了教棒,因而这具骨架也不折不扣地成了具骷髅。在雷阿尔多·科隆波 1559 年出版于威尼斯的《再论解剖学 15 书》卷首页(特别猥琐)中,展现于手术台上的(男性)尸体的解剖学素描画得很不精确,且尸体沿着这张台子垂直下垂的右臂以含混不清的笨拙方式,重又摆出了当时流行的死去基督的右臂姿势,使场景有了点宗教意味。然而,16 世纪

---

① 参阅米开朗琪罗·穆拉洛与戴维·罗森德:《提香与 15 世纪威尼斯版画》,前揭,第 127 页。反对盖伦的论战或许也反映在提香那幅著名的版画上,该画用猴子来表现《拉奥孔》(这幅画以其完美的解剖比例而成为最受推崇的古代雕塑)的古代人群,参阅霍斯特·瓦尔德莫·扬森:《提香的〈拉奥孔〉漫画和维萨里-盖伦之争》,载《艺术简报》,第 28 卷,1946 年,第 49 页及以下各页。但也可参见米开朗琪罗·穆拉洛与戴维·罗森德:《提香与 15 世纪威尼斯版画》,前揭,第 115 页。

② 参阅约翰·斯泰迪南:《超越赫拉克勒斯:培根与作为英雄的科学家》,载《文学想象研究》,1971 年 4 月,第 3—47 页,据乔纳森·索代所引:《马尔西亚斯的命运》,前揭,第 120 页。

③ 参阅乔纳森·索代,同上,第 114—117 页,他强调了在这个层面及围绕解剖进行的展示性仪式中,对解剖学而言,有必要避免规训场景,前提是解剖学应成为一门"公正客观"及自给自足的学科(第 117 页)。

④ 同上,第 122 页。

肉体，恩宠，崇高

1. 切萨雷·迪洛伦佐·切萨里亚诺：理想的比例，据戈塔尔多·德蓬特·科莫的《卢奇奥·维特鲁维·波里奥内论建筑》，1521年，特殊收藏品。

　　文艺复兴时期理想的身体在于完美的比例，体现在圆形和正方形上。

2. 阿尔布莱希特·丢勒：用线条构建运动中的女性形体，1528年。

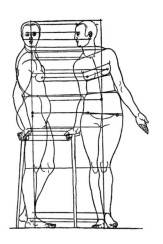

　　丢勒尝试用运动来对照比例。他还研究比例完美的女性身体，以与传统决裂。他甚至还提出十二种类型的比例。

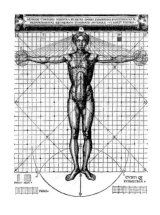

3. 罗伯特·弗拉德：自然整全之镜与艺术图像，见《大小双宇宙，形而上学，自然科学与技术史》，1617年。

　　身体的小宇宙和宇宙的大宇宙长期以来都是同声相应：无论从各自的元素、分布方式还是排列方式来看，均是如此。

4. 据小汉斯·霍尔拜因：死去的基督，1521年，巴塞尔，美术馆。

　　1521年，基督身体的神秘变容启发了霍尔拜因，之后他便不再热衷于阿波罗式的表现方式。

5. 阿尼奥罗·布隆奇诺：安德烈亚·多利亚的肖像，16世纪，米兰，布雷亚美术馆。

　　海神形象的安德烈亚·多利亚：在文艺复兴时期绘画中，裸体成为热门。

6. 据列奥纳多·达·芬奇：卷发男孩四分之三头像，巴黎，卢浮宫。

7. 归于列奥纳多·达·芬奇名下：七种奇形怪状的头像，威尼斯，学院美术馆。

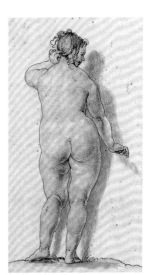

8. 阿尔布莱希特·丢勒：肥胖女人背面裸体像，1505年，巴黎，卢浮宫。

对形式美的倾心占主导地位，颇具现代性，致使达·芬奇和丢勒分别对丑作了系统的研究，形成了两相对照的观点。

9. 提香：乌尔比诺的维纳斯，1538年，佛罗伦萨，乌菲齐博物馆。

10．扬·桑德斯·梵·汉梅森：朱迪斯，约1540年，芝加哥，艺术学院，沃特·D.沃克基金。

11．乔尔乔内：熟睡中的维纳斯，1508—1510年，德累斯顿，历代大师画廊。

女性美发生变化：从世俗场景演变至神圣场景，熟睡的维纳斯从优雅体态演变至淫荡之态。

12．科尔托纳的皮埃尔：跪着的被剥皮者，一手拿像章，他的头部在像章中毫发毕现，一手拿着根骨头，见《基于原型的解剖图像》，1618-1619年，法国国家图书馆。

14．戈瓦尔·比德卢：女性背部解剖图，见《人体解剖学》，1685年，巴黎，法国国家图书馆。

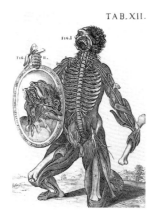

13．胡安·瓦尔韦尔德·阿穆斯科：被剥皮者拿着自己被剥下的皮，见《人体解剖学》，1560年，巴黎，法国国家图书馆。

　　文艺复兴时期最受欢迎的科学门类乃是描绘性科学。解剖学素描日益增多，到处都可见到这种特殊的情绪：解剖学素描是否真能揭示出肉体之美？

15. 理查德·柯林斯：喝茶的一家人，1727年，伦敦，维多利亚和艾伯特博物馆。

16. 雅各布·约尔丹斯：用餐者，1640-1650年，卡塞尔，国家艺术收藏馆。

文雅—粗俗，古典世界突然发展出一套礼节，从姿势和姿态以及肉体的各类形态着手，加深了社会各阶层的差距。

17. 巴托罗梅奥·威内托：一位绅士的肖像，约1510年，剑桥大学，菲茨威廉博物馆。

18. 乔尔乔内：一位年轻人的肖像，1505年，慕尼黑，古代绘画陈列馆。

16世纪的绘画开始出现表现力强的肖像画：脸部"被揭示出来"。但这种肖像画也能体现出静默和矜持，以宫廷肖像为例，它要求模特保留自己的秘密。巴托罗梅奥·威内托笔下那位绅士上衣上的迷宫就能表现出这种"彬彬有礼的"矜持态度。

19. 约翰，又名汉斯·冯·亚琛：微笑的夫妇——艺术家夫妇的自画像，1596年，维也纳，艺术史博物馆。

这笑容，刻意超越了宫廷的礼节。

20. 皮埃尔-保罗·鲁本斯：维纳斯的节日，1636年，维也纳，艺术史博物馆。

21. 阿格斯蒂诺·卡拉什：侏儒罗多蒙特、阿里戈·贡扎卢斯和疯子皮埃特罗的三幅肖像，1598—1600年，那不勒斯，卡波迪蒙特博物馆。

呈现身体的物质性，表现出性格、肥胖的体型、旺盛的精力、笨拙的体态，毫无疑问是对以前颂扬男女身体作出的回应。

末创作的两幅表现莱顿的永久性解剖剧场的版画（1640 和 1644 年）以帕多瓦的剧场为原型，极为清晰地描绘了人体的解剖实践，其内在（与周围）保留了神圣时刻及宗教的意识①。莱顿剧场就设在部分时间尚可用于举办圣事的教堂内，装潢显得意味深长。不仅在装饰横梁的诸多（人体与动物）骨架中亚当与夏娃占据着荣耀的地位②，而且讲课的场景也像是在举办圣事。站立着的解剖学家展示着右手所拿的书，他站在图像的中轴线上，面前的台子上铺陈着一具身体；这具身体也处于构图的正中央，与亚当和夏娃有所关联，而且在解剖学家身后和他的上方，有只巨大的罗盘，令人情不自禁地想起了上帝的传统特征。正如乔纳森·索代所强调的，这幅图像乃是为科学服务的艺术宣传画的典型范例：在莱顿的新教背景中，这一场景令人想起了领圣体，而非弥撒，表明向着解剖台-祭坛敞开的身体神圣不可侵犯。

与 1615 年该城的解剖剧场创建人彼得·帕奥夫出版于莱顿的《人体骨骼解剖学初论》卷首页上的图画相比，这些版画极大地强化、构成了解剖课的宗教背景：唯有一具颇具隐喻意味的骨架掌控着场景，使人想起了骷髅。以科学为基准，使自身变得宗教化，对合法化的关注暗示了这些由解剖剧场举办的需收费观看的场景取得了巨大的成功，它不仅吸引了渴求知识的人，也吸引了想要寻找感官刺激的骚动不安的公众，尤其是在尽兴狂欢的时刻，奇形怪状的身体总能战胜现代意义上的身体③。尽管在 1779 年出版的《骨学新集》的卷首页上，雅克·加姆兰提供了一个极佳的版本，被解剖的人体场景充满了奇思妙想，他向霍加斯看齐，像古代以科学之名切割人体那样欲引起某种恐怖感。在 1751 年出版的《残酷的报偿》中，解剖课并未仅仅回归至中世纪的展示方式，即由解剖学家占据讲坛，远离尸体，将尸体交由两名剥皮师处理，它还强调了野蛮规训的仪式特征，死者的脖子上画了条绳索，说明他是被绞死的。《残酷的四个阶段》的第四幅和最后一幅插画表现了罪犯生命的各个阶段，将"残忍感"的执行方调换了一下：不再表现罪犯的残忍，而是表现刽子手在其死后的所作

---

① 随后内容，可参阅乔纳森·索代所作的出色分析：《马尔西亚斯的命运》，前揭，第130—134 页。

② 在绘于 1640 年的这幅表现讲课后剧场几乎空无一人的版画中，他们俩中间有棵树，"夏娃"摆出举着苹果的姿势，所以很容易辨认出来；参阅乔纳森·索代：同上，第 133 页。

③ 参阅戴维·勒布雷顿：《身体人类学与现代性》，前揭，第 31—32 页。

所为,将解剖课视为屠宰人体的场景。有只狗在吃内脏,这种行为可怖地表明内脏已被清理干净,更有甚者,还有只锅子正在熬煮骨头(其实,是要把这些骨头组合成一具教学用的骨架)。表现罪犯-牺牲品时,吃人生番的气息得到强化:插在颅骨上的穿颅钻是为了将颅骨保持在一定的高度,剥皮师在挖他的右眼时,他疼得狂呼乱叫。

霍加斯用这种类似漫画的方式,表明身体根本不会因"消亡"而变成了无生气的残余物,也根本不会仅仅被视为是与灵魂截然不同、只能受制于精神的物质机器,它抵制的是理性的确定性,尽管理性充满了自明性。我们将会发现,在 18 世纪最后三分之一时期,这种情绪产生了一种表现身体、表现"卓越的"身体的新方式。

2) 身体的礼仪与修辞术

针对作为物质机器的身体,产生了一种新的科学构造表现法,与之相平行、相一致的是,文本与图像也彰显了作为社会关系支柱的身体所具有的新的文化表现力。这是一个"礼仪"手册层出不穷的时代。自 1530 年伊拉斯谟出版《礼仪初阶》(*De civlitate morum puerilium*)起,该现象便以不同的节奏在欧洲诸国大规模扩散开来,其中值得注意的是 1711 年已出版了许多相关著作的拉萨尔的让-巴布蒂斯特神甫出版的礼仪手册(《基督教礼仪举止规则,分两部分,适用于基督教诸派》),该手册不少于三百页,而伊拉斯谟的那本奠基性著作却只是本区区六十页的小册子①。

伊拉斯谟既未创造出教养这样的概念,亦未创造出礼仪修养之类的概念。该传统可追溯至古典时代(狄奥尼修斯·卡东的《致儿童的凡人诗集》在 15 世纪末重印过好几次,伊拉斯谟就曾于 1519 和 1520 年亲自出过两版),1491 年人文主义者马菲奥·维吉奥曾在威尼斯出版过其撰写的《六论自由民教育》。《礼仪初阶》为这类题材写出了新花样,也更加深刻;该著作开创了新的教养文化,在以后三个世纪成为该类题材无可争议

---

① 参阅艾尔西德·波诺:《礼仪书》,见伊拉斯谟:《礼仪初阶》(1530 年),菲利普·阿里耶斯编,巴黎,朗赛出版社,1977 年,第 30 页;罗杰·夏尔蒂耶、玛德莱纳·孔佩尔与多米尼克·朱利亚:《16 至 18 世纪法国的教育》,巴黎,SEDES 出版社,1976 年,第 136—145 页。

的文化典范。然而，伊拉斯谟的文本最令人惊异的新颖性却在于他将身体作为著作的中心主题。第一章（"论仪态之端庄与失态"）始于目光，目光犹如"仪态端庄的身体所佩的纹章"，从头至脚，细细观审身体每个部位的仪态举止[①]；这一针对身体的独特法令可从伊拉斯谟对服装的规定看出，自第二章起他说服装是"某种身体之体"。在随后各章中，对教堂、餐桌、会晤、比赛、睡卧方面的礼仪举止作了训诲，涉及的总不外乎仪态，也就是说身体的姿态需受掌控。事实上，伊拉斯谟的著作要比巴尔达萨雷·卡斯蒂廖内所撰的《廷臣论》更精确、更细腻，他在（注重仪态的）身体内部创建了一种"身体文化"，这种身体可"即刻呈现出个性层面"[②]。

尽管身体因良好的举止而受到特殊待遇，但这样做显然是为了保持一定距离，监控其出乎自然的、功能上的、身体本义上的表现。端庄体态的身体构成某种典范，在那个时代，反其道而行之的身体会显得滑稽可笑[③]。身体作为社会架构的关键，大部分已被解码，尤其是诺贝特·埃利亚斯，他的"文明进程"的概念证明了此种进程如何束缚了身体的自然表现力，良好的举止在很大程度上使这些限制得以内在化[④]。但必须强调的是，"良好的举止"也形成了"某种语言或论述，它创造了——并不满足于规制身体——感知与体验身体的诸种范畴"；照此看来，良好的举止构成了"某种有效的修辞术，它使社会身份受到确定、得到保护、变得合法"[⑤]。正如文雅（urbanité）这个词的最初意义所充分表明的，良好的举止表现了都市（urbaine）文化——无论是宫廷还是资产阶级——及其价值的至上性，谱系与勇武这些传统概念均被个体荣誉以及受教育程度这样的概念所取代[⑥]。此

---

① 脸部受到最大的关注，伊拉斯谟从局部上考量了目光、眉毛、前额、鼻子（包括擤鼻涕）、脸颊、嘴巴（其中说到了打哈欠、笑、吐痰、咳嗽）、头发的得体举动。然后又对脖颈、肩膀、手臂、"体毛隐藏的身体各部分"、腿部（坐姿、行礼、步态）进行训示；参阅《礼仪初阶》，前揭，第59—70页。

② 安娜·布莱逊：《身份修辞术：16与17世纪英国绅士的姿态、举止与图像》，见路西·根特与奈杰尔·卢弗林主编：《文艺复兴时期的身体》，前揭，第142页。

③ 安娜·布莱逊《身份修辞术》，前揭，第141页）就此引用了1555年弗里德里克·戴德金德在德国出版的《格罗比亚努斯》一书，该书通过讽刺粗俗来教导人们何为礼仪。关于滑稽可笑的身体，可参阅米哈伊尔·巴赫金：《弗朗索瓦·拉伯雷全集与中世纪及文艺复兴时期的大众文化》，巴黎，伽利玛出版社，1970年，尤其是第35—37页。

④ 诺贝特·埃利亚斯：《风俗文明》（1939年），巴黎，卡尔曼-莱维出版社，1982年。

⑤ 安娜·布莱逊：《身份修辞术》，前揭，第139页。

⑥ 参阅，同上，第147页。

外，被后继者大量模仿的伊拉斯谟通过各种对比，认定粗俗的举止乃是动物或社会地位低下者的特征，这种修辞术借助动物性与人性之间的对立隐喻硬是将社会划了道鸿沟。因此，我们会在有关良好举止的文学作品以及身体的社会表现范畴内重新发现关键性的割裂点，现代性在"是"与"有"之间引入了身体：从身体的举止可见缺乏教养的人只不过是具躯壳而已，而文明人则拥有可控制其礼仪举止的身体。

然而，在这一多重进程的内部，艺术图像也起到了某种典范作用，但风俗史学家不太看重这一点，因其所承载的信息无法为文本及其他文献提供的信息增添更多的内容。伊拉斯谟本人在论及目光及控制目光时提及了那些"老画"，"我们觉得以前是通过半闭眼睛来表达谦恭有礼的"。他还说，正如"我们所知，画上紧闭的双唇在以前就是指诚实"①。令人惊讶的是，我们还观察到，巴尔达萨雷·卡斯蒂廖内的《廷臣论》走得还要远。在那段著名的段落中，他对 sprezzatura，即漫不经心、无所谓的态度下了定义，这种有意为之的姿态"不露声色……令人觉得他的所作所为好似随心所欲，不经思考"，因此这种举止就有了种"优雅"的意味，这乃是宫廷社交礼仪的理想状态。卡斯蒂廖内又将画家的姿势作为典范：普林尼写了则轶事，是普罗托格尼斯对阿佩列斯的评论，说"他画画时从不会把手抬起来"，这等于也论及了那些不"在桌上抬手"的人，该段落结束时认为阿佩列斯"画笔游刃有余，似乎毋需经过任何研究、毋需任何技艺，手就能遵循画家的意图，靠自己达成目标"，这就是优雅的典范，漫不经心就拥有这种优雅感②。无疑，卡斯蒂廖内在此想到了拉斐尔，后者无论在其画作中，还是在社会交往中，都堪称优雅之典范。但将绘画作为"良好举止"的参照自有其普遍、深刻的理由。第二卷在认为廷臣应该时刻警醒，"不得使自己产生不和谐，要［将］自身所有的良好素质融于一体"后，卡斯蒂廖内说自己正是想与"优秀画作"对阴影和光线的使用作对比来说明这一点，可见这种参照并非偶然③。绘画具有的独一无二性表明此种人文主义思想理论已在宫廷文化中获得胜利，自阿尔贝尔蒂以降，就认为古典时代最伟大的人物都会从事绘画④。但这样的胜

---

① 伊拉斯谟：《初级礼仪》，前揭，第 60 页。

② 巴尔达萨雷·卡斯蒂廖内：《廷臣论》(1528 年)，阿兰·彭斯推介，巴黎，加尼耶-弗拉马里翁出版社，1987 年，I，26 与 28，第 54、57—58 页。

③ 同上，第 115 页。

④ 参阅列翁·巴蒂斯塔·阿尔贝尔蒂：《论绘画》，前揭，第 139 页(II，27)。

利本身并非没有历史与社会上的理由：自 15 世纪以来，宫廷文明以及各类艺术在为公侯将相的宴会构建（永久性的或临时性的）场景时起到了主要作用，艺术家成为君主举办庆典时的主要组织者，尤其在宫廷节日期间，他们得进行装潢、设计服装，有时甚至还得设计舞蹈动作，确定宫廷剧场中自我展示的诸种规则，其中包括如何显得优雅、如何举手投足①。

身体的艺术，即身体文化，自 16 世纪初起便已出现，被视为宫廷生活剧场中的典范，"宫廷交往方式的本质毋需在内涵，而是得在形式中寻找②"。风水轮流转，这种"生活形式"如今已被认为是各类作品的典范，不同的艺术门类都在美化君主，说要模仿现实中体现雅致与优雅的东西。对优雅从容的举止作规定决定了艺术的走向，费伦佐拉的插图中就体现了这一点，他在书中描述了女人该如何微笑："一侧嘴角微启，另一侧紧闭，笑容转瞬即逝③。"要以漫不经心的态度实践这种刻意为之、却又随意专断的规定有极大的难度（甚至绝无可能），但我们还是发现，费伦佐拉极有可能受到了《蒙娜丽莎》笑容的启发，自 16 世纪起，这幅画就被认为是优雅从容的完美典范，当时人们并未察觉后世的浪漫派艺术家从中发现的那种摄人心魄的神秘感④。

因而，图像先于文本对礼仪举止的各类典范做了规定，照此观之，它们承载的信息量从某些方面看恰使各种手册中局部、明确的规定变得更为细腻，更为丰富。

身体的构造是以这一原则为基准的，即要以虚伪的礼仪在社会中呈现自我，该原则意欲表明通过行使这样的礼仪，身体就能"使某个观念拥有精神的结构⑤"。正是因为如此，那些论著均以人文主义者的绘画作品及其富有表现力的修辞术作为基准原则：由于自亚里士多德以来，人类的动作便构成了绘画的主题，所以被画的形象应能清晰展现其灵魂的运动，正如阿尔贝尔蒂后来所说的，画家要"通过肢体的运动来表现灵魂中的情感⑥"——因为只有通过身体"极富表现力的动作"，才能让绘画作品影响观众。若身

① 参阅马丁·万克：《艺术家与宫廷》(1982 年)，巴黎，人文科学之家出版社，1989 年，第 145 页。
② 阿兰·彭斯：《表现》，见巴尔达萨雷·卡斯蒂廖内：《廷臣论》，前揭，第 XIX 页。
③ 阿尼奥罗·费伦佐拉：《论贵妇之美》(1552 年)，巴黎，1578 年。
④ 参阅达尼埃尔·阿拉斯：《列奥纳多·达·芬奇》，前揭，第 386 页。
⑤ 关于服装，伊拉斯谟的表述是"身体之体"(《礼仪初阶》，前揭，第 71 页)。
⑥ 列翁·巴蒂斯塔·阿尔贝尔蒂：《论绘画》，前揭，第 175 与 181 页(II, 41 与 45)。

体可彰显精神的结构,那绘画作品应该也能彰显此种结构(内在)中不可见的层面(外在),自 16 世纪初起出现的这种张力很能说明问题。

正是在肖像画(作为自给自足的类型)领域中,这一观念才得到极为清楚的表达:该原则以动作的缺席(或形象的动作处于悬置状态)为前提,大部分情况下都是一开始就假定形象处于宁谧安静的状态之中(也就是说,激情,也即表现力处于"零度"状态①),而肖像画因有能力"忠实地"呈现出相似性而富有成效和威信,或许可通过表现模特的面相与动物界的相似性而使人觉察出该模特主导性的道德素质,从而也能使人察觉出其稳定的内心情绪(用当时的术语来说,也就是指他的"气质",或指其气质中所具有的基本的平衡感②)。在这一尚需规定的类型中,16 世纪带来了两个主要的创新,在随后几个世纪中确定了肖像画实践的各项基础。模特的整个身体都会得到呈现,而且形象还会摆出颇富表现力的动作。在 14 与 15 世纪,展露整体形象、呈站姿或坐姿的肖像画极为罕见,只是到了 16 世纪才变得常见,通过突出形象的着装,有时还有大量精确的细节描绘,从身体外观——通过描绘服装的类型、织物的色彩、荣誉品或装饰品等——有机地表明其处于何种社会构造之中。因此,服装既可使模特的社会身份中立化,又能透露出其"内心的情绪"(当时往往将情绪表现得捉摸不定),能观察到这一点特别具有启发意义。比如在据称是巴托罗梅奥·威内托所画的《一位绅士的肖像画》(剑桥,菲茨威廉博物馆)中,男式紧身短上衣上的主要图案是座迷宫(迷宫的核心被模特戴了两枚戒指——戒指形如眼睛?——,握着剑柄的右手遮住),很有可能可被解释为沉默与矜持的象征,表明模特将他内心中的计划和想法悉数隐藏了起来③。从另一个同样极富意味的层面来看,这种展露/遮蔽的策略也已成了男性裸体肖像画的基础:尽管画上的模特"装束极简",但这样做其实是

---

① 我从于贝尔·达米什[他是在另一种语境中使用的]那儿借用了这一表达法,参阅《面具字母表》,《精神分析新刊》,第 21 期,《激情》,1980 年春,第 125 页。

② 关于这一点,可参阅厄文·帕诺夫斯基对丢勒的《四使徒》所作的分析,这幅画惟妙惟肖地呈现了四种"气质",见《阿尔布莱希特·丢勒的生平与艺术》,普林斯顿大学出版社,1971 年,第 234—235 页。

③ 参阅赫尔曼·科尔恩:《迷宫》,米兰,费尔特里内利出版社,1981 年,第 266—267 页,(第 268 页)还令人想起了多索·多西所绘的肖像画《陌生人肖像》(费城美术馆),该画中的迷宫极富戏剧性。

为了使该形象产生某种寓意，使人与裸体所致的私密性产生距离感——如被画成海神尼普顿的安德烈亚·多利亚的肖像，被绘成俄耳甫斯的美第奇的科斯莫一世肖像画，这两幅画都是布隆奇诺的作品。这两个例子表明了双重裸体肖像画（背部与面部）具有极为独特的对立特征，马特哈于斯·施瓦茨的《服装集》中就出现过这种特征。马特哈于斯·施瓦茨为全面剥除体现社会归属性的标志而选择了某个时刻，这样的做法并非随意为之。这本颇具自传性的书展示了这位奥格斯堡的银行家自出生起穿过的一系列不同的服装，他在脱去自雅各布·福格（他是此人的财务主管和财政师）去世后便一直穿着的丧服之后，便为自己画了幅裸体画。正如菲利普·布劳恩斯坦所强调的①，"他的情感诉诸的并非文字，而是图像"，尽管他通过裸体意指自己道德"匮乏"，表明各种人为之物无非都是幻觉，但整本书仍在追思这些东西，只是表现得不满意而已，比如他不满于自己"又肥又壮"便是一例。马特哈于斯·施瓦茨揭示了身体的内在意识，把它看作关于自我的道德及身体的终极真理。

　　这幅图像确实很独特，作品的内在特征使它得以凸显出来——因而与佛罗伦萨宫廷侏儒的双重裸体肖像画（背部与面部）恰好相反，后者是布隆奇诺的作品，带点游戏意味，其目的是为了庆祝自然界的"千奇百怪之物"，表明能见到这些东西全赖君主的荣耀。但这份独特的见证也因身体的意识突然呈现出来而得到加强，该意识将身体视为内在灵性的场所和容器——恰是在肖像画领域内，通过形象富有表现力的动作，此种新的意识才得到彰显。某些肖像画将形体朝向观众，使他们彼此交流，另一些肖像画使身体摆出某种姿势，表达其性格——如布雷西亚的莫雷托那幅令人赞叹的《年轻男子肖像》（伦敦，国家美术馆299号作品），画中展现了大量奢华的材质和物品，突出模特的身份和地位，及其任凭自己（与漫不经心有着细微差别）沉溺于单相思中不能自拔的状态②——，许多肖像画都采用身体的姿势来彰显人物形象秘密的内心世界或矜持的态度。至于伟大的宫廷肖像画，尤其是布隆奇诺在佛罗伦萨完成的那些作品，通过表

---

① 菲利普·布劳恩斯坦：《裸体的银行家：奥格斯堡资产阶级马特哈于斯·施瓦茨自传》，巴黎，伽利玛出版社，"发现"丛书，1992年，第112、132页。

② 关于这幅肖像，可参阅贝尼·雷多纳，见《莫雷托人亚历桑德罗·邦维契诺》，布雷西亚展品目录，博洛尼亚，1988年，第148—149页。

现王公贵胄的内心秘密,使人物难以捉摸的心理状态显得更可理喻。特别是威尼斯以乔尔乔内为中心创作的某种风格独创的肖像画,今后定然会有各种各样变体出现:那就是"背部肖像画"。该类画为半身像,露出四分之三背部,人物蓦地将脸转向观众(慕尼黑,古绘画陈列馆,524号作品)。身体扭转过来的姿势(或多或少是为了起强调作用)暗示了模特被自己面对的在场观众吓了一跳,但仍不失优雅从容的姿态。但该姿势也使人物捉摸不透,在作品暧昧不明的语境中,暗示了某种隐秘性,尽管人们会觉得自己与作品很切近,但它仍然使人难以靠近,显出有些犹疑不定。在肖像画范围内,这种创作手法被誉为具有"诗意的简洁性",它必须凭借暗示,而非描绘,自16世纪起人们就在这种画风中辨认出了乔尔乔内的风格特征①。但列奥纳多早在乔尔乔内之前就已在该意义上创作肖像画:抛开《吉内薇拉·班琪》和《蒙娜丽莎》不说,他的模特中没有哪一个会目视观众,在切奇丽娅·加雷拉妮扭转身体的姿势(《抱白鼬的贵妇》)中,他的研究甚而导致了吊诡的说法:"正面所见的背部肖像"。

然而,我们就该议题所作的关键性的观察发现,列奥纳多在米兰及在摩尔人路多维克的宫廷中所作的肖像画均保留了这种回避目光的策略(他认为"身体的动作"相对而言无法传达出"灵魂的运动"),这两幅肖像画在佛罗伦萨众多的肖像画中堪称特例②。因此,恰是与漫不经心相平行的宫廷生活的"剧场化"实践方式创造出了私密性观念,它要求的是秘密,用这种观念来掌控身体就可做到"适当的遮蔽"③。"良知"与外在举止之间的这种辩证法在"现代主体"的构造中颇具根本性,主体在被构造时,并非通过"心理学的方式",而是"相邻学的方式"构成,这一点并非不重要:自我的表达与意识,通过社会空间内部身体的构造及对身体的管控才得以酝酿而成,这是"特定文化的产物"④。

---

① 参阅杰尼·安德森:《乔尔乔内:尊崇"诗意的简洁性"的画家》,前揭,特请参阅第44—49页。

② 参阅达尼埃尔·阿拉斯:《列奥纳多·达·芬奇》,前揭,第399页。

③ 影射的是托夸多·阿切托的《论适当的遮蔽》,1641年。我们后面将会看到18世纪,身体作为"面具",它的这一社会构造具有的悖论性后果。

④ 关于"相邻性"(proxémie)这一概念,可参阅爱德华·特维切尔·霍尔:《隐藏的维度》(1966年),巴黎,瑟伊出版社,1971年,它将"相邻性"定义(第14页)为"人将作为特定文化产物的空间加以利用的各类观察与理论的整合"。

因此，在主体的古典概念产生伊始，图像就展示了作为主体场所的身体的重要性，它赋予"场所"一词以亚里士多德的意义，即主体"容器"与相容物的"相邻界限"①。不可见的灵性主体具有可见的物质界限，身体可被视为是对向往无限的"灵魂"施加的束缚和限制，但反之，身体也可被利用，在社会交往中起到保护作用，使个体可以保有自己"内在的"自由。因而，身体在其自然的显露中，会支持和调停截然不同的、有时甚至明显矛盾的各类表现和体验。

作为"灵魂之狱"的身体，如我们前面论及巴洛克风格和贝尼尼时所说，显然可构成神性之涌入及出神的状态。由于性欲具有"社会边缘性"，"拥有既具颠覆性、又具表现力的潜力"，故而性欲自古以来就成了"某种资源……适合在精神生活最私密、最激烈的时刻表达各类隐喻"②。但米开朗琪罗 1550 至 1555 年间雕刻于佛罗伦萨的著名的《圣母哀恸圣子》像也显明了，这种运用身体的表现力来产生隐喻的方法具有潜在的张力和矛盾性。虽然米开朗琪罗确实粗暴地砸碎了基督的左腿，后来也没法修复，但他搁在玛丽亚腿上的腿的姿势却有着传统意义上的情色意味，以隐喻的方式指出基督对母亲的爱——艺术家的许多诗歌证实了他精神上相当痛苦，正是这种痛苦促使他在雕塑完成之后砸毁了令他觉得渎神的那条腿。

不过，随之而来的崭新的"身体培育"观开始在 16 世纪登上舞台，这是一种相反的观念，它认为经适当掌控的身体可遮蔽内在的情感。通过反向探究这一确定的观念，就会发现身体的动作可表达灵魂的运动，此种观念与对漫不经心的赞颂若合符节，优雅性若需有其成效，就得不露痕迹、浑然天成。如果说在卡斯蒂廖内的《廷臣论》中，漫不经心的优雅感只是从形式上来表现廷臣的道德品质，那约三十年后（1558 年）出版的乔瓦尼·德拉·卡萨的《处世之道》就可以说是本专讲虚伪处世的手册，作者开篇即说和蔼与优雅之类外在素质远比最为高尚、高贵的美德重要得多③。一个世纪后的 1647 年，西班牙耶稣会教士巴尔塔萨·格拉西安的

---

① 亚里士多德：《物理学》，211a—b；参阅麦克斯·贾莫：《空间观念史》，前揭，第 26—27 页。
② 亨利·泽内尔：《提香时代的情色版画》，见《提香与威尼斯》，前揭，第 90 页。
③ 乔瓦尼·德拉·卡萨：《处世之道》，威尼斯，马尔西利奥出版社，1991 年，第 5—7 页。

《明智术》在这种转变中得出了结论：尽管他认为"最为实用的科学乃是掩盖的技艺"，"事物不该被视为其所是，而应被视为其表面"，但他显然与卡斯蒂廖内相反，他的目的是保护"好人"，反对社会交际——不无重要的是，这部著作于 1684 年译成法语，取名《表面之人》，该书对从拉罗什福科到圣埃弗尔蒙或伏尔泰的许多古典作家影响颇巨[1]。

格拉西安从未（或几乎从未）讲起过身体——若他真这么做了，也只是采取影射方式。《明智术》从未得到过清晰的定义，也不属于某个特定的社会阶层，其实它的读者就是"上流社会人士"，也就是说这样的人已经在基本的礼仪规则下成型；作品中的三百条箴言首先关注的就是交谈、演讲，并提出某种明智的修辞术，显然该修辞术应以掌控身体的一举一动为前提条件。然而，《明智术》也与《廷臣论》、《处世之道》一脉相承，证明"礼仪之躯"的构建属于修辞术的分内之事，它对古典修辞术范畴"了若指掌"，特别是西塞罗的理论——只有在古典修辞术的五个部分中，才有 actio 这一说法，actio 意指演讲者的体态要迎合其主题和公众的要求[2]。然而，关于这一点，图像承载的信息具有不可替代性，图像所引荐的体态和举止的典范（或反典范）这次明显与演讲术的"模式"相近。

因为，在 16 和 17 世纪，恰是在修辞术的语境下，"粗俗"身体的艺术图像才得以出现、得到发展、获得成功，也就是说该身体展示了身体的天然物质性（情色化的丰腴之态变成令人反感的肥胖臃肿），或毫无节制地纵情于受礼仪控制的"自然需求"（吃饭、喝酒），或在大庭广众之下做不雅的事（呕吐、拉屎、撒尿）。特别是 puer mingens（撒尿的孩子），这一主题的各类变体成了该观点的典型范例。15 世纪起在某些 dischi da parto（分娩时用的有图案的托盘）上出现的这类图像构成了生殖旺盛的隐喻，与该作品的语境颇为适合。16 世纪的瓷砖和壁画也保留了这样的涵义——有时或许会增加炼金术方面的含义——，其中有提香的《亚德里安的酒神节》、朱利奥·罗马诺的《普赛克的故事》和洛伦佐·洛托的《躺着的维纳斯》，在此语境中之所以会出现这样不寻常的主题，（部分）是因为该作品

---

① 可参阅阿姆洛·德拉乌赛翻译的《明智术》的晚近版本（1684 年），巴黎，帕约与海岸出版社，1994 年，让-克洛德·马松作序、笺注。

② 参阅安娜·布莱逊的简短评论《身份修辞术》，前揭，第 147—148 页，该文引用了托马斯·威利斯的《修辞术》（1553 年），该书认为"人的姿势就是他的身体语言"。

极有可能是因婚礼之需定做之故。尽管如此，此种隐喻性的语境仍逐渐遭到遗忘，后又于 17 世纪出现在鲁本斯（《坐于酒桶上的酒神》，1636—1638 年，奥菲齐斯）和伦勃朗（《飞翔的美少年》，1634 年，德累斯顿）的作品中，具有清晰可辨的喜剧色彩，如伦勃朗的画作通过对神话故事中笑容的描摹及其承绪的艺术传统，真正做到了去神秘化，如他绘于 1631 年的两幅版画《撒尿的男人》和《撒尿的女人》完全没有语境，呈现纯粹的粗俗之态，或者用维特鲁威的术语来说，就是呈现讽刺性的戏剧化场景。

　　展现物质性的身体在 17 世纪更频繁，身体"由体液和脂肪构成，散发出味道、排出液体，有着秘而不宣的机体功能"，这就是在反对美化身体，而以前美化（男女）身体乃是画家的目的①。但只有通过诸演说"模式"的修辞理论，将理论与古典绘画的实践方法组织起来，这样的呈现方式才得以成为可能②。

　　确实，自西塞罗和昆体良起，修辞传统就区分了演讲的三种风格（大声/中等声音/低声），且称之为"模式"或"特点"，而按照西塞罗的说法，演讲者必须"以简洁的方式处理普通主题，以高雅的方式处理高雅的主题，以中庸的方式处理中庸的主题"。16 世纪这种特别出名的区分法可为画家的风格分类③，对了解某个难以逾越的历史悖论而言必不可少。事实上，风格主义的实践方式可被视为 17 世纪"现实主义"的某个来源之一。因为艺术家在使自己的风格与所处理的主题相适应前，能像优秀的演讲者那样用相应的模式创作作品，如皇帝鲁道夫二世最喜欢的画家汉斯·范·阿琛，就既能用"风格主义的"方法画寓意画，又能如《喝酒的夫妻》那样以适应主题的"低级"风格来创作，从而创作出了 17 世纪荷兰绘画中小酒馆的"现实主义"场景。相应风格的模式甚至可在同一幅作品中出现，如巴托罗梅奥·帕萨罗蒂的《瞧！那个人》（博洛尼亚，圣博尔格的玛丽亚教堂），用"高雅的"模式处理基督的形象和身体，又用"低级的"模式处理

---

①　参阅纳代耶·拉奈里-达让：《创造身体》，前揭，第 162 页及以下各页。

②　关于后面的内容，特请参阅托马斯·达科斯塔·考夫曼：《掌握自然：文艺复兴时期艺术、科学与人文主义画面观》，普林斯顿大学出版社，1993 年。

③　参阅梅兰克顿，他将那个世纪初德国三位最伟大的画家划分成三个范畴：丢勒的是高贵体（genus grande），克拉纳赫的是谦卑体（genus humile），格林瓦尔德的是中庸体（genus mediocre）（据托马斯·达科斯塔·考夫曼所引，前揭，第 94 页）。这在我们眼里显得颇为怪异的分类法显示了当时这一观念在艺术的吸收和创作中极为重要。

那些刽子手。从这个观点来看,可将用风格主义表现的神话中身体的优雅性、彰显精致感的画法视为"绘画中高雅类型与高雅风格相适应"的合理结果①——肖像画的"优雅手法"终于以修辞术的方式使这种模式臻于理想化的状态。

这些评论可使人理解,17 和 18 世纪——库尔贝之前——的"现实主义"绘画对小人物生存的真实状况根本就不感兴趣。但大多数情况下,也会力图达到图像的喜剧感——与伊拉斯谟为说明没教养的举止(特别是用餐时)而提到动物性、粗俗性和荒唐感如出一辙。恰是演说"模式"的修辞理论确定了绘画呈现无教养的、"自然的",亦即平民或农民的身体时所需的范围和可能性条件。

这种安排方式有其逻辑性,勒南兄弟的"农家场景"就从反面证实了这一点。他们在那个时代创作的作品中虽然很独特,但也不该障人眼目。其"现实主义"应该从当时的修辞术范畴出发来理解:他们的画室(1629年起设在巴黎)也接受有钱人的定制,他们是"时髦的画家……懂得如何满足自己所处时代的趣味",除了西蒙·弗韦的伟大作品和普桑的画作之外,他们还很喜欢大卫·特尼耶斯的弗拉芒"行乞图"和范·莱尔的学生所作的"田舍风俗画"②。勒南兄弟选择以"高雅的"方式处理"低级的"主题极具独创性,从而使他们的作品拥有某种出乎意料的、颇具悖论的尊严感,又因喜用带状构图法,且人物没有动作,又强化了这种尊严感(《农民一家》,卢浮宫)。与"富喜剧感的"农家场景的传统表现手法相左的是,缺乏描绘主题的手法与"群体肖像画"类型的构图法颇为相近(勒南兄弟是巴黎这方面的专家)——因与习见的农家场景有差异,所以显得更不同,尽管人物的体形很传统,脸部和姿势也"很大众化",但他们仍各有特点。但一边是寒碜的着装及家庭环境,一边又有昂贵的物件(特别是高脚玻璃杯和桌布),两者构成的非现实主义的张力便使"群体肖像画"的习惯画法显得自相矛盾。不过,就体形而言,我们发现《火神锻铁炉内的维纳斯》这幅画堪称集各种矛盾于一身,维纳斯美丽白皙的古典主义(我们在《酒神与阿丽亚娜》《胜利的隐喻》及一些宗教画中也发现了这种古典主义)与

---

① 参阅托马斯·达科斯塔·考夫曼,同上。

② 雅克·图伊里耶:《前言》,见《勒南兄弟》,大皇宫展品目录,巴黎,1978 年,第 21 页。

火神伏尔甘的体形形成鲜明对照，火神的脸庞与曲腰弓背的姿势直接预示了一年后创作的《农民的晚餐》中的某个人物。

勒南兄弟所谓的"现实主义"具有的独创性，在于他们使"高雅"和"低级"模式的习惯画法产生了困境，还因为他们用"低级"模式创作脸部肖像，使身体显得更有个性。令人始料未及的是，既然人物形象地位低下，那对个体的关注就会逐渐与圣味增爵所说的精神性和爱相近，圣味增爵在这些画被创作出来的时候仍然很活跃①。这个假设极有可能成立，可对人性的关注渐行浮现，但这也无法阻止绘画中的修辞术模式。因这种说法同样对卡拉瓦乔的"现实主义"有效，故而显得愈发重要——毕竟当时欧洲勒南兄弟的农家画在古典时代的身体呈现史中具有重要地位。普桑说过"快来摧毁绘画"，卡拉瓦乔便是在绘画实践中有效地搞了场革命。他虽然在业余爱好者与收藏者中间，在某些宗教场所中获得了成功，但他没法剧烈地撼动时人的观看趣味，之所以如此，是因为他的创新也差不多被悉数纳入了身体的修辞范畴之内。不仅卡拉瓦乔的大量人物形象以风格主义的方式来展现姿态②，而且像《朝圣者的圣母玛利亚》这样的作品也表明了他是个专注于等级制，甚至社会等级，至少以人物的精神等级性来调整身体呈现方式的画家。尽管朝圣者都以"低级"模式处理，通过面朝观众这一（古代）的方法来强调这种模式③，但圣母面向圣子的姿势高雅至极，就是以与"优雅手法"相称的对照法为基础的。卡拉瓦乔的变化在他的某些订画人看来根本不会"摧毁绘画"，尽管有点不守规矩。虽然《圣马太与天使》的第一版是为圣路易德弗朗赛的孔塔雷利教堂祭坛所绘，但订画者拒收该作品，显然是因为该画采取了人物与姿势的等级化画法，按照某种与其宗教地位不相称的低级模式来处理这位福音书作者：天使向他伸出了手，仿佛在教他写字，但腿肚和左脚都是赤裸的（赤着脚，很脏，向着观众扑面而来，显得栩栩如生），这尽管有其历史可能性，也仍然与这位福音书作者不相称。第二版纠正了这些不适合的地方，让圣马太穿上了长袍（长袍底下露出一只赤

---

① 雅克·图伊里耶：同上，第 28 页。

② 关于这一点，参阅如我对《殉道士圣马太》所作的评论，见达尼埃尔·阿拉斯与安德烈亚斯·托纳斯曼：《风格主义的文艺复兴时代》，巴黎，伽利玛出版社，1997 年。

③ 关于该主题的古老性，可参阅我就丢勒的《海勒祭坛屏风画》所作的评论，见《局部》，前揭，第 49—51 页。

脚),半跪在一只凳子上,姿势有点复杂,但光彩照人,他在倏然而现、衣着华美的天使的口授下写着东西(握笔的姿势很优雅),双手则摆出了推算"教会日历"的传统姿势。数年后的1607年,如今收藏于卢浮宫的《圣母之死》也同样遭斯卡拉圣母玛利亚加尔默罗会的拒绝。照卡拉瓦乔的几部传记,如1642年巴廖内和1672年贝罗里的传记所说,这次遭拒是因为圣母的身体不够"端庄",她"太丰腴,腿部露了出来"(巴廖内)。但1620年,首位参透此次遭拒缘由的作者朱利奥·曼奇尼却认为,之所以如此是因为卡拉瓦乔是以他喜欢的某个宫女或"某个庶民女子①"作圣母的模特之故。个中缘由众说纷纭,其中唯一令人感兴趣的地方在于,它清晰地表明了诸种类型和姿势的等级制在社会中根深蒂固的根由所在,绘画如同社会,也会将身体的修辞术整合进来,身体就是修辞术。1637年,弗兰西斯库斯·朱尼乌斯的《古人绘画论》对此说得很清楚,他(像古人那样)认为轮廓不分明才是上品,说这样才不至于损害线条的优雅性,他还将之与雅致的色彩相联系,而这色彩又与"出身良好、温良谦恭的年轻人"的优雅举止颇为相似②——该社会等级化的概念是勒布伦通过"高雅趣味"观编制出来的,可使他区分"粗厚的、起伏的、不分明的"轮廓,以确定何为"粗人和农夫"的轮廓,何为"高贵、确定的"轮廓,后者适合"表现严肃主题,将自然表现得美好、愉悦"③。作为太阳王手下负责装饰事务的大臣,勒布伦在其学术著作中以"自然"之名吸收了意识形态的理论分类法,可见正是古典文化使社会等级制更为合理化。

然而,自17世纪初起,在"诸种类型"的等级化理论与有教养公众的趣味之间出现了裂痕——教会当局拒收的卡拉瓦乔的画作很快就被有权势的收藏者购去便是一例④。"低级体裁"的成功在意大利引起了"高雅

---

① 可参阅米亚·奇诺蒂:《卡拉瓦乔》,巴黎,A.比罗出版社,1991年,第126—127页。曼奇尼的解释因模特卡特里娜·万尼尼转而成为锡耶纳的修女而显得愈发意味深长,万尼尼原是妓女,后来皈依,1606年死于水肿病,与枢机主教弗里德里克·博罗梅极为亲近;参阅米亚·奇诺蒂,同上。

② 据安德烈·封丹:《法国的艺术学说:普桑至狄德罗时代的画家、收藏家及评论家》,巴黎,H.洛朗斯出版社,1909年,第29页。

③ 夏尔·勒布伦,据D.阿拉斯《局部》所引,前揭,第27页。

④ 《圣母之死》由曼图韦·弗朗索瓦·贡扎格购得(年轻的鲁本斯在罗马当居间人),《圣马太与天使》则被文琴佐·朱斯蒂尼阿尼侯爵购买,后者在一封重要的信函中对绘画的十二种类型的主题作了区分,但并未在其中细分等级。

体裁"专家的批评和抱怨，1662 年法国出版的尚布雷的洛朗·弗雷阿尔写的《艺术诸原则证明的绘画的完美观念》是最早对此作出回应的著作，创建于 1648 年的绘画与雕塑皇家学院在 1667 年还就此召开了数次会议①。我们发现古典的意识形态日益强硬，其中尤以 1668 年安德烈·费里比安为出版会议记录修订的前言最突出。他在前言中首次提出画家需以等级化手法处理主题的理论，且使之更具形式化——只是到了后来才在这个意义上采用了"体裁"一词。但费里比安并不仅仅认为"随着画家关注更难处理、更高贵的事物，从而摆脱最低级、最普通的事物，以卓越的工作使作品更显高贵"，而且极有意味的是，虽然从描绘无生命物体的绘画到寓意画，其间"主题"不断演进，但他仍在肖像画和历史画中忽略了日常生活的场景，此种"低级的"叙述体裁，我们后面将明确地称之为风俗画②。因此，所谓的"人物形象"——费里比安强调的是"上帝在尘世最完美的作品"——就处于古典表现法的中心地位，我们发现，这样的形象本身就是基础和基准，但自从表现并不"高贵的"，换言之即"卑微的"男人（或女人）起，此种形象便从绘画的程序中被抹去了。这位学院派理论家并未预料到人体（及其表现力）已超越了他所谓的教养和礼仪的范围，也就是说人体不会再注重文化的精致感和占社会主导地位的东西。

　　一个世纪后，学院派闭关自守的理论，其专断独行和专业整合的能力表现得特别清楚，当时正是 1769 年，格吕茨的《卡拉卡拉》引起了骚动③。格吕茨因其"风俗画"而备受赞扬，他以"高雅"风格创作的作品（例如《忘恩负义的儿子》）的主要人物形象借鉴了古代著名的群体雕塑作品《拉奥孔》）使其名声大噪，画家创作《卡拉卡拉》是想获得法兰西学院的青睐，但他不想让这幅作品被归至"风俗画"的范畴，而是想被归至更具威望、更有

---

① 关于这些会议的政治方面的功能，可参阅雅克琳·利希滕斯坦：《雄辩的色彩》，前揭，第 154 页及以后。

② 安德烈·费里比安：《前言》，见《绘画与雕塑皇家学院会议录》（1668 年），巴黎，阿拉卡特出版社，1998 年，第 50—51 页。费里比安说到了如下"主题"：动物、人物形象（"因为他是上帝在尘世最完美的作品"）；"由好几个人物合成的整体"，他将之定义为"历史与寓言画"；寓意画"在寓言的帷幕之下遮蔽了伟大人物和高雅的神话故事所体现的诸种美德"。

③ 若需了解整个事件的详细进程，可参阅达尼埃尔·阿拉斯：《格吕茨的〈卡拉卡拉〉，或目光的礼仪》，见安托瓦内特与让·埃拉德主编：《狄德罗与格吕茨：1984 年 5 月 16 日国际会议会刊》，克莱蒙-费朗，阿道萨出版社，1986 年。

利可图的"历史画"类目中。评审团虽任命他为法兰西学院院士,但仍把他归为"风俗画家"。评论界赞同这种屈尊俯就的决定:照他们的说法,格吕茨"太倾心这种体裁",只能画出更多低级趣味、不合礼仪,甚至是解剖学方面的东西。然而,对两个主要人物如何表达情绪的评论很能说明问题:皇帝塞普蒂姆·赛维鲁斯和他的儿子卡拉卡拉,前者指责后者想要谋杀他。照狄德罗的说法,格吕茨"模仿自然时小心翼翼,不知如何在历史画中以夸张的手法加以处理":"塞普蒂姆·赛维鲁斯是个卑劣的人,皮肤黝黑,像个苦役犯……卡拉卡拉甚至比其父亲更卑劣;他是个恶毒、卑鄙的小人;艺术家却不懂如何将恶毒与高贵结合起来。"另一个评论参照了普桑,说得更清楚:"[普桑]只让眉毛稍微动动,就能表现出君主的愤怒之情,而且丝毫不会减弱其庄严的仪态,而此种仪态向来都应成为君主和英雄的特征"。

严重点,圆的就是圆的。格吕茨相信自己能展现君主"灵魂的运动",想当资产阶级绅士,纯粹是虚荣心。他总是认为人性和历史本就如此,认为这乃是板上钉钉的事情。正如礼仪能使人拥有文雅的举止,这表明人性天生就高于动物,粗人和庄稼人却完全无法摆脱这种动物性。同样,伟大的画作(使画家显得更高贵)在描绘身体和表现君主时,也应展现其截然不同的本性,它要比中庸、卑微的人性更优越。

学院派表现的人体时有其张力,亦即矛盾之处,这均体现于一部古典理论的主要文本中:1668 年勒布伦发表的《关于普遍与特定表情的讲座》[①]。勒布伦认为"画作若无表现力便无法完美",因为表现力"显明每样事物真正的特点",通过它,"形象方能栩栩如生,所有精美之物才会有血有肉",勒布伦在此所说的乃是"特定表情",也就是说他论及的是"[绘画中]标明灵魂运动的那一部分,它使情绪变得可触可摸"。因而,他建议"为了有助于年轻学子",需画出一系列正面及侧面脸相,配以比例网格,脸部五官需"安详宁静"。从"赞叹之情"到"狂暴之情",根据不同情绪,相对于固定网格的脸部五官也会有相应的变动。富有表现力的特征根本不是随便来的,而与自然界的本来面貌相符,因为表达情绪的身体

---

① 关于该文本的最新版本,可参阅夏尔·勒布伦:《情绪表达法与其他讲座》,朱利安·菲利普推介,巴黎,迈松纳夫与拉罗斯出版社,1994 年。

动作乃是情绪本身的产物：恰如于贝尔·达米什所强调的，勒布伦的情绪"符号学"构成了某种"症状学"①。在这点上，他与勒布伦及法兰西学院的保护人掌玺大臣塞吉耶的医生尚博尔的居罗的想法完全一致。尚博尔的居罗在其出版于 1640 年的《情绪特征》一书中，对人下了这样的断言："灵魂的运动乃是秘密，人会隐藏自己的顾虑，可这些都会最先显现在脸上②。"照勒布伦的说法，绘画能显明"每样事物真正的特征"，可再现诸种情绪，它们会显现于我们的脸上，就算脸上不着痕迹（尤指涵养好的人）也是枉然③。

于贝尔·达米什的"同步图示"既具综合性，又具抽象性，可表现情绪，或情绪波动，或（灵魂）运动，从而身体也会不可避免地跟着动起来；但正如他所说的，勒布伦所谓的情绪化的脸部"只不过是些'虚假的脸'，就像戏里的面具，但伪装的脸上也会镌刻下灵魂的情感图案④"。勒布伦（他还提出了古典身体的真实性）所说的"真实性"乃是剧场化的真实性。既然文明人已学会控制自己身体的表现，以期显得更文明，而且还能掩盖或假装自己的"内心情感"，那怎么可能还会有其他的表现方式呢？画家安托万·克瓦佩尔在其"论画家审美"的讲座中推荐以古代画家为榜样，去剧院看戏，揣摩"最能生动展现性格波动的姿势和手势"，可见绝非偶然。去剧院看戏揣摩性格，既然人性因其礼仪而与动物有别，那这就不成其为悖论了。就呈现的"真实性"而言，后果也不可谓不沉重。正如约库尔的骑士在《百科全书》的词条"情绪"中所说："譬如，若所有人都不将任何感受显露在外，那究竟该如何才能在大都市里观察情绪呢？……在一个讲究礼仪的装模作样的国度里，这根本做不到，只有坦诚的本性才有权引起灵魂的兴趣……；由此可见，在我们的国家，艺术家根本无法表达以真实化、多样化为特征的各种情绪⑤。"

为了不让社会构造古典身体时进入死胡同，高尚的身体在该世纪最

---

① 于贝尔·达米什：《面具字母表》，前揭，第 124 页。

② 据朱利安·菲利普所引，见夏尔·勒布伦：《情绪表达法与其他讲座》，前揭，第 30 页。

③ 参阅朱利安·菲利普，同上，第 40 页。

④ 于贝尔·达米什：《面具字母表》，前揭，第 130 页。

⑤ 安托万·克瓦佩尔与尧古尔骑士，据于贝尔·达米什所引：《面具字母表》，前揭，第 130—131 页。

后三十年间,突然显得古怪异常、令人不安,无论是身体的科学,还是有关身体的古典文明,都难以在这当中辨认出自己的身影。

3

身体的抵制

夏尔·勒布伦对特定表情作讲座之后三年,还专门为同僚们办了场大型相面术讲座,举办地在科尔贝尔,日期为 1671 年 3 月 7 日至 28 日。勒布伦选择并关注这个主题(他手头就有近两百五十幅面相素描),是为了表明笛卡尔主义的局限性,他有时会将情绪表达这一概念简化为笛卡尔主义①。他的相面术进路与文艺复兴时期的思想一脉相承,特别是与波尔塔的奇安巴蒂斯塔出版于 1583 年的《人类相面术》有传承关系。与那些前驱者一样,勒布伦也认为"若恰好人体的某部分与动物相似,便须从该部分推测出此人的性情癖好,这就是相面术";因为灵魂的诸种情感均与"身体的形体相关",有些"固定不变的征候可令人了解灵魂的情绪"(此处所说的情绪可被理解为占主导地位的、并非短暂瞬时的情绪),尽管勒布伦仅限于面部构型,但这只是为"简便起见,使画家了解相面术",因为照古代小宇宙和大宇宙的类比法论证来看,"若人被称为整个世纪的缩影,那头部也定然可被称为整个身体的缩影②"。

勒布伦的相面术讲座其实是官方对该传统所作的最后一次完整表达,该传统可溯至古典时代,上承亚里士多德的《动物史》,下接西塞罗的《论命运》,至中世纪因神学原因主要受到布里丹的批评,后又在文艺复兴时期浮出水面,首先出现在与占星术、魔法及秘术相关的领域内。笛卡尔主义有关身体如机器的概念最后以类比传统及描述性科学而告终,艺术及艺术家在其中起了关键作用,如梅特里(《灵魂自然史》,1746 年;《人是机器》,1747 年)、孔狄亚克(《感官论》,1754 年),如"观念学者"卡巴尼斯

---

① 关于《论表情的讲座》中糅合在一起的不同哲学传统,可参阅朱利安·菲利普,见夏尔·勒布伦:《情绪表达法与其他讲座》,前揭,第 23—40 页。

② 夏尔·勒布伦:《相面术讲座》,见《情绪表达法与其他讲座》,前揭,第 124—125、127—128 页。

（《人之形体与道德的关系》，1796 年）或特拉西的德斯图（《观念学诸要素》，1803—1815 年），针对"内在情绪"的科学研究再也无法借助身体的外在构型①。但相面术仍未消亡。意味深长的是，它转移了应用领域：解码面部固定的五官来确认人的性格气质在 18 世纪从未消停过，但这种对征象的解码（通过这种方法，小宇宙之人仍与大宇宙之自然相关联），是想在种族及社会隶属性中确认个体的体貌特征。

1）对畸形的趣味

18 世纪的相面术已不再是比较解剖学；也不再是用于占卜的相面术，后者采用杰罗姆·卡尔当的《相术》（写于 16 世纪中叶，但到 1648 年才译成法语）中的方式，专观脸相，就像手相术专门看手一样②。由于对脸部颅骨的比例感兴趣，所以它首先是比较"测颅术"，当时最著名的推广者就是后来成为解剖学家的画家佩特鲁斯·坎佩尔，他得出了种族主义的结论，按照与当时新柏拉图主义理论家约翰·温克尔曼"标准比例"相似的理想范型，将动物与人体的形态（从长尾猴至希腊雕像，其间还有猩猩、黑人、卡尔梅克人和欧洲人）作等级化处理，从而引起了轰动③。而约翰·弗里德里希·布鲁门巴赫则将动物分类学原则应用于人身上，以确定颅骨的五种基本类型（高加索型、蒙古型、埃塞俄比亚型、美洲型和马来型），由于他研究的是颅骨构造中适于阐释的各种征候，所以其形态学进路便以智力的等级化为前提，也可被视为形态与畸形的等级化，18 世纪就曾设法将人的"身体"与"道德"之间的关系重新勾连起来④。但在约翰·卡斯帕·拉瓦特那里，相面术传统却呈现出"现代的"表达方式。身

---

① 关于这点，可特别参阅克劳迪奥·皮里亚诺：《形式与功能之间：新的人体科学》，见《思想工厂：从记忆术至神经科学》，米兰，埃莱克塔出版社，1989 年，第 144—147 页。

② 参阅让-雅克·库尔第纳与克洛丁·阿罗什：《面孔的历史》，巴黎，海岸出版社，1988 年，第 124—125 页。

③ 关于佩特鲁斯·冈佩，可特别参阅朱利奥·巴桑迪：《经历"自然史"与医学的人》，见《人的测量：人体测量学及实验心理学的工具、理论与实践》，佛罗伦萨，IMSS，1986 年，第 11—49 页，可特别参看第 28—29、47—48 页。

④ 关于布鲁门巴赫，可特别参阅提莫西·勒努瓦：《康德、布鲁门巴赫与德国生物学的生命物质主义》，《伊西斯》，卷 LXXI，1980 年，第 77—108 页。

为秘传派成员与秘术派弟子的拉瓦特研究的是无特定科学构成形式的灵魂,但身体的特征及上帝的事功是他研究的后盾。由于认为颅骨犹如骨骼系统的"基准及精髓",故而脸部可见"人体形态的精华与成果",肉体"在素描中犹如色彩,只能起烘托作用"①。

坎贝尔、布鲁门巴赫或拉瓦特之所以会对颅骨这么感兴趣,主要是想通过解码脸部固定的五官(亦即骨骼特征),以确定个体基本的人体特点。正如约库尔的骑士以及1759年出版的《论相面术》所说的,脸部动作、脸部表情都可成为面具,在世界这个剧场中,可用来隐藏自己真实的本性。到18世纪,相面术将成为一门科学,它能重新捕捉住某种气质、某种(天然的)"内在情绪",文明化进程使之成功地发挥了掩藏的功效。相面术由于不再论证人与本性的统一,故此后它便必须在社会宇宙内部起到维持秩序和等级制的作用。脸部作为"灵魂的镜子",便成了某种有待解码的"脸型",以便更好地对个体有可能会做出的应受谴责的行为举止作出预测②。相面术或许也受到了画像器的帮助,画像器可将脸部缩减至毫无内在特征的侧面像,这样相面术就能成为维持社会秩序的辅助工具;故而当18世纪人体测量术的意义有所改变时,人们也没有大惊小怪,甚至早在成为"司法工具"之前,这种古老的人体理想比例测量术便已成为某种测量人体及其各个部位的技术。"画影图形"这一观念在18世纪初具雏形。1721年蜡塑师纪尧姆·德斯努斯发明了用蜡在名人卡尔图什的脑袋里注塑的方法,并把此人的脑袋置于自己的解剖柜里供公众参观③,尽管这么做是出于好奇心,但他也出于"科学"理由,觉得对在1800年热月9日这一象征性的日子被斩首的"奥杰尔匪帮"所有男女成员进行注塑处理也未尝不可④。所以,一个世纪后,犯罪学家切萨雷·隆布罗索对拉瓦特的著作详加注释也就不足为怪了。

---

① 约翰·卡斯帕·拉瓦特:《相面术断片》,引自《精神病学照相术的起源》,威尼斯,马尔西利奥出版社,1981年,第28—29页。
② 关于"脸型"这一概念,可参阅乔治·迪迪-于伯曼:《歇斯底里的创造:夏尔科与歇斯底里的肖像摄影集》,巴黎,马库拉出版社,1982年,第51—52页。
③ 参阅米歇尔·勒米尔:《艺术家与凡人》,巴黎,R.沙博出版社,1990年,第74—76页。
④ 关于奥杰尔匪帮及其在侦讯技术史上的重要性,可参阅达尼埃尔·阿拉斯:《断头台与人体测量术》,见《大革命时期的断头台》,与瓦列里·卢梭-拉加尔德合作的展品目录,佛罗伦萨,1986年。

但重要的是，社会与警察部门是因为在很多地方遇到了抵制，才应用相面术，而这恰恰构成了身体"现代性"概念的基础，事实上我们在本文开头就已知道身体乃是一种"拥有"，不用再对个体"追根溯源"。从坎佩尔至拉瓦特——甚至还有加尔，其颅相术自17世纪起便由托马索·康帕内拉发扬光大——，他们都希冀在身体稳定不变的特征中找到气质秉性，希望重新断定个体的精神存在与身体的构型之间具有不可分割的关系：身体仍旧是有待解码的精神征候的目录表。

由于此种身体的呈现法已移至医学领域之内，小宇宙和大宇宙也没了关联，故而它的前景将会一片灿烂①。但到18世纪末，它已完全越出了人们有时试图将之简化为大众文化的范畴，可见身体处处都在抵制，就是不愿接受笛卡尔主义对合理性及二元论泾渭分明的划分法。16至18世纪，对与理想化的身体大唱反调、与机械观对着干的任何东西，图像都很痴迷——图像没有自己的思想。很少有图像能像德国高级细木工及版画家彼得·弗吕特纳约1530年创作的木版画《人体时钟》那样强烈地表达了此种抵制态度②。诚然，说这幅画淫秽粗俗或滑稽可笑也许并不正确，正如让·维尔特所表明的，弗吕特纳正是通过对排泄粪便这一"具规律性节律的活动"的联想，让沙漏中的"沙子"呈现出排泄物形状，令人清晰地想起了时间的流逝及身体内在生命的消亡，他重又提出了"生理学诸层面的死亡问题"，提出了"真正的虚空乃兼具机械论与生理学的想法"。

认为古典时代赞誉身体的构建法与自然界的现实不符这一想法，主要通过趣味观体现了出来。可以说，只要是歪曲自然之美，甚至将其变成怪物的主题，这种趣味观都会感兴趣。我们曾指出列奥纳多和丢勒既研究理想比例，也系统地研究了"不匀称"，他们试图将同时兼具理想化和自然状态的丑陋的诸种类型确定下来（因为衰老或无规则都属于自然界的变体）。但文艺复兴时期从头至尾都一直对畸形和怪物情有独钟。亚历山大·克瓦雷在文艺复兴时期轻率盲从的风气中发现了知识界的此种好

---

① 关于加尔，参阅布洛涅的杜谢纳、加尔敦与夏尔科、乔治·迪迪-于伯曼：《歇斯底里的创造》，前揭，第51—52页。

② 关于该版画，可参阅让·维尔特：《年轻女孩与死亡：对文艺复兴时期德国艺术中死神主题的研究》，日内瓦，德罗兹出版社，1979年，第135—136页。

奇心所致的后果,这种好奇心使那个时代物质世界的存货有了新的面貌①。不过,文艺复兴时期对自然界存在怪物的信念倒是与其学说,特别是类比的思想模式不可分离,它到处对各种相似性和"特征"进行解码,在各个领域之间自由切换,混淆人与动物。"自然自为"具有无限强力——如昂布鲁瓦兹·帕雷所言,此种强力也"体现在作品中"——,基于"自然自为"的创生具有持存性,混杂而成的怪物(或创造出奇形怪状之物的艺术家)能揭示出自然界隐藏的秩序,这是必然之事,而非偶然现象②。

就是因为这种语境,人体的自然反常现象之所以有这么高的地位,患有此种病症的男男女女之所以能获得(社会或金钱上的)好处,也就能得到解释了。欧洲宫廷——以及宫廷肖像中——侏儒的存在就很有名。他们犹如被珍藏起来的自然物体或自然产物,提升了拥有他们的人的名望,由于畸形可强化君主或其世系的高贵之美,故而使后者的权力更有炫耀的资本。1631 年里贝拉绘制的胡须女及其女儿和丈夫因人物表情庄重肃穆,甚而颇具悲剧性而名闻遐迩。但这也表明该画之所以对混淆类型(此处指性别)情有独钟,是因为自然可从中显明其创造力。我们现在都知道毛发长得太浓密是由于肾上腺素或脑下垂体分泌过旺之故③,但里贝拉的同时代人却对此一窍不通,所以"胡须女"就能在欧洲社会内部鲜活地证明自然界的变化无常。同样,在阿格斯蒂诺·卡拉盖绘于 1598 与 1600 年间(创作于那不勒斯)的《三联肖像画》中寻觅寓意时,人们也理解错了。罗贝托·扎佩里借助文献说话④,他认为这三个形象乃是枢机主教奥多阿尔多·法尔内塞当政时期罗马宫廷内的三个人物的肖像:从左至右依次是侏儒罗多蒙特(诨名阿蒙)、"毛人"阿里戈·贡萨鲁斯和傻瓜皮耶特罗。他们是仆人和丑角,在宫中用来逗乐,充充门面,和枢机主教收藏的异国动物没什么两样,可满足来访者的好奇心。然而由于"样本"的稀缺性,所以"毛人"在这幅画中占据了中心地位。阿里戈·贡萨鲁斯

---

① 参阅亚历山大·克瓦雷:《16 世纪德国的神秘主义者、方济各会的严厉主义者与炼金术士》,巴黎,伽利玛出版社,1971 年。

② 关于这些观点,可参阅菲利普·莫雷尔:《奇形怪状:文艺复兴末期意大利绘画中想象的形象》,巴黎,弗拉马里翁出版社,1998 年。

③ 参阅纳代耶·拉奈里-达让:《创造身体》,前揭,第 174 页。

④ 罗贝托·扎佩里:《毛人阿里戈、傻瓜皮耶特罗、侏儒阿蒙以及其他怪人:阿格斯蒂诺·卡拉盖的一幅画》,载《经济·社会·文明年鉴》,第 40 卷,1985 年,第 307—327 页。

是 1595 年帕尔马公爵拉努契奥·法尔内塞献给枢机主教的礼物,在欧洲名气很响:他父亲佩特鲁斯·贡萨鲁斯也是"毛人",几年前和妻子(正常)、长女和儿子(毛人)一起应蒂罗尔的费尔迪南大公的要求被从加那利群岛带了过来,大公为了给自己脸上增光,请人将他们绘制成肖像画、版画或抄本画①。这些"毛人"之所以取得成功,无疑应归功于他们证明了"野人"神话的真实性,因为他们留存了下来,保持了自然状态,住在遥不可及的密林深处。但时人的好奇心只不过赋予了他们自然界怪物的身份,这有事实为证,除了"长着人脑袋和细脖颈"之外,他们的肖像(套着颈圈)被归入由安布罗西尼编纂、乌里斯·阿德罗万蒂的《怪物故事集》中,该书 1642 年出版于博洛尼亚。

这些文艺复兴时期的怪物并未从根本上对古典身体的理想化形态造成质疑。他们不仅突出了依上帝形象所造的"正常"人体的完美性,像黑人一样被君主呼来使去,而且当时的知识环境也完全没法阻止人们接受界域混合的观念,而这一切恰有效地导致了现代身体观的形成。昂布鲁瓦兹·帕雷解剖时发现缝合血管可阻止大出血,他在其 1585 年出版于巴黎的《怪物与天才》一书中针对某些先天畸形提出了生物学与机械学的解释;但他对妊娠期妇女的解释纯粹是出于想象,如占星学,如在睡梦中奸污女性和男性的梦魇的介入,或如上帝通过对有天才迹象的人讲话介入——而且他在引用人和动物交媾致孕这样的例子时对此深信不疑②。

然而,两个世纪后,尽管狄德罗在《达朗贝尔之梦》中对不同种属之间的结合说得有鼻子有眼,但艺术图像却表明尽管科学还没法证明古典二元论(后者只不过将身体视为死后的某个机械体和了无生气的尸体而已),但它已通过自己的尝试不无悖论地促使新的身体观出现了:身体的物质性和生理性被视为某种积极的力量,承载着令人不安的权能,在理性之光摇曳不定的时候,它们也会变得可怕、晦暗。换句话说,身体本身也促成了某种崇高观的出现——受雄壮、可怕及晦暗之物的激发——,英国

① 参阅罗尔恩·坎贝尔:《文艺复兴时期的肖像画》(1990 年),巴黎,阿赞出版社,1991 年,第 145 页,以及纳代耶·拉奈里-达让:《创造身体》,前揭,第 173—174 页。
② 参阅昂布鲁瓦兹·帕雷:《怪物与天才》(1585 年),让·谢阿尔编,日内瓦,德罗兹出版社,1971 年,第 62—64 页。

理论家威廉·伯克就是在这层意义上使用该词的①。倏然急转直下,本需澄清身体功能的纯粹机械状态的科学,突然使身体的生命观出现了,且对精神与理性加诸于身体的崇高性提出了质疑。

2) 蜡像的双重意义

制作与展出蜡像在 18 世纪的欧洲获得了成功,我们发现人们对此产生了某种矛盾的情绪。1785 年,法官夏尔-埃蒂安·杜帕迪在对费利切·冯塔纳在佛罗伦萨组办的自然史陈列馆的评论中,说自己很欣赏这些"精巧的蜡像",觉得"这架机器的所有秘密部件竟然都如此复杂"。但所谓的"秘密"并不仅仅指没法看见内部脏器;对这位聪明的法官大人来说,身体的秘密触及到了最深层的地方:"我看了几眼神经系统,隐隐约约见着了几个秘密。哲学没有放下身段探入人的身体,可说是个错误;必死之人就隐藏在那儿。外在之人只不过是内在之人的外显而已②。"这些很有见地的说法明显属于唯物论的观点,与拉瓦特的观点截然不同;但它们产生了某种奇特的回响,致使无论从何种观点出发,许多人内心深处都不承认人格及其身体会有分离,且继续以另外的方式从中发现人格与身体的"同根同源"之处。

面对佛罗伦萨的解剖学蜡像,知识界对夏尔-埃蒂安·杜帕迪反响最热烈的是一个"哲学家";几年后,生性敏感的女画家伊丽莎白-维杰·勒布伦对此抱以热烈反响,她并未觉得蜡像有"什么不好",她还让费利切·冯塔纳"说出自己的看法,[他的]这些脏器怎会[自行]传递出如此强烈的感受③"。但重要的是,还有人专程跑去参观:由开明的改革者及启蒙信徒托斯卡纳·皮埃尔-列奥波德大公创办的皇家身体与自然史博物馆(现为天文台博物馆)成为去佛罗伦萨旅行,尤其是去参观他的解剖学蜡像必经的步骤。从 1780 年奥地利皇帝约瑟夫二世途经佛罗伦萨时将费利

① 威廉·伯克:《我们的崇高观与美之观念起源的哲学研究》(1757 年),巴黎,弗兰出版社,1973 年,第 69 页。

② 夏尔-埃蒂安·杜帕迪:《论意大利的信笺》,巴黎,据米歇尔·勒米尔所引:《艺术家与凡人》,前揭,第 57 页。

③ 伊丽莎白-维杰-勒布伦:《回忆录》,克洛迪娜·埃尔曼的女权论版本,巴黎,妇女出版社,1984 年,第 238 页;据米歇尔·勒米尔所引:《艺术家与凡人》,前揭,第 65 页。

切·冯塔纳封为神圣帝国骑士,并向之订购大批模型来看,博物馆的知名度可见一斑。其实,作为18世纪真正的科学发明,解剖学蜡像与身体的艺术史密不可分,因为不论是呈现个别的蜡像或一整套蜡像,还是使蜡像产生视觉上的效果,在蜡像中倾注艺术想象力本就是它一开始的教育目的。当蜡像属于某个个体所有时,它们成了藏品,蜡像激发了某种矛盾的情感,让里斯夫人在写到比耶虹小姐的陈列室(当时很有名)时,有生动的描述:"她将尸体放在花园中央的玻璃房里,摆出各种忧郁的形状;我从来不敢进入这间陈列室,那是她心爱的地方,她还美其名曰小闺房。①"

18世纪初,做出首个解剖学蜡像(老人被解剖的半张脸)的乃是西西里人加埃塔诺·宗波。它先在佛罗伦萨、后在巴黎鹊起的名声使许多人都投入到了这项新的实践活动中②。然而,宗波根本不是医生,以前他就以蜡像雕塑家成名,1691年他在那不勒斯完成了表现鼠疫时期的组像《鼠疫》,后1691至1694年间又在佛罗伦萨创作了另三组组像:《时间的胜利》、《身体的腐烂》及《梅毒》。蜡像的"剧院化"风格并不算创新,但宗波研究身体时精确地了解其解剖学肌理,遂使身体呈现出强烈的艺术感染力。这些展演作品受到了巴洛克风格的影响,欲使激发人在面对死亡时产生强烈的道德感和宗教感——正如萨德侯爵所说(后在《朱丽叶特的故事》中作了截然不同的处理):"印象极其强烈,以致感官产生默契。我在凝神细看可怕的局部细节时,自然而然将手捂住了鼻子,甚至都没察觉到这一点,细看时很难不会产生终有一死这一阴郁的想法,但一想到这是造物主所为,便稍许释然③。"恰是因此,向来很有主见的托斯卡纳大公,亦即美第奇的科斯莫三世遂将宗波的这些展演作品置于"自己拥有的古代雕像和稀有的画作之中④"。

---

① 让里斯夫人:《未曾刊行的回忆录》,巴黎,1825年;据米歇尔·勒米尔所引:《艺术家与凡人》,前揭,第80页。
② 关于加埃塔诺·宗波,可参阅米歇尔·勒米尔,同上,第28—41页。
③ 萨德侯爵:《意大利之旅》,据米歇尔·勒米尔所引:《艺术家与凡人》,前揭,第40页。在途经佛罗伦萨时,朱丽叶特对宗波的《身体的腐烂》佩服得五体投地,对之如痴如醉:"我那残酷的想象力被这一场景激得如痴如醉。它有这么恐怖骇人吗,我怎会如此冷酷?"(据勒米尔所引,第41页)
④ 《科学与美术史回忆录》,特雷武,1707年,据米歇尔·勒米尔所引:《艺术家与凡人》,前揭,第29页。

相反,严格意义上的解剖学蜡像需在严格的教育精神下创作出来。恰如科学院秘书冯塔纳尔所写,1701 年宗波就让他看过老人头像,他说这种"呈现方式"不仅应避免让人们产生"想方设法找尸体的想法",还应使解剖学研究"不令人反感,使人觉得亲切①"。然而,宗波的蜡像在俗界获得的成功表明,科学加剧了观众暧昧不明的趣味,虽然蜡塑者本人或许也能达到这种效果——到该世纪末三十年,主要由于蜡像的艺术化展演方式已成定局,再加上它激起的种种困惑,解剖学蜡像的复兴庶几有望。我提到过伊丽莎白·维杰-勒布伦感性的反应方式。在"欣赏"完之后,她并未体会到"难以令人忍受的感觉……大量局部蜡像对我们的子孙和我们的智慧而言都特别有用",她受到了展演效果的触动,这恰是费利切·冯塔纳刻意要达到的戏剧化效果,但她又说"躺着的女人的那种浑然天成的优雅之态,令人产生了真真切切的幻觉",冯塔纳揭开"外壳",暴露于目光之下的乃是"一整团肠子,它们纠缠盘绕,与我们身上的无异"。无疑,这尊蜡像应是克莱门特·苏西尼的作品,他早先便以《维纳斯美第奇》的绰号闻名:蜡像确实拥有浑然天成的优雅感,它舒展地躺于铺着丝绸床单的床上,脸上流露出略显惊讶的哀婉表情,只要不去揭开她的皮肤,逐渐展现其"解剖学的秘密",她就会显得完好无损②。维杰-勒布伦夫人感受到的那种恐惧感显然和她的惊讶感密不可分,但主要在于该形象赋予的生命幻觉与毫无顾忌地展露"鲜活的"内脏形成了鲜明对照。虽然公众对该形象呈现的那种私"密"感持接受态度,他们不偏不倚的态度显得有些突兀,但那种避免不了的阴森可怖感仍显得有些淫猥。然而,冯塔纳的戏剧化展演之物并非骷髅;启蒙时代的这位学者操作的乃是理性的可怖场景,它在"生命现象辉煌的机能"之下,不但让自己、也让别人看到机体的力量及其"美丽",以及人类外表令人憎恶的丑陋之态。死者卧像有时会戴珠宝首饰,披散着秀发,躺在质料上乘的靠垫与卧榻上,任人观看,这样的效果就显得更加强。冯塔纳的博物馆既没令人想起解剖室,又没令人觉得是肖像,而加埃塔诺·宗波的《老者解剖头像》却有肖像直指人心的力量,但冯塔纳意欲呈现的却是完美身体的理想解剖状态,其色彩之鲜

---

① 据米歇尔·勒米尔所引:《艺术家与凡人》,前揭,第 33 页。

② 关于这尊《维纳斯美第奇》,同上参阅,第 61—62 页。

亮、缤纷、妖媚使得呈现出来的蜡像拥有强烈的效果，"眼睛因极其漂亮的
细节处理、熠熠闪光的金银色、错综复杂的珊瑚状血管、细若游丝的神经
把人炫得眼花缭乱①"。从严格的科学观来看，《维纳斯美第奇》不算重
要，但它面对的乃是广大公众；该蜡像采用维萨里"古代"版画的方式，将
解剖学置于和理想美同时代的艺术语境之中。冯塔纳的蜡像乃是孤例，
它们呼应的是新古典主义的审美观；但其展演方式以及某些蜡像出其不
意的戏剧化形态反倒属于巴洛克图像（式微的）传统——此种独特的融合
方式足以表明，即便在启蒙时代的数个世纪中，身体的解剖学呈现仍无法
被简化为纯粹的科学或哲学的开明之举。

　　外科医生安德烈-皮埃尔·潘松制作的蜡像是又一个表明不确定性
的例证②。自 1780 年起，潘松就是奥尔良公爵设于皇宫中的解剖学蜡像
陈列室的供货者，他也制作名人蜡像，有以艺术化的方式创作解剖学蜡像
的想法。他不太想把蜡像陈列于博物馆内，他在乎的是如何才能让这些
形象拥有生动鲜活的表情和姿势，如何使他们楚楚动人。就此而言，他最
著名的形象乃是《体现恐惧感的女人坐像》，蜡像一丝不挂，一块布料掩盖
了其性征，她坐于基座上，脸上的表情和手臂的姿势显露出她的恐惧感，
显得鲜活生动，但她的胸部已被完全打开，露出了里面的肠子和胸腔。在
这些剥皮蜡像强烈的表情或作品《五月胎儿》中都能见到这种观点，后者
忧郁的姿势令人想起表现人们从耶稣睡容中感受到他即将死亡的那些画
作；我们也在《受惊小儿》及细节更丰富的《垂直切面的头像》中发现了它
的踪影，该年轻女子新古典主义风格的脸部大部分未经处理，一滴泪水自
脸上潸然而下。就那个时代而言，后者体现出了"精致"观。其实，潘松主
要的艺术策略是以隐喻或哀婉动人的方式来使那些形象置身于某种语境
之中，以便使解剖学蜡像令人不安的冲击力与观者保持一定距离。他的
那些通常比较小的作品确实堪称珍贵的"艺术品"，自 1771 年起，潘松便
获得了在皇家绘画与雕塑学院的沙龙内举办剥皮人臂蜡像展览的授权。

　　然而，这份授权也有条件，即蜡像需"置于沙龙靠近门口的室外"，从
而表明学院界对之持保留态度，1773 年授权并未得到续签。撇开行政管

① 　同上，第 65 页。
② 　关于潘松，参阅米歇尔·勒米尔：《艺术家与凡人》，前揭，第 104—165 页。

理方面的原因(沙龙展览仅限于学院成员参观),潘松的作品之所以会被放于"门口"也有其明显的意识形态方面的考量。尽管乌东1767年塑造的《被剥皮者》很快就被视为杰作,但理由是它适于供全体艺术家研习,他的蜡塑作品出现于各大美术院校,狄德罗还曾向叶卡捷琳娜二世建言,让其为圣彼得堡美术学院订购该作品。潘松的蜡像本身对艺术家没什么用处:学者从蜡像中并未获得同感(因而也与艺术家没有直接关系),就呈现的身体而言,也只是在模仿众所周知的激情修辞方式。毫无疑问,比勒的罗杰在其《绘画原则讲义》中,赞扬过加埃塔诺·宗波在《耶稣诞生》及《哀悼耶稣》中表现耶稣的蜡塑群像,并对之作了详细描述;但那是作为"雕塑作品"而论,它们以"极富想象力和吸引力的方式"表现了"主题"①。潘松的蜡像除了表现身体机器及其自然机体之外,没有其他"主题"。学院将其置于"沙龙靠近门口的室外",就是在明确表达这样一种关系,它既体现了费里比安所谓的主题具有固定的等级制这样的观点(这点很少有人会料到),也体现了沙龙内部对接受这些物品持保留态度(这点可以预料),这些物品只是能工巧匠的成果,但作为作品而言,尚缺乏"理想化的东西"——狄德罗在1765年的沙龙展中放言"如果作品缺乏崇高感,那夏尔丹的理想便岌岌可危了。"

当然还有一点,即此类物品无法让人去作真正艺术上的思考——仿佛蜡像虽力图使自己获得了存在,潘松事后也费尽心思阐释了其中种种寓意,但其解剖学呈现方式仍拒绝他的这种艺术化阐述,仿佛再怎么样也无法将蜡像归入真正的想象力领域之内。无论如何,在那个时代,奥诺雷·弗拉戈纳尔的标本切片解剖术仍表明了启蒙时代的科学确实会促使"蒙昧时代"的回潮。奥诺雷·弗拉戈纳尔是兽医解剖学的创立者之一,承绪布封《自然史》的兽医解剖学18世纪仍在发展,身为名画家②的日耳曼表亲,弗拉戈纳尔自1766至1771年在阿尔夫尔兽医学院任"解剖学教授和讲解师",且不久便出资捐助学院成立了解剖学陈列室,"在该领域内,相比欧洲所有陈列室,它的规模最大③",参观者络绎不绝。然而世人

---

① 比勒的罗杰:《绘画原则讲义》,前揭,第231页。

② [译注]指让·奥诺雷·弗拉戈纳尔,是18世纪法国最重要的画家之一。

③ 参阅米歇尔·勒米尔:《艺术家与凡人》,前揭,第168—189页。

对他的科学名声褒贬不一，尤以德国专家为甚：弗拉戈纳尔的作品无任何创新，错谬百出，其"精美的样貌""只能满足视觉感官"，像是在"插科打诨"，体现出法兰西"民族的轻浮精神"。后面的那些评语令人咋舌，因为弗拉戈纳尔并不制作蜡像，而是剥制动物标本，如《人之颚》或很有名的《骑士解剖像》之类用于演示的作品即便以当今的眼光来看，仍是奇幻效果大于诙谐效果，恐怖感大于轻浮感。

弗拉戈纳尔所做的"自然界的标本切片"数量极为可观，他以"斯达汉诺夫式的"热忱不懈地工作着，说明他很想制作出理想的演示作品，可显示机体的整个结构（骨骼、肌肉、血管和神经系统）。他对严格意义上的解剖学及医学研究不太感兴趣，他感兴趣的是如何不断完善自己的方法，以改善其解剖学作品的"表现力"。因此他将自己放在了"科学的美学家这样的位置上①"。但必须补充的是，他的美学观极少有科学的成分在内：他制作标本时使用的是自然组织，由于呈现者与被呈现者具有同一性，彼此可互相替代，故而他试图获得的"表现力"便具有了现实的效果，必定会比蜡像的效果更令人不安。同时，他制作的那些形象所具有的舞台效果和姿势似乎也极具戏剧感，与"材质"的"表现力"体现出来的效果相得益彰：乍看之下，人物都很像死人，像半死不活的人。因而，围绕《骑士解剖像》出现了许多阴森森的流言②，直至如今它还被称为"启示录中的骑士"，也就不足为奇。同时代有人指出奥诺雷·弗拉戈纳尔生性极为忧郁，行为相当古怪，所以有人说他是个疯子（想把他从阿尔夫尔学院驱除出去）也就不会显得荒诞不经了③。不管怎么说，他建基于艺术领域的想象力无疑极具"崇高感"，他的那些充满奇思妙想的解剖学标本表明了世纪末的英国"黑色小说"（马修·刘易斯 1796 年的《僧侣》，或安·拉德克利夫 1797 年的《意大利》），更确切地说，是玛丽·雪莱出版于 1817 年的《弗兰肯斯坦》即将出现。

在此背景中，奥诺雷·弗拉戈纳尔受到法国新古典主义领军人物

① 参阅米歇尔·勒米尔：《艺术家与凡人》，前揭，第 185 页。
② 骑士（Le cavalier）原本应该是"女骑士"（cavalière），是个深爱着弗拉戈纳尔的女孩，由于婚姻遭到父母（阿尔夫尔的杂货商）的反对，悲痛而亡。解剖学家按照古代的职业操作方式，将女孩的尸体挖出，以自己的方式使其不朽，同上参阅，第 172 页。
③ 参阅米歇尔·勒米尔：《艺术家与凡人》，前揭，第 173 页。

雅克-路易·大卫的支持与帮助便显得意味深长,1793年后者让他与其表亲加入了全国艺术审查委员会。约1795至1796年,大卫为《萨宾人》(1799年)这幅作品创作的一幅草图就是在研究解剖学,与弗拉戈纳尔的解剖学"切片标本"异曲同工。此种亲缘性足以表明,身体的解剖学研究与呈现在瓦解界限分明的各个范畴时究竟达到了何种程度,新古典主义完美的理想化身体在此好似在刻意遮蔽图像那令人不安的特质。

* * *

就在康德发表《纯粹理性批判》的1781年,居于伦敦的瑞士画家约翰·海因里希·福斯利创作了成名作《噩梦》,次年这幅画在皇家学院展出①。霍拉斯·沃珀尔认为这幅画"令人震惊",它获得了极大的成功,从飞速传遍整个欧洲的复制品、变体作品和各种版画的数量便可见一斑。我们将会发现,此种个人化的灵感倒也呼应了当时非理性、梦境,尤其是噩梦这些极为普遍的兴趣诉求,将科学与诗歌这两种切入梦境的进路紧密结合了起来,颇能体现时代的特征。18世纪开明的科学摈弃了夜魔干预梦境的大众信仰,也摈弃了天使或魔鬼造访梦境的基督教阐释,而是发展出一种清晰的解释,得到有教养的精英阶层的普遍接受。梦境,特别是噩梦,可通过身体的睡姿从生理学上作出解释,仰面睡觉会使血液循环滞塞,造成压迫感和窒息感这些令人焦躁不安的感觉——女性来月经时经常会发生此种现象。此后,医生便可从中得出确定的理性结论:可将"可怕的梦境"视为某种"刺激",可唤醒熟睡男女,使他们改变睡姿,避免危险②。1798年,康德在其《人类学》一书中采用了这种解释,这极有可能成了福斯利《噩梦》的基础,他并未表现噩梦的客观现实感,而是表现了女性睡梦中的感觉。

但晦涩难懂的"可怕梦境"并不善罢甘休,或者说发生了偏移。因

---

① 后文的分析,可参阅尼古拉斯·鲍威尔:《福斯利:噩梦》,伦敦,A.莱恩出版社,1973年,及其他著作。

② 约翰·邦德:《论梦魇或噩梦》,1753年,据尼古拉斯·鲍威尔所引:《福斯利:噩梦》,前揭,第51页。

为，若梦产生的各类创造物不再是从外部造访熟睡者的精灵，那梦境中的图像和所思所想是否就有可能是任何东西，起自任何原因，而非现实体验的结果？若它们由身体自身的活动产生出来，那么身体就能极具想象力，它就会是精神活动中魅力无穷的组成部分。与福斯利同时代的格奥尔格·克里斯托弗·利希滕贝格因此不失时机地断言道，梦境可使人"认识自我"，他又深藏不露地暗指拉瓦特，说："若人们果真能讲述自己的梦境，那我们就能从他们的梦境，而非他们的脸上揣摩其性格①。"福斯利是拉瓦特的朋友，他或许更愿意对梦境作医学及生理学上的解释，而非利希滕贝格的那种前浪漫主义的观点。但他的画却并不满足于仅仅去描绘某个医学理论。他采用梦魇的形象，再加上他的处理方式，都表明他想使绘画具有视觉上的明晰性，促使产生某种暗指魔怪真有其事这样的现实效果，让他盯着我们看——该画的成功显然在于此种含混性，它那令人焦灼的感觉乃是有意为之。尤其是，这幅画表现得深刻、私密，理性乾坤朗照的种种确定性都被统统抹去。在《噩梦》的背面，福斯利画了一幅年轻女子的肖像，后者应该是拉瓦特的侄女安娜·郎多尔特，1779 年他狂热地爱上了这个女孩子，但无果而终。双面画《噩梦》浓缩了各种复杂因素：科学论证只是临时拿来用的借口，它迸发出强烈的个人风格，命运被抛入对可欲而不可求之物的渴念之中，散发出无穷的魅力。

无论如何，《噩梦》在欧洲取得的成功有其深刻的历史意义，已远非画家利比多过盛这样的动机所能解释。该画与戈雅（他本人也是"开明的"艺术家②）那个有名的"奇想"，即《理性之梦孕育魔怪》（1796—1798 年）颇为契合，可见启蒙时代的合理性诉求仍维持着其迷离暧昧的一面，尤其是身体的科学呈现方式借由某种反制产生出新的图像，隐约透露出躁动不安的想象力。

弗洛伊德从未在其著作中提及福斯利的这幅画，但无疑他也预感到了此画的意义。因为 1926 年某位拜访他的客人注意到他家墙上并排挂着两幅版画，该场景构成了前面所见的启蒙时代的那个极点：这位精神分

---

① 据尼古拉斯·鲍威尔所引：《福斯利：噩梦》，前揭，第 51 页。
② 参阅《戈雅与启蒙时代精神》，波士顿，1988 年。

析学创始人在其坐落于贝尔格街 19 号的公寓中将伦勃朗的《解剖课》与福斯利的《噩梦》挂在一起,并非偶然[1]。就从视觉上概括、比对这一双重进路而言,没有比之更好的选择了,这乃是一个多世纪以来现代身体开始表现"秘密"或"神秘"的进路。

---

[1]　参阅尼古拉斯·鲍威尔:《福斯利:噩梦》,前揭,第 15 页。

人名译名对照表

Abadie，Alfred 阿巴迪，阿尔弗雷德

Accetto，Torquato 阿切托，托尔夸多

Achillini，Alessandro 阿基里尼，阿列桑德罗

Adair，Richard 阿代尔，理查德

Adnès，Pierre 阿德奈斯，皮埃尔

Agathe（sainte）阿加特（圣女）

Agrippa，Camillo 阿格里帕，卡米洛

Agulhon，Maurice 阿古隆，莫里斯

Alacoque，Marguerite-Marie 亚拉高克，玛加利大-玛利亚

Albert，Jean-Pierre 阿尔贝，让-皮埃尔

Alberti，Leon Battista 阿尔贝尔蒂，列翁·巴蒂斯塔

Albret，Jeanne d' 阿尔贝，让娜·德

Albucasis 阿尔比加西斯

Alcantara，Pierre d' 阿尔坎塔拉的皮埃尔

Aldebrandin de Sienne 锡耶纳的阿尔德布兰丁

Aldrovandi，Ulisse 阿德罗万蒂，乌里斯

Alembert，Jean Le Rond d' 达朗贝尔，让·勒隆

Alexandre VI 亚历山大六世

Alexandre-Bidon，Danièle 亚历山大-比东，达尼埃尔

Allemagne，Henry-René d' 阿勒马涅，亨利-勒内·德

Alva，Pedro de 阿尔瓦，佩德罗·德

Amand（saint）阿芒（圣徒）

Ambroise de Milan（saint）米兰的昂布瓦兹（圣徒）

Ambrosini，Bartolomeo 安布罗西尼，巴托罗梅奥

Amundsen，Darrell W. 艾蒙森，戴瑞尔·W.

Andernach，Guinther d' 安德纳赫的甘特

Anderson，Jaynie 安德森，杰尼

Andry de Boisregard，Nicolas 布瓦勒加尔的安德利，尼古拉斯

Angenendt，Arnold 安杰南特，阿诺德

Anne（sainte）安娜（圣女）

Anselme（saint）安瑟伦（圣徒）

Antoine（saint）安东尼（圣徒）

Antoine de Padoue（saint）帕多瓦的安托万（圣徒）

Antoine，Michel 安托万，米歇尔

Antoninus 安东尼努斯

Apelle 阿佩列斯

Apolline（sainte）亚波琳（圣女）

Apostolidès，Jean-Marie 阿波斯托利代斯，让-玛丽

Aquin，Antoine d' 阿甘的安托万

Arasse，Daniel 阿拉斯，达尼埃尔

Arcussia，Charles d' 阿尔库西亚的夏尔

Beik，William 贝克，威廉

Bell，Rudolph M. 贝尔，鲁多夫・M.

Bellay，Guillaume du 贝雷的纪尧姆

Bellay，Joachim du 贝雷的约阿基姆

Bellin de la Liborlière，Léon 贝兰・德・里
波里埃尔，列昂

Bellini，Lorenzo 贝里尼，洛伦佐

Bellori，Giovanni Pietro 贝罗里，乔瓦尼・
比埃特罗

Belmas，Élisabeth 贝尔玛斯，伊丽莎白

Bély，Lucien 贝里，吕西安

Benabou，Érica-Marie 贝纳布，埃里卡-
玛丽

Benedetti，Alessandro 贝内代蒂，阿列桑
德罗

Benedicti，Jean 贝奈狄克蒂，让

Benincasa，Orsola 白宁加莎，奥尔索拉

Bennett，Judith M. 贝内特，朱迪斯・M.

Benoît（saint）贝努瓦（圣徒）

Benoît XIV 贝努瓦十四世

Benoît de Nursie 努尔西的贝努瓦

Bercé，Yves-Marie 贝尔塞，伊夫-玛丽

Berengario da Carpi，Jacopo 卡尔皮的贝
伦加里奥

Bergamo，Mino 贝尔加莫，米诺

Bergier，Nicolas 贝尔吉耶，尼古拉

Bernard（saint）圣伯纳（圣徒）

Bernard，R. J. 贝纳尔，R. J.

Bernardin de Sienne（saint）锡耶纳的贝纳
尔丹（圣徒）

Bernin［Gian Lorenzo Bernini，dit］贝尼尼
［又名"吉安・洛伦佐・贝尼尼"］

Bernouilli，Jacobus 贝努伊，雅各布斯

Berriot-Salvadore，Évelyne 贝里奥-萨尔瓦
多，伊夫林

Berstein，Serge 贝尔斯坦，塞尔吉

Bertelli，Sergio 贝泰里，塞尔吉奥

Berthoz，Alain 贝托兹，阿兰

Bertrand，Pierre-Michel 贝特朗，皮埃尔-
米歇尔

Bérulle，Pierre de 贝吕勒，皮埃尔・德

Besnard，François-Yves 贝斯纳，弗朗索
瓦-伊夫

Bichat，François Xavier 比夏，弗朗索瓦・
格扎维耶

Bidloo，Govard 比德卢，戈瓦尔

Bienvenu，Gilles 比安维努，吉尔

Bihéro（Mlle）比耶虹小姐

Binet，Louis 比内，路易

Biverus（père）比维鲁斯（神甫）

Black，Joseph 布莱克，约瑟夫

Blake，William 布莱克，威廉

Blanchard，Antoine 布朗夏，安托万

Bloch，Marc 布洛赫，马克

Blomac，Nicole de 布洛马的尼可

Blondel，Jacques 布隆戴尔，雅克

Blumenbach，Johannes Friedrich 布鲁门巴
赫，约翰・弗里德里希

Blunt，Anthony 布伦特，安东尼

Boaistuau，Pierre 波埃斯图奥，皮埃尔

Bodin，Jean 博丹，让

Boeckel，Christine 伯克尔，克里斯汀

Boerhaave，Herman 波埃哈弗，赫尔曼

Boime，Albert 布瓦姆，艾尔贝

Bois，Jean-Pierre 布瓦，让-皮埃尔

Boissier de Sauvages，François 布瓦西耶・
德・索瓦日，弗朗索瓦

Boissy，Gabriel 布瓦西，加布里埃尔

Bollème，Geneviève 波莱姆，热内维耶

Bonal，Antoine 博纳尔，安托万

Bonaldi，Bernadette 波纳迪，贝纳代特

Bonaventure（saint）圣波拿文都拉（圣徒）

Bond，John 邦德，约翰

Bonet，Théophile 博奈，泰奥菲尔

Bonhomme，Guy 波诺姆，居伊

Boniface VIII 博尼法斯八世

Bonneau，Alcide 波诺，艾尔西德

Bonnet，Marie-Jo 博奈，玛丽-约

Bonvicino，Alessandro 邦维奇诺，阿莱桑
德罗

Cabanis, Georges 卡巴尼斯,乔治

Cabantous, Alain 卡邦图斯,阿兰

Cahier, Charles 卡伊尔,夏尔

Calvin, Jean 加尔文,让

Cambry, Jacques 康布里,雅克

Campanella, Tommaso 康帕内拉,托马索

Campbell, Lorne 坎贝尔,罗尔恩

Campe, Rudolf 康普,鲁道夫

Camper, Petrus 冈佩,佩特鲁斯

Camporesi, Piero 坎佩罗西,皮埃罗

Canano, Giovanni Battista 卡纳诺,乔瓦尼·巴蒂斯塔

Canguilhem, Georges 康吉莱姆,乔治

Canosa, Romano 卡诺萨,罗马诺

Capp, Bernard 卡普,贝尔纳

Caraccioli, Louis-Antoine, marquis de 卡拉乔里侯爵

Caradeuc de la Chalotais, Louis-René 夏洛泰的卡拉杜克

Caraglio, Jacopo 卡拉里奥,雅各波

Caravage, Michel-Ange Morigi de 卡拉瓦乔

Cardan, Jérôme 卡当,杰罗姆

Carew, Richard 卡鲁,理查德

Carion, Anne 卡利翁,安娜

Carlini, Benedetta 卡尔里尼,贝内代塔

Carnot, Sadi 卡尔诺,萨蒂

Caro Baroja, Julio 卡洛·巴罗哈,胡里奥

Caroli, Flavio 卡洛里,弗拉维奥

Caroly, Michèle 卡洛里,米凯莱

Carpentier, Émile 卡庞迪耶,埃米尔

Carrache, Agostino 卡拉什,阿格斯蒂诺

Cartouche [Louis Dominique, dit] 卡尔图什[又名路易·多米尼克]

Casa, Giovanni della 卡萨,乔瓦尼·德拉

Castiglione, Baldassare 卡斯蒂廖内,巴尔达萨雷

Castle, Egerton 卡斯尔,埃格顿

Catherine II 卡捷琳娜二世

Catherine de Gênes 热纳的凯瑟琳

Catherine de Raconisio 卡特琳娜·德·拉格尼兹奥

Catherine de Sienne(sainte)锡耶纳的凯瑟琳(圣女)

Caullery, Maurice 考勒里,莫里斯

Cavallo, Sandra 卡瓦洛,桑德拉

Céard, Jacques 谢阿尔,雅克

Cennini, Cennino 切尼尼,切尼诺

Certeau, Michel de 塞尔托,米歇尔·德

Cerutti, Simona 切鲁蒂,西蒙纳

Cesariano, Cesare 切萨里亚诺,切萨雷

Chalcondyles, Démétrios 卡尔孔蒂勒,德米特里奥斯

Chamboredon, Jean-Claude 尚波雷敦,让-克洛德

Chambray, Roland Fréart de 尚布雷的洛朗·弗雷阿尔

Chapeau, Anne 夏波,安娜

Charcot, Jean-Marie 夏尔科,让-玛丽

Chardin, Jean-Baptiste Siméon 夏尔丹,让-巴布蒂斯特·西缅

Charles Ier, roi d'Angleterre 英国国王查理一世

Charles V 查理五世

Charles VII 查理七世

Charles VIII 查理八世

Charles IX 查理九世

Charles Quint 查理五世

Charlier, Anne 沙利耶,安娜

Chartier, Roger 夏尔蒂耶,罗杰

Chartres, duc de 夏特尔公爵

Chastel, André 夏斯特尔,安德烈

Chastelain, Georges 夏斯特兰,乔治

Chateaubriand, François-René de 夏多布里昂

Chauliac, Guy de 肖利亚克的居伊

Chauncey, George Jr. 乔塞,小乔治

Chavatte, Pierre Ignace 夏瓦特,皮埃尔·伊尼阿斯

Chazelle, Marguerite-Angélique 沙泽勒,玛

蓝·居洛

Cyrille de Jérusalem 耶路撒冷的西里耶

Da Molin，Giovanna 德·莫林，乔瓦纳

Daire，Louis François 戴尔，路易·弗朗索瓦

Dalmase（saint）达尔马斯（圣徒）

Dame Tartine 塔尔廷夫人

Damien，Pierre 达米安，皮埃尔

Damisch，Hubert 达米什，于贝尔

Daneau，Lambert 达诺，兰伯特

Danet，Guillaume 达内，纪尧姆

Dangeau，Philippe de Courcillon de 当若，菲利普·德·库西庸·德

Dante Alighieri 但丁

Daquin，Joseph 达金，约瑟夫

Darcie，Abraham 达尔西，亚伯拉罕

Darmon，Pierre 达蒙，皮埃尔

Daston，Lorraine 达斯顿，洛林

Daumas，Maurice 多马斯，莫里斯

David，Jacques-Louis 戴维，雅克-路易

Davis，Natalie Zemon 达维，娜塔丽·泽蒙

Davis，Whitney 戴维斯，惠特尼

De Giorgio，Michela 德·乔尔乔，米凯拉

Debru，Armelle 德布鲁，阿梅拉

Dedekind，Frederik 德德金德，弗里德里克

Dekker，Rudolf M. 德克，鲁道夫·M.

Delamare，Nicolas 德拉马尔，尼古拉斯

Delanoue，Jeanne 德拉诺，若翰纳

Delaporte，François 德拉波特，弗朗索瓦

Delaunay，L. A. 德劳奈，L. A.

Delort，André 德洛特，安德烈

Delphine de Sabran（sainte）萨布朗的德尔菲（圣女）

Delumeau，Jean 德吕莫，让

Demangeon，Albert 德芒荣，艾尔贝

Deneys-Tunney，Anne 德内斯-图奈，安娜

Denieul-Cormier，Anne 德尼厄-科米耶，安娜

Denys le Chartreux 夏特尔的德尼

Désaguliers，Jean Théophile 迭萨古里耶，让·泰奥菲尔

Desaive，Jean-Paul 德塞弗，让-保罗

Descartes，René 笛卡尔

Descimon，Robert 德西蒙，罗贝尔

Desées，Julien 德塞，朱利安

Desessartz，Jean-Charles 德萨茨，让-夏尔

Desnoues，Guillaume 德斯努斯，纪尧姆

Desplat，Christian 德普拉，克里斯蒂安

Destutt de Tracy，Antoine Louis Claude 特拉西的德斯图

Desveaux，Eugène 德沃，欧仁

Deveaux，Jean 德沃，让

Deyman，John 戴曼，约翰

Deyon，Solange 德庸，索朗日

Diderot，Denis 狄德罗，德尼

Didi-Huberman，Georges 迪迪-于伯曼，乔治

Dieckmann，Herbert 狄克曼，赫伯特

Dionis，Pierre 迪奥尼，皮埃尔

Dionysius Caton 卡东，狄奥尼修斯

Dixon，Laurinda S. 迪克逊，劳林达·S.

Dobson，Matthew 多布森，马修

Domingo del Val（santo）多明戈德尔瓦尔（圣徒）

Dominici，Giovanni 多米尼契，乔瓦尼

Dominique（saint）多米尼克（圣徒）

Donatello 多纳泰罗

Donoghue，Emma 多诺格，艾玛

Doria，Andrea 多利亚，安德烈亚

Dossi，Dosso 多西，多索

Douhet，comte de 杜埃伯爵

Drevillon，Hervé 德勒维庸，埃尔维

Drummont de Melfort，Louis de 梅尔弗的德吕蒙

Du Chesne，André 迪谢纳，安德烈

Dubé，Jean-Claude 迪贝，让-克洛德

Dubé，Paul 迪贝，保罗

Duberman，Martin 杜波曼，马丁

Fink，Béatrice 芬克，贝阿特里斯

Finot，Jean-Pierre 菲诺，让-皮埃尔

Firenzuola，Agnolo 费伦佐拉，阿尼奥罗

Fischer，Jean-Louis 费舍，让-路易斯

Fitou，Jean-François 费图，让-弗朗索瓦

Flamant 弗拉芒

Flandrin，Jean-Louis 弗朗德兰，让-路易

Fléchier，Esprit 弗列西耶，埃斯普里

Fletcher，Anthony 弗莱彻，安东尼

Fleureau，dom Basile 弗勒罗，巴西勒

Flötner，Peter 弗吕特纳，彼得

Flotté，Marie-Dorothée de 弗洛泰，玛丽-多萝泰·德

Floyer，John 弗罗耶，约翰

Fludd，Robert 弗拉德，罗伯特

Focillon，Henri 福西庸，亨利

Fontaine，André 封丹，安德烈

Fontaine，Laurence 封丹，洛朗斯

Fontana，Felice 冯塔纳，费利切

Fontanel，Brigitte 封塔奈尔，布里吉特

Fontenelle，Bernard Bouyer de 冯塔纳尔，贝尔纳·布耶·德

Forest，Michel 弗雷斯特，米歇尔

Fortuna，Stefania 弗图纳，斯特法尼亚

Fothergill，John 弗塞吉尔，约翰

Foucault，Michel 福柯，米歇尔

Foucher，Isabelle 富歇，伊萨贝尔

Fouque，Victor 弗克，维克托

Fout，John C. 弗特，约翰·C.

Foyster，Elisabeth A. 弗伊斯特，伊丽莎白·A.

Fra Bartolomeo 弗拉，巴托罗梅奥

Fragonard，Honoré 弗拉戈纳尔，奥诺雷

Francastel，Pierre 弗兰卡斯特尔，皮埃尔

Franco，Veronica 弗兰克，维罗尼卡

François Iᵉʳ 弗朗索瓦一世

François d'Assise（saint）阿西西的圣方济各（圣徒）

François de Sales（saint）塞尔斯的圣方济各（圣徒）

Françoise Romanie（Sainte）罗马的圣芳济加（圣女）

Franklin，Alfred 富兰克林，艾尔弗雷德

Franklin，Benjamin 富兰克林，本杰明

Freedberg，David 弗里伯格，戴维

French，Roger K. 弗兰奇，罗杰

Freud，Sigmund 弗洛伊德，西格蒙德

Friedli，Lynne 弗里德里，林

Friedman，John Block 弗里德曼，约翰·布洛克

Froeschlé-Chopard，Marie-Hélène 弗洛什莱-肖帕尔，玛丽-埃莱娜

Froide，Amy M. 伏瓦德，艾米·M.

Froissart，Jean 弗瓦萨尔，让

Fugger，Jacob 福格，雅各布

Furet，François 弗雷，弗朗索瓦

Furetière，Antoine 菲勒蒂埃，安托万

Furiel（Mme）弗里耶尔小姐

Füssli，Johann Heinrich 福斯利，约翰·海因里希

Gaborit de la Brosse 拉布罗斯的加波里

Gaillard-Bans，Patricia 加亚尔-邦斯，帕特里西亚

Galien 盖伦

Galilée，Galilei 伽利略

Gall，Franz Joseph 加尔，弗朗茨·约瑟夫

Gallonio，Antoine（père）伽罗尼奥，安托万（神甫）

Gallucci，Mary M. 加鲁奇，玛丽·M.

Galton，Francis 加尔敦，弗朗西斯

Galvani，Luigi 加尔瓦尼，路易吉

Gamelin，Jacques 加姆兰，雅克

Ganiare，Claire-Augustine 加尼耶，克莱尔-奥古斯丁

Garber，Marjorie 加伯，马乔里

Garin，Eugenio 加兰，欧仁

Garland，Robert 加兰德，罗伯特

Gasnier，Marie-Dominique 加斯尼耶，玛丽-多米尼克

Guillaume de Moerbecke 莫尔贝克的纪尧姆

Guillaume de Saliceto 萨里塞托的纪尧姆

Guimier,Cosme 吉米耶,科斯莫

Gullickson,Gay 盖里克森,盖伊

Guttmann,Allen 格特曼,艾伦

Guyon(Mme)居永(夫人)

Hales Stephen 黑尔斯,斯蒂芬

Hall,Edward Twitchell 霍尔,爱德华·特维切尔

Hall,Lesley 霍尔,莱斯利

Haller,Albrecht von 哈勒,阿尔布莱希特·冯

Haly Abbas 阿里,阿巴斯

Hamon,André-Jean-Marie(abbé)哈蒙,安德烈-让-玛丽(修道院长)

Hani,Jean 哈尼,让

Hanlon,Gregory 汉隆,格雷戈里

Haroche,Claudine 阿罗什,克洛丁

Hartt,Frederick 哈特,弗雷德里克

Harvey,William 哈维,威廉

Haton,Claude 阿顿,克洛德

Haygarth,John 海加斯,约翰

Heberden,William 赫伯敦,威廉

Hekma,Gert 海克马,格特

Héliogabale 埃利奥贾巴尔

Heller,Thomas C. 海勒,托马斯·C.

Hemardinquer,Jean-Jacques 艾马丹盖,让-雅克

Henri III 亨利三世

Henri IV 亨利四世

Hérault,Pascal 耶罗尔,帕斯卡

Herbert,R. L. 赫伯特,R. L.

Héritier,Jean 耶里蒂耶,让

Héroard,Jean 耶罗阿尔,让

Hervey(lord)赫维(勋爵)

Heu,Adrien de 修,阿德里安·德

Hézecques,Félix de France d' 埃泽克

Hiler,David 希勒,戴维

Hill,Bridget 希尔,布里吉特

Hippocrate 希波克拉底

Hitchcock,Tim 希区柯克,提姆

Hobbes,Thomas 霍布斯,托马斯

Hoffmann,Friedrich 霍夫曼,弗里德里希

Hogarth,Guillaume 霍加斯,纪尧姆

Holbein,Hans 霍尔拜因,汉斯

Hole,William 霍尔,威廉

Hooke,Robert 胡克,罗伯特

Hope,Charles 霍普,查理

Horowitz,Maryanne Cline 霍洛维茨,玛丽安娜·克莱恩

Houdon,Jean Antoine 乌东,让·安托万

Howard ,John 霍华德,约翰

Huet,Marie-Hélène 于埃,玛丽-艾莲娜

Hufeland,Christoph Wilhelm 胡夫兰德,克里斯托弗·威廉

Hufton,Olwen 赫夫顿,欧尔文

Huizinga,Johan 赫伊津哈,约翰

Hume,David 休谟,大卫

Hunain ibn Ishaq 于南·伊本·伊夏克

Hunt,Margery R. 亨特,马杰里·R.

Hunter,John 亨特,约翰

Hunter,William 亨特,威廉

Huxham,John 赫克斯汉姆,约翰

Huysmans,J. K. 于斯曼斯,J. K.

Ibn Ridwan,Ali 伊本·里万,阿里

Ingram,Martin 因格拉姆,马丁

Ingrand,Jacques-César 安戈兰,雅克-恺撒

Iphis 伊非斯

Jacquart,Danielle 雅加尔,达尼埃尔

Jacquart,Jean 雅加尔,让

Jacques le Majeur(saint)大雅各(圣徒)

Jacquot,Jean 雅高,让

Jahan,Sébastien 雅杭,塞巴斯蒂安

Jamerey-Duval,Valentin 雅莫雷-杜瓦尔,瓦伦丹

Jammer,Max 贾莫,麦克斯

Janson，Horst Waldemer 扬森，霍斯特·瓦尔德莫

Janvier，Auguste 让维耶，奥古斯特

Jaucourt（chevalier de）尧古尔（骑士）

Jean Baptiste（saint）施洗约翰（圣徒）

Jean Chrysostome（saint）让，克里索斯托美（圣徒）

Jean d'Alexandrie 亚历山大里亚的让

Jean de la Croix（saint）十字若望（圣徒）

Jean de Paris 巴黎的让

Jean Eudes（saint）让，欧德斯（圣徒）

Jean l'Évangéliste（saint）福音传教士圣约翰（圣徒）

Jean Népomucène（saint）让，内波米赛纳（圣徒）

Jeanne d'Arc（sainte）圣女贞德

Jeanne de Bourgogne 勃艮第的让娜

Jeanne de Chantal（sainte）让娜·德·尚塔（圣女）

Jeanne de Marie-Jésus 玛丽-耶稣的让

Jeanton，Gaston 让东，加斯东

Jérôme（saint）杰罗姆（圣徒）

Johnson，Samuel 约翰逊，塞缪尔

Jones，Colin 琼斯，科林

Joseph II 约瑟夫二世

Joseph（François-Joseph Leclerc du Tremblay，dit le père）约瑟夫（特朗布莱的弗朗索瓦-约瑟夫·勒克莱尔，［又名"神甫"］）

Joubert，Laurent 茹贝尔，洛朗

Jouvancy，Joseph de 茹汪西，约瑟夫

Julia，Dominique 朱利亚，多米尼克

Julien（saint）朱利安（圣徒）

Junius，Franciscus 朱尼乌斯，弗兰西斯库斯

Jurieu，Pierre 朱利尤，皮埃尔

Jusserand，Jean-Jules 朱瑟朗，让-茹尔

Justin Martyr 殉道士于斯坦

Kant，Emmanuel 康德

Kantorowicz，Ernst 坎托洛维茨，恩斯特

Kappler，Claude 凯普勒，克洛德

Karras，Ruth Mazo 卡拉斯，卢斯·马佐

Kaufmann，Thomas DaCosta 考夫曼，托马斯·达科斯塔

Kay，Sara 凯，萨拉

Kellett，C. E. 凯莱特，C. E.

Kendall，Paul Murray 肯德尔，保罗·莫里

Kenseth，Joy 肯塞斯，乔伊

Kepler，Johannes 开普勒，约翰尼斯

Keriolet，Pierre de 克里欧雷的皮埃尔

Kern，Hermann 科尔恩，赫尔曼

Ketham，Johannes de 凯瑟姆的约翰尼斯

Klapisch-Zuber，Christiane 克拉皮什-祖伯，克里斯蒂安

Klein，Robert A. 克莱恩，罗伯特·A.

Knecht，Robert J. 内什特，罗伯特·J.

Komlos，John 科姆洛斯，约翰

Koyré，Alexandre 克瓦雷，亚历山大

Kselman，Thomas 克塞尔曼，托马斯

Kurzel-Runtscheiner，Monica 库泽-隆特夏奈，莫尼卡

Kwakkelstein，Michael W. 克瓦克斯坦，迈克·W.

L'Estoile，Pierre de 莱斯托瓦尔，皮埃尔·德

La Bouëre（comtesse de）拉布埃尔（侯爵夫人）

La Bruyère，Jean de 拉布吕耶尔，让·德

La Condamine，Charles-Marie de 拉贡达米纳，夏尔-玛丽·德

La Fontaine，Jean de 拉封丹，让·德

La Framboisière，Nicolas Abraham de 拉弗朗布瓦西耶

La Guérinière，François Robichon de 拉盖里尼耶

La Marche，Olivier de 马尔什的奥利维耶

La Mark，Robert de 拉马克，罗贝尔·德

La Mettrie, Julien Offray de 梅特里

La Mothe Le Vayer de Bourigny, François de 布里尼的瓦耶

La Noue, François de 拉努的弗朗索瓦

La Poix de Fréminville, Edme de 拉布瓦德弗雷曼耶，埃德姆德

La Rochefoucauld, François de 拉罗什福科，弗朗索瓦·德

La Salle, Jean-Baptiste de 拉萨尔的让-巴布蒂斯特

La Servière, Joseph de 拉塞尔维耶的约瑟夫

La Villemarque, Théodore Hersart de 拉威尔马克的泰奥多尔·埃尔萨

Labatut, Jean-Pierre 拉巴杜，让-皮埃尔

Labre, Benoît 拉布尔，伯努瓦

Labrune, Monique 拉布吕，莫尼克

Lachiver, Marcel 拉什维，马塞尔

Lafitau, Joseph-François(père) 拉斐托，约瑟夫-弗朗索瓦（神甫）

Laget, Mireille 拉杰，米雷耶

Lahellec, Michel 拉埃雷克，米歇尔

Laignel-Lavastine(Dr) 莱聂尔-拉瓦斯丁（医生）

Lairesse, Gérard de 莱雷斯，热拉尔·德

Lamarck, Jean-Baptiste de Monet de 拉马克，让-巴普蒂斯特·德·莫奈

Lamers, A. J. M.(Dr) 拉梅尔斯，A. J. M.（医生）

Lamoignon, Guillaume de 拉姆瓦尼翁，纪尧姆·德

Lamotte, Françoise 拉莫特，弗朗索瓦丝

Lancret, Nicolas 朗克雷，尼古拉斯

Landry, Jean 朗德里，让

Laneyrie-Dagen, Nadeije 拉奈里-达让，纳代耶

Lange, Frédéric 朗日，弗雷德里克

Lantéri-Laura, Georges 朗特里-劳拉，乔治

Laqueur, Thomas 拉克尔，托马斯

Laroque(abbé de) 拉罗克（修道院长）

Laslett, Peter 拉斯雷特，彼得

Latry, Guy 拉特里，居伊

Lauder, John 劳德，约翰

Laurens, André du 洛朗的安德烈

Laurent(saint) 洛朗（圣徒）

Lavalley, Gaston 拉瓦雷，加斯东

Lavater, Johann Kaspar 拉瓦特，约翰·卡斯帕

Laveau(la) 拉沃

Laving, Irving 莱文，厄文

Lavisse, Ernest 拉维斯，厄内斯特

Lavoisier, Antoine Laurent de 拉瓦锡，安托万·洛朗·德

Le Breton, David 勒布雷顿，戴维

Le Brun, Charles 勒布伦，夏尔

Le Brun, Jacques 勒布伦，雅克

Le Camus(abbé) 加缪（修道院长）

Le Camus, Mgr 加缪

Le Fur, Yves 勒富尔，伊夫

Le Goff, Jacques 勒高夫，雅克

Le Nain(frères) 勒南（兄弟）

Le Roy Ladurie, Emmanuel 勒华拉杜里，埃马纽埃尔

Le Tallec, Jean 勒塔雷克，让

Lebrun, François 勒布伦，弗朗索瓦

Leclercq, Jean 勒克莱尔，让

Lecomte, Nathalie 勒孔特，娜塔莉

Lecoq, Raymond 勒科克，雷蒙

Lecouteux, Claude 勒库图，克洛德

Leguay, Jean-Pierre 勒盖，让-皮埃尔

Lelièvre, Françoise 勒里耶弗尔，弗朗索瓦丝

Lelièvre, Vincenzo 勒里耶弗尔，文琴佐

Lemaître, Nicole 勒迈特尔，尼克

Lémery, Louis 列梅里，路易

Lemire, Michel 勒米尔，米歇尔

Lenoble, Robert 勒诺布尔，罗贝尔

Lenoir, Timothy 勒努瓦，提莫西

Léonard, Émile-G. 列奥纳尔，埃米尔-G.

洛朗斯

Maisse,Odile 梅斯,奥迪尔

Maître,Jacques 梅特尔,雅克

Mâle,Émile 马勒,埃米尔

Malebranche,Nicolas 马勒伯朗士,尼古拉斯

Malpighi,Marcello 马尔皮基,马尔切洛

Mammès(saint)马梅(圣徒)

Mancini,Giulio 曼奇尼,朱利奥

Mancini,Marie 曼奇尼,玛丽

Mandressi,Rafael 芒德莱希,拉法埃尔

Mandrin,Louis 芒德兰,路易

Mandrou,Robert 芒德鲁,罗贝尔

Manetti,Antonio 马内蒂,安东尼奥

Mantegna,Andrea 曼泰尼亚,安德烈亚

Marcadé,Jacques 马尔卡代,雅克

Marchetti,Domenico 马尔盖蒂,多梅尼科

Margolin,Jean-Claude 马尔格兰,让-克洛德

Marguerite(sainte)玛格丽特(圣女)

Maria de la Visitación 访亲之玛利亚修女

Marie d'Oignies 瓦尼的玛丽

Marie Égyptienne 埃及人玛丽亚

Marie Madeleine(sainte)抹大拉的玛丽亚(圣女)

Marie-Madglaine de la Très-Sainte Trinité 圣三会的玛丽-玛德莱娜

Marin,Louis 马兰,路易

Marlé,René 马尔雷,勒内

Marmontel,Jean-François 马尔蒙泰尔,让-弗朗索瓦

Marot,Jean 马罗,让

Martel,Philippe 马特尔,菲利普

Martial(saint)马尔西亚(圣徒)

Martin(saint)马丁(圣徒)

Martin,Ernest(docteur)马丁,厄内斯特

Martin,Philippe 马丁,菲利普

Martini,Gabriele 马尔蒂尼,加布里埃莱

Martini,Simone 马尔蒂尼,西蒙内

Marx,Jacques 马克斯,雅克

Masaccio 马萨乔

Massa,Niccolò 马萨,尼科洛

Masselin,Jehan 玛瑟兰,杰汉

Masson,Georgina 马松,乔琪娜

Masson,Jean-Claude 马松,让-克洛德

Mathieu,Jocelyne 马迪厄,乔瑟琳

Mathurin,Hélène 马图兰,埃莱娜

Matthews-Grieco,Sara F. 马修斯-格里柯,萨拉·F.

Matthieu l'Évangéliste(saint)福音书作者马太(圣徒)

Maupertuis,Pierre-Louis Moreau de 莫佩图伊斯,皮埃尔-路易·莫罗·德

Maurepas,Arnaud de 莫尔帕,阿尔诺·德

Mauriceau,François 莫里索,弗朗索瓦

Mauss,Marcel 莫斯,马塞尔

Mayor,Alpheus Hyatt 梅尔,艾尔弗斯·海亚特

Mazzi,Serena 马兹,塞莱娜

McGowan,Margaret M. 迈克格温,玛格丽特·M.

McKeown,Thomas 迈克温,托马斯

McLaren,Angus 麦克莱伦,安格斯

Mechtilde de Hackerborn 赫克本的圣玛琪蒂

Médicis,Julien de 美第奇的朱利安

Médicis,Marie de 美第奇的玛丽

Mehl,Jean-Michel 梅尔,让-米歇尔

Meirion-Jones,Gwyn 梅里翁-琼斯,格温

Melanchton 梅兰克顿

Ménard,Michèle 梅纳尔,米谢勒

Menetra,Jacques-Louis 梅内特拉,雅克-路易

Mercier,Louis-Sébastien 麦尔西耶,路易-塞巴斯蒂安

Mercurialis,Hieronimus 梅尔丘里亚里斯,西耶罗尼慕斯

Merlin,Philippe-Antoine 梅尔兰,菲利普-安托万

Meyer,Joachim 迈耶,约阿基姆

Mézeray, François Eudes de 梅兹雷，弗朗索瓦·尤德·德

Michaud, Joseph-François 米肖，约瑟夫-弗朗索瓦

Michel, Christian 米歇尔，克里斯蒂安

Michel-Ange 米开朗琪罗

Migne, Jacques Paul（abbé）米涅，雅克·保罗（神父）

Millet, Jean-François 米勒，让-弗朗索瓦

Milliot, Vincent 米里奥，凡桑

Millot, Jacques-André 米罗，雅克-安德烈

Milza, Pierre 米尔扎，皮埃尔

Minucius Felix 米努修斯，费利克斯

Moine, Marie-Christine 姆瓦纳，玛丽-克里斯汀

Molière［Jean-Baptiste Poquelin, dit］莫里哀

Mondeville, Henri de 蒙德维尔的亨利

Mondino de' Liuzzi 利乌兹的蒙蒂诺

Moner, Michel 莫内，米歇尔

Monro, Alexander 蒙罗，亚历山大

Monstrelet, Enguerrand de 蒙斯特雷莱，昂格朗·德

Montagu, Jennifer 蒙塔居，詹尼弗

Montaigne, Michel de 蒙田，米歇尔·德

Montandon, Alain 蒙当东，阿兰

Montbrun［Gatien de Courtilz de Sandras, dit］蒙布伦

Montesquieu, Charles-Louis de Secondat de 孟德斯鸠

Monteux, Henri de 蒙图，亨利·德

Montfalcon, Jean-Baptiste 蒙法尔孔，让-巴布蒂斯塔

Montpensier, Anne Marie Louis d' Orléans de 蒙庞西耶

Montzey, Charles de 蒙泽，夏尔·德

Moreau 莫罗

Moreau-Nélaton, Étienne 莫罗-涅拉顿，艾蒂安

Morel, Marie-France 莫雷尔，玛丽-法朗士

Morel, Philippe 莫雷尔，菲利普

Moretto da Brescia 布雷西亚的莫雷托

Morgagni, Giovanni Battista 莫尔加尼，乔瓦尼·巴蒂斯塔

Morin, Guillaume（dom）莫兰，纪尧姆

Morineau, Michel 莫里诺，米歇尔

Moro, Alexandre 莫罗，亚历山大

Mouan, Louis 姆昂，路易

Mourad, Youssef 姆拉，尤塞夫

Muchembled, Robert 缪尚布莱德，罗伯特

Muir, Edward 缪伊尔，爱德华

Muraro, Michelangelo 穆拉洛，米开朗琪罗

Murner, Thomas 缪尔内，托马斯

Muyart de Vouglans, Pierre François 乌格朗斯的缪雅尔，皮埃尔·弗朗索瓦

Nacianceno, Gregorio（père）纳西安，格雷戈里

Nancy, Jean-Luc 南西，让-吕克

Nangis, Nicolas de Brichanteau de Beauvais de 南吉斯

Napier, Richard 纳皮耶，理查德

Nau（la）瑙

Neimetz, J. C. 内梅茨，J. C.

Néron 涅隆

Newton, Issac 牛顿，艾萨克

Nicaise, Édouard 尼凯斯，埃杜阿

Niccoli, Ottavia 尼科利，奥塔维亚

Niccolò da Reggio 雷吉奥的尼科洛

Nicolas de Bari（saint）巴里的尼古拉（圣徒）

Nicolas de Tolentino（saint）托伦蒂诺的圣尼古拉

Nivet, dit Fanfaron 尼维，绰号"牛皮大王"

Noirot, Claude 努瓦洛，克洛德

Nora, Pierre 诺拉，皮埃尔

Norton, Rictor 诺顿，里克托

Nutton, Vivian 纳敦，维维安

Oberhuber，Konrad 奥博胡贝，康拉德

Obsequens，Julius 奥布塞昆斯，朱利乌斯

Odile(sainte)奥迪勒（圣女）

Ogée，Jean 奥杰，让

Oresko，Robert 奥雷斯科，罗贝尔

Orléans，duc d' 奥尔良公爵

Orléans(enfants du duc d')奥尔良（公爵
的孩子）

Otis，Leah L. 奥提斯，利亚·L.

Outram，Dorinda 乌特拉姆，多林达

Ovide 奥维德

Paauw，Pieter 帕奥夫，彼得

Palatine，princesse 帕拉丁公主

Palma Cayet，Pierre-Victor 帕尔马·卡
耶，皮埃尔-维克多

Panofsky，Erwin 帕诺夫斯基，厄文

Paola di San Tommaso 保拉·迪·桑·托
马索

Paracelse［Philippus Aureolus Theophras-
tus Bombasus von Hohenheim，dit］帕拉
塞尔苏斯

Paravicini Bagliani，Agostino 帕拉维奇
尼·巴里亚尼，阿格斯蒂诺

Pardailhé-Galabrun，Annick 帕代雷-加拉
布伦，安尼克

Paré，Ambroise 帕雷，昂布鲁瓦兹

Pâris，François de，dit le diacre Pâris 帕里
斯，弗朗索瓦·德

Paris，Jean 帕里斯，让

Paris，Paulin 帕里斯，保兰

Park，Katharine 帕克，凯瑟琳

Pascal，Blaise 帕斯卡

Pasquier，Estienne 巴斯基耶，埃斯蒂安

Passarotti，Bartolomeo 帕萨罗蒂，巴托罗
梅奥

Patin，Gui 帕坦，居伊

Paul de la Croix 圣十字保罗

Pazzi，Marie-Madeleine de 帕济的玛丽-玛
德莱纳

Peacham，Henry 皮查姆，亨利

Peligry，Christian 佩里格里，克里斯蒂安

Pellegrin，Nicole 佩勒格兰，尼科尔

Peltre，Jean 佩尔特尔，让

Pénent，Jean 佩南，让

Pepys，Samuel 佩皮斯，塞缪尔

Perducius，Corneille 佩尔杜西乌斯，高
乃依

Péret，Jacques 佩雷，雅克

Perez，Stanis 佩雷，斯坦尼斯

Perino del Vaga［Pietro Buonaccorsi，dit］
瓦加的佩里诺

Perrault，Charles 佩罗尔，夏尔

Perrenoud，Alfred 佩尔努，艾尔弗雷德

Perrin，Olivier 佩兰，奥利维耶

Perrot，Jean-Claude 佩罗，让-克洛德

Perrot，Michelle 佩罗，米歇尔

Peru，Fanch 佩鲁，凡奇

Peyssonnel，Charles de 佩索内尔，夏
尔·德

Phan，Marie-Claude 凡恩，玛丽-克洛德

Philippe II d'Espagne 西班牙的菲利普
二世

Philippe le Bel 美男子菲利普

Philippe de Néri(saint)菲利普·德·内里
（圣徒）

Philippe，Julien 菲利普，朱利安

Philo，Ron 菲洛，隆

Pic de la Mirandole，Giovanni 米兰多雷的
皮科，乔瓦尼

Pie，Jean-Claude 皮，让-克洛德

Pierre(saint)皮埃尔（圣徒）

Pierre de Cortone 科尔托纳的皮埃尔

Pierre-Léopold，grand-duc de Toscane 托斯
卡纳大公皮埃尔·列奥波德

Pigliano，Claudio 皮里亚诺，克劳迪奥

Piles，Roger de 比勒的罗杰

Pillorget，René 皮罗尔杰，勒内

Pillorget，Suzanne 皮罗尔杰，苏珊娜

Pinson，André-Pierre 潘松，安德烈-皮

Redon, Odile 雷东, 奥迪尔

Redondo, Augustin 雷东多, 奥古斯丁

Régnier, Mathurin 雷尼耶, 马图兰

Rembrandt ［Rembrandt Harmenszoon van Rijn, dit］伦勃朗

Renauldon, Joseph 雷诺东, 约瑟夫

Renault, Emmanuel 雷诺, 埃玛努埃尔

Rencurel, Benoîte 朗居雷尔, 伯努瓦特

Reni, Guido 雷尼, 圭多

Renneville, Marc 雷纳维尔, 马克

Rétif de la Bretonne, Nicolas 布列塔尼的雷提夫

Revarolles 雷瓦罗勒

Revel, Jacques 雷维尔, 雅克

Rey, Michel 雷伊, 米歇尔

Rey, Roselyne 雷伊, 罗塞林

Reyna, Ferdinando 雷伊纳, 费迪南多

Rhazès 拉齐

Ribadeneira, Pedro de(père) 利巴代乃拉, 佩德罗·德(神甫)

Ribera, Francesco(père) 里贝拉, 弗朗塞斯科(神甫)

Ribera, Jusepe de 里贝拉, 朱塞佩·德

Riblas, Jean 里布拉斯, 让

Richard, Philippe 理查德, 菲利普

Richelet, Pierre 里什雷, 皮埃尔

Richer, Paul 里歇, 保罗

Riddle, John 里德尔, 约翰

Rinn, Andreas von 安德烈亚斯冯里恩

Riolan, Jean(le fils) 里奥朗, 让(儿子)

Rioux, Jean-Pierre 里乌, 让-皮埃尔

Ripa, Cesare 里帕, 切萨雷

Rita de Cascia(sainte) 卡西亚的丽达(圣女)

Rivière, Jean 里维耶尔, 让

Roch(saint) 罗克(圣徒)

Roche, Daniel 罗什, 达尼埃尔

Rocke, Michael 洛克, 迈克尔

Rodler, Lucia 罗德勒, 露西娅

Roger, Jacques 罗杰, 雅克

Romano, Giulio 罗马诺, 朱利奥

Romano, Ruggiero 罗马诺, 鲁基耶罗

Rosand, David 罗森德, 戴维

Rosanvallon, Pierre 罗桑瓦隆, 皮埃尔

Rosenthal, Margaret F. 罗森塔尔, 玛格丽特·F.

Rossi, Paolo 罗西, 帕奥罗

Rosso Fiorentino 罗索, 菲奥伦蒂诺

Roubin, Lucienne 卢班, 吕西安

Roudaut, Fanch 卢多, 凡奇

Rousseau, George Sebastian 卢梭, 乔治·塞巴斯蒂安

Rousseau, Jean-Jacques 卢梭, 让-雅克

Rousseau-Lagarde, Valérie 卢梭-拉加尔德, 瓦列里

Roussiaud, Jacques 卢西奥, 雅克

Rubens, Pierre-Paul 鲁本斯, 皮埃尔-保罗

Rubin, Miri 卢班, 米里

Rueff, Jakob 鲁埃夫, 雅克伯

Ruggiero, Guido 鲁基耶罗, 圭多

Ruinart(dom) 吕纳尔

Sade, Donatien Alphonse François, comte de, dit le marquis de Sade 萨德侯爵

Saillans, marquis de 萨扬侯爵

Saint-Évremond, Charles de Marguetel de Saint-Denis de 圣埃弗尔蒙

Saint-Simon, Louis de Rouvroy, duc de 圣-西门公爵

Saint-Ursins, Jean-Marie de 圣-于尔桑, 让-玛丽·德

Saintyves, Pierre 圣提夫斯, 皮埃尔

Salgado, Gamini 萨尔加多, 加米尼

Salisbury, Joyce 萨利斯伯瑞, 乔伊斯

Sallmann, Jean-Michel 赛尔曼, 让-米歇尔

Salutati, Coluccio 萨鲁塔蒂, 科鲁齐奥

Salvadori, Philippe 萨尔瓦多里, 菲利普

Salviati, Francesco 萨尔维亚蒂, 弗朗切斯科

Samsó Julio 萨姆索, 胡里奥

Stevenson, John 斯蒂文森, 约翰

Stone, Lawrence 斯通, 劳伦斯

Storey, Frances 斯托雷, 弗朗西斯

Storey, Tessa 斯托雷, 泰萨

Strong, Roy 斯特朗, 罗伊

Stückelberg, Ernst Alfred 施图克尔伯格, 恩斯特·阿尔弗雷德

Studney, Christophe 斯塔德尼, 克里斯托弗

Sully, Maximilien de Béthune de 絮利

Susini, Clemente 苏西尼, 克莱门特

Suso, Henri (bienheureux) 苏索, 亨利 (真福者)

Sydenham, Thomas 西顿汉姆, 托马斯

Sylvius〔Jacques Dubois, dit〕西尔维乌斯【又名"雅克·杜博瓦"】

Sylvius, Franciscus〔Franz de la Boë ou François du Bois, dit〕西尔维乌斯, 弗兰西斯库斯

Taddei, Ilaria 塔德伊, 伊拉里亚

Tallemant des Réaux, Gédéon 塔勒曼·德, 吉迪翁

Tapie, Victor-Louis 塔皮, 维克托-路易

Tarrade, Jean 塔拉德, 让

Taton, René 塔东, 勒内

Tenenti, Alberto 泰南提, 艾贝托

Teniers, David 特尼耶斯, 大卫

Tenon, Jacques 特农, 雅克

Tertullien 德尔图良

Teyssèdre, Bernard 泰塞德尔, 贝尔纳

Teyssèdre, Marthe 泰塞德尔, 马尔特

Thérèse de Jésus ou d'Avila (sainte) 泰蕾丝 (圣女)

Thévenin, Odile 泰弗南, 奥迪尔

Thibaud (saint) 蒂博 (圣徒)

Thibault, Gabriel-Robert 蒂博, 加布里埃尔-罗贝尔

Thibaut-Payen, Jacqueline 蒂博-帕扬, 雅克琳

Thiers, Jean-Baptiste 提耶尔, 让-巴普蒂斯特

Thomas (saint, apôtre) 多默 (圣徒, 使徒)

Thomas d'Aquin (saint) 阿奎那, 托马斯 (圣徒)

Thomas, Keith 托马斯, 凯斯

Thompson, Edward Palmer 汤普森, 爱德华·帕尔默

Thompson, Rosemarie Garland 汤普森, 罗斯玛丽·加兰德

Thorndike, Lynn 桑代克, 林恩

Thou, Jacques Auguste de 图, 雅克·奥古斯特·德

Thouvenot, Claude 图弗诺, 克洛德

Thuillier, Jacques 图伊里耶, 雅克

Tillet, Jean du 提莱, 让·迪

Tissot, Clément-Joseph 提索, 克莱芒-约瑟夫

Tissot, Samuel-Auguste 提索, 塞缪尔-奥古斯特

Titien 提香

Tobin, R. W. 托班, R. W.

Tollemer, Alexandre 托勒梅, 亚历山大

Tönnesman, Andreas 托纳斯曼, 安德烈亚斯

Topalov, Anne-Marie 托帕罗夫, 安娜-玛丽

Torelli, Jacques 托雷里, 雅克

Torre, Marcantonio della 托雷的马尔坎托尼奥

Tort, Patrick 托特, 帕特里克

Touati, François-Olivier 图阿迪, 弗朗索瓦-奥利维耶

Touvet, Chantal 图维, 尚塔尔

Touzet, Henri-Paul 图泽, 亨利-保罗

Traimond, Bernard 特雷蒙, 贝纳尔

Tremblay, Abraham 特伦布雷, 亚伯拉罕

Tremblay, Maurice 特伦布雷, 莫里斯

Treue, Wolfgang 特吕, 沃尔夫冈

Treviranus, Gottfried Reinhold 特雷维拉

努斯,戈特弗里德·莱茵霍尔特

Trexler,Richard 特来克斯勒,理查德

Tricaud,Anne 特里高,安娜

Tricot-Royer(Dr) 特里高-鲁瓦耶

Tronchin,Henry 特隆尚,亨利

Tronchin,Théodore 特隆尚,泰奥多尔

Troyansky,David G. 特罗扬斯基,戴维

Trumbach,Randolph 特隆巴赫,兰多尔夫

Truong,Nicolas 特吕翁,尼古拉

Tuccaro,Arcangelo 图加洛,阿尔坎杰洛

Turmeau de la Morandière,Denis Laurent 图尔摩·德·拉莫朗蒂耶,丹尼斯·洛朗

Tytler,Graeme 提特勒,格莱姆

Ulmann,Jacques 乌尔曼,雅克

Underdown,David 恩德当,戴维

Vallot,Antoine 瓦洛,安托万

Valverde,Juan 瓦尔维尔德,胡安

Van Aachen,Hans 范·阿琛,汉斯

Van de Pol,Lotte 范·德·波尔,罗特

Van den Spieghel,Adriaan 斯皮格尔的阿德里安

Van der Meer,Theo 范·德·米尔,泰奥

Van Helmont,Jan Baptist 范·赫尔蒙特,扬·巴布蒂斯特

Van Laer,Pieter 范·莱尔,彼得

Van Leeuwenhoeck,Antoni 范·吕文霍克,安托尼

Van Neck,Anne 范·奈克,安娜

Vandermonde,Charles Auguste 旺德蒙德,夏尔·奥古斯特

Vanni,Filippo 瓦尼,菲利波

Vannini,Caterina 瓦尼尼,卡特里纳

Vardi,Liana 瓦尔迪,里阿纳

Vasari,Giorgio 瓦萨里,乔尔乔

Vauchez,André 沃切兹,安德烈

Vaultier,Roger 沃尔蒂耶,罗杰

Vegetti,Mario 维盖蒂,马里奥

Vegio,Maffeo 维吉奥,马菲奥

Vélasquez 委拉斯凯兹

Velay-Vallantin,Catherine 维莱-瓦朗坦,卡特琳

Velut,Christine 维吕,克里斯汀

Veneto,Bartolomeo 威内托,巴托罗梅奥

Venette,Nicolas 威内特,尼古拉斯

Veneziano,Agostino 威内兹亚诺,阿哥斯蒂诺

Verdier,Jean 维尔迪耶,让

Vernus,Michel 维尔努斯,米歇尔

Véronèse 维罗奈斯

Vertron,Claude Charles Guyonnet de 维尔特隆

Vésale,André 维萨里,安德烈

Viau,Théophile de 维奥,泰奥菲尔·德

Vicinus,Martha 维希努斯,玛莎

Vickery,Amanda 维克里,阿曼达

Vidal,Daniel 维达尔,达尼埃尔

Vielleville,François de Scépeaux de 维耶维尔,弗朗索瓦·德·塞波·德

Vierne,Simone 维耶纳,西蒙娜

Vigarello,Georges 维加埃罗,乔治

Vigée-Lebrun,Élisabeth 维杰-勒布伦,伊丽莎白

Villani,Filippo 维兰尼,菲利波

Vincent de Paul(saint) 圣味增爵(圣徒)

Virchow,Rudolf 韦尔乔,鲁道夫

Virgile 维吉尔

Vitruve 维特鲁威

Vives,Luis 威夫斯,路易斯

Vizani,Angelo 维扎尼,安杰洛

Volta,Alessandro 沃尔塔,阿列桑德罗

Voltaire 伏尔泰

Volterra,Daniele da 沃尔泰拉的达尼埃莱

Voragine,Jacques de 沃拉吉,雅克·德

Vouet,Simon 弗韦,西蒙

Vovelle,Michel 沃维尔,米歇尔

Vuarnet,Jean-Noël 弗阿尔内,让-诺埃尔

Vuillard,Rodolphe 弗亚尔,罗多尔夫

Vulson de la Colombière, Marc de 格隆比耶的伏尔松,马克·德

Wallon, Henri 瓦隆,亨利

Walpole, Horace 沃珀尔,霍拉斯

Warnke, Martin 万克,马丁

Waro-Desjardins, Françoise 瓦洛-德雅尔丹,弗朗索瓦丝

Watelet, Claude-Henri 瓦特莱,克洛德-亨利

Watson, Elkanah 沃森,艾尔卡纳

Watt, Tessa 沃特,泰萨

Watteau, Antoine 华托,安托万

Wear, Andrew 维尔,安德鲁

Wellbery, David E. 维尔贝利,戴维·E.

Wepfer, Johann 维普弗,约翰

Wesley, John 威斯利,约翰

Wheelwright, Julie 维尔莱特,朱利

Whytt, Robert 威特,罗伯特

Wickersheimer, Ernest 威克斯海姆,厄内斯特

Wiedmer, Laurence 威德莫,劳伦斯

Wierix(frères) 威利克斯(兄弟)

Williams, Daniel 威廉姆斯,丹尼尔

Willis, Thomas 威利斯,托马斯

Wilson, Dudley 威尔森,达德利

Wilson, Lindsay Blake 威尔逊,林赛·布莱克

Wilson, Thomas 威尔逊,托马斯

Winckelmann, Johann Joachim 温克尔曼,约翰

Winkin, Yves 温金,伊夫

Winslow, Jacques-Bénigne 温斯洛,雅克-贝尼尼

Wirth, Jean 维尔特,让

Wolf, Étienne 沃尔夫,艾蒂安

Wolff, Caspar Friedrich 沃尔夫,卡斯帕·弗里德里希

Yates, Frances A. 叶茨,弗朗西斯·A.

Young, Arthur 扬,阿瑟

Young, Michael B. 扬,迈克·B.

Zapperi, Roberto 扎佩里,罗贝托

Zeebroek, Renaud 兹布罗克,雷诺

Zerbi, Gabriele 泽尔比,加布里埃莱

Zerner, Henri 泽内尔,亨利

Zumbo, Gaetano 宗波,加埃塔诺

Zurbarán, Francisco de 苏巴郎,弗朗奇斯科·德

译 后 记

　　《身体的历史》(卷一)序、引言、第一章(约 10.5 万字)由浙江工商大学外国语学院法语系赵济鸿翻译,第二章至第十章(约 43 万字)由张垃翻译。

图书在版编目(CIP)数据

身体的历史. 卷一/(法)乔治·维加埃罗主编;张竝译.--修订本.
--上海:华东师范大学出版社,2019
ISBN 978-7-5675-8822-6

Ⅰ.①身… Ⅱ.①乔… ②张… Ⅲ.①人体—研究 Ⅳ.①Q983

中国版本图书馆 CIP 数据核字(2019)第 022209 号

华东师范大学出版社六点分社

企划人 倪为国

身体的历史(卷一)
从文艺复兴到启蒙运动

主　　编　(法)乔治·维加埃罗
译　　者　张竝　赵济鸿
责任编辑　倪为国　高建红
装帧设计　卢晓红

出版发行　华东师范大学出版社
社　　址　上海市中山北路 3663 号　邮编　200062
网　　址　www. ecnupress. com. cn
电　　话　021 - 60821666　行政传真　021 - 62572105
客服电话　021 - 62865537
门市(邮购)电话　021 - 62869887
地　　址　上海市中山北路 3663 号华东师范大学校内先锋路口
网　　店　http://hdsdcbs. tmall. com
印　刷　者　上海盛隆印务有限公司
开　　本　700×1000　1/16
插　　页　4
印　　张　37
字　　数　535 千字
版　　次　2019 年 9 月第 1 版
印　　次　2019 年 9 月第 1 次
书　　号　ISBN 978-7-5675-8822-6/K·528
定　　价　158.00 元

出版人　王焰

(如发现本版图书有印订质量问题,请寄回本社客服中心调换或电话 021 - 62865537 联系)